Cornelia Oelwein

Die Geschichte des Walchensees und seiner Fischerei

1939 in Zwergern am Walchensee: Herausgeber Martin Boehm ganz rechts in fescher Lederhose mit der Hand an der Seeforelle

Vorwort

Im September 1934, also vor rund 75 Jahren, hat mein Vater den Hanslbauernhof in Zwergern erworben – zunächst nur als Feriendomizil. Doch Zwergern und der Walchensee wurden bald mehr für die Familie. Ich bin hier gewissermaßen aufgewachsen, habe die Landwirtschaft und die Fischerei von klein auf erlebt. Jedes Jahr, wenn der See abgesenkt wurde, tauchte die Frage auf, welchen Zweck wohl die Holzpfähle hatten, die in der Zwergerner Bucht aus dem Boden ragten.

Mit dem Kauf des Hofes war mein Vater unversehens auch zum Fischereirechtsinhaber geworden. Er erlernte das Fischwaidwerk und war schließlich von 1965 bis 1973 Vorsitzender der Fischereigenossenschaft Walchensee. Auch ich durchlief neben meiner Ausbildung zum Architekten den Fischereilehrgang am Institut für Fischerei in Starnberg und betreibe bis heute zusammen mit meinem Bruder und Neffen die Landwirtschaft und die Fischerei in Zwergern. Als amtierender Vorsitzender der Fischereigenossenschaft setze ich mich für den Erhalt und die Förderung der Fischerei im Walchensee und in jüngster Zeit auch für die Renaturierung der Obernach ein. Mein Interesse gilt seit jeher der Geschichte des Walchensees und dem Geheimnis der Pfähle in der Zwergerner Bucht.

Gemeinsam mit Jost Knauss, dem ehemaligen Leiter der Versuchsanstalt Obernach der TU München und anerkanntem Fachmann für Wasserbau, und dem bayerischen Bezirksheimatpfleger Stefan Hirsch haben wir vor einigen Jahren die Pfähle vermessen, genauer bestimmt und dendrochronologische Untersuchungen vornehmen lassen, um deren genaues Alter zu bestimmen. Immer wieder traten neue Überraschungen zutage, ohne allerdings die letzten Geheimnisse zu lüften.

Um die Geschichte der Pfähle jedoch in einen geschichtlichen Zusammenhang zu bringen, konnte ich schließlich die Historikerin Cornelia Oelwein gewinnen, um die bislang fehlende moderne Geschichte des Walchensees unter besonderer Berücksichtigung der Fischerei zu erarbeiten. Sie ist eine ausgewiesene Kennerin der bayerischen Landesgeschichte und hat zahlreiche Fachbücher zur Fischereigeschichte verfasst.

Ich freue mich, die längst ausstehende „Geschichte des Walchensees und seiner Fischerei“ präsentieren zu können, und danke ganz herzlich allen Beteiligten, die von Anfang an freundschaftlich sowie mit Rat und Tat das Entstehen dieses Buches begleitet haben.

Martin Boehm, Zwergern, im Herbst 2010

Inhaltsverzeichnis

Einleitung

„Ein ächter Gebirgssee ist der Walchensee, auch Wallersee genannt. Die Gestade dieses großen Wasserbeckens sind nur von wenigen Häusern belebt; überall herrscht tiefe Ruhe und Einsamkeit.“ So wurde bereits vor mehr als hundert Jahren in der Bayerischen Fischerei-Zeitung geschwärmt, und weiter: *„Wohl kaum ein Landsee hat für die Fischzucht vortheilhaftere Verhältnisse als der Walchensee, dessen helles, klares Wasser und geheimnisvolle Tiefe schon unsere Altväter mit bestem Erfolge zu ausgedehnter Fischbevölkerung ermunterte.“*[1]

Der Walchensee unterscheidet sich in vielerlei Hinsicht von den übrigen Voralpenseen Bayerns. Er gilt als der tiefste See Deutschlands[2] und mit einer Größe von 16 Quadratkilometern als größter Alpensee Bayerns. Andere zählen ihn zu den schönsten und besten Gewässern in Deutschland oder zu den fischereilich bedeutendsten des Voralpengebietes.[3] Er friert nur in besonders kalten Wintern gänzlich zu; ein anderes Phänomen ist der häufige Föhn. Eingeschlossen von hohen Bergen, galt er lange Zeit als unheimlich und wegen seiner Tiefe als unergründlich. Schauerliche Sagen wurden erzählt.

Über Jahrhunderte war der einsam gelegene See nur äußerst mühsam über einen Saumpfad von Norden oder über feuchte Niederungen von Süden zu erreichen. Wegen seiner schmalen kultivierbaren Ufer bot und bietet er zudem nur wenig Raum für Niederlassungen, sodass er erst spät besiedelt wurde und es bis heute zu keinen größeren Ansiedlungen gekommen ist. Darüber hinaus machten häufige Lawinen- und Murenabgänge das Westufer gefährlich. Und so ist es kaum eine Überraschung, wenn in einem alten Lexikon von 1786 zu lesen ist: *„Wüst war bisher diese Gegend und bis in das 12. Jahrhundert nur allein der Mutter Natur überlassen, die sie mit einem dicken Wald bepflanzte und mit Tieren bevölkerte, als Konrad, Abt zu Benediktbeuern auf den Einfall gerieth, die niedrigere Gegend um den Wallersee vom Walde zu entblößen und für Menschen wohnbar zu machen.“*[4] Viele Menschen zogen jedoch auch in der Folge nicht in die inzwischen „wohnbare“ Gegend. 1784, etwa zeitgleich mit dem Lexikoneintrag, schilderte der Naturgelehrte Franz von Paula Schrank den seinerzeitigen Zustand folgendermaßen: *„Ein Dorf, das an der Strasse, die von München über Benedictbeuern nach Tyrol und Italien fährt, liegt und auch Wallersee heißt, ist der einzige Ort an diesem See, wenn man ein kleines Gebäude, das Wallersee gegenüber auf einer entspringenden Landzunge von zween Benedictinern bewohnt wird, einige zerstreute Fischerhütten und ein Jägerhaus am Urfelde ausnimmt.“*[5]

Einzelne prähistorische Funde weisen zwar in frühere Zeiten, doch für eine wirkliche Besiedelung liefern die Einzelfunde keinen Beweis. Auch dass bereits gegen Ende der Römerzeit erste versprengte Besucher hier auftauchten, ist nicht auszuschließen, doch Siedlungsspuren lassen sich aus dieser Zeit nicht finden. Tatsächlich setzte die Rodungstätigkeit wohl erst um 1100 ein. Man kann davon ausgehen, dass es wirklich die Klosterbrüder von Benediktbeuern waren, die das Walchenseegebiet zu roden begannen. Auf jeden Fall treten der Walchensee und seine Fischerei erst damals ins Rampenlicht der Geschichte. Und seit dieser Zeit ist diese eng mit der Geschichte des Klosters Benediktbeuern verknüpft – in mehrfacher Hinsicht: zum Teil in Sachen Grundherrschaft und gänzlich in Sachen Gerichtsherrschaft.

1 BFZ vom 20. Dezember 1879, S. 117 f.

2 Zeitler, Renken- und Seesaiblingfang am Walchensee, in: AFZ 1983, S. 276.

3 Kölbing, Seeforellen. Laichfischfang im Walchensee, in: AFZ 1976, S. 90.

4 Geographisches, Statistisch-Topographisches Lexikon von Baiern, Bd. 1, S. 567.

5 Schrank, Baierische Reise, S. 88 f.

Majestätisch und mystisch – der Walchensee bei Sachenbach mit Blick auf den Herzogstand
Nächste Doppelseite: Gewässerkarte von Adrian von Riedl, Kupferstich, 1806

Das Kloster Benediktbeuern steht auch untrennbar mit der Geschichte der Fischerei am Walchensee in Zusammenhang. Umfangreiche Bestände über die Fischerei, vor allem aber über Rechtsstreitigkeiten mit anderen Fischrechtsinhabern finden sich im Klosterarchiv. Für die Fischereigeschichte von herausragender Bedeutung ist der See jedoch vor allem wegen seiner Saiblinge und Renken, die hier ursprünglich nicht heimisch waren und erst um 1500 eingesetzt wurden. Die Nachrichten über die Besetzung sowie die erhaltenen Relikte der Fischzucht aus jenen Tagen sind in der Geschichte der bayerischen Fischerei ohnegleichen.

Inhalt dieses Buches ist in erster Linie die Geschichte der Fischerei am Walchensee, doch da keine moderne allgemeine Geschichte des Walchenseegebietes existiert, musste an verschiedenen Stellen weiter ausgeholt werden, denn die Fischereigeschichte ist ebenso unlösbar mit der örtlichen Kirchengeschichte verbunden wie mit der Entwicklung nach dem Bau der Kesselbergstraße, dem Bau des Walchenseekraftwerks oder dem Einsetzen des Tourismus. Besonderes Augenmerk wurde auf die Ansiedlungen im Dorf Walchensee und in Zwergern gerichtet, da bis ins 19. Jahrhundert ausschließlich hier die Fischer saßen, später dann auch in Urfeld. Am Süd- und Ostufer, in Altlach, Niedernach und Sachenbach[6] gab und gibt es bis heute keine Fischrechte. Kleine Exkurse sollen das Bild der Geschichte des Walchensees und seiner Fischerei abrunden, um nicht nur ein Fachbuch zur Fischereigeschichte vorzulegen, sondern auch ein farbiges Lesebuch für alle Liebhaber des Walchensees.

6 Diese sind zudem im 2008 von Jost Gudelius veröffentlichten Buch über die Jachenau ausführlich behandelt.

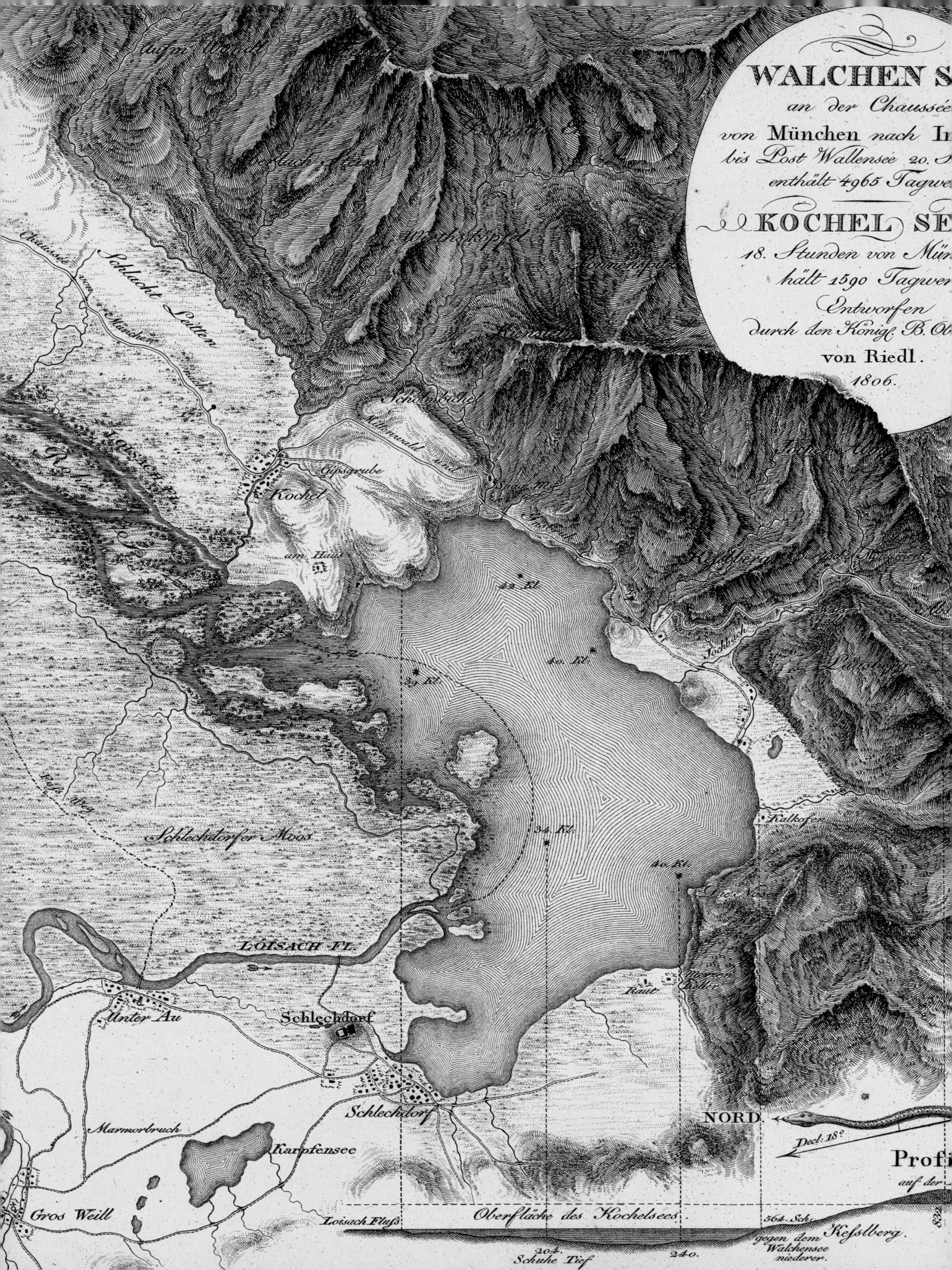
WALCHEN S
an der Chaussée
von München nach I
bis Post Wallensee 20. S
enthält 4965 Tagwe
KOCHEL SE
18. Stunden von Mün
hält 1590 Tagwer
Entworfen
durch den Königl. B. Ob
von Riedl.
1806.
Chaussée von München nach
Schlacht Leitten
LOISACH Fl.
Kochel
Gypsgrube
am Haus
42. Kl.
40. Kl.
39. Kl.
34. Kl.
40. Kl.
Jochbach
Kalkofen
Schlechdorfer Moos
LOISACH FL.
Unter Au
Schlechdorf
Raut
Schlechdorf
Marmorbruch
Karpfensee
Gros Weill
NORD
Decl: 18°
Profi
auf der
Loisach Fluß
Oberfläche des Kochelsees
564. Sch
Keßlberg
gegen dem
Walchensee
niederer.
204.
Schuhe Tief
240.

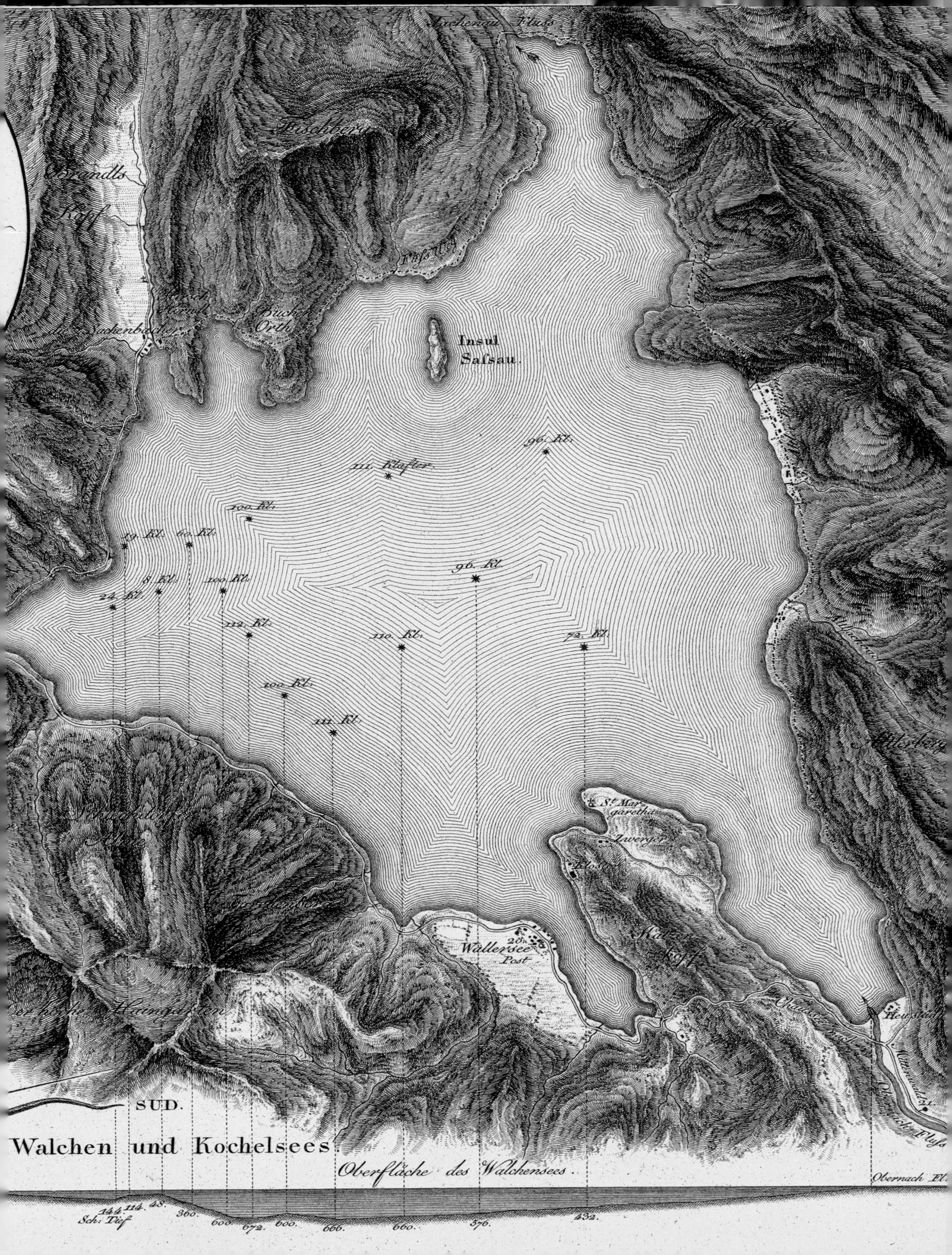

Insul
Saſsau.
111. Klafter
96. Kl.
100. Kl.
19. Kl.
60. Kl.
8. Kl.
100. Kl.
24. Kl.
112. Kl.
110. Kl.
96. Kl.
72. Kl.
100. Kl.
111. Kl.
Buch Orth
St. Margaretha
Kloster
Wallersee
Post
SUD.
Walchen und Kochelsees.
Oberfläche des Walchensees.
Obernach Fl.
144. 114. 48. 360. 600. 672. 600. 666. 660. 576. 432.
Sch: Tief

Der Walchensee

DER SEE

Der Walchensee, früher auch Wallersee genannt, gehört heute mit seiner gesamten Fläche einschließlich seiner einzigen Insel Sassau zur Gemeinde Kochel am See, Landkreis Bad Tölz-Wolfratshausen. Das Ost- und Südufer zählen jedoch zur Gemeinde Jachenau, ebenfalls Landkreis Bad Tölz-Wolfratshausen.

Mit einer Länge von rund sieben Kilometern und einer Breite von rund fünf Kilometern besitzt er einen Umfang von etwa 27 Kilometern und eine Tiefe von ca.190 Metern (mittlere Tiefe 80,80 Meter). Der See liegt 801,248 Meter über dem Meeresspiegel und damit rund 200 Meter höher als der Kochelsee. Seit der Inbetriebnahme des Walchenseekraftwerks im Jahr 1924 wird der See alljährlich

Tiefenkarte des Walchensees aus den 1920er-Jahren von Dr. Edwin Fels

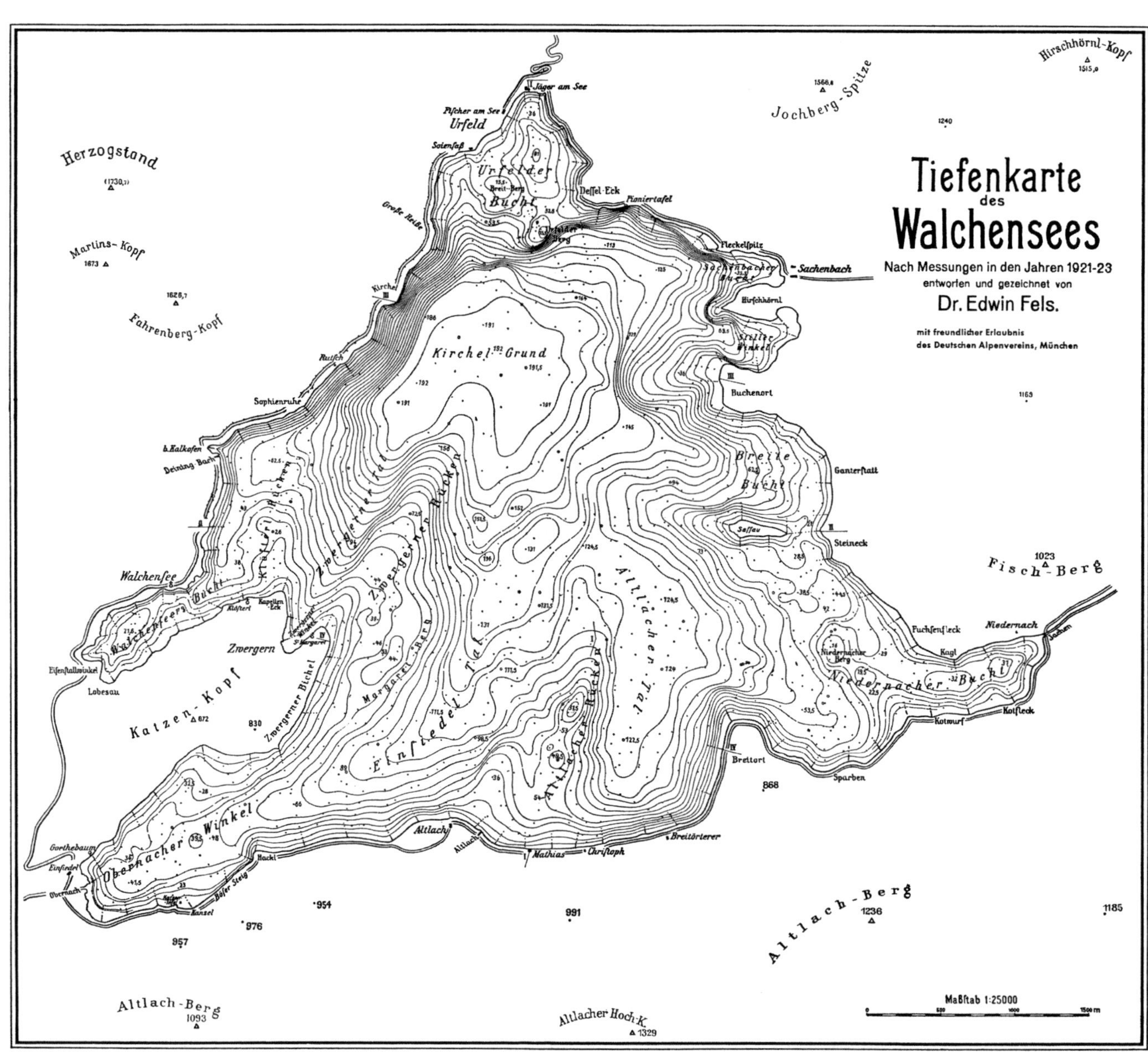

im Winter um bis zu 6,6 Metern abgesenkt. Die Ufer fallen an den meisten Stellen steil in Tiefen von bis zu 50 Metern ab, speziell auf der Westseite des Sees. Der Seegrund ist felsig, uneben und mit Uferabbrüchen übersät. Hohe Steinrippen, Kiesberge und Geröllpyramiden reichen an einigen Stellen bis zu zwölf Meter unter die Wasseroberfläche. Eben ist der Seeboden nur auf dem 124 Meter tiefen Grund des Altlacher Tals und vor der Urfelder Bucht, auf dem sogenannten Kirchel Grund, der tiefsten Stelle des Walchensees.

Der See ist nicht nur eine Schöpfung der eiszeitlichen Gletscher, die ihn zweifelsohne umgestaltet haben, sondern war schon früher als tektonische Senke vorhanden, die aus der Zeit der alpidischen Gebirgsbildung stammt, worauf auch die große Tiefe hinweist. Der See liegt in den bayerischen Kalkalpen und wird von einem bewaldeten Gebirgskranz umgeben, dessen Gipfel bis 1.840 Meter über den Meeresspiegel aufragen. Im Süden wird er vom Simetsberg, dem Altlacher Hochkopf und im Hintergrund von den Gipfeln des Karwendelgebirges begrenzt; im Norden trennen ihn Heimgarten, Herzogstand, Kesselberg, Jochberg und Benediktenwand von der bayerischen Ebene. Die relativ hohen Berge im Norden und Nordosten schützen den Walchensee vor den rauen Winden aus der Ebene, die verhältnismäßig niedrigen Gebirge im Süden ermöglichen dagegen eine optimale Sonneneinstrahlung. Allerdings sagt eine alte Bauernweisheit: „*Geht der Südwind übers Walcheneis, färbt er Felder und Wiesen weiß.*“[1] Nach Osten hin schließt sich östlich des Fischbergs das Längstal der Jachenau an, das ebenso verkehrsfeindlich ist wie die Ufer des Walchensees.

Die Temperaturunterschiede zwischen Tag und Nacht sind am Walchensee groß, zwischen Sommer und Winter sogar sehr groß. Die Zahl der heiteren Tage im Jahr beträgt mehr als 50; die Zahl der Regentage liegt bei durchschnittlich 195. Die mittlere Jahrestemperatur wird mit 6,8 Grad Celsius angegeben. Dank der Seetemperatur fallen die Winter meist relativ mild aus.

Eine Besonderheit des Walchensees sind die Fallwinde, die bei Hochdrucklage zwischen Herzogstand und Jochberg hindurch zuverlässig von Mittag bis zum frühen Abend kaum unter der Stärke 4 fächerförmig über den See wehen. Der See ist nie ganz ruhig, sondern ist „*regelmäßig, auch an schönen Tagen, von 10 Uhr vormittags bis 5 Uhr abends von mehr oder weniger starkem Wellenschlag bewegt, indem der Nordostwind vom Kesselberg hereinweht*“[2]. Die Fischer von Zwergern machten sich diese Winde sogar häufig zunutze: Wenn sie nachts oder frühmorgens nach Urfeld ruderten und nachmittags zurück, hatten sie den Wind jeweils im Rücken.

Ein anderes Phänomen ist der häufig auftretende Föhn, also die Luft, die von Süden her über die Alpen weht. Zu den „Föhnstraßen“ über die Alpen zählen das Obere Isartal und die Einsenkung des Walchen- und Kochelsees. Am Walchensee lässt sich sogar am zugförmigen Spiel der Wellen verfolgen, wie der Wind in drei Strahlen in Richtung Niedernach, Sachenbach und Urfeld streicht.

Die den See umgebenden Berge lassen auch am Walchensee – ebenso wie am Königssee – ein Echo erschallen. Bereits die Reisenden früherer Jahrhunderte haben dies in ihren Aufzeichnungen festgehalten, zum Beispiel der Geologe Mathias von Flurl im Jahr 1792. Zwar war er enttäuscht, dass hier keine Erzvorkommen zu beschreiben waren, doch das Echo begeisterte ihn: „*Wenn Sie einmal in diese Gegend kommen, theuerster Freund! so lassen Sie sichs ja nicht verdrüßen, den Kesselberg ganz zu übersteigen und das Majestätische des Walchensees in Augenschein zu nehmen. Finden Sie auch außer den Kalk- und Stinksteinen kein merkwürdiges Fossil, so wird Sie doch das vielfache herrliche Echo, welches man hier*

1 Geistbeck, Die Seen der deutschen Alpen, S. 42.

2 Daffner, Benediktbeuern, S. 310.

Panoramapostkarte nach einem Gemälde von Edward Harrison Compton, Anfang 20. Jahrhundert

hören kann, dafür schadlos halten. Schwerlich wird irgend auf deutschen Gebirgen ein majestätischeres gehört werden können. Man entlockt selbes, unweit dem Klösterl [...] durch Losfeuerung einer kleinen Kanone den erhabenen Gebirgskegeln, welche ringsherum diesen grundlosen See einschließen, und der Donner der Kanone wird so oft in hinwallenden Tönen vollendend zurückgeprellet, als eine Felswand der andern ihn mittheilen kann, bis er sich endlich nach Verlauf einiger Minuten ganz düster in die entferntesten Gebirge zu verlieren scheint."[3] Auch Adolph von Schaden pries 1837 das Echo in höchsten Tönen[4]; Daffner spricht sogar von einem siebenfachen Echo, das durch einen Schuss erweckt wird.[5] Allerdings war es nicht jedermann vergönnt, das Echo zu hören.[6]

Vor Inbetriebnahme des Walchenseekraftwerks im Jahr 1924 bildete vor allem die Obernach den Zufluss des Walchensees und die Jachen (früher auch Niedernach genannt) den einzigen Ausfluss in die Isar bei Lenggries. Heute fließt das Wasser durch den Isarüberleiter und die Obernach in den See und bei Urfeld über den Stollen zum Walchenseekraftwerk in den Kochelsee ab. Der natürliche Auslauf durch die Jachenau ist durch eine Schleuse geschlossen.

Vor dem Bau des Walchenseekraftwerks betrug das Wassereinzugsgebiet mit den Zuflüssen Obernach und Dainingsbach sowie mehreren kleineren Zuflüssen 75,70 Quadratkilometer, nach 1924 783 Quadratkilometer, also mehr als das Zehnfache. Die Wassererneuerung dauerte ursprünglich 18,5 Jahre, seit 1924 nur noch 20 Monate. Der natürliche Jahresabfluss über die Jachen betrug 72 Kubikmeter pro Stunde; seit 1924 liegt dieser Wert bei 805 Kubikmeter pro Stunde über den Auslauf in Urfeld durch das Walchenseekraftwerk in den Kochelsee, während die in Krün abgeleitete Isar erst in Wolfratshausen wieder in ihr altes Bett gelangt.

Der Walchensee zählt zu den kalten Seen. Das Temperaturprofil setzt sich wie folgt zusammen: Die Wassertemperaturen sind für einen Bergsee typisch niedrig. Sie bewegen sich im Sommer zwischen 17 und 20 Grad Celsius, im Frühling und Herbst liegen sie an der Oberfläche um die zehn bis 16 Grad. In fünf Metern Tiefe beträgt die Temperatur etwa 17 Grad Celsius, in acht Metern Tiefe rund 13 Grad und in 35 Metern rund fünf Grad. Stark beeinflusst wird das Temperaturprofil durch

3 Flurl, Beschreibung der Gebirge, S. 39.

4 Schaden, Alpenblumen, S. 10: „Man kann hier durch Abfeuerung der Schießgewehre den hohen Gebirgen ein Echo entlocken, wie man ein ähnliches kaum anderswo hören wird."

5 Daffner, Benediktbeuern, S. 311.

6 Obernberg, Reisen durch das Königreich 1815, S. 82.

die eingeleitete Isar. Deutlich geformt werden die Temperaturverschiebungen durch Temperaturwellen und Tiefenströmungen, die Geschwindigkeiten von bis zu 400 Meter in der Stunde betragen und durch Planktonwellen ihren Einfluss auf die Fischerei nehmen. Eine geschlossene Eisdecke ist am Walchensee eine ganz große Seltenheit. Für das 19. Jahrhundert sind nur für wenige Jahre vollständige Eisdecken bekannt: angeblich für 1805, 1809, 1829, 1859, 1880 und 1890[7], für das 20. Jahrhundert etwa für das Jahr 1944. An den Rändern und in den Buchten allerdings kommt es häufig zur Eisbildung. Fast in jedem Jahr des 19. Jahrhunderts hatten zum Beispiel der Obernacher und der Niedernacher Winkel eine feste Eisdecke aufzuweisen, ebenso wie die Bucht zwischen Walchensee und dem Klösterl. Daneben findet sich immer wieder Treibeis. Das klare Gewässer mit Trinkwasserqualität (Güteklasse 1) und einer durchschnittlichen Sichttiefe von acht bis zehn Metern verdankt seine türkisgrüne Färbung dem relativ hohen Anteil an Kalziumkarbonat.

Ursprünglich war der Walchensee wie die meisten Voralpenseen ein nährstoffarmes (oligotrophes) Gewässer. Mit Zunahme der Siedlungsdichte im Einzugsbereich der oberen Isar nahm der Eintrag von organischen Stoffen erheblich zu.[8] Seit den 1980er-Jahren, seit der Inbetriebnahme der Kläranlagen an der oberen Isar und der Einzelkläranlagen mit biologischer Fällung im Dorf Walchensee und in Urfeld, ist der See wieder nahezu zu seiner früheren Wassergüte zurückgekehrt. Gleichzeitig gingen tierisches und pflanzliches Plankton zurück und damit, wie an vielen Seen, auch die Fischerträge. Das Abwachsen verlangsamte sich dadurch ebenfalls.[9]

Nur rund 200 Meter vom Ostufer entfernt, findet sich die einzige Insel des Walchensees. Die gänzlich bewaldete Insel Sassau hat lediglich eine Fläche von 2,9 Hektar. Mit einer Länge von 367 Metern und einer Breite von bis zu 93 Metern ragt sie bis zu zwölf Meter über den Wasserspiegel. Von der Westseite des Sees ist sie kaum als Insel zu erkennen, da sie aus der Distanz wie ein Teil des Ostufers erscheint. Anders ist der Blick vom Herzogstand: Von dort aus wirkt sie wie von einem smaragdgrünen Gürtel umschlossen. Da die Insel seit 1978 unter Naturschutz steht, ist das Betreten ganzjährig verboten. Doch auch in früheren Zeiten war sie selten besucht. „*Nur der Fischer und der Jäger, ein Hirt oder auch hie und da ein*

7 Becker, Walchensee, S. 26 f.; Daffner, Benediktbeuern, S. 310, wobei jeder andere Jahre angibt.

8 Das Walchensee-Wasser eutrophierte nahezu bis zum Vorhandensein der Blauburgunderalge.

9 Mitteilung der Fischereigenossenschaft Walchensee, Mai 2008.

besonders unternehmungslustiger Sommerfrischler störten hier gelegentlich die Einsamkeit und scheuchten aus den traulichen Seebuchten den großen Säger oder auch ein paar Stockenten auf, welche in vereinzelten Exemplaren alljährlich den schilflosen See beleben. [...] *Die Insel ist mit Ausnahme jenes kleinen, nur mit einzelnen malerischen Bäumen bestandenen Plateaus dicht bewaldet; Fichten, Tannen und Buchen bilden den Hauptbestand; die alte deutsche Eibe, der Baum der Wünschelrute, kommt in einzelnen bemerkenswerten Exemplaren vor. Auch die Föhre und ihre Schwester, die Legföhre oder Latsche, wachsen in krüppelhaften Gestalten auf dem mit einer kaum handhohen Erdkrume überzogenen Felsboden und zeigen uns, daß das Klima auf der Insel rauh und kalt ist. Dem entsprechend ist auch die Bodenflora auf der Insel ausgefallen. Die hohen Ufer überwölbend, lacht im vorgeschrittenen Frühling die liebliche rote Heideblüte als glühender Saum dem nahenden Schiffer entgegen. Auf der kühlen Nordseite wird sie im Hochsommer abgelöst von dem brennendroten Alpenröschen*", berichtete Maximilian Lizius, Oberförster in der Jachenau, bereits im Jahr 1889.[10]

Im Südwesten des Sees, zwischen den Orten Walchensee und Einsiedl, ragt darüber hinaus die 1,9 Quadratkilometer große Halbinsel Katzenkopf, auch Zwergerhalbinsel oder früher Orth genannt, in den See. Auf ihr liegen der Ort Zwergern mit der Kirche St. Margareth sowie das Klösterl.

Plagegeister am Walchensee

Karl Julius Weber (1767-1832), ein weit gereister Jurist aus dem Hohenlohischen, besuchte weite Teile Europas und hielt seine Eindrücke schriftlich fest. Auf seinen Wegen kam er auch am Walchensee vorbei. Seine „Reise durch Bayern" erschien erstmals 1826 im Druck. Darin schreibt Weber über den „finsteren, aber malerischen Wallersee", den er von Murnau, Schwaiganger und den Kochelsee aus, vorbei am stattlichen Propsteigebäude Schlehdorf über die Kesselbergstraße erreichte: „Noch überraschender aber auf der Höhe die Ansicht des Wallersees, der zwei Stunden Länge und eine Stunde Breite hat; aus ihm fließt die Jochenau, die bei Tölz in die Isar fällt. Ich kenne keinen See dieser Größe, der so öd und einsam wäre; außer dem Dörfchen Walchensee sah ich nur einzelne Fischerhütten, und da solcher ganz von Wäldern umkränzt ist, die selbst seinen Wasserspiegel finster machen, so versetzt er in eine wahrhaft melancholische Stimmung.
Doch die Fliegen und Mücken, die da nicht wenig tobten, bringen wieder zu sich. Beelzebub, der Fürst der Fliegen, mußte gerade mit seinem Heere an diesem Tage ausgezogen sein, wo ich hier war.

Die Leute haben ein eigenes Hausmittel gegen diese unverschämten Gäste: Baumzweige, die sie in der Stube herum stecken, wohin sie sich gerne ziehen und so etwas Ruhe geben. Ich schüttelte einen solchen Zweig, und ein wahrer Bienenschwarm umsumste mich, und in meinem Schlafzimmer schlachtete ich, da ich Mücken nie für Elefanten angesehen habe, wie im Altertum, aber ohne Kosten Hekatomben! Die Leute nennen sie Bremer (Bremsen), woran hoffentlich die echten Bremer sich nicht stoßen werden!"
Die Bremsen scheinen wirklich ein Problem gewesen zu sein, denn auch Otto Freiherr von Taube erwähnt sie in seiner Geschichte vom „Marterl am Walchensee": „Am bösartigen Stechen der Bremsen merkte er das Bevorstehen eines Gewitters."

(Weber, Reise durch Bayern, S. 101 f.; Taube, Marterl am Walchensee, S.123.)

10 Lizius, Wald-, Wild- und Waidmannsbilder aus dem Hochgebirge, 1889, zitiert nach Daffner, Benediktbeuern, S. 312 f.

Die Insel Sassau aus der Vogelperspektive mit Blick auf den Jochberg

Der Walchensee ist heute einschließlich der Uferstreifen Landschaftsschutzgebiet, die Insel Sassau steht sogar unter Naturschutz. Von der Gesamtlänge des Südufers von sieben Kilometern sind rund 2,5 Kilometer zu Erholungszwecken, vor allem als Badestrand, nutzbar. Das übrige Ufer besteht zum größten Teil aus Steilufern. Das Seeufer selbst ist bis auf wenige Ausnahmen unbebaut. Motorboote sind gänzlich verboten; Ausnahmen gelten nur für Fischer, die Seerettung, den Forst und den Kraftwerkbetreiber E.ON.

Für viele Pflanzen und Tiere ist der Walchensee zum Rückzugsgebiet geworden. Rund um den Walchensee gibt es 41 Pflanzenarten, die auf der „Roten Liste" der bedrohten Arten in Bayern verzeichnet sind, und 44, die auf der „Roten Liste" für ganz Deutschland verzeichnet sind. Seltene Pflanzen wie die Alpenrose oder einzelne Enzianarten finden sich dort noch immer. Ein dichter Mischwald umgibt den See bis heute, der vor allem aus Buchen, Tannen und Fichten besteht. Mit zunehmender Höhe wächst der Anteil an Kiefern. Die Baumgrenze liegt bei etwa 1.700 Metern. Früher gab es zudem einzelne Edellaubbäume und Eiben, die sich jedoch nur auf der Insel Sassau erhalten haben, zum Teil mit einem Alter von über 500 Jahren, und an einigen „geheimen" Plätzen rund um den See.

Wasserpflanzen fehlen größtenteils an den Ufern. Wenige Schilfreste gibt es im „Stillen Winkel" im Nordosten und am Ufer der Ziegler Bucht. In der Walchenseebucht wachsen vereinzelte Schlingpflanzen unter der Wasseroberfläche, während grüne Algen verschiedener Arten im ganzen See verbreitet sind und in den Sommermonaten Juli und August besonders stark in Erscheinung treten.[11] Nahe den Uferzonen wachsen direkt unter der Wasseroberfläche in einigen Buchten der Flutende Wasserhahnenfuß und das Ährige Tausendblatt. Kiesel- und Grünalgen kommen als pflanzliches Plankton zusammen mit tierischem Plankton in fast

11 Hanning, Angeln am Walchensee, S. 32.

allen Bereichen des Sees vor. Ebenfalls in der Uferzone wachsen das heimische Schilfrohr und Teichbinsen, die u.a. Ringelnattern einen zuverlässigen Schutz bieten. Für einige Vogelarten bilden das Seeufer und die Insel Sassau zudem hervorragende Brutplätze sowie für Zugvögel ein sicheres Überwinterungs- und Durchzugsquartier, neuerdings auch für den Kormoran.

Allseits gerühmt wird die Naturschönheit des Walchensees als schönster See Bayerns (neben dem Königssee), „*dessen bald hellgrün, bald tief meergrün, bald schwärzlich erscheinendes Wasser immer leichte Wellen wirft*". Er ist „*von herrlichen ernsten Tannenwaldungen umsäumt und hinter ihnen steigen im Süden auf die schon erwähnten mächtigen kahlen Felswände mit ihren zerklüfteten Kämmen, ihren Spitzen und Zacken.* [...] *Man kann allenthalben den ganzen See überblicken und es bietet sich namentlich von Urfeld aus ein Panorama dar, wie man es von keinem der bayerischen Seen wieder findet. Eine feierliche Stille ist über den einsamen See gebreitet, nicht unterbrochen vom Alltagslärm der großen Städte.*"[12] Und in Fischerkreisen wusste man bereits vor mehr als hundert Jahren: Der Walchensee ist „*ein eigentliches Wassergebiet für die Forellen-Region und enthält in seiner Tiefe eine Menge von Quellen und Zuflüssen, die stellenweise bis zum Spiegel in die Höhe wirbeln. Dabei sind auch die umgebenden Verhältnisse für die Hege der Fische sehr günstig, weßhalb, ungeachtet auch dort bisher ziemlich irrationell gewirthschaftet wurde, der Walchensee vielleicht als der fischreichste See Bayerns bezeichnet werden kann*".[13]

Das hat sich bis heute kaum geändert. Und noch immer schwärmen die Fischer vom Walchensee als reinem Gebirgssee. „*Meist liegt er spiegelglatt da, fast ein bißchen unheimlich. Zuweilen aber, und wenn, dann meist erst gegen Mittag, kommt ein stärkerer Wind auf. Hohe und harte Wellen rollen dann dem Ufer zu und der Bootsfahrer tut sich nicht leicht, gegen diesen harten Wellenschlag anzukommen. Aber gerade das ist dann die Zeit, während der man die größten Chancen auf die großen Seesaiblinge und die Seeforellen hat.* [...] *Berühmt ist der Walchensee für seinen reichen Bestand an Seesaiblingen. Auf sie ist das Hauptaugenmerk des Walchenseeanglers gerichtet.*"[14]

Rechte Seite: Karte des Gebiets östlich des Lechs bis zum Kochelsee, kolorierter Kupferstich nach Philipp Apian, 1568

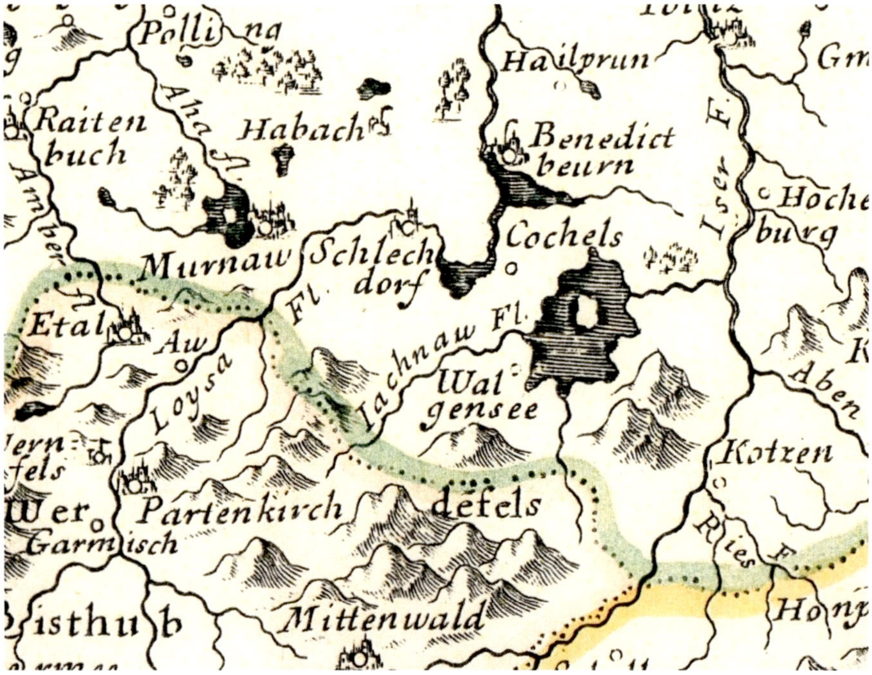

Bei dem irrtümlich als „Iachenau Fl." bezeichneten Gewässer handelt es sich um die Obernach, die hier in den „Walgensee" fließt, Karte von 1655

12 Daffner, Benediktbeuern, S. 310.

13 BFZ vom 20. Dezember 1879, S. 117 f.

14 Petersen, Am Walchensee, in: AFZ 1977, S. 178.

Die Namen der einzelnen Buchten am Walchensee

Nicht nur der See hat einen Namen, sondern auch seine einzelnen Teile und Buchten, die allerdings teilweise langsam in Vergessenheit geraten. Vor Jahren hat der Ortsnamenkundler Dr. Wolf-Armin Freiherr von Reitzenstein alteingesessene Fischer befragt, die verschiedentlich nicht nur eine Mundartform verwenden, sondern einen ganz anderen Ausdruck als in offiziellen Angaben. Einige Flurnamen, die in alten Quellen oder auf der Tiefenkarte aus dem Jahr 1921/23 zu finden sind, kennt man längst nicht mehr. Demnach sind heute noch folgende Namen bekannt:

1. Walchenseer Bucht
2. Lobisauwinkl
3. Eisenstallwinkl
4. Silbertsgraben
5. Dainingsbach
6. Kalkofenwinkel
7. Krumgraben
8. Dreiagraben
9. Kirchelwand (an der der Fels steil ins Wasser abfällt)
10. Fischerseitn
11. Wolfsgrube
12. Desseleck
13. Auwinckel (heute „Stille Bucht"/ „Stiller Winkel")
14. Kirchel Grund (vor der Kirchelwand im See, nicht volkstümlich)
15. Sossau (= Sassau)
16. großer Stoa (= Steineck)
17. Am Sparn (= Sparben)
18. Breitenort
19. Altlach
20. Am Hackl
21. Am bösen Steig
22. Einsiedler Winkel (= Obernacher Winkel)
23. Zwergerer Bucht

Seine Befragung führte Wolf-Armin von Reitzenstein 1988 und 1989 durch. Als Gewährsleute nennt er den Waltlbauern Josef Rieger (Jahrgang 1922) und den Bartlbauern Bartholomäus Grünwald (Jahrgang 1927). Ich danke Herrn Dr. von Reitzenstein für die Überlassung seiner Ergebnisse.

Der Name des Walchensees

Bereits in seinem 1865 erschienenen „Bayerischen Seenbuch" machte sich Heinrich Noë (1835-1896) Gedanken über die Herkunft des Namens. Der Autor war ein ausgesprochener Sprachenforscher. Ursprünglich Hof- und Staatsbibliothekar in München, dann als freier Schriftsteller von Landschaftsbüchern tätig, rühmte man ihn vor allem wegen seiner bemerkenswerten Sprachkenntnisse. Er soll siebzehn Sprachen gesprochen haben.

„Endlich liegt sie da, die große grüne Flut – der ‚See des Fremden'. Diese Bedeutung hat walchinseo, die älteste Form ihres Namens im Chronicon von Benediktbeuren. Es mögen, als zum ersten Male Deutsche die Waldschlucht und das finstere Ufer betraten, noch Leute von keltischer oder romanischer Abkunft in dem vergessenen Erdwinkel gesessen haben. Unser jetziges Wort ‚wälsch' hängt mit jener althochdeutschen Bezeichnung zusammen. Auch die Slaven nennen den ihnen unverständlichen Romanen walch. ‚Waller-See' ist eine Verstümmelung, in welche man erst nachträglich durch den Fischnamen Waller einen Sinn zu legen beflissen war. Der Walchensee ist aber nichts weniger als der See der Waller, denn es werden keine Waller darin gefangen. Alte Leute und bayerische Sagenerzähler behaupten zwar, in seinem Grunde lägen ungeheuere Fische, von denen es nur gut sei, daß sie sich sowenig rühren, sonst gerate der See in furchtbare Wallungen. Vielleicht heißen sie auch deshalb Waller. Oder vielleicht soll der See Wallersee genannt werden, weil er überhaupt wallt. Aber ich habe viele Seen gesehen, welche wallen, besonders wenn der Wind weht. Nein, es ist der 'See des Fremden'. Und fremdartig und seltsam erscheint er ja auch uns, die wir doch wissen, daß sein großer Spiegel zum Areal des königlich bayerischen Landgerichtes Tölz gehört."

(Noë, Bayerisches Seenbuch, S. 283 f.)

Doch nicht nur die Fischer und Sommerfrischler sind begeistert von dem bis heute nahezu unberührten Gebirgssee. Aufgrund seines reizvollen Aussehens wurde der Walchensee auch von den Filmemachern entdeckt. So wurde hier u. a. „Der Mann, der aus der Kälte kam“ mit Richard Burton gedreht, 1958 der Film „Die Wikinger“ mit Kirk Douglas und ein Jahr später die Serie „Tales of the Vikings“ mit Christopher Lee. Seit Sommer 2008 drehte dann der Regisseur Michael Bully Herbig in der Sachenbacher Bucht die Realverfilmung von „Wickie und die starken Männer“, zu welchem Zweck dort sogar ein ganzes Wikingerdorf errichtet wurde. Nach einer europaweiten Suche hatte er sich schließlich für den Walchensee als Drehort entschieden.

Die wahrscheinlich älteste Fotografie vom Walchensee, ca. 1880, mit Blick auf Walchensee und Heimgarten

DER NAME DES SEES

„*Walchensee oder in der Volkssprache Wallersee (Lacus vallensis)*“ nannte ihn anno 1837 Adolph von Schaden in seinen „Alpenblumen“[15]. Damit hat er alle gängigen Namensformen zusammengefasst. Doch woher hat der See seine Namen wirklich? Die einfachste Erklärung ist noch für Wallersee zu finden. Sie beruht auf der Eindeutung der Fischbezeichnung Waller (= Wels). Diese Form findet sich durch die Jahrhunderte, sei es in alten Urkunden oder 1690 im „Chur-Bayerischen Atlas“ von Anton Wilhelm Ertl. Doch leider hat es nie einen Waller in diesem See gegeben[16], auch wenn die Sage dies behauptet. Andere Namensdeutungen beziehen sich auf die lateinische Form Lacus vallensis[17], die u. a. auch der Benediktbeurer Geschichtsschreiber Karl Meichelbeck verwendet, und beziehen den Namen auf lateinisch val, vallis = das Tal[18]. Also wäre der Walchensee schlicht ein See in einem Tal, was ja durchaus zutreffend ist. Doch beide Formen – Wallersee und Lacus vallensis – sind jüngeren Datums. Die älteste Form lautet Wahlensee.

Die verschiedenen Schreibweisen des Seenamens regten die Fantasie der „Namenforscher“ über Jahrhunderte an. Heute ist man jedoch in Kreisen der Onomastik, der wissenschaftlichen Namenforschung, ziemlich sicher: Weder der Waller noch das Tal waren Namen gebend für unseren See, sondern die „Walchen“, die Romanen.

15 Schaden, Alpenblumen, S. 10.

16 Der Waller bevorzugt größere, langsam fließende Ströme, in deren Schlammgrund verborgen er auf Beute lauert. In den kalten Gebirgsseen existiert der Waller nicht (vgl. z. B. AFZ 1970, S. 572).

17 Buzàs/Junginger, Bavaria Latina, S. 149.

18 Geographisches, Statistisch-Topographisches Lexikon von Baiern Bd. 1, 1796, S. 566: „Lacus vallensis, weil er mitten in einem tiefen Tal zwischen hohen Gebirgen ligt, die ihn einschließen.“

19 Bauer, Grenzbeschreibungen, S. 175 f. Neben den Walch-Orten lassen sich im Gebiet um Benediktbeuern zahlreiche Namen mit romanischen Bezügen finden, etwa Groß- und Kleinweil, die vermutlich ebenso wie Weilheim auf eine römische „villa“ zurückgehen, und auch dem ältesten Namen der Jachenau, „Nazareth“, dürfte ein romanisches Wort zugrunde liegen, das später biblisch umgeformt wurde.

Der Walchensee, gesehen von Süden mit Blick auf die Halbinsel Zwergern, links der Ort Walchensee, im Hintergrund Herzogstand und Jochberg, Foto von 2008

Im Laufe von 500 Jahren römischer Herrschaft war schließlich der gesamte Alpenraum weitestgehend romanisiert. Gegen Ende des 5. Jahrhunderts allerdings wendete sich das Blatt: Rom stellte die Soldzahlungen ein, die Grenzverteidigung am Limes löste sich auf und die Germanen übernahmen die Macht. Viele Romanen zogen sich daraufhin über die Alpen zurück nach Italien. Andere aber blieben im Lande. Längst fühlten sie sich hier heimisch, hatten vielleicht sogar Germaninnen geheiratet und sich mit der heimischen Bevölkerung vermischt.[19] Sie wohnten zum Teil in eigenen Siedlungen, und man nimmt an, dass etwa die Ortsnamen „Wallgau" oder „See- und Traunwalchen", „Walchen" am Achensee, „Walchstatt" und so weiter auf Ansiedlungen von „Walchen" zurückgehen. Mit „Walchen" = „Fremde" bezeichneten die Germanen auch die längst heimisch gewordenen Romanen, die wohl noch immer auf sie fremd wirkten und eine für sie fremde Sprach sprachen.[20] Um 1583 hat der alte bayerische Kartograf Philipp Apian den Namen noch richtig gedeutet, wenn er schreibt: „Walchensee … Italico dicto."[21]

Im späten 13. und im 14. Jahrhundert erscheint der Walchensee erstmals als „Walhense"[22], 1305 tritt daneben erstmals die Form „Wallense" in Freisiger Aufzeichnungen auf[23], 1441 finden wir die noch heute offizielle Form „Walchensee"[24], erst 1698 die oben genannte Form „Wallersee"[25]. 1797 schließlich wurden in ein und derselben Quelle „Walchensee" und „Wallersee" synonym verwendet.[26]

Zu jener Zeit waren die Romanen längst aus der Gegend verschwunden; man verstand den alten Namen schon lange nicht mehr. In einer „Insellage", umgeben von Germanen, haben sich die Walchen in Bayern letztlich nicht behaupten können; die letzten Reste gingen vermutlich in der germanischen Bevölkerung auf. Ob der Walchengau allerdings gänzlich entvölkert wurde, wie Gerhard Kriner in seiner Geschichte von Krün vermutet, ist eher fraglich. Er übersetzt den Passus „*pagum desertum, quem Uualhogoi appellamus, cum lacu subiacente*" in der Stiftungsurkunde des Klosters Scharnitz aus dem Jahr 763 mit „*verlassenen Gau, den wir Walchengau nennen, mit dem dazugehörigen See*"[27]. „*Desertum*" kann jedoch auch als „*einsam*" übersetzt werden, und dies trifft hier wohl eher zu.

Ob es am Walchensee selbst jemals eine nennenswerte Ansiedlung von Walchen gegeben hat, ist ebenso mehr als fraglich. Vermutlich ist der Name „Walchensee" eher als Verkürzung zu deuten im Sinne von „Walchengau-See". Dafür spricht auch, dass für den See in der Urkunde von 763 noch kein eigener Name verzeichnet wurde. Dass es einst hin und wieder einzelne Walchen von Wallgau aus an den See zum Fischen getrieben haben könnte, ist nicht auszuschließen. Im großen Stil jedoch ging man hier sicher nicht zum Angeln. Das Gebiet war unwegsam, und die Strapazen lohnten sich vermutlich auch nicht, galt der See doch in der Frühzeit als arm an Edelfischen. Da konnte man in den verschiedenen Gebirgsbächen bedeutend leichter an ein nahrhaftes Fischgericht kommen.

Blick auf die Insel Sassau, Foto 2007

20 Schmeller nennt in seinem „Bayerischen" Wörterbuch folgende Angaben: „der Walch = Italiener" (Bd. II, Sp. 894) und: „Der Walh, Walch, Wall, des Wahlen, Walchen, Walen, Wallen, der nicht deutsch Sprechende von romanischer, inbersondere italienischer Geburt und Zunge (mhd. Walch, ahd. Uualah). […] Vermutlich wurden von den deutschen Siegern auch die alten romanisierten Einwohner des heutigen Bayerns Walhen, Walchen genannt, wie dieses Wort als Bestandtheil von Ortsnamen anzudeuten scheint." (Bd. II, Sp. 904 ff.) Dort spricht er auch von der Gleichsetzung von „Walchenland" mit Italien. Noch heute spricht man in München von den „welschen" Hauben der Frauenkirche, da man ihren Ursprung in Italien wähnt.
Im Fall von Walchensee liegt die Pluralform von althochdeutsch „wahl" zugrunde (Reitzenstein, Lexikon, S. 293). Vgl. auch Reitzenstein, Ichthyophore Ortsnamen, S. 291 f.

21 „Der italienische genannt". Apian, Topographie von Bayern, S. 49 (um 1583).

22 Reitzenstein, Lexikon, S. 293. Die Nennungen für das 11. Jahrhundert sind nur aus kopialen Überlieferungen des 13. Jahrhunderts bekannt.

23 BayHStA HL Freising Nr. 7, S. 117.

24 BayHStA KL Benediktbeuern 35, fol. 13.

25 BayHStA KL Benediktbeuern 113, fol. 8.

26 Melchinger, Lexikon von Baiern, Bd. 3, Sp. 565.

27 Urkundenbuch des Hochstifts Freising, verfasst in den Jahren 820 bis 848 vom bischöflichen Notar Kozroh (BayHStA HL Freising 7a). Vgl. Kriner, Von Gervn zu Krün, S. 32.

DIE SAGE VOM WALLER

Die unergründliche Tiefe – man ging teilweise von über einem Kilometer aus[28] – und die Tatsache, dass der See durch Unwetter, die in kürzester Zeit über den Herzogstand und den Heimgarten kommen, aufgewühlt werden kann, beflügelten die Fantasie und ließen die schauerlichsten Geschichten entstehen. Nach einer alten Sage soll im See ein riesiger Waller hausen, ein fischartiges Ungeheuer, das mit seinen glühenden Augen aus seinem kristallenen Hause hinauf zu den Schiffern auf dem Walchensee blickt. Die Sage erzählt weiter, dass, wenn das Ungeheuer einmal seinen Schweif loslässt, sich das Gestein des Kesselberges spaltet und die Wogen des Walchensees hinausstürzen in die Ebene und München und die ganze Umgebung begraben, denn der Volksglaube hielt das Wasserbecken für bodenlos und mit dem Meere verbunden. So soll der Walchensee an Allerheiligen des Jahres 1755 bei Windstille und völlig heiterem Himmel *„in tobenden Aufruhr geraten sein und unter Brodeln und Brausen in furchtbare Gährung seine schäumenden Wogen ans Ufer gepeitscht*" haben. Die beiden Fischer, die sich in genau diesem Augenblick auf der Überfahrt befanden, wurden mit ihrem Schifflein mehrmals förmlich emporgeschleudert und mussten darüber sogar in München genauestens Bericht erstatten. Man vermutete einen Zusammenhang mit dem verheerenden Erdbeben von Lissabon, bei dem angeblich 30.000 Menschen in den eingestürzten Häusern erschlagen wurden oder ertranken.[29]

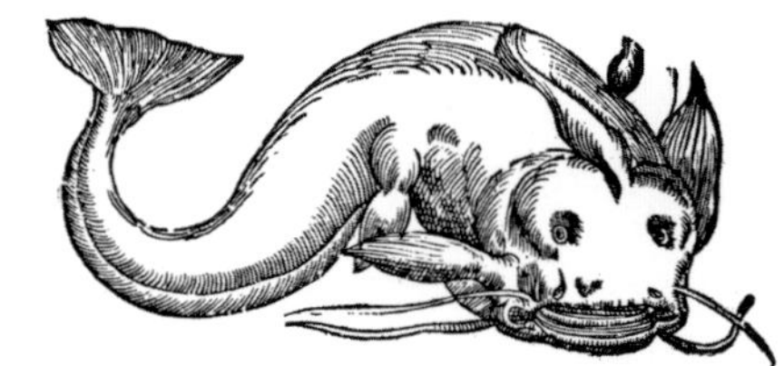

„Der Waller", Holzstich in Conrad Gesners Fischbuch von 1670

Immer wieder ist von einem Zusammenhang mit dem großen Erdbeben zu lesen, sogar in frühen Lexika.[30] An der steilen Kirchelwand kam es sogar zu einem Felssturz. Eine Tafel in der Poststation kündete den Durchreisenden davon. Doch bereits im 19. Jahrhundert waren von diesen fast mystischen Zusammenhängen nicht mehr alle überzeugt; man suchte nach wissenschaftlichen Erklärungen: *„Dasselbe taten auch der Achensee und mehrere Gebirgswasser der hohen Schweiz. Doch braucht man, glaube ich, dabei nicht an innere Klüftungen zu denken, welche die Bewegung fortlenken. Bei der ungeheueren Tiefe dieser Seen ist es leicht denkbar, daß ein Zucken in ihren Gründen noch verspürt wird, welches auf der Oberfläche der Rinde nicht mehr weitergeleitet wird. Die Erdbeben gehen vom flüssigen Innern der Kugel aus: Die innere Rinde oder was dieser näher liegt, wird sie deshalb stärker oder eher auch in einiger Entfernung spüren als die äußere. Auch ist ja das Wasser leichter beweglich. Stoße ich an einen Waschtisch, in den ein Becken eingesenkt ist, so wird das Wasser in diesem auch dann noch bemerklich zittern, wenn sich von den festen Gegenständen, die auf ihm stehen, nichts rührt.*"[31]

Doch das Volk hielt den Walchensee für unergründlich und glaubte nicht nur, dass er mit dem Meere in Verbindung stehe, sondern auch, dass dort das Ungeheuer lauere. *„Von seinen Tiefen weiß die Sage Grausiges zu erzählen. Da liegt ringförmig das ganze Becken ausspannend ein Riesenwaller mit rollenden Augen, so groß wie Feuerräder. Jahrtausende ruht dort das Ungetüm und hält den Schweif im Rachen. Und wenn je einer den Versuch wagt, das Geheimnis des Sees zu erforschen, hört man das dumpfe Murren: ‚Ergründest du mich, so schlünd' ich dich!' Wenn aber einst Unglaube und Gottlosigkeit überhand nehmen, so öffnet der Fisch den Rachen und schnellt den Schweif heraus. Und von dem gewaltigen Schlage bersten die Uferwände des Kesselbergs; hoch türmen sich die Wellen und die ungeheuren Massen wälzen sich wie eine zweite Sündflut hinab über das Land. Dann ist es um unser liebes Bayern und seine schöne Hauptstadt München geschehen.*"[32]

28 „Der See ist 725 Faden [à 1,8 bis 2 Meter] tief. Die Bewohner behaupten seit Menschengedenken, dass diese Messung geprüft worden sei", vermerkten Sir Philip Hoby und Sir Thomas Hoby, als sie im Sommer 1554 den Walchensee auf einer Reise passierten. Dussler, Reiseberichte über München und Oberbayern, S. 30.

29 Becker, Walchensee, S. 70. Heute vermutet man, dass das Erdbeben in Lissabon große Tsunamiwellen ausgelöst hat (z. B. Welt am Sonntag vom 30. Oktober 2005, Wissen, S. 70 f.). Dass im Walchensee im Zusammenhang mit dem Lissaboner Erdbeben alle Fische abgestanden seien, wie verschiedentlich erzählt wurde, wird heute bezweifelt. Allerdings soll der Wasserstand des Walchensees beträchtlich gesunken sein (Becker, Walchensee, S. 70).

30 Eisenmann/Hohn, Lexicon vom Königreiche Bayern, Bd. 2, 1832, S. 963: „Im Jahr 1755 war dieser See während des großen Erdbebens in Lissabon in auffallender Bewegung."

31 Noë, Bayerisches Seenbuch, S. 294.

Noch gegen Ende des 18. Jahrhunderts war die Angst vor einem Durchbruch des Kesselbergs so groß, dass man zu Gott um Abwendung dieses drohenden Ungemachs flehte. In der Gruftkirche[33] zu München soll aus diesem Anlass täglich eine Messe gelesen und alljährlich ein geweihter, goldener Ring in den Walchensee geworfen worden sein, um die Wassergeister bei freundlicher Stimmung zu halten.[34] Alle Vierteljahr soll sogar ein Mann auf einem Schimmel durch München geritten sein, um das Volk zu ermahnen. Es wurde auch erzählt, dass die bayerischen Fürsten sich von alters her – wie die Dogen von Venedig – bei ihrem Regierungsantritt mit einem ins Walchenseewasser geworfenen goldenen Reifen mit dem See vermählten.[35] Karl Meichelbeck stellt zwar in Abrede, dass zur Abwendung von Überschwemmungsgefahr Messen gelesen und Umzüge abgehalten wurden, doch sind diese von verschiedenen Geschichtsschreibern überliefert.[36]

Die Sage hielt sich über Jahrhunderte und ungeklärte Unfälle schürten die Angst immer wieder aufs Neue. Man erzählte sich, dass einmal ein vorwitziger Fremdling in einer Taucherglocke in die Tiefe zu gelangen suchte. Da erblickte ihn das grimmige Ungetüm und rief ihm mit Donnerstimme sein *„Ergründest du mich, so schluck ich dich!"* zu. Entsetzt gab der Eindringlich das Notzeichen und entkam mit knapper Not der Gefahr. Der Tollkühne soll später noch einmal gewagt haben, den Grund des Walchensees zu ergründen. Mann und Taucherglocke wurden nicht mehr gesehen.[37] Auch Paul Heyse erwähnt das Ungeheuer in seiner „Hochzeitsreise an den Walchensee", hier der „Walchennix" genannt, der *„mit Stöhnen seinen schupp'gen Nacken krümmt"*.[38]

Zu Beginn des 20. Jahrhunderts wuchs die Sorge vor dem Felsen zerschmetternden Schlag des ungeheuerlichen Schweifs sogar noch einmal: Durch den Eingriff der modernen Technik in den Walchenseefrieden anlässlich des Baus des Walchenseekraftwerks rückte der alte Aberglaube wieder stärker ins Bewusstsein.[39] *„Die furcht- und gottlose Technik richtete ihre Aufmerksamkeit auf den sagenumwobenen Bergsee."* Eines Tages erschienen dann *„an dem schwarzen See die Offiziere und Soldaten der Technik. Sie wühlten drei Jahre fast ununterbrochen mit Stahl und Dynamit im Innern des Kesselberges, eben jener gefährlichen Felswand, deren Durchbrechen man seit Urzeiten gefürchtet hatte. Der Berg wurde sechzehn Meter unter dem Seespiegel durchbohrt. Durch dieses Loch sollte das gefürchtete Element fließen, jenseits des Berges sollte es eingezwängt in große*

„Der Walchensee", Kupferstich, 2. Hälfte 19. Jahrhundert

32 Altbayerische Sagen, S. 64 f. Vgl. auch Schmidt, Sagen, S. 19 f. u. a. Ähnliche Sagen über die Unergründlichkeit von Seen gibt es auch aus anderen Regionen seit dem klassischen Altertum, man denke nur an den Midgardswurm oder die Weltschlange Jörmungandr, die am jüngsten Tage losschnellen und alles überfluten wird (Becker, Walchensee, S. 68 und 75).

33 Die Gruftkirche an der Gruftstraße existiert nicht mehr. Sie stand von 1450 bis zu ihrem Abbruch 1805 auf dem Gebiet des heutigen Marienhofs, mehr oder weniger gegenüber dem Dallmayr-Haus.

34 Panzer, Bayerische Sagen, Bd. 1, Nr. 28; Kapfhammer, Bayerische Sagen, S. 24. Beide erwähnen auch den Zusammenhang mit dem Erdbeben von Lissabon.

35 Becker, Walchensee, S. 71. Die regelmäßigen „Verlobungen" der bayerischen Fürsten dürften tatsächlich nicht zutreffen. Eine Reise von München an den Walchensee mit vermutlich großem Tross war aufwendig und zeitraubend und würde vermutlich auch in anderen Quellen aufscheinen.

36 Vgl. Nar, Die Jachenau, S. 147. Noch Anfang des 19. Jahrhunderts wurde in bayerischen Schulen gelehrt, dass alle Jahre ein feierlicher Umgang der Seeanwohner um den ganzen See stattfinde, um durch Gebet das Äußerste abzuwenden (Becker, Walchensee, S. 71).

37 Schmidt, Die Jachenauer in Griechenland. Vgl. auch Becker, Walchensee, S. 68 f.

38 Heyse, Hochzeitsreise, S. 483.

39 Nar, Die Jachenau, S. 147.

Josef Ruederer: Walchensee

Die Sage vom Walchensee ist vielfach erzählt worden, doch selten so drastisch wie vom Münchner Dichter Josef Ruederer im Jahr 1907:

„Inmitten dichtbewaldeter Berge, hoch über der oberbayrischen Ebene ruht der einsame, dunkelgrüne Walchensee. Unbewegt ist seine Fläche, Karwendel und Wetterstein spiegeln im Sonnenglanze ihre verschneiten Felsrücken, und ein Schifflein zieht wie ein schwarzes Insekt von der Niedernacher Bucht herüber zum Klösterl. Friede über dem Wasser, Friede darunter.
Nur ganz in der Tiefe, weit unter den pfeilgerade ziehenden Fischen, lauert Tod und Verderben. Ein erschreckliches Untier ruht dort mit rollenden Augen, die so groß sind wie Feuerräder. Das umspannt mit seinem Riesenschweif das ganze Gewässer von einem Ende zum anderen seit tausend und abertausend Jahren. Löst sich einst dieser Ring, schnellt das Untier den Schweif auseinander, dann wird zwischen Jochwand und Herzogstand der Kesselberg bersten, der See wird durchbrechen und München geht zu Grunde. Wenn Unglaube, frecher Übermut, Sittenlosigkeit und Gottesleugnung überhand nehmen, wird dieses Schicksal sich erfüllen und die neue Sintflut über Bayerns Hauptstadt hereinbrechen. Mit den Felsen werden die Wassermassen herabstürzen zum Kochelsee; der wird emporschnellen, wie von Zyklopenhänden geschleudert. Dann, einen Augenblick, wird er wieder zusammenbrechen und gleich darauf alles hinausschleudern in den Gebirgsbach, der ihn durchzieht, in die Loisach. Nun aber gibt's kein Halten mehr, kein Besinnen. Über das Rohrfeld von Benediktbeuern geht der Strom hinaus, immer weiter ins flache Land. Wütend und zischend kommt er daher, wie mit gräßlichen Flüchen auf Leben und Wachsen. Was sich ihm in den Weg stellt, wird niedergerissen, Häuser, Wälder und Menschen. Nur da und dort ragt noch ein Kirchturm aus den aufgeregten, graubraunen Fluten. Bald stürzt auch der, und je stärker die Ebene sich neigt, um so stärker stürmt es dahin, das entfesselte Element. Gewitterwolken jagen vor ihm am Firmament, und unter ihnen leuchten von ferne in schwefelfarbenem Glanze weitverzweigte Kiesfelder. Darin zieht die Isar, noch unberührt, noch gesättigt von dem tiefen Grün, das sie aus ihrer Wiege, der Scharnitz, heraussträgt.
Doch in wenigen Augenblicken ist sie mit dem Riesenstrome verbunden, und der tobt als ungeheurer Katarakt in wildem Taumel dem Ziele entgegen. Leichen von Menschen und Tieren schleppt er mit sich, Inseln entstehen und verschwinden auf ihm wie draußen im Ozean. So geht's fort mit betäubendem Höllenlärm bis dahin, wo die Höhenzüge im Isarbette näher zusammentreten. Dort löst die gepreßte Kraft Steine und Erdreich wie frischgebackenes Brot. Hinter ihm ein tosendes Meer bis zum gähnenden Kessel des Walchensees, vor ihm die Stadt, die große Stadt, die das Unglück schon ahnt.
Nicht seit heute und gestern. Seit hundert Jahren oder noch länger las man an einem bestimmten Tage in der Michelskirche eine Messe, um das Verderben zu bannen – da, im letzten Augenblick, wo man sieht, daß alles verloren ist, zieht man die Glocken. Zu spät, dreimal zu spät. Die Sintflut kommt näher, jetzt zerreißt sie die Eisenbrücken, daß sie wie Stricknadeln zusammenbrechen, jetzt wälzt sie sich in die Vorstadt, jetzt umtobt sie die Frauentürme, jetzt ersticken die Münchner unter Bergen von Schlamm und Geriesel, und jetzt – ja jetzt – besinne ich mich, daß das alles nichts weiter ist als ein Phantasiegebilde."

(Ruederer, München, S. 79-81)

Der Waller vom Walchensee

Gedicht von Franz Freisleder

Da Waller, der is riesengroß,
uroid und rundum voller Moos.
Er wiagt leicht a paar tausend Pfund
und ringelt si ganz unt am Grund.
Damit a Platz hat, steckt a glei
sein Schwanz ganz einfach in sei Mei.
Er wart' und schaugt dabei recht grantig
doch eines Tages wird a hantig!
Dann nämlich, wenn's in Bayern d'Leit
z'weit treibn mit ihrer Schlechtigkeit.
Den Kesselberg sprengt er ausanand!
Und s' Wasser stürzt ins Oberland
und reißt ois mit, nix bleibt mehr grad,
putzt weg die sündhaft' Münchner Stadt!

(Freisleder, Grad scheh is' bei uns, S. 183 f.)

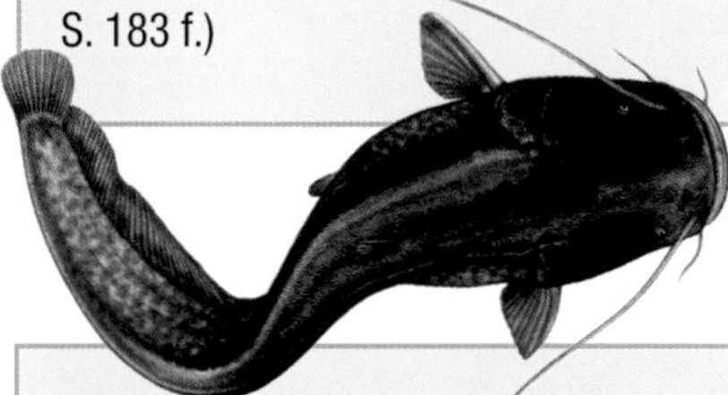

Der große Fisch

Immer wieder wurde die Geschichte vom Seeungeheuer aufgewärmt. Josef Demleitner zitiert aus alten Aufzeichnungen: „Die im Jahre 1883 in hohem Alter verstorbene Witwe des letzten Försters Bräu zu Altlach wollte in ihrer Jugendzeit selbst diesen großen Fisch gesehen haben, da wo der See am tiefsten ist, zwischen Urfeld und Sachenbach. Er sei breit von Rücken gewesen und fast länger als der Kahn, in welchem sie allein rudernd fuhr. Der Fisch habe mit seinem fetten Rücken etwas über die Wasserfläche hervorgeragt und sei bei ihrem Annähern langsam in die Tiefe versunken. Es wird wohl ein dicker, langer Waller gewesen sein, deren der Seegrund gewiß noch mehrere beherbergt."

(Demleitner, Kochel, S. 162)

Eisenrohre, durch zweihundert Meter Gefälle soviel Kraft erlangen, um riesige Turbinen und Dynamos treiben zu können. Die Schwere des gefesselten Elements sollte sich in jene geheimnisvolle Kraft verwandeln, die auf dem Drahtwege überall dorthin geleitet werden kann, wo der Mensch ihrer bedarf. So sollten die drohenden Wasser aus dem ehedem geheimnisvollen Bergsee, deren Gefährlichkeit durch das sagenhafte Meeresungeheuer, den Walch, versinnbildlicht war, dem Menschen dienstbar gemacht werden. Der gebändigte Walch sollte den Nachricht, Kunst und Unterhaltung vermittelnden Funken über die Erdoberfläche senden, er sollte schwere Lasten heben, Maschinen antreiben, Menschen und Güter von einem Ort zum andern befördern und dort, wo man es haben wollte, das Dunkel der Nacht überwinden." So beschreibt Josef Rambeck die Sage 1931 in seinem Arbeiterroman über den Bau des Walchenseekraftwerks.[40]

Auch in den Tagen des Zweiten Weltkriegs, in denen man einen feindlichen Angriff auf das Werk fürchtete, war Teilen der Bevölkerung noch immer nicht ganz wohl bei dem Gedanken an das Ungeheuer im Walchensee. Sogar bei einer gesellschaftlichen Zusammenkunft in Florenz im Spätsommer 1943 waren das Walchenseekraftwerk und eine mögliche Überschwemmung Gesprächsthema. Kronprinz Rupprecht bestritt dabei die These, dass die Bombardierung des Werks halb Oberbayern und München überfluten würde, auch wenn aus einer mittelalterlichen Angst heraus noch immer in einer Münchner Kirche jährlich eine Stiftungsmesse gelesen würde.[41]

Die Unergründlichkeit des Walchensees gab immer wieder neue Rätsel auf. Im Sommer 1944 soll gar die Kriegsmarine dort Mini-U-Boote ausprobiert haben[42], was leicht erneut die Fantasie anregen konnte. Doch von den „*hundert Fuß großen Wallern, die im Grunde des Sees sich aufhalten und durch ihr Umwälzen unbegreifliche Stürme im Wasser bei ruhiger Luft veranlassen, hat man noch nie etwas gesehen. Auch von diesen plötzlichen Aufwallungen des Wassers, von denen viel in Büchern gefabelt wird, wissen die Fischer nichts.*"[43]

Und noch in unseren Tagen ist die Sage vom Waller nicht vergessen, wie Franz Freisleder in einer seiner „Rundfunkplaudereien" bewies: „*Vogelparadies und Fischerparadies ist der Walchensee. Die ‚Schnürlwascher' dürfen dort schon immer vom 1. März an nach Forellen und Saiblingen angeln. Den berüchtigten Waller vom Walchensee hat allerdings bisher noch kein Angler an der Schnur gehabt.*"[44]

Doch andere „Schätze" könnte man durchaus auf dem Boden des Sees finden. Im Laufe des Zweiten Weltkriegs sind hier mindestens zwei Flugzeuge nach einer missglückten Notlandung versunken: eine Me 109 sowie ein britischer Bomber vom Typ Lancaster (ein 1978 ebenfalls hier versunkener zweimotoriger Hochdecker konnte kurz nach dem Absturz samt Besatzung aus dem flachen Wasser geborgen werden). Beliebt bei Tauchern als Erkundigungsziel sind auch zwei Autowracks, die nahe dem Ufer auf dem Seegrund liegen. Und auch an Land spekulieren Schatzgräber über mögliche Funde: Am 24. April 1945 ist nämlich von der Wehrmacht und Beamten der Reichsbank ein Teil der letzten Reserven der Deutschen Reichsbank nach Einsiedl gebracht und anschließend in Steinriegel oberhalb des Obernachkraftwerks vergraben worden. Weit über 400 Säcke mit Goldbarren, Goldmünzen, Devisen und Dokumenten sollen es gewesen sein. Am 6. Juni 1945 wurde das Vermögen dann allerdings an die Alliierten verraten und ausgeliefert. Doch fehlten damals 100 Goldbarren und jede Menge Schweizer Franken und Dollar. Ihr Verbleib ist unbekannt. Und obendrein könnten auch noch andere Depots für Wertgegenstände und Juwelen irgendwo unentdeckt schlummern.[45] Der Fantasie sind am geheimnisvollen Walchensee keine Grenzen gesetzt.

40 Rambeck, Baraber vom Walchensee, S. 142 f. Er spricht übrigens – anders als im Allgemeinen üblich – von „dem Walch".

41 Weiß, Rupprecht von Bayern, S. 311. Dieses Gespräch hatte sogar politische Folgen. Oberst Fernando Grammacini, der frühere Beauftragte Mussolinis in Bayern, der bei diesem Gespräch erwähnt hatte, dass sich englische Offiziere nach dem Ersten Weltkrieg für das Walchenseekraftwerk interessiert hätten, wurde auf Intervention der Gestapo verhaftet. Man beschuldigte ihn, er habe von Kronprinz Rupprecht die Pläne des Kraftwerks zur Übermittlung an die feindlichen Mächte erhalten. Als eigentliches Ziel der Ermittlung wollte die Gestapo dem Kronprinzen Landesverrat nachweisen.

42 Storz, Kriegsmarine am Walchensee, S. 10-11.

43 Noë, Bayerisches Seenbuch, S. 294.

44 Freisleder, Grad sche is' bei uns, S. 183.

45 Wikipedia, Walchensee, 2008.

Kirchengeschichtliche Voraussetzungen

Kloster Benediktbeuern, Foto 2008

DER WALCHENSEE – ZWISCHEN BENEDIKTBEUERN UND SCHLEHDORF

Der schwer zu erreichende See wurde erst im hohen Mittelalter von den Klöstern aus gerodet, allen voran dem Kloster Benediktbeuern, das die Gerichtsbarkeit über das ganze Gebiet hatte. Von Anfang der Besiedelung an konkurrierten die Klöster Benediktbeuern und Schlehdorf bzw. der Bischof von Freising jedoch um die Rechte am Walchensee. Dabei ging es nicht nur um Grundbesitz, sondern vor allem um Rechte an Holz – das hier in übergroßer Fülle zur Verfügung stand – und um die Fischrechte.

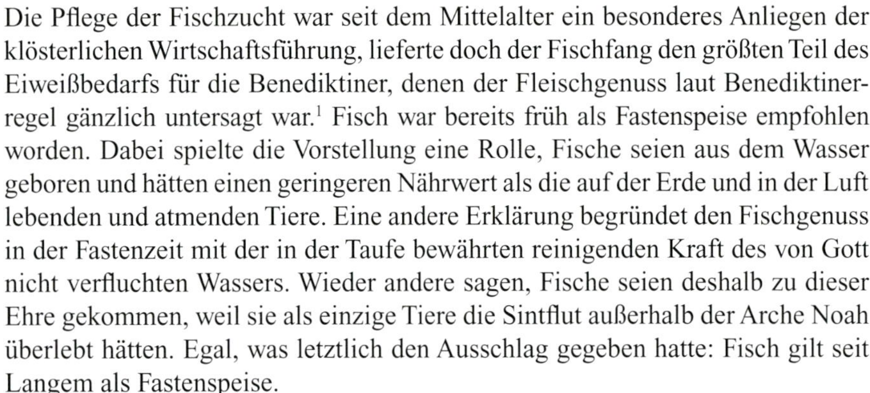

Die Pflege der Fischzucht war seit dem Mittelalter ein besonderes Anliegen der klösterlichen Wirtschaftsführung, lieferte doch der Fischfang den größten Teil des Eiweißbedarfs für die Benediktiner, denen der Fleischgenuss laut Benediktinerregel gänzlich untersagt war.[1] Fisch war bereits früh als Fastenspeise empfohlen worden. Dabei spielte die Vorstellung eine Rolle, Fische seien aus dem Wasser geboren und hätten einen geringeren Nährwert als die auf der Erde und in der Luft lebenden und atmenden Tiere. Eine andere Erklärung begründet den Fischgenuss in der Fastenzeit mit der in der Taufe bewährten reinigenden Kraft des von Gott nicht verfluchten Wassers. Wieder andere sagen, Fische seien deshalb zu dieser Ehre gekommen, weil sie als einzige Tiere die Sintflut außerhalb der Arche Noah überlebt hätten. Egal, was letztlich den Ausschlag gegeben hatte: Fisch gilt seit Langem als Fastenspeise.

Als strenge Fasttage sieht die katholische Kirche heute lediglich den Karfreitag und den Aschermittwoch vor (wobei das zur Tradition gewordene „Fischessen" meist nur noch sehr wenig mit Askese zu tun hat!); aus alter Tradition fasten einige noch immer jeden Freitag sowie in der vierzigtägigen vorösterlichen Fastenzeit, die jeweils am Karsamstag endet. Früher war dies jedoch anders. Etwa ein Drittel des Jahres war dem Fasten gewidmet. Neben dem vorösterlichen Fasten sah die Kirche enthaltsame Tage nach Heilige Drei Könige vor sowie das Ernte-, Martini-, Weihnachts- und Silvesterfasten. Und natürlich die Freitage. Summa summarum machte dies 120 Tage. Da gab es dann – je nach Vermögen des Einzelnen – Mehlspeisen, Gemüse wie Kraut und Rüben, Bohnen, Linsen und Erbsen (die Kartoffeln wurden erst in den letzten Jahrhunderten in Bayern heimisch), Getreidesuppen und natürlich Fisch. Es ging sogar so weit, dass man zum Braten derselben nur Pflanzenöl verwenden durfte. Den Gebrauch von Butter und Schmalz auch an Fasttagen erlaubte erst Papst Sixtus IV. im Jahr 1480. Findige Klosterbrüder brauten dazu das starke Fastenbier und erklärten verschiedene Tiere, die im Wasser lebten, zu Fischen, etwa Fischotter und Biber, Schnecken, Krebse und Frösche, aber auch Stockenten und Rohrhühner. Ein besonders pfiffiger geistlicher Herr soll sogar einmal feierlich zu einem Spanferkel gesprochen haben: *„Ego te baptizo carpam – ich taufe dich Karpfen!"*

Die Benediktinerordensregel sah eigentlich ein noch strengeres Fasten vor: die gänzliche Enthaltung von Fleischspeisen. In Kapitel 39 ist lediglich kranken Mönchen der Verzehr des Fleisches vierfüßiger Tiere erlaubt. Doch war dies ein Punkt, den man in den Klöstern Mitteleuropas von Anfang an eher lax interpretiert hatte.

1 Hierzu ausführlich bei Oelwein, Fischerei in Schwaben, S. 205-210.

Ansicht der Klosteranlage Benediktbeuern aus den Jahren 1739/40, Kupferstich von Johann Ferdinand Ledergerber

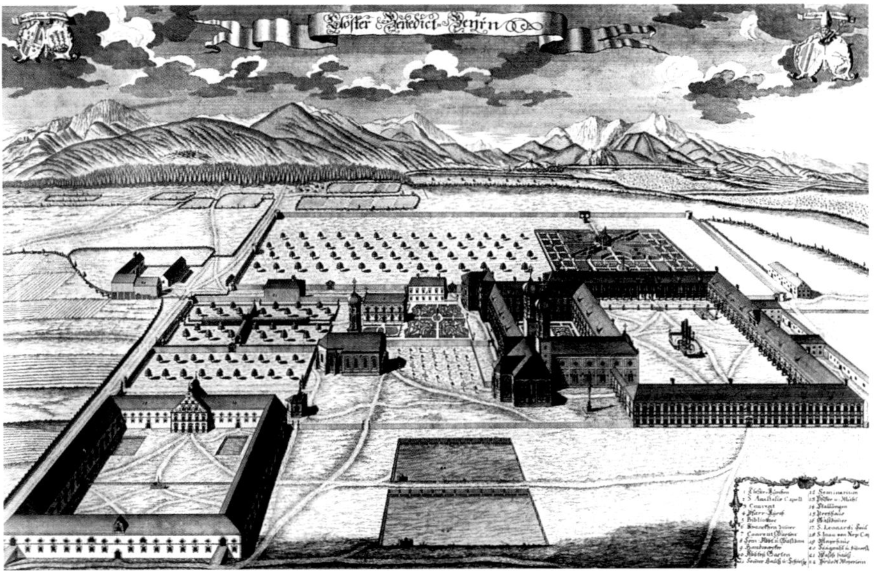

Man ging davon aus, dass der heilige Benedikt von den Verhältnissen der Mittelmeerländer mit ihrer traditionell an Fischspeisen reichen Küche ausgegangen war, die sich auf die Regionen Mitteleuropas nicht völlig übertragen ließen. Dennoch ist von Abt Balthasar von Benediktbeuern noch 1512 ein Festhalten an diesem Verbot bezeugt.[2]

In unseren Breiten waren Fische jedoch Mangelware und wurden teuer bezahlt.[3] Deshalb entwickelte sich in den Klöstern schon bald eine ausgiebige Fischwirtschaft. Glücklich waren diejenigen Klöster, die auf natürliche Gewässer zurückgreifen konnten; andere legten im großen Stil Weiher künstlich an, so auch Benediktbeuern. Doch in erster Linie dienten diesem Kloster – wie auch dem Kloster Schlehdorf – neben den Fließgewässern der Kochel- und der Walchensee als Fischlieferanten.

KLOSTER BENEDIKTBEUERN

Tatsächlich setzte die Rodungstätigkeit am Walchensee wohl erst um 1100 ein – ausgehend von Kloster Benediktbeuern.[4] Auf jeden Fall treten der Walchensee und seine Fischerei damals ins Rampenlicht der Geschichte.

Karl Meichelbeck, der bedeutendste Kirchenhistoriker seiner Zeit und Archivar von Benediktbeuern um 1700, vermutete, dass der Walchensee bereits bei der Gründung des Klosters in dessen Besitz gekommen war. Nach den alten Unterlagen gehörte das ganze Gebiet von der Isar bis Wallgau zur Gründungsausstattung. Er fügt an, dass die Klosterstifter u. a. sogar „Grafen von Walhnsee" genannt worden seien.[5] Dies mag durchaus zutreffen; dass dieser Landstrich damals allerdings bereits gerodet war, ist nicht anzunehmen.

Die Anfänge des Klosters Benediktbeuern liegen – trotz offensichtlich detailreicher Gründungsgeschichte – im Dunkeln und wir wollen uns hier auch gar nicht auf die noch immer anhaltenden Diskussionen einlassen. Nur so viel: Um 739 gegründet, zählt Benediktbeuern zu den ältesten Klöstern im bayerischen Voralpenland. Zu den Hauptaufgaben des Klosters gehörte neben der Mission auch die Rodung des Loisachtals, der Jachenau und des Walchenseegebietes, die jedoch erst im 13. Jahrhundert ihren Höhepunkt erreichte.[6] Doch zuvor kam ein Tiefpunkt. Man brachte ihn mit Herzog Arnulf dem Bösen in Zusammenhang, der so böse eigentlich

2 BayHStA KL Benediktbeuern 2/2, fol. 45.

3 Die Annahme von Schmid (Abtei Benediktbeuern, S. 318) ist also völlig falsch, wenn er schreibt: „Wie alle Klöster legte auch Benediktbeuern besonderen Wert auf die Fischzucht, weil Fische ein billiges Nahrungsmittel und auch eine beliebte Fastenspeise waren."

4 Ebenso wie die Jachenau, in der es sogar vor 1181 keine eindeutigen Zeichen der Besiedelung gab. Gudelius, Jachenau, S. 20.

5 Handschriftliche Aufzeichnungen Meichelbecks, zitiert nach Daffner, Benediktbeuern, S. 318.

6 Niedermeier, Benediktbeuern, S. 101.

gar nicht war.[7] Nach dem Niedergang des Klosters kehrten erst um 1030 wieder Benediktiner aus dem Kloster Tegernsee nach Benediktbeuern zurück, was einer Neugründung gleichkam. 1031 erhielten sie mit Gotthelm einen eigenen Abt, und schon wenig später begann dort eine umfangreiche literarische Tätigkeit. Eine neue Gründungsgeschichte wurde geschrieben. Verantwortlich dafür zeichnete der Mönch Gottschalk, den Ludwig Holzfurtner in seiner Untersuchung der Gründungsüberlieferungen bayerischer Klöster als einen *„der gewissenlosesten Fälscher des hohen Mittelalters"* bezeichnet.[8] Mit dieser Meinung steht er nicht allein. Der Altmeister der Urkundenforschung Paul Fridolin Kehr etwa nennt ihn einen *„skrupellosen Mönchstypus, dem jede Fälschung zuzutrauen wäre"*[9].

„Auf sein Konto gehen die hochmittelalterlichen Fälschungen von Urkunden; er fälschte die Liste der dem Kloster angeblich durch die Königin Kysila geschenkten Bücher, und er erfand die translatio Anastasiae, eine geradezu unverschämte Lügengeschichte, in der er sich selbst den Diebstahl der Reliquien der heiligen Anastasia zuschreibt."[10] Der sehr durchsichtige Grund seiner Fälschungen war der Versuch, auf diese Weise aus Benediktbeuern ein Märtyrergrab wie Tegernsee zu machen, das eigene Kloster gewissermaßen aufzuwerten, eine beliebte klösterliche Praxis im Mittelalter. Außerdem konnte man auf diese Weise auch gleich noch weitere Besitzansprüche anmelden. Ohne hier weiter in die noch immer anhaltende Diskussion über den Wahrheitsgehalt der Gottschalker Aussagen näher einzugehen: Vorsicht ist bei der frühen Benediktbeurer Geschichte geboten!

Erst nach der Wiederbelebung um 1030 und dem Anschluss an die Hirsauer Reform erlebte das Kloster im 12. und 13. Jahrhundert eine neue Blüte. Berühmt war die Klosterbibliothek, in der sich u. a. die „Carmina Burana" fanden. 1275 konnte das Kloster sogar vorübergehend die Reichsunmittelbarkeit erlangen. Den Wittelsbachern, die nach dem Aussterben der Grafen von Andechs im Jahr 1248 deren Vogteiamt über Benediktbeuern übernommen hatten, gelang es jedoch, die Rechte des Klosters immer weiter einzuschränken, sodass die Reichsunmittelbarkeit im 14. Jahrhundert wieder verloren ging. Dennoch blieb Benediktbeuern auch weiterhin ein mächtiges Kloster. Analog zu den weltlichen Landgerichten war die Gerichtsherrschaft Benediktbeuern weitgehend selbstständig und nur dem Hofrat in München verpflichtet. Nach dem Dreißigjährigen Krieg erlebte Benediktbeuern eine dritte Blütezeit in kultureller wie wirtschaftlicher Hinsicht; 1669 begann die Neugestaltung und Erweiterung der Klosteranlage. 1803 wurde Kloster Benediktbeuern im Zuge der Säkularisation aufgehoben und die Besitzungen versteigert.

Titelblatt des Chronicon Benedicto-Buranum von Karl Meichelbeck, 1752

7 Seinen schlechten Ruf verdankt Arnulf späteren Geschichtsschreibern. Er musste vielfach als Sündenbock dienen für den in etwa zu seiner Zeit festzustellenden, selbst verschuldeten Niedergang der klösterlichen Kultur. Das negative Image Arnulfs wurde von Historiografien des 17. und 18. Jahrhunderts aus den Reihen der Geistlichkeit begründet. Für sie war „Arnolphus Malus" der verräterische Königs- und Kirchenfeind, der viele Klöster ihrer Schätze beraubte. Diesem Urteil schloss sich auch Karl Meichelbeck an. In den Jahren 1722 bis 1727 verfasste er anlässlich der 1.000-jährigen Wiederkehr der im Jahr 724 vermuteten Errichtung des Bistums Freising seine berühmte „Historia Fisingensis". Was er darin an Fakten über das Leben Arnulfs beibringt, ist allerdings dürftig. Seine Fakten stützen sich nicht auf Quellen, sondern auf zeitgenössische Sekundärliteratur. Eventuell rehabilitierende Schriften nannte Meichelbeck schlicht falsch. Nach Meichelbecks Meinung hat Arnulf der Kirche mehr geschadet, als es die Ungarn je hätten tun können. Vgl. Schmid, Das Bild des Bayernherzogs Arnulf, S. 172-175.

8 Holzfurtner, Gründung und Gründungsüberlieferung, S. 57. Pater Leo Weber aus Kloster Benediktbeuern versucht zwar eine Rechtfertigung der Gottschalk'schen Quellen aus der Mitte des 11. Jahrhunderts, kann ihm jedoch auch nicht uneingeschränkte Korrektheit attestieren: „Obwohl darin sicher einiges objektiv falsch, anderes tendenziös schematisiert ist, fanden außer der grundsätzlichen Bestätigung der Anfangsdatierung im ungefähren Sinne die besitzgeschichtlichen Angaben Gottschalks zu guten Teilen neue Anerkennung." Weber, Benediktbeuern, S. 53.

9 Kehr, DD MGH Heinrich III., S. 403.

Erst seit der Wiederbesiedlung des Klosters um 1030 ist es für die Geschichte des Walchenseegebiets von Interesse, auch wenn das Gebiet lange zuvor zum Besitz des Klosters zählte. Obwohl die älteste Grenzbeschreibung, die den Zustand um 800 beschreibt, nur aus einer späteren Abschrift überliefert ist und Reinhard Bauer[11], der sich mit der Grenzbeschreibung eingehend befasst hat, einige heute unbekannte Ortsnennungen nicht genau lokalisieren und damit den westlichen Verlauf nicht mit letzter Sicherheit angeben kann, dürfen wir davon ausgehen, dass eine größere in sich abgeschlossene Fläche zur Gründungsausstattung des Klosters zählte. Sie entspricht in weiten Teilen der späteren Benediktbeurer Gerichtsherrschaft. Mit eingeschlossen war auch das Walchenseegebiet. Doch bestand dieses Gebiet hauptsächlich aus Wäldern, Bergen und Gewässern. Siedlungen sind nicht genannt, wobei im Einzelnen untersucht werden müsste, ob sie nur von der Schenkung ausgeschlossen waren oder schlicht noch gar nicht existierten. Letzteres dürfte vor allem für die entlegeneren Berg- und Waldgegenden zutreffen. Nachweislich waren um 800 nur die Siedlungen Buren und Antdorf sowie Kochel und Sindelsdorf innerhalb des umgrenzten Gebietes angelegt, also alles Orte, die gewissermaßen „vor" dem Gebirge lagen. Die weiten Sumpfgebiete zwischen Loisach und Würmsee konnten ebenso wie die Berge zwischen Isar und Loisach lediglich zur Jagd und Viehzucht verwendet werden.[12] Bedeutend waren die ausgedehnten Waldungen des Territoriums, die den Reichtum des Klosters begründeten.

Nach der Wiederbegründung des Klosters um 1030 wurde mit einer intensiven Rodung begonnen.[13] Seit dem 10. Jahrhundert hatte sich in ganz Mitteleuropa das Klima gebessert bzw. erwärmt.[14] Die Bevölkerungszahlen stiegen und mit ihnen der Nahrungsmittelbedarf. „Neues" Land musste gerodet und kultiviert werden. Und so drang man in die bislang ungenutzten, meist durchgängig bewaldeten und allenfalls dünn besiedelten Alpentäler vor, die nun auch in höheren Regionen Ackerbau und Viehzucht erlaubten. Die Bevölkerung in Europa vermehrte sich ungebremst und erreichte nie zuvor da gewesene Größenordnungen. Das Hochmittelalter war eine Zeit der Rodungen und der Dorfneugründungen auch in abgelegenen Gebieten, sogar in Hochalpentälern. Schätzungen zufolge schrumpfte die Waldfläche in Mitteleuropa von 90% des Landes auf nur mehr 20% (gegenüber ca. 30% heute). In den Alpen wurden Hochalmen erschlossen, da die Erwärmung das Auftreiben des Viehs zu Weiden in höhere Regionen während des Sommers erlaubte.[15]

In diese Zeit fällt auch die Erschließung des Walchenseegebietes.[16] Zwar schreibt Karl Meichelbeck, dass dem Kloster Benediktbeuern durch Herzog Arnulf Güter entfremdet worden waren, *„in specie der Wahlnsee war uns völlig entzochen"*, doch wurden sie wieder zurückgegeben[17], *„von welcher Zeit hero diser See einigermassen bey dem Kloster verbliben"*[18]. Dies widerspricht nicht den Tatsachen, doch nirgendwo steht, dass die Ufer des Walchensees damals bereits kultiviert waren. Eine Originalurkunde, die dafür sprechen könnte, hat schon Karl Meichelbeck im Benediktbeurer Archiv nicht auftreiben können. In der Urkunde, auf die sich der Mönch Gottschalk stützt, wurde von König Heinrich III. zwar der Besitz in Benediktbeuern selbst sowie in Kochel, Bichl und Ort bestätigt, jedoch die Besitzungen „Kochelsee" und „Walchensee" hinzugefälscht[19]. Dies konnte oder wollte Meichelbeck aber nicht glauben und ergänzte: *„Ich sage aber mit aller Bedachtsambkeit, der Wahlnsee seye ab ao. 1048 bey dem Kloster geblieben nur einiger massen, weilen nemblichen bald hernach sich bezaiget, das auch die Pischöff zu Freysing auf dem See einiges Dominium* [= Eigentum] *führten."*

10 Holzfurtner, Gründung und Gründungsüberlieferung, S. 57.

11 Bauer, Grenzbeschreibungen, S. 174-188.

12 Ebenda, S. 183.

13 Auch Holzfurtner (Grenzen der oberbayerischen Klosterhofmarken, S. 431) spricht von „einer relativ jungen Rodung" um den Walchensee und die Jachenau.

14 Vgl. hierzu ausführlich Behringer, Kulturgeschichte des Klimas, S. 103 ff.

15 Ebenda, speziell S. 110.

16 Die erste Rodungsstelle am See soll laut Meichelbeck bei Sachenbach gewesen sein, das jedoch auch erst für das Jahr 1294 als „Saherbach" quellenmäßig belegt ist und dessen Namen so viel wie „Bach mit hohem Gras oder Schilf am Ufer" bedeutet (Gudelius, Jachenau, S. 79), abgeleitet von mittelhochdeutsch Saher, Schacher = Schilf. Vgl. Schnetz, Flurnamenkunde, S. 45.

17 In seinem Breviarium von 1055 heißt es, dass auf Intervention des Grafen Adalbero Kaiser Heinrich III. dem Abt Gotthelm die vier um das Kloster gelegenen Orte „cum stagnis [= Gewässer] Chochelsee, Walhense" restituiert habe. Vgl. Wattenbach, MGH SS 9, S. 223, und Breslau/Kehr, Urkunde von 1048 MGH DD Heinrich III., Nr. 297.

18 Diese handschriftlichen Aufzeichnungen sind zitiert nach Daffner, Benediktbeuern, S. 319 ff. Dort der ganze ausführliche Text.

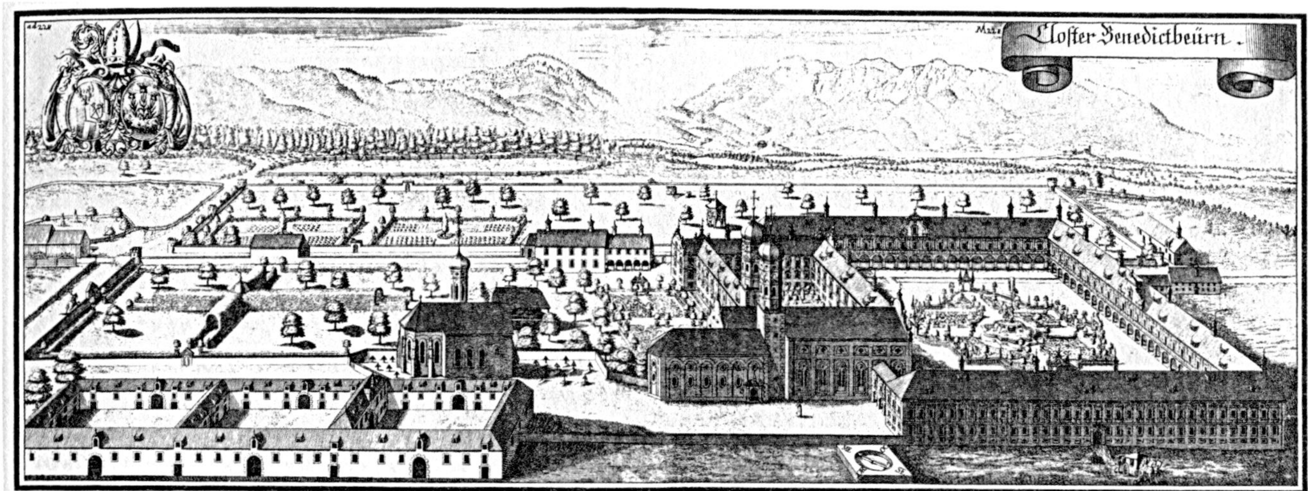

Kloster Benediktbeuern, Kupferstich von Michael Wening, entstanden zwischen 1701 und 1726

Dass der Walchensee im Gerichtsbezirk des Klosters liegt, ist unbestritten. Nur die entsprechenden Rechte waren nicht so klar, wie dies Gottschalk glauben machen wollte.

Kaum hatte man nämlich begonnen, das Gebiet zu roden, gab es bereits erste Schwierigkeiten mit den „Nachbarn". Um 1100 kam es laut Meichelbeck zu Auseinandersetzungen zwischen Benediktbeuern und Freising bezüglich des Walchensees. Worum es dabei ging, war selbst Meichelbeck nicht ganz klar, da es in den alten Quellen *„also obscure erzellet wirdt, daß wür es heut zu Tag gar hart verstehen können"*. Es ging um die *„Ouva in Loybinsbac circa lacum Walchinsee"*, welche damals angeblich zwischen den Freisinger Bischöfen und dem Kloster Benediktbeuern *„wegen besserer accommodatio* [= Anpassung, Entgegenkommen] *der Fischer ist vertailt worden, wie obgedachte Monimenta zaigen"*. Und bei diesen „Monimenta" = Quellen handelte es sich um nichts anderes als die Chronik des Mönchs Gottschalk und einige zeitgleiche Codices. Bereits Karl Meichelbeck meldet hier berechtigte Zweifel am Wahrheitsgehalt an.[20] Zwar fand man zu seiner Zeit nahe dem Walchensee einen Ort namens Au sowie einen Ort namens Laberspach, *„welche beede vocabula zwar eine Gleichheit haben mit denen Worten ouva, allein liget vor Augen, daß die heutige Au und Laberspach diejenigen Orth gantz nit seindt, welche zwischen beeden Herrschaften zerthaillet und cultiviert worden, indem weder in der Au noch in dem Laberspach einige Fischerwohnung oder Feldt, sondern nichts, als eine lautere Waldung zu sechen und alle beede noch heunt zu Tag unserm Kloster zuständig seindt."*

Wie er es auch dreht und wendet: Irgendetwas konnte nicht stimmen. Meichelbeck hatte zwar erkannt, dass die Aussagen nicht richtig sein sein konnten, doch zog er – da er nicht glauben konnte, dass der Mönch Gottschalk einstens nur fabulierte – andere Schlüsse: *„Wann mir erlaubt ist, mein von etlichen Jahren her hierüber geführten Gedancken zu eröffnen, so glaube ich endlichen, daß die alte obgedachte ouva in Loibinsbac kein anders Orth seye, als eben dasjenige, wo heut zu Tag S. Jakobs-Kirchl samt dem Würths-Haus zu fünden."* Als weitschweifige Erklärung gibt er an, dass nur dort der Platz zur Verfügung stand, Fischernetze aufzuspannen und zu flicken, und dass in der Fischordnung von 1582 von früheren Vereinbarungen zwischen Benediktbeuern und Schlehdorf die Rede ist, das wiederum zeitweise in Abhängigkeit vom Freisinger Bischof stand. Karl Meichelbeck scheint allerdings von seinem Konstrukt selbst nicht ganz überzeugt

19 Kehr, MGH DD Heinrich III.

20 Dazu kam, dass im Benediktbeurer Stiftsbüchlein von 1294 zwar sechs Lehen der Hoffischer von Kochel mit ihren Verpflichtungen zur Fischlieferung genannt werden, nicht jedoch solche vom Walchensee. Vgl. Hemmerle, Benediktbeuern, S. 309.

gewesen zu sein und räumt schließlich ein: *„Lieber Leser! wan du in dieser Sach etwas bessers finden oder ersinnen kanst, will ich meine conjecturam mit Freuden fallen lassen!"*

Wir werden also davon ausgehen müssen, dass die Anfänge der Besiedelung des Walchensees im Dunkeln bleiben. Und vielleicht liegt Edmund von Oefele mit seiner bereits 1872 geäußerten Vermutung gar nicht so falsch. Er nimmt nämlich an, Benediktbeuern und Schlehdorf *„theilten das Verdienst, zuerst an des Walchensees Westufer den Urwald gelichtet zu haben.* [...] *Mit Sorgfalt hat eine Benediktbeurer Hand in der zweiten Hälfte des 12. Jahrhunderts wohl frühere Hausaufzeichnungen benützend, die Schritte des Klosters zur Erwerbung und Sicherung jenes Waldgebietes aufgezählt, mit Geringschätzung gegen des Nachbarn Leistungen den eigenen Fleiß in Urbarmachung des Bodens hervorgehoben."*[21]

Auf sicherem Boden befinden sich Karl Meichelbeck und mit ihm die Geschichtsforscher der folgenden Jahrhunderte, wenn es sich um die Gegebenheiten des 18. Jahrhunderts handelt. Sicher ist Meichelbeck, dass das Häusel bei St. Jakob, das Schlehdorf ehedem besessen hatte, zu seiner Zeit ohne Zweifel im Besitz des Klosters Benediktbeuern war. Dass aber der Freisingische, später Schlehdorfische Fischer nicht von Anfang an *„das jezige Zwergerische Orth betretten und bewohnet, mithin die erste Separatio nit in disem bestehet, daß der Benedictbeyrische Fischer sich bey S. Jacob, der Freysingische aber bey S. Margareth sich angerichtet"*, nahm er darüber hinaus zu Recht an, ohne einen genauen Zeitpunkt zu nennen.

Immer wieder kommt Meichelbeck in seinen ausführlichen Aufzeichnungen über den Walchensee auf die Frühzeit zurück. Er will einfach nicht glauben, dass die Sache nicht so klar liegt, wie uns Gottschalk glauben machen will. *„Ich erinnere mich aber jetzt, daß ich, gemess meinem Versprechen, etwas melden solle, wegen desjenigen Rechts, welches die Pischöff zu Freysing weegen der Fischerey auf dem Wahlnsee schon dazumahl circa annum 1100 et seqq. gehabt.* [...] *Ich würde aber einen abentheurischen Fehler begehen, da ich sagen würde, es haben die Pischöff zu Freysing einiges jus schon damahls in lacum illum gehabet wegen der benachbahrten Graffschafft Werdenfels, weilen ja bekannt ist, daß sothanne Graffschafft erst ao. 1294 unter dem Pischoff Ericho nach Feysing gekommen* [und bis 1802 bei Freising verblieb], *entgegen die gemelte Gerechtigkeit am Wahlnsee schon anno 1100 geheget worden."*[22] Nicht anzweifeln möchte Meichelbeck (und wir mit ihm), dass um 1100 die Rodung der Wälder am Walchensee begann, die erste menschliche Wohnung entstand und die ersten Felder bewirtschaftet wurden.[23] Und nun bewegen wir uns in einer archivalisch sichereren Zeit, quasi der Zeit nach Gottschalk und seinen gelinde gesagt „geschönten" Aufzeichnungen.

Meichelbeck fährt fort: *„Bei disen Wohnungen ist hernach auch ein Kirchlein erbauet worden und ao. 1291 von Wolfhardo Pischoffen zu Augspurg zu Ehren des Heyl. Jacobi eingeweyhet worden."* Das Weihejahr 1291 für die Jakobs-Kirche im Ort Walchensee ist unbestritten und in der Literatur immer wieder zu finden.[24] Gleichzeitig wurden die Kirchen in der Jachenau und Benediktbeuern geweiht.[25]

Laut Salbuch von 1294 gehörte die *„piscina in Walhense"* zum Benediktbeurer Kelleramt.[26] Dass ausgerechnet im Jahr 1294 ein neues Benediktbeurer Salbuch angelegt wurde, mag Zufall sein, kann aber auch damit zusammenhängen, dass just in diesem Jahr das Hochstift Freising Gebiete der Grafen von Eschenlohe erworben hat und zusammen mit bereits vorhandenen Besitzungen nun die Grafschaft Werdenfels errichtete. Auf jeden Fall sicherte Benediktbeuern sein Eigentum an Grund und Boden nun langfristig, indem es dieses in einem Salbuch festhielt.[27]

21 Oefele, Geschichte des Hausengaues, S. 6.

22 Text ausführlich bei Daffner, Benediktbauern, S. 322 ff.

23 Daffner, Benediktbeuern, S. 324.

24 Zum Beispiel Geographisches, Statistisch-Topographisches Lexikon von Baiern von 1796, Bd. 1, S. 567. Daffner, Benediktbeuern, S. 324.

25 Nar, Jachenau, S. 23.

26 BayHStA KL Benediktbeuern 32, fol. 1.

Wirtschaftlich gesehen war der Walchensee zunächst äußerst uninteressant. Meichelbeck gibt zu, dass Benediktbeuern bis 1475 dort nur einen einzigen Fischer gehabt hat, der dem Kloster läppische 18 Forellen abzuliefern hatte (gewiss neben anderen Verehrungen, wie Meichelbeck vermutet), was allerdings darauf hinweist, dass der Walchensee nicht sehr fischreich war und der dortige Fischer vermutlich arm. Der See war so uninteressant für die Klosterwirtschaft, dass er in den Aufzeichnungen der Klosterverwaltung jahrzehntelang so gut wie überhaupt nicht erscheint. Dann allerdings wurde die Fischerei auch am Walchensee bedeutend, wie noch zu sehen sein wird.

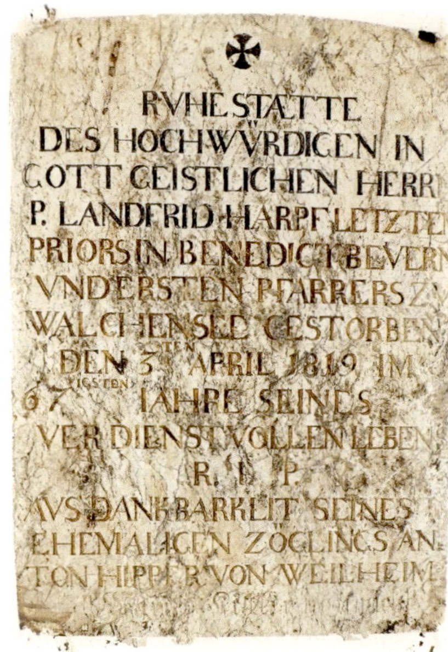

Grabplatte von Landfrid Harpf in der Vorhalle von St. Jakob

Bis zum 18. Jahrhundert war Benediktbeuern zu einer der reichsten Abteien des Oberlandes geworden. So waren etwa von den 559 Anwesen, die im Jahr 1752 innerhalb der Benediktbeurer Gerichtsgrenzen lagen, 530 Anwesen Eigentum des Klosters selbst.[28] Nur 29 Höfe gehörten anderen Grundherrschaften an. Rund um den Walchensee existierten damals genau 15 Anwesen und nur drei – nämlich die drei Höfe zu Zwergern, die zur Grundherrschaft Schlehdorf zählten – gehörten nicht zu Benediktbeuern. Andere Grundherrschaften gab es am See nicht.
Im Einzelnen lagen folgende Anwesen am Walchensee:

> *Altlach:* vier Anwesen, die zu Benediktbeuern gehörten
> (Jäger, Mathes, Christoph, Öttl)
> *Niedernach:* ein Anwesen zu Benediktbeuern (Benedikt)
> *Obernach:* zwei Anwesen zu Benediktbeuern (Jäger, Anderl)
> *Sachenbach:* zwei Anwesen zu Benediktbeuern (Hannes, Sepp)
> *Urfeld:* ein Anwesen zu Benediktbeuern (Jäger)
> *Walchensee:* zwei Anwesen zu Benediktbeuern (Wirt, Waltl)
> *Zwergern:* drei Anwesen zu Schlehdorf (Adam, Mitterbartl, Schwarz).[29]

Am 17. März 1803 wurde das Kloster Benediktbeuern säkularisiert und sein Vermögen dem bayerischen Staat einverleibt. Zum Klostergericht Benediktbeuern zählten damals rund 3.500 Einwohner. Den bei Weitem größten Teil des Gerichtsbezirks nahmen noch immer Waldungen ein. Der letzte Abt des Klosters war Karl Klockner (1748-1805), der letzte Prior Landfrid Harpf. Klockner stellte nach der Säkularisation ein Gesuch, in das ehemalige Superiorat Walchensee ziehen zu dürfen, doch wurde dies von der Landesdirektion abgelehnt, *„da der Abt zu Benedictbeyern bey jeder Gelegenheit den Churfürstlichen Anordnungen sich boshaft widersetzt hat und wahrscheinlich mit seinem Gesuche versteckte Absichten verbindet"*. Unterzeichnet war das Schreiben u.a. von Graf Montgelas persönlich.[30] Landfrid Harpf wurde nach 1803 der erste Pfarrer von Walchensee. Dort ist er am 3. April 1819 im Alter von 67 Jahren gestorben. Seine Grabplatte in der Vorhalle von St. Jakob erinnert noch daran.

Im Jahr 1803 wurden nicht nur das Kloster Benediktbeuern aufgehoben und seine Gerichtsbarkeit vom Staat eingezogen, sondern auch der Bezirk des ehemaligen Klostergerichts als Gerichts- und Verwaltungseinheit gänzlich zerschlagen. Alle westlich der Loisach gelegenen Teile wurden dem Landgericht Weilheim angeschlossen, die östlichen Gebiete kamen zum Landgericht Tölz, darunter auch die Gegend um den Walchensee. In den Jahren nach 1808 vollzog sich die Bildung der politischen Gemeinden. Das Gebiet wurde zunächst in verschiedene Steuerdistrikte unterteilt; innerhalb der Obmannschaft Kochel wurden die Distrikte Kochel, Ort und Walchensee gebildet. Bei der folgenden Gemeindebildung wurde

27 Kriner, Von Gervn zu Krün, S. 66.

28 Albrecht, Historischer Atlas Benediktbeuern und Ettal, S. 12.

29 Ebenda, S. 17 f.

30 Winhard, Karl Klocker, S. 179. Schließlich gestattete Montgelas dem ehemaligen Abt, München als Aufenthaltsort zu wählen. Zwei Jahre später, noch keine 58 Jahre alt, starb Klocker auf einer Reise in Wiblingen. Dort ist er auch in der Äbtegruft der Stiftskirche beerdigt.

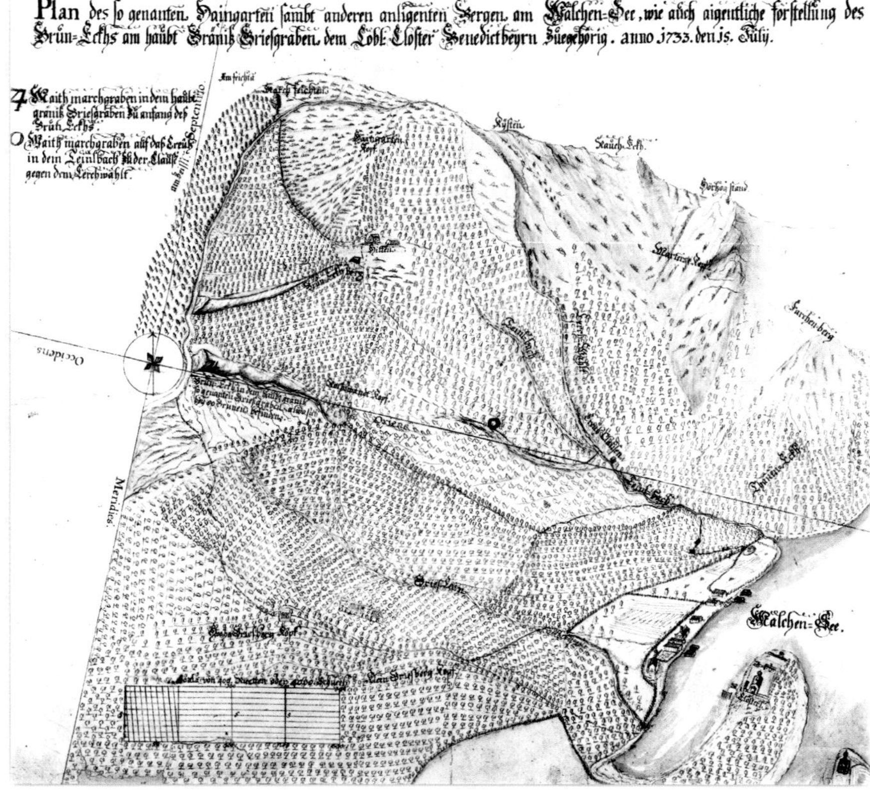

Karte von Haimgarten und Walchensee, Kupferstich aus dem Jahr 1733

der Steuerdistrikt Walchensee, der ursprünglich sämtliche Orte um den See vereint hat, aufgeteilt: Die am Westufer gelegenen Siedlungen Urfeld, Walchensee und Zwergern kamen zu Kochel, die am Ostufer des Sees gelegenen Altlach, Niedernach und Sachenbach zur Gemeinde Jachenau. Warum bei dieser Teilung die Einöde Obernach zur Gemeinde Eschenlohe im Landgericht Weilheim geschlagen wurde, ist nicht ersichtlich. Vermutlich hängt es mit alten Grundherrschaftsgrenzen zwischen den Klöstern Ettal und Benediktbeuern zusammen.[31] 1827 kam Obernach zum Landgericht Werdenfels, dem heutigen Landkreis Garmisch-Partenkirchen.[32]

Dicht bevölkert war der Walchensee auch nach der Säkularisation nicht. Noch 1885 ergab die Volkszählung insgesamt 165 Einwohner rund um den Walchensee, inklusive des Forsthauses in Obernach, wovon zwölf in Urfeld, 52 in Walchensee und 25 in Zwergern wohnten.[33] Allerdings findet sich an den schmalen Ufern auch kaum Platz für größere Ansiedlungen und schon gar nicht für eine dazugehörige Landwirtschaft.[34] Noch immer ist der größte Teil von Wald bedeckt, der im Interesse der Holzgewinnung und zur Erhaltung des Wildbestands geschont wurde. Bis heute hat sich daran kaum etwas geändert. Nur der Fremdenverkehr hat zugenommen.

1803 ist der Walchensee zwar in das Eigentum des bayerischen Staates übergegangen, nicht jedoch die Nutzung desselben. Die Fischerei ist – da der Staat die Ablösung der alten Fischereigerechtigkeiten nicht übernehmen wollte oder konnte – den bisherigen fünf Anwesen verblieben. Und wie zu klösterlichen Zeiten wurde auch nach der Säkularisation keine Einteilung in Fangplätze und Seestrecken vorgenommen. Der Mangel einer solchen Einteilung wurde später mit als Grund für die Raubfischerei angesehen. Und wie zu Zeiten der Klöster lagen die Fischereiberechtigten auch weiterhin im Streit.

31 Vgl. unten S. 166 ff.

32 Albrecht, Historischer Atlas Benediktbeuern und Ettal, S. 22 f.

33 Becker, Walchensee, S. 132.

34 Deswegen erwarben etwa Zwergerner Bauern Wiesengrund in der Gemeinde Wallgau. Siehe unten S. 81.

Der Benediktbeurer Geschichtsschreiber Karl Meichelbeck (1669-1734)

Die Geschichte des Walchensees ist vor allem in ihrer Frühzeit eng mit der Geschichte des Klosters Benediktbeuern verquickt. Die Hauptquellen sind dabei die Schriften des Benediktiners Karl Meichelbeck, von dem nicht nur einige gedruckte Werke vorliegen, sondern der auch ein handschriftliches Manuskript hinterlassen hat, das Franz Daffner 1893 in seiner Geschichte des Klosters abdruckte.

Karl Meichelbeck stammte aus Marktoberdorf im Allgäu und kam aus kleinen Verhältnissen. Bereits mit acht Jahren wurde er ins Kloster Benediktbeuern in die Schule geschickt, wo der Bruder seiner Mutter als Pater Corbinian lebte. Der Onkel war es auch, der den aufgeweckten Buben später zu den Jesuiten nach München ins Gymnasium schickte. 1687, mit 18 Jahren, war er zurück in Benediktbeuern und trat ins Kloster ein. Erst zu dieser Zeit erhielt er den Klosternamen Karl. Sein Geburtsname lautete Johann Georg bzw. Hansjörg. Es folgten die Jahre des Noviziats, der philosophischen und theologischen Studien in verschiedenen Klöstern und zuletzt an der angesehenen Benediktineruniversität in Salzburg. Am 18. September 1694 empfing Karl Meichelbeck in Augsburg die Priesterweihe. Die Primiz feierte man aufwendig in Benediktbeuern.

Zunächst war er Kaplan des Klosters Nonnberg in Salzburg, fühlte sich wohl in der höfischen Kultur der vornehmen Bischofsstadt. Diese seine wohl glücklichste Zeit endete jäh. Auf böswillige Verleumdung hin rief ihn sein Abt zurück nach Benediktbeuern und bestimmte ihn für die Seelsorge in Kochel. Nicht ohne Bitterkeit notierte Meichelbeck in seinem Tagebuch, dass er „im Ochsenjoch des Ordens“ gehe. Bald fand er sich in seinem Heimatkloster jedoch wieder zurecht. Bereits damals wurde er dem Abt in dem Rechtsstreit mit der kleinen Eremitenkolonie am Walchensee, dem sogenannten Klösterl, recht nützlich. Pater Meichelbeck, der seit 1696 Bibliothekar seines Klosters

Gedenktafel an der Nordmauer der Basilika von Benediktbeuern; rechts: Porträt Karl Meichelbecks, Ölgemälde, Mitte 18. Jahrhundert

war, versuchte, anhand alter Pergamente zu beweisen, dass die neuartige „Clausnerey“ auf Benediktbeurer Grund und Boden errichtet war.
Im Sommer 1707 starb Abt Eliland Öttl. Für Karl Meichelbeck schienen sich günstige Aussichten auf die Abtswürde zu eröffnen, doch wurde schließlich Magnus Pachinger zum neuen Abt von Benediktbeuern gewählt. Meichelbeck, ohne Zweifel der gelehrteste Mann seinen Konvents, fiel es nicht leicht, die „Treulosigkeit“ seiner Ordensbrüder zu verwinden. Er war überzeugt, dass seine arme Herkunft den Ausschlag gegen ihn gegeben hatte. Der neue Abt, der seinen ehemaligen Studienmentor Meichelbeck hoch schätzte, übertrug ihm eine andere Aufgabe: Er bestellte ihn 1708 zum Klosterarchivar, nachdem ihn der Abt von Tegernsee wenige Monate zuvor zum Historiografen der bayerischen Benediktinerkongregation berufen und mit der Abfassung der „Annalen“ beauftragt hatte. Ausgehend von den Schätzen der Klosterbibliothek, wagte sich Meichelbeck allmählich an die schwierigen mittelalterlichen Handschriften. Er wuchs förmlich von selbst in die Geschichtsforschung hinein. Zu seinen Aufgaben gehörte die Ordnung des Materials, das in 421 Kisten in Staub und Schmutz lag, den Schaben und Motten preisgegeben und so wenig gesichert, dass das Hündchen des Herrn Prälaten das große Siegel einer Urkunde Kaiser Ludwigs des Bayern zerbeißen konnte. Nach dem Vorbild der französischen Mauriner ging Meichelbeck die Geschichtsschreibung quellenkritisch an. Er scheint dabei weitgehend Autodidakt gewesen zu sein, sich aus Büchern gebildet zu haben, ohne eigentliche Lehrer. Das Klosterarchiv mit seinen reichen Schätzen an Codices und Urkunden wurde sein Übungsraum.

Für sein Kloster, für die Benediktinerkongregation, für den Fürstbischof von Freising und den Fürstabt von Kempten war der körperlich nicht sehr kräftige Meichelbeck nun unermüdlich tätig mit Gutachten in Rechtsstreitigkeiten und mit Reisen bis hin nach Rom.1709 wurde ihm erstmals die Abfassung der Geschichte des Bistums Freising angetragen, die er nur zögernd übernahm. Die Jahre von 1722 bis 1727 verbrachte er schließlich in Freising. Der 1724 erschienene erste Band von Meichelbecks „Historia Frisingensis“ war das erste wirklich quellenkritische Werk in Süddeutschland. Der zweite Band folgte 1729. Für die des Lateinischen nicht Kundigen verfasste Meichelbeck zudem die „Kurtze Freysingische Chronica oder Historia“.

Zu all den Freisinger Schriften angeregt worden war er vom Freisinger Fürstbischof Johann Franz Eckher von Kapfing und Liechteneck, einem typischen geistlichen Reichsfürsten des Barock, der Meichelbeck auf einer Reise ins Werdenfelser Land in Benediktbeuern kennengelernt hatte. Seine Wertschätzung durch den Bischof kam auch Kloster Benediktbeuern in mancherlei Hinsicht zustatten. Nach dem Tod seines fürstbischöflichen Gönners 1727 kehrte Meichelbeck endgültig nach Benediktbeuern zurück. Und nun ging er an die Abfassung der Geschichte seines eigenen Klosters: das „Chronicon Benedicto-Buranum“. Nach Vollendung wurde das Werk im Konvent vorgelesen und fand allgemeinen Beifall. Doch gegen die Drucklegung sträubte man sich, weil man die Veröffentlichung der vielen beigegebenen Urkunden für höchst gefährlich hielt. Man verschob sie auf spätere Zeiten. Erst 1751/52 ließ sie Abt Leonhard Hochenauer, Meichelbecks einstiger Schüler, durch den Klosterarchivar Pater Alfons Haidenfeld in zwei umfänglichen Teilen herausbringen. Zu diesem Zeitpunkt war Karl Meichelbeck schon lange nicht mehr am Leben. Er ist nach schwerer, schmerzhafter Krankheit am 2. April 1734 im Kloster Benediktbeuern gestorben. Man bestattete ihn in der neuen Gruft der Klosterkirche, hinter dem Marienaltar. Ein Teil seiner historischen Arbeiten wurde jedoch auch von Haidenfeld nicht veröffentlicht. Seine umfangreichen Untersuchungen zur Geschichte des Walchensees druckte erst Franz Daffner 1893 in seiner Geschichte des Klosters ab.
Aus der Sicht des dankbaren Schülers schrieb Alfons Haidenfeld im „Chronicon Benedicto-Buranum“ ein Lebensbild Karl Meichelbecks. Er rühmte ihn als unermüdlich tätigen, frommen und gelehrten Mönch, den letztlich kein Unbill verbittern konnte. Aus heutiger Sicht sind wir für seine umfangreichen Geschichtswerke äußerst dankbar, doch sollte bei ihrer Benutzung nie vergessen werden, dass er in erster Linie im Interesse seines Klosters gearbeitet hat.

(Vgl. vor allem Schwaiger, Karl Meichelbeck)

KLOSTER SCHLEHDORF

Kloster Schlehdorf, Kupferstich, Anfang 18. Jahrhundert

Bisher war hauptsächlich vom Kloster Benediktbeuern die Rede, dem sicher die ersten Rodungen am Walchensee zuzurechnen sind, von welcher Zeit an – wie Meichelbeck schreibt – dieser See einigermaßen bei dem Kloster verblieben ist. Die Einschränkung „einigermaßen" bezieht sich vor allem auf die Rechte des Freisinger Bischofs bzw. des Klosters Schlehdorf, das die Rechte am Walchensee bereits früh besaß.

Um 740 stand am Ufer des Kochelsees eine Kirche zu Ehren des heiligen Dionysius. In der Gründungsurkunde von Kloster Scharnitz findet sich der erste Hinweis. Arbeo, der erste Abt von Scharnitz, wurde 764 zum Bischof von Freising ernannt. Er veranlasste aus strategischen Gründen die Verlegung von Kloster Scharnitz an die Stelle des heutigen Schlehdorf. Durch die persönlichen Beziehungen (auch der zweite Abt Atto wurde später Bischof von Freising) entwickelte sich Schlehdorf zum bischöflichen Eigenkloster und gehörte seither zu Freising, während etwa das nur wenige Kilometer entfernte Benediktbeuern seit 1116 zum Bistum Augsburg zählte. Um die Mitte des 9. Jahrhunderts wurde Kloster Schlehdorf dann in ein Kanonikerstift umgewandelt. Bischof Otto I. von Freising erneuerte um 1140 das monastische Leben und ließ in Schlehdorf ein Augustinerchorherrenstift errichten. Nach und nach konnte das Kloster seinen Besitz durch Ankäufe erweitern.[35]

Bereits im 15. Jahrhundert (oder früher), also noch vor den einschneidenden Veränderungen durch den Fischbesatz des Walchensees und den Bau der Kesselbergstraße, zu einer Zeit, als der Walchensee nur mühsam auf einem Saumpfad vom Kochelsee aus zu erreichen war, hatten die Schlehdorfer Rechte im Ort Walchensee an sich gebracht.

Seine Rechte am Walchensee sah auch Schlehdorf im 8. Jahrhundert begründet, als Nachfolger des Klosters Scharnitz, dem bei der Gründung im Jahr 763 Besitz in *„pagum desertum, quem Walhogoi appellamus, cum lacu subiacente et piscatione"* (im einsamen Gau, der Walhogoi genannt wird, mit dem dazugehörigen See und dem Fischereirecht) übertragen worden war. Allgemein geht man davon aus, dass es sich bei diesem „See" um den Walchensee gehandelt hat.[36]

Angeblich bereits um das Jahr 1100 wurden laut Meichelbeck die Fischereirechte zwischen Benediktbeuern und Schlehdorf abgegrenzt.[37] Doch saßen die Schlehdorfer Fischer sicher nicht schon seit dieser Zeit zu Zwergern – wie Dieter Albrecht im „Historischen Atlas von Bayern" vermutet – und die Benediktbeurer bei St. Jakob im Ort Walchensee.[38] Die Trennung erfolgte erst viel später.

Schlehdorf stand immer im Schatten des übermächtigen Klosters Benediktbeuern, das zudem die Gerichtsherrschaft über das Gebiet ausübte. Dennoch lehnte Schlehdorf etwa 1718 ein Angebot Benediktbeuerns ab, in dem es sich erbot, die drei Schlehdorfer Fischer zu Zwergern gegen die Versehung der Pfarrkirche in Sindelsdorf einzutauschen.[39] Man hatte sich bereits zwei Jahre vorher im sogenannten Universalvergleich geeinigt.[40] Im Jahr 1803 wurde dann auch Schlehdorf – wie Benediktbeuern und alle anderen Klöster in Bayern – säkularisiert. Eine eigenständige Fischerei hörte somit auch hier auf.

35 Niedermeier, Schlehdorf.

36 MB 9, Nr. 1, S. 7; vgl. auch Kriner, Von Gervn zu Krün, S. 35 und 52, und Heigel, Schlehdorf, S. 7.

37 BayHStA KL Benediktbeuern 2/2, fol. 33 ff.

38 Albrecht, Historischer Atlas Benediktbeuern und Ettal, S. 11.

39 Hemmerle, Benediktbeuern, S. 311.

40 Siehe unten S. 165.

Kirche St. Jakob, Postkarte um 1900

Kirche St. Jakob, Foto um 1900

DIE KIRCHEN

Überraschend spät wurde die erste Kirche am Walchensee errichtet, etwa 200 Jahre nach Beginn der Rodung und der ersten Ansiedlung. Anders lautende Geschichten wie etwa die Errichtung der Kirche St. Margareth an der Stelle eines heidnischen Kultplatzes sind in das Reich der Sagen zu verbannen. Erst Ende des 13. Jahrhunderts entstand mit St. Jakob ein erstes kleines Gotteshaus am Walchensee, gefolgt von St. Margareth knapp ein halbes Jahrhundert später. Allerdings liegen die Anfänge beider Kirchen im Dunkeln. Besser informiert sind wir über die Gründung des „Klösterls" im 17. Jahrhundert. Alle drei Anlagen sind jedoch eng mit der Geschichte der Fischer am Walchensee verbunden, während die erste evangelische Kirche erst nach dem Zweiten Weltkrieg entstanden ist.

ST. JAKOB

Als erste Kirche am Walchensee wurde St. Jakob auf Benediktbeurer Grund im Dorf Walchensee errichtet. Auf Wunsch des Abts Otto (1289-1318) wurde sie 1291 von Bischof Wolfhard von Augsburg geweiht. Der Bischof hätte wohl nicht allein wegen eines Kirchleins am Walchensee die Strapazen einer Reise in die Wildnis auf sich genommen, wenn nicht auch andere Kirchen eingeweiht hätten werden müssen, etwa die ebenfalls neu errichtete Kirche in der Jachenau und vor allem die Klosterkirche in Benediktbeuern selbst.[41]

Errichtet worden war die Kirche am Walchensee – laut Emerich – für die ersten Fischerfamilien[42], wobei das sehr spät erscheint, nachdem die Gegend ja bereits um 1100 gerodet worden war. Das hieße, dass die Siedler am Walchensee fast 200 Jahre lang ohne Kirche hätten auskommen müssen. Als Patrozinium wählte man den heiligen Apostel Jakobus den Älteren, den Schutzheiligen der Wanderer und Pilger, dessen Verehrung im 12. Jahrhundert auf einem ersten Höhepunkt stand. Ob man deswegen jedoch auf eine Station für Rom- und Jerusalempilger schließen darf, sei dahingestellt.[43] Das Patrozinium wurde von Reformklöstern – wie Benediktbeuern ja eines war – gerne genommen. Die Kirche in Benediktbeuern selbst hatte ein Jakobspatrozinium, und Hermann Hörger vermutet vielmehr, dass mit der Übertragung des Kirchen- und Klosterpatrons in die neue Kirche am Walchensee Kloster Benediktbeuern seine herrschaftliche Präsenz in diesem Raum unterstreichen wollte, was nicht notwendig gewesen wäre, wenn diese Kirche schon eine Vorgängerin in Benediktbeurer Besitz gehabt hätte.[44]

Dann fehlen über viele Jahrhunderte archivalische Nachrichten zu dieser Kirche. Ein regelmäßiger Gottesdienst wird in der Frühzeit noch nicht abgehalten worden sein. Nur zu bestimmten Festtagen mag ein Mönch aus Benediktbeuern heraufgekommen sein. Bei der Gründung bzw. Einweihung könnte es auch zur Dotation gekommen sein, bei der vom Kloster Benediktbeuern ein in den See hineinragender bewaldeter Hügel, der Katzenkopf, dem neuen Gotteshaus zugewiesen wurde – ein Streitobjekt in späteren Jahren.

Im 16. Jahrhundert nahm die Zahl der Kirchenbesucher zu, nachdem das Benediktbeurer Fischer- und Wirtsanwesen geteilt worden war. Meichelbeck erzählt, dass Abt Waldram II. dann 1635 die Kapelle wieder instand hat setzen lassen und im Jahr darauf der Bischof von Augsburg zwei Benediktbeurer Mönche für die Kapelle St. Jakob am Walchensee bestimmte.[45] Diese hatten – ohne dort dauerhaft zu wohnen – an gewissen Tagen die Seelsorge im Kirchlein am See auszuüben.[46]

41 Nar, Jachenau, S. 23.

42 Zur Geschichte von St. Jakob vgl. ausführlich Emerich, St. Jakob, S. 52-59.

43 Bauer, Die Benutzung des Kesselbergüberganges, S. 14.

44 Hörger, Geistliche Grundherrschaft, S. 72.

45 Daffner, Benediktbeuern, 161 f.

46 Becker, Walchensee, S. 95.

Mit dem Jahr 1683 setzen die erhaltenen Kirchenrechnungen ein. Daraus geht hervor, dass der Kirchenpropst und Wirt zu Walchensee Hans Georg Schwarz 1691 nach Genehmigung des Klosters Benediktbeuern in der Kirche beerdigt wurde, wofür dem Gotteshaus fünf Gulden verabreicht werden mussten[47]. Der Grabstein befand sich bis vor Kurzem noch im Kirchenboden; die Inschrift lautete: *„IO GEORG SCHWARZ WIRTH IN WALLERSEE STIRBT DEN 24 7BER* [September] *1690."*

Zu Beginn des 18. Jahrhunderts, unter Abt Magnus Pachinger (1707-1742) und dem Pfarrvikar in Walchensee, Landfried Wiest, wurde die Kirche im Stil des Rokoko gänzlich neu errichtet[48] und auf drei Altäre erweitert (vorher war nur ein einziger Altar vorhanden). Ursula Schwarzin, *„die alte Würthin am Wallersee"*, hatte dem Gotteshaus im Jahr 1723 fünfzig Gulden verehrt, damit die Seitenaltäre endlich angefertigt werden konnten, was dann auch im Jahr darauf durch Pater Lucas erfolgte.[49] Allgemein zeichnete Pater Lucas Zais, Profess in Benediktbeuern, für die Pläne *„dises neuen schönen Kirchls"* verantwortlich. Auch die Fresken führte er eigenhändig aus.[50] Sie zeigen Szenen aus dem Leben des heiligen Jakobus.

Den Grabstein des bereits hundert Jahre zuvor verstorbenen Caspar Panerädl übernahm man in das neue Gotteshaus, wohl weil es sich bei ihm um einen Wohltäter der Kirche handelte.[51] Hochaltar und Kanzel stammen von Johann Georg Miller aus Kleinweil und wurden erst 1780 bzw. 1776 geschaffen. Das Hochaltarblatt malte Franz Ignaz Oefele.[52]

Während der großen Baumaßnahmen in der ersten Hälfte des 18. Jahrhunderts scheint auch die Klosterschwaige am Walchensee errichtet worden zu sein; am 11. Januar 1729 vermerkte Meichelbeck in seinem Tagebuch die *„nova vaccaria in Wahlnsee"*. In früheren Zeiten war nie von einer Schwaige in Walchensee die Rede. Dazu passt auch die Bemerkung des Generalvikars der Hieronymiten von 1724 an den Kurfürsten, dass in nächster Nähe des Klösterls von Seiten Benediktbeuerns Vorkehrungen zu einem Neubau stattfänden.[53] Dass die Errichtung des neuen Ökonomieguts am Walchensee (dem Vorläufer des heutigen Gasthauses „Schwaigerhof") im Zusammenhang mit den Auseinandersetzungen mit dem Klösterl zu sehen ist, lässt sich nur vermuten.[54]

Nach der Aufhebung des Klosters Benediktbeuern war der Fortbestand der Kirche St. Jakob äußerst gefährdet. Nur 70 Seelen zählten zu seinem Einzugsgebiet, doch aufgrund der entfernten Lage von der Kirche in Kochel oder anderen Kirchen war ein eigener Pfarrer am Walchensee nötig. Am 16. Januar 1806 wurde deshalb die Pfarrei Walchensee errichtet und damit die St.-Jakob-Kirche vom Rang einer Filial- zu einer Pfarrkirche erhöht.[55] Die Rangerhöhung war nur ein Titel ohne Mittel. Der Staat hatte das „Heiligenholz" am Katzenkopf, das der Kirche seit Langem zugestanden hatte, dieser einfach weggenommen und dem Posthalter sowie dem Waltlbauern, die bisher nur das Nutzungsrecht darauf hatten, als Eigentum überlassen.[56]

Als die Pfarrei Walchensee im Sommer 1834 erledigt war, das heißt einen neuen Pfarrer brauchte, wurde dies im „Königlich bayerischen Intelligenzblatt" des Isarkreises ausgeschrieben. Danach umfasste die Pfarrgemeinde damals 112 Seelen und zu den Aufgaben des Pfarrers gehörte auch die Schule.[57] Bis heute existiert die Pfarrei St. Jakob in Walchensee (Diözese Augsburg). Inzwischen wird auch das Kirchlein St. Margareth von der Pfarrei mit betreut. Und am 10. August 1947 wurde schließlich die neue katholische Kirche, ein Werk des Architekten Clemens Holzmeister, geweiht.

47 Emerich, St. Jakob, S. 55.

48 Laut Denkmalliste stammt der 1712 errichtete Zentralbau von Joseph Hainz. Neu/Liedke, Denkmäler, S. 102. Paula/Wegener-Hüssen, Bad Tölz-Wolfratshausen, S. 354.

49 Emerich, St. Jakob, S. 57.

50 Meichelbeck-Handschrift, zitiert nach Daffner, Benediktbeuern, S. 336. Laut Dehio, Bayern IV, S. 1237, stammt von Zais der noch heute erhaltene Kirchenbau von 1633, die Umgestaltung in den Jahren 1712 bis 1714 jedoch von Marx Hainz.

51 Immerhin hatte er viel Geld für ein ewiges Licht gestiftet.

52 Dehio, Bayern IV, S. 1237. Paula/Wegener-Hüssen, Bad Tölz-Wolfratshausen, S. 354.

53 Emerich, St. Jakob, S. 58.

54 Siehe unten S. 41 ff.

55 Als erster Pfarrer fungierte der letzte Prior von Benediktbeuern, Lantfried Harpf; nach seinem Tod 1819 folgte ihm mit Anselm Doll ein Exbenediktiner aus Kloster Attel. BayHStA MK 28459.

56 Emerich, St. Jakob, S. 59.

57 Königlich bayerisches Intelligenzblatt für den Isarkreis vom 16. Juli 1834, S. 979.

Altar in St. Margareth, Zwergern
Unten: Blick auf St. Margareth, Postkarte um 1930

ST. MARGARETH

Am Ostabhang des Katzenkopfs liegt der Weiler Zwergern mit seinen drei Anwesen. Fünf Minuten entfernt, jenseits der Zwergerner Bucht, steht ganz einsam am Seeufer inmitten eines kleinen Friedhofs die Kirche St. Margareth. Sie diente den religiösen Bedürfnissen der Kloster-Schlehdorfischen Fischer auf dem Walchensee.[58]

Die heilige Margarethe war als eine der 14 Nothelfer äußerst volkstümlich. Ihr Fest, der 20. Juli, war ein wichtiger Termin im bäuerlichen Kalender. Er markierte den Beginn der Ernte und diente zu Wetterbeobachtungen. Außerdem gilt Margarethe als Patronin des Nährstandes. Dass dieses Kirchlein an der Stelle eines heidnischen Kultplatzes errichtet wurde, wie verschiedentlich erzählt wird, lässt sich nicht belegen und gehört ebenso wie die vermeintlich steinzeitlichen Pfahlbauten in der Zwergerner Bucht in den Bereich der Wunschvorstellungen um 1900.

Die Anfänge der Kirche liegen im Dunkeln. Daffner vermutete 1893 noch, dass sich St. Margareth weder mit St. Jakob noch mit dem Klösterl an Alter messen könne. *„Wahrscheinlich ist sie um die Mitte des 17. Jahrhunderts gebaut worden."* Als Bauherrn vermutete er den Wiener Geistlichen Augustin Zwerger, von dem nachweislich ein Kelch mit der Jahreszahl 1644 stammt und dessen Ölgemälde damals beim Bartlbauern Paul Grünwald in Zwergern hing.[59] Auch Karl Meichelbeck konnte keine Unterlagen zur Frühzeit von St. Margareth im Archiv des Klosters Benediktbeuern finden. Und eine Anfrage in Schlehdorf, zu dem St. Margareth ja gehörte, erbrachte wenig Erhellendes.[60] Dort wusste man nicht einmal mit Bestimmtheit zu sagen, ob dieses Kirchlein je geweiht wurde. Einen angeblichen Anhaltspunkt für das wirkliche Alter bietet eine von Karl Emerich 1911 abgedruckte Urkunde vom 1. August 1344, in der die Weihe der Kapelle durch den Freisinger Generalvikar bestätigt wird.[61] Erhalten ist diese Urkunde im Bayerischen Hauptstaatsarchiv in den Aufzeichnungen des Klosters Schlehdorf, allerdings nur in einer Abschrift des 18. Jahrhunderts. Wenn man bedenkt, dass etwa zur gleichen Zeit Karl Meichelbeck nachgefragt hatte und damals in Schlehdorf kein Nachweis über die Weihe der Kirche gefunden worden war, ist nicht auszuschließen, dass diese Abschrift keine wirkliche Abschrift ist, sondern vielmehr eine Neukreation des damaligen Klosterschreibers.

Gehen wir jedoch davon aus, dass zumindest der Inhalt der Urkunde echt ist, müsste die Kirche um das Jahr 1344 gebaut worden sein. Doch mit Nennungen in Urkunden ist dies nicht zu belegen. Diese setzen für St. Margareth erst hundert Jahre später ein.[62] Vermutlich wurde die Kirche um 1400 errichtet, wofür auch die zu Beginn des 19. Jahrhunderts wiederentdeckten Fresken[63] sprechen. Spätestens

58 Dussler, Eine Skizze des Walchensees, S. 58.

59 Daffner, Benediktbeuern, S. 315.

60 Meichelbeck, zitiert nach Daffner, Benediktbeuern, S. 337.

61 Zu den Anfängen der Kirche St. Margareth vergleiche, wenn nicht anders vermerkt, Emerich, St. Margareth; zur genannten Urkunde speziell S. 43.

62 BayHStA KL Benediktbeuern 17, fol. 377'.

63 Der gotische Bogen in der Sakristei dürfte etwas jüngeren Datums sein.

im 15. Jahrhundert hatten die Schlehdorfer ihre Rechte gegenüber Benediktbeuern im Ort Walchensee durchgesetzt. Zur Festigung und Demonstration ihrer Rechte und Besitzungen wird wohl die kleine Kirche auf dem zu Schlehdorf gehörigen Grund auf dem anderen Ufer des Sees errichtet worden sein, lange bevor vor die Zwerger dort siedelten.

1446 erscheint St. Margareth in Auseinandersetzungen um Holzrechte[64], und auch die Denkmalliste weist St. Margareth als *„im Kern spätgotisch"* aus.[65] Erneut urkundlich nachweisbar ist die Kirche dann erst zu Beginn des 17. Jahrhunderts, in einer Notiz, aus der hervorgeht, dass damals *„bey St. Margaretha Capeln zue Wallensee"* allmonatlich und jeweils am St.-Margarethen-Tag eine Messe gelesen wurde. Im Dreißigjährigen Krieg scheint nicht viel Sorgfalt auf die Margarethen-Kirche verwendet worden zu sein; auf jeden Fall sind in den Jahren ab 1655 laut Kirchenrechnungen mannigfache Reparaturen ausgeführt worden, das heißt, eigentlich ist sie gänzlich barockisiert worden.[66] So wurden etwa 1657 bei Erbauung des neuen Turms, der ganz aus Holz errichtet wurde, 39 Gulden und 43 Kreuzer ausgegeben, worunter auch ein Gulden 18 Kreuzer *„für den Fürstenwein allen Zimmerleithen miteinander"* inbegriffen waren. 1668 hat man dann *„zu Farbung des Thurms umb greine Farb"* sechs Gulden bezahlt. Im Jahr 1670 erfolgte eine umfangreiche Renovierung und Erweiterung der Kapelle. Ein Jahr später kam in die vergrößerte Kirche auch ein neuer Altar, vermutlich derjenige, der noch heute in der Kirche erhalten ist. In den Altar kam 1735 ein neues Bild von einem namentlich nicht genannten Münchner Maler zum stolzen Preis von 20 Gulden. Es stellt die heilige Margarethe dar und ist bis heute erhalten. Gleichzeitig wurde eine silberne Monstranz für den Kreuzpartikel angeschafft.

Madonnen-Statue aus Lindenholz in St. Margareth, um 1370

1750 und 1751 folgten wieder größere Baureparaturen und das Jahr 1778 brachte erneut bedeutende bauliche Veränderungen. Damals erhielt das Kirchlein sein heutiges Aussehen. Auch die bis heute stehende Ummauerung stammt aus dem 18. Jahrhundert. Dem Maurerpolier von Schlehdorf, Anton Paumgarten, der den Plan für die Kirchenrenovierung entworfen hatte, wurden sieben Gulden ausbezahlt. Zum Dachdecken holte man 900 Lärchenschindeln aus der Scharnitz. Nun wurde das Turmdach rot gestrichen und der Zinngießer Ignaz Jais aus Tölz lieferte den zinnenen Turmknopf. Die gesamte Bausumme betrug damals 659 Gulden und 41 Kreuzer, was die Leistungsfähigkeit der Kirchenkasse überforderte. So nahm man von den Fischern Georg, Josef und Ambrosi Zwerger 410 Gulden zu leihen, war aber schon bald in der Lage, diese wieder zurückzuzahlen. Erstaunlich ist in diesem Zusammenhang, dass die Zwergerner Fischer über so viele Mittel verfügten. 1782 kam noch eine Kanzel von Johann Georg Seiller aus Kleinweil dazu, die – zusammen mit dem Altar – 1794 vom Fassmaler Josef Maier von Aidling in Weiß und Gold neu gefasst wurde.

Daffner spricht davon, dass St. Margareth mit der kleinen Ortschaft Zwergern im 17. und 18. Jahrhundert *„eine kleine, vielleicht die kleinste Kirchengemeinde"* bildete. Und dass hier Ende des 17. Jahrhunderts von den Mönchen des Klosters Benediktbeuern ein Feldspital für die aus den *„italienischen Kriegen"* heimgekehrten bayerischen Soldaten eingerichtet und unterhalten worden sei.[67]

Die Säkularisation hätte beinahe das Aus für die Kirche St. Margareth bedeutet. Das vorhandene Kirchenvermögen wurde eingezogen und zur Kirchenkonkurrenzkassa nach München geschickt. Im Frühjahr 1807 erklärte dann die Kirchenadministration in München, dass die Margarethenkirche am Walchensee wie die Sebastiankapelle in Kochel *„entbehrlich und demolationsfähig"* sei. Sie sollte geschätzt und versteigert werden. In der Zwischenzeit musste die *„bereits*

64 Emerich, St. Jakob, S. 53.

65 Neu/Liedke, Denkmäler, S. 102. Paula/Wegener-Hüssen, Bad Tölz-Wolfratshausen, S. 358.

66 Ebenda.

67 Daffner, Benediktbeuern, S. 315.

Rechte Seite: Gedenktafeln in St. Jakob, Fotos 2008

Schauergeschichten von St. Margareth

Unheimliche Geschichten machten die Runde, vor allem unter den Sommerfrischlern, wie etwa jenen, die von der Post in Walchensee aus einen Burschen an einem stark verregneten Tag über den See rudern sahen.

„‚Wer ist denn dieser kühne Jüngling? Das muß ganz was Besonderes zu bedeuten haben.‘ Wer ein scharfes Auge besaß, konnte trotz des grauen Nebelschleiers auf der Höhe des Sees ein Fahrzeug erkennen, welches von Norden kam und bald an der gegenüber liegenden Landzunge verschwand. Der Walchensee hat an seinem weitgestreckten Ufern zahlreiche Buchten und kleine Häfen. Auch gegenüber vom Posthause in Entfernung eines Büchsenschusses zieht sich eine langgestreckte bewaldete Landzunge in den See hinein, so daß eine breite Bucht entsteht.

Der weißgraue Nebel läßt die Bäume der Landzunge nur wie lichte Schatten erscheinen. Auch eine kleine Kapelle [= St. Margareth] steht dort und ein uraltes hochgiebeliges Pfarrhaus [= Klösterl], darin der Kurat wohnt. Die Kapelle mit dem Thürmchen ragt an der äußersten Spitze des schmalen Strandes wie auf einer Insel, und dort auch war jenes Fahrzeug, welches vor einer Minute bemerkt worden, verschwunden.
Unter den Spähenden am Fenster wurden verschiedene Äußerungen laut.
‚Vielleicht war es ein Fischer, der seine Netze legt.‘
‚Bewahre, bei solchem Wetter fährt kein Fischer hinaus.‘
‚Oder ein Bote zum Kuraten, wer weiß, um ihn zu einem Kranken zu holen.‘
‚Aber der Bootsmann ist ja gar nicht bis zum Pfarrhaus gefahren. Unbegreiflich, was sein Passagier dort drüben zu suchen hat.‘
‚Waren Sie niemals drüben? Der Winkel hat viel Schauriges. Voriges Jahr soll eine merkwürdige Geschichte da passirt sein.‘
‚Merkwürdige Geschichte?‘
‚Es war nur ein verrückter Engländer, der auf den Kontinent einen passenden Fleck suchte, um sich umzubringen.‘
‚Umbringen? – erzählen Sie weiter!‘
‚Endlich – so wird erzählt – hat Mylord gefunden, was er sucht. Der Walchensee hat es ihm angethan, hier will er sein Leben beschließen. Die hohen finsteren Berge, das schwarze Wasser, die grauen Nebel – einen reizenderen, melancholischeren Ort giebt es nirgends. Aber zur selben Zeit hielt sich eine unternehmende Wittwe hier auf mit einer allerliebsten Tochter. Ich habe die Historie nur aus der zweiten Hand, aber Sie können sich ja hier im Hause erkundigen, was daran ist. Das schöne Fräulein Tochter hatte eine unglückliche Liebe, und um ihr die Grillen aus dem Kopf zu bringen, war die Mutter mit ihr auf Reisen gegangen. Da finden sie nun hier den spleensüchtigen Angelsachsen. Natürlich, das schöne Fräulein sehen und sich sterblich in sie verlieben, ist eins – wenigstens verschob er die Ausführung seines Entschlusses von einem Tag zum andern, und wahrscheinlich wäre er ganz kurirt geworden, aber die Sache soll noch ganz anders gekommen sein.‘
‚Ich bitte Sie! Das ist ja hochromantisch – nun, und das Ende?‘
„Die junge Dame, heißt es, hat dem reichen Lord offen bekannt, wie es mit ihr stand. Das ist dem Angelsachsen gewaltig zu Gemüth gegangen und er hat gesagt: Mein Fräulein, Ihnen soll geholfen werden! und in aller Eile hat er dann die Mutter geheiratet, damit er als Stiefvater es durchsetzen konnte, daß das Fräulein ihren Anbeter dennoch bekam.‘
‚Und dann und dann?'
‚Und nachher soll sich der arme reiche Engländer doch noch erschossen haben, drüben an der Schädelkapelle und am Hochzeitstage seiner Stieftochter. Fahren Sie nur hinüber, der Ort ist schaurig und unheimlich, wie in der besten Bürger'schen Ballade.‘“

(Aus dem Roman „Am Walchensee“ von Julius Grosse, 1893, S. 108-111)

erloschene Filialkirche in Zwergern" amtlich gesperrt werden. Die Kirche samt verbliebener Einrichtung wurde auf 104 Gulden und sechs Kreuzer geschätzt. Am 10. Juni 1807 kam sie zur Versteigerung auf Abbruch. Zuerst wurden beim Bartlbauern zu Zwergern die dort befindlichen Gegenstände aufgerufen und vom Pfarrer von Walchensee, dem Benefiziaten von Wallgau, dem Waltlbauern, den Zwergern und dem Mautner von Walchensee zu einem Gesamtbetrag von 30 Gulden und zwölf Kreuzern erstanden, inklusive einer Madonna mit Kind aus der Zeit um 1370.

Ausschnitt des Freskos im Altarraum von St. Margareth, 14. Jahrhundert

Danach kam das Kirchengebäude selbst zur Versteigerung. Hier stellten nun die drei Zwergerner Bauern den Antrag, man möge den Verkauf unterbrechen, da sie die Kirche zusammen um den Schätzwert übernehmen wollten, ja sogar bereit seien, noch 25 Gulden mehr auf den Tisch zu legen. In Zukunft wollten sie die Kirche aus eigenen Mitteln baulich unterhalten, wenn sie ihnen als „Hauskapelle" überlassen würde. Da sich kein weiterer Interessent eingefunden hatte, erhielten sie den Zuschlag. Am 1. Juli 1807 wurde den Bauern Johannes Zwerger, Josef Zwerger und Michael Seybold vom Rentamt Tölz bestätigt, dass sie die Kirche zwar erworben hätten, diese jedoch nicht weiter bestehen könnte. Das heißt, sie müssten die Kirche abbrechen oder zumindest das Gebäude zweckentfremden. Der endgültige Kaufbrief datiert vom 30. September 1807.[68] Der Pfarrer von Walchensee sollte die Erfüllung dieser Bedingung überwachen und gegebenenfalls Anzeige erstatten. Das Rentamt scheint in der Folgezeit jedoch Wichtigeres zu tun gehabt zu haben und kümmerte sich nicht weiter um das Kirchlein am Walchensee. Diesem Umstand ist wohl auch die Erhaltung von St. Margareth zu verdanken. Die Zwergerner Fischer rissen ihre Kirche nämlich nicht ab, und Pfarrer Anselm Doll, der 1819 sein Amt als Pfarrer in Walchensee antrat, begann mit Einverständnis des Schlehdorfer Pfarrers wieder mit den Gottesdiensten an den gewöhnlichen Festtagen. Später gingen sogar Prozessionen nach St. Margareth. Beim Gottesdienst wurde wieder der barocke Silberkelch verwendet, dessen Inschrift Johann Augustin Zwerger (1568-1648), Doktor beider Rechte und Propst in Wien, als Stifter ausweist. Das Jahr der Stiftung war 1644. Vermutlich hat der Bartlbauer bei der Versteigerung anno 1807 auch diesen Kelch und die Monstranz mit dem Kreuzpartikel erworben – oder vielleicht sogar schon vor der Versteigerung sicherheitshalber verschwinden lassen.

Der Friedhof musste im Versteigerungsjahr 1807 nicht aufgelassen werden. Die letzte Beerdigung erfolgte zwanzig Jahre später. Im gleichen Jahr 1827 wurde St. Margareth anlässlich einer Bereinigung der Diözesangrenzen zur Pfarrei Walchensee geschlagen und fiel damit an die Diözese Augsburg, nachdem die Kirche, vorher zu Schlehdorf gehörig, dem Bistum Freising unterstellt war.[69]

Ende des 19. Jahrhunderts war das Kirchlein St. Margareth ziemlich heruntergekommen. 1891 gaben die Zwerger ein um einen staatlichen Zuschuss für Instandsetzungsarbeiten. 1902 wurde dieser gewährt. Allerdings war der Zuschuss an die Bedingung geknüpft, dass die drei Zwerger ihr Eigentumsrecht auf die Kirche an den Staat abtreten, was auch unter der Gegenbedingung geschah, dass der Staat die Kapelle nie dem katholischen Gottesdienst entfremde. 1903 wurde die Wiederinstandsetzung in Angriff genommen. Bei dieser Gelegenheit entdeckte man unter verschiedenen Putzschichten im Innern ein spätgotisches Gemälde des 14. oder 15. Jahrhunderts, das die heilige Margarethe darstellt und eine frühe Entstehung der Kirche bestätigt. Heute wird das Kirchlein von der Pfarrei Walchensee betreut.

68 StA Mü, Kataster 21656.

69 Dussler, Eine Skizze des Walchensees, S. 58.

DAS KLÖSTERL ST. ANNA

Nur am Rande mit der Fischerei im Walchensee hat das Klösterl auf der Landzunge des Katzenkopfs zu tun, auch wenn der Historiker Johann Nepomuk Sepp die Auseinandersetzungen um das Klösterl in unmittelbarem Zusammenhang mit dem lang anhaltenden Streit zwischen den Klöstern Benediktbeuern und Schlehdorf um Fischrechte und Gerechtsame am Kochel- und am Walchensee sieht.[70] Hermann Hörger widerspricht dem in seiner Abhandlung über den Kampf der Abtei Benediktbeuern gegen das Eremitorium am Walchensee[71], räumt jedoch ein: *„Sicherlich stand die kleine, immer mit wirtschaftlichen Schwierigkeiten kämpfende Augustiner-Chorherrenpropstei Schlehdorf auf Seiten der Walchenseer Eremiten, aber vermutlich auch nur, um das Übergewicht der mächtigen und einflußreichen Benediktinerabtei Benediktbeuern zu schwächen."*

Der erbitterte Kampf, der mit unsachlichen und oft ehrenrührigen Argumenten geführt wurde, ist nicht nur ein Teil der Kirchengeschichte des Walchenseegebietes, sondern stellt auch eine Verbindung zwischen der Zwergerner Halbinsel und der großen Weltgeschichte dar. Im Jahr 1688 wurde das Klösterl als kleine Einsiedelei gegründet, besetzt mit drei Eremiten aus dem Dritten Orden der Karmeliten. Stifterin war die bayerische Kurfürstin Maria Antonia, Tochter Kaiser Leopolds I. und erste Ehefrau von Kurfürst Max Emanuel.[72] Was Emil Becker als *„Werk des Friedens"*[73] bezeichnete, erwies sich jedoch schon bald als Streitobjekt. Offensichtlich ohne das Kloster Benediktbeuern als Gerichtsherrn des Gebiets zu fragen, hatte der Propst von Schlehdorf drei Eremiten – zwei Priestern und einem Laienbruder – 1687 einen Platz am Walchensee angewiesen, wohl aus Willfährigkeit gegen die Kurfürstin. So zumindest die Version, die man in Benediktbeuern mündlich tradierte. Die archivalischen Unterlagen zur Walchenseer Einsiedelei waren dort nämlich schon um 1700 verschwunden.

1685 war in Wien mit großem Pomp die Eheschließung zwischen dem bayerischen Kurfürsten Max Emanuel und der einzigen Kaisertochter aus dessen Ehe mit der spanischen Infantin geschlossen worden. Diese Heirat war von weitreichender politisch-dynastischer Bedeutung und erfolgte kaum aus Liebe, galt doch die Braut nicht gerade als strahlende Schönheit. Die Ehe wurde nicht glücklich – und blieb zunächst auch kinderlos, was weit schwerwiegender war, denn ein kleiner Prinz hätte zum Erbe des großen spanischen Weltreichs aufsteigen können. In ihrer Not

70 Sepp, Religionsgeschichte, S. 126.

71 Hörger, Geistliche Grundherrschaft, S. 69 ff.

72 Höflers (Führer 1886, S. 98) Annahme, das Klösterl sei eine „uralte Ansiedlung", die bereits auf Heinrich III. zurückgeht, ist falsch. Damit entbehrt auch die „Sage von dem hier erfolgten Tode und Begräbnisse des Kaisermörders Johannes Parricida" jeglicher Grundlage. Allerdings hatte das unbekannte Ende von Johannes von Schwaben, der nach dem lateinischen Wort „parricida" für einen, der sich eines schweren Verbrechens, speziell eines Vatermords oder eines Mordes an einem anderen nahen Verwandten schuldig gemacht hat, diesen Namen führte und der am 1. Mai 1308 seinen Onkel, den deutschen König Albrecht I., ermordet hatte, allen möglichen Spekulationen Tür und Tor geöffnet. Von Kaiser Heinrich VII. geächtet, floh Johannes vor der verwitweten Königin, deren unerbittliche Rache sich auch auf die Angehörigen der Verschwörer erstreckte. Angeblich warf sich Johannes 1313 in Pisa als Mönch Kaiser Heinrich VII. zu Füßen. Danach verliert sich seine Spur.

73 Becker, Walchensee, S. 96.

Blick auf das Klösterl und den Ort Walchensee, Postkarte um 1900

bat die Kurfürstin Pater Onuphrius Holzer, in der klösterlichen Einsamkeit am Walchensee für die Erfüllung ihres Mutterglücks zu beten und gab zum Bau eines kleinen Klosters den nicht unbedeutenden Betrag von 3.000 Gulden.[74] Die Kurfürstin vertraute auf das Gebet des 1651 in Warngau geborenen Wolfgang Holzer, der den Klosternamen Onuphrius angenommen hatte.[75]

Nach einer Lehre als Wachsformer und verschiedenen anderen Stellen in München war er 1668 Mesner bei den Salesianerinnen (dem später adeligen Damenstift St. Anna) geworden. Doch hatte er schon damals eine starke Neigung zum Einsiedlerleben. 1669 zog er sich in den Ebersberger Forst in die Nähe von Zorneding zurück, später in die Gebirgswaldungen bei Tegernsee. Noch im selben Jahr allerdings schloss er sich einigen Eremiten in Südtirol an. Mit diesen wurde er 1670 in Trient in den Dritten Orden der Karmeliter aufgenommen und erhielt dabei den Namen Frater Onuphrius a S. Wolfgango. Er durfte den Karmeliterhabit tragen. Und – obwohl gänzlich unstudiert – wurde er 1678 in Brixen zum Priester geweiht.

Von einer provisorischen Wohnung in der Scharnitz aus traf Holzer die notwendigen Vorbereitungen für die in Bayern geplante Einsiedelei. Des kurfürstlichen und bischöflichen Konsens sicher, wies ihm Propst Bernhard von Schlehdorf einen

Ein Fischer bringt der Muttergottes ein Fischopfer, Votivtafel im Klösterl von 1736. Mit „G. Z." ist wohl Georg Zwerger gemeint.

74 Die restlichen Baukosten von 2.000 Gulden wurden den Eremiten durch die Abtretung der Holzstrafgelder von Wolfratshausen bewilligt. Emerich, Klösterl, S. 40.

75 Demleitner (Walchensee, S. 67) nennt ihn einen geborenen Tölzer und Sohn des kurfürstlichen Wachsziehers in München. Emerich (Klösterl, S. 39) gibt jedoch seinen Geburtstag mit 26. Januar 1651 in Warngau nach den Pfarrmatrikeln von Oberwarngau an. Sein Vater Kaspar allerdings stammte aus Tölz und Onuphrius/Wolfgang selbst hat eine Wachszieherlehre absolviert.

Platz auf der westlichen Seite der Halbinsel Zwergern an. Holzer wurde der Obere der kleinen klösterlichen Neugründung. Nachdem die kurfürstliche Genehmigung am 4. Juni 1687 erteilt worden war, kam es trotz Widerstands von Seiten Benediktbeuerns zum Bau einer Kapelle mit den je neun Quadratmeter großen Einsiedlerzellen, die im Winter nicht einmal beheizt werden konnten. Am 27. Juli 1688 wurde der Grundstein gelegt. Geweiht wurde das kleine Gotteshaus am 27. und 28. September 1689 der heiligen Mutter Anna. Zur Ausstattung der Kirche flossen noch einmal Mittel aus der kurfürstlichen Schatulle.[76] Die ursprüngliche Dotation erfuhr nach und nach Zustiftungen. Auch bekamen die Eremiten Naturalien u. a. vom Hofküchenamt. Zudem wurden ihnen 1690 alljährlich rund 200 Liter Bier aus dem Hofbräuhaus in München geliefert.[77]

Das Gebet des Paters war so erfolgreich, dass der Kurfürstin schon bald ein erster Kurprinz geschenkt wurde, der allerdings nach drei Tagen wieder starb. 1692 kam das zweite Kind, wieder ein Knabe – der lang ersehnte Erbe Kurprinz Joseph Ferdinand und Hoffnungsträger des Vaters auf mehr politischen Einfluss und das große spanische Reich.[78] Es sprach sich herum, dass die Fürbitten Pater Onuphrius' an der erfreulichen Entwicklung ihren Anteil gehabt hätten, und in der Folge pilgerten Scharen von Wallfahrern an den Walchensee. Doch auch bei der einheimischen Bevölkerung stießen die Einsiedler auf große Gegenliebe.

Die Geschichte des erhofften kurfürstlichen Mutterglücks war jedoch nicht der alleinige Grund für die Errichtung des Eremitoriums am Walchensee; die seelsorglichen Bedürfnisse und Belange der Menschen in diesem abgelegenen Landstrich dürfen nach Meinung Hermann Hörgers nicht außer Acht gelassen werden.[79] Gut dreißig Jahre wirkten nun die Eremiten am Walchensee. Und wenn in den Beschreibungen des Walchensees weiter lapidar vermerkt wird, dass die Eremiten das Klösterl bereits im Jahre 1725 wieder verlassen haben, so ist dies nur die halbe Wahrheit. Sie gingen nämlich nicht ganz freiwillig. Benediktbeuern hatte entschieden nachgeholfen.

Die Eremiten waren bei den Wallfahrern und der heimischen Bevölkerung gleichermaßen beliebt. So hat sich zum Beispiel Johann Georg Schwarz, der Wirt in Walchensee, nach dem Tod seines Vaters 1690/91 auf die Seite der Einsiedler geschlagen. Als sein Vater Georg Schwarz gestorben war, machte er den Patres von Benediktbeuern Vorwürfe, weil sein Vater, der auf nicht ganz geklärte Weise gestorben war, keine Sterbesakramente erhalten habe. Als Grund für seine Unterstützung der Einsiedler im Klösterl nannte er folglich, dass er nicht wie sein Vater ohne Sakramente dahinsterben wolle, wie uns Meichelbeck überliefert. Der Benediktbeurer Archivar rechtfertigte sein Kloster gegen die in dieser Äußerung liegende Klage über mangelhaft ausgeübte Seelsorge damit, *„daß zwar wahr* [ist], *daß der verstorbene Würth am Wallersee ohne die heyl. Sacrament abgeleibet, doch keines weegs aus Mangel eines Priesters, sondern nur praecise aus aigner Schuldt, seithenmahlen alhiesiger R. P. Thiemo, damaliger Pfarr-Vicarius in Kochel, als er die Gefahr der Khrankheit, an welcher gemelter Würth darnieder lage, vermerckhte, nit allein ihne fleissig besuecht, sondern auch denselben der Gefahr getreulich ermahnet, und aufrigist ersuechet, sich der Heyl. Sacramenten in Zeiten zu bedienen, von welchem aber der Kranckhe nichts wissen wollte."*[80] Sei dem nun, wie es wolle. Auffällig ist es jedoch schon, dass Meichelbeck dem Ableben des Wirts am Walchensee viel Aufmerksamkeit widmete. Möglicherweise muss dies im Zusammenhang mit den Streitigkeiten um das Klösterl gesehen werden, möglicherweise hatte es auch noch andere Gründe.

76 Auch zum jährlichen Unterhalt steuerte die Kurfürstin 300 Gulden bei und in ihrem Testament bedachte sie die Klausner mit 7.000 Gulden. Dieses Geld verpfändete der Kurfürst später und zahlte alljährlich 350 Gulden Zins aus. Dafür mussten die Eremiten alljährlich am 6. September einen Jahrtag für die verstorbene Stifterin halten. Ferner waren sie verpflichtet, jeden Sonn- und Feiertag zu predigen und in ihren religiösen Übungen für die Fürstenhäuser Bayern und Österreich zu beten. Vgl. Emerich, Klösterl, S. 41.

77 Zu den Bierlieferungen, auch in den folgenden Jahren vgl. Emerich, Klösterl, S. 42.

78 Kurprinz Joseph Ferdinand wurde dann am 28. November 1698 tatsächlich der designierte Erbe des spanischen Reiches, doch als er am 6. Februar im Alter von sieben Jahren starb, waren alle Hoffnungen zunichte. Fiebrige Magenentzündung konstatieren die Ärzte. „Gift!", murmelte das Volk. Die Folge war der Spanische Erbfolgekrieg.

79 Hörger, Geistliche Grundherrschaft, S. 70.

80 Meichelbeck, zitiert nach Emerich, St. Jakob, S. 55 f.

1694 änderte die kleine klösterliche Gemeinschaft ihre Ordenszugehörigkeit (nachdem sie 1692 aus dem Verband des Karmeliterordens entlassen worden war, was zwei Jahre später bestätigt wurde[81]) und schloss sich am 10. Juli 1694 in Rom den Hieronymiten des seligen Peter von Pisa an, da sie ohne Ordenszugehörigkeit jeder kirchenrechtlichen Grundlage entbehrt hätten. Nun mussten die Walchenseer Klausner ein neues Noviziat durchmachen. Als Novizenmeister wurde Pater Alexander Gislimberti, der bisherige Vorsteher des Hieronymitenklosters zu Riva am Gardasee, an den Walchensee geschickt. Gegen 1700 war die Gemeinschaft auf 14 Hieronymiten angewachsen – übrigens als einzige Niederlassung dieser Eremitenkongregation in Bayern. Kloster Benediktbeuern sah die Entwicklung mit großer Sorge und setzte bald zum „Gegenschlag“ an.

Pater Hildebrand Dussler, selbst Angehöriger des Benediktinerordens, gibt zu: *„Auch der klerikale Neid über den Zulauf des Volkes zu den Eremiten mag mitgespielt haben.“*[82] Pater Hermann Hörger bestätigt den Benediktbeurern *„verleumderische Absicht“* und meint, dass *„das Sprichwort, daß der Beste nicht in Frieden leben könne, wenn es dem mißgünstigen Nachbarn nicht gefalle, hier voll zutraf“*[83]. Und auch der Pfleger von Weilheim, der bereits 1690 vom Kloster beauftragt worden war, *„in der Still und unvermörckter“* Nachforschungen über den Lebenswandel der Eremiten anzustellen, hatte in seinem Bericht an die Kurfürstin konstatieren müssen, es bestehe ungeachtet der guten wirtschaftlichen Lage Benediktbeuerns gegen die Eremiten *„ein haimbliche Neidschafft, so mir als einem weltlichen schier in etwas Scandelum verursacht“*[84].

In einer Bittschrift an den Wiener Nuntius ist nämlich von vielen Tausend des geistlichen Trostes beraubter Seelen die Rede, die zu den Einsiedlern kamen (und das in der Waldeinsamkeit des Walchensees!), und der Pfleger von Weilheim rühmte, dass es nicht zu beschreiben sei, welchen Eifer und welche Andacht die Eremiten den gemeinen Leuten einpflanzten. Und nicht nur den einfachen Leuten! Der Zulauf von Andächtigen aus der Jachenau, aus Kochel, Benediktbeuern, Wallgau, Mittenwald sowie Garmisch und Partenkirchen muss enorm gewesen sein. Offensichtlich waren äußerst charismatische Prediger unter den Eremiten. Ihre Ungelehrtheit sowie ihre fromme Einfalt scheinen zudem ein Grund gewesen zu sein, warum das Volk aus den umliegenden Gemeinden gerade ihre Klause so gerne aufsuchte. Auf einen diesbezüglichen Vorwurf des Abts von Benediktbeuern antworteten die Klausner: Sie seien gerne unwissend. Mit den Einfältigen verkehre Gott. Es sollen nur die Herren in Benediktbeuern schauen, dass sie recht gelehrt seien![85]

Was genau passierte, ist nicht ganz klar, denn obwohl der Benediktbeurer Chronist Karl Meichelbeck Zeuge der Angelegenheit war und überraschend ausführlich berichtet, verschweigt er doch vieles und vor allem: Er schreibt aus der Sicht des Klosters Benediktbeuern![86] Zudem fehlen – wie gesagt – schriftliche Quellen zur Historie des Klösterls. Laut Meichelbeck hat es einst in der Klosterbibliothek von Benediktbeuern zwei Exemplare der Geschichte des Eremitenklosters gegeben, die jedoch während seiner Zeit leider verloren gegangen sind. Sie bezogen sich laut Aussage Meichelbecks jedoch auf Verhandlungen der Jahre 1687 bis 1702, bei denen es offensichtlich nur um läppischen Ärger zwischen dem Kloster Benediktbeuern und den Eremiten gegangen sei. Meichelbeck nennt sie *„Fataliteten, so durch unverständige und gehassige Leuth über unser Kloster dazumahl gekommen*[87].“ Dass die beiden Exemplare gleichzeitig „zufällig“ gerade in dieser Zeit verloren gegangen sind, ist wohl doch nicht ganz so „zufällig“, denn die Streitereien eskalierten.

81 Offensichtlich waren sie zu selbstständig geworden, hatten sogar einige ihrer Eremiten nach Ingolstadt auf die Universität geschickt und Stipendien genossen. Auch waren sie angeblich zu häufig in München anzutreffen und beschränkten sich nicht auf ihre Walchenseer Waldeinsamkeit. Zudem maßten sie sich anscheinend Tätigkeiten an, die ansonsten nur geweihte Priester verrichten dürfen. Emerich, Klösterl, S. 45.

82 Dussler, Eine Skizze des Walchensees, S. 60.

83 Hörger, Geistliche Grundherrschaft, S. 76 und 79.

84 Zitiert nach Hörger, Geistliche Grundherrschaft, S. 79.

85 Vgl. Emerich, Klösterl, S. 44.

86 Auch der Historiker Pater Hermann Hörger bestätigt: „Die Grenzstreitigkeiten referierte ausführlich, aber nicht frei von Parteinahme für sein Kloster P. Carl Meichelbeck.“ Hörger, Geistliche Grundherrschaft, Anm. 17.

87 Meichelbeck, zitiert nach Daffner, Benediktbeuern, S. 338. Ausführlich beschäftigt sich auch Emerich, Klösterl, S. 46-48, und 1913, S. 40 ff. mit den Vorkommnissen.

Das Klösterl, Foto um 1920

Abgesehen von kleineren Querelen hat Benediktbeuern den ersten von drei massiven Vorstößen gegen das Klösterl 1696 unternommen. Abt Eliland verfasste einen Beschwerdebrief, der nicht nur teils grobe Unwahrheiten enthielt und wegen seiner Übertreibungen unhaltbar war, sondern vor allem wegen des angeschlagenen Tones als skandalös empfunden wurde. Die Eremiten wurden darin nicht nur als *„ganz unnuzbare Leith"* beschimpft, die Benediktbeuern *„gleichsamb das Prott von dem Maul abschneiden"*; der Abt verglich sie wörtlich mit einem *„Krebsgeschwür"*. Kurfürst Max Emanuel blieb von diesen und anderen Aktivitäten unbeirrt und nahm das Klösterl unter seinen persönlichen Schutz.[88]

Solange die Wallfahrer noch beim Posthalter von Walchensee Brotzeit machten und dessen vermutlich aus Benediktbeuern stammendes Bier tranken, war die Welt für die Benediktiner noch einigermaßen in Ordnung. Dann begannen die Eremiten, die Wallfahrer selbst zu verköstigen. Die Benediktbeurer klagten, dass die Einsiedler die ohnehin knappen Lebensmittel noch verteuerten. Reibereien gab es vor allem wegen der Walchenseefische. Die Eremiten kauften meist direkt von den Fischern. Das war nach der Fischordnung verboten. Die Fischer mussten die Fische an die aufgestellten Fischkäufel abgeben und diese durften die Fische erst dann weiter verkaufen, wenn der Bedarf in den Klöstern Benediktbeuern und Schlehdorf gedeckt war. Gerne verkauften die Fischer wie die Fischkäufel jedoch an den Klöstern vorbei auf eigene Rechnung ihre Fänge nach Mittenwald oder Tirol – und an die Eremiten.[89] Es ging sogar so weit, dass die Fischer von Zwergern den Eremiten ihre Fischkalter zur Verfügung stellten.[90]

Doch als die Eremiten 1697 gar um eine kurfürstliche Genehmigung zur Errichtung einer eigenen Bierbrauerei nachsuchten und diese erhielten[91], woraufhin nicht nur die Wallfahrer, sondern auch die Fischer von Zwergern *„in dem Eremitorio"* zum Zechen gingen[92], war dies für Benediktbeuern zu viel. Man setzte an zum Vernichtungsschlag. Das Wort vom „Bierkrieg" machte die Runde.

Zunächst versuchte man von Seiten des Klosters, die Rechtmäßigkeit der Klostergründung anzuzweifeln. Am 1. April 1687 hatte jedoch Abt Placidus von Benediktbeuern den Empfang der Hiobsbotschaft bestätigt und einen Tag später

88 Ausführlich bei Hörger, Geistliche Grundherrschaft, S. 79.

89 BayHStA KL Benediktbeuern 1093/315, fol. 111. Emerich, Klösterl, S. 42.

90 BayHStA KL Benediktbeuern 1093/315, fol. 110. Dies wurde den Fischern unter Strafandrohung am 17. Juni 1709 von Seiten Benediktbeuerns ausdrücklich verboten.

91 Östlich des Klösterls wurde die Brauerei um 1.000 Gulden errichtet. In zwei Stuben wurde das Bier im Klösterl ausgeschenkt, ja sogar bis nach Mittenwald und in die Scharnitz wurde das Bier exportiert. Das traf nun auch die Freisinger Bierbrauer im Werdenfelser Land. Erschwerend kam hinzu, dass in den klösterlichen Bierstuben auch noch das Tabakrauchen gestattet wurde. Vgl. Emerich, Klösterl, 1913, S. 40. Die Reste des Brauereigebäudes, das auf der Zeichnung Goethes von 1786 noch gut zu erkennen ist, sind bis heute erhalten.

92 BayHStA KL Benediktbeuern 1093/315, fol. 111.

in einem Schreiben an die Kurfürstin als Schutzherrin des künftigen Streitobjektes versichert, *„allen beförderlichen Vorschub erthailen"* zu wollen, wenn die Gründung der für zwei Priester und einen Bruder geplanten Niederlassung *„ohne praejudiz und beschwerthe, der ohne das daselbst sehr betrangten Unterthanen"* aufgerichtet werde.[93] Neun Jahre später allerdings behauptete Abt Eliland Öttl, das Eremitorium sei widerrechtlich auf Benediktbeurer Grund erbaut worden. Der Weilheimer Pfleger Carl Philipp von Berndorf weiß jedoch von einer früheren diesbezüglichen Anfrage durch die Kurfürstin zu berichten, dass Benediktbeuern über das Eremitorium nur die Pfarrherrschaft, die Schlehdorfer jedoch die Grundherrschaft ausüben. Aus der Tatsache, dass bei der Grundsteinlegung für das Klösterl der Abt von Benediktbeuern die Weihezeremonien vollzog, die Weihe des Klosterkirchleins am 27. September 1689 jedoch vom Freisinger Weihbischof Dr. Thaddäus Schmid vorgenommen wurde, leitet Hermann Hörger ab, dass – obwohl unter einem Dach erbaut – Kirche und Kloster auf der Grenzlinie der beiden Grundherrschaften und damit der beiden Bistümer Augsburg und Freising errichtet worden seien. Ob mit oder ohne Absicht, war jedoch nicht zu ermitteln.

Grenzsteine (im Uhrzeigersinn): „SA" für St. Anna, 1716, „CBB" und die gekreuzten Abtsstäbe, 1790, für Kloster Benediktbeuern und der stilisierte Kelch für Kloster Schlehdorf, 1790

Dass das Klosterkirchlein auf Schlehdorfer Grund errichtet wurde, steht außer Zweifel. Eine Weihe durch den Freisinger Weihbischof wäre – wenn sie auf Benediktbeurer Grund gestanden hätte – eine dermaßen anmaßende Kompetenzüberschreitung gewesen, dass sie weder von Augsburg noch von Benediktbeuern widerspruchslos hingenommen worden wäre. In München scheint man über die Walchenseer Grenzverhältnisse besser Bescheid gewusst zu haben, als es Benediktbeuern in seinem Expansionsdrang lieb war, weswegen sich die Benediktbeurer Bemühungen auch derart in die Länge zogen.

Die hochherzige Stifterin war bereits im Jahr 1692 bei der Geburt des Kurprinzen Joseph Ferdinand im Kindbett gestorben. 1699 starb auch der Kurprinz und in der Folge zog der Spanische Erbfolgekrieg mit all seinen Schrecken über das Land, mit Truppendurchzügen, Verbarrikadierung des Walchensees und Sendlinger Mordweihnacht.[94] Kurfürst Max Emanuel, der vielleicht noch schützend die Hand über das Klösterl hätte halten können, war im Exil. Während dieser Zeit, vermutlich vor allem nachdem man die kriegerischen Auseinadersetzungen unmittelbar in Klosternähe überstanden hatte, interessierte man sich in Benediktbeuern intensiv für das Klösterl. Langsam begannen sich auch die politischen Zustände vor Ort wieder zu normalisieren.

Einen zweiten groß angelegten Vorstoß unternahm Benediktbeuern, als der Kurfürst außer Landes im Exil weilte und in München die kaiserliche Administration regierte. Wieder ist die Rede davon, dass die Errichtung des Klösterls nur durch bewusste Falschinformationen hinsichtlich des Seelsorgebedürfnisses und der Häresie im Walchenseeraum durch die Eremiten zustande gekommen sei. Aus der Angst Benediktbeuerns um die abnehmenden Opfergelder in seinen inkorporierten Kirchen, um Fisch-, Holz- und Weiderechte, die durch die Hieronymiten geschmälert würden, spricht – laut Pater Hermann Hörger – *„regelrechter Futterneid"*[95]. Darüber hinaus wurde gegen die Brauerei und den Ausschank der Eremiten protestiert. Auch sollten die Fische für den Eigenbedarf nicht mehr von den Fischern direkt, sondern nur noch über die Benediktbeurer Fischkäufel von den Eremiten bezogen werden.

1710 eskalierte der Streit.[96] Die Benediktbeurer hatten ihrem Untertan, dem Müller von Joch, bei Strafe verboten, weiterhin Malz für den Biersud der Eremiten zu brechen, woraufhin diese eine eigene Malzmühle errichtet hatten. Die

93 Zitiert nach Hörger, Geistliche Grundherrschaft, S. 74.

94 Vgl. S. 80-82.

95 Hörger, Geistliche Grundherrschaft, S. 79 f.

96 Dazu ausführlich Hörger, Geistliche Grundherrschaft, S. 80 f.

Klosterbrüder von Benediktbeuern ließen sie kurzerhand niederreißen. Es folgte ein umfangreicher Schriftwechsel um Schadenersatz, wobei ständig alte Streitpunkte und Klagen wieder aufgewärmt wurden. Die Administration in München erteilte Benediktbeuern zwar am 19. November 1710 schließlich einen Verweis ob seines Verhaltens, verfügte aber gleichzeitig einen Baustopp für den Wiederaufbau der Malzmühle. Der Bischof von Freising wurde eingeschaltet, die Landschaft wendete sich gegen den Walchenseer Braubetrieb und schließlich wurde am 3. September 1713 ein völliges Brauverbot, sogar für den Hausgebrauch, ausgesprochen. Inzwischen waren seit der Demolierung der Malzmühle immerhin drei Jahre vergangen.

Parallel dazu verliefen Benediktbeuerns Bemühungen um die gänzliche Abschaffung der Eremiten am Walchensee. 1711 hatten die Benediktbeurer erreicht, dass über die Klausnerei und das Kirchlein St. Anna das Interdikt verhängt wurde. Die Exkommunikation der Eremiten wurde im Gebiet rund um den Walchensee von der Kanzel verlesen, ebenso in St. Peter in München, in Tölz, in Mittenwald und Schlehdorf. Als man dieses Verbot in München an den Kirchentüren zur öffentlichen Bekanntmachung anschlug, wurden die Zettel abgerissen oder beschmiert. Die Eremiten hatten offensichtlich auch in der Haupt- und Residenzstadt eine große Anhängerschaft.[97] Der neue Orden der Theatiner erlaubte ihnen sogar das Messelesen bei St. Kajetan, der Theatinerkirche in München.[98]

Als sich der klerikale Streit gar zu Gunsten der *„dahergeloffenen Waldbrüder"* zu wenden schien, brachte man von Seiten Benediktbeuerns schwerere Geschütze in Stellung. Der aktenfeste Historiker Meichelbeck wurde nach Rom geschickt, um den schwebenden Prozess zwischen dem Kloster bzw. dem Freisinger Bischof[99] einerseits und den Waldbrüdern andererseits zu gewinnen. Das war im Jahr 1712. Es mag für die Waldbrüder ein böses Omen gewesen sein, dass die von ihnen im gleichen Jahr bestellte Orgel beim Transport über den Kesselberg vom Wagen stürzte und schwer beschädigt wurde[100], denn Pater Meichelbeck war in Rom erfolgreich. Im Frühjahr 1713 wurde das Ergebnis des gewonnenen Prozesses den Eremiten verkündet. Die Gemeinschaft musste wieder auf drei einsame Einsiedler reduziert werden. In Benediktbeuern wurde der Sieg mit einem Pontifikalamt gefeiert und nach dem Gottesdienst *„tat Kuchl und Keller auch noch alles mögliche"*, eine allegorische Oper ging über die Klosterbühne und Pater Meichelbeck verfasste für seine Mitbrüder die 1.023 Seiten umfassende Tischlesung *„Histori deß Eremitorii oder Clausnerey am Wallersee, welche von dessen Anfang bis auf das Jahr Christi ao. 1713 inclusive aus denen Actis und aigner Erfahrung beschrieben ... Anno Christi 1714"*.[101] Das heißt: Der Triumph über die Eremiten wurde gehörig gefeiert. Allerdings möchte man sagen: zu früh gefreut!

Das Ende der Eremiten am Walchensee schien gekommen. Doch auch in den folgenden Jahren sorgten sie unter den Klosterbrüdern in Benediktbeuern für heftige Unruhe. Meichelbeck schrieb die *„Eremitische Sachen de anno 1714"*[102] betreffend, dass sich die Eremiten in ihrer Münchner Behausung so übel aufgeführt hätten, dass sie ein namentlich nicht genannter Priester beim Bischof angezeigt habe, wobei nicht klar ist, was sich die Eremiten wirklich haben zu Schulden kommen lassen. Der Bischof erzählte dies angeblich bei seinem nächsten Besuch in Benediktbeuern seinem guten Freund Meichelbeck. Verschiedenste Stellen wurden eingeschaltet, Verhöre durchgeführt, Gesandte zwischen München und Freising (und wohl auch Benediktbeuern) hin und hergeschickt. Und am Schluss stand fest, dass *„das Dienst-Mensch der Eremiten mit gueter Manier abzuschaffen"*

97 So war ihnen zum Beispiel ein Haus in München geschenkt worden, was allerdings von Seiten der Stadt verhindert werden sollte. Man war der Meinung, dass die Stadt ohnehin mit Geistlichen und Klöstern überfüllt sei. Die Eremiten allerdings hielten als Absteigequartier in München an dem Haus in der Schmalzgasse (heute Kreuz-/Brunnenstraße) fest und bekamen dies auch vom späteren Kaiser Josef bestätigt. Erst 1716 verkauften sie es weiter. Ein zweites Haus besaßen sie in der Sendlinger Straße in München. Vgl. Emerich, Klösterl, S. 43.

98 Sepp, Bayerischer Bauernkrieg, S. 567.

99 Die Zugehörigkeit zur Diözese Augsburg oder Freising war nicht ganz geklärt, doch versuchte der Freisinger Bischof, diese für sich zu reklamieren.

100 Dennoch wurde sie errichtet und erst 1900 als „altersschwaches Werklein" gänzlich zertrümmert. Vgl. Emerich, Klösterl 1913, S. 63.

101 Dussler, Eine Skizze des Walchensees, S. 60. Die „Histori des Eremitorii oder Clausnerey am Wallersee" von 1714, die heute in der Handschriftenabteilung der Bayerischen Staatsbibliothek verwahrt wird (Meichelbeckiana 16), war nicht für die Öffentlichkeit bestimmt, sondern ausschließlich für die Mitbrüder. Deshalb sind die Ausdrücke den Eremiten gegenüber auch äußerst scharf. Vgl. Emerich, Klösterl, S. 38.

102 Meichelbeck, zitiert nach Daffner, Benediktbeuern, S. 337-345.

sei (woraus man eventuell schließen darf, dass es irgendeine Geschichte mit einer Magd gegeben haben könnte oder diese zumindest unterstellt wurde) und den Eremiten selbst befohlen wurde, sich innerhalb von vier Wochen in ein anderes Kloster zu begeben. Die Eremiten baten um einen einmonatigen Aufschub, der ihnen auch gewährt wurde. Seitenweise berichtet Karl Meichelbeck über die Geschichte, die angeblich nur einen Münchner Vorfall betraf. Doch offensichtlich hatte das Kloster Benediktbeuern durchaus eigene handfeste Interessen in dieser Angelegenheit, nämlich immer noch die Aufhebung des Eremitenklösterls am Walchensee. Von Benediktbeuern wurde nämlich auch ein Gesandter zum Bischof nach Freising geschickt. Kaum war er wieder zu Hause in Benediktbeuern, kam auch schon der Eremit Pater Alexander aus München hierher. *„Weilen es nun ein warmer Tag ware und sich diser guete Landsmann zimmlich erhitzt hatte, also ware hier sein erstes Bitten um einen Trunk braunes Pier, welches man ihme auch mit Lieb geraichet, hernach auch zu essen gegeben. Es lasse ihme auch diser Pater Alexander alles ganz wohl schmecken, solcher Gestalt, daß er endlich einen fröhlichen Dunst in den Kopf bekamme."* Irgendwie wird man den Verdacht nicht los, dass die Gastfreundschaft der Benediktiner nicht ganz uneigennützig war und sie es vielleicht sogar darauf angelegt hatten, den Eremiten betrunken zu machen. Bei seiner anschließend angesetzten Audienz beim Abt konnte er nur noch stammeln und offensichtlich sein Anliegen nicht mehr vertreten. Daraufhin warf man ihn mit Hilfe zweier Diener aus dem Kloster, wo er in einem nahen Feld seinen Rausch ausschlief. Bei dieser Gelegenheit kam ihm leider auch ein *„gewisses Büechl, allwo er einige notata gemacht"* abhanden. Pater Aloys, der mit Onuphrius Holzer erneut nach Rom gereist war, wollte ein Empfehlungsschreiben des Kardinals Albani an den Bischof von Freising in Benediktbeuern vorlegen, wurde aber nicht vorgelassen.

Votivtafel im Klösterl von 1736 mit der „Zwergerin Anastasia"

Der Gedanke, dass Benediktbeuern in dieser Angelegenheit vielleicht nicht fair gespielt hat, tritt auch hier wieder in den Vordergrund. Zum anderen vermerkt Meichelbeck nach dieser ausführlichen Beschreibung unvermittelt, dass der hochwürdige Herr Abt Magnus, wohl erkennend *„die erspriesslichiste und müehsamste Dienst, so die Patres Franciscani in causa Eremitica uns praesentiert"*, noch im gleichen Jahr den Franziskanern in Tölz ein *„trefflich schöne Canzl in die Kirchen hat machen und aufsetzen lassen"*. Welche Rolle die Franziskaner in der ganzen Geschichte gespielt haben, geht aus Meichelbecks Aufzeichnungen nicht hervor. Und er hätte es wissen können, denn immerhin notierte er dabei nicht irgendetwas längst Vergangenes aus alten Handschriften. Die „Causa Eremitica" fand zu seiner Zeit im Kloster Benediktbeuern statt, er war gewissermaßen Augenzeuge, sogar in die Sache involviert. Zum anderen handelte es sich bei dem Freisinger Bischof, der schließlich die Entscheidung treffen musste, um niemand anderen als Bischof Johann Franz Eckher von Kapfing, den Gönner Meichelbecks und mit ihm des Klosters Benediktbeuern. Zudem war Kurfürst Max Emanuel, der Witwer der Stifterin Maria Antonia, der sich vielleicht schützend vor die Eremiten hätte stellen können, noch immer im Exil in Frankreich. Erst am 11. April 1715 kehrte er nach München zurück. Kurz darauf eilte auch schon Abt Magnus zu ihm, um sich die Aufhebung des Eremitenklösterls am Walchensee bestätigen zu lassen, auch wenn Meichelbeck dies nicht ganz so deutlich sagt. Allerdings hat man *„zu Hof mit der Expedition nit zu ser geeylet"*, obwohl man dem Abt anno 1704 noch eine Belobigung ausgesprochen hatte wegen der erfolgreichen Verbarrikadierung der Walchenseestraße.[103]

Langsam erkannten die Eremiten jedoch: Gegen das übermächtige Benediktbeuern hatten sie letzten Endes keine Chance, ihre Niederlassung am Walchensee

103 Steiner, Es geschah vor 300 Jahren, S. 64. Vgl. auch unten S. 81.

auf Dauer zu halten. Sie waren nun bereit, diese gegen eine Zahlung von 7.000 Gulden dem Kloster Benediktbeuern zu überlassen, sofern sie einen anderen Aufenthaltsort in Bayern bekommen würden.

Bischof Ecker von Kapfing machte auf dem Weg nach Tegernsee im September 1715 extra einen Abstecher nach Benediktbeuern, hauptsächlich um zu sehen, was es in Sachen „Eremiten" Neues gebe. Man empfing ihn mit einem eigens aufgeführten Drama des Benediktinerpaters Maurus Sartorius und allegorischem Feuerwerk. Freising hatte höchsteigene Interessen, war doch immer noch nicht entschieden, ob das Klösterl auf Freisinger oder Augsburger Bistumsboden stand. In diese Zeit fielen auch die Streitereien über Grundeigentum und die Holzrechte am Ort oder Katzenkopf.[104]

Gar nicht im Sinne des Klosters Benediktbeuern war jedoch, dass etwa zur gleichen Zeit Kardinal Albani, ein Neffe des damaligen Papstes, ein Empfehlungsschreiben an den Kurfürsten in der Angelegenheit übergab. Wieder schickte man von Benediktbeuern einen Gesandten nach München, antichambrierte bei einflussreichen Hofräten, sprach – und da wird Meichelbeck in seiner sonst deutsch geschriebenen Handschrift sogar lateinisch – *„remotis omnibus arbitris"* (nach Entfernung aller Augenzeugen), also unter vier Augen. Meichelbeck gibt sogar zu, dass der Gesandte des Klosters *„wegen diser Sach nit gar ohne Scrupl gewesen"*. Die Eremiten hatten – trotz mehrfacher Eingaben – gegen die geballte Macht und das Intrigenwerk keine Chance, und schließlich gab der Kurfürst sogar seine Einwilligung, dass man eine *„resolution in diser Sache solle herausgeben, wie es Benedictbeyrn verlange"*. Darin wurde die Zahl der Eremiten erneut auf drei begrenzt. „Blöderweise" waren damals aber ohnehin nur drei Eremiten in Walchensee und man hatte von Seiten Benediktbeuerns wieder keine Handhabe.

Währenddessen suchten die Eremiten nach einer neuen Bleibe. Sie *„wünschten nichts anders, als daß sie sambtliche Eremiten aus den grimmigen Klauen ihrer Gegner erlöset"* werden. In Frage kamen zunächst Anzing, Wolfratshausen und Mittenwald. In Anzing stellte der Handelsmann Franz Benno Höger aus München einen Bauplatz zur Verfügung, doch die benachbarten Bauern bangten um ihre Felder, wenn die Wallfahrer kämen, und die ansässigen Wirte fürchteten die Konkurrenz der Eremiten. Pater Onuphrius wäre gerne nach Nantwein in Wolfratshausen gegangen, aber auch daraus wurde nichts. Mittenwald bot den Eremiten Quartier, doch wurde dies von Seiten Benediktbeuerns verhindert. Angeblich war man von obrigkeitlicher Seite mit der Begründung dagegen, dass die *„Entlassung der Eremitischen Fundation aus Bayrn in ein anders Landt seye eine grosse Gnad, welche Gnad zu erhalten nit thunlich seye"*. Mittenwald im Werdenfelser Land gehörte damals zu Freising, lag also außerhalb des Kurfürstentums Bayern, wenn auch nur ein paar Kilometer vom Walchensee entfernt. Das war jedoch nicht der eigentliche Grund. In ihrem Angebot hatten die Mittenwalder ein paar kleine Gegenleistungen für die Aufnahme der Eremiten gefordert, darunter, dass die Eremiten vom Walchensee die Fische von dort, wenn sie in Mittenwald waren, auch nicht teurer bezahlen müssten, als die Fischhändler.[105] Das wollte Benediktbeuern ebenso wenig zulassen wie die Auslösung der ebenfalls geforderten Getreidesperre. Den Benediktbeurern ging es gar nicht um eine wirkliche Versetzung der Eremiten. Sie wollten, dass der Kurfürst die *„unruhige undankbahre Eremiten genzlich aus dero Landen zu schaffen"* geruhe.

Benediktbeuern erwies sich als hartnäckig. Die verbliebenen Mönche, die einem landfremden Orden angehörten, hätten sich der Gründung unwürdig erwiesen, schrieb der Abt am 25. Juni 1723 nach München; sie würden Fischdieben und Wildschützen behilflich sein. Die Eremiten bekämen von den Fischern die besten

104 Vgl. S. 166 ff.

105 Meichelbeck, zitiert nach Daffner, Benediktbeuern, S. 344.

Fische aus dem Walchensee und kauften das Wild von den Wilderern. Der Abzug der Eremiten wäre den Benediktbeurer viel wert gewesen. Sie hätten gern die Fundation übernommen und den Eremiten sogar die Baukosten des Klösterls erstattet, wenn sie nur aus der Gegend abzögen, *„alleinig den lieben Friden zu erhalten*". Erstaunlicherweise hat sich der Hofrat am 13. Mai 1724 auf die Seite Benediktbeuerns geschlagen: Benediktbeuern sollte in Zukunft von den Hieronymiten nicht weiter behelligt werden. Dafür wollte sich der Hofrat auch beim Bischof von Freising verwenden.[106]

Doch welch große Mühe sich die Benediktbeurer auch gaben – die Hieronymitaner Eremiten waren zäh! Erst im Jahr 1725 räumten sie das Klösterl, als sie etwas Besseres gefunden hatten.

1724 war der außerhalb der Stadtmauern von München gelegene Ort Lehel dem Burgfrieden einverleibt worden. Kirchlich gehörte das Lehel nun zur Frauenpfarrei – ein weiter Weg zum sonntäglichen Gottesdienst und beschwerlich für den Pfarrer, der bei verschlossenen Stadttoren keine nächtlichen Versehgänge vornehmen konnte. Nun wussten die Bewohner des Lehels, dass die Hieronymiten vom Walchensee nach einer neuen Bleibe suchten, weil sie in ihrer *„Nachbarschaft in ihrem Wirkungsbereich eingeschränkt und wirtschaftlich bedrängt"*[107] waren und dachten: Die könnten unsere Seelsorger werden. Ganz so schlecht war ihr Ruf in München offensichtlich doch nicht, auch wenn Meichelbeck vieldeutig meinte, dass man sich dort vieles über sie zu berichten wisse.[108] Sowohl die Bewohner des Lehels als auch die Einsiedler vom Walchensee wandten sich mit schriftlichen Eingaben an Kurfürst Max Emanuel und baten um die Erlaubnis für eine neue kirchliche Einrichtung. Am 19. März 1725 genehmigte der Kurfürst die Niederlassung der Hieronymiten im Lehel und den Bau einer neuen Kirche[109], allerdings erst, nachdem die inzwischen wieder sechs Patres und drei Laienbrüder ein Stiftungsvermögen von 25.000 Gulden nachgewiesen hatten.[110] Woher dieses Stiftungskapital stammte, ist nicht überliefert. Am 20. Juni 1725 wurde die Verlegung vom Freisinger Bischof Johann Theodor von Bayern, dem jüngsten Sohn des Kurfürsten Max Emanuel, genehmigt. Der alte Widersacher der Eremiten, Bischof Johann Franz Ecker von Kapfing, war 1723 verstorben. Auch Pater Onuphrius hat diesen Ausgang nicht mehr erlebt. Er ist am Weihnachtsabend 1724 in Wien gestorben und wurde in Schönbach beigesetzt.

Als vorläufige Unterkunft wurde den Walchenseer Einsiedlern ein Haus des kurfürstlichen Kammerdieners von Delling zur Verfügung gestellt, das auf dem ehemaligen Gartengrundstück des berühmten Hofkomponisten Orlando di Lasso, rechts neben der heutigen Klosterkirche, erbaut worden war.[111] Hier versahen drei Hieronymitenpriester und ein Laienbruder die Seelsorge in einer Notkirche.

1726 starb Max Emanuel. Sein Sohn Karl Albrecht[112] folgte ihm als Kurfürst. Von den Hieronymiten ist nichts zu lesen. Doch im folgenden Frühjahr 1727 wird dem Kurfürstenpaar endlich der lang ersehnte Thronfolger, der spätere Kurfürst Max III. Joseph, geboren. Eine Woche lang wurde die Geburt bzw. Taufe des Neugeborenen gefeiert. Am 19. Mai 1727 legte Kurfürstin Maria Amalia zum Abschluss der Feierlichkeiten den Grundstein zur Kirche St. Anna der Hieronymiten[113], was im sonst eher bescheiden-stillen Lehel feierlich, freudig, ja fast überschwänglich begangen wurde.[114] Das Patrozinium hatten die Hieronymiten von ihrem Kloster am Walchensee mitgebracht. Und auch die Erträge aus dem von Kurfürstin Maria Antonia gestifteten Kapital kamen mit den Eremiten nach München.[115]

106 Hörger, Geistliche Grundherrschaft, S. 81.

107 Wandinger, Das Lehel, S. 57.

108 Meichelbeck, zitiert nach Daffner, Benediktbeuern, S. 339.

109 Stahleder, Chronik der Stadt München, 1706-1818, S. 95.

110 Wandinger, Das Lehel, S. 58.

111 Biebl, Rund um den St.-Anna-Platz, S. 11 f.

112 Nach dem Tod von Kurfürstin Maria Antonia hatte Max Emanuel in zweiter Ehe die polnische Königstochter Therese Kunigunde geheiratet. 1697 kam Karl Albrecht zur Welt, der von 1742 bis 1745 auch deutscher Kaiser war.

113 Stahleder, Chronik der Stadt München, 1706-1818, S. 107.

114 Wandinger, Das Lehel, S. 58.

115 Das Kapital war hypothekarisch versichert auf der Georgenschwaige zu Milbertshofen und musste mit fünf Prozent verzinst werden. Vgl. Emerich, Klösterl 1913, S. 63.

Blick auf das Klösterl von Walchensee aus, Ölgemälde auf Holz, Mitte 19. Jahrhundert

Zehn Jahre dauerte es, bis das neue Kloster im Stil des Rokoko vom damaligen Münchner Stararchitekten Johann Michael Fischer fertiggestellt war.[116] Fast achtzig Jahre lang betreuten die Walchenseer Hieronymiten dann das Lehel, bis man ihr Kloster im Zuge der Säkularisation 1802 aufhob. Doch noch Jahrzehnte später war die Walchenseer Vergangenheit nicht vergessen. Als im Herbst 1887 der Grundstein für die neue St.-Anna-Pfarrkirche im neoromanischen Stil im Lehel gelegt wurde, erinnerte der Dichter und Stadtchronist Ernst von Destouches im Festgedicht „Die Nixe des Walchensees" daran, wobei weder die Sagen noch die Naturschönheiten der Landschaft vergessen wurden.[117]

Es bleibt allerdings die Frage, warum sich Benediktbeuern dermaßen heftig gegen die Eremiten am Walchensee gewehrt hat. Neid und Missgunst alleine können es nicht gewesen sein. Hermann Hörger versucht eine Erklärung: Benediktbeuern hat die Niederlassung der Hieronymiten 1687, zu einem Zeitpunkt, zu dem sie die seelsorgerischen Aufgaben voll im Griff hatten und durch gut ausgebildete Mönche durchführen ließen, als Misstrauen von Seiten des Hofes betrachtet, als Bevormundung und Herausforderung empfunden. Darüber hinaus erinnerte sie die Anwesenheit der Eremiten an eigene Fehler, Nachlässigkeiten und Versäumnisse einer noch nicht ganz bewältigten Vergangenheit in den Zeiten religiöser Unruhen und Reformen. Wie die Zuneigung der Bevölkerung zu den Hieronymiten zeigt, war die religiöse Situation im Volk noch längst nicht beruhigt. Dennoch bleibt *„das Verhalten der Abtei Benediktbeuern gegen die Walchenseer Hieronymiten in vielen Punkten zweifelhaft und untragbar, ja skandalös, wie es von den Zeitgenossen empfunden worden ist."* Hörger räumt zwar ein, dass die Niederlassung am Walchensee im Benediktbeurer Konvent die Existenzfrage aufgeworfen hat, die in aller Konsequenz durchgestanden wurde. *„Die Art, wie das geschehen ist, und die Wahl der Mittel hierzu, bleibt freilich ein dunkler Fleck in der Geschichte der berühmten Abtei."*[118]

Die Hieronymiten jedoch verkauften ihr bisheriges, hart umkämpftes Gebäude am Walchensee am 16. Mai 1727, drei Tage vor der Grundsteinlegung zu ihrer neuen Bleibe, dem Abt von Benediktbeuern endgültig für insgesamt 8.000 Gulden, *„welcher dasselbe zum Vortheil seines Klosters zu verwenden suchte*[119] *"*. Zeitgleich hat Pater Meichelbeck in seinem Tagebuch vermerkt: *„Die Einsiedelei am Walchensee*

116 Die Weihe fand am 19. September 1737 statt.

117 Destouches, Gedenkblatt zur Feier der Grundsteinlegung, S. 12-14. Text siehe unten S. 52-53.

118 Hörger, Geistliche Grundherrschaft, S. 84.

119 Becker, Walchensee, S. 99.

Festgedicht anlässlich der Grundsteinlegung der neuen St.-Anna-Kirche im Lehel am 31. Oktober 1887 von Ernst von Destouches

Chor der Nixen:
„Wenn um des Karwendel Firnen
Magisch webt der Mondenschein,
Wenn's von funkelnden Gestirnen
Glitzert um den Wetterstein,
Dann ist kommen uns're Stunde,
Wo, geschmückt mit Schilf und Kranz,
Auf wir tauschen aus dem Grunde
Zu dem nächt'gen Reigentanz.
Und auf seinen grünlicht hellen
Fluthen uns der Bergsee wiegt,
Und die Fischlein uns umschnellen,
Und der Falter uns umfliegt.
Selbst die eisgekrönten Zinnen
Und der Hochwald schau'n uns zu,
Ein geheimnissvolles Minnen
Zittert durch die nächt'ge Ruh'.
Und so schweben auf und nieder
Wir auf grüner Wasserau,
Bis im Osten leis sich wieder
Zeigt das erste Dämmergrau,
Bis die Tannen Fühluft hauen,
Bis die Sterne werden bleich,
Und wir müssen niedertauchen
In das nasse Nixenreich."

Während der Gesang leise verklingt, entsteigt dem Schilfe des Ufers, vom Mondlicht magisch beleuchtet, die Nixe des Walchensees.

„Das ist der Reigensang von meinen Schwestern,
Der durch die stille Nacht melodisch klingt.
Sie freuen sich der kurzen Erdenstunde,
Da Erdenluft sie wonnig dürfen athmen,
Und Mond und Sterne schaun's in ihrer Pracht,
Die von des Himmels hochgewölbtem Dome
Auf dieses Bergsee's Spiegel niederstrahlen.
Da liegt er, auch, so träum'risch hingegossen,
In seiner stillen abgeschied'nen Ruh',
So wie ein heller, funkelnder Smaragd,
Ja, wie ein Auge selber dieser Erde,
Ein köstlich' Aug' von wunderbarem Glanze,
Mit dem sie blickt in's grosse Weltenall.
Der Hochwald aber, jähe Felsenstürze
Des Kesselbergs und des Herzogsstands,
Und in der Ferne ragend, eisgekrönt
Die Schroffen und die Zacken des Karwendels,
Des Soyen, Schöttelkar und Wettersteins,
Sie bilden seine herrliche Umrahmung.
Und dies Juwel, wir nannten's unser eigen,
Und hausten lange, lange da allein,
Bis dass der Mensch, der mächtige Bezwinger
Der jungfräulichen Erde, es entdeckt.
Manch' wucht'ger Axthieb klang im Echo wieder
Da einen Saumpfad erst, dann eine Strass' er
Entlang dem Felsenufer angelegt,
Die aus Germaniens waldbedeckten Gauen
In's sonnige Italien führen sollte. –
Wohl grollte da der See in seinen Tiefen,
Dass Menschenhand ihn frevelnd meistern wollte,
Entfesselt rasten, stöhnten seine Wasser,
Zum Berggrat spritzte auf ihr schäumend' Gischt,
Und schreckensvoll die Kunde weiter flog,
Dass er sein Felsenbett durchbrechen werde
Und unter seinen Fluthen dann begraben
Das ganze Land. – Noch lebt der glaube fort,
Und also ängstigte er die Gemüther,
Dass in der „Gruft" zu München täglich ward
Des neuen Bundes Opfer dargebracht,
Zu wenden ab die dräuende Gefahr.
Und eine güld'nen Ring sie jährlich weihten
Und warfen in den See ihn zur Versöhnung.
So kam es, dass – wenngleich bald ein Jahrtausend
Verflossen, seit zuerst ein Menschenfuss
Betreten meines Sees Felsenufer, -
Nur wenig Menschensiedlungen sie zeigen.
Doch eine schien bestimmt zum Segensborn:
Dort drüben in dem stillen, lausch'gen Winkel,
Der abseits von dem Lärm der Strasse liegt,
Hat sie für gottesfürcht'ge Eremiten
Gegründet einer Fürstin frommer Sinn.
Zweihundert Jahre sind's, seit zu den Zellen,
Seit zu dem Kirchlein man den Grund gelegt.
Nun lud fortan der Glocken Feierklang,
Der Orgel Schallen fromme Christenherzen
Am Tag des Herrn zur brünst'gen Andacht ein.
Zur mitternächt'gen Stunde aber schwang
Sich auf zum schweigensvollen Sternenhimmel
Der Mönche Chorgebet; der Seewind aber
Trug's bis ans ferne Ufer dort hinüber.
So ward das „Klösterlein" bald eine Stätte
Der Zuflucht für so manche müde Herzen.
Jedoch der Frieden, den sie Andern gab,
Er war ihr selbst vom Schicksal nicht beschieden
Und Menschenungunst traf sie hart und scher.

Da aber, - in der Zeit der grössten Noth –
Da zeigte sich die Hilfe auch am Nächsten:
Aus München selber kam ein treuer Gruss
Und lud zum Kommen ein die frommen Brüder. –
Dort – ostwärts von der alten Herzogsstadt,
Zunächst dem Ufer jenes wilden Bergstroms,
Dess' Wiege des Karwendels Felsenkammern, -
Da hatte mählig sich aus Lehensleuten
Gebildet eine eigene Gemeinde,
Die aber immer noch des Seelenhirten,
Die eines Tempels schmerzlich noch entbehrt. –
Es war ein schöner, grosser Wirkungskreis,
Der dort den Brüdern in der Zukunft winkte.
Da schlossen sie ihr stilles Klösterlein
Am Bergsee hier und zogen fort nach München,
Wo bald sich eine neue Heimatstätte,
Ein freundlich' Gotteshaus für sie erhob.
War einfach auch sein äusseres Gewand,
Um soviel stimmungsvoller aber wirkte,
Was aus dem Innern schuf die Meisterhand
Warmgläub'ger Künstler. Und so haben Tausend
Und aber tausend treuer, frommer Herzen
Erbauung, Trost und Frieden da gefunden.
Wohl blieb auch dieses Kloster nicht verschont
Von jenen Stürmen, die durch alle Lande
Zu Anfang des Jahrhunderts hingebraust.
Lang standen seine Zellen öd und leer.
Da war es der erlauchte Wittelsbacher, -
Dess' Centennarium festlich zu begehen
Sich München rüstet* – der Francisci Orden
In das verwaiste Kloster eingeführt.
Es war ein Akt hochherz'ger Dankbarkeit
Für jene Treue, die in schwerster Zeit
Des Reiches seinem kaiserlichen Ahnherrn
Des Ordens Väter muthvoll einst bewiesen. –
Mit ganzem Herzen hing die Pfarrgemeinde
Allzeit an ihrem schönen Gotteshause,
Das blad zum Schmuck erhielt ein Thürmepaar.
Doch, wenn die Glocken sie zur Andacht rufen,
Da müssen Tausend jetzund ferne belieben,
Denn nimmer reichen die geweihten Räume,
Zu sammeln um den Hirten seine Heerde;
An ihre Herzen d'rum sein Ruf erscholl:
,O kommt und lasst ein neues Haus uns bauen
Zu Gottes Ehr', euch selbst zu Trost und Heil,
Auf seine Hilfe wollen wir vertrauen,
Und Segen wird dann unser'm Werk zu Theil!' –
Und wahrlich! trüg'risch hat sich nicht erwiesen
Die gläubig fromme, feste Zuversicht.
In reichem Masse nun die Gaben fliessen,
Ja selbst der Ärmste fehlt beim Opfer nicht.
Es scheinen wiederum gekehrt die Zeiten,
Wo Münchens Bürgerschaft und ihre Frau'n
Zusammentrugen alle Kostbarkeiten,
D'raus ihren hehren Münster aufzubau'n. –
Doch wie? Ist nicht erbelicht der Sterne Flimmern,
Indess mein Geist mich in die Ferne trug?
Zeigt sich nicht schon des Frühroth's erstes Schimmern?
Rauscht's durch die Lüfte nicht wie Schwäneflug?
Wie Opferduft es von den Bergen rauchet,
In Glanz und Glut scheint die Natur gehüllt.
O seht! – vom Himmelslicht umflossen tauchet
Dort auf ein wundervolles Tempelsbild!
Aus jenen Steinen ist er auferbauet,
Die euer frommer Sinn gespendet hat.
Zum Himmel auf kühn seine Zinne schauet,
So steht er da – ein Schmuck für eure Stadt.
O möge dann, wenn die geweihten Hallen
Durchbrausen Lobgesang und Orgelton,
Ein Himmelsthau auf eure Herzen fallen,
Und einst euch werden reichster Gotteslohn!"

* Im Jahr 1888 fand die große Centenarfeier anlässlich des 100. Geburtstags von König Ludwigs I. von Bayern statt, die wegen des Todes seines Enkels Ludwig II. am 13. Juni 1886 um zwei Jahre verschoben werden musste.

Fassade der Klosterkirche St. Anna im Lehel, München, von Johann Michael Fischer, Foto 2010

wird den unsrigen übergeben, und so kann die Geschichte der Einsiedelei beschlossen werden, wenn keine anderweitigen Unzuträglichkeiten nachfolgen.“[120] Die Kapelle wurde nun als Filialkirche genutzt; in die einstigen Klostergebäude zog ein Gasthaus ein. Im Zuge des Besitzerwechsels kam es auch zu baulichen Veränderungen. Abt Pachinger ließ u. a. die zweigeschossige Annakapelle im Westteil des Eremitoriums umgestalten und ein neues Altargemälde einsetzen, das möglicherweise vom berühmten Künstler Cosmas Damian Asam stammt.[121]

Zunächst machten die Klosterbrüder von Benediktbeuern gerne Erholungsausflüge an den Walchensee, eine *„neue Erfindung“*, die der regelstrenge Pater Meichelbeck nicht gerne sah. Auch anlässlich von Jagden bezogen die Herren aus Benediktbeuern gerne Quartier im Klösterl. Später begab sich sogar der Benediktbeurer Abt Benno Vogelsanger (1758-1784) dorthin, *„umb den Sauer Bronn zu nemmen“*[122]. Beinahe wäre also aus dem Klösterl ein Kurort geworden!

1732 hatte der Abt allerdings zwei Patres aus dem Kloster an den Walchensee beordert, die im Klösterl ihre Wohnung nahmen und die Seelsorge – bis in die Jachenau hinein – übernahmen und auch Schule hielten.[123]

Anfang des 19. Jahrhunderts veränderte die Säkularisation auch am Walchensee die Situation entscheidend. Pater Benedikt Flussin „residierte“ als letzter Benediktiner im Klösterl. Bei der Säkularisation war er 76 Jahre alt und hatte seit Kurzem die Patres Aegidius Jais und Johann Nepomuk Weber als Hilfen in der Seelsorge an seiner Seite. Am 5. April 1803 kam die Klosteraufhebungskommission an den Walchensee, um das Inventar im Klösterl und in der Klosterschwaige aufzunehmen. Der Verkauf der Schwaige ausschließlich der zugehörigen Almen für 3.500 Gulden an Georg Zwerger aus Lautersee wurde am 3. September 1803 genehmigt. Karl Klocker, der letzte Abt von Benediktbeuern, wollte sich auf seine alten Tage ins Klösterl zurückziehen, was ihm nicht gestattet wurde.[124]

Nach der Säkularisation ging das Gebäude in Staatsbesitz über und diente noch bis in die 1960er-Jahre als Wohnung für den Pfarrer und für den Lehrer. Seit 1968 stand das Gebäude leer. Mehrmals wurde eingebrochen und die wertvolle Inneneinrichtung stark beschädigt oder gestohlen. 1979 erwarb die Diözese Augsburg das Anwesen, ließ es von 1981 bis 1988 grundlegend restaurieren und nutzt es heute als Jugendbildungshaus. Das Klösterl steht inzwischen unter Denkmalschutz.[125]

120 Emerich, Klösterl, 1913, S. 55.

121 Hierzu ausführlich Paula, Ein unbekanntes Altarbild von Cosmas Damian Asam. Zur weiteren künstlerischen Ausgestaltung vgl. Bauer/Rupprecht, Corpus der barocken Deckenmalerei, Bd. 2, S. 198 ff.

122 Dussler, Eine Skizze des Walchensees, S. 60.

123 Meichelbeck, Chronicon Benedicto-Buranum I, S. 407.

124 Dussler, Eine Skizze des Walchensees, S. 60. Winhard, Klocker, S.179.

125 Neu/Liedke, Denkmäler, S. 102. Paula/Wegener-Hüssen, Bad Tölz-Wolfratshausen, S. 356.

Kinder beim Spielen im Hof des Klösterl, Foto um 1925

Schulklasse 1924/1925 vor dem Klösterl mit Pfarrer Steichele (links) und Lehrer Lahn (rechts)

DIE SCHULE AM WALCHENSEE

Das Klösterl diente auch als Schulhaus. Noch Ende des 17. Jahrhunderts konnte am Walchensee niemand außer dem Wirt lesen und schreiben. In einem Schreiben, in welchem der Wirt Hans Georg Schwarz am 22. Dezember 1686 im Namen aller Umwohner des Sees dem Eremitenpater Onuphrius bestätigte, dass sie nichts gegen den Bau des Klösterls einzuwenden hätten und sich sogar zu freiwilligen Leistungen bereit erklärten, heißt es ausdrücklich: *„[...] und weilen sie der Schrüfft unerfahren, als habe ich für mich selbsten und in Namen aller Ehrsamen Nachbarschaft eigenhändig underschriben“.*[126] Kurz darauf war auch sein Nachbar des Schreibens mächtig. Vom 2. Mai 1700 datiert eine Empfangsbestätigung in der Streitsache „Fischrechte auf der Niedernach“, die Adam Zwerger vollständig eigenhändig verfasste, nicht nur die Unterschrift. Die Schrift ist zwar nicht sehr geschmeidig, aber immerhin![127] Doch sicher zählten der Wirt und Adam Zwerger zu den rühmlichen Ausnahmen in Sachen Bildung. Dies sollte sich nun ändern. In seiner Eingabe an den Kurfürsten bemerkte Pater Aloys 1724, dass seine Ordensbrüder neben ihren geistlichen Verrichtungen auch die *„Unterweisung der Jugent in Lesen und Schreiben in dieser Einöde schuldigist“* übernommen hätten. Das ist der erste Nachweis eines Schulunterrichts am Walchensee. Auch wenn dieser Unterricht sicher noch nicht planmäßig und regelmäßig erfolgt sein dürfte, scheint mit den Eremiten auch die Bildung am Walchensee Einzug gehalten zu haben. Adam Zwerger könnte seine Unterweisungen bei den Hieronymiten genossen haben.

Für das restliche 18. Jahrhundert (unter den Benediktinern) fehlen dann die schriftlichen Belege für einen Schulunterricht. Es ist jedoch anzunehmen, dass die Benediktiner den Schulbetrieb – wenigstens zum Teil – fortgeführt haben. Der Beginn einer regelmäßigen Schule dürfte erst auf das letzte Viertel des 18. Jahrhunderts zu datieren sein. Auch nach der Säkularisation wurde der Schulbetrieb weiter aufrechterhalten. Der Schülerzahl nach gehörte die Schule Walchensee zu den kleinsten im Königreich Bayern. 1804 besuchten zwölf Kinder die Schule. Der Sprachforscher Johann Andreas Schmeller kam am 4. September 1816 dort vorbei: *„Auf der Halbinsel ‚dem Katzenkopf‘ das Klösterlein und Pfarrhof. Der Pfarrer, ehemalige Prior von Benedikbeuern, hatte einen Tisch voll netter Bauernkinder, die er unterrichtete. Ein wahrer Bonifacius.“*[128] Die Schule wurde auch in den kommenden Jahren nicht viel größer: In der Regel blieben die Schülerzahlen unter zehn, nie gingen sie bis ins beginnende 20. Jahrhundert hinein über 20 hinaus.[129]

126 Emerich, Klösterl, 1913, S. 64.

127 BayHStA KL Benediktbeuern 1089/291, fol. 95.

128 Schmeller, Tagebuch II, 4. September 1816.

129 Ausführlich zur Schulgeschichte siehe Emerich, Klösterl, 1913, S. 64-65.

Mit dem Boot zur Schule ins Klösterl, Foto um 1925

Verkehrstechnische Erschließung des Walchenseegebiets

DER BAU DER KESSELBERGSTRASSE UND DIE WEITERE ENTWICKLUNG

Großen Aufschwung nahm die Region rund um den Walchensee mit dem Bau der Kesselbergstraße ab 1492. Bereits vorher führte hier ein Saumpfad von Kochel über den Walchensee zum Seefelder Sattel. Wie alt dieser war, lässt sich nicht mit Bestimmtheit sagen. Als Indizien für eine prähistorische Anlage werden u. a. die für die Urnenfelderzeit nachgewiesene Befestigungsanlage auf der „Großen Birg" zwischen Altjoch und Kochelsee angesehen und nicht zuletzt der Fund eines neolithischen Steinbeils in Urfeld[1], einer prähistorischen Steinaxt in der Zwergerner Bucht[2] sowie einiger Keramikstücke, wobei die zeitlichen Einordnungen mit äußerster Vorsicht zu genießen sind.[3]

Bis einschließlich der Römerzeit bleibt die Nutzung des Kesselbergs als Fernverkehrsweg im Dunkeln. Auch wenn gelegentlich Vermutungen bezüglich eines Römerweges geäußert werden – nachgewiesen werden konnte dieser trotz mehrfacher Versuche bis heute nicht.[4] Es gab auch gar keine Notwendigkeit für einen Römerweg durch dieses unwegsame Gebiet mit seinen gefährlichen Lawinen und Murenabgängen. Eine römische Nebenstrecke führte über die bedeutend bequemer zu passierende Route über Mittenwald und Großweil.[5] Möglicherweise ist jedoch kurz nach der Römerzeit im Zusammenhang mit den hier zurückgebliebenen „Welschen", die dem Walchenseegebiet ja seinen Namen gaben, ein Verbindungsweg entstanden, wenn auch nur ein äußerst schmaler. Die Römerstraßen verliefen auf ganz anderen Trassen.

Die transalpinen Verbindungen waren für Bayern erst seit der Mitte des 6. Jahrhunderts von politischer Bedeutung. Von dieser Zeit an verbündeten sich die Bayern mit den norditalienischen Langobarden, um so gestärkt dem fränkischen Vormachtstreben Einhalt gebieten zu können. Ehen wurden geschlossen – man denke nur an die Heirat zwischen dem Langobardenkönig Authari mit der bayerischen Herzogstochter Theodelinde im Jahr 589.[6] Michael Störmer stellte für das 8. und 9. Jahrhundert sogar fest, dass in der Gegend um den Kochelsee ein wichtiger Verkehrsknotenpunkt gelegen haben muss. Besondere Bedeutung scheint dabei Schlehdorf zugekommen zu sein.[7] Doch dann setzte um die Mitte des 9. Jahrhunderts der Niedergang der bis dahin für die Erschließung des Landes so wichtigen Klöster ein, bevor sie im 11. und 12. Jahrhundert wieder zu neuer Blüte aufstiegen.

Erst jetzt machten vor allem die zahlreichen Besitzungen Benediktbeuerns in Nord- und Südtirol eine Verbindung notwendig. Insbesondere im Herbst, wenn

Steinbeil aus Urfeld

1 Bei diesem Steinbeil, auch Dechsel genannt, geht der Archäologe Hans-Peter Uenze davon aus, dass es erst im 19. Jahrhundert von Händlern, die von Hof zu Hof zogen, als „Blitzschutz" mitgebracht wurde und aufgrund seiner Form ursprünglich aus dem böhmischen Raum stammt. Vgl. Uenze, Steinbeile vom Alpenrand, S. 21. Möglicherweise hat die steinerne Axt von Zwergern eine ähnliche Vorgeschichte.

2 Man mutmaßte bei seinem Auffinden in den 1920er-Jahren, es könnte aus der Jungsteinzeit stammen. Eine wissenschaftliche Untersuchung liegt nicht vor. Möglicherweise kam die Axt auf ähnlichem Weg an den See wie das Steinbeil aus Urfeld. Vgl. Demleitner, Steinbeilfund als erste Spur, S. 87.

3 Kriner, Von Gervn zu Krün, S. 14.

4 Bauer, Benutzung des Kesselbergüberganges, S. 10. Vgl. auch Störmer, Fernstraße und Kloster, S. 339.

5 Generell sieht die Römerstraßenforschung in Bayern keinen römischen Weg über den Kesselberg. Vgl. etwa eine der neueren Untersuchungen von Bauer, Die römische Fernstraße Salzburg-Augsburg und viele andere mehr.

6 Von Authari geht die Sage, er sei unerkannt auf Brautschau an den Hof der Agilolfinger nach Bayern gekommen und habe sich erst bei der Abreise durch den kühnen Wurf seiner Streitaxt in einen Baum zu erkennen gegeben: „Solche Hiebe führt König Authari!" Zurück in Oberitalien, ist Authari ein Jahr nach der Hochzeit in Pavia gestorben. Theodelinde ehelichte daraufhin den Langobardenkönig Agilulf. Theodelinde ließ u. a. den ersten Dom in Monza errichten. Dort ruht heute noch immer der Theodelindenschatz.

Kutsche auf der Kesselbergstraße, Postkarte nach einem Gemälde, um 1880

die Weintransporte von Südtirol herauf nach Benediktbeuern kamen, wurde es am Walchensee etwas belebter. Die Zinsweintransporte aus dem Etschland gelangten bis 1492 vornehmlich durch Weinsäumen an ihren Zielort, während die Wagentransporte über Garmisch und Mittenwald geleitet wurden.[8] Laut eines *„kurzen Berichts von der Gegend Walchensee aus dem Archiv des uralten Stifts* [...] *Benediktbeuern"* aus dem Jahr 1789 weiß man, dass vor dem Bau der Kesselbergstraße 1492 hier nur ein „Sämmersteig", also ein Saumpfad, gewesen sei, *„wie in einigen actis de anno 1295 zu lesen"*[9]. Diese originalen *„actis"* ließen sich jedoch nicht finden. In den Aufzeichnungen von 1789 ist weiter zu lesen, *„daß auch die jetzige Strassen von Wallgau gegen Walchensee dazumal genannt wurde der ‚Seesteig'."* Und: *„Die ordinari Landstraß ging selber Zeit über Parthenkirch."*[10]

Bald waren es nicht nur die Benediktbeurer Weintransporte, die hier befördert wurden. Im Spätmittelalter entwickelte sich der Weg über den Kesselberg und entlang des Walchensees langsam zu einer bedeutenden Fernhandelsstraße. Ein Saumpfad konnte das Verkehrsaufkommen nicht mehr bewältigen, vor allem nicht die Fuhrwerke und Gespanne. Eine neue Straße wurde notwendig.

Ein hin und wieder zitierter angeblich erster schriftlicher Nachweis für einen *„königlichen Weg nach Tirol und Italien"* (*„via regia ad Tyrolenses et Italos"*) sowie ein Hospiz im Ort Walchensee für die Zeit um 1100[11] beruht auf einem Übersetzungsfehler. Es handelt sich bei der Quelle um einen Text Karl Meichelbecks aus dem 18. Jahrhundert, in dem er lediglich sagte, dass jener Teil am Walchensee um 1100 zum Kloster Benediktbeuern kam, durch den im Jahr 1492 die „via regia" gebaut wurde; auch die Erwähnung des Hospizes ist der Zustandsbeschreibung nach 1492 zuzurechnen.[12]

In der zweiten Hälfte des 15. Jahrhunderts wurde in den Alpen kräftig gearbeitet, nicht nur am Walchensee. Vor allem die Nord-Süd-Verbindung über den Brenner als niedrigster Alpenübergang mit einer Scheitelhöhe von 1.375 Metern, der als einziger ganzjährig befahren werden konnte, wurde ausgebaut. Der alte Saumpfad durch das Eisacktal wurde zu einem Karrenweg verbreitert und neue Brücken wurden errichtet.[13] Und es ist wohl kein Zufall, dass der Aufstieg der Familie Thurn und Taxis begann, als Franz von Taxis um 1490 die Postroute zwischen Innsbruck und Mecheln organisierte. Da wollten auch die bayerischen Herzöge nicht nachstehen.

Damals regierte Herzog Albrecht IV. (Regierungszeit 1460-1508) in Bayern, der nicht zu Unrecht den Beinamen „der Weise" erhielt. Nicht nur in der Regierung seines Landes erwies er sich als weitblickend[14], sondern auch in wirtschaftlicher Hinsicht. Nachhaltig kümmerte er sich u. a. um die Verbesserung der Fernhandelswege – auch über die Alpen. Von 1465 bis 1472 ließ er den Saumpfad von Partenkirchen nach Oberammergau zur Fahrstraße ausbauen, 1469 eine für den Fernverkehr vorgesehene Straße von Tölz über Fall nach Mittenwald fertigstellen, allerdings ohne hier den gewünschten Erfolg zu erzielen. Die Isar verursachte im Abschnitt Wallgau-Fall immer wieder Wegabschwemmungen. Da die Straße an der Isar anscheinend nicht weiter zu verbessern war, musste für den Handelsweg von München nach Tirol und Italien eine neue Wegführung gefunden werden.[15] Und diese führte offensichtlich über den Kesselberg.

Das Kloster Benediktbeuern hatte im Mai 1490 einen verheerenden Brand erleben müssen, mit schwerwiegenden finanziellen Einbußen. Gegen einen begrenzten Nachlass der Vogteisteuer gestattete es danach, dass über den Kesselberg bis Krün eine neue Fahrstraße angelegt wurde.[16] In den Jahren 1492 bis 1497, zur selben Zeit, als Christoph Kolumbus Amerika entdeckte, wurde auf Kosten des Münchner Bürgers Heinrich Barth ein neuer Alpenübergang geschaffen, der die

7 Störmer, Fernstraße und Kloster, S. 326. Doch legt auch er sich nicht eindeutig fest, ob es damals bereits einen Verkehrsweg über den Walchensee gegeben hat.

8 Hemmerle, Benediktbeuern, S. 78.

9 Zitiert nach Becker, Walchensee, S. 261.

10 Becker, Walchensee, S. 261.

11 Zum Beispiel bei Becker, Walchensee, S. 107.

12 Meichelbeck, Historiae Frisingensis I/1, S. 313.

13 Rohrer, Zimmer frei, S. 22.

14 Bayern verdankt ihm etwa das „Primogeniturgesetz", das besagt, dass immer nur der älteste Sohn die Herrschaft erben kann, womit eine Zersplitterung des Landes ausgeschlossen wurde.

15 Bauer, Fernhandelsweg, S. 51 f.

16 Mindera, Die Tafernen der Klosterhofmark Benediktbeuern, S. 97.

alte römische Verbindung von Innsbruck über Mittenwald, Partenkirchen, Murnau und Weilheim nach Augsburg, die auch in den Jahrhunderten nach dem Abzug der Römer eine der wichtigsten Süd-Nord-Verbindungen bildete, zum Teil ablöste. Heftige Niederschläge und die Schmelzwasser aus den Alpen hatten im Murnauer Moos und im Loisachtal immer wieder Überschwemmungen der alten Römerstraße verursacht. Eine Abzweigung hinter Mittenwald über Krün, Wallgau, den Walchensee und den Kesselbergpass bot sich deshalb geradezu an, noch dazu war dies gewissermaßen die Diretissima vom Inntal (westlich von Innsbruck) nach München.[17] Fußgänger, Reiter und Saumtiere hatten diesen Verkehrsweg seit Langem benutzt; Ende des 15. Jahrhunderts nun wurde er auch für Kutschen und Fuhrwerke ausgebaut.[18] Dabei handelte es sich um eine straßenbautechnische Meisterleistung. Immerhin waren 200 Meter Höhenunterschied zu bewältigen. Doch über Planung, technische Ausführungen und Kosten sind leider keine archivalischen Quellen erhalten geblieben. Lediglich eine Rechnung über Bauholz ist von 1493 überliefert sowie der Hinweis bei Karl Meichelbeck, dass Herzog Albrecht IV. Ende Juni 1493 das Kloster Benediktbeuern besucht habe, um den Fortschritt des Klosterbaus und des Baus der neuen Straße über den Kesselberg zu begutachten.[19]

Der Münchner Patrizier Heinrich Barth (1465 bis nach 1514) erscheint in den Chroniken als treibende Kraft und Bauherr. Ihm zu Ehren wurde schließlich auch die bekannte Gedenktafel angebracht. Ganz uneigennützig wird der Münchner Patrizier das Unternehmen nicht finanziert haben, auch wenn er durchaus ein vermögender Mann aus reicher Familie mit stattlichem Immobilienbesitz in der Stadt war, der ihm einen Sitz im Rat der Stadt und politischen Einfluss sicherte. Als erstgeborener Sohn und Ehemann von drei Frauen aus dem Münchner Patriziat kam durch Erbe einiges zusammen. So gehörte ihm u. a. das sogenannte „Wurmeck" am Marienplatz.[20] Darüber hinaus war er – wie seine Vorfahren – vor allem im Weinhandel tätig. Wiederholt lieferte er „Wälschwein", „Varnätscher" oder „Tramynner" aus Italien und Südtirol nach München und betrieb zeitweise eine eigene Weinschenke in der Stadt.[21] Da war ein direkter und vor allem guter Weg nach Süden durchaus auch in seinem eigenen Interesse.

Doch war der Patrizier vielseitig. Herzog Albrecht hatte ihm 1507 erlaubt, zwei Eisen- und Kupferhämmer im Bereich des Klosters Benediktbeuern zu erbauen[22] und bei Joch am Kochelsee ein Silber- und Quecksilberbergwerk zu errichten, wie überhaupt Münchner Patrizierfamilien vor allem im 15. Jahrhundert weit mehr, als bisher allgemein bekannt ist, an Bergwerken beteiligt waren.[23] Heinrich Barth ist die Anlage eines Bergwerks nahe dem Jochbach zu Beginn des 16. Jahrhunderts zu verdanken. Man wollte nach Metall schürfen und hoffte im Gebirge am Walchensee auf einen ähnlichen Segen wie die Fugger im Inntal.[24] Tatsächlich gab es im Gebiet um den Kesselberg bereits um 1492 bescheidenen Bergbau.[25]

13 Jahre betrieben Heinrich Barth und sein Erbe Johannes Barth das Bergwerk, allerdings mit geringstmöglichem Erfolg. Am 19. März 1520 verkauften die Barths ihre Rechte am Kesselberg um 3.500 Gulden an das Kloster Benediktbeuern und am 29. November 1563 erwarb das Kloster schließlich noch eine in der Zwischenzeit neu errichtete Schmelzhütte samt allen Gerechtigkeiten, *„nichts ausgenommen"*, um weitere 63 Gulden.[26] Dennoch: Auch die Ausbeute des Klosters war eher dürftig. Durch die Säkularisation gelangte schließlich alles in den Besitz des Staates. Nach Erz geschürft wurde schon lange nicht mehr.[27] Doch noch 1816 waren bei Urfeld Knappengruben zu sehen. *„Man hatte Gruben auf Quecksilber eröffnet. Aus einem Bächlein hatte man öfters Quecksilber geschöpft. Auf Baaders Rath ist das Bächlein abgefangen worden und – führt nun kein Quecksilber mehr."*[28]

17 Vgl. zum Beispiel F. Rauners Karte der alten Handelsstraßen, in: Petermanns Mitteilungen Bd. 52, Gotha 1906 (abgedruckt bei Dussler, Ettaler Bergstraße, S. 237).

18 Rossbeck, 500 Jahre Kesselbergstraße, S. 16 ff.

19 Schwarz, Bergbau und Straßenbau, S. 190.

20 Heute steht an seiner Stelle das neue Rathaus mit dem Sportgeschäft „Münziger".

21 Zu Heinrich Barth siehe Stahleder, Die Bart, Nr. 16a. In der Münchner Frauenkirche ist bis heute die Bart-Kapelle erhalten mit dem typischen Wappen der Bart, dem Kopf eines bärtigen Mannes.

22 BayHStA KU Benediktbeuern 846.

23 Schattenhofer, Das Münchner Patriziat, S. 29.

24 Die Lage des ehemaligen Bergwerks ist ungewiss. Vgl. Schwarz, Bergbau und Straßenbau am Kesselberg, S. 191 und 196 ff.

25 Krumm, Montanhistorisches um die alte Kesselbergstraße, S. 17 f.

26 StA Mü Straßenbauamt Weilheim 336.

27 Flurl, Beschreibung der Gebirge, S. 39.

28 Schmeller, Tagebuch II, 4. September 1816.

Nachzeichnung der Inschrift durch Adrian von Riedl, Ende 18. Jahrhundert (siehe auch unten Abb. auf S. 177)

Denkmal für Heinrich Barth

An der alten Kesselbergstraße, an der Stelle, wo man nach ungefähr einer halben Stunde Wegs von Urfeld aus plötzlich die herrliche Aussicht auf das Flachland im Norden genießen konnte, befand sich an der Felswand eine Inschriftentafel aus Rotmarmor, die heute im Bayerischen Nationalmuseum in München verwahrt wird. Die nur noch schwer zu entziffernde Inschrift lautet in etwa:

„Nach dem Maria Jhum gepa
Anno dni. MCCCCLXXXXII Jar,
Albrecht der durch leuchtig erkorn
Pfalzzgraf pey rei herzog geporn
In obre und nider Payrelandt,
Durch den Kesl Perg also genandt
Hat er den Beg und auch dy Strassn
vun seiner Kostub machen lassen
Von Munichen Hairich Part erdacht
Den Sin dar durch er bard gemacht."

In modernem Deutsch bedeutet dies:
„Nachdem Maria Jesus gebar, im Jahr des Herrn 1492, hat Albrecht, durchlauchtig gewählt zum Pfalzgraf bei Rhein und geboren zum Herzog im Land Ober- und Niederbayern, durch den so genannten Kesselberg den Weg und auch die Straße auf seine Kosten machen lassen, von welcher Heinrich Bart aus München den Plan (Sinn), wonach er (der Weg) gemacht wurde, erdacht hat."

(Badura, Die alte Tafel, S. 50)

Für das Kloster Benediktbeuern hatte der Straßenbau jedoch nicht nur Vorteile: Wiewohl der bayerische Herzog eine Zollstatt errichtete, musste ein Teil des Weges auf Klosterkosten erhalten werden. Laut einer Urkunde vom 21. Mai 1494 oblag der Unterhalt auf der Bergnordseite dem Kloster und von da bis zum Walchenseesüdende dem bayerischen Herzog.[29] Zur Reparierung des Weges beim *„Kösslberg"* und *„umb den Walchensee"* wurde das Holz aus den Benediktbeurer Wäldern genommen, auch für denjenigen Teil, für den der Herzog bzw. später der Kurfürst zuständig war. Das Holz war gegen Zollfreiheit gratis abzugeben, außer es handelte sich um Eichenholz. Dieses musste bezahlt werden.[30]

Bereits 1493 wurde zudem ein vielfach korrigierter Entwurf für den Wegezoll erarbeitet. Nachdem Herzog Albrecht IV. den Weg über den *„Kesslperg von Gemains Nutz wegen von newen machen lassen"* hat er darauf einen Wegezoll gesetzt, der von Alters her in Wolfratshausen zu zahlen war, nun aber in Kochel oder Eschenlohe erhoben werden sollte. Doch erst am 8. März 1517 traten die neuen Zollbestimmungen in Kraft.[31]

Auch die Belastung durch Gäste für die Abtei nahm zu, da nun der Kesselberg als kürzeste Nord-Süd-Verbindung von zahllosen Kriegern und Flüchtlingen benutzt wurde. Quartierlasten und Plünderungen verursachten nicht wenig Schaden. So hatten etwa 1648 während des Dreißigjährigen Krieges *„durchraisende vornehme Fluchtleuth den meisten Wein zerstört"*[32] und noch für 1832 wird berichtet, dass die bayerischen Hilfskorps für Griechenland über den Walchensee marschierten.[33]

Allerdings standen den Nachteilen auch wirtschaftliche und verkehrstechnische Vorteile gegenüber. Die Benediktbeurer konnten nun ihren Wein aus Südtirol auf direktem Weg ins Kloster bringen. Handwerker, besonders Wagner und Schmiede, bekamen zusätzliche Aufträge. Vorspanndienste brachten zudem Geldgewinne.

29 Dussler, Skizze des Walchensees, S. 61.

30 BayHStA Kurbayern, Äußeres Archiv 4083. In diesem Schreiben vom 27. Juli 1694 wurde allerdings überlegt, ob nicht auch das Eichenholz umsonst abzugeben sei.

31 BayHStA Kurbayern, Urk. 18202.

32 Dussler, Skizze des Walchensees, S. 61.

33 Schmidt, Die Jachenauer in Griechenland. Siehe unten S. 64.

Und als schließlich die Thurn und Taxische Post die neue Straße in ihr Netz mit aufnahm, gewannen die zum Kloster gehörigen Tafernen an Wert und Bedeutung.[34]

Bereits im ausgehenden Mittelalter kann man von einer täglichen „Marschgeschwindigkeit" bei „rüstig ausschreitenden" Fußreisenden ebenso wie bei Fuhrwerken von ca. fünf Meilen (zu etwa 7,5 Kilometern) ausgehen[35], also insgesamt von rund 40 Kilometern am Tag. Das entspricht in etwa der Distanz von München bis Benediktbeuern. Auf der zweiten Etappe über den Kesselberg schaffte man wegen der Steigung (und des möglichem Vorspanns) meist nicht so viele Kilometer, sodass nicht selten in Walchensee eine Rast eingelegt wurde.

Ladewagen mit der damals typischen Einhornanspannung „à la demi Dumont", aus dem Sattel gefahren; Ausschnitt aus der Mautkarte von Franz Seraph Kohlbrenner, Kupferstich, 1764

Bereits für das Jahr 1497 ist belegt, dass Herzog Erich von Braunschweig auf seiner Brautfahrt die Kesselbergstraße nutzte, 1500, 1504 und 1513 passierte Kaiser Maximilian die *„Straß gegen den Walchsee"*, wie sie 1525 genant wurde[36], ebenso wie 1541 und 1551 sein Sohn Kaiser Karl V. 1583 reiste Erzherzog Ferdinand von Tirol über den Kesselberg.[37]

Immer wieder ist in alten Reisebeschreibungen vom Walchensee zu lesen, etwa als der bayerische Erbprinz Maximilian (der spätere Kurfürst Maximilian I.) anno 1593 nach Italien reiste. Am 15. März war er in München aufgebrochen, hatte in Benediktbeuern übernachtet und am 16. ein *„Morgenmahl"* am Walchensee eingenommen. Abends kam er dann in Seefeld an.[38] Auch der Palästinapilger Albrecht Graf zu Löwenstein hatte 1561 die Route über den Kesselberg und den Walchensee gewählt[39], ebenso wie der englische Diplomat Sir Thomas Hoby im Sommer 1554.[40]

Der italienische Edelmann Signore Fulvio Ruggieri reiste 1562 im Gefolge des päpstlichen Legaten Kardinal Commendone nach Norddeutschland und in die Niederlande. Am 1. März kam er auf der Rückreise nach Kochel. *„Hier steigt man für die Dauer einer halben deutschen Meile Wegs auf einer ziemlich guten, aber steilen Straße hoch und ebensoviel [!] abwärts. Man gelangt dann an einen großen See, der Vallinse heißt und wo gute Fische gedeihen. Längs desselben legt man eine halbe Meile Wegs zurück, an dem drei oder vier Häuser liegen und wo man Quartier nehmen kann."*[41] Am 22. Oktober 1580 kam der französische Edelmann und Weltreisende Michel de Montaigne (1533-1592) am Walchensee vorbei.[42] Und am 28. April 1606 passierten Marchese Vincenzio Giustiniani (1564-1637) und sein Sekretär Bizoni von Innsbruck kommend einen *„fischreichen See"*, bei dem es sich allem Anschein nach um den Walchensee handelte.[43]

All diesen frühen Berichten ist gemein, dass keiner die Landschaft preist. In jenen Tagen hatte man noch keinen Blick für Naturschönheiten. Die Alpen wurden lediglich als gefährliches Hindernis auf dem Weg nach Italien betrachtet. Das „erschröckliche" Gebirge galt als Tummelplatz gefährlicher Räuber und böser Geister. Man war froh, wenn man die Alpenrouten heil überstanden hatte.

1634 fuhr auf der Kesselbergstraße erstmals ein Totenwagen mit einer prominenten Leiche: Herzog Feria war in München verstorben und wurde zum Begräbnis in seine spanische Heimat gebracht. Und 1703 konnte man am Walchensee den traurigen Rückzug des bayerischen Kurfürsten Max Emanuel (1679-1726) von seinem tirolischen Feldzug verfolgen.[44] Max Emanuel war es auch, der trotz des Protests der Münchner Handelsleute die Kesselbergstraße 1722 für den Fernverkehr sperrte. Stattdessen erhob er die Straße über Aibling und Kufstein zur Post- und Commercialstraße. Die offizielle Begründung lautete, die Kesselbergstraße sei nur ein Sommerweg. Vielleicht wollte der Kurfürst die herrschaftlichen Güter entlang der Aiblinger Straße begünstigen.[45] Möglicherweise ist die Verlegung des

34 Mindera, Die Tafernen der Klosterhofmark Benediktbeuern, S. 97.

35 Dussler, Ettaler Bergstraße, S. 235. Rohrer, Zimmer frei, S. 32.

36 Dussler, Skizze des Walchensees, S. 61

37 Bauer, Fernhandelsweg, S. 61.

38 Dussler, Reise und Reisende, S. 105.

39 Dussler, Reise und Reisende, Bd. II., S. 49.

40 Siehe oben S. 20.

41 Dussler, Reiseberichte München und Oberbayern, S. 33 f.

42 Badura, Straße über den Kesselberg, S. 45 f., Taller, Wundervoller Walchensee, u. a. S. 78.

43 Dussler, Reise und Reisende, S. 118.

44 Dussler, Skizze des Walchensees, S. 61.

45 Bauer, Fernhandelsweg, S. 60.

Straße in Urfeld, Foto um 1900

Fernhandelsweges auch im Zusammenhang mit den Streitereien zwischen Kloster Benediktbeuern und dem Kurfürsten bezüglich des Klösterls zu sehen[46]; vielleicht gaben auch verschiedene Gründe zusammen letztlich den Ausschlag. Auf jeden Fall wurde die Kesselbergstraße für den Transitverkehr gesperrt, nur noch Krämerwagen durften passieren.[47] Ihren Höhepunkt als Fernhandelsstraße hatte die Kesselbergroute damals längst hinter sich. Die größte Bedeutung dürfte sie in den ersten Jahrzehnten ihres Bestehens gehabt haben. Der Niedergang Venedigs, der im Laufe des 16. Jahrhunderts einsetzte, führte auch zur Schwächung des Alpen überquerenden Handelsverkehrs. Den großen Alpen überschreitenden Güter- und Touristentransit von Bayern nach Italien hat bis heute die Inntalroute über Rosenheim und Kufstein fast völlig übernommen, obwohl die Route über den Kesselberg im 18. Jahrhundert ein bis zwei Tage kürzer war.

Bis in die 1770-er oder 1780er-Jahre blieb die Kesselbergroute für den Fernhandel gesperrt. Dann aber griff der Kurfürst ein. Er wollte die Kesselbergstraße als kürzeste Fernhandelsverbindung wieder aufleben lassen. Ende des 18. Jahrhunderts kam es deshalb zu Straßenverbreiterungen und -verbesserungen. Wie schon beim Ausbau durch Heinrich Barth Ende des 15. Jahrhunderts stand der erneute Ausbau wohl im Zusammenhang mit größeren Bautätigkeiten an den Alpenübergängen. 1772 war der Ausbau der Brennerstraße abgeschlossen.[48] Da war auch ein Ausbau der Anschlussstrecken vonnöten. Und eine dieser Anschlussstrecken führte über den Walchensee.

Vermutlich Kurfürst Max III. Joseph (er regierte von 1745 bis 1777) ließ durch den Hofkammerrat und Ingenieurhauptmann Kastulus von Riedl (1707-1783) *„mit gutem Erfolg sprengen und den ganzen Weg zu einer ordentlichen Chaussée erheben"*, wie sein Sohn, der berühmte Straßen- und Wasserbaudirektor Adrian von Riedl (1746-1809) in seinem *„Reiseatlas von Baiern"* vermerkte.[49] Laut einer Gedenkschrift im Posthaus zu Walchensee aus dem Jahr 1789 fanden die Sprengungen jedoch erst unter dem Nachfolger Kurfürst Max III. Joseph statt: *„Im Jahr 1781 wurde auf gnädigen Befehl Sr. kurfürstlichen Durchlaucht Carl Theodor, um den Kesselberg bequemer zu passieren, die dortige Landstraße erweitert und die in Weg stehenden Felsen mit großen Kosten weggesprenget"*.[50] Hier widersprechen sich zwei zeitnahe und ansonsten glaubwürdige Berichte. In Walchensee hätte man bei der Abfassung der dortigen Tafel doch noch wissen müssen, was vor acht Jahren passiert war. Wenn die Sprengungen schon unter Max III. Joseph von Kastulus von Riedl durchgeführt worden sind, müssten die Arbeiten jedoch vor 1772 liegen, denn in diesem Jahr hat bereits Adrian von Riedl die Nachfolge seines Vaters als kurfürstlicher Hofkammerrat und Straßen- und Wasserbaudirektor angetreten. Das heißt, bei Abfassung der Tafel in Walchensee hätten die Sprengungen nicht nur acht, sondern mindestens 17 Jahre zurückgelegen. Auf der anderen Seite hat sich Adrian von Riedl ebenfalls einen Namen durch Sprengungen und Straßenverbreiterungen gemacht, etwa bei Bad Abbach an der Donau, wo er sich in den Jahren 1791 bis 1794 *„tyrollerischer Felsensprenger"*[51] bediente. Doch ist es sehr unwahrscheinlich, dass Adrian von Riedl dann in seinem 1798 erschienen Band des Reiseatlas die Sprengungen seinem Vater in der Zeit Max III. Josephs zuschreibt. Er müsste es gewusst haben, wenn er selbst die Arbeiten ein paar Jahre zuvor durchgeführt hätte! Eine endgültige Entscheidung über den Zeitpunkt der erneuten Straßenbauarbeiten in der zweiten Hälfte des 18. Jahrhunderts lässt sich aufgrund der Quellenlage derzeit nicht treffen[52], doch spricht vieles dafür, dass sie 1771 vorgenommen worden sind. Diese Jahreszahl überliefert uns Adrian von Riedl vom Grenzstein an der Landstraße; der Hinweis an der „Post" würde somit eine Verschreibung um zehn Jahre bedeuten.

46 Vgl. oben S. 45 ff.

47 Bauer, Fernhandelsweg, S. 60.

48 Dal Negro, Hotel des Alpes, S. 16.

49 Riedl, Reiseatlas, 2. Lieferung, S. 10.

50 Zit. nach Becker, Walchensee, S. 262.

51 Oelwein, Auf den Spuren des Löwen, S. 102-111.

52 Badura (Straße über den Kesselberg, S. 42) folgt der Aussage Riedls im Reiseatlas insoweit, dass er Kastulus von Riedl für die Ausführung verantwortlich hält, allerdings im Auftrag Kurfürst Karl Theodors. Das heißt. auch er kann sich nicht entscheiden, welcher der beiden Quellen er letzten Endes folgen soll.

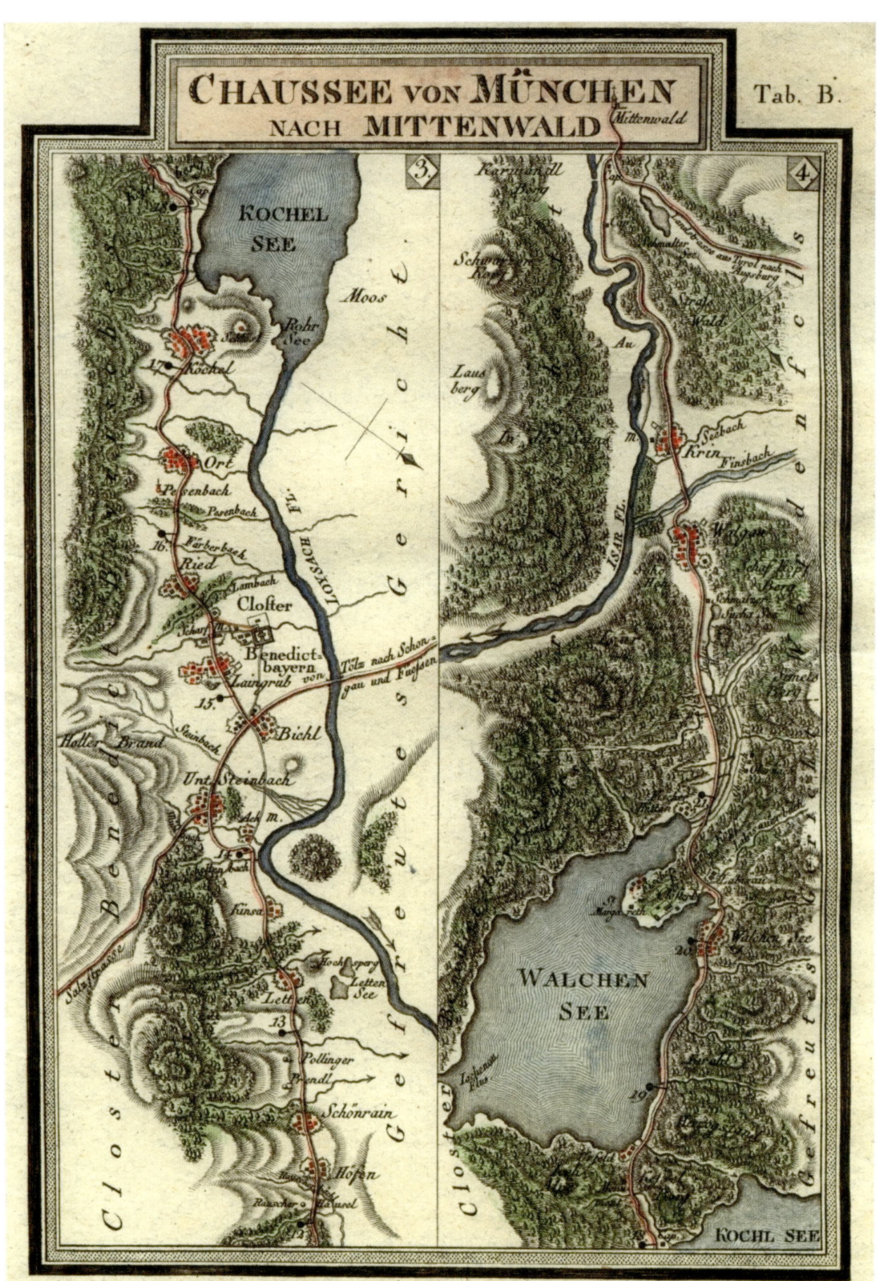

„Chaussee von München nach Mittenwald“ von Adrian von Riedl, Kupferstich, 1798

Adrian von Riedl machte sich auch als Mitbegründer und späterer Direktor des bayerischen topografischen Büros einen Namen. Zu seinen kartografischen Hauptwerken zählen der „Reiseatlas von Baiern“, der seit 1796 in mehreren Lieferungen erschienen ist, und der „Stromatlas“ von 1806. In der zweiten Lieferung seines Reiseatlas von 1798 beschrieb er den Streckenabschnitt der Chaussee von München über den Kesselberg nach Mittenwald und Innsbruck folgendermaßen: *„Wenn man den Kesselberg erstiegen hat, öffnet sich dem Auge eine überraschende Aussicht über den Walchensee, auch Wallersee, hin, den rings umher Berge umgeben.* [...] *Zur Linken den See, zur Rechten die Berge hat man nun über eine Stunde bis zu dem Dorfe Walchensee, in dem eine Kirche, ein Gasthof, eine Post und die churfürstliche Mauth ist. Dem Dorfe gegenüber liegt ein kleines Kloster, das jetzt zum Kloster Benedictbeyern gehört.* [...] *Vom Walchensee weg biegt sich die Straße*

Pferdekutsche bei Urfeld, Postkarte um 1900 nach einem Gemälde von Edward Harrison Compton

Fußreise über den Kesselberg 1784

Nicht nur mit der Postkutsche ging's über den Kesselberg; auch auf Schusters Rappen unternahmen nicht wenige die Reise. So zum Beispiel der Naturforscher Franz von Paula Schrank, der von Walchensee nach Schlehdorf weiter wollte. Doch man „mißrieth" ihm „bey noch immer verdächtiger Witterung eine Gebirgsreise" und versicherte ihm „ich würde wohl schwerlich jemanden bekommen, der mich dahin begleitete. Zugleich machte mir Herr Franz Steininger, kurfürstlicher Mautgegenschreiber zu Mittenwald, mit dem ich gestern bekannt zu werden das Vergnügen hatte, die Hoffnung, das Gebirg um Benedictbeuern besteigen zu können, wenn ich ihm auf seiner Reise nach diesem Kloster, wo er Geschäfte hätte, Gesellschaft leisten wollte. Der Fischer versprach uns bis Schlechdorf zu begleiten, und mein Gepäcke zu tragen, wenn wir die Reise zu Fuß machen würden. Ich ließ mich bereden, und wir traten bey einem zwar trüben Himmel, für den aber der Fischer gut stand, daß er uns heute keinen Verdruß machen werde, unsre Reise nach Schlechdorf an. Wir schifften von Wallersee längs des westlichen Seeufers hin bis Urfeld, das eine sachte, aufwärts steigende, vom Walde entblößte Gegend ist, wo das Jägerhaus liegt. Der Jäger hat eine nicht unbeträchtliche Viehzucht, aber Feldbau hat er nicht, und kann er zwischen den Bergen, die ihn einschließen, nicht haben. Rechts am Urfelde liegt die vordere Jocheralpe, ein hoher, von dieser Seite unbesteiglicher Berg; hinter dieser soll ein tiefes Thal und dann die hintere Jocheralpe liegen. [...]
Wir stiegen am Urfelde aus und setzten nun unsere Reise zu Fuß über den Kesselberg auf der Landstraße fort. Die Strasse zog sich ungefähr eine Viertelstunde lang bergauf, dann gieng sie N. W. bergab. An dieser Straße fanden wir den Marmorstein, der von des braven Heinrich Barths glücklich ausgeführten Unternehmung zur Nachwelt spricht. [...]
Weiter unten kam aus dem Kesselberg ein Wasser hervor, das aller Wahrscheinlichkeit nach ein Ausfluß des Walchensees ist. [...] Und dies ist das fürchterliche Wasser, das Baiern überschwemmen sollte. Jeder, der es an Ort und Stelle sieht, muß über diese ungegründete Besorgnis lachen. [...]
Es war schon spät, als wir an den Kochelsee kamen, auf welchem wir nach dem regulirten Chorstifte Schlechdorf übersetzten."

(Schrank, Baierische Reise, S. 97 f.)

linker Hand neben dem See fort und über den Silbergraben, den Laisauerbach, dann Berge, Katzenkopf genannt und in das Thal hinab; hier läuft sie über die Obernach, die rechts bleibt, und zwischen den Iser- und Simmetsberge fort, kommt dann zu einem Gränzstein, dem die Jahreszahl 1668 und 1771 eingehauen ist, und der die Grenze zwischen Baiern und der Bischöflichen Freysingischen Grafschaft Werdenfels anzeigt."[53] Auf der beigefügten Tabula B ist die „Chaussee von München nach Mittenwald" als Stich (an manchen Stellen nicht ganz naturgetreu) festgehalten, und im „Stromatlas" stellte Adrian von Riedl dann allgemein die Situation rund um den Kochel- und Walchensee inklusive Kesselberg im Bild dar (vgl. Abb. auf S. 8/9).
Als Poststraße blieb die Kesselbergstraße auch über 1722 als Route 5 der „Ordinari Posten" hinaus von Bedeutung. Bereits am 13. Februar 1664 hatte der bayerische Kurfürst mit dem Haus Taxis einen Vertrag zur Errichtung eines Postsystems beschlossen. Eine der fünf vereinbarten Postkurse war die Verbindung München–Innsbruck über den Walchensee. Seit 1691 verlief die Postroute Regensburg–München–Innsbruck-Venedig über den Kesselberg. 1776 wurde dann auch die Postroute auf die Aiblinger Strecke verlegt; für den Kesselberg blieb nur noch die Extrapost. Doch wegen der zahlreichen Klagen über längere Postlaufzeiten

53 Riedl, Reiseatlas, 2. Lieferung, S. 10 f.

verlegte man den Postverkehr 1784 schließlich wieder auf die Trasse über den Kesselberg[54] – vermutlich ist dies auch in Zusammenhang mit den Ausbautätigkeiten Kurfürst Max Josephs oder Karl Theodors zu sehen. Diesen Weg wählte anno 1786 Geheimrat von Goethe auf seiner „Italienischen Reise“. [55] 1793 verkehrte dann auf dieser Straße kein Postwagenkurs mehr, lediglich eine „Courier-Route ohne Felleisen“, das heißt ohne Briefbeförderung.[56]

Auch im 19. Jahrhundert wählten viele Reisende die Route über den Kesselberg und den Walchensee. Inzwischen schaffte man – dank des technischen Fortschritts im Kutschenbau – auch etwas mehr Kilometer am Tag. Als Hofmann von Fallersleben, der Dichter, dem wir nicht nur den Text des Deutschlandliedes verdanken, sondern auch Kinderlieder wie „Alle Vögel sind schon da“ oder „Morgen kommt der Weihnachtsmann“, am 31. Mai 1839 in München aufbrach, war er zu Mittag bereits am Kochelsee. *„Dann bogen wir links die Straße hinauf über den steilen Kesselberg und gelangten an den dunklen Walchensee, der von Hochwald und Bergen eingeschlossen, einen Umfang von sieben Stunden hat. Wir übernachteten in der Post im Dorfe Walchensee. Am folgenden Tage brachen wir zeitig auf.“* Vom Walchensee selbst hat der Dichter kaum etwas gesehen; *„dicker Nebel hüllte ihn ein“*. Erst als sie das Hochtal der Isar erreicht hatten, lichtete sich der Nebel. Bereits am Nachmittag gelangte die Reisegruppe nach Innsbruck.[57]

Gasthof Post in Walchensee, Postkarte um 1900

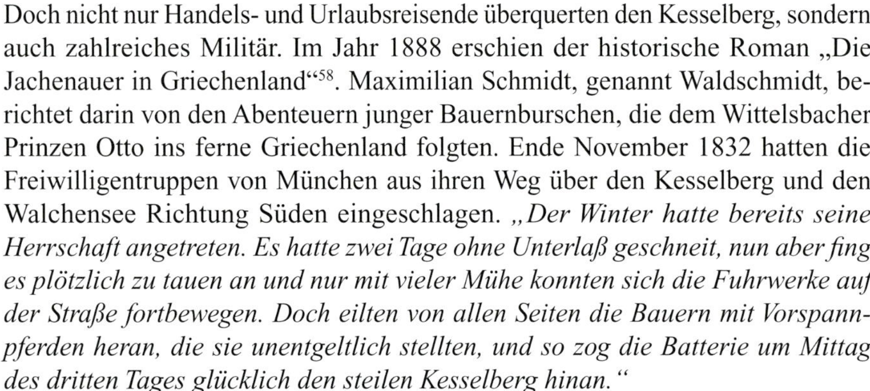

Doch nicht nur Handels- und Urlaubsreisende überquerten den Kesselberg, sondern auch zahlreiches Militär. Im Jahr 1888 erschien der historische Roman „Die Jachenauer in Griechenland“[58]. Maximilian Schmidt, genannt Waldschmidt, berichtet darin von den Abenteuern junger Bauernburschen, die dem Wittelsbacher Prinzen Otto ins ferne Griechenland folgten. Ende November 1832 hatten die Freiwilligentruppen von München aus ihren Weg über den Kesselberg und den Walchensee Richtung Süden eingeschlagen. *„Der Winter hatte bereits seine Herrschaft angetreten. Es hatte zwei Tage ohne Unterlaß geschneit, nun aber fing es plötzlich zu tauen an und nur mit vieler Mühe konnten sich die Fuhrwerke auf der Straße fortbewegen. Doch eilten von allen Seiten die Bauern mit Vorspannpferden heran, die sie unentgeltlich stellten, und so zog die Batterie um Mittag des dritten Tages glücklich den steilen Kesselberg hinan.“*

Es ist nachgewiesen, dass die königlich bayerischen Truppen auf dem Weg nach Griechenland am 21. November 1832 nach Walchensee kamen und am 22. November hier einen Rasttag einlegten, bevor sie am 23. nach Mittenwald weitermarschierten.[59] Auf dem Rückmarsch berührten sie erneut den Walchensee: Von Zirl kommend, machten sie am 17. Januar 1834 in Walchensee Station, bevor sie am 18. über den Kesselberg nach Wolfratshausen marschierten und schließlich am 19. Januar in München eintrafen.[60] Nur besonders schwere Güter nahmen den Weg über Murnau und Weilheim, *„um die hohen Berge auf der Straße über Wolfratshausen, der jungen Pferde wegen, zu umgehen“*[61].

Nachdem auf dem Starnberger See im Mai 1851 das Dampfschiffzeitalter angebrochen war, wurden auch die Postlinien neu geregelt. *„Mit dem 1. Juli 1851 ist der Post-Omnibus ins Leben getreten“*, verkündeten die Zeitungen.[62] Zunächst gingen täglich fünf Routen von München in alle Richtungen ab, darunter die nach Mittenwald *„unter Benützung des Dampfschiffes von Starnberg bis Seeshaupt“*. Viele Reisende führte dann der Weg über Kochel den Kesselberg hinauf an den Walchensee und in die Jachenau, wie Jakob Sittl aus Urfeld 1857 bestätigte.[63]

1892, 400 Jahre nach dem Bau der alten Kesselbergstraße, begann man mit den Vorarbeiten zur Verlegung der nun Staatsstraße Nr. 82 (heute B 11) genannten Kesselbergstraße auf eine neue, die noch heute befahrene Trasse. Anders als

54 Bauer, Postgeschichte, S. 65 f.

55 Siehe unten S. 74.

56 Dussler, Ettaler Bergstraße, S. 233.

57 Hoffmann von Fallersleben, Mein Leben, Bd. 3, S. 70. Vgl. auch Oelwein, Die „Eroberung“ des Sees durch den Verkehr, S. 70.

58 Vgl. oben S. 59 und unten S. 83.

59 Die Bayer'sche Landbötin vom 8. November 1832. Vgl. Oelwein, Marschrouten, S. 37.

60 Die Bayer'sche Landbötin vom 9. Januar 1834. Oelwein, Marschrouten, S. 38.

61 Die Bayer'sche Landbötin vom 20. Januar 1835.

62 Zum Beispiel Münchner Tagblatt Nr. 180 vom 2. Juli 1851. Vgl. Oelwein, Die „Eroberung“ des Sees durch den Verkehr, S. 70.

63 StA Mü AR 3766/402.

vermutlich zu Barths Zeiten gab es nun im Vorfeld zahlreiche Auseinandersetzungen über Entschädigungszahlungen für Grundstücke und ähnliches.[64] Betroffen waren von den neuerlichen Arbeiten vor allem der Kesselberg selbst und die Strecke über den Katzenkopf. Der untere Abschnitt der Kesselbergstraße wurde am 15. Juni 1896 dem Verkehr übergeben; ein Jahr später, am 29. Juli 1897, wurde der „obere Teil" vom alten Gedenkstein bis Urfeld, in Anwesenheit des Prinzregenten Luitpold feierlich eröffnet. Bei Kilometer 70,6 der neuen Straße wurde gemäß Regierungsentscheidung vom 12. Februar 1898 an der Felswand eine weitere Gedenktafel angebracht – analog zur Tafel von 1492.

> *„Unter der Regentschaft Seiner Königlichen Hoheit des Prinzregenten Luitpold von Bayern wurde diese neue Straße erbaut in den Jahren 1893 bis 1897 – Länge der neuen Straße 5,820 km. Größte Steigung 5 %; Länge der alten Straße 2,860 km. Größte Steigung 25 %."*[65]

Nach Fertigstellung der neuen Abschnitte der Staatsstraße Nr. 82 am Kesselberg und am Katzenkopf waren die alten Bergstrecken für den öffentlichen Verkehr entbehrlich geworden und wurden als Staatsstraße ab dem 4. Mai 1899 aufgelassen. Man schlug die alten Strecken zum Forstärar. An der alten Tafel am Kesselberg kam man nun nicht mehr vorbei, ja, das Begehen war sogar verboten, weswegen die Tafel entfernt werden sollte – das wünschte zumindest der Verschönerungsverein Kochel am 8. Juni 1903. Auch gegen die Sperrung der Straße schritt man ein, nicht nur aus historischen Gründen, sondern vor allem, weil sie die kürzeste Verbindung zwischen beiden Seen war. Zudem war der Zugang zu den Wasserfällen abgeschnitten. Wenigstens für Fußgänger sollte der alte Straßenabschnitt am Kesselberg geöffnet bleiben. Die Gemeindeverwaltung schloss sich dem Antrag an. Die Angelegenheit zog sich hin; erst vom 7. Juli 1927 datiert ein Schreiben des Forstamts Benediktbeuern, dass die alte Kesselbergstraße, die nunmehr ein Privatweg des Forstärars sei, als öffentlicher Weg ausgezeichnet würde, und am 4. November 1927 war es dann endlich amtlich: Die alte Kesselbergstraße wurde nicht mehr als öffentliche Straße angesehen und jegliche Haftung für etwaige Unfälle strikt abgelehnt; für Fußgänger war sie jedoch nach wie vor begehbar.[66]

Reise anno 1814

Josephine von Drouin reiste im Jahr 1814 über den Walchensee nach Italien. Am 20. September war sie in der Früh in München aufgebrochen und erreichte via Wolfratshausen und Benediktbeuern am Abend den Walchensee.
„Allmählich brach der Abend an, da wir den ernsthaften Waller (Walchen) See erblickten. In der Dämmerung machte dieser große Wasserbehälter einen so mächtigen Eindruck auf mein Gemüth, als an seinem Ufer im Kreise ringsumher Felsen sich erhoben, und die entfernten hohen Gebirge, in graues Dunkel gehüllt, den Gesichtskreis schließen – Saibling, eine edle Gattung Fische, bevölkern auch den See, und da wir im Gasthause an demselben übernachteten, genossen wir hievon und ließen uns hierauf durch das Plätschern des Sees sanft in den Schlaf wiegen. Schon hatte der aufsteigenden Sonne strahlendes Licht die Spitzen des Hochgebirges geröthet, als wir den Walchensee-See verließen und nach Mitterwald unsere Reise fortsetzen."

(Drouin, Meine Reisen, S. 2-4)

64 StA Mü LRA 162904. StA Mü Straßenbauamt Weilheim 304/1.

65 Badura, Ausbau der Straße, S. 73 f. Ursprünglich war die Tafel mit einem Wappen und einer kupfernen Krone verziert, die jedoch im Zweiten Weltkrieg gestohlen wurden.

66 StA Mü LRA 162904.

FORTFÜHRUNG DER STRASSE ENTLANG DES SEES UND ÜBER DEN KATZENKOPF

„Radschuh-Säule" am Katzenkopf, Ausschnitt aus dem Urkataster, Lithografie, 1817

Zwar wird der Ausbau der Kesselbergstraße in den Geschichtsbüchern wortreich erwähnt, nicht jedoch die technische Ausführung und schon gar nicht die der Weiterführung jenseits des Berges. Auch am See entlang existierte bis Ende des 15. Jahrhunderts nur ein Saumpfad. Dieser musste ebenfalls ausgebaut werden, wollten die Fuhrleute weiter bis ins Inntal gelangen. Als einer der wenigen hat dies auch Joseph von Obernberg 1815 ausgesprochen: *„Im Jahre 1492 bemerkte Heinrich Barth, ein Patrizier von München, der auf diesem Gebirge vergeblich nach Metallen gesucht hatte, daß sich über den Kesselberg und das westliche Seeufer eine bequeme Landstraße nach Italien anlegen lasse, besprach sich hierüber mit dem Abte Narciß, und ward vom Herzoge Albert dem Weisen mit der nöthigen Vollmacht zu dieser Unternehmung versehen."*[67] Von Mittenwald aus war Joseph von Obernberg an den Walchensee gekommen, durch Dörfer, *„die noch zum Werdenfelsischen Bezirke gehören, nach dem sogenannten Katzenkopf, einem Berge, der eben nicht sanft absteigt, sondern die Reise ab- und aufwärts sehr beschwerlich macht"*[68].

Der Weg über den Katzenkopf war also noch um 1800 sehr beschwerlich. Fuhrwerke benötigten gar einen Vorspann, und das, obwohl die Straße wenige Jahre zuvor durch massive Felssprengungen modernisiert worden war. Auf dem Urkartaster von 1818 sind sogar Radschuhsäulen verzeichnet, kleine „Häuschen", in dem die Rad- oder Bremsschuhe verwahrt wurden.[69]

Vom Vorspanndienst ist am Walchensee in frühen Zeiten nichts zu lesen (abgesehen vom Kesselberg). Sicher hätte das auf der einen Seite beschwerliche, auf der anderen jedoch auch lukrative Geschäft bei der anhaltenden Rivalität zwischen den Benediktbeurer und Schlehdorfer Untertanen zu Streitigkeiten geführt. Aufgrund

Aquarell nach Gustav Kraus, um 1840

67 Oberberg, Reisen durch das Königreich Baiern, 1815, S. 81.

68 Ebenda, S. 80.

69 Diese Bremsvorrichtungen, die an den Kutschen angebracht wurden, um beim Abwärtsfahren die Geschwindigkeit zu drosseln, fand der Kutscher oben am Katzenkopf, montierte sie seitlich vor den Hinterrädern an die Kutsche, beseitigte sie unten angekommen wieder und verstaute sie in einem weiteren „Häuschen". Von dort wurden sie von entgegenkommenden Fahrzeugen wieder mit nach oben genommen.

der Beschwerlichkeiten über den Katzenkopf hatten wohl Heinrich Barth und seine Zeitgenossen die Straße in diesem Abschnitt nicht über den Katzenkopf geführt, sondern drum herum, über Zwergern, in etwa auf der Trasse der heutigen Gemeindestraße. Ein paar Meter mehr nahmen die Fuhrleute gerne in Kauf, wenn ihnen dafür die mühsame Überquerung eines Bergrückens erspart blieb. Auf der anderen Seite war die Anlage der Straße um den Katzenkopf herum nicht im selben Maße eine Großtat wie die Überwindung des Kesselbergs, sodass diese in der Überlieferung nicht besonders herausgestrichen wurde. Hätte damals die Straße schon über den Katzenkopf geführt, wäre vermutlich auch auf der Gedenktafel darauf verwiesen worden. Und außerdem haben ja auch die Boote von Urfeld in der heutigen Zwergerner Bucht angelegt.

Eine Bestätigung für die Annahme des Weges um die Halbinsel herum liefern uns verschiedene Quellen: 1529, als es wieder einmal um die Holzrechte auf dem Katzenkopf ging, ist nur von *„Perg oder Waldt, der hinderhalb des Weegs lait“*, die Rede.[70] Hätte bereits damals der Weg über den Katzenkopf geführt, hätte der Wald nicht „hinterhalb“ des Wegs gelegen, sondern wäre von diesem durchschnitten worden. Und selbst als es 1694 um Reparaturarbeiten an den Wegen ging, ist lediglich von *„Kösslberg“* und *„umb den Walchensee“* zu lesen[71], nicht jedoch über den Katzenkopf.

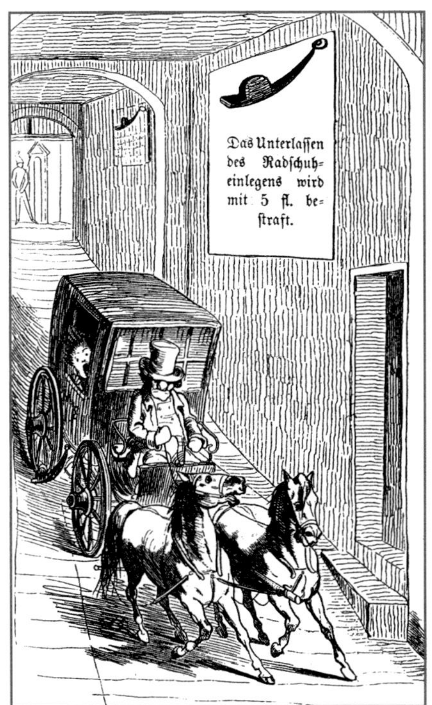

Radschuh auf einer Karikatur aus den „Fliegenden Blättern“, Nr. 414 von 1853, zum Thema „Moderne Civicl-Architektur in München“: „Einfahrt in ein von Grund auf neugebautes Haus. Der Kutscher spricht: ‚Jetzt bin ich doch schon den Katzenbuckel 'runter gefahren und den Hirschberg und den Kesselberg, den Dachauerberg und die Hauptstraße von Landsberg, aber so eine Malefizfahrerei ist mir doch noch nicht vorgekommen!“

Auch die Reisebeschreibungen erwähnen immer nur den Kesselberg, nie den Katzenkopf, wie etwa die des französischen Edelmanns und Weltreisenden Michel de Montaigne (1533-1592), der 1580 den Walchensee passierte. Am 22. Oktober hatte er mit seiner Begleitung vom Kochelsee *„in einer Wegstunde einen kleinen Bergrücken* [= Kesselberg] *erstiegen, auf dessen Höhe es eine Inschrift gibt, wonach ein Herzog von Bayern vor etwa hundert Jahren das Felsgebirge hatte durchstoßen lassen“*. Dann *„verloren wir uns mit einem Schlag im Bauch der Alpen, auf einem leichten und bequemen und angenehm gebahnten Weg, unterstützt durch das schöne und heitere Wetter. Beim Abstieg von diesem kleinen Bergrücken trafen wir auf einen sehr schönen See* [= Walchensee], *eine gaskogner Meile lang und ebenso breit, ganz eingeschlossen von sehr hohen und unzugänglichen Bergen; und indem wir immer dieser Route folgten, unterhalb der Berge, kamen wir hier und dort zu kleinen, sehr hübschen offenen Flächen, mit Ansiedlungen; und in einem Zug gelangten wir zur Nacht nach Mittenwald.“*[72] Montaigne also fuhr nur noch *„unterhalb der Berge“*. Kein Wort mehr von einem weiteren Bergrücken.

Am deutlichsten aber gibt die Reisebeschreibung des Bamberger Fürstbischofs Johann Gottfried von Aschhausen (1609-1622) aus dem Jahr 1612 Auskunft: Von Benediktbeuern kommend, *„ist man fortgeruckt durch Riedt, neben dem ‚Kesselsee‘* [Verschreibung für Kochelsee] *zur linckhen Handt* [eigentlich müsste es rechter Hand heißen], *dabey man Vorspan genommen uber den Kesselberg (da haben 10 oder 12 Pferd an der lehren Gutschen zu ziehen gehabt) in dessen Mitte bey der Bruckhen, do man es zum Kesselstein nennet, eine Steine Taffel dess Hertzogen Albrechten der dickh* [irrtümlich für „Der Weise“] *von Bayern desselben Wegen auf seine Kosten ao. 1497* [Verschreibung für 1492] *bauen lassen, bis man neben dem Wallersee zur rechten* [eigentlich zur linken[73]] *biss zu dem Wirthshauß unnd Vischersheußern zu Endt des Sehess gebaut, kommen, doselbst mit dem Comitat Collation* [= Frühstück] *gemacht, alss dan seindt ihr f*[ürstlich] *G*[naden] *mit etligen der Herren Officiren uff dem Sehe neben Margarethae Capellen, so neben dem Ufer stehet, ein Meil wegs fortgefahren und daz andere Hoffgesindt zue Landt vber den Berg vortgeschickht, dan gesambt durch Wolgay* [= Wallgau] *in den Fleckhen eingekehret, so in den Waser, die Isar ligt.“*[74]

70 BayHStA KU Benediktbeuern 1323.

71 BayHStA Kurbayern, Äußeres Archiv 4083.

72 Zitiert nach Badura, Straße über den Kesselberg, S. 47.

73 Die zweifache Verwechslung von links und rechts könnte darauf schließen lassen, dass der Schreiber des Fürstbischofs, dem die Aufzeichnungen zu verdanken sind, mit dem Rücken zur Fahrtrichtung in der Kutsche saß.

74 Aschhausen, Gesandtschaftsreise, S. 41.

Es gab also vermutlich zwei Wege. Einen über den Katzenkopf, den das Hofgesinde genommen hat, und einen drum herum. Der Fürstbischof und seine Entourage sind zunächst mit dem Schiff bis in die Nähe von St. Margareth gefahren (also nach Zwergern) und dann weiter auf dem Landweg – und das sicher in einer eleganten Kutsche und nicht auf „Schusters Rappen".

Leider gibt es – wie gesagt – über den Bau der Kesselbergstrecke 1492 keinerlei technische Aufzeichnungen, nicht einmal Bauabrechungen oder Ähnliches. Tatsache ist jedoch, dass zum Bau viel Holz aus den Benediktbeurer Forsten verwendet wurde.[75] Die frühen Karten auf der anderen Seite sind jedoch so ungenau, dass sie weder einen Beweis noch einen Gegenbeweis für die Annahme der Wegführung um den Katzenkopf herum bieten können. Allerdings findet sich noch heute unter Gras verborgen ein alter Knüppeldamm, dessen dendrochonologische Untersuchung noch aussteht. Dass es sich dabei um eine Fortführung des alten Prügelwegs handelt, der ursprünglich am See entlang durch die Lobisau führte, ist anzunehmen, müsste im Einzelnen jedoch noch untersucht werden. Auch die Lobisaustraße war zum Teil ein alter Prügelweg.

Wann die Trasse über den Katzenkopf geführt wurde, ist nicht bekannt, doch verlief die Straße ursprünglich mit einiger Sicherheit um die Zwergerner Halbinsel herum, eine Idee, die kurz vor 1900 erneut aufgegriffen wurde, dann aber vor allem aus besitzrechtlichen Gründen wieder verworfen wurde. Inzwischen war man auch technisch in der Lage, den Katzenkopf „oben herum" zu bezwingen, wohl bei den Ausbauarbeiten in der zweiten Hälfte des 18. Jahrhunderts, über die allerdings noch weniger bekannt ist als über die Barth'sche Unternehmung. Auch über diese neuerlichen straßenbaulichen Maßnahmen lassen sich keine archivalischen Quellen finden. In der bayerischen Geschichtsschreibung finden diese Sprengungen keinen Niederschlag. Tatsache ist jedoch, dass in den 1780er-Jahren die Strecke über den Walchensee wieder an Bedeutung gewann und nicht zuletzt Goethe 1786 mit der Extrapost diese Route wählte. Dies war nur möglich dank einiger Verbesserungen.

Frau beim „Entzwurrlern" (Entwirren) eines Fischernetzes mit Blick auf St. Margareth, Foto um 1920

75 BayHStA Kurbayern, Äußeres Archiv 4083.

Urfeld, Wiesmayers Hotel Post, Postkarte nach einem Gemälde von Edward Harrison Comton, um 1900

Und dennoch: Auch nach den Straßenbaumaßnahmen in der zweiten Hälfte des 18. Jahrhunderts war die Straße am Walchensee keine perfekte Trasse. Auf den Gemälden von Johann Christian Ziegler aus den 1820er-Jahren ist nur ein äußerst unebener Sandweg zu erkennen.[76] Und so wählten schwere Gefährte noch immer gerne den Umweg über Weilheim und Murnau.[77] Etwa zeitgleich waren Reparaturen und neue Stützmauern vonnöten, zu deren Erhaltung auch die Anwohner herangezogen wurden, etwa Joseph Zwerger, der Waltlbauer von Walchensee, der im Jahr 1827 im Akkord eine Stützmauer errichtete. 130 Gulden übernahm das Rentamt Tölz, allerdings mit der ausdrücklichen Bedingung, *„daß derselbe auch dafür die beständige Unterhaltung sowohl der Stützmauer als auch des Zaunes selbst zu besorgen und deswegen keine besondere Entschädigung anzusprechen habe“.*[78]

Nicht nur eine Verlegung der Straßenführung am Kesselberg selbst wurde kurz vor 1900 in Angriff genommen; auch über eine Verlegung der Straße über den Katzenkopf wurde nachgedacht. „Grünwald von Zwergern und Genossen“ sowie die Familie Hornsteiner meldeten bereits 1894/95 erste Entschädigungsansprüche wegen der Vermessungsarbeiten am Katzenkopf an. Die Ansprüche wurden jedoch nicht anerkannt.[79]

Man plante nämlich eine Verlegung der Straße am Wasser entlang um den Katzenkopf herum, also durch Zwergern hindurch, weswegen es auch zu den Entschädigungsforderungen der Zwerger kam. Ein Brief des Bartlbauern Paul Grünwald an das Bezirksamt Tölz datiert vom September 1894, in dem er ausführte, dass die geplante Straßenführung für ihn und seinen Ökonomiebetrieb zudem verheerende Auswirkungen hätte: *„Ich müßte dann für jedes Stück Vieh einen Hirten haben, dann ist die Strecke, wo gemessen wurde, fast eine halbe Stunde lang und alles zweimähdig und müßte auf beiden Seiten eingezäunt werden, dann ginge es auch durch die Düngerstätte und ist kein anderer Platz als über die Straße; weiters käme Pflanz- und Wurzgarten in dieser Linie und die Netz- und Segenaufhängestelle. Wie mißlich dieß alles für mein Anwesen wäre, davon kann sich jeder überzeugen, der es sieht, und wenn es auch bezahlt wird, hier ist ja kein Grundstück zu bekommen und das Bedürfniß nach Milch und Butter wird immer größer. Dann macht auch das Wild davon noch viel Schäden. Ich muß nun wiederholt dringend um Abhilfe bitten, denn sonst bin ich gründlich ruiniert, da der verlorne Grund hier nicht zu ersetzen ist.“*[80]

Die projektierte Fahrbahnbreite wies 4,5 Meter auf. Jede Menge Papier wurde beschrieben, Kostenvoranschläge erstellt, sogar der Plan für die Arbeitsbaracke am Katzenkopf war bereits gezeichnet. Doch scheint die Verlegung an den See schließlich doch nicht den gewünschten Erfolg gebracht zu haben, obwohl im Baedeker 1900 zu lesen ist: *„Die neue, 1897 erbaute Straße nach Mittenwald führt von Dorf Walchensee unweit des Ufers entlang, am Klösterl vorbei, über Zwergern zum Forsthaus Obernach, am Südende des Sees (Fußgänger kürzen 20 Minuten ab auf der steilen alten Straße über den Katzenkopf, 846 m).“*[81] Zwanzig Jahre zuvor war in diesem Reiseführer noch die Rede davon, dass *„die Strasse steil den Katzenkopf hinan und wieder hinab“* gehe.[82]

1899 dachte man bereits wieder über eine Verlegung der Neubaustrecke über den Katzenkopf nach.[83] Eine endgültige Entscheidung liegt den Akten nicht bei. Bei erneuten Planungen in den 1920er-Jahren führte die Straße längst wieder über den Katzenkopf, und rund um die Zwergerner Halbinsel verlief ein Weg.

Zu Beginn des 20. Jahrhunderts wurde auch die Straße entlang des Walchensees von Urfeld bis zum Ort Walchensee in Angriff genommen. Am 31. März 1904

76 Ziegler, Verschollen – Vergessen, auf verschiedenen Abbildungen.

77 Am 20. Januar 1835 gingen königlich griechische Truppen mit zehn Wagen und 48 Pferden von München ab und wählten nicht wie die Fußtruppen die Walchenseeroute. Die Bayer'sche Landbötin vom 20. Januar 1835. Vgl. auch S. 64.

78 StA Mü AR 1051/233.

79 StA Mü Straßenbauamt Weilheim 336.

80 StA Mü Straßenbauamt Weilheim 337.

81 Baedeker, Südbayern, Tirol und Salzburg, 29. Auflage, 1900, S. 64.

82 Baedeker, Südbayern, Tirol und Salzburg, 19. Auflage, 1880, S. 67.

83 StA Mü Straßenbauamt Weilheim 342.

wurde angekündigt, dass mit der Vermessung begonnen werde[84]; am 27. Januar 1908 erfolgten die ersten Sprengungen. Gleichzeitig wurde in einem Schreiben vom 18. Januar 1908 an die Eigentümer von Booten die Verfügung erlassen, dass es bis auf Weiteres verboten sei, an das zwischen der Villa Vollmar und der Dainingbachbrücke gelegene Ufer näher als auf 200 Meter Entfernung heranzufahren. Die Straße selbst wurde mit roten Flaggen nach Bedarf für den Verkehr gesperrt.[85] Während die Felsen zum Teil gesprengt wurden, errichtete man entlang des Sees Stützmauern.[86] Probleme machte auch eine große Murrinne kurz hinter Urfeld.[87]

Der Abschnitt Walchensee-Katzenkopf wurde in der Finanzperiode 1912/13 in Angriff genommen. Es wäre möglich gewesen, schon früher als Teilkorrektur die gefährliche Engstelle an der Jakobskirche zu beseitigen, wenn man über die Frage der Straßenführung im Dorf Walchensee eine Einigung unter den widerstreitenden Parteien hätte erzielen können. In dieser Hinsicht wurde 1910 bemerkt, *„daß der Vorschlag des Architekten Albert Schmidt*[88]*, die Straße hinter das Dorf Walchensee zu verlegen und so die Gebäude und Wege entlang des Sees der Staubbelästigung und den Gefahren des durchgehenden Verkehrs zu entziehen, sehr beachtenswert erscheint, dieser Vorschlag könnte jedoch nur dann verwirklicht werden, wenn hierdurch dem Aerar keine bedeutenden Geldopfer, wie z. B. für den Ankauf des Gasthofs zur Post erwachsen würden“*[89]. Die Geldopfer waren offensichtlich doch bedeutend. Auf jeden Fall kam es nicht zu dieser Umgehungsstraße.

Nun hieß es wieder Lagepläne zeichnen, Grundstücke erwerben, sogar ein Stück des Friedhofs um St. Jakob wurde abgeschnitten; die Grabstätten Rieger und Schwaiger fielen der neuen Verkehrsplanung zum Opfer.[90] Und dies, obwohl noch kurz zuvor gehofft wurde, dass sich eine Lösung fände, *„welche neben dem Verkehrsbedürfnis auch die nötige Rücksicht auf Denkmalschutz und Erhaltung eines schönen Gebirgsstraßenbildes erkennen läßt“*. Allerdings mussten auch die Gegner der Straßenverlegung zugeben, dass die Friedhofsmauer weit in die Straße ragte und *„besonders für die Kraftwagen einen Stein des Anstosses und Ärgernisses“* bot.[91]

Zu einschneidenden Veränderungen kam es dann erneut in den 1920er-Jahren, als man im Zusammenhang mit dem Bau des Walchenseekraftwerks sowieso größere Baumaßnahmen im gesamten Gebiet vornehmen musste. Zum einen waren da die Schäden durch die Absenkung des Sees, zum anderen war es ja noch immer nicht zu einer endgültigen Lösung für den Straßenabschnitt über den Katzenkopf gekommen. Zunächst ging es allerdings um Sicherungsmaßnahmen, nach den *„Rutschungen an der Straße infolge Absenkung 1925“*.

Statische Untersuchungen wurden vom Straßen- und Flussbauamt Weilheim durchgeführt. Und anders, als die harmlos erscheinenden Zeitungsberichte glauben machten, bat man die Kraftwerksbetreiber durchaus zur Kasse. Dann dachte man erneut über die Verlegung der Straße nach. 1926 und 1927 wurden wieder Angebote eingeholt, Entwürfe gezeichnet, Kostenvoranschläge geprüft. Nun war jedoch nicht mehr eine Verlegung um die Zwergerner Halbinsel herum im Gespräch, sondern lediglich kleinere Veränderungen zwischen Walchensee und Einsiedl, vor allem im Bereich von Lobisau. 1925 ist von einer *„sehr beträchtlichen Steigung in der Lobisau“* die Rede, die es zu beheben galt.[92]

Bereits im Frühjahr 1925 konnte man im Eisenstallwinkel Sprengschüsse hören, mit denen dem Felsen der Platz für den Straßenbau abgerungen wurde.[93] Im Zusammenhang mit dem Straßenbau galt es auch Anschlussfragen zu klären. Die Lobisaustraße selbst war ein alter Prügelweg. Nach Ansicht der Bauverwaltung

84 StA Mü LRA 162904.

85 StA Mü LRA 162905.

86 StA Mü Straßenbauamt Weilheim 79.

87 StA Mü Straßenbauamt Weilheim 342.

88 Zu Albert Schmidt, einem der ersten Besitzer eines Feriendomizils am Walchensees siehe unten S. 239 f.

89 StA Mü LRA 162905.

90 StA Mü Straßenbauamt Weilheim 342.

91 Emerich, St. Jakob, S. 59.

92 StA Mü Straßenbauamt Weilheim 345.

93 Tölzer Kurier vom 28. April 1925.

Die Uferstraße bei Walchensee mit Blick auf den Herzogstand nach der Seeabsenkung, Foto von 1925

Ergebnisse der Probebohrungen im Bohrloch Pflanzgarten Lobisau im Frühjahr 1925

+2.8 - +2.6	Humus
+2.6 - +1.8	Letten und Steine
+1.8 - +0.7	Lehm und Steine
+0.7 - -0.5	hellgrauer steiniger Schlick
-0.5 - -1.2	dunkelgrauer steiniger Schlick
-1.2 - -1.5	dunkelgrauer Schlick mit großen Steinen
-1.5 - -2.4	grober Gehängeschutt mit Sand
-2.4 - -2.6	grober Gehängeschutt mit Schlick
-2.6 - -3.4	Findling
-3.4 - -4.6	grober Gehängeschutt mit Sand

(StA Mü Straßenbauamt Weilheim 345)

konnte das damalige Provisorium jedoch nicht auf Jahre hinaus belassen werden – wie von den Kraftwerksbetreibern eigentlich gewünscht –, zumal auch bei Beschluss des sofortigen Ausbaus der neuen Straße über den Katzenkopf das Provisorium noch ein Jahr hätte bestehen bleiben müssen. Das Walchenseekraftwerk erachtete auch die Frage des Anschlusses des Zwergerner Weges für äußerst wichtig. Es war bis dato nämlich noch nicht geklärt, ob überhaupt ein Rechtsanspruch auf den Anschluss bestand und wer die Strecke zu unterhalten hatte.[94]

Die Staatsstraße selbst wurde lediglich in einigen Teilen zwischen Walchensee und Einsiedl etwas entschärft. Eine tatsächliche Verlegung bedeuteten die Arbeiten nicht.[95] Im Zuge der Straßenbaumaßnahmen kam es 1927 auch zu einer Verlegung der Wasserversorgung für das Klösterl und Zwergern. Am Silbertsgraben wurde ein Forstarbeiterhaus mit Nebengebäuden errichtet, am Dainingsbach eine Arbeiterunterkunftshütte. Viele Bäume mussten für die Arbeiten gefällt werden. Vom 28. Februar 1927 bis zum 14. Januar 1928 wurde das Bautagebuch geführt; am 13. Januar 1928 war Bauabnahme für die neue Straße am Katzenkopf.

Aus arbeitspolitischen Gründen interessant ist in diesem Zusammenhang ein Schreiben der Gemeinde Kochel an das Straßenbauamt vom 3. Februar 1927: *„Wie wir von zuverlässiger Seite hören, sind die Arbeiten am Katzenkopf bereits vergeben worden. Wir möchten nun nicht versäumen und an das Straßen- und Flußbauamt Weilheim die ebenso höfliche wie dringende Bitte zu richten, das Bauamt wolle doch der ausführenden Firma zur Pflicht machen, daß sie in erster Linie unsere Arbeitslosen berücksichtigt. Nur auf diesem Wege wird es möglich sein, unseren seit Monaten Erwerbslosen, die nur vom Bau des Walchenseewerks übrig geblieben sind, wieder auf einige Zeit Arbeit zu verschaffen.“*[96]

Doch ging es nicht allein darum, neue Straße anzulegen. Sie mussten auch gesichert werden. Nach der Absenkung des Walchensees im Zuge der Errichtung des Kraftwerks waren andere Uferbefestigungen nötig geworden. Das „Zauberwort“ hieß im 20. Jahrhundert „Pfahlsicherung“.[97] Zur Sicherung der Staatsstraße nach umfangreichen Probebohrungen wurden Pfahlreihen eingebracht, etwa beim Anwesen Sächenschnitter und vor dem Ganterplatz am Silbertsgraben. Dr. Knauer stellte Bohrproben zur Verfügung. Jede Menge Bohrungen waren vorgenommen und Proben entnommen worden.

94 Schreiben des Walchenseekraftwerks vom 21. Dezember 1925. StA Mü Straßenbauamt Weilheim 345.

95 Im Rahmen dieser Bautätigkeiten wurde auch eine neue Forststraße von Einsiedel nach Eschenlohe geplant. Tölzer Kurier vom 16. Mai 1925.

96 StA Mü Straßenbauamt Weilheim 347.

97 Vgl. hierzu S. 73 und 213 ff.

Die Tücken des Walchensees

„Kochel, 27. März. In einem Aufsatze: ‚Der Walchensee von heute' wurde betont, daß die Staatsstraße bis Ostern glaubhaft dem Verkehr wieder übergeben werden kann. Tatsächlich sind die Arbeiten soweit vorgeschritten gewesen, daß in 14 Tagen sie provisorisch als Verkehrsmittel hätte dienen können. Nun aber sind die Tücken des Ufergeländes in Wirkung getreten und weitere Schäden infolge Erdrutschen sind entstanden. In der Lugisau (Eisenstallwinkel) versank ein Stück Sumpfland mit dem Brückchen in die Tiefe und es nahm auch die Lichtleitungs- und Telefonmasten mit, sodaß für kurze Zeit der Telefonverkehr nach dort unterbrochen ist. Ebenso rutschte ein kleines Stück Uferböschung bei Walchensee ab und die Villa Hubertus hat Mauerrisse aufzuweisen. Auch in Altlach ging ein Stück der Forststraße in den See; das Anwesen des Heiß mußte geräumt werden.
An den Stellen in der Nähe des Cafe Buchner in Walchensee und bei Einsiedeln (Schiffshütte), an denen man Abbrüche bis jetzt befürchtete, sind bis jetzt keine Anzeichen von solchen vorhanden.
In ungefähr 8 Tagen wird der See zum tiefsten Stand abgesenkt sein und es ist möglich, daß noch weitere Schäden auftreten können."

(Tölzer Kurier vom 29. März 1925)

In einem Knauer'schen Gutachten vom 18. Mai 1925 wurde festgehalten: *„Die Pfahlsicherung wird mit besonders gutem Erfolg an denjenigen Stellen angewendet werden können, wo kleine Schlickmassen zungenförmig in die Uferzone des Schotterdeltas eingreifen, z. B. im Dorf Walchensee. Wo es notwendig sein sollte und sich ermöglichen läßt, sollten die Pfähle mindestens ein bis zwei Meter unter den tiefsten Absenkungsspiegel hinunterreichen, damit sie in solchem Untergrund verankert werden, der durch keine Seespiegelschwankung in seinem Gleichgewicht gestört wird."*[98]

Nach Meinung der Kraftwerksbetreiber stand nicht so sehr der Schutz gegen Rutschungen im Vordergrund, als vielmehr das Fehlen des Seewassers als Gegendruck und die Sicherung gegen Wellenschlag. Es galt nun, die baulichen Maßnahmen dem Vorgang der Seeabsenkung anzupassen. Deswegen *„glauben wir insbesondere die Ufermauern in der vorgeschlagenen Weise nicht zur Ausführung bringen zu können, sondern werden die Abdeckung der Ufer unter möglichster Einschränkung von Abgrabungen und Anpassungen an die Geländeverhältnisse durch Steinberollung bzw. Steinpackung vornehmen. Die Steinberollungen werden wir unter jeweiliger Sicherung des Vorfusses durch eingerammte, eiserne Schienen bzw. soweit angängig durch hölzerne Pfähle einbringen. Als vordringlich werden wir neben der Sicherung der Mauerfüsse den Schutz von Böschungen in Angriff nehmen, die eine so steile Neigung besitzen, daß bei weiteren Ausspülungen die Staatsstraße gefährdet wird. Zwischen Dorf Walchensee und Eisenstahlwinkel haben wir abgesehen von den baulichen Maßnahmen beim Anwesen Rieger und bei der Villa Hubertus auch bei dem Anwesen Sägeschniter und längs des Ganterplatzes zwischen Villa Edeltraut und Silbertsgraben längere Pfahlreihen geschlagen, die in Verbindung mit der noch einzubringenden Steinberollung Sicherungen gegen weitere Uferabbrüche und Gefährdung der Staatsstraße bilden."* So nachzulesen in einem Schreiben der Walchensee Kraftwerks AG

98 StA Mü Straßenbauamt Weilheim 345. Erhalten sind die Bohrergebnisse aus der Lobisau und aus dem Ort Walchensee.

vom 10. November 1925.[99] Die technischen Angaben, die für die Straßenbaumaßnahmen der früheren Jahrhunderte leider fehlen, sind für das 20. Jahrhundert in überreichem Maße vorhanden. Bereits am 4. April 1925 hatte der Tölzer Kurzer gemeldet, dass das erste leistungsfähige Schlagwerk für die Pfähle eingetroffen sei.

Zum Schutz gegen Wellenschlag bei abgesenktem See wurde zudem ein „Uferdeckwerk" vorgesehen. „*Wo kein Felsuntergrund erreichbar ist und die Neigung der Uferböschung ca. 1 ½ malig und steiler ist, oder Straßenstützmauern gefährdet sind, werden drei Pfahlreihen und zwar in der Höhe von -1.5 WP, -3,5 WP und - 5,5 WP geschlagen, unter Verwendung von 6 Meter langen Holzpfählen bei 1.5 Metern Pfahlabstand. Die Abdeckung der Uferflächen zwischen den Pfahlreihen und bis + 0,5 WP erfolgt nach Abgleichung der hauptsächlichsten Unebenheiten durch ca. 30 cm starke mit Bruchsteinen und Gerölle gefüllte Drahtmatratzen. Die Herstellung derselben erfolgt im Trockenen derart, daß auf ein auf die rauh eingeebnete Uferfläche aufgelegtes Drahtnetz die Steinpackung aufgebracht wird und dieses Drahtnetz mit einem auf die Steinpackung gelegten Drahtnetz verflochten wird, wodurch eine schwere gegen den Wellenschlag widerstandsfähige Senkmatte entsteht. Die beiden oberen Pfahlreihen dienen als provisorische Abstützung der Senkmatten während der Bauzeit.* [...] *Im unteren Feld sind hinter der untersten Pfahlreihe Senkstückvorlagen vorgesehen, sodaß falls für dieses Feld die Zeit zur Ausführung im Trockenen nicht mehr ausreicht.* [...] *In einzelnen Fällen genügen einfache Pfahlreihen (12 m lange Pfähle) mit Senkstückvorlagen und Steinwurf.*"[100] 1926 wurde mit dem Bau begonnen. Die Bauarbeiten waren äußerst aufwendig. Mit einer Inbetriebnahme der Straße war deshalb nicht vor 1928 zu rechnen.[101] Das Walchenseekraftwerk erklärte sich bereit, für die Pfähle die Unterhaltspflicht zu übernehmen. Da die Pfähle immer vom Wasser bespült seien, rechnete man jedoch nicht mit hohen Unterhaltslasten.

Auch andere Fachleute stellten fest: An den Ufern befinden sich vielfach schottrige Uferbänke, die in 1,5 bis zwei Metern Tiefe bei Normalpegel steil zur Seehalde hin abfallen.[102] Der Schotter war bei Absenkungen extrem erosionsgefährdet. Daher wurden weite Uferstrecken aufwendig mit Pfählen und Bruchsteinen abgesichert. Im Winter, wenn der See bis zu über sechs Meter abgesenkt ist, sind die Uferverbauungen in ihrem ganzen Ausmaß erkennbar.[103]

Die Uferbefestigung war also über Jahrhunderte ein Problem. Immer wieder mussten Arbeiter durch die Jahrhunderte am Kesselberg anrücken, um die durch Verkehr und Naturkatastrophen beschädigte Straße mittels kleinerer und größerer Baumaßnahmen instand zu halten.[104] Auch nach dem Zweiten Weltkrieg kam es in den Jahren 1946 und 1947 zu Reparaturen der kriegsbedingten Zerstörungen.[105]

Bis heute ist die Kesselbergstraße Teil der B 11 und vor allem unter Rennfahrern und Freunden des Motorsports beliebt. Bereits 1905 hatte hier Hubert von Herkomer das erste Bergrennen veranstaltet.[106]

Und noch heute rasen Motorradfahrer oft halsbrecherisch und mit überhöhter Geschwindigkeit über die kurvige Bergstrecke. Schwere Verkehrsunfälle sind dabei keine Seltenheit. Deswegen greift die Polizei zu drakonischen Mitteln: Sie beschlagnahmt kurzerhand die Motorräder. Die Besitzer können ihre Maschinen nach 24 Stunden – und der Zahlung einer Abschleppgebühr – wieder abholen.[107] Zudem ist die Strecke seit 1978 an Feiertagen und Wochenenden für Motorradfahrer komplett gesperrt.

99 StA Mü Straßenbauamt Weilheim 345.

100 Schreiben des Walchenseekraftwerks vom 15. Januar 1926. StA Mü Straßenbauamt Weilheim 345.

101 Schreiben des Walchenseekraftwerks vom 26. März 1928. StA Mü Straßenbauamt Weilheim 345.

102 Fels, Der Walchensee vor seiner Umgestaltung, S. 53 f.

103 Bauer, Bodendenkmäler, S. 41.

104 So stürzten zum Beispiel am 2. Juli 2009 Felsbrocken vom Jochberg herab, die jedoch außer Schrecken keine größeren Schäden anrichteten.

105 Knauss, Wasser am Kesselberg, S. 33.

106 Oelwein, Freude an der Fortbewegung, S. 63.

107 Eine Klage dagegen vor dem Münchner Verwaltungsgericht wurde abgelehnt und die Beschlagnahme bestätigt. 2007, im ersten Jahr der Beschlagnahme, wurden 60 Maschinen sichergestellt. Gleichzeitig gab es keinen einzigen Todesfall mehr und die Unfälle gingen um 33 Prozent zurück. Vgl. „Raser auf Entzug gesetzt", Süddeutsche Zeitung vom 13. März 2008.

GOETHES KURZBESUCH AM WALCHENSEE

Im Jahr 1786, genau am 7. September, passierte Johann Wolfgang von Goethe auf seinem Weg ins Land, wo die Zitronen blühen, den herrlichen Walchensee. Auch er hatte die Route 5 der „Ordinari Posten" gewählt, allerdings fuhr er mit der „Extrapost", also mit einer eigenen Kutsche. Auch die Extrapost wechselte in den Poststationen Pferde und Postillion, wurde aber rascher abgefertigt als die „Ordinari", war dafür jedoch erheblich teurer. Goethe, der per Extrapost *„mit der entsetzlichsten Schnelle"* dem Süden zujagte, benötigte für die Strecke von Karlsbad nach Verona „nur" zwölf Tage. Im Schnitt schaffte die Extrapost acht Kilometer pro Stunde.[108]

In der Früh um fünf Uhr hatte der Herr Geheimrat, der inkognito als „Kaufmann Möller" reiste, München verlassen und in Wolfratshausen ein Gabelfrühstück eingenommen.[109] Über Benediktbeuern ging es weiter. *„Nun geht es hinaus zum Kochelsee; noch höher ins Gebirge zum Walchensee. Hier begrüßte ich die ersten beschneiten Gipfel, und auf meine Verwunderung, schon so nahe bei den Schneebergen zu sein, vernahm ich, daß es gestern in dieser Gegend gedonnert, geblitzt und auf den Bergen geschneit habe. Aus diesen Meteoren wollte man Hoffnung zu besserem Wetter schöpfen und aus dem ersten Schnee eine Umwandlung der Atmosphäre vermuten.* [...] *Nach Walchensee gelangte ich um halb fünf. Etwa eine Stunde vor dem Orte begegnete mir ein artiges Abenteuer: ein Harfner mit seiner Tochter ..."*[110] Über die ausführliche Schilderung dieser Begegnung vergaß der große Dichter ganz, die Schönheit des Walchensees zu preisen.[111] Und für die Fischer hatte er leider auch kein Auge. Doch immerhin blieb dem Herrn Geheimrat genügend Zeit, um das Klösterl in einer Bleistiftzeichnung festzuhalten.[112]

Nach der Überquerung des Katzenkopfs berührt die Straße nur noch einmal kurz das Südende des Walchensees. Hier stand ein alter Ahornbaum, wohl eben derjenige, den Goethe in seiner Reisebeschreibung erwähnte: *„Es war ein schöner großer Ahorn, der erste, der mir auf der ganzen Reise zu Gesichte kam."*[113] An dem Baum brachte man 100 Jahre nach Goethes denkwürdigem Besuch, am 7. September 1886, eine Tafel mit folgender Inschrift an: *„Goethe-Baum. Hier verweilte am 6. September 1786 auf seiner Reise nach Italien Deutschlands größter Dichter Wolfgang von Goethe. Welch erhabene Stimmung sich hier Goethe bemächtigte, liest man in seinem Lied Mignon."* Noch in der Zwischenkriegszeit hat diese Tafel bestanden.[114] Heute ist sie längst verschwunden, ebenso wie der vergreiste Ahornbaum. Inzwischen hat man einen neuen Baum gepflanzt und denkt bereits über eine neue Tafel nach.

108 Rohrer, Zimmer frei, S. 32.

109 Baumann-Oelwein, Haderbräu, S. 51.

110 Goethe, Italienische Reise, unter 7. September 1786. Die Begegnung diente ihm später als Vorlage für sein Lied „Mignon".

111 Zur Begegnung mit dem Hafner und seiner Tochter siehe auch Taller, Wundervoller Walchensee, S. 45 f.

112 Heute Weimar, Nationale Forschungs- und Gedenkstätten der klassischen deutschen Literatur C. II., Nr. 9; Lindgren, Alpenübergänge, S. 124, Abb. 91.

113 Goethe, Italienische Reise, unter 7. September 1786.

114 F. X. L., Ein Goethe-Denkmal. Auf der Tafel stand irrtümlich wirklich 6. September, obwohl der 7. September eigentlich das denkwürdige Datum war. Vgl. auch Langheinrich, Freundliches Begegnen.

Das Klösterl, Zeichnung von Johann Wolfgang von Goethe, September 1786

Scherenschnitt, Postkarte „Fischer am See"

Nahe Urfeld, an der Stelle, an der Goethe erstmals den Blick auf den Walchensee genießen konnte, wurde dem Dichterfürsten 1933 ein Denkmal in Stein errichtet: Bis heute steht hier eine Büste aus Porphyr auf einer 3,5 Meter hohen Säule, umgeben von einer aus Naturstein errichteten, acht Meter langen Bank. Die Büste ist eine Schöpfung des Münchner Bildhauers Hans Schwegerle (1882-1950), die bereits im Jahr zuvor auf der Goethe-Ausstellung anlässlich dessen 100. Todestages in der Münchner Residenz große Bewunderung erregt hatte. Der „zeitlose Goethe" ist aus einem Stein des Fichtelgebirges gemeißelt. Die das Denkmal umgebende Anlage wurde von Rudolf Weitzmann aus Kochel geschaffen.[115]

Der Kunstschriftsteller Hubert Wilm beschrieb die Stelle des Denkmals in seinem Bericht über die Enthüllungsfeier folgendermaßen: *„Über Urfeld am Walchensee liegt auf halber Höhe ein kleines Plateau, um das sich mühsam die Kesselbergstraße windet. Es ist eine jener Stellen der Bergstraße, an denen der Wandersmann aus dem Süden noch ein letztes Mal zurückblickt auf die Kette der Alpen, die blaugrünen Fluten des Walchensees und seine waldbestandenen Ufer. Hier stellen sich dem Wanderer nochmals wie eine Schranke steile Felsen entgegen, ehe er hinabsteigen kann in die große Ebene, das weite deutsche Land. Wie viele mögen hier schon verweilt haben im Anblick des schwermütigen deutschen Märchensees, wie viele, die von der anderen Seite des Berges kamen, mögen hier zum ersten Male das bezaubernde Bild mit dem See, den Wäldern und den Berggipfeln in sich aufgenommen haben."*[116] An dieser Stelle nun wurde das Goethedenkmal errichtet.

Am 9. Oktober 1933 hatte sich bei strömendem Regen viel Prominenz eingefunden, darunter neben lokalen Politikern einer der Hauptfinanziers der Büste, Geheimrat Remshard (der andere, Bankier von Finckh, war nicht anwesend), Sanitätsrat Dr. Vulpius aus Weimar, als nächster Verwandter der Familie Goethe und als Abgesandter der Goethegesellschaft sowie des Goethe-Nationalmuseums in Weimar, und der Leiter des Residenzmuseums in München, Dr. Hausladen. Zur musikalischen Umrahmung der Feierstunde sang Hedwig Fichtmüller vom Nationaltheater und zum Abschluss wurde schließlich die entsprechende Passage aus Goethes „Italienischer Reise" vorgelesen.[117]

115 F. X. L., Ein Goethe-Denkmal.

116 Wilm, Das Goethe-Denkmal.

117 Möhl, Goethe-Denkmal.

Goethe-Denkmal von Hans Schwegerle. Auf der Bank die Frau und eine Tochter des Bildhauers, Foto von 1933

DIE ÜBERFAHRT ÜBER DEN SEE – URFELD

Um die gefährliche Straße entlang des Sees zu meiden, aber auch, um den herrlichen Blick zu genießen, wählten viele Reisende die Schiffspassage ab Urfeld. *„Weit lohnender ist die Überfahrt über den See (von Urfeld bis Walchensee 40 Minuten); erst von seiner Mitte, dem ‚Weitsee', erschließt sich die volle Rundsicht."*[118]

Urfeld, gelegen an der Stelle, wo die Kesselbergstraße an den See gelangt, war der letzte Ort, der am Walchensee von Benediktbeuern aus gegründet wurde.[119] Der Wegabschnitt zwischen Urfeld und Walchensee war von jeher gefährlich und problematisch. Am Fuße des Steilhangs des Fahrenberges verlaufend, war die Straße extrem durch Vermurungen und Schneelawinen gefährdet. Heute übliche, lang gezogene Lawinengalerien kannte man damals nicht. Man behalf sich bei Gefahr mit einem Bootsverkehr zwischen Urfeld und Walchensee. Der erstmals 1446 erwähnte Ortsname lautete zunächst Urfahrn[120] bzw. 1459 *„an dem Urfar yber den See"*[121] und bedeutete nichts anderes als Ausfahrt- bzw. Landeplatz.[122]

In der Zeit des wirtschaftlichen Aufschwungs nach dem Bau der Kesselbergstraße kann es nicht verwundern, dass der Bischof von Freising sich von Neuem für den Walchensee interessierte. Obwohl die Grenze zwischen dem Freisingischen Werdenfelser Land und dem Benediktbeurer Gebiet nahe Wallgau verlief, forderte der Bischof im Jahr 1554 die ganze südliche Hälfte des Sees samt Ufer für sich. Der Streit wurde jedoch auf gütliche Weise durch einen Vergleich beendet.[123] Wohl als Folge dieses Abkommens wurde im Jahr 1582 das Jägerhäusl in Urfeld, das vermutlich Bischof Otto von Freising um 1140 hatte erbauen lassen, an das Kloster Benediktbeuern abgetreten. Hier wohnten fortan die Klosterjäger. Dauerhaft besiedelt wurde der Platz erst ab etwa 1685 durch den Klosterjäger Kaspar Sachenbacher, der das Häusl nur bestandsweise von Jahr zu Jahr besessen hatte. Um 1700, möglicherweise im Jahr 1707, unter Abt Eliland II. (1690-1707), wurde das Jägerhäusl bei Urfeld zu größerer *„Bequemlichkeit der Raisenden"* neu erbaut und zugleich als Schiffsstation für den Seeweg eingerichtet.[124] Hier sollten die Reisenden auf der Kesselbergstrecke eine Unterkunft finden, vor allem zur Winterzeit, wenn auf der Straße entlang des Sees mit dem Abgang von Lawinen zu rechnen war. Umgekehrt nutzten auch die Fischer von Zwergern die Schiffsmöglichkeiten auf dem Weg ins Kloster Benediktbeuern oder nach Kochel. Dabei waren sie in der Regel von den Winden besonders begünstigt: In der Früh hatten sie Rückenwind von Süden, am Nachmittag von Norden.

Zu den Aufgaben des Klosterjägers von Urfeld zählte auch die Aufsicht der Insel Sassau. Der Klosterjäger musste *„öfter im Walchensee die Insel Sassau mit einem eigens dazu gebauten Bretterschiff besuchen, um die daselbst befindlichen Baulichkeiten, zu denen das* [...] *Zufluchtshaus*[125] *und ein am Südostende der Insel befindliche Damm gehörten, zu inspizieren"*[126].

Erst unter Abt Magnus (1707-1742) wurde das Jägerhäusl in ein Söldenanwesen (Sechzehntelhof) umgewandelt.[127] Als *„Jäger am Urfeldt"* in Benediktbeurer Diensten wurde 1754 etwa Mathias Sachenbacher erwähnt.[128] Der letzte Benediktbeurer Klosterjäger in Urfeld war Wolfgang Heiss[129], der nach der Aufhebung des Klosters im Jahr 1803 zum Forstwart ernannt wurde und am 28. September 1847 im Ruhestand starb.[130]

Durch Einheirat kam Johann Reichenbacher von Eschenlohe 1846 nach Urfeld, der sich zusammen mit Jakob Sittl für eine Gastronomieansiedlung in Urfeld starkmachte.[131] Als Ausgangspunkt für Touren auf den Herzogstand war der Ort insbesondere für den Fremdenverkehr geeignet.

118 Baedeker, Südbayern, Tirol und Salzburg, 29. Auflage, 1900, S. 64. In der 19. Auflage von 1880, S. 66, war auch noch der Preis angegeben: pro Person eine Mark, für zwei bis drei Person eine Mark und 80 Pfennig.

119 Meichelbeck, zitiert nach Daffner, Benediktbeuern, S. 335.

120 Bauer, Über den Kesselberg entsteht ein Fernhandelsweg, S. 54.

121 BayHStA KU Schlehdorf, 30. November 1459.

122 Von althochdeutsch ur = aus und Fahr = Fähre, Fahrwasser; vgl. Schnetz, Flurnamenkunde, S. 85; Buck, Oberdeutsches Flurnamenbuch, S. 286. Vgl. auch neuhochdeutsch „Ufer".

123 Meichelbeck, zitiert nach Daffner, Benediktbeuern, S. 121 und 336.

124 Ebenda, S. 337; vgl. auch Becker, Walchensee, S. 96 f.

125 Gemeint ist der Bau, den der Abt während des Spanischen Erbfolgekrieges hatte erbauen lassen.

126 Becker, Walchensee, S. 58. Vgl. auch Daffner, Benediktbeuern, S. 311 f.

127 Daffner, Benediktbeuern, S. 311.

128 BayHStA KU Benediktbeuern 1331.

129 Schon seit längerer Zeit ließen sich verschiedene Jäger mit Namen Heiss am Walchensee (vor allem in Altlach) nachweisen, 1754 etwa Georg und Anton Heiss. BayHStA KU Benediktbeuern 1331. Zu den Jägern Heiss in Altlach vgl. auch Gudelius, Jachenau, S. 136 f.

130 Becker, Walchensee, S. 94.

131 Vgl. S. 235 f.

Lüftlmalerei „Fischer am See" in Urfeld, Foto 2010
Unten: Postkarte, um 1910

Anfang der 1870er-Jahre erwarb ein Herr Lühr aus Lüneburg das alte hölzerne Jägerhäusl, ließ es abreißen und in der Folge ein Hotel errichten. Unter dem Besitzer Sterzer kam das Logierhaus im Gebirgsstil hinzu. Und nach dem Bau der neuen Kesselbergstraße in den 1890er-Jahren kam 1902 unter Hans Wismayer mit dem „Jäger am See" ein moderner Hotelbetrieb für internationales Publikum hinzu. Inzwischen waren längst die ersten Villen und Sommersitze in Urfeld entstanden.

Über den Zeitpunkt der Errichtung des Fischerhauses in Urfeld haben wir keine Nachricht[132], doch wird das Fischrecht mit Jakob Sittl aus Zwergern nach Urfeld gelangt sein.[133] Dies war die Urzelle des später florierenden Gastronomiebesitzes „Fischer am See".

Bis in unsere Tage blieb der Streckenabschnitt Urfeld–Walchensee auf der Bundesstraße im Winter gefährlich. Oft mussten die Walchenseer Männer ausrücken und die Straße frei schaufeln. An die dreißig bis vierzig Mann sollen oft tagelang beschäftigt gewesen sein, um einen Lawinenkegel von der Straße zu schaffen. Und dann donnerte an anderer Stelle erneut eine Lawine zu Tal. Die Arbeit war gefährlich und Unfälle keine Seltenheit. Erst nach dem Zweiten Weltkrieg ging man daran, den Fahrenberg zu verbauen. Man errichtete Sperrmauern und Schneezäune gegen Schneelawinen und Steinschlag. Dennoch musste die Walchenseestraße alljährlich durchschnittlich zehn Tage wegen Lawinengefahr gesperrt werden. Erst mit den in den 1980er-Jahren errichteten Überdachungen und einem 60 Meter langen Tunnel wurde die Gefahr weitestgehend gebannt.

132 Becker, Walchensee, S. 103.

133 Vgl. unten S. 112.

Der Fischer-Jackl von Urfeld

Eine Volksstudie von Anna Mayer-Bergwald, 1898

Wir kennen uns seit dem 9. Februar, an welchem ich mit dem Postschlitten durch meterhohen Schnee zum Walchensee gefahren kam. Der Jackl saß in seinem schneeverbauten Häuschen und besserte ein Riesennetz aus. Seine Schwester, die brave Marie, flickte am anderen Fenster Wäsche, zwei junge Hunde spielten zu ihren Füßen. Sepp, ihr Mann, war beim Holzfahren im Walde, um endlich die längst ersehnte Schneebahn auszunützen. Marie, die Pflegetochter, war in Garmisch zum Nähenlernen.

Der köstliche, nie ausartende Witz des Jackl sowie seine erstaunliche Belesenheit überraschten mich vom ersten Augenblick an. Er warf mit klassischen Zitaten nur so umher, doch bemerkte ich, daß – was er sprach – nicht vorübergehendem, durch Lektüre flüchtig angeeignetem Wissen entsprach, sondern daß er es in sich verarbeitet hatte. Ich dachte mir im Stillen, mit diesem Original muß ich, nachdem es mir bei meinen so häufigen Wanderungen hierher entgangen war, bald wieder und dann länger „Hoagart" halten.

Da kam die Osterzeit. Sonniger Himmel erfreute die Stadtflüchtigen, welche auf der prächtigen Kesselbergstraße zum märchenhaften Walchensee emporstiegen. Auch ich hatte aufatmend in Kochel den engen Omnibus verlassen, gestärkt durch Waldesodem und auf's Neue entzückt von den schönen Ein- und Ausblicken, welche die alpine Kunststraße eröffnet, wanderte ich meinem Asyl Urfeld entgegen.

Der junggrüne Strand des glitzernden Sees war geschmückt mit Himmelsschlüsseln und Maßlieb, ebenso die Wiesenhänge unterhalb der Waldberge. Der Herzogstand und seine Trabanten, der Fahrenberg und Martinskopf, trugen noch Schneehauben; trotzdem hat noch manch' ungeduldiger Fuß den Aufstieg unternommen, die Aussicht auf das silberschimmernde Gipfelmeer soll reich lohnend gewesen sein. Ich zog diesmal stille Rast im Fischerhause vor. Beim Betreten desselben begrüßte mich Jackl als Bekannter. Das Strickholz lag in der Ecke. Die dampfende Pfeife im Mund machte Jackl sein sonntägliches Gesicht und unterhielt sich lebhaft mit einigen Fremden, welche ebenfalls Ruhetage in dem stillen Strandhäuschen zuzubringen gedachten. Während dieser Zeit war Jackl vielfach in Anspruch genommen. Jeder erfreute sich seiner Gesellschaft, und ich wartete geduldig, bis das Häuschen wieder stiller geworden, da ich ja noch acht glückliche Tage der Freiheit vor mir hatte.

Zunächst möchte ich für solche, welche Jakob Sittl – das ist der volle Name Jackls – noch nicht kennen gelernt haben, eine kleine Schilderung von dessen Lebensverhältnissen geben. Das idyllische Fischerhaus sammt Logierhaus, wenige Schritte entfernt von dem schönen Gasthaus zum „Jäger am See", ist väterlich vererbtes Eigentum des Jackl. Seiner Schwester gehörte das zweite elterliche Gut in Zwergern, auf welches sie heiratete, trotzdem obwohl es Jackl vorzog, ledig zu bleiben – was er auf verschiedene Fragen stets mit der klassischen Mahnung „Es prüfe, wer sich ewig bindet, ob sich das Herz zum Herzen findet; der Wahn ist kurz, die Reu ist lang!" begründet –, fand er es doch besser und praktischer, mit Schwester und Schwager gemeinsam Haushalt zu führen; er schlug ihnen vor, das Gut in Zwergern zu verkaufen und in's Fischerhaus überzusiedeln. Das Fischereirecht ist Jackls unbestrittenes Eigentum geblieben. Sepp, ein äußerst fleißiger Mann, betreibt die Oekonomie und die Holzarbeit. Marie, welche nebenbei bemerkt, erfreulicher Weise ihrer schlichten Volkstracht und ihrer einfachen, bescheidenen Art treu geblieben ist, hat unterstützt von der Pflegetochter die Pflichten des Haushalts, der Küche und Fremdenverpflegung übernommen.

Jackls Äußeres hat etwas Charakteristisches, Schneidiges. Eine starkgebuckelte Nase, auf welche er, wenn er arbeitet oder sich in seine Bücher vertieft, das „Spekuliereisen" aufpflanzt, ragt aus dem mageren, von graumeliertem, zottigem Haupthaar, Schnurr- und kleinem Seitenbart umrahmten Gesicht. Die grauen, lebendigen Augen, vereint mit den freundlichen, gutmütigen Zügen, haben etwas Sympathisches. Die 57 Jahre stehen nur im Kalender, aber nicht auf seinem fröhlichen Gesicht geschrieben.

Wenn er so dasitzt, flugschnell Masche an Masche knüpft, dabei seine köstlichen Schlager austeilt, welche er selbst mit rauem, übermütigem Lachen begleitet, und welchen stets der gründlich betonte Satz folgt, „so denk' mir halt i!" muss man dem frohen Gesellen gut sein. Uns so hielten wir denn manch' vergnügte Plauderstunde. Schielte Jackl dazwischen sehnsüchtig nach dem Ostergeschenk, welches ein Münchner Herr, „mein guter Freund" – sagt Jackl – ihm mitbrachte – Faust im Prachtband – so nahm ich zuweilen Strickholz und Nadel und strickte für den Jackl eine Reihe Maschen oder wickelte ihm ein paar Nadeln im Vorrat auf. Gefiel mir doch schon der schön gemaserte, von lauter Arbeitsfleiß ganz polierte Holzstab, den Jackl aus Wünschelrutenholz, wie es die schöngenadelten Eiben der Erikaumwucherten Insel Sassau im Walchensee bietet, sowie die geschmeidige, aus Berberitzen- oder „Pfaffenkappellenholz" geschnitzte Stricknadel ausnehmend und weckten beide meine Arbeitslust. „Da können Sie viele Wünsche mit hineinstricken mit diesem Wünschelrutenholz!" sagte ich. „Waar scho recht", lachte er, „aber die fallen gleich wieder durch die Masch'n durch. O mei', was is Glück? Glück und Glas, wie leicht bricht das!" [...]

Hielten wir manchmal eine längere Sprechpause, dann summte der Jackl allerlei Verse vor sich hin: „Uns ist in alten Mären von Wundern viel gesagt, von Helden, werth der Ehren, von Kämpfern unverzagt …"

„Ja", sagte er, meinen erstaunten Blick bemerkend, „die Nibelungen war'n das erst', was i g'les'n hab. Drei Tourist'n – a Preuß, an Oestreicher und a Russ' – ham mir vor lang'n Zeit'n bei eahnerer Abreis' dös Buch dag'lass'n. Wenn i überhaupt's a Buch packt hab', nacherd war i nimmer davo' wegz'bring'n, und so oft i in der Zeitung was b'sonders g'les'n hab, hab' i mir's kemmen lass'n. So hab i a ganz anständige Bibliothek z'sammebracht, den Goethe, Schiller und alles, was interessant is. Die Schundroman kann i gar nit leid'n, da hoaßt's allweil von ‚Mondschein' und ‚Blätterrauschen', von ‚unglücklicher Lieb' und ‚bangen Seufzern', bald wird sie ohnmächtig, bald er – dös Zeug paßt mir nit, i brauch' a kräftige Kost! Da lob' i mir halt den Faust, da steckt a Geist dahinter! A gut's Buch is a bessrer G'sellschafter, als wenn i mit dummen Mensch'n dischkrieren muß."

Auf alles kam der Jackl zu sprechen. [...] Wenn unsere Meinungen hie und da etwas auseinander gingen und ich dies dem Jackl offen sagte, entgegnete er: „Ja, man braucht doch nit allweil ‚Ja' sag'n; der Mensch muß an eig'ne Meinung hab'n. Die allweil ‚Ja-Sager' hab'n dicke Köpf', drum nicken's so schnell, oder es san Schalken, hinterlistige, die mit ihrer Meinung nit rausruck'n."

Als unser Thema auf den Fortschritt und die großen Erfindungen des Jahrhunderts kamen, bemerkte der Jackl lachend: „Wenn das Flieg'n wirkli no' zur Ausführung kimmt, nached darf der Petrus sein Sabel nit weit wegthoa, sunst kemmen Unberuf'ne in Himmi eini!"

Am traulichsten waren die Abendstunden, wenn die Hängelampe unsern kleinen Kreis beleuchtete. Da warf der Jackl mit Protest seinen riesigen Strickknäuel vom Tisch hinunter als Zeichen des Feierabends: „Den großen Knödl ess'n mir zwoa heunt doch nimma!", lachte er und zündete die Zigarre an, deren Brand er wohl Dutzend Mal erneuerte im Eifer des Gesprächs. Da erzählte er aus seinem Leben, von seiner Kindheit, von den Eltern. Die Mutter sei noch nicht lange tot, 83 Jahre ist sie geworden.

Als wir auf die schwindende Volkstracht zu sprechen kamen, wurde der Jackl drastisch: „Mir scheint, die Deandln heutzutag hab'n schiache Klau'n, weil's jetzt die Röck so lang trag'n!"

Auch von den Volksbräuchen sprachen wir, und ich äußerte, daß ich viele recht hübsch finde, besonders gefiele mir die naivfromme Sitte der Palmweihe an Ostern.

„Ja wissen's" – rief er lachens – „die Sitt' is ganz nett, aber die Schlehdorfer Buam hau'n sich gleich mit die g'weichten Palmbusch'n durch, wenn's aus der Kirch' kommen – z'weg'n a paar Aepfi."

[...] Jackl freute sich, daß weder Regen noch Schnee mich verstimmen konnten, sondern daß mir jedes Wetter, wie es kam, recht war. „Aber" – brummte er – „der Petrus und seine G'sell'n könnt'n jetzt' scho amal aufhör'n mit eahnera Grobheit. Freili', den Lauf der Natur kann man nit hemmen, da gibt's koa Brems'n." Ich entgegnete, daß es schon einmal besser werde. „Na", meinte er „so lang der Schwb'nwind (Westwind) geht, noch nit, wissen's, die richtig'n Muck'n tanz'n noch nit."

Und wieder an einem blauen Morgen brachte mich Jackl zum Strand der Insel Sassau, jenem lieblichen Eiland, auf welchem zu bedrängter Zeit Abt Eiland die Klosterschätze Benediktbeuerns vor räuberischern Kriegshorden verborgen hielt. Wie sinnig und anmutend Jackl bei solchen Fahrten zu plaudern weiß: auch sein phantastischer Zug tritt da vor, seine Erzählungen wimmeln von Nixlein, Seegeistern, Gnomen und Goldbrünnlein, welche er der Sage entleiht. Bald darauf aber fordert das Handwerk seinen ganzen Ernst. Wir hatten ein 200 Meter langes Netz im Kahn, welches Jackl in der Bucht von Sachenbach auszulegen gedachte. Ein smaragdgrünes Band zieht sich dort um's Ufer. Dort sollte das Netz niedergelassen werden. Wir rasch und mit welchem Geschick dies der Jackl tat! Es war eine Freude zu beobachten, wie er – auf dem Schiffskiel stehend, Netz um Netz meterweise von der Gabel defilieren ließ und dabei den Kahn im Bogen ruderte. Am anderen Morgen wollten wir nach dem Fang sehen. Wieder spiegelglatte Bahn, auf welche die Bergwaldfichten gelben Blütenstaub herübergeweht hatten. Einige Säger, im Volksausdruck „Esarant'n", schwirrten – sonst kein Laut.

Aber, ach, alle Sorgfalt war umsonst. Die Fischlein blieben im Grunde, sie trauten der Frühlingssonne noch lange nicht. Ein Bündel Seegras und zwei Wasserasseln, welche wir gekränkt dem See zurückgaben, waren die einzige Beute. Auf der Heimfahrt überraschte uns ein Sturmwind. Unser Schiff wurde zur unheimlichen Wiege, welche entweder in Wellenfurchen sich versenkte oder auf deren Kamm balancierte. Nachmittags folgte heftiges Gewitter mit Nieseln, diesem Vorboten des Sturmes. „Dös Wetter schnauft sich anderst aus!", rief Jackl, als die Hagelkörner ans Fenster schlugen; die Stricknadel flog wieder, das große Ködernetz gedieh zusehends.

Ob aber der Jackl immer so zahm zu Hause sitzt? Wenn ich die Schilderungen seiner Originalität vervollständigen soll, kann ich nicht umhin – und Jackl ist mir darüber gar nicht böse – zu berichten, daß er von Zeit zu Zeit wie alle originellen Menschen seinen „Stuß" hat. Mag ihn nun irgendetwas im Hause oder beim Handwerk verdrießen, er verschwindet dann einen, oft zwei Tage lang „und war nicht mehr gesehen". So bleib er plötzlich einen Tag weg, und als er etwas kopfhängerisch zurückkam und ich fragte, ob die Wassernixen ihn etwa so lange von uns ferngehalten, brummte er lachend: „Na, dös war'n scho mehr die Biernixen." Die haben ihn auch im Dorf Walchensee manchmal im Bann gehalten, und es soll öfter vorgekommen sein, daß er auf der Heimfahrt sein Schifflein den Wellen überließ und darinnen einen Dauerschlaf hielt bis zum frühen Morgen, welcher ihn aber noch so gefangen hielt, daß er einmal mitten auf dem Wasser – in der Meinung, sein heimatliches Lager zu verlassen – aussteigen wollte, wobei er aber seinen Irrtum rasch erkannte und schleunigst wieder einstieg. Die Wasserfeen vergönnten dem Fährmann noch fröhliche Rast auf Erden, die auch wir ihm noch lange wünschen [...]

(Zitiert nach Taller, Wundervoller Walchensee, S. 70-76)

Kriegerische Einflüsse auf den Walchensee

Über die Jahrhunderte hinweg hatte die Bevölkerung immer wieder unter kriegerischen Einflüssen zu leiden – vor allem durch Plünderungen durchziehender Soldateska sowie durch Flüchtlinge.[1] Auch für die Fische interessierten sich die Soldaten und fingen heraus, was sie erwischen konnten.[2] Über die frühen Kriege ist aus dem Walchenseeraum wenig bekannt. Die aufrührerischen schwäbischen, meist lutherischen Bauern konnten im Bauernaufstand anno 1525 gerade noch abgewehrt werden und *„das Volk ohne Befleckung in der einen heiligen, katholischen und apostolischen Religion"*[3] verbleiben. Mit Sicherheit ist etwa der Dreißigjährige Krieg hier nicht spurlos vorübergegangen, doch fehlen schriftliche Nachrichten. Nur von allgemeinen Teuerungen ist mehrfach die Rede und manchmal von der Tatsache, dass der Abt von Benediktbeuern und seine Mitbrüder vor den Schweden auch damals auf die Insel Sassau flüchteten.[4] Über spätere kriegerische Ereignisse sind wir dann besser informiert.

Marsch entlang des Walchensees, Illustration aus „Die Jachenauer in Griechenland" von Maximilian Schmidt, genannt „Waldschmidt", 1888

DER SPANISCHE ERBFOLGEKRIEG

1699 war Kurprinz Joseph Ferdinand gestorben und damit alle Hoffnungen auf das spanische Erbe dahin. In der Folge zog der Spanische Erbfolgekrieg mit all seinen Schrecken über das Land, mit Truppendurchzügen und Sendlinger Mordweihnacht und schließlich der Flucht des bayerischen Kurfürsten Max Emanuel ins niederländische Exil. Vielerorts in Bayern waren Gefechte entbrannt; die Gegend des Walchensees blieb ebenfalls nicht verschont. Auch wenn die großen, entscheidenden Schlachten vor allem an der Donau geschlagen wurden – zu leiden hatte auch das Oberland.

Am Walchensee rüstete man sich zu Beginn des 18. Jahrhunderts. Das Klösterl wurde mit der langen Schutzmauer umschlossen, die auf einem Plan von 1712[5] zu erkennen und bis heute erhalten ist. Und der Abt von Benediktbeuern ließ auf der Insel Sassau im Walchensee vorsorglich eine Notunterkunft errichten – an anderer Stelle ist sogar von „Festung" die Rede[6]. *„Da inzwischen wür immerzu neue Brünsten in der Nähe und Ferne ersehen, hat unser Abbt auf der Insul des Walchensees, Sassa genannt, ein großes Haus von Holz gebauet, damit, wann es die äusserste Noth erfordere, wir ein sichere Wohnung hatten. Selbiges Haus war auch mit Geschütz wohl versehen, dazu an jenen Orthen, wo man hatte wollen anlenden, also verhauet, daß man solches nit können bewerkstelligen."*[7] So weit Meichelbeck, der im Übrigen – ganz entgegen seiner sonst so detaillierten Erzählart – sehr wenig über die Geschehnisse dieser Jahre verzeichnete, obwohl er unmittelbar beteiligt gewesen sein muss.[8] Aufschlussreicher sind da schon die Aufzeichnungen des damaligen Benediktbeurer Hofschreibers und Kammerdieners Lorenz Vischhaber.

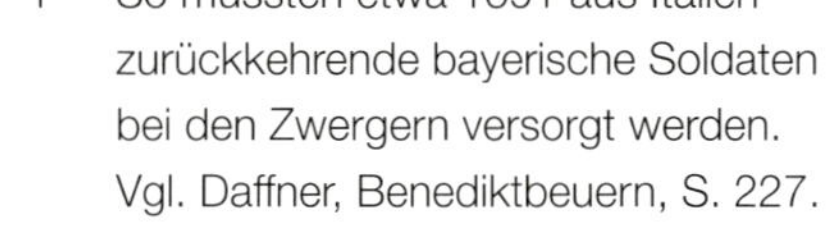

1 So mussten etwa 1691 aus Italien zurückkehrende bayerische Soldaten bei den Zwergern versorgt werden. Vgl. Daffner, Benediktbeuern, S. 227.

2 So ist etwa überliefert, dass der Fischmeister von Kochel einigen dort im Quartier liegenden Soldaten anno 1742 Forellen abgekauft hat, die sie in den Bächen gefangen hatten. Vgl. BayHStA KL Benediktbeuern 1093/315 zu 2. Januar 1742.

3 Gudelius, Jachenau, S. 29.

4 Ebenda, S. 30.

5 BayHStA Plansammlung 11123.

6 Oberförster Lizius hat 1889 die Relikte beschrieben: „Im tiefen Waldesdunkel sind noch die Grundmauern eines mäßig großen Gebäudes bemerklich, das dem draußen im Lande liegenden Kloster [Benediktbeuern] als verstecktes Zufluchthaus für Dokumente und Schätze in kritischen Zeiten gedient haben soll. Jetzt freilich stehen im Innern des Gebäudes schon fast 100jährige Bäume, die ihre Kronen als schützendes Dach über den Ruinen ausbreiten, um wenigstens das noch zu erhalten, was habgierige Menschenhand als wertlos zurückgelassen hat. Dieses Zufluchtshaus ist anno 1792 abgebrochen und der Holzoberbau fast ausschließlich zur Erneuerung des so genannten Siebendick-Anwesens bei Niedernach am äußersten Ostende des Sees, da wo die Jachen ausfließt, verwendet worden." Zitiert nach Daffner, Benediktbeuern, S. 314.

7 Meichelbeck, zitiert nach Sepp, Bayerischer Bauernkrieg, S. 65.

Im Juni 1703 war Max Emanuel über die Scharnitz nach Mittenwald geflohen und von dort mit dem Floß nach München. Kein einziger bayerischer Soldat blieb zum Schutz des Gebietes rund um den Walchensee zurück. Stündlich rechnete man mit dem Angriff der Feinde aus Tirol. Abt Eliland von Benediktbeuern versammelte die Bauern. An der engsten Stelle der Walchenseestraße ließ er die Straße verbarrikadieren.

„Zu Walchensee errichtete Eliland 1703 eine Hauptschanze: beim Dorfe wurde ein starker Verhau mit gefällten Bäumen angelegt und mit sieben Falkonet- und zwei Serpentin-geschützen (= Feldschlangen) bewehrt. Diese Vorkehrungen verstärkten die Gebirgsfestung und die Einwohner fühlten sich im Stand, ganz allein mehrere Tausende aufzuhalten und zur Umkehr zu nöthigen. Als die Feinde an den undurchsichtigen Verhau kamen, stutzten sie, wie wir hörten, schickten einen Trompeter vor, welcher das militärische Signal blies und zur Übergabe aufforderte. Aber die Schützen lagen mit gespannten Hahnen hinter den Bäumen und würdigten sie keiner Antwort (Vischhaber). Es war am Engpaß beim Zwerger. Vor ein paar Dutzend Bergbauern waren am Walchensee die paartausend auf Plündern und Brennen ausgerittenen Tyroler im Engpasse abgeblitzt."[9]

Der Abt hatte die Bäume nur so weit fällen lassen, dass sie noch mit dem Wurzelwerk verbunden blieben, auf der anderen Seite jedoch die Krone über die Straße hinweg ins Wasser reichte. Für die Tiroler war dort kein Durchkommen.[10] Der Zugang zu Bayern über den Walchensee wurde ihnen verwehrt. Dass sie sich daraufhin geordnet zurückgezogen haben, ist wohl nicht anzunehmen. Vielmehr werden sie plündernd durch die einsamen Höfe gezogen sein.

Der Abt und der Konvent haben sich übrigens während der Kämpfe in der Gegend, vor allem im Sommer 1704, auf die Insel Sassau zurückgezogen, während die Schlehdorfer den Durchzug der Tiroler, die sich nun auf dem Weg über die Loisach ins bayerische Gebiet ergossen, auf Flößen im Schilfdickicht des Kochelsees überstanden. Anfang 1704 kam es auch zum immer wieder gerne erzählten Wunder der heiligen Anastasia am Kochelsee: Als die Tiroler am 28. Januar über das zugefrorene Moos marschieren wollten, setzte plötzlich ein so starker Föhn ein, dass das Eis in Windeseile schmolz und die anrückenden Feinde im Morast stecken blieben. Dieser Föhn war nur den Gebeten zur heiligen Anastasia von Benediktbeuern zu verdanken und vor allem der Erhörung der Gebete durch sie. Immerhin war der 28. Januar der Vorabend des Anastasiafestes![11]

Die Bevölkerung hatte sich weitgehend ins Gebirge zurückgezogen.[12] Doch als die Oberländer Bauern Ende des Jahres 1705 nach München zogen, waren auch zahlreiche Walchenseer unter ihnen. In der Christnacht wollten die Landleute, allen voran der legendäre Schmied von Kochel, München von der Fremdherrschaft der österreichischen Besatzung befreien. Der Plan war einfach: Die am Komplott beteiligten Münchner Bürger sollten auf ein verabredetes Zeichen hin die Österreicher in der Stadt überfallen, während die Bauern von außen angriffen. Der Plan wurde jedoch verraten und die angreifenden Oberländer in der „Sendlinger Mordweihnacht" gnadenlos von den Panduren niedergemacht. Das brutale Vorgehen und die hohen Verluste unter der kaum bewaffneten Bevölkerung schufen den bis heute bekannten Mythos, der in zahllosen Liedern besungen wurde. Fast zwei Jahrhunderte dauerte die bayerische Abneigung gegen Österreich.

„Bey Sendling vor der Kirche geschah ein harter Streit,
Da wurden die Bauern geschlagen, da siegte Oesterreichs Neid.
Fünfhundert sind gefangen, fünf tausend die sind todt,
und alle Felder und Mauern von bayer'schem Blute roth …"[13]

8 Sepp (Bayerischer Bauernkrieg, S. 211), der die diesbezügliche Knappheit Meichelbecks ebenfalls bedauerte, vermutet als Grund: „Meichelbeck war nicht nur kein Verehrer Emanuels, sondern ebenso wenig mit dem Auszug der Bauern einverstanden, deren fruchtlose Hinopferung er voraussah. Seine nachträglichen Aufzeichnungen wären sonst wohl reichlicher ausgefallen." Auf S. 358 schreibt er: „Die Geschichte des oberbayerischen Bauernaufstandes zu schreiben, um uns aus aller Ungewißheit zu reißen, war keiner mehr berufen, als der berühmte P. Karl Meichelbeck. Ihm, dem Zeitgenossen, verdanken wir sonst die kleinsten Mitteilungen. […] Unser Urkundenforscher steckte zu tief in der Registratur, um sich Zeit zu nehmen, unter das Volk zu treten und das, was außerhalb des Bibliothekgebäudes und der Klostermauer vorging, zu beachten."

9 Nach Angaben von Lorenz Vischhaber, zitiert nach Sepp, Bayerischer Bauernkrieg, S. 52.

10 Steiner, Es geschah vor 300 Jahren, S. 49.

11 Unter anderen Sepp, Bayerischer Bauernkrieg, S. 59-63.

12 Steiner, Es geschah vor 300 Jahren, S. 70-72.

13 Hermes, Die Schlacht bey Sendlingen.

In der Schlacht von Sendling blieben laut Johann Nepomuk Sepp auch die Walchenseer Johann Schwarz, Andrä und Adam Zwerger, ferner Vater und Sohn Bartlmä Zwerger, der Jäger Hans und ein Michel Heiß sowie der Jäger Kaspar Sachenbacher.[14] Einige von ihnen dürften jedoch zurückgekehrt sein. Auf jeden Fall lassen sich die genannten Zwerger sämtlich auch noch nach 1705 am Walchensee nachweisen.[15] Der Tafernwirt Johann Schwarz scheint die Mordweihnacht ebenfalls überlebt zu haben.[16] Dass sie bei den Kämpfen dabei waren und vermutlich auch verwundet wurden, ist jedoch anzunehmen.

Zu Hause am Walchensee hatte man vor dem Zug auf München, am 14. Dezember, erneut einen Verhau errichtet – immerhin war man mit dieser Maßnahme bereits zwei Jahre zuvor erfolgreich gewesen. Ein Teil der Bauern machte *„die Straße am Wallersee wieder ungangbar und stellte Wachen auf, was unser Abt dem kaiserlichen Administrator sogleich vertraulich meldete, worauf das Rückschreiben kam, das sei nur auf sein Anstiften geschehen. Übrigens erging an den Abt die ängstliche Mahnung, die tumultierenden Bauern auf jede Art und Weise zur Ruhe zu bringen. In diesem Falle würde das Kloster und angehörige Gebiet möglichst verschont.* [...] *Dazu war aber keine Zeit mehr, wie sollte der Prälat die Aufständischen im Zaume halten! Die Bauernschaft sammelte sich in Überzahl, um München zu umzingeln und zu belagern.“*[17]

Von größeren kriegerischen Auseinandersetzungen am Walchensee ist um die Jahreswende 1705/06 nichts mehr zu lesen. Langsam normalisierten sich in der Folge die politischen Zustände, und der Handel, der einige Jahre unterbrochen war, setzte erneut ein.

Statue des Schmieds von Kochel in Kochel am See, nach einem Entwurf des Bildhauers Anton Kaindl, errichtet 1900

DIE NAPOLEONISCHEN KRIEGE

Erst rund ein Jahrhundert später kam es im Rahmen der Napoleonischen Kriege hier erneut zu kriegerischen Auseinandersetzungen. Am 21. September 1800 sollen rund 2.000 Franzosen bei Fackelschein über den Walchensee nach Benediktbeuern gezogen sein, am 26. und 27. September dann 500 österreichische Husaren, welche in Mittenwald und Umgebung im Quartier gelegen hatten, über Wallgau zum Walchensee. Die französischen Vorposten, die im Posthaus zu Walchensee Quartier bezogen hatten, ließen sie passieren. Im November ging man erneut an die Errichtung eines Verhaus am Katzenkopf. 900 Österreicher sollen am 5. Dezember 1800 dann von Mittenwald aus mit vier Geschützen nach Walchensee gezogen sein. Nachdem sie den Verhau am Katzenkopf geräumt hatten, näherten sie sich dem Posthaus in Walchensee. Sie hätten die dortigen Franzosen leicht überraschen und gefangen nehmen können, doch ängstlich gaben sie zu früh Feuer auf die Franzosen ab, die daraufhin fliehen konnten. Von der etwa 100 Mann starken Besatzung wurden nur fünf gefangen genommen. Daraufhin zogen sich die Truppen wieder nach Mittenwald zurück; nur eine Kompanie blieb in Walchensee. Als diese am 7. Dezember die Franzosen von Urfeld her gegen das Posthaus anrücken sah, zog auch sie sich zurück.[18]

Auch wenn die Scharmützel ohne kriegsentscheidende Wirkung blieben, für die Bevölkerung waren die Soldaten – sowohl die Franzosen als auch die Österreicher – eine starke Belastung. Die Grande Armée versorgte sich generell „aus dem Land“, das heißt, es gab keine geregelte Verpflegung – was bei einer solch großen Armee auch logistisch kaum zu bewältigen wäre. Die Soldaten mussten für ihre Verpflegung selbst aufkommen, und das hieß in der Regel Plünderung, wobei

14 Sepp, Bayerischer Bauernkrieg, S. 53.

15 Vgl. zum Beispiel Demleitner, Stammbaum Zwerger.

16 Vgl. S. 128.

17 Sepp, Bayerischer Bauernkrieg, S. 212.

18 Becker, Walchensee, S. 100 f.

alles mitgenommen werden konnte, was nicht niet- und nagelfest war. Dem Posthalter nahmen sie das Fleisch samt den Töpfen vom Feuer, wobei er sich mehr über die Österreicher beschwerte als über die Franzosen. Und wenn es nur die Töpfe waren, hatte er noch Glück gehabt! Dass bei diesen Einquartierungen auch die Fischerei zu leiden hatte, braucht nicht erwähnt zu werden. Die Soldaten fischten und jagten generell alles, was ihnen in den Weg kam.

Am 17. Juli 1809 wurde der Walchensee erneut durch die Auseinandersetzungen zwischen Tirolern und Bayern in Mitleidenschaft gezogen.[19] Zum Grenzschutz war ein sogenanntes Gebirgsschützenkorps unter Oberst Graf Arco aufgestellt worden. Nach vielen kleinen Scharmützeln drangen die Tiroler mit gut 2.000 Mann über den Walchensee und den Kesselberg vor, um einen Angriff auf München vorzubereiten. Kurz vor Kochel trafen sie jedoch auf den erbitterten Widerstand von rund 400 Gebirgsschützen der Arco-Korps. In einem acht- oder neunstündigen Gefecht am Schelmbichl wurde die Übermacht an den Walchensee zurückgedrängt.[20] Am meisten hatten offensichtlich die beiden Bauern von Sachenbach zu leiden, die fast gänzlich ausgeraubt wurden.[21] Aber auch an den Fischern in Zwergern und Walchensee werden diese Kriegsjahre nicht spurlos vorübergegangen sein, wie dies auch Jahre später der Fall war. Und dabei handelte es sich lediglich um Quartierlasten ohne kriegerische Auswüchse.

ANDERE ARMEEDURCHZÜGE

In den 1830er-Jahren marschierten dann die königlich bayerischen Truppen nach Griechenland am Walchensee vorbei, legten hier sogar einen Rasttag ein: auf dem Weg Richtung Süden im November 1832, wie Maximilian Schmidt ausführlich in seinem Roman „Die Jachenauer in Griechenland“ beschreibt, und erneut auf dem Rückweg von Hellas, als etwa eine Chevaulegers-Division am 17. Januar 1834 den Walchensee passierte.[22]

1853 baten die Fischer Joseph Zwerger, Joseph Grünwald und Michael Seibold, sämtlich von Zwergern, um die Erlassung von Umlagen an die Gemeinde Wallgau. Die Fischer hatten in der Gemeindegemarkung Wallgau einige Wiesengründe. Von Seiten Wallgaus hatte man jedoch kein Einsehen, man schien sogar verärgert, dass die Wallgauer Wiesen im Besitz der Zwergerner Fischer waren. Man erlaubte sich daher von Seiten der Gemeinde Wallgau *„die Bemerkung, daß schon im Jahre 1848 die Bauern von Zwergern beim Durchmarsche des k. k. österr. Regimentes Latour*[23]*, daselbst in Wallgau Rasttag hielt, hierorts Quartierslasten vortrugen“*, die offensichtlich abgewiesen wurden. Zudem konnte man in Wallgau auch nicht glauben, dass die Wiesen schon so lange im Besitz der Zwerger wären. *„Die Angabe des Michael Seibold und Joseph Zwerger, dass die zu ihren Anwesen gehörigen und in der Gemeindemarkung Wallgau liegenden Grundstücke schon beinahe 140 Jahre zu dem Besitz der Zwerger gehören, ist teilweise unwahr.“* Michael Seibold hatte die Riedlwiese zu zwölf Tagwerk nach Wallgauer Ansicht erst am 28. Dezember 1825 von Johann Reindl von Krün erkauft und Joseph Zwerger den Hochrauth zu acht Tagwerk am 30. August 1820 von Michael Krinner von Krün. Die Befreiung von Abgaben wurde abgewiesen. Wo käme man denn hin, wenn man das Geld durch andernorts Wohnende verlieren würde![24]

Auch wenn den Fischern die Abgabenlast nicht erlassen wurde, so beweist dieser Aktenvorgang doch, dass sie unter den militärischen Durchzügen zu leiden hatten oder dies zumindest glaubwürdig vorgeben konnten.

19 Höfler, Führer 1886, S. 97.

20 Bauer, Über den Kesselberg entsteht ein Fernhandelsweg, S. 62.

21 Becker, Walchensee, S. 101.

22 Siehe oben S. 64.

23 General, Feldzeugmeister und Kriegsminister Theodor Graf Baillet de Latour (1780-1848).

24 StA Mü AR 1951/63.

Die Fische im Walchensee

Rekordfang aus dem Jahr 1939

„Der Walchensee, der bei einer Maximaltiefe von 192 Metern eine Wasserfläche von 1.637 Hektar bedeckt, ist ein streng oligotrophes Gewässer. Demzufolge sind Seesaibling, Renke und Seeforelle die vorherrschenden und wirtschaftlich ausschlaggebenden Fischarten. In der Pflege dieser Fischarten sieht die Öffentliche Fischereigenossenschaft Walchensee eine Hauptaufgabe. Im Vordergrund der Besatzmaßnahmen steht der Seesaibling, gefolgt von der Renke. Die Seeforelle wird jedoch durchaus nicht vernachlässigt. Mitunter werden auch Bachforellen eingesetzt, die sich im See zufriedenstellend entwickeln. Karpfen, Schleie, Aal und Zander eignen sich für den Walchensee nicht. Der Hecht kommt vor, man will ihn aber mit Rücksicht auf den Salmonidenbestand nicht besonders fördern."[1]

Der Walchensee gilt als eines der fischereilich bedeutendsten Gewässer des Voralpenlandes, und dies nicht erst in unseren Tagen. Bereits in alten Reisebeschreibungen ist davon die Rede[2], und nicht wenige Reisende rühmten die Früchte des Sees: *„Auch werden Ihrem Gaumen die frisch gefangenen Renken und Säublinge dieses Sees, welche Sie nicht ungekostet lassen sollen, so wohl behagen, daß Sie die herrlichsten Gerichte des Luxus darüber vergessen werden"*[3], schwärmte etwa 1792 der Münchner Geologe Mathias von Flurl.

Das war nicht immer so. In seiner Frühzeit galt der Walchensee als äußerst fischarm[4]; erst die klösterliche Fischkultur um 1500 machte den Walchensee zum fischereilich interessanten Gewässer.

Die Alpen- und Voralpenseen sind mit nur wenigen Ausnahmen charakterisiert durch ihre geringe Uferentwicklung, ihre meist sehr erhebliche Tiefe, geringe Wärme und ihr klares Wasser. Sie zählen zu den nahrungsarmen Gewässern; die Produktion an natürlicher Nahrung ist verhältnismäßig gering und folglich auch der Ertrag. Er konnte durch Einsatz von Jungfischen oder durch Neueinführung bestimmter Fischarten, die im See ursprünglich nicht heimisch waren, jedoch gesteigert werden. In den meisten der tiefen Alpenseen finden sich heute vorwiegend Edelfische: allen voran der Seesaibling, die Renke und die Seeforelle. In einigen wenigen Alpenseen, die aufgrund ihrer Ufergestaltung und sonstiger Eigenschaften für diesen Fisch geeignete Lebensbedingungen aufweisen, ist auch der Hecht anzutreffen.

Noch heute zeichnet den Walchensee nicht so sehr sein Fischreichtum aus; er bietet vielmehr den Lebensraum für selten gewordene Fischarten wie den farbenprächtigen Seesaibling, die Renke oder die schnellwüchsige Seeforelle.[5] *„Unter den Fischen dieses Sees sind die Saiblinge und Renken die vorzüglichsten"*[6], wusste man bereits vor mehr als 200 Jahren. *„Außer diesen nährt er noch Hechte, Ruten (Quappen), Anpasse (Flußbarsche), Lachsforellen, welche öfters ein Gewicht von 40 Pfunden erreichen, Forellen, Häseln, Lauben u. a."*[7]

Diese Aussagen wurden auch in den folgenden Jahrzehnten und Jahrhunderten mehrfach wiederholt: *„Der hervorragendste und kostbarste Fisch des Walchensees ist der Saibling, welcher hier in besonderer Menge und Güte gedeiht; sodann die Renke, wovon alljährlich gegen 100 Centner gefangen werden, Hechte von vorzüglicher Qualität und Größe, Rutten (bis zu 3 Pfund schwer), Aitel und Backfische etc."*[8] war am 20. Dezember 1879 sogar im Fachblatt, in der Bayerischen Fischerei-Zeitung, zu lesen.

In einem Brief vom 10. April 1785 zählte der Münchner Naturforscher Franz von Paula Schrank neben den Saiblingen und Renken, die nach seinen Worten

1 AFZ 1970, S. 249.

2 So passierte etwa Fulvio Ruggieri 1562 den Walchensee, „wo gute Fische gedeihen". Dussler, Reiseberichte München und Oberbayern, S. 34. Julius Staudinger (Fischereiverhältnisse Oberbayerns, S. 414) zählte 1885 den Walchensee zu den „fischereiwirtschaftlichen Objekten ersten Ranges" in Oberbayern.

3 Flurl, Beschreibung der Gebirge, S. 39.

4 Laut Meichelbeck „olim quidem sterilis". Vgl. Peetz, Fischwaid, S. 71.

5 Kölbing, Seeforellen, S. 90.

6 Geographisches, Statistisch-Topographisches Lexikon von Baiern Bd. 1, Ulm 1796, S. 565. Vgl. auch Eisenmann/Hohn, Lexikon vom Königreich Bayern, Bd. 2, Erlangen 1832, S. 963.

7 Ebenda, S. 565.

8 BFZ 1879, S. 117.

Flussbarsch

Koppe

hier bis zu sechs Pfund schwer werden, weitere Fische im See auf: Hechte (Esox Lucius L.), Ruthen (Quappen, Goda Lota L.), Anposse (Flußbarsche, Perca fluviatilis L.), Lachsforellen (Salmo Trutta Bloch), die hier manchmal ein Gewicht von 40 Pfund erreichen, Forellen (Salmo Fario Bloch), Häslen und Lauben.[9] Gelegentlich findet sich auch ein Hinweis auf frühere Krebsbestände.

Heute werden offiziell genannt: Seesaiblinge, Renken, Seeforellen, Hechte, Barsche, Aalrutten, Aitel, vereinzelt Äschen und Weißfische. Um die Jahrhundertwende wurden zudem Versuche mit verschiedenen Maränenarten angestellt, später mit dem Zander, der sich aber mit dem Walchenseewasser nicht anfreunden konnte.[10] Gänzlich fehlen im Walchensee Barben, Karpfen und der Waller (Wels), der in den kalten Gebirgsseen nicht existiert – auch nicht im Walchensee[11], woraus bereits zu ersehen ist, dass der See seinen Namen nicht von diesem Fisch ableiten kann.

Seit Jahrhunderten prägen Seesaibling und Renke im Verein mit der Seeforelle die Fischerei des Walchensees. Der Walchensee zählt zu den bekanntesten Saiblingsgewässern in Deutschland.[12] Eine Besonderheit stellen hier die Saiblinge und Renken aber auch deswegen dar, weil man genaue Auskunft über ihr erstes Vorkommen hat. Immer wieder ist in den entsprechenden Publikationen über die Besetzung des Walchensees mit diesen beiden Fischarten zu lesen. *„Eigenthümlich ist, daß gerade die beiden Haupt-Fischgattungen des Walchensees, der Saibling und die Renke, nicht zu seinen ursprünglichen Fischen gehören, sondern erst nachträglich dahin verpflanzt wurden und hier eine ihre frühere Heimath überragende Entwicklung fanden.“*[13]

Die fischereiliche Aufwertung des Walchensees ist in erster Linie der Initiative Abt Wilhelm Diepolzkirchers (1440-1483) zu verdanken, der aus Kloster Tegernsee nach Benediktbeuern kam. Tegernsee war seinerzeit berühmt für seine hoch entwickelte Fischerei. Man denke nur an das „Tegernseer Fischbüchlein“.[14]

Ursprünglich gab es im Walchensee nur Hechte, Seeforellen, Rutten, Barsche und ein paar Weißfischarten, die vor allem den edleren Fischgattungen zur Nahrung dienen. Doch das sollte sich entscheidend ändern. Im Benediktbeurer Stiftsbuch von 1572/82 ist die Rede von Saiblingen, Forellen, Rutten, Hechten, Alten und Renken.[15]

Die Einbürgerung der Renke und des Seesaiblings war eine Großtat, die allgemein bekannt wurde. So nennt sie zum Beispiel der 1885 verstorbene Autor Karl Stieler, um den hohen Stand der Fischzucht im alten Bayern zu beschreiben. Er ergänzt, dass die Renken, *„mittelst großer Fässer, die ganz mit Seerosenblättern austapeziert waren“*, vom Kochel- an den Walchensee transportiert worden waren.[16] Renke und Saibling bilden heute wie seit Jahrhunderten einen wesentlichen Grundstock der Fischerei des Walchensees.

Auch als Geschenk nahm man seit dem ausgehenden Mittelalter gerne einen Fisch aus dem Walchensee entgegen. So schickte etwa Abt Benedikt von Benediktbeuern am 3. Januar 1580 als Neujahrsgeschenk an den Herzog zu seiner Hofhaltung neben zwei Ochsen *„ein Essen Rutten und eine geselchte Ferchen aus dem Wallensee“* nach München. Zwei Tage später bedankt sich der Herzog schriftlich für die guten Wünsche und für das *„par Ochsen unnd Essen Visch, so ir nach altem Gebrauch nach zu einem Neuen Jar verehrt“*[17]. Die Fische, die nach altem Brauch nach München geschickt wurden, waren also Rutten und Forellen, keine Saiblinge und Renken, deren Wert höher angesetzt wurde, woraus man schließen darf, dass diese Fischverehrung weiter zurückreicht als der Besatz mit Saiblingen und Renken.

9 Schrank, Baierische Reise, S. 89.

10 Auch am Chiemsee wurden 1899 erstmals Zandersetzlinge eingesetzt. Auch hier stellte sich nicht der erhoffte Erfolg ein, wobei jedoch durch Besatzmaßnahmen ein Vorkommen gesichert ist. Höfling, Chiemsee-Fischerei, S. 24.

11 AFZ 1970, S. 572.

12 Fischer, Seesaibling.

13 BFZ 1879, S. 117.

14 Koch, Tegernseer Fischbüchlein.

15 BayHStA KL Benediktbeuern 56, fol. 11'.

16 Stieler, Bilder aus Bayern, S. 103 f.

17 BayHStA KL Benediktbeuern 159.

Und noch etwas ist bei dieser kurzen Notiz bemerkenswert: Die Forellen wurden bereits damals geräuchert.[18] Was man sich allerdings genau unter einem Essen Fisch bzw. in diesem Fall Rutten vorzustellen hat, ist nicht so leicht zu definieren. Sicher dürfen wir uns nicht etwa eine *„Portion Fisch"* vorstellen, wie man sie auf modernen Speisekarten findet. Neben zwei ganzen Ochsen hätte sich dies etwas mickrig ausgemacht. Vermutlich handelte es sich dabei um eine Schüssel mit den im Mittelalter und der frühen Neuzeit so beliebten Sulzfischen, die mehrere Personen ernähren konnten. Laut den Aufzeichnungen des Stadtbaumeisters Tucher in Nürnberg zum Beispiel gab es nach altem Herkommen bis ins 15. Jahrhundert in der Reichsstadt zu Weihnachten eine Fischverehrung an die Mitarbeiter. Je nach Position erhielt dabei jeder etliche Stücke der gespendeten *„Weihnachtssülzfische"*[19]. Sulzfische werden auch bei großen Gelagen immer wieder erwähnt.[20] Fischgeschenke waren seit dem Mittelalter allgemein üblich. Landauf und landab ranken sich nicht selten Anekdoten um diese Fischverehrungen, wobei der Übergang von einem wirklichen Geschenk zu einer pflichtschuldigen Abgabe fließend war[21], wie es auch im Fall der verehrten Walchenseefische deutlich wird. Und so bedeutete es für das Kloster Benediktbeuern eine große Erleichterung, als der Herzog auf die jährlich nach München zu liefernden nahrhaften Geschenke verzichtete.[22]

DIE URSPRÜNGLICHEN FISCHARTEN

RUTTEN

Ursprünglich waren die Forellen, die Hechte und die Rutten die edelsten Fische des Walchensees. Speziell die *„schlüpfrig grüne"*[23] Rutte (Lota lota), in anderen Regionen auch Aalrutte, Alraupe, Trüsche, Ruget, Quappe oder ähnlich genannt, war einst heiß begehrt, vor allem ihre Leber. Vermögen, ja ganze Besitztümer sollen darum hingegeben worden sein[24], und Benedict von Schönau, der Fischerherr des Fürststifts Kempten, bezeichnet die Rutte in seinem ab 1755 geschriebenen Fischereibuch als einen *„delicaten Fisch"*, eine Zierde für jede Tafel.[25] Auch der bayerische Herzog erhielt alljährlich als Neujahrsgabe ein Essen Rutten aus dem Walchensee.[26] Das Kloster Schlehdorf bezog laut Stiftsbuch von 1551 ebenfalls seinen Anteil Rutten aus dem Walchensee.[27]

Am Walchensee scheint man der Rutte jedoch stark zugesetzt zu haben. Teilweise war sie fast verschwunden. 1672 etwa schritt man zu ihrer Rettung ein. Damals wurden alle *„Pern auf die Rutten"* für die nächsten vier bis fünf Jahre verboten, ebenso das Auslegen von Ruttenreusen.[28] Offensichtlich haben sich die Bestände erholt. Immer wieder ist die Rede davon, man solle besonders schöne Rutten sofort im Kloster melden. Auf dem Münchner Fischmarkt erschienen im 18. Jahrhundert Rutten aus dem Walchensee.[29] In der Zeit nach dem Zweiten Weltkrieg ist sogar von einer *„kaum zu glaubenden Menge von Rutten, die sich jeden Winter in der Walchenseebucht sammeln"*, zu lesen. Der Autor des entsprechenden Aufsatzes in der „Allgemeinen Fischerei-Zeitung" sieht diese Entwicklung jedoch mit gemischten Gefühlen und erklärt damit einen gleichzeitigen Rückgang an Renken: *„Daß eine Rutte bei der Vertilgung von Laich und Brut viel mehr Schaden anrichten kann als eine Seeforelle, ist bekannt."*[30]

Rutte

18 Laut Schmeller, Bayerisches Wörterbuch, Bd. II, Sp. 266, bedeutet „selchen" trocknen, dürr machen im Rauch, räuchern.

19 Der Patrizier Tucher verriet in seinem Braumeisterbuch auch das Kochrezept zu diesen Sulzfischen, das für unseren Gaumen etwas gewöhnungsbedürftig klingt. Alles in allem bereitete Tucher ein Fischessen aus 28 Portionsstücken Hecht und 40 Stücken Karpfen. „Zu solchen Fischen nimmt man nach altem Herkommen 15 Maß Weins, 2 Maß Essig, 4 Lot Safran, ½ Pfund Ingwer, 4 Lot Pfeffer, 2 Lot langen Pfeffer, 4 Lot Zimmetröhren, ½ Pfund kleine Weinbeerlein und 2 Pfund Mandeln". Vgl. H. Krauß, Fischverehrung zu Weihnachten.

20 Vgl. Oelwein, Fischerei in Schwaben, S. 212 ff.

21 Vgl. auch Oelwein, Fischerei im Wandel, S. 187 f.

22 BayHStA Kurbaiern, Äußeres Archiv 4083, fol. 154 und 158.

23 Noë, Bayerisches Seenbuch, S. 294.

24 Oelwein, Fischerei in Schwaben, S. 255.

25 Schönau, Fischereibuch, S. 659.

26 BayHStA KL Benediktbeuern 159.

27 BayHStA KL Schlehdorf 19, fol. 26.

28 BayHStA KL Benediktbeuern 1093/315, fol. 43.

29 Schempf, Notizen vom Münchner Fischmarkt, S. 42.

Noch heute kann man am Walchensee auf Ruttenfang gehen. Die beste Fangzeit ist der Winter, doch muss man hier auf die Schonzeiten achten. An der Grundangel lässt sich die Rutte auch noch im zeitigen Frühjahr (März und April) überlisten.[31] Seit Jahrzehnten zählt der Walchensee zu den besten Ruttengewässern Deutschlands. Von weit her kommen heute die Spezialisten.[32]

SEEFORELLEN

Bereits im 16. Jahrhundert – und vielleicht schon davor – schätzte der bayerische Herzog *„geselchte Ferchen"* aus dem Walchensee als Neujahrsgabe.[33] Seeforellen waren neben den Rutten und Hechten einst die begehrtesten Edelfische des Walchensees.[34] Doch auch nach Einsetzung der Renken und Saiblinge blieb das Interesse an den Seeköniginnen ungebrochen, wobei seit der Mitte des 17. Jahrhunderts zunehmend von *„Speisferchen"* die Rede ist[35], also von Forellen, die in Kaltern gehalten und mit Speisfischen gefüttert wurden. Sie waren 1676 etwa zum stolzen Preis von 24 Kreuzern das Pfund zu haben, während zur selben Zeit das Pfund Hecht nur acht Kreuzer, das Pfund Rutten 15 Kreuzer oder das Pfund Renken zwischen sechs und sieben Kreuzer, je nach Größe der Fische, kostete. Lediglich die Saiblinge waren teurer: Für Speissaiblinge musste man 30 Kreuzer bezahlen, für Wildfangsaiblinge 18 Kreuzer.[36]

Im Gegensatz etwa zum Starnberger See, wo keine Forellenkalter erlaubt waren, damit die Speisfische, *„welche den Hechten, Wallern, Lachsen, Rutten und anderm Raubfischwerk zur Nahrung dienen"*, nicht herausgefischt werden[37], erbaute man am Walchensee sowohl in Walchensee als auch in Zwergern spezielle Kalter, deren Spuren bis heute zu erkennen sind.[38]

Bereits früh pflegte man die Forellen im Walchensee. So sind im Stiftsbuch von Schlehdorf für 1551 Ausgaben *„umb Fisch und Ferchensetzling"* in Höhe von zwei Gulden notiert.[39]

Bis in unsere Tage hielt sich die Beliebtheit der Forellen im Walchensee. So hebt zum Beispiel Andreas Johannes Jäckel 1864 in seiner Beschreibung der bayerischen Fische unter dem Stichwort „Seeforellen" speziell die des Walchensees heraus.[40] Auch in den kommenden Jahrzehnten pflegte man den Fisch. 1885 zum Beispiel wurden vom Bayerischen Landesfischereiverband neben 270.000 amerikanischen Maränen auch 10.000 Seeforellenjungfische im Walchensee eingesetzt.[41] Sie entwickelten sich prächtig. Bis heute werden Seeforellen im Walchensee besetzt, da ihre natürlichen Laichgründe in der Obernach, die als besonders gutes Seeforellenrevier galt, heute (noch) verbaut sind.

Seeforelle

30 Tircher, Nochmals über den Walchensee, in AFZ 1957, S. 86. Allerdings wird das massenhafte Auftreten auch bezweifelt. Vgl. Schindler, Abermals zur Bewirtschaftung des Walchensees.

31 Wiederholz, Auf Ruttenfang.

32 Wozniak, Der Walchensee – ein Hauch von Abenteuer.

33 BayHStA KL Benediktbeuern 159.

34 In der 1789 verfassten Geschichte des Walchensees, die einst im Hausflur der „Post" zu Walchensee aushing, war zu lesen: „Ebenfalls hat dieser Abt zum erstenmal in diesen See die Grundferchen eingesetzt." Zitiert nach Becker, Walchensee, S. 261. Da dieser Hinweis sonst nicht zu finden ist, die Einsetzung der Renken sowie der Saiblinge jedoch vielfachen literarischen Niederschlag gefunden hat, ist seine Richtigkeit anzuzweifeln. Vermutlich handelt es sich um eine zweite Einsetzung von Renken.

35 Zum Beispiel BayHStA KL Benediktbeuern 1093/315, fol. 36.

36 BayHStA KL Benediktbeuern 1093/315, fol. 48-51.

37 Westenrieder, Würmsee, S. 137.

38 Vgl. S. 254 ff.

39 BayHStA KL Schlehdorf 19, S. 26.

40 Jäckel, Fische Bayerns, S. 82.

41 AFZ 1885, S. 162.

Aus der Zeit vor und nach dem Zweiten Weltkrieg liegen verschiedene Nachweise vor, dass der Walchensee nicht nur das bedeutendste Gewässer für Seeforellen war, sondern auch kapitale Fänge gemacht wurden. Am 30. Mai 1939 etwa fing der Fischermeister Josef Lämmerer, der seit mehreren Jahren im Hotel „Fischer" in Urfeld angestellt war, eine 23 Pfund schwere Seeforelle.[42] Eine achtundzwanzigpfündige Seeforelle hatte sogar drei Seesaiblinge im Magen.[43] Die größte Seeforelle aber fing Ludwig Stöffelmeier, der Betreiber des Hotels in der Einsiedlbucht, im April 1934. Sie wog 62 Pfund. Von 1930 bis zu seinem Tod im Jahr 1954 gingen ihm noch zwei Sechzigpfünder sowie über zwanzig Rekordfische mit einem Gewicht von über 50 Pfund an den Haken.[44]

Renke

Hecht

Auch wenn die Zeiten der dreißig- bis sechzigpfündigen Seeforellen am Walchensee der Vergangenheit angehören, werden doch in jeder Saison mehrere Exemplare zwischen zwölf und 16 Pfund gefangen. Dafür ist die Zahl der meist von Urlaubsanglern gefangenen Forellen groß. In den letzten Jahren versuchten es einige mit Fliegenfischen. Horst Weber, Autor des Magazins „Der Fliegenfischer", landete vor einigen Jahren ein mehrpfündiges Prachtexemplar auf Fliege in der Niedernacher Bucht. Bisher sind es jedoch nur wenige Spezialisten, die es mit der Fliegenrute am Walchensee wagen. Sogar ein eigener Wurfunterricht wird angeboten.[45]

Ein neues Kapitel in der Geschichte der Seeforellenfischerei wurde 2007 aufgeschlagen: Man ging an die Renaturierung der Obernach, um den Seeforellen ihre angestammten Laichplätze am Oberlauf zurückzugeben.[46]

HECHTE

Einst zählte auch der Hecht zu den begehrten Edelfischen im Walchensee. Das hat sich in letzter Zeit etwas geändert. Mit Rücksicht auf den Seeforellen-, Saiblings- und Renkenbestand wird der Hecht am Walchensee nicht forciert wie etwa am Staffelsee oder am Waginger See. Gleichwohl will man auch am Walchensee einen mäßigen Hechtbestand erhalten.[47]

DIE NEU ANGESIEDELTEN FISCHARTEN

RENKEN

„Zu Hunderten schütten die Fischer silberschillernde Renken aus", berichtete Heinrich Noë um die Mitte des 19. Jahrhunderts.[48] Das war nicht immer so. Ursprünglich gab es im Walchensee keine Renken. *„Eine der vollen Erinnerung werte Tat leistete der Abt Wilhelm im Jahr 1480, indem er das edle Geschlecht der Fische, welche vielleicht mit P. Pexenfelder Albulas genannt werden dürfen (deutsch heißen sie Renchen) in unsern Walchensee mit großer Umsicht und nicht geringen Kosten einsetzte. Jener äußerst klare See war bisher sehr fischarm und ernährte nur Hechte, Lachsforellen und einige kleinere Fischlein, welche die Alten Akpuz, wir aber heute Appeissen nennen, wie wir aus unseren alten Ausgabenbüchern genau ersehen."* Im Jahr 1480 war Abt Wilhelm von Benediktbeuern zur Überzeugung gelangt, dass dieser See *„teils wegen seiner beständigen Helligkeit des Wassers, teils seiner Größe und Tiefe halber auch für irgend eine andere, besondere und delikate Fischgattung zulässig sein könne. Daher wünschte der Abt vorzüglich, er möchte nicht weniger fruchtbar an Renken sein, als der andere,*

42 AFZ 1939, S. 222 (mit Abbildung).

43 AFZ 1970, S. 698.

44 Taller, Wundervoller Walchensee, S. 43.

45 Ebenda, S. 39 f.

46 Vgl. S. 140 f.

47 Schmid, Sportfischerei in den oberbayerischen Seen, S. 194.

48 Noë, Bayerisches Seenbuch, S. 293.

49 Meichelbeck, Chronicon, zitiert nach Oremus, Einbürgerung, MFW 1876, S. 22-24. In seiner „Kurtzen Freysingischen Chronica" (S. 263) erwähnt er auch den Renkenbesatz, nämlich dass „Abbt Wilhelm aus dem Chochlsee die erste Renchen mit gröster Mühe und Kunst in gedachten Mahlnsee versetzet." Die Verschreibung dürfte ein Druckfehler sein. Der Renken- und der Saiblingsbesatz wurden mehrfach in der Literatur wiedergegeben, zum Beispiel von Obernberg, Bayerische Alpengebirge, S. 77.

Kochelsee, am Fuße unserer Alpen gelegen. Auf welche Art aber dieß auszuführen sei, brauchte lange zum Nachdenken. Jene Renken nämlich, kaum aus dem Wasser genommen, hauchen fast im gleichen Momente ihr Leben mit dem Wasser aus. Nachdem verschiedene Methoden versucht und obgleich jene Fische zugleich mit dem Wasser in Lageln [lat. lagenis] *aus dem Kochelsee geschöpft wurden, so nützte es doch dem Fleiße des Abtes nichts. Denn als jene so ungemein zarten Fische über die steilen Höhen des Berges getragen wurden und unterdessen ihre Mundtheile in den hölzernen Lageln verletzt hatten, starben sie bald und konnten die neue Colonie des Walchensees nicht begründen. Einsichtsvolleren jedoch fiel es bei, daß wenn die Lageln von Innen mit irgend zarten Stoffen ringsherum ausgekleidet würden, so daß die Renken auf keine Weise eine Schädigung erlitten, sie auf diese Art in ihrem Wasser die Reise über den Berg ertragen möchten. Und wirklich war Gott den Wünschen des Abtes so willfährig, daß die lebenden Renken glücklich im Walchensee ankamen."* So nachzulesen in der Chronik des Karl Meichelbeck.[49]

Die Ansiedlung der Renken war tatsächlich eine Meisterleitung, denn die Renken sind äußerst sensible Fische, die sich durch *„Wenzageln"*, durch ein beständiges Wenden und Schwänzeln, schnell verletzen und gegen fremdes Wasser empfindlich reagieren.[50] *„In dem Augenblick, in dem sie aus dem Wasser kommen, sind sich auch schon todt, und es ist nicht möglich, sie lebendig zu verschicken"*, war noch 1784 Lorenz von Westenrieders Überzeugung.[51]

Meichelbeck berichtet weiter: *„Eine wie zahlreiche Nachkommenschaft dann weiter die verbrachten Renken in jenem See hinterließen, ist Niemanden in der Nachbarschaft unbekannt und können dieß nicht allein alle bezeugen, welche dahin eine Reise unternahmen, als auch die Bürger von München und Innsbruck und die Hofleute, welche heutzutage in großer Zahl zu reisen pflegen."*[52] Bald waren die Renken nicht nur am Walchensee und im Kloster Benediktbeuern eine begehrte Delikatesse, da – wie auch Lorenz von Westenrieder bestätigte – die Renke *„unstreitig unter die gesündesten und schmackhaftesten Fische in ganz Deutschland"*[53] gehört. Vorbeiziehende Handelsleute verbreiteten die Kunde und Abt Balthasar (1504-1521) bestätigte in einem Schreiben an den Herzog: *„Abt Wilhelm hat die Rencken aus dem Kochlsee umb sein Pfennig in den Wahlensee gebracht. Das solches wahr sei, seind vorhanden die Persohnen, die solche Renchen gefiehrt haben in den Wahlensee."*[54]

Es häufen sich die Nachrichten von Renkenlieferungen an die verschiedensten Höfe. So soll sich etwa König Siegmund für eine Mahlzeit Renken aus dem Walchensee per Stafette nach Preßburg haben bringen lassen.[55] Doch auch die Schlehdorfer hatten ihren Nutzen von den Walchenseerenken, wie aus dem Stiftsbuch von 1551 hervorgeht.[56]

Renken bis zu über fünf Pfund wurden im Walchensee gefangen; Rekordexemplare brachten es sogar auf über zehn Pfund.[57] Nach Westenrieder wurde der Fisch am Starnberger See in *„seiner ersten Jugend" „Züngel"* genannt, nach einem Jahr *„Riedling"* und wenn er sieben bis acht Pfund wiegt, *„Bodenrenke"*.[58] Am Walchensee sprach man bereits in der Fischordnung von 1586 von *„Sangen"* bzw. *„Sengel"* und später auch von *„Ri(e)gling"*, *„Ridling"* oder *„Halbrenke"*[59].

Durch die Jahrhunderte ging man am Walchensee mit den Renken nicht gerade pfleglich um. So wurden etwa 1654 Klagen laut, dass so kleine Renken gefangen wurden, dass das Hundert nicht einmal zwei Pfund ausmachte und folglich *„der See ganz erödigt"*[60] wurde. Doch ganz „erödigt" wurde der See offensichtlich nicht, denn auch in den folgenden Jahrhunderten ist immer wieder von umfangreichen Renkenfängen die Rede. Vielleicht lag es ja auch einfach daran, dass man

50 Peetz, Fischwaid, S. 71.

51 Westenrieder, Würmsee, S. 132.

52 Meichelbeck, Chronicon, zitiert nach MFW 1876, S. 32.

53 Westenrieder, Würmsee, S. 131 f. Auch Meichelbeck bezeichnete die Renken = „albulae" als „delicasissimi pisces". Vgl. Peetz, Fischwaid, S. 71.

54 Zitiert nach Peetz, Fischwaid, S. 72.

55 Stieler, Bilder aus Bayern, S. 104. Jäckel (Fische Bayerns, S. 76) erwähnt auch, dass Herzog Wilhelm III. von Bayern 1425 Kaiser Sigismund eine Mahlzeit per Stafette nach Preßburg hat schicken lassen, doch spricht er von Renken aus dem Würmsee (= Starnberger See).

56 BayHStA KL Schlehdorf 19, fol. 26.

57 Fischer, Walchensee-Fänge.

58 Westenrieder, Würmsee, S. 132.

59 In BayHStA KL Benediktbeuern 36, fol. 14, ist bei „halb Rencken" am Rand nachgetragen: „Halbrenke i. e. (id est) Ridling". Auch an anderen Seen waren diese Bezeichnungen gebräuchlich, etwa hieß am Starnberger See die einjährige Renke „Ridling" oder „Rigling". Vgl. Peetz, Fischwaid, S. 46.

60 BayHStA KL Benediktbeuern 1093/315, fol. 28'.

nicht immer gleichbleibende Fänge hatte. Es scheint nämlich manchmal, als ob keine Renken mehr in einem See wären, da sie in keiner Tiefe zu finden sind. Dann auf einmal kommen die Fische wieder zum Vorschein und stellen sich zum Fang.[61] Auf jeden Fall tauchten immer wieder Renken im Walchensee auf, auch wenn man kurz vorher ihr gänzliches Verschwinden befürchtet hatte. Ende des 17. Jahrhunderts wurden die Walchenseefischer bestraft, weil sie sechs Zentner Renken außer Landes gebracht hatten, ohne vorher die Erlaubnis des Klosters Benediktbeuern einzuholen.[62]

Und noch um die Mitte des 19. Jahrhunderts hat Heinrich Noë die Fischer beobachtet, die vor der Schiffshütte des Posthalters in Walchensee die silbern schillernden Renken zu Hunderten ausschütteten. Die Renken waren allerdings *„von Luft dick aufgeblasen, und wenn nicht tot, doch schwer betäubt, wenn sie aus der Tiefe auf die Oberfläche gehoben werden. Daß sie aber meist noch einen Funken Leben in sich haben, sieht man, wenn ihnen mit dem Messer die Bauchhöhle aufgeschlitzt wird, um mit dem Daumen die Eingeweide herausdrücken zu können. Dann zappeln sie noch."*[63] Bei der Tiefe des Walchensees hat ein schnelles Herausziehen der Fische fatale Folgen. Es ist vielmehr geraten, den Fisch behutsam aus der Tiefe zu kurbeln. So besteht die Chance, einen Druckausgleich zu schaffen. Andernfalls bekommt der Fisch einen geblähten Bauch und könnte ohne fremde Hilfe nicht wieder in die Tiefe gelangen. Nur wenn man die überschüssige Luft entweichen lässt, bis Blasen aus dem Mund aufsteigen, ist eine Überlebenschance gegeben – und dies nicht nur bei der Renke, sondern ebenso beim Saibling.[64]

Im März 1891 wurden auf Ansuchen des Bezirksamts Tölz neben 20.000 Saiblings- auch 60.000 Renkeneier aus der Fischzuchtanstalt München in den Walchensee eingesetzt. In Folge des übermäßigen Fischens war der See in den Jahren davor erneut sehr fischarm geworden und man hoffte, dadurch – und wenn *„die Fischrechtinhaber die nötige Schonung eintreten lassen"* – dem Walchensee *„bald wieder den bekannten früheren Fischreichtum zu verleihen"*[65].

Im 20. Jahrhundert war der Renkenbestand dann äußerst schwankend. Nach dem Ersten Weltkrieg gab es allgemein in den bayerischen Seen relativ viele Renken, die sowohl mit dem Zugnetz als auch dem Stellnetz gefangen wurden. Dann wurden die Fänge jedoch geringer und schließlich – gegen Ende der 1920er-Jahre – waren die Erträge in den meisten Seen so gering, dass man vielfach meinte, in den entsprechenden Seen wären überhaupt keine Renken mehr vorhanden. Verschiedene Maßnahmen zur Wiederbelebung der Renkenpopulation wurden getroffen, Streitereien über Maschenweiten und verwendete Netze vom Zaun gebrochen. Man stellte fest, dass die Renken generell größer geworden waren, wusste aber nicht, warum. Man schob es auf den Besatz, auf Veränderung der Flora und auf das Einsetzen anderer Fischarten wie etwa der Edelmaränen.[66] Zu einem eindeutigen Ergebnis ist man in den Zwischenkriegsjahren nicht gekommen, trotz zahlreicher wissenschaftlicher Veröffentlichungen wie etwa der von Erich Wagler über die bayerische Renken- und Saiblingsfischerei im Jahr 1938.[67] In diesem Jahr waren an die bayerischen Seenfischer von der Landesbauernschaft auch Fangbücher ausgeteilt worden. Danach wurden in den Seen Renken und Saiblinge mit einem Gewicht von insgesamt 68.280 Kilo im Gegensatz zu 38.000 Kilo im Jahr 1936 gefangen. Die Erträge des Walchensees sind jedoch nicht extra aufgeführt. Offensichtlich wurden von dort keine Fangbücher eingereicht, obwohl die Walchensee-Fischereigenossenschaft kurz zuvor gegründet worden war.

Heute findet sich im Walchensee längst wieder ein sehr guter Seesaibling- und Renkenbestand.[68] Doch kam dies nicht von ungefähr. Noch 1957 wurde in der „Allgemeinen Fischerei-Zeitung gefragt": *„Wann wird mit der richtigen*

61 Schwarz, Alpenseen, S. 879.

62 BayHStA KL Benediktbeuern 1093/315, fol. 75'.

63 Noë, Bayerisches Seenbuch, S. 293.

64 Taller, Wundervoller Walchensee, 2. Auflage, S. 10.

65 Daffner, Benediktbeuern, S. 78 f.

66 Hausen, Renkenwirtschaft in den bayerischen Seen. Vgl. zum Beispiel Wagler, Die Bewirtschaftung der Renkenseen des Voralpenlandes, in AFZ 1937.

67 AFZ 1939, S. 154-169.

68 Zeitler, Renken- und Seesaiblingfang, S. 276.

Bewirtschaftung des Walchensees begonnen?"[69] Doch schon hatte man den regelmäßigen Jungfischeinsatz durch die Fischereigenossenschaft begonnen. Zu Weiterbildungszwecken in Sachen „Renkenfischerei" holte man sogar erfahrene Fischer von anderen typischen bayerischen Renkengewässern.[70]

In den 1960er-Jahren verbesserte sich der Renkenfang erheblich. 1970 konnte man im Walchensee und dem Ammersee sogar den *„höchsten Renkenertrag seit Menschengedenken"*[71] einfahren. Der regelmäßige Besatz hatte sich ausgezahlt. Während ein Saibling, ein Hecht und vor allem eine kapitale Seeforelle der Traum eines jeden Walchenseeanglers ist, gilt die Renke als „Brotfisch" der Berufsfischer.

Zu Beginn des 21. Jahrhunderts hat sich die Situation entschieden geändert. Der Renkenfang ging zurück, im Jahr 2007 dermaßen drastisch, dass ein Berufsfischer, der sonst 50 bis 100 Stück am Tag fing, nur noch drei bis fünf im Netz fand. Schuld war eine bis dahin nicht gekannte Kieselalgenblüte im Walchensee, deren Ursachen noch nicht geklärt werden konnten[72], aber auch die Kläranlagen, die Ende des 20. Jahrhunderts in Mittenwald und im Tiroler Tal erbaut worden waren. Das saubere Wasser bietet nicht mehr genug Plankton und damit zu wenig Futter für die Fische.

Fangfrische Renken

SAIBLINGE

Immer wieder ist zu lesen: Die wichtigste Fischart des Walchensees ist der Seesaibling. Der Walchensee gilt heute als das bekannteste Saiblingsgewässer in Deutschland. Der Seesaibling liebt die Tiefe, wo er selbst ablaicht und wo seine Eier nicht so vielen Gefahren ausgesetzt sind. Doch wie die Renke war der Seesaibling im Walchensee, der wie geschaffen für ihn ist, nicht heimisch. Rund zwanzig Jahre nach den Renken wurde der Saibling – erneut auf Initiative des Abts von Benediktbeuern – im Walchensee angesiedelt. Auch hiervon berichtet der Benediktbeurer Chronist Pater Karl Meichelbeck unter der Überschrift *„Colonia salmonum in lacu Vallensi"*[73]: *„In dem Jahre Christi 1503 erhielt der Abt Narzissus, dem Beispiele seines Vorgängers folgend, vom Abte des Klosters Tegernsee aus dem See, von welchem das Kloster seinen Namen trägt, 65 Salmen (von welcher Fischgattung Deutschland und vielleicht Europa keine edlere besitzt) und übergab dieselben unserm Walchensee am 28. Dezember unter Anrufung der Gnade des*

69 AFZ 1957, S. 49 f.

70 AFZ 1954, S. 217.

71 Resenberger, Den Fischern schwimmen die Felle nicht davon.

72 Wißmath, Renkenfischerei in Not.

73 Meichelbeck, Chronicon, zitiert nach MFW 1876, S. 32; vgl. auch Oremus, Einbürgerung. In der Kurtzen Freysingischen Chronica von 1724 (S. 263) beschrieb Meichelbeck den Saiblingsbesatz ebenfalls, allerdings nennt er dort 61 Saiblinge, die am 20. Dezember 1503 aus dem Tegernsee „in den schönen Mahlnsee gesetzt" wurden, wobei die Verschreibung auf den Drucker zurückgehen dürfte.

göttlichen Wesens.“ Dieses Ereignis notierte auch Abt Narziß Paumann (1483-1504) eigenhändig in seinem Ausgabenbuch mit folgenden Worten: *„Item in die Sancti Johannis Evangeliste* [= 28. Dezember] *hat uns der* [Abt] *von Tegernsee geschickt LXV Röttl, sind die IIII abgegangen. Also haben wir den nechsten Tag darnach die LXI Röttl hinaus gen Walchensee geschickt in See, pei Hennsl Vischmaister*[74]*, Gott geb uns Glick darzue.“*[75] Und Abt Narziß fügte weiter an: *„Item ich hab geben bibales* [Trinkgelder] *dem Thömel von Tegernsee 12 Kreuzer und dem Muertinger 8 Kreuzer.“*[76]

Meichelbeck aber ergänzte in seiner „Kurtzen Freysingischen Chronica“: *„Was grosser Nutzen hieraus* [gemeint ist der Besatz sowohl mit Saiblingen als auch mit Renken] *entstanden, erfahren noch heut zu Tag, welche in solche Nachbarschaft zu kommen pflegen.“*[77]

Der Seesaibling wird in Tegernseer Klosterliteralien wegen seines roten Fleisches meist *„Röttl“*[78] genannt; in der Schweiz und am Bodensee kennt man ihn unter *„Röthli“*[79] bzw. *„Rötli“*[80]. Meichelbeck hatte einst mit dem Ausdruck „Röttl“ Schwierigkeiten. Er fragte bei Andree Miller nach, dem damals 80-jährigen Fischer, der schon mehr als 60 Jahre lang Erfahrung im Fischwesen auf dem Walchensee gesammelt hatte. Und der klärte ihn auf: *„Die Röttl im Wahlnsee seyen nach der alten Manier zu reden nichts anders als die Sälbling.“*[81]

Kaiser Maximilian I., der eigenhändig eine Angel hält, mit seinem Gefolge beim Fischen, Illustration zum Weißkunig

74 Gemeint ist wohl Hans Öttl der Ältere.

75 Koch, Altbayerische Fischereihandschriften, S. 264. Joseph von Obernberg spricht in seinen „Reisen durch das Königreich Baiern“ (S. 81) bzw. „Das Bayerische Alpengebirge“, (S. 77), irrtümlich nur von sechs Saiblingen, ein Fehler, der immer wieder abgeschrieben wurde und sich so tradiert hat.

76 Jäckel, Fische Bayerns, S. 79. Daffner, Benediktbeuern, S. 89.

77 Meichelbeck, Kurtze Freysingische Chronica, S. 263.

78 Koch, Altbayerische Fischereihandschriften, S. 264.

79 Noë, Bayerisches Seenbuch, S. 86.

80 Handschrift des Johannes Schenklin von 1416. Zitiert nach Altweck, Bodenseefischerei gestern und heute, S. 72. Der Seesaibling wandert nicht, sondern bildet Standformen aus. Bei uns sind Saiblinge nur in tiefen und kalten Seen der Alpen und des Alpenvorlands anzutreffen. Fast jeder See hat „seinen“ Saibling. Die Bestände sind vermutlich Überbleibsel der Eiszeiten. Die warmen Unterläufe der Flüsse haben den Saiblingen später den Zugang zum Meer abgeschnitten.

81 Meichelbeck, zitiert nach Daffner, Benediktbeuern, S. 332.

Hartwig Peetz vermutet einen Zusammenhang mit dem Interesse Kaiser Maximilians I. (1459-1519) an der Benediktbeurer Fischerei. Der Kaiser war ein großer Weidmann vor dem Herrn. Nicht nur an der Jagd fand er Gefallen, auch die Fischerei bereitete ihm großes Vergnügen, wobei er sein Interesse nicht nur auf die Angelfischerei beschränkte. Maximilian unterschied seine Fischgewässer nach Wildseen und Bächen, die er nicht selbst besuchte und nur für sich abfischen ließ, und solche Gewässer – und dies war der weitaus größere Teil –, in denen er anlässlich von Jagden in der Gegend selbst fischte. Seine Fischereibücher sind ein beredtes Zeichen für seine Freude an der Fischerei.[82] Am 1. September 1500 soll der Kaiser mit Erzherzog Sigmund von Tirol, seines Zeichens ebenfalls ein Fischereiinteressierter, und seinem Teichmeister Hans Kind aus Preßburg nach Benediktbeuern gekommen sein, um die Fortschritte in der dortigen *„Piscicultur"* näher kennenzulernen, da er ähnliche Pläne mit dem Achensee hatte.[83] Anlässlich dieses Besuchs soll Maximilian I. dem Abt von Benediktbeuern seine volle Unterstützung in Sachen Fischerei zugesagt haben. *„Da ließ wohl auf Maxens Wunsch Abt Narciß vom Tegernsee Salmonen herüberbringen, die in den Walchensee eingesetzt worden sind."*[84]

Der Tegernsee mit seiner bereits im Mittelalter hoch entwickelten Fischerei war seit Langem bekannt für seinen Reichtum an Edelfischen. Um 1418 hat vermutlich Petrus von Rosenheim (1380-1433) ein lateinisches Loblied auf den Tegernsee verfasst, in dem es u. a. heißt: *„Fröhlich spendet der See in lobenswerter Weise Fische je nach der Jahreszeit, im Sommer und im Winter, die der edle Abt großmütig den ehrwürdigen Herren Brüdern schenkt"*.[85] Einige hat sein Nachfolger, der wohl nicht minder edle Abt Heinrich V. Kintzner (1500-1512), den Brüdern im benachbarten Kloster Benediktbeuern geschenkt, damit sie im Walchensee eine entsprechende Zucht versuchen konnten.

Der Nachfolger des Benediktbeurer Abts Narziß, Abt Balthasar Werlin (1504-1521), setzte noch einmal 300 Saiblinge in den Walchensee, die ebenfalls aus dem Tegernsee stammten.[86] Wie prächtig sich die eingesetzten Saiblinge entwickelten, zeigte sich bereits 1521, als man erste Nachrichten über einen ergiebigen Saiblingfang im Walchensee notierte: *„Von selbiger Zeit an, indem die Speissälbling großenteils mit Topfen mußten gespeist werden, haben die Fischer am Walchensee ihr Vieh merklich vermehret"*[87].Aus verschiedenen Quellen wissen wir, dass etwa in der Forellenzucht Topfen oder *„Ziger"* (= geronnene Milch) verwendet wurde.[88] Auch die Saiblinge im Walchensee wurden offensichtlich mit Topfen gefüttert, wobei heute nicht mehr bekannt ist, wie dies geschah. Möglich ist auch eine Einstreuung von Topfen zur vermehrten Bildung von Plankton, von dem sich der Saibling bis zum dritten Jahr ernährt. Auf jeden Fall mussten die Fischer am Walchensee zur Topfengewinnung ihren Viehbestand deutlich erweitern. Speziell die Zwerger, die bis dato jeweils nur vier Stück Vieh gehalten hatten, haben ihren Bestand bis 1529 um das Drei- bis Vierfache vermehrt, wie sie Hans Ebenhauser, dem herzoglichen Richter zu Wolfratshausen, angaben.[89] Auch Max Höfler berichtet noch 1875, dass die Saiblinge *„nur einmal im Jahr, im Oktober, gefangen und dann die ganze Zeit über gefüttert werden"*, allerdings nennt er als Nahrung *„Fleisch"*[90].

Die im Oktober – nach alten Ordnungen im Zeitraum zwischen Michaeli und Allerheiligen[91] – gefangenen Saiblinge wurden in die Kalter gebracht und gefüttert. Für das Ende des 17. sowie die Mitte des 18. Jahrhunderts liegen Zahlen vor: In Walchensee und Zwergern zusammen wurden 1696 weit über 2.000 im Vorjahr gefangene, also *„fertige"* Saiblinge und über 3.000 *„heurige"* in den Kaltern gezählt; 1757 waren es dann 1.100 fertige und 3.200 heurige.[92]

82 Mayr, Fischereibuch Kaiser Maximilians, S. XIII. Vgl. auch Niederwolfsgruber, Kaiser Maximilian I. Jagd- und Fischereibücher, bzw. Oelwein, Fischerei in Schwaben, S. 127.

83 Ein Jahr später hielt der Kaiser im Achental eine größere Bärenjagd ab. Vgl. Gudelius, Jachenau, S. 28 zu 1501.

84 Peetz, Fischwaid, S. 72 f.

85 Niedermeier, Loblied auf Tegernsee, S. 47.

86 Obernberg, Das Bayerische Alpengebirge, S. 77, bzw. Reisen durch das Königreich Baiern, S. 81.

87 Sieghardt, Kulturgeschichtliches von der Walchensee-Fischerei, S. 330.

88 Schönau, Fischereibuch, S. 638. Vermutlich handelte es sich bei den 1.700 erwähnten „Ziglsälbling", die alljährlich an das Kloster Schlehdorf abgegeben werden mussten, um mit Ziger = Topfen gefütterte Saiblinge. BayHStA KL Benediktbeuern 1093/315, fol. 94. Zu „Ziger" siehe auch Schmeller, Bayerisches Wörterbuch II, Sp. 1094.

89 27. Oktober 1529: Hans Zwerger und sein Bruder hatten damals je vier Stück Rind, jetzt aber an die 30. Für diese baten nun „beed die Zwerger" um neue Weidegründe, da der Blumbesuch auf den alten viel zu gering geworden war. Meichelbeck, Chronicon, Nr. 313. Laut Stiftsbuch von 1551 mussten die Zwerger sechs Pfund Saibling, das Pfund zu neun Kreuzer, in Schlehdorf abliefern (Vgl. BayHStA KL Schlehdorf 19, S. 26).

90 Höfler, Führer 1875, S. 66.

91 Am Schliersee fand der Saiblingfang „seit undenklichen Zeiten im Monate November und Dezember statt". Die in diesen Monaten gefangenen Saiblinge „halten sich in geeigneten Behältern ausgezeichnet gut, nehmen bald Nahrung zu sich und werden bis zum darauf folgenden Juli bei gutem Futter um die Hälfte schwerer, was im See nicht der Fall ist". Mittheilungen für Fischereiwesen, 1876, S. 4 f.

92 BayHStA KL Benediktbeuern 1093/315, fol. 88'-89 und unter 1757.

Daneben ist in den alten Aufzeichnungen immer wieder von *„Wildfangsaiblingen"* die Rede, die minder bewertet wurden, als die *„Speis-Saiblinge"*, also jene in den Kaltern gefütterten Fische. Ein Teil des Saiblingbestands hat den Raubfischcharakter des Seesaiblings beibehalten und sich als sogenannter Wildfangsaibling zum Raubfisch herangebildet, der allerdings nicht das Gewicht der Speissaiblinge erreicht.[93] Noch heute ist die Lokalform der Walchenseesaibling oder Wildfangsaibling. Man soll schon Exemplare bis zu 85 Zentimeter Länge und zehn Pfund Gewicht gefangen haben. Der Normalsaibling oder *„Grundseesaibling"* bleibt mit einer Länge von bis zu 33 Zentimetern wesentlich kleiner als seine übrigen Artgenossen.[94]

Die Saiblinge gediehen im reinen Wasser des Walchensees so vorzüglich, dass die edlen Fische auch außerhalb des Klosters bald äußerst begehrt waren. Die Walchenseesaiblinge waren fortan nicht nur eine Delikatesse an der klösterlichen Herrentafel im Kloster Benediktbeuern oder in Schlehdorf; auch am herzoglichen Hof in München interessierte man sich für den Walchensee samt seiner herrlichen Fische. Nachdem es Herzog Wolfgang (1514) nicht gelungen war, den See in seinen Besitz zu bekommen[95], wollte man wenigstens die delikaten Fische und schickte immer wieder besiegelte Gesuche mit der Bitte um Lieferung von Walchenseesaiblingen. Erstmals ist von einer landesfürstlichen Bestellung von Walchenseesaiblingen 1543, also genau vierzig Jahre nach ihrer Einsetzung, zu lesen. Viele Bestellungen der Landesfürsten folgten, zum Teil sogar eigenhändig unterschrieben. Für die Jahre 1548, 1549, 1565, 1566, 1574, 1586 und 1606 lagen Karl Meichelbeck solche Originale vor. Ansonsten wurden solche *„Befehle"* um Fische bis zum Jahr 1689 von der kurfürstlichen Hofkammer mit aufgedrücktem großem kurfürstlichem Siegel geschickt. Von 1695 an wurden die Bestellungen nur noch vom Kuchelamt oder – wie Meichelbeck empört anmerkte – von noch geringeren Beamten unterzeichnet, abgefasst in einem Ton, als ob der Abt von Benediktbeuern nur ein Knecht wäre. Besonders haarsträubend scheint der Ton im Jahr 1715 gewesen zu sein: *„Ich bin wohl versichert, daß die Beamten sich niemahlen unterstehen werden einem Cavallier dergleichen Spott-Zetl zu schicken."* Meichelbeck konnte es sich nicht verkneifen, den besagten Beamten darauf hinzuweisen und ihm frühere Fischbestellungen zu zeigen. Von da an sind die Bestellungen *„etwas geschmeidiger eingerichtet worden"*[96].

Abt Benedikt März (1570-1604) war der Erste, der den Fischern eine Taxe auf die Saiblinge geschlagen hat.[97] Seit 1625 verlangte man eine Fischtaxe für die Lieferung nach München. Eigentlich wollten die Herren Hofräte die edlen Fische anno dazumal *„wohlfeil"* essen und bedachten nicht, dass bei der damaligen teuren Zeit – es war in den Tagen des Dreißigjährigen Krieges – die Fischer unmöglich ihr Fischerzeug und sich selbst erhalten konnten, wenn sie nicht einen kleinen Aufschlag auf die Fische vornehmen würden. In diesem Sinne hat Abt Johannes Halbherr (1604-1628) nach München geschrieben. Nur wenn sie das notwendige Getreide um einen geringeren Preis bekommen könnten, könnten die Fischer auch die Fische um einen günstigeren Preis abgeben. Wenn das Brot teuer ist, so ist alles teuer![98]

Bereits 1540 konnten auch an den Hof zu Pfalz-Neuburg 2.000 Setzlinge abgegeben werden. Vermutlich hatte Pfalzgraf Ottheinrich bei seinem Besuch in Tegernsee von den Walchenseesaiblingen gehört. Am 3. Juli 1540 hatte er nach Benediktbeuern geschrieben und zur allgemeinen Verwunderung gleich beim ersten Mal um drei-, vier- oder fünftausend oder noch mehr *„Saibling"* und *„Lax-Ferchen Setzling"* nachgesucht, allerdings gegen Bezahlung. Aus dieser ungeheuerlich hohen Bestellung schloss Karl Meichelbeck, dass die Fama den Erfolgen

93 Schwarz, Alpenseen, S. 878. Man findet diese zweierlei Arten zum Beispiel auch am Königssee sowie einigen Seen im Salzkammergut. Gerade in den letzten Jahren ist das Interesse an Wildfängen (auch für die Gastronomie) stark angewachsen. Vgl. zum Beispiel Buttenhauser, Schätze aus Österreichs Seen, S. 68-75.

94 Hannig, Angeln am Walchensee, S. 32.

95 Vgl. S. 222 ff.

96 Meichelbeck, zitiert nach Daffner, Benediktbeuern, S. 333 f.

97 Ebenda, S. 332.

98 Ebenda, S. 334 f.

mit den Saiblingen weit vorausgeeilt war und die Mönche in Tegernsee wohl große Sprüche gemacht hatten. Der Benediktbeurer Abt besprach sich mit den Fischern am Walchensee und schickte alsbald eine beachtliche – wenn auch nicht die gewünschte – Menge von Saiblingsetzlingen nach Neuburg a. d. Donau, was der Pfalzgraf dennoch goutierte und bezahlte. Nicht weniger verwunderlich ist für Meichelbeck aber, dass es Abt Kaspar Zwick doch gelungen ist, dem Pfalzgrafen 2.000 Saiblingsetzlinge zu schicken, nachdem sie erst 37 Jahre zuvor eingesetzt worden waren. Vermutlich war man dazu dank der fischereilichen Anlagen in der Zwergerner Bucht, wo damals offensichtlich bereits Fischzucht im großen Stil betrieben wurde, in der Lage. Offensichtlich war man in Neuburg mit der Lieferung zufrieden, denn auch für spätere Jahre (bis 1691) sind immer wieder Bestellungen bekannt.[99]

Der Saibling aus dem Walchensee

In seinem sechsten Brief über seine „Baierische Reise“, die er am 10. April 1785 in Ingolstadt verfasste, berichtet der Gelehrte Franz von Paula Schrank auch ausführlich über seinen Aufenthalt am Walchensee im Juni 1784. Als Naturforscher interessierte er sich insbesondere für die Fische im See.
„Im Wirthshause, wo ich mein Nachtlager nahm, fand ich eben einen Fischer sein sparsames Abendbrod verzehren. Ich machte unverzüglich Bekanntschaft mit ihm und ließ mirs angelegen seyn, die Fischarten zu erfahren, die dieser See nährt.“
Zu den „Salblingen (in älteren Urkunden Röteln)“, die er genauer betrachtete, schreibt der Naturforscher Schrank dann Folgendes: „Von der Beständigkeit des Kennzeichens, daß an diesem Fische der erste Stral in der Bauch- und Afterflosse weiß sey, hatte ich mich zu Berchtesgaden durch Untersuchung einer großen Anzahl dieser Fische aus allen dortigen Seen überzeugt. Da ich nun hörte, daß dieser schöne Fisch auch in meinem Vaterlande zu Hause sey [Berchtesgaden gehörte damals zu Salzburg], ließ ich mir alsogleich ein paar Stücke zurichten, verlangte aber sie vorher lebendig zu sehen. Das Kennzeichen traf richtig ein, sogar war auch der erste der Brustflosse weiß, wie dies bey den Berchtesgadener war, bey denen oft auch der oberste Stral der Schwanzflosse gleiche Farbe hatte; aber alle übrige Schönheit vermißte ich; die Flossen waren übrigens schattenbraun, der Rücken war schärzlicht, lichter waren die Seiten, auf denen die äußerst blaßrothen Mackeln kaum zu sehen waren; der Bauch war unrein weiß.
Ich befahl, meine Salblinge in blossem Wasser, das man etwas stark gesalzen hatte, zu kochen, wie man dies in Berchtesgaden thut, allein die Wirthin lachte über meine schlechten Kenntnisse in der Kochkunst und sott sie in Bieressig. Das waren nun freylich Salblinge, aber sie waren weich und lange nicht so schmackhaft, als die Forellen unserer Waldwässer. Des folgenden Tags war ich dann bey den beyden Benedictinern [im Klösterl]; hier ward abermal Salbling aufgetragen; aber er war auf berchtesgadensche Art gekocht worden und war schmackhafter, aber bey weitem nicht so schmackhaft als der von Berchtesgaden. Mich nahm dieß gar nicht Wunder, da in Berchtesgaden selbst nicht alle Seen gleich schmackhafte Salblinge haben und die aufbehaltenen allemal weicher sind als die frischgefangenen.“
In Schranks 1793 erschienener „Reise nach den südlichen Gebirgen von Baiern“ hat er dann ausführlich auf den Seiten 132 bis 141 den Salblingsblasenwurm untersucht und beschrieben.

(Schrank, Baierische Reise, S. 89-91)

99 Ebenda, S. 116 und S. 334 f. Zur Anlage in der Zwergerner Bucht siehe unten S. 254 ff.

Links: Saibling. Unten: Hegene, Zeichnung von Wolfgang Fehenberger

Der edle Saibling von Heinrich Noë

Nur zum Walchensee und zum Königssee berichtet Heinrich Noë, der gut ein halbes Jahrhundert nach Franz von Paula Schrank hierher kam, in seinem „Bayerischen Seenbuch" ausführlich über die Fischerei. Und anders als der Naturforscher war der Dichter von den hiesigen Saiblingen begeistert. Bereits am Königssee hatte Noë herrliche Saiblinge beim Wirt und Forstwart Hohenleitner in St. Bartholomä genossen. Eine große Menge der Fische gab es dort stets in einem Bassin beim Schlösschen, darunter viele Forellen. „Aber die meiste Beachtung wirst du dem berühmten Saibling schenken, mit dessen Geschmack du vielleicht vertrauter bist als mit seiner Naturgeschichte. Da im Behälter rutscht er träg herum, die Perle der Fische. Weil du ihn meist gebacken oder durch Sieden verunstaltet verzehrst, wird es dir vielleicht denkwürdig sein, zu erfahren, daß er hier, wie er im klaren Wasser sich herumtreibt, oben olivgrau, unten hochgelb ist und organegelbe Brust- und Bauchflossen trägt. An den Schweizer Seen nennt man ihn wegen des dir bekannten roten Fleisches ‚Röthli', und während die allergrößten hier fünf Pfund wiegen, kannst du am Genfer See solche von zehn Pfund sehen. [...] An den feinen Tafeln großer Städte wirst du ihm selten begegnen, denn das Versenden verträgt er nicht, seine Verendung geht ungemein rasch vor sich und verbreitet unglaublichen Gestank." Überrascht hat Noë dann allerdings der Preis. „Nachdem also dieser Leckerbissen sozusagen auf den Lokalkonsum beschränkt ist, muß man um so mehr staunen, wenn man die für die jugendlichsten Exemplare hier notierten Preise mit peinlicher Überraschung betrachtet. Indem ich dir nun wünsche, daß der Fisch, welchen das Handnetz für dich herauszieht, an Größe ein Wildfang, der Rechnung nach ein Gründling sein möge, versäume ich nicht, dich auf die vortrefflichen Eierkuchen hinzuweisen ..."
Auch am Walchensee begeisterte sich der Schriftsteller an den Saiblingen, „welche ungemein wohlschmeckend, aber fast ebenso teuer wie die berühmten Leckerbissen Hohenleitners auf Sankt Bartholomä" waren.

(Noë, Bayerisches Seenbuch, S. 86 und 293)

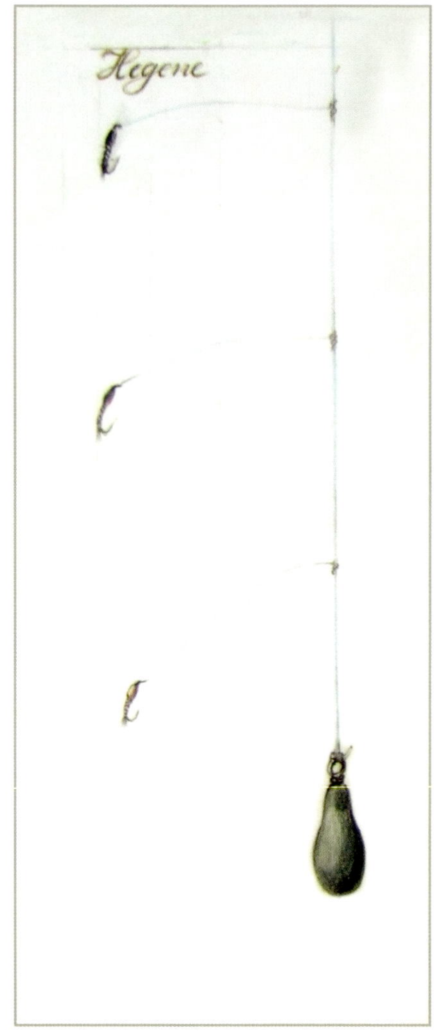

Es hatte sich herumgesprochen: Zu Benediktbeuern gibt man gute Fische ab. Auch am kaiserlichen Hof zu Wien und am bischöflichen Hof zu Brixen ließ man sich die edlen Fische von hier schmecken[100], obwohl ein kurfürstlicher Befehl lautete, keinen Fisch vom Walchensee außer Landes zu lassen.[101] Der Herzog von Kärnten soll besonders darauf erpicht gewesen sein. Und bei all diesen Lieferungen scheinen Vertreter der Fischerfamilie Zwerger ihre Finger mit im Spiel gehabt zu haben, immerhin hatte es einige Familienmitglieder nach Wien, andere nach Südtirol als Fischhändler verschlagen.[102]

Der Saibling war mit Abstand der teuerste Fisch des Walchensees. So wird in einer Aufstellung des Klosters Benediktbeuern aus dem Jahr 1572 der Wert von einem Pfund Saibling mit 20 Kreuzern angegeben, während das Pfund der übrigen Fische bedeutend weniger kostete.[103] Auch eine Preisliste aus der zweiten Hälfte des 19. Jahrhunderts für angebrütete Fischeier aus der Fischzuchtanstalt Gebrüder Kuffer in München zeigt: Saiblinge sind die teuersten. Während 1.000 Stück befruchtete Hechteier eine Mark kosteten, Bachforelleneier 3,50 Mark und Lachsforellen 4,50 Mark, musste man für 1.000 Saiblingseier 5,20 Mark zahlen.[104] Und immer wieder mussten auch Saiblingseier für den Walchensee erworben werden, etwa als im März 1891 auf Ansuchen des Bezirksamts Tölz 20.000 Saiblingseier aus der Fischzuchtanstalt München in den Walchensee eingesetzt wurden.[105]

Über die Jahrhunderte blieb es dabei: Kaum ein Fisch war als Speisefisch so beliebt wie der Saibling. In Bayern fängt man ihn hauptsächlich im Königssee und im Walchensee. Der Bestand in den anderen oberbayerischen Seen hat sich in der letzten Zeit wesentlich verschlechtert, auch im Tegernsee, dem der Walchensee seine Saiblinge ursprünglich verdankte. Der Seesaibling liebt das kalte, sauerstoffreiche Wasser der Gebirgsseen nördlich der Alpen. Hier zieht er – je nach Jahreszeit – seine Bahnen in einer Tiefe von zehn bis 60 Metern. Er findet sich überall im See. Das Durchschnittsfanggewicht beim Seesaibling beträgt im Walchensee heute 400 bis 450 Gramm. Mit seinem rosa Fleisch zählt der Seesaibling zu den begehrtesten Speisefischen, ist jedoch wegen der geringen Fangmenge nur selten auf dem Markt erhältlich.

Doch auch bei den Anglern ist er äußerst beliebt: Bereits ab dem Frühjahr wird er mit Hegene, Blinker und an Tiefschleppangeln gefangen.[106] Das Erfolgsrezept, um Saiblinge zu fangen jedoch heißt *„Hegene“*[107].

Im nahen Kochelsee gab es bis ins 19. Jahrhundert keine Saiblinge.[108] Hier zählte die Renke zu den vorherrschenden Fischarten.[109] Doch die zahlreichen Sommerfrischler hätten gerne auch dort eines der schmackhaften Saiblingsgerichte genossen. Also wurden – von der Allgemeinheit weitestgehend unbemerkt – Versuche gemacht, diesen Fisch auch im Kochelsee anzusiedeln. *„Es ist vielleicht nur Wenigen aus der nächsten Umgebung des Kochelsees bekannt, daß vor zwei Jahren durch den verlebten Herrn General von Stephan der Versuch gemacht wurde, Saiblinge aus dem Walchensee in den Kochelsee zu versetzen“*, berichtete „Dr. St.“ (bei dem es sich vermutlich um Dr. Julius von Staudinger handelte) in den „Mitteilungen über das Fischereiwesen“ am 18. Dezember 1876. *„Durch gütige Mittheilung sind wir in den Besitz einer Abschrift des hierüber aufgenommenen und im Originale bei der Gemeinde Schlehdorf deponirten Dokuments gelangt. Dasselbe lautet: Am 13. November 1874 wurden von dem in der Abtei zu Schlehdorf wohnenden General der Infanterie Bapt. v. Stephan 200 Stück Saiblinge aus dem Walchensee in den Kochelsee verpflanzt und beim Kalkofen in den See frisch und gesund gelassen. Den mühsamen Transport von Urfeld bis an den*

100 Demleitner, Das Fischergeschlecht der Zwerger.

101 Meichelbeck, zitiert nach Daffner, Benediktbeuern, S. 334.

102 Demleitner, Das Fischergeschlecht der Zwerger. Vgl. unten Kapitel „Das Fischergeschlecht der Zwerger“.

103 BayHStA KL Benediktbeuern 56, fol. 13-13'.

104 MFW 1879, S. 108.

105 Daffner, Benediktbeuern, S. 78.

106 Fischer, Seesaibling. Daneben existiert bei uns, nicht jedoch im Walchensee, der Bachsaibling, der im Jahr 1884 aus Amerika nach Deutschland importiert wurde, ähnlich wie die Bachforelle (Vgl. Schmid, Bachsaibling kontra Forelle).

107 Zum genauen Aussehen der modernen Hegene vgl. Hager, Die Hegene; Zeitler, Renken- und Seesaiblingfang, S. 276 f.; Fischer, Walchensee-Fänge, S. 36; Rindlisbacher, Erfolgreich mit der Hegene; Boeck, Der große Alpensee.

108 Noch 1864 schrieb Jäckel in „Fische Bayerns“ unter „Saibling“ (S. 78): „Im Kochelsee lebt er nicht“.

109 BFZ 1879, S. 71.

Kalkofen übernahmen und führten mit großer Umsicht, Sorgfalt und regem Interesse aus die Fischer von Schlehdorf, nämlich: Fischer Jos. Wohlfahrt, Bürgermeister, Fischer Ant. Schretter, Fischer Seb. Wolf. St. Peter, der Patron der Fischer, möge seinen Schutz dem Unternommenen zum Wohle der Fischzucht des Kochelsees angedeihen lassen.“[110] St. Petrus ließ nicht! Die Versuche waren letztlich nicht von Erfolg gekrönt.

MARÄNEN

Gegen Ende des 19. Jahrhunderts kam es in der Fischerei in verschiedenen Gewässern zu nahezu revolutionären Veränderungen durch den Besatz mit ursprünglich nicht heimischen Fischarten. Allgemein suchte man in jenen Jahren nach Fischarten, die sich auch in unseren Breiten als Wirtschaftsfisch eigneten.[111] Bayernweit kennt man die zum Teil äußerst erfolgreichen Versuche mit dem Aal, einer Fischart, die für den Walchensee nicht geeignet war, oder mit Regenbogenforellen. Der heutige Hauptfisch der Forellenzuchtbetriebe wurde erst in den 1880er-Jahren neben einer Reihe anderer Fische aus Nordamerika als Wirtschaftsfisch in Deutschland eingeführt. Breiten Raum widmete die „Bayerische Fischerei-Zeitung“ bzw. die „Allgemeine Fischerei-Zeitung“ diesen Versuchen, die von den damals bekanntesten Fischzüchtern und Fachleuten angestellt wurden. Am Walchensee allerdings dachte man erst nach dem Zweiten Weltkrieg nachweislich über die Regenbogenforelle nach (kam aber wieder von ihrem Besatz ab).[112]

Am Walchensee stellte man jedoch schon früh Versuche mit einer anderen Coregonenart an. Man erprobte gegen Ende des 19. Jahrhunderts den Besatz von Maränen. *„Bekanntlich ist dies ein für tiefe Seen sehr zu empfehlender feiner Fisch.“*[113] Zunächst war von Madümaränen die Rede, bald aber nur von der amerikanischen, auch Whitefish (Coregonus albus) genannten – nicht zu verwechseln mit unseren *„Weißfischen“*, einer Sammelbezeichnung für minderwertige Fischarten. Der Whitefish dagegen war ein besonders edler Fisch mit wohlschmeckendem weißen Fleisch und mit den Renken verwandt.

Bereits im Frühjahr 1879 berichtete der Sekretär des Bayerischen Fischereivereins Heckenstaller, dass der Deutsche Fischereiverein die Absicht habe, mehrere bayerische Seen mit Coregonen- und Salmonidenbrut zu bevölkern. Dafür wurden geeignete Fischzuchtanstalten ins Leben gerufen, *„welche dem Wasserbereiche, dem jene zukommen sollen, möglichst nahe sind“*. Aus diesem Grund besuchte der Direktor der kaiserlichen Fischzuchtanstalt in Hüningen (Elsass), Herr Haack, Anfang November 1878 mehrere Seen in Oberbayern, um die Anlage solcher Anstalten anzuregen. Gedacht war an die Pflege der embryonierten Eier bis zu ihrer Entwicklung als junge aussetzbare Brut. Die Wahl fiel u. a. auf den Starnberger See. Nach Fertigstellung dieser Anlage trafen dort neben anderen Arten aus anderen Seen am 18. Januar 1879 die vom Rittergutsbesitzer Eckart auf Lübbichen übersandten 10.000 Madümaräneneier ein, die sich in der Folge prächtig entwickelten. Rund 9.500 Maränen waren geschlüpft und konnten bereits am 23. Februar im Starnberger See eingesetzt werden. Federführend für das Zustandekommen dieser Maränenversuche war Obersthofmarschall Baron von Malsen.[114] Am Chiemsee wurden kurz vor der Wende zum 20. Jahrhundert verschiedene Maränenarten eingesetzt, wobei diese miteinander bastadisierten, sodass heute die genetische Identität der Chiemseerenken verloren gegangen ist.[115]

110 MFW 1876, S. 46.

111 Staudinger, Fischereiverhältnisse in Oberbayern, S. 413: „In neuester Zeit haben sich der Deutsche und der Bayerische Fischereiverein zur Aufgabe gesetzt, fremde wertvolle Fischarten in oberbayerischen Gewässern einzubürgern. [...] Entschieden gelungen sind diese Versuche namentlich mit Bachsaibling, der großen Maräne und der amerikanischen Maräne.“

112 Ähnlich verhielt es sich mit dem Zander, der im Walchensee kein Fortkommen hatte. Vgl. zum Beispiel AFZ 1956, S. 330.

113 BFZ 1882, S. 294.

114 BFZ 1879, S. 25-27.

115 Höfling, Chiemsee-Fischerei, S. 22.

Am Schliersee und am Tegernsee stellte man ähnliche Versuche mit den gleichzeitig aus Lübbichen geschickten Maräneneiern an.[116] Am Tegernsee war 1879 eine dritte Anstalt für die Ausbrütung der Coregonen und Salmoniden vom Pächter des Sees, Premierleutnant Baron von Reichlin-Meldegg, nach dem Vorbild des Schliersees eingerichtet worden. Die Pflege dieser Anstalt lag in den Händen von Franz Merkl, dem ehemaligen Hausmeister von Wildbad Kreuth, der sich bereits Jahre zuvor unter Anleitung des Hofrats Dr. von Stephan in Kreuth mit künstlicher Fischzucht befasst hatte.[117]

Die Große Maräne, auch Madümaräne genannt, kommt in unseren Breiten ursprünglich nur in wenigen großen und tiefen Seen Norddeutschlands vor, etwa dem Madüsee in Pommern oder dem Schaalsee in Holstein. Von diesen Seen aus ist sie in zahlreiche andere Seen eingesetzt worden, allerdings mit unterschiedlichem Erfolg. Sowohl in Ostpreußen als auch in größeren bayerischen Renkengewässern versuchte man Ende des 19. Jahrhunderts vielfach, die Große Maräne, vor allem aber die amerikanische Maräne einzubürgern. Man sagte dem Whitefish besondere Anpassungsfähigkeit und Schnellwüchsigkeit nach.[118]

Auch der Walchensee schien als Großmaränensee in Frage zu kommen, erfüllte er doch die meisten Voraussetzungen: nicht zu kleiner See mit klarem Wasser, dessen größte Tiefe 30 Meter und mehr beträgt, sowie die Beschaffenheit des Grundes.

Im Jahr 1881 setzte deshalb Max von Baligand aus München[119], der in der Saison 1880/81 5.000 Madümaräneneier vom Deutschen Fischereiverein bezogen hatte, 3.952 Stück Brut im Walchensee ein[120]. Ob es wirklich Madümaränenbrut war oder vielmehr von Anfang an die amerikanische Maräne, bleibt dahingestellt. In der Folge ist – wie gesagt – vor allem vom Whitefish die Rede.

Im Laufe der 1880er-Jahre wurden die Maränenversuche fortgesetzt. Am 5. und 6. Februar 1882 wurden rund 140.000 Stück *„junger, vorzüglich entwickelter Fischchen* [Whitefish], *welche in der Fischzuchtanstalt des Bayerischen Fischereivereins erbrütet worden waren und eben die Dotterblase aufgezehrt hatten, im Ammer- und Walchensee ausgesetzt, und zwar in ersteren See gegen 60.000, in letzteren annähernd 80.000 Stück. Die Transporte waren ganz vorzüglich gelungen. Ausgeführt wurde sie durch Mitglieder des Bayerischen Fischereivereins und zwar nach dem Ammersee durch die Herren Adjunct Dr. Gemminger und Ministerialkanzleisekretär Heckenstaller, nach dem Walchensee durch Herrn Major von Baligand."*[121]

Bereits im Jahresbericht des Bayerischen Landesfischereivereins für 1884 konnte die begründete Hoffnung festgehalten werden, *„daß die amerikanische Maräne, von welcher Fischgattung seit dem Jahre 1882 alljährlich sehr namhafte Quantitäten in mehreren oberbayerischen Seen eingesetzt wurden, sich dort einheimisch machen werden"*[122]. Am 16. Februar 1888 wurde dann unter dem Titel „Künstliche Aufzucht von Coregonenbrut" von einem nicht genannten Autor[123], am 10. März desselben Jahres vom Direktor der Kaiserlichen Fischzuchtanstalt in Hüningen[124] und am 1. November 1888 von Max von dem Borne[125] ausführlich über die Erfahrungen mit Maränen berichtet.

Der Walchensee war nicht der Einzige; auch im Ammer- und im Schliersee setzte man Maränen ein[126], ebenso wie im Tegernsee.[127] Man war mit den Erfolgen zunächst zufrieden, zumindest was den Ammer- und den Tegernsee betraf.[128] Bereits auf der Fischereikonferenz 1883 in Dresden berichtete Dr. Julius von Staudinger von Erfahrungen, die der Bayerische Fischereiverband mit dem Whitefish gemacht habe, und man beschloss, dass *„mit Rücksicht auf den Werth dieser amerikanischen Maränenart und die bisherigen günstigen*

116 BFZ 1879, S. 38 und 58.

117 Ebenda, S. 57.

118 Illustriertes Fischerei-Lexikon, S. 140.

119 Freiherr Max von Baligand (1839-1899), Major a. D. und königlicher Kämmerer, war seit 1880 ordentliches Mitglied des Bayerischen Fischereivereins.

120 BFZ vom 4. November 1881, 1881, S. 197.

121 BFZ 1882, S. 95. Prof. Baird aus Washington soll die Überführung von Whitefish nach Deutschland vermittelt haben. Vgl. BFZ 1881, S. 46 f.

122 BFZ 1885, S. 169.

123 AFZ 1888, S. 52-54.

124 Direktor Haack, AFZ 1888, S. 84-87.

125 AFZ 1888, S. 301-303.

126 BFZ 1883, S. 4 f.; 1884, S. 74

127 Auch in den Tegernsee setzte man 1882 größere Mengen amerikanische Maränen ein. Vgl. BFZ 1882, S. 148 und BFZ 1884, S. 82.

128 Vgl. BFZ 1884, S. 231, S. 295; BFZ 1885, S. 13; AFZ 1886, S. 38.

Brütungsergebnisse auf weiteren Eierimport bedacht genommen werden solle, namentlich um damit die bereits begonnenen und nur bei längerer Fortsetzung mit grösseren Quantitäten Erfolg versprechenden Versuche mit Besatz alpiner und subalpiner Seen (z.B. Walchensee, Ammersee etc.) mit dieser Fischart weiter zu verfolgen"[129] – eine Forderung, die Staudinger zwei Jahre später auf dem ersten Deutschen Fischereitag in München wiederholte.[130]

Am 1. Februar 1885 konnte dann auch in der „Bayerischen Fischerei-Zeitung" gemeldet werden: *„Von der amerikanischen Maräne (Coregonus albus, Whitefish), welche zufolge früherer Aussetzungen junger Brut in einigen südbayerischen Seen sich gut einzubürgern scheint, sind durch gütige Vermittlung und Zuwendung des seine Ziele ebenso eifrig als verständnisvoll fördernden und auf alle deutschen Gewässer gleich sorgsam bedachten deutschen Fischerei-Vereins neuerdings direkt aus Amerika importirte Eier in der stattlichen Anzahl von 450.000 Stück in der Fischzuchtanstalt der Bayerischen Fischerei-Vereins nächst Starnberg wohlbehalten eingetroffen. Ihr Cours ging über Bremen, wo Herr Großhändler Busse wieder trefflich für Umpackung und Weiterbeförderung sorgte. 100.000 Stück davon sind sofort in die herzogliche Fischzucht-Anstalt in Tegernsee abgegeben worden."*[131] Weitere Maränenjungbrut sollte folgen: erneut für den Ammersee, für den Kochelsee[132] und 270.000 für den Walchensee.[133] Insgesamt hatte der Bayerische Landesfischereiverein 1884 861.000 amerikanische Maränen und 44.500 Madümaränen ausgesetzt (die vor allem in den Schlier- und den Starnberger See kamen).[134]

Nach anfänglichen Erfolgen ließ die Begeisterung nach. Dem Maränenbesatz war dann offensichtlich doch kein so großer Erfolg beschert gewesen. Auf jeden Fall verschwindet das Thema „Madümaräne und Whitefish" seit etwa 1890 weitestgehend aus der einschlägigen Literatur für Bayern. Im Walchensee sind die Maränen heute nicht mehr nachweisbar.

DIE FISCHE DES SEES IM LETZTEN JAHRHUNDERT

Auf die Schwankungen im Renkenbestand im Laufe des 20. Jahrhunderts wurde bereits hingewiesen. Doch auch bei anderen Fischarten waren die Populationen aus verschiedenen Gründen nicht gleichbleibend. Seit den 1870er-Jahren versuchten zwar die Fischereivereine bzw. Verbände allgemein, die Schädigung der Fischwelt aufzuhalten und die Fischerei wieder in die Höhe zu bringen.[135] Auch am Walchensee wurde man aktiv, erließ Verbote und setzte Eier und Jungfische ein – mit unterschiedlichem Erfolg.

Nach dem Zweiten Weltkrieg war der Bestand an Seeforellen und Seesaiblingen zunächst drastisch zurückgegangen. Heute findet sich im Walchensee längst wieder ein sehr guter Seesaibling- und Renkenbestand.[136] Man hat dafür auch einiges getan.

Noch 1957 wurde in der „Allgemeinen Fischerei-Zeitung" gefragt: *„Wann wird mit der richtigen Bewirtschaftung des Walchensees begonnen?"*[137] Doch die Fischereigenossenschaft hatte bereits mit dem regelmäßigen Jungfischeinsatz angefangen. Zu Weiterbildungszwecken in Sachen „Renkenfischerei" hatte man erfahrene Fischer befragt.[138] Hechte und Seeforellen wurden wieder eingesetzt.[139] Daneben unternahm man auch Versuche mit immer neuen Fischarten, so etwa 1954, als man nach dem Vorbild des Schliersees die schnellwüchsige und pflegeleichte Regenbogenforelle einsetzte[140], offensichtlich jedoch mit wenig Erfolg. In den folgenden Jahren ist davon nichts mehr zu lesen.

129 BFZ 1884, S. 158.

130 BFZ 1885, S. 248.

131 Ebenda, S. 63.

132 Ebenda, S. 86 und 123.

133 Ebenda, S. 162.

134 Ebenda, S. 161 f.

135 Vgl. hierzu ausführlich Oelwein, Fischerei im Wandel, S. 240 ff.

136 Zeitler, Renken- und Seesaiblingfang, S. 276.

137 AFZ 1957, S. 49 f.

138 AFZ 1954, S. 217.

139 AFZ 1955, S. 237.

140 AFZ 1954, S. 217.

Laube

Elritze

Anders die Seeforelle, von der man im Herbst des Jahres 1961 mehrere Tausend aus dem Chiemsee stammende Setzlinge im Walchensee einbrachte, eine Maßnahme, die im folgenden Jahr wiederholt wurde. Seesaiblinge wurden im gleichen Jahr nachgesetzt, die Renke wurde dagegen etwas vernachlässigt. Dennoch konnte man damals zufriedenstellende Renkenfänge verzeichnen.[141] 1963 wiederum setzte man vermehrt Seesaibling, Seeforelle, Renke und Hecht ein[142], Fischarten, die seit Langem zum festen Bestand des Walchensees zählten. Allerdings wollte man den Hecht mit Rücksicht auf den Salmonidenbestand nicht besonders fördern[143], und so unterblieb der Hechteinsatz zum Beispiel im Jahr 1967.[144]

1970 konnte man im Walchensee und im Ammersee nicht nur den *„höchsten Renkenertrag seit Menschengedenken"*[145] einfahren, sondern auch im Hinblick auf die Seeforelle und den Seesaibling hatte sich der Besatz ausgezahlt. Aus den verschiedensten Fischzuchtanstalten bezog man die Jungfische. 1967 kamen die Saiblingssetzlinge aus dem Fuschlsee im Salzkammergut.[146] Renkensetzlinge lieferte bis in die 1970er-Jahre die Fischzucht Franz Scheuermann in Dinkelsbühl.[147] Am 6. Oktober 1976 setzte der Fischzüchter Igor Sentjurc im Auftrag der Fischereigenossenschaft Walchensee 15.000 Seeforellen und 1.250 Seesaiblinge in den Walchensee ein. Die Seeforellen waren im Durchschnitt zwölf Zentimeter lang, die Seesaiblinge etwas kleiner. Schutz und Förderung der bayerischen Fischerei insbesondere durch Erhaltung und Vermehrung seltener und zum Teil bereits vom Aussterben bedrohter Fischarten war das Ziel der Aktivitäten der Bayerischen Landesanstalt für Fischerei am Walchensee.[148]

Die Bestände der einzelnen Fischarten waren schwankend. 1960 stellte man fest, dass seit Kurzem das Rotauge beträchtlich zugenommen hatte, während gleichzeitig der Barschbestand stark zurückgegangen war.[149] 1962 klagte man über die Zunahme der Rutte, der viele junge Edelfische zum Opfer fielen, und forderte eine intensive Befischung dieser Fischart.[150] Auch versuchte man es immer wieder mit der Ansiedlung neuer Arten. Manche Fischarten schieden von Natur her aus, etwa die Schleie oder der Aal. Aber auch mit dem Zander machte man keine guten Erfahrungen.

Um die Zahl der Futterfische zu erhöhen, hat man im Jahr 2001 Lauben aus der Donau eingesetzt, eine Fischart, die einst auch am Walchensee sehr häufig war, jedoch vermutlich durch eine Pilzerkrankung ausgerottet worden war. Im darauf folgenden Jahr wurden Elritzen eingebracht, später Edelkrebse aus dem Eibsee.[151] Der Bestand hat sich gut vermehrt.

Es zählt zu den Aufgaben der Fischereigenossenschaften, alljährlich die Auswahl der zu besetzenden Fische zu treffen. Heute bemühen sich die Berufsfischer im Zusammenwirken mit dem Fachberater des Bezirks von Oberbayern gemeinsam um eine optimale Bewirtschaftung des Sees und sorgen durch regelmäßige Besatzmaßnahmen für die Erhaltung und intensive Vermehrung des Fischbestandes. Durchschnittlich 15.000 bis 20.000 Seeforellensetzlinge wurden in den 1970er-Jahren in den See eingebracht, dazu 50.000 bis 60.000 Seesaiblinge als Sömmerlinge oder Setzlinge, je nach Bezugsmöglichkeiten. Renken wurden in verschiedenen Größen eingesetzt: eine Million als Brütlinge, 20.000 als Sömmerlinge und bis zu 10.000 als Setzlinge.[152] Inzwischen liegt der Fischbesatz an Renkensömmerlingen neben der beträchtlichen natürlichen Vermehrung jährlich bei fast 400.000 Stück. Dazu kommen 7.000 Seeforellensömmerlinge und 8.000 Seesaiblingsömmerlinge, die im Frühjahr ausgebracht werden. Der Renkenbesatz stammt aus den Fischzuchtanstalten Eulenau, Bad Aibling, Nussberg und Seeshaupt. Die Seeforelleneier werden aus dem Laichfischfang im See gewonnen, in Zuchtanstalten erbrütet und als Sömmerlinge wieder in den See eingebracht. Der

141 AFZ 1962, S. 487.

142 AFZ 1963, S. 52.

143 AFZ 1970, S. 249.

144 AFZ Januar 1968.

145 Resenberger, Den Fischern schwimmen die Felle nicht davon.

146 AFZ 1967, S. 92.

147 Auskunft von Franz Scheuermann, 2007. Vgl. Oelwein, Fischerei im Wandel, S. 46.

148 Kölbing, Fischeinsatz am Walchensee.

149 AFZ 1960, S. 184.

150 AFZ 1962, S. 487.

151 Taller, Wundervoller Walchensee, 2. Auflage, S. 81.

152 Hannig, Angeln am Walchensee, S. 32.

Wert des gesamten Fischbesatzes beträgt jährlich 30.000 Euro. Der Gesamtbesatz entspricht einem hohen Prozentanteil der aus dem Erlös der Angelerlaubnisscheine erzielten Einnahmen. Im Jahr 2009 lag der Besatz bei rund 400.000 Renkensömmerlingen sowie jeweils 10.000 bis 15.0000 Seeforellen- und Saiblingsetzlingen pro Jahr.[153]

Anlieferung der Besatzrenkensömmerlinge unter Mithilfe des Fischkontrolleurs Max Sperr

KREBSE

In der Frühzeit lesen wir noch von Krebsabgaben aus dem Walchensee. So mussten etwa Hans und Liendl Öttl laut Stiftsbuch in den 1480er-Jahren im Sommer wöchentlich 100 Krebse nach Benediktbeuern liefern. Krebse ließen sich vorzüglich in Kaltern aufbewahren und füttern, etwa mit *„zerhauenen Fischen oder gelben Rueben, wovon sie fett werden sollen"*[155].

Einst gab es in Bayern Unmengen von Krebsen, so viele, dass verschiedentlich sogar den Frauen, den sogenannten *„Krebs-Weibern"*, das Krebsen erlaubt war[156] – das Fischen war den Männern vorbehalten. Es gab so viele, dass man die Krebse als etwas Minderwertiges ansah, wie verschiedene Redensarten beweisen: „Mancher denkt zu fischen und krebst doch nur" oder „Nur gekrebst und nichts gefangen". Der Beruf des „Krebsers" (= Krebsfängers) wurde als Schimpfwort gebraucht. Aus dem Mittelalter gibt es sogar Beschwerdebriefe der Bevölkerung an den Landesherrn, worin sich die Leute über die tägliche Verköstigung mit Krebsen bei Fronarbeiten beschwerten.[157]

Allgemein jedoch galt das schmackhafte Krebsfleisch als gefragte Delikatesse und somit bildete der Krebsfang einst eine willkommene Erwerbsquelle der Fischer. Hauptabnehmer waren in der Regel Klöster, Adelshäuser und Patrizier. Manch köstliches Krebsgericht zierte einst die herrschaftliche Tafel. Im Jagd- und Fischereibuch Kaiser Maximilians I. ist die Krebsfischerei anschaulich dargestellt. Besondere Krebsvorkommen werden in der Literatur stets herausgestrichen, etwa das mit *„grossen Krebsen gefüllte fischreiche Wasser"*[158] der Altmühl.

Die Krebse des Walchensees werden jedoch eher von regionaler Bedeutung gewesen sein und finden nur sehr selten Erwähnung, wie im bereits genannten Benediktbeurer Stiftsbuch von 1482-1489. Damals wurde der Preis für 100 Krebse auf ungefähr 30 Kreuzer festgelegt, ein äußerst moderater Preis für die Anzahl. Zwei Pfund Rutten kosteten genau dasselbe. Allerdings bemerkten die Fischkäufl damals, dass sie schon länger keinen Krebs mehr am Walchensee gekauft hätten, doch wenn sie welche kaufen würden, dann würden sie lediglich 20 Kreuzer für das Hundert ausgeben wollen.[159] In der Fischordnung von 1580 ist die Rede davon, dass die Krebse *„nur wenig wachsen und sich zum Aufnehmen anschicken"* und deswegen besonders gehegt und vom Fang verschont bleiben sollen, eine Anordnung, die in der zweiten Fischordnung sechs Jahre später wiederholt und unter Punkt 9 erweitert wurde.:

„In Sachen Krebse soll es folgendermaßen unter ihnen gehalten werden, nämlich, daß kein Teil vor dem Ulrichstag [4. Juli] *Reusen einlegen soll. Und falls etwa nach dieser Zeit, da es ihnen erlaubt ist, kleine Krebse mitgefangen werden möchten, sollen dieselben alsbald wiederum eingesetzt werden. Auch die Stellen, wo sich die Krebsstände befinden, sollen abgeteilt werden, damit kein Teil dem anderen an der ihm zustehenden Stelle eine Einbuße oder ein Hindernis zufüge, noch viel weniger solches zu erlauben."*[160]

153 Mitteilung der Fischereigenossenschaft Walchensee.

154 BayHStA KL Benediktbeuern 36, fol. 14'.

155 Schönau, Fischereibuch, S. 649.

156 Zum Beispiel im Fürststift Kempten, vgl. Schönau, Fischereibuch, S. 651.

157 Oelwein, Fischerei in Schwaben, S. 120 und 238.

158 Ertl, Atlas, S. 218.

159 BayHStA KL Benediktbeuern 1093/315, fol. 48-51.

160 Vgl. Fischordnung vom 25. Februar 1586.

Edelkrebs, Zeichnung, Wolfgang Fehenberger

Ende des 19. Jahrhunderts war es dann in Bayern sowieso mit der Krebsschwemme vorbei: Amerikanische Krebsarten schleppten die Krebspest ein, und der wohlschmeckende „Allesverwerter“ unserer Gewässer wurde nahezu ausgerottet. Bis heute haben sich die Krebsbestände trotz umfangreicher Besatzmaßnamen nicht wieder erholt.

Gegen Ende des 19. Jahrhunderts ist die Krebspest eines der Hauptthemen der Fischereifachzeitungen. Auch die Verluste im Kochel- und Rohrsee werden erwähnt.[161] Doch von den Krebsen des Walchensees ist dort kein Wort zu finden. Vermutlich waren die Bestände schon im Laufe des 19. Jahrhunderts zurückgegangen, wie man dies auch am Chiemsee feststellte, wo es Krebse einst ebenfalls in Hülle und Fülle gegeben haben muss.[162]

Erst in den letzten Jahren bemüht man sich wieder vermehrt um die Ansiedlung von Edelkrebsen (Astacus astacus) im Walchensee. 2003 wurde vom Bezirk Oberbayern ein Projekt gestartet, um den Edelkrebs wieder anzusiedeln. 1.900 Krebse wurden zu diesem Zweck aus dem Eibsee bei Garmisch-Partenkirchen hier eingesetzt. Allerdings haben die Krebse in den Saiblingen und Barschen einen starken Feind. Früher fing man prächtige Saiblinge, deren Mägen mit Kleinkrebsen gefüllt waren.[163] Den Erfolg der Krebswiederansiedlungsaktion wird man erst in den kommenden Jahren abschließend bewerten können.

161 BFZ 1881, S. 11, und AFZ 1886, S. 68 f.

162 Höfling, Chiemsee-Fischerei, S. 25.

163 Taller, Wundervoller Walchensee, 2. Auflage, S. 81.

Krebsfang, Illustration aus dem Fischereibuch Kaiser Maximilians

Die Fischerei am Walchensee

DIE FISCHER

Mehr als 200 Jahre, von 1580 bis zur Säkularisation 1803, gab es am Walchensee fünf Fischerfamilien: zwei in Walchensee, die zum Kloster Benediktbeuern gehörten, und drei in Zwergern als Grunduntertanen des Klosters Schlehdorf. Dabei hatten beide Parteien jeweils die gleiche Anzahl von Fischrechten: Die beiden Benediktbeurer Fischer durften zusammen ebenso viele Fische fangen wie die drei Schlehdorfer; zusammen besaßen die beiden Benediktbeurer genauso viele Netze und Schiffe wie die drei Schlehdorfer.

Die Familiennamen der drei Schlehdorfer Fischer lauteten stets Zwerger. Bei den Benediktbeurern war in diesem Zeitraum immer einer der Tafernwirt, wobei es durch Erbfolge über die weibliche Linie zu verschiedenen Familiennamen kam; die zweite Fischerfamilie allerdings hieß auch hier stets Zwerger, was ein Auseinanderhalten nicht gerade erleichtert. Außerdem lag das Tafernrecht zunächst beim *„würdigen Gotteshaus Schlehdorf"*.

Für die Zeit vor 1580 sind die Abfolge und Trennung nicht durchgängig nachzuvollziehen. Nach der Säkularisation blieb es zunächst bei den fünf Fischerfamilien, die zusammen zwölf Fischrechte hatten, die dann aufgrund von Erbfällen und Verkäufen jedoch umverteilt wurden.

Die Fischer saßen bis zur Säkularisation ausschließlich im Ort Walchensee und in Zwergern. Die Fischrechte in Urfeld gelangten erst in der zweiten Hälfte des 19. Jahrhunderts dorthin. Am Süd- und Ostufer, in Altlach, Niedernach oder Sachenbach, gab und gibt es keine Fischrechte. Heute liegen die Fischrechte im Walchensee in den Händen von vier Eigentümern.

Nach dem ältesten Benediktbeurer Salbüchlein (= Stiftsbüchlein), das um das Jahr 1270 angelegt worden war, wurde der *„Wallenseedienst"*[1] beschrieben. Demnach mussten alljährlich zu bestimmten Tagen Hechte und Forellen sowie *„Akpuoze"* (= Barsche) abgeliefert werden.[2] Diese Abgaben an das Kellereiamt wurden im Stiftsbüchlein von 1294 wiederholt und präzisiert: Abzugeben waren lediglich je zwei Hechte und zwei Forellen neben einer nicht näher bezeichneten Anzahl von *„Akpuzzen"*, die zu den minderwertigen Weißfischen gezählt werden. Dafür erhielten die Fischer im Gegenzug Brot und Käse.[3] Die Namen der damaligen Fischer werden nicht genannt.

Der erste namentlich greifbare Fischer am Walchensee ist 1440 Konrad (Kunz) Zwerger, ein Grunduntertan des Klosters Schlehdorf. Vom 15. September 1446 datiert dann ein Schiedsspruch des herzoglichen Hofgerichts, vertreten durch Hans Höhenkircher, den Pfleger von Wolfratshausen, zwischen Benediktbeuern und Schlehdorf, in dem von zwei Fischern am See nach altem Herkommen die Rede ist, also einem für jedes Kloster. Der an die Klöster Benediktbeuern und Schlehdorf am 20. September 1446 ergangene Schiedsspruch klärte vor allem die Fischerei im Walchensee. Nach altem Herkommen waren beide Fischer berechtigt, mit der Segen zu gleichen Teilen zu fischen.[4] Doch Abt Wilhelm wollte diesen Spruch nicht akzeptieren.[5]

Umso erstaunlicher ist, dass derselbe Abt Wilhelm 14 Jahre später eine ausgesprochen großzügige Urkunde für Propst Hermann III. von Schlehdorf[6] ausgestellt haben soll.[7] Da es sich hierbei um eine äußerst aufschlussreiche Urkunde handelt, die etwas Licht in die frühen Fischereiverhältnisse am Walchensee

1 Mit „Dienst" bezeichnete man Naturalabgaben an die Grundherrschaft. Die Dienste waren im Gegensatz zum Zehent Bringschulden.

2 Abschrift des 18. Jahrhunderts in BayHStA KL Benediktbeuern 36 (Stiftsbuch 1482-1489), fol. 14: „Servicium suum tale est ante Georgii 14 dierum debet ministrale cum Luciis et Forchen usque ad Pentecostem a Pentecoste usque ante Nativit. B. V. [Navitatis Beate Virginis] 14 diem cum Sagena debet servire Lucios et Akpuoz a Nativ. B. V. item Forchen usque post de juniis diebus."

3 BayHStA KL Benediktbeuern 32, fol. 21'.

4 Vgl. unten S. 144. 1466 wurde dieser Spruchbrief durch Herzog Albrecht IV. bekräftigt.

5 Kopialer Eintrag, BayHStA KL Benediktbeuern 18 fol., 28'.

6 Propst Hermann III. ist nach Heigel (Schlehdorf, S. 37) nur für die Jahre 1458 und 1459 nachgewiesen.

7 BayHStA KU Schlehdorf 1459, November 30. Die Urkunde ist nicht im Original erhalten, nur in zwei Abschriften: eine, die den Anschein erweckt, aus der Zeit der Ausstellung zu stammen, und eine aus der Zeit um 1700, also aus einer Zeit, in der die Auseinandersetzungen über die Niedernach (Jachen) voll entbrannt waren. Vgl. dazu das Kapitel „Die Fischerei in der Niedernach (Jachen)".

bringt, soll diese hier ausführlicher behandelt werden: Am 30. November 1459 bekennt Abt Wilhelm für sich und sein Gotteshaus, dass er *„Chainz"* (= Heinz) Zwerger und seinen beiden ehelichen Söhnen Oswald und *„Chainzen" „ihr und ihr Gottshaus aigen Urbar gelegen zu Walchensee"* auf Lebenszeit zu Leibrecht verliehen habe. So weit – so gut! Das wäre noch nicht weiter überraschend. Aber nun kommen die genaueren Ausführungen: Dazu zählte der *„halb See zu Walchensee"*, womit das halbe Fischereirecht am See gemeint ist, nicht etwa eine im Geiste gezogene Trennlinie. Dann die Fischungen in allen Bächen, wie man das Recht im See hat.[8] Und die Benediktbeurer gingen sogar noch weiter: Alle Güter, die man *„an dem Urfar yber den See daselbs fiehrt, das gehert allein dem Gottshaus zue Schlechdorf zue und nit mir"*. Das ist umso erstaunlicher, als in dem Schiedsspruch des Hans Höhenkircher 1446 noch die Rede davon war, dass beide Fischer zu gleichen Teilen *„das Urfar"* auf dem Walchensee *„versorgen und nützen"*[9] sollten.

Und es kommt noch besser: *„Es darf oder mag auch des von Schlechdorf Vischer an der Obernach ein Dafern (sovern er will) pauen und wol scheuchen darin, soll ich oder mein und des Gottshaus Vischer in nitt weren noch engen."* Das heißt: 1459 gab es noch keine Tafern am Walchensee und das Recht, eine zu errichten, stand dem Kloster Schlehdorf zu. Warum die Tafern allerdings nicht an der Obernach (in der Nähe des heutigen Einsiedl) errichtet wurde, sondern im Ort Walchensee, ist nicht bekannt. Weiter wird dem Schlehdorfer Fischer, *„der auf seinem Urbar zue Walchensee sitzt"*, das Recht zugestanden, nach alter Gewohnheit sein Vieh auf den *„Forchenberg"* zu treiben und dort weiden zu lassen, *„wie er will oder was er notdürftig ist"*. Und ob die Schlehdorfer oder deren Fischer auf ihrem eigenen Grund und Boden, *„den sy ohn mein und meines Gottshaus aigen Urbar zue Walchensee ligent haben, Heiser und Stadl zimern wollten oder ihren aigen Grundt und Poden hauen oder paulich machen wollten, das megen sy alles wol thuen"* und in dem allen sollen sie von *„mir und meinem Convent und Nachkommen und meinem Fischer"* völlig frei und ungehindert sein.

Daraus ist zu ersehen: Im Ort Walchensee gab es zwei Urbare: eines von Benediktbeuern und eines von Schlehdorf. Und die Schlehdorfer waren in ihren Handlungen völlig frei und den Benediktbeurern gleichgestellt, obwohl diese neben ihrer Grundherrschaft auch die Gerichtsherrschaft innehatten.

Dann kommt Abt Wilhelm wieder auf Hainz Zwerger zurück: Der hatte offensichtlich das *„Mos zu dem Eysenstall"* (= Lobisau) und das Wismad, genannt das *„Obermos"*, eingezäunt. Die Zäune sollten aber zur Stund abgebrochen werden und fürderhin *„von mir und den meinigen unbekümmert und ungemacht bleiben, wan das Mos zue dem Eysenstall, auch das Wismad genandt das Obermos denen von Schlechdorf in sein Urbar zuegert* [zugehört] *und nicht meinem Gottshaus"*.

„Mehr ist zu wissen", dass die beiden oben genannten Söhne Oswald und Hainz *„des Gottshaus von Schlechdorf Urbar und halben See zu Walchensee"* mit allen Rechten nutzen durften, wie es der ehrwürdige Herr von Schlehdorf und sein Konvent ihnen laut Leibgedingsbrief verliehen hatten. Abt Wilhelm und sein Konvent wollten sie daran weder hindern noch in ihren Rechten beschneiden. Und so sollte es auch bleiben, wenn die beiden mit Tod abgehen (*„da Gott lang vor sey"*). Doch wenn die beiden – Oswald und Heinz – leibliche Erben hätten, dann sollten diese Benediktbeuern zustehen und nicht Schlehdorf! Hier liegt also der Schlüssel dazu, dass sowohl Schlehdorf als auch Benediktbeuern Zwerger als Untertanen und Fischer hatten. Abschließend wird noch erwähnt, dass die beiden Klöster zusammen die Holzmarchen beachten sollen. Dann wird eine Reihe von Zeugen aufgeführt, u. a. Ulrich Vischmaister von Kochel, Öttl Vischer und Ulrich

8 „Zue dem ersten der halb See zu Walchensee allenthalben und in allen Pächen daselbst nit allein Fischungen wie man den See vischen brauchen und nuzen mag, gehört dem wirdigen Gottshaus zue Schlechdorf zue mit Unterschiedt der erwirdigen Stifft unser lieben Frauen zue Freysingen."

9 BayHStA KL Benediktbeuern Fasz. 105/32.

„Ansicht bei Walgau," gezeichnet „Nach der Natur" von Carl Heinzmann, 1820. Am linken Hinterrad des Fuhrwerks ist ein Bremsschuh zu sehen (vgl. oben S. 66/67)

Dräxel, beide ebenfalls in Kochel ansässig, sowie Chainz Vischer und Chainz Miller, beide von Schlehdorf. Das angekündigte Siegel fehlt. Überhaupt ist es keine Originalurkunde, sondern lediglich eine Abschrift, die den Anschein vermittelt, aus der Zeit der Ausstellung um 1459 zu stammen. Allerdings machen sowohl die Wortwahl als auch der Inhalt etwas stutzig. Zudem lässt sich keine Abschrift dieser Urkunde in der äußerst umfangreichen Benediktbeurer Überlieferung finden. Auf der anderen Seite könnte sie dort – da ihr Inhalt später nicht mehr ganz im Sinn der Benediktbeurer gewesen sein dürfte – „verloren" gegangen sein wie andere unliebsame Urkunden.

Diese Urkunde vom Andreastag, dem 30. November 1459, ist zwar nicht mit letzter Sicherheit als echt anzusehen, vielleicht als „verfälscht", das heißt in manchen Passagen für das Kloster Schlehdorf etwas günstiger verfasst, da eine in Benediktbeuern erhaltene Abschrift eines Leibgedingbriefs für Haintzen Zwerger und seine Ehefrau Katharina nur Teile bestätigt. Dennoch gibt die Urkunde von 1459 Aufschluss über die Anfänge der Fischereigeschichte am Walchensee: Um die Mitte des 15. Jahrhunderts gab es nur zwei Urbare im Ort Walchensee: Eines hatte Benediktbeuern inne (mit Konrad = Kunz Zwerger als Fischer), das andere Schlehdorf (mit dessen Söhnen Oswald und Chainz Zwerger als Fischer).[10] Die Fischerei im See stand beiden Klöstern und ihren Fischern zu gleichen Teilen zu, inklusive des Rechts der Fischerei in den Bächen. Eine Tafern gab es damals noch nicht, doch stand das entsprechende Recht den Schlehdorfer Fischern zu, die wohl auch bald danach eine errichteten. Das Moos am Eisenstall (heute: Lobisau) und die Weide im Obermoos gehörten zu Schlehdorf. Auch am Farchenberg (= Herzogstand) hatten die Schlehdorfer Fischer Weiderecht.

Nach dem Tod der beiden Schlehdorfer Zwerger sollte zwar das Urbar mit allen Rechten bei Schlehdorf bleiben, die leiblichen Erben allerdings Grunduntertanen Benediktbeuerns werden.

10 Hier ergibt sich auch ein Widerspruch zu dem von Josef Demleitner erstellten Zwerger-Stammbaum: Er kennt nur Konrad, den er fälschlich auch als Wirt bezeichnet, und der ca. 1465 gestorben sein soll, darüber hinaus seinen Sohn Heinz Zwerger, den späteren Tafernwirt, dessen Bruder Oswald sowie eine ganze Reihe weiterer Geschwister. Den älteren Heinz, den Vater von Heinz und Oswald, erwähnt er nicht. Es gab jedoch auf jeden Fall Vater und Sohn mit Namen Heinz, wie auch die Urkunde vom 29. Juni 1440 beweist.

Gut zehn Jahre später wird das 1459 Gesagte in einigen Teilen auch in der Benediktbeurer Überlieferung bestätigt. Propst Johannes von Schlehdorf stellte am 14. Februar 1470 für Haintzen Zwerger und seine Frau Katharina einen Leibgedingsbrief aus. Bestätigt wird das Urbar zu Walchensee mit allen Rechten und *„Gilten"* und *„Besuechen"* (= Weiderechten) u. a. auf der Wismad im Obermoos. Gleichzeitig wird auch ein Benediktbeurer Urbar, gelegen zu St. Jakob, erwähnt, mit Zugehörungen, die von alter Zeit dahin gehörten, sowie dem halben See, *„der unserm Gotteshaus gehört zusammen mit den Bächen"*. Heinz Zwerger, wohnhaft in Walchensee, seine Frau Katharina und alle ihre Kinder mussten dafür am Martinstag (11. November) einen Rheinischen Gulden zahlen und dazu sieben *„Dienst aus dem See, aus dem andern einen Dienst"* – gemeint ist: für das Seerecht waren sieben Dienste zu entrichten, für das Weide- und Wohnrecht nur einer. Diese Dienste bestanden aus jeweils zehn Forellen. Hatten sie jedoch gerade keine Forellen gefangen, so konnten sie auch andere Fische im selben Wert abliefern.[11] Gut zwanzig Jahre später erscheinen Haintz Zwerger und seine Frau Katharina noch immer als Inhaber des Schlehdorfer Urbars und gleichzeitig als Inhaber der Tafern in Walchensee.[12]

Dazwischen scheinen jedoch auch noch andere Benediktbeurer Untertanen im Walchensee gefischt zu haben, wenigstens vorübergehend. 1473 gab Hans Andre, des alten Andre Vischer seliger Sohn, gesessen zu *„Laingrueben"* (= Ort Benediktbeuern), zu, dass er *„in etlichen Stucken"* auf dem Walchensee, aber auch auf dem Kochelsee gegen den ehrwürdigen Abt Wilhelm gehandelt hatte, weswegen er auch bestraft und sogar ins Gefängnis gekommen war. Sein Lebtag sollte er nun nicht mehr auf dem Walchen- und dem Kochelsee arbeiten dürfen.[13] Es ist zwar nicht expressis verbis die Rede davon, dass Hans Andre schwarzgefischt hatte, doch was hätte er sonst Verbotenes auf dem Walchen- und Kochelsee tun können? Noch dazu, wo sein Vater Fischer war?

Im Benediktbeurer Stiftsbuch von 1494 ist dann erstmals die Rede von zwei halben Urbaren[14]: eine Hälfte hatte Heinz Zwerger inne, der darüber ein Revers ausstellte[15], die andere Hans Öttl, der 1487 zusammen mit seinem Bruder Liendl noch ein ganzes Urbar gehabt hatte – ebenso wie Heinz Zwerger 1470. Eine Erklärung für die Teilungen gibt es nicht. Und wo sind die beiden anderen Hälften geblieben? Noch immer befinden sich alle Urbare und Urbarteile im Ort Walchensee. Von einer Ansiedlung auf der Zwergerner Halbinsel ist in jener Zeit noch nicht die Rede.[16] Möglicherweise handelt es sich auch nur um eine Umbenennung, denn in der Fortsetzung heißt es: *„jegliches Urbar mögen einmals gehen zwei Segen"*. Beide Urbare in Walchensee waren gleichwertig wie später die beiden Hälften.

Unter „Urbar" versteht man in der Regel ein Abgabenverzeichnis, also die Urform der Grundbücher, entstanden aus mittelhochdeutsch „orbar", „urbar" = „Nutzen", „Ertrag", „Ertrag bringendes Grundstück". [17] Diese Verzeichnisse mit einer Auflistung von Gütern mitsamt ihren Erträgen sowie den auf ihnen lastenden Rechten bzw. Pflichten wurden von einer Herrschaft angelegt, in unserem Fall von der Gerichtsherrschaft Benediktbeuern. Auf dem einen „Ertrag bringenden Grundstück" in Walchensee saß als Grunduntertan der Fischer des Klosters Benediktbeuern, auf dem anderen der Fischer des Klosters Schlehdorf. Alle sechs Jahre (immer mit Stichtag Lichtmess = 2. Februar) wurden die Urbare neu verstiftet, das heißt, die Lehensverträge mussten quasi verlängert werden.[18]

Anlässlich der Verleihung der Tafern durch Abt Narziß Paumann an Heinrich Zwerger und seine Frau Katharina, *„derzeit seßhaft zu Walchensee auf des*

11 BayHStA KL Benediktbeuern 39, fol. 75-76. Am Rand wurde später nachgetragen: „ao. 1716 alles anderst eingerichtet", was sich auf den Universalvergleich bezieht.

12 BayHStA KL Benediktbeuern 17, fol. 376. Vgl. unten S. 124 ff.

13 BayHStA KL Benediktbeuern 18, fol. 201.

14 BayHStA KL Benediktbeuern 39, fol. 55'-57.

15 Ebenda, fol. 56'-59'.

16 Ebenda, fol. 56': „Ich Hainrich Zwerger, die Zeit sesshaft ze Wahlensee auf des wirdigen Gotshaus Slehdorff urbar."

17 Kluge/Seebold, Etymologisches Wörterbuch, S. 752.

18 BayHStA KL Benediktbeuern 39, fol. 57.

würdigen Gotzhaus Schlechdorf Urbar", im Jahr 1494, wird auch deutlich, dass bereits Abt Thomas am 29. Juni 1440 dem Konrad Zwerger und seiner Frau Agnes sowie ihren Söhnen Wolfgang, Oswald, Heinrich und Amman erlaubt hatte, am See eine Mahlmühle zu betreiben und nach ihrer Notdurft darin zu mahlen, sowie, dass sie der Müller zu Joch daran nicht hindern sollte. Dafür mussten sie am Margarethentag (13. Juli) an die Kirche St. Jakob (nicht an die St.-Margareth-Kirche!) alljährlich vier Kreuzer entrichten. Allerdings durften die Zwerger nicht jenes Gut mahlen, das von alters her dem Jocher Müller zugehörte. Außerdem war es den Zwergern nicht erlaubt, ihre Mühle zu verkaufen.[19]

In den 1440er-Jahren scheint es in Walchensee auch zu Neubauten gekommen zu sein, darunter zu einem neuen Fischerhaus. Auf jeden Fall wird in einer kopial erhaltenen Urkunde von 1446 bestimmt, dass die Arbeiter verköstigt werden sollten solange die Arbeiten andauern, *„des Vischerhauss und Sagmul, an Zimer und zu Peuen, dan zu Öfen, Hert, Pachöfen oder Keller"*. Allerdings war das Kloster nicht verpflichtet, Hilfestellungen zu leisten, sondern musste lediglich einen Taglohn verabreichen. Auch für die Ernährung der Arbeiter sorgte das Kloster Benediktbeuern. Diese Urkunde, in der erstmals von einer Sägemühle am Walchensee die Rede ist, regelte vor allem die Holzabgaben an St. Jakob und St. Margareth.[20]

1455 hat dann das herzogliche Hofgericht im Namen Herzog Albrechts IV. Konrad Zwerger und seinen Sohn Wolfgang mit Abt Wilhelm von Benediktbeuern wegen des Erbrechts am Gut *„Walhense"* verglichen. Künftig sollten die Zwerger das Erbrecht haben, einschließlich des Holzes „Ort", auch Katzenkopf genannt, und die Weiderechte am Farchenberg, dem heutigen Herzogstand – Rechte, die knapp ein Jahrhundert später von großer Bedeutung werden sollten.[21]

19 BayHStA KL Benediktbeuern 17, fol. 376 und 376', sowie KL Benediktbeuern 39, fol. 56'-57'.

20 BayHStA KL Benediktbeuern 17, fol. 377', sowie KL Benediktbeuern 18, fol. 86'. Der Lage der Sägmühle ist Jost Knauss nachgegangen und vermutet sie in der Lobisau. Vgl. Anhang S. 280 ff.

21 BayHStA KL Benediktbeuern 18, fol. 86'. Dies war bereits im Spruchbrief des Hans Höhenkircher geregelt worden. Vgl. unten S. 166 ff.

Das Dorf Walchensee im Jahr 1897. Von links: das Pfarrhaus und die Kirche St. Jakob, die alte Schmiede, die Stallungen der „Post", die Posthalterei, das Bootshaus mit Unterkunft für die Fuhrleute, der Waltlbauernhof mit Schiffshütte, dahinter der Schwaigerhof und das Haus „Schwaiger-Resl am See"

Im oben erwähnten Stiftsbrief von 1494 ist noch immer nur von zwei Fischern die Rede: vom *„Schlechdorff Vischer"* und vom *„Peyern Vischer"*, von jedem Kloster also nur einer, die sich das Urbar im Ort Walchensee teilten.[22] 1494 saßen die Öttl auf dem zweiten Urbar (dem Benediktbeurer), *„auch zu Walchensee gelegen"*, mit allem Nutzen zu Wasser und zu Land, ebenso wie die (Schlehdorfer) Zwerger. Alljährlich am St. Gallentag (16. Oktober) hatten sie 21 Rheinische Gulden Stift an Benediktbeuern zu entrichten sowie siebenmal im Jahr ein gutes Essen Fische, an den gleichen Tagen wie die Zwerger.[23]

Irgendwann nach 1494 ist am Walchensee eine entscheidende Veränderung vor sich gegangen. Die Tafern und die übrigen Schlehdorfer Besitzungen im Dorf Walchensee wurden von Benediktbeuern übernommen. Dies ist vielleicht auch der Grund dafür, dass in der Folge von einem „geteilten" Urbar in Walchensee die Rede ist. Beide Urbare, von denen vorher nur eines zu Benediktbeuern gehörte, das andere jedoch zu Schlehdorf, erscheinen nun im Besitz von Benediktbeuern, während sich die Schlehdorfer Fischer offensichtlich gleichzeitig auf der Halbinsel des Katzenkopfs niederließen. Heinrich Zwerger, der auf dem ehemaligen Schlehdorfer Wirtsgut gesessen war, blieb dort sitzen, allerdings nun als Untertan des Klosters Benediktbeuern, und teilte sich mit Hans Öttl in die Benediktbeurer Fischerei am Walchensee. Drei seiner Söhne aber übernahmen die Schlehdorfer Fischerei. Sie zogen in der Folge nach Zwergern, ein Gebiet, das sie vermutlich seit rund 40 Jahren bewirtschafteten. Vermutlich war die Halbinsel bereits seit längerer Zeit im Besitz Schlehdorfs, denn dort wurde auch – wahrscheinlich in der ersten Hälfte des 15. Jahrhunderts – das zu Schlehdorf gehörige Kirchlein St. Margareth errichtet, möglicherweise als Friedhofskapelle für die Schlehdorfer Untertanen am Walchensee. Auch wenn die Zwergerner Halbinsel noch nicht bewohnt war, mit einem Schiff kam man relativ leicht und schnell über den See, wie überhaupt in der Frühzeit der Einbaum das vorrangige Fortbewegungsmittel auf dem See war. Kirchen, die außerhalb von geschlossenen Ortschaften oder Ansiedlungen lagen, waren im Mittelalter keine Seltenheit.

Ob die siedlungspolitische Entwicklung im Zusammenhang mit dem großen Brand im Kloster Benediktbeuern steht, ist nicht festzustellen. Doch waren in der Nacht vom 11. auf den 12. Mai 1490 Kirche und Klostergebäude in Schutt und Asche gefallen. Der Großbrand bedeutete für Benediktbeuern eine Katastrophe, denn das Kloster war längst nicht mehr so reich wie zur reichsunmittelbaren Zeit zwischen dem 11. und dem 13. Jahrhundert. Um die Kirche und das Kloster in absehbarer Zeit wieder aufbauen zu können, sah Abt Narziß Paumann keinen anderen Ausweg, als klostereigene Güter zu veräußern. Unter anderem traf es die klostereigenen Schwaigen in Krün und Wallgau.[24] Damals ging auch der Bau der Kesselbergstraße unter gleichzeitigem Verzicht des Klosters auf die Vogteisteuer vonstatten[25]. Zwar scheint es, als ob Benediktbeuern in Walchensee Besitz dazubekommen hätte, doch vielleicht war es auch nur ein Tauschgeschäft, wobei darüber keine urkundlichen Quellen zu finden waren. Allerdings ist die Entwicklung eher im Zusammenhang mit den gestiegenen Anforderungen in der Fischerei zu sehen. Um 1500 waren ja die großen Veränderungen mit dem Einsetzen von Renken und Saiblingen erfolgt.

Im beginnenden 16. Jahrhundert wird es ruhig um die Fischer – zumindest, was die Quellenlage betrifft –, bevor sie gegen Ende des Jahrhunderts wieder mit Vehemenz ins Rampenlicht der Geschichte treten. Nun stellt sich folgende Situation dar: 1580 teilten sich die Fischerei fünf Fischer: als Benediktbeurer Fischer der Tafernwirt Caspar Panerädl und Hans Zwerger der Jüngere, beide wohnhaft in Walchensee, und als Schlehdorfer Bartholome Zwerger, Jörg Zwerger und Hans Zwerger der Ältere, wohnhaft gegenüber auf der Halbinsel.

22 Die nicht mit Quellen belegte Annahme Josef Hemmerles (Benediktbeuern, S. 310), dass die Zahl der Fischer 1483 auf sechs vermehrt wurde, entbehrt demnach jeder Grundlage.

23 BayHStA KL Benediktbeuern 39, fol. 57

24 Krinner, Von Gervn zu Krün, S. 107.

25 Vgl. oben S. 57 f.

Ab jetzt sind die Akten voll von den Fischern und ihren Belangen; man kann die Namen nahezu lückenlos nachvollziehen, wobei die Übergänge von Vater auf Sohn etc. selten angegeben wurden und nur in Einzelfällen genau zu datieren sind. Für die inzwischen bedeutende, umfangreiche Fischerei auf dem Walchensee benötigte man nun weit mehr Fachkräfte. Darüber hinaus gingen die Fischer inzwischen der Fischerei längst nicht mehr alleine nach: Neben den Söhnen mussten auch Knechte mithelfen; verschiedene Tafernwirte haben sogar eigene Fischer angestellt.

Nach der Säkularisation änderte sich nach außen hin wenig. *„Der Kochel- und Walchensee, zum Verkaufe nicht geeignet, wurden 1804 dem Obersthofmarschallstab zur Administration überwiesen und zum Dienste der Hofhaltung reserviert. Das Verkaufsrecht der Klöster ging auf den allerhöchsten Landesherrn über."*[26] Der Landesherr wusste jedoch nicht so recht, was er mit den Seen anfangen sollte. Immerhin hatte er für seine Hofhaltung bisher schon ausreichend Fisch bezogen. Und nun waren mit der Säkularisation jede Menge von Fischgewässern und Zuchtteichen aus klösterlichem Besitz an ihn gelangt. Also wurden die Fischrechte verkauft. So konnten die Fischer ihre Rechte ablösen und blieben weiterhin auf ihren angestammten Gütern sitzen. Bis heute handelt es sich am Walchensee um selbstständige Fischereirechte, das heißt um Fischereirechte, die dem Eigentümer des Sees, nämlich dem Freistaat Bayern, nicht gehören.

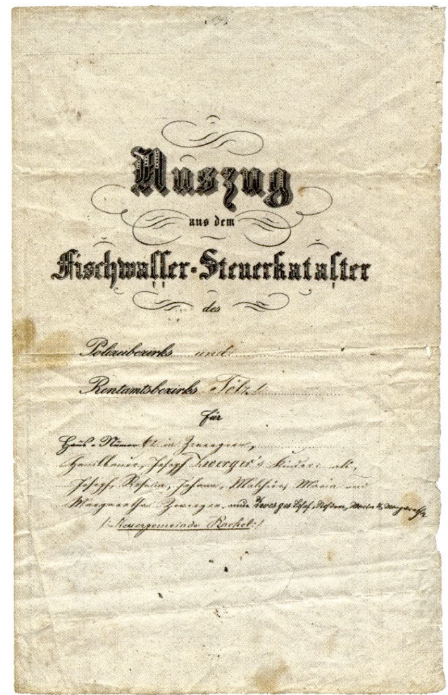

„Auszug aus dem Fischwasser-Steuerkataster des Polizeibezirks und Rentamtsbezirks Tölz für Grund-Nummer 62 in Zwergern, Hanslbauer, Joseph Zwerger's Kinder ...", Originalurkunde von 1877

Als 1808 das erste Grundsteuerkataster angelegt wurde, sah die Situation folgendermaßen aus:[27]

Zum Drittelhof des Waltlbauern (Georg Pfalz; er hatte den Hof am 23. Dezember 1784 durch Heirat übernommen) gehörte eine Schiffshütte und der vierte Teil der Fischerei auf dem Walchensee.

Zum Posthalter und Wirt zu Walchensee (Michael Kriner) zählte eine Schiffshütte, *„wo zugleich eine Wagenbehältnis ist"*, eine alte Badstube (= Brechlhütte) und zwei Fischbehälter sowie der vierte Teil der Fischerei auf dem Walchensee. Michael Kriner hatte diesen Drittelhof mit Wirtsgerechtsame und der gesamten Einrichtung am 30. August 1774 durch Erbe übernommen, aber erst am 22. Juli 1803 von der Kloster-Aufhebungsversteigerungs-Comission von Benediktbeuern erkauft. Das Mauthaus war jedoch schon 1795 auf eigene Kosten errichtet worden und, solange das Mautamt bestand, von den Abgaben befreit gewesen.[28]

Zum Drittelhof zum *„Hanßlbauern beim Zwergern"* (Joseph Zwerger) gehörte ein zur Hälfte gemauertes Wohnhaus (Nr. 62) mit besonderer Stallung, Stadl, Holzlege, Hauskasten und Badstube sowie einer Schiffshütte, welche er mit seinen Nachbarn Johann Zwerger und Michael Seybold teilte. Daneben Wiesen, Felder, Weide- und Forstrechte.[29] Die Fischerei am Walchensee gehört zum fünften Teil zum Hanslbauern. Joseph Zwerger hatte den Hof am 30. April 1806 von seinem Vater Joseph Zwerger mit der ganzen Einrichtung für 850 Gulden übernommen.

Zum Drittelhof *„Zum Miterbartl zum Zwergern"* (Johann Zwerger) gehörte die bereits erwähnte gemeinsame Schiffshütte, ein Fischkalter sowie der fünfte Teil der Fischerei auf dem Walchensee. Diesen Hof hatte Johann Zwerger am 18. Februar 1794 mit der ganzen Einrichtung von seinem Stiefvater Franz Rundorfer für 600 Gulden übernommen.

Zum Drittelhof *„beim Adambauer zum Zwergern"* (Michael Seyboldt) gehörte die gemeinschaftliche Schiffshütte sowie der fünfte Teil der Fischerei auf dem Walchensee. Seyboldt (meist Seibold geschrieben) hatte den Hof am 6. Juli 1803 von seinem Schwiegervater Georg Zwerger übernommen.

26 Peetz, Fischwaid, S. 76.

27 StA Mü Kataster 21656; vgl. auch Kataster 21657.

28 Vertrag mit der ehemalig kurpfalzbaierischen Hofkammer vom 22.Juli 1795. Vgl. auch unten S. 131.

29 Das Forstrecht sah jährlich 36 Klafter Brennholz und acht Klafter Baumstämme aus der Kirchenwaldung Katzenkopf vor. Bauholz durfte nach Notdurft geschlagen werden, wovon acht Stämme unentgeltlich abgegeben wurden.

Bauernhöfe mitsamt Nebengebäuden auf der Zwergerner Halbinsel, Zeichnung von Martin Boehm (2003) nach einer Fotografie um 1860

Daneben gehörte den drei Zwerger-Fischerfamilien die Kirche St. Margareth. Sie hatten diese gemeinsam für 125 Gulden am 30. September 1807 vom Unteramt Tölz gekauft. Auch andere Güter wurden in der Folge von den Fischern aus ehemaligem Klosterbesitz angekauft, woraus zu erkennen ist: Ganz arm waren sie nicht. So erwarb etwa der Posthalter Michael Krinner die Lobisauwiese bei Walchensee für 50 Gulden, und die Schwaige (Schwaigerhof) Walchensee wurde von Georg Zwerger aus Lautensee sogar zum stolzen Preis von 3.500 Gulden ersteigert.[30]

In der Folge änderten sich die Besitzerverhältnisse zunächst meist durch Sterbe- und Erbfälle. 1820 werden dann folgende Besitzer genannt: in Walchensee Joseph Zwerger, Waldlbauer (Haus Nr. 60), und der Wirt Michael Krinner (Haus Nr. 61); in Zwergern Joseph Zwerger, Hanslbauer (Haus Nr. 62), Johann Zwerger, Mitterbauer (Haus Nr. 63) und Michael Seibold, Adambauer (Haus Nr. 64). Zusammen hatten sie das Fischrecht auf dem Walchensee, dessen Umfang damals mit vier Stunden angegeben wurde. Der jährliche Ertrag betrug 306 Gulden, die Jahressteuer belief sich auf fünf Gulden und sechs Kreuzer.[31] 1821 saß dann jedoch Joseph Grünwald auf dem Mitterbauernhof, gefolgt von Paul Grünwald. Der Adambauer ging kurz darauf an Kaspar Kleinkaps über (später an Jakob Sittl).[32] Aufgrund des Ablösungsgesetzes vom 4. Juli 1848 wurden die Gefälle in Bodenzinse umgewandelt.[33]

Später kam es durch Verkäufe zu Veränderungen in den Fischrechten. Ein Teil liegt jedoch noch immer bei den bereits seit Jahrhunderten hier ansässigen Familien, auch wenn sich die Namen über die weibliche Linie geändert haben. Jakob Sittl brachte eine Fischereigerechtigkeit schließlich nach Urfeld. Er war auch der erste – und einzige – Fischer, der dem Bayerischen Fischereiverein bereits im 19. Jahrhundert beigetreten ist. *„Jakob Sittel, Fischer in Urfeld"*, war Mitglied seit 1885.[34]

Nach dem Zweiten Weltkrieg (und wohl zum Teil auch schon davor) ließ sich feststellen, dass die nun vier Fischereirechtinhaber, von denen einer 5/12-Anteile, einer 3/12-Anteile und zwei je 2/12-Anteile besitzen[35], an einer intensiven Netzbefischung des Sees nicht mehr interessiert waren. Heute sind es vor allem die Sportfischer, die in Scharen an den Walchensee kommen. An kaum einem anderen oberbayerischen See werden so viele Tageskarten ausgegeben wie hier.[36] Diese Entwicklung hatte auch ihre Auswirkung auf die Fischerei, was allerdings nicht von allen Seiten gutgeheißen wurde.[37]

30 StA Mü AR 1081/51.

31 Laut Betragserhebungsprotokoll durch das Landgericht Tölz vom 9. März 1820, Fischsteuerkataster (StA Mü Kataster 21673).

32 StA Mü Kataster 21659 (Umschreibebuch).

33 StA Mü Kataster 21673.

34 Mitgliederverzeichnis vom Dezember 1896. Als weiteres Mitglied wird Max Freiherr von Baligand genannt, der sich für die Maränenansiedlung im Walchensee eingesetzt hat.

35 AFZ 1969, S. 358.

36 Vgl. hierzu ausführlich Kapitel „Fischerei und Tourismus".

37 Tircher, Nochmals über den Walchensee. Schindler, Abermals zur Bewirtschaftung des Walchensees.

Foto von 1894 mit Haus „Jäger am See“ rechts. Heute ist hier das Walchenseemuseum der Friedhelm-Oriwol-Stiftung untergebracht.

Die anderen Höfe am Walchensee laut Grundsteuerkataster von 1808

Außer den beiden Höfen in Sachenbach, bei denen es sich wie in Walchensee und Zwergern um Drittelhöfe handelte, waren alle anderen kleiner (Sechzehntel- und Zweiunddreißigstelhöfe). Auf keinem der Höfe lag ein Fischereirecht. Vermerkt werden in der folgenden Liste neben den Namen der Besitzer lediglich die Hinweise auf eine Schiffshütte, jedoch auf keine weiteren Besitzungen.

1/16 Hof beym Benedikt zu Niedernach (Nikolaus Pacher, Georg Pfalz), Schiffshütte
1/32 Hof beym Jörgel auf der Obernach (Georg Oettl zum Jörgl u. a.)
1/32 Hof beym Anderl zu Obernach (Andreas Oettl bey Anderl)
1/16 Hof beym Breitmort zu Altla (Paul Wörner), Schiffshütte
1/16 Hof beym Christopher zu Altla (Nicolaus Pacher), Schiffshütte
1/16 Hof beym Mathias zu Altla (Joseph Heiß), Schiffshütte
1/16 Hof beym Jäger zu Altla (Melchior Heiß), Schiffshütte
1/3 Hof beym Jörgl zu Sachenbach (Georg Sachenbacher), Schiffshütte
1/3 Hof beym Sappen zu Sachenbach (Joseph Oswald), Schiffshütte
1/16 Hof beym Jäger am Urfeld (Wolfgang Heiß), Schiffshütte

(StA Mü Kataster 21656)

DIE FISCHEREI DES KLOSTERS BENEDIKTBEUERN

Obwohl sich die Klöster Schlehdorf und Benediktbeuern zu gleichen Teilen die Fischerei am Walchensee teilten, hatte Benediktbeuern als Grund- und Gerichtsherr weit mehr Einfluss auf die Entwicklung – und vor allem haben wir größtenteils aus Benediktbeurer Klosterquellen Kenntnis davon.

Die Benediktbeurer Fischerei unterstand anfangs dem Kellermeister; erst im 17. Jahrhundert wurde dafür ein eigener Offizial, der *„inspector vivariorum"* (= Aufseher über die Fischweiher) oder Fischereimeister, bestimmt.[38] Pater Rhaban Hirschpeindtner stellte Fischordnungen und Seegerichtsprotokolle zusammen[39] sowie das Fischbuch, in dem alle Fischordnungen vor allem des Kochelsees von 1414 bis 1722 zusammengefasst wurden.[40] Die Fischereimeister führten dann die Bücher über die Fischereierträge und Fischabrechnungen von 1754 bis zum Ende des Klosters 1802[41] ebenso wie die Weiherbücher, in denen über die Lage und Art, Instandsetzung, Abfischung und Erträge der künstlich angelegten Fischweiher Rechenschaft abgelegt wurde.[42] Dem Fischereimeister unterstand die Fischerei im Walchen- und im Kochelsee, in der Loisach, in den Bächen und in den Weihern. Die Jurisdiktion über Fischfrevel übte seit 1604 der Gerichtsschreiber aus.[43]

Bereits 1414 war es zwischen Benediktbeuern und Schlehdorf zum Streit über die Fischerei im Kochelsee gekommen. Vor dem Werdenfelser Pfleger einigte man sich und vereinbarte das Fischen mit der sogenannten Segen, einem großen Zug- oder Schleppnetz. Doch Abt Wilhelm Diepolzkircher von Benediktbeuern (1440-1483) vertrat 1455 erneut die Ansicht, dass der Kochelsee ganz dem Kloster Benediktbeuern gehöre. Die Fischer des Hochstifts Freising und von Schlehdorf ließ er gefangen nehmen und klagte vor dem herzoglichen Gericht. Das Hofgericht forderte nun von beiden Klöstern urkundliche Beweise. Abt Diepolzkircher legte die Urkunde Kaiser Heinrichs III. von 1048 vor, doch offensichtlich konnte er das Hofgericht damit nicht überzeugen.[44] Im Juni 1456 schließlich entschied der kaiserliche Kommissar im Sinne Freisings; das Gericht lud den Benediktbeurer Abt zweimal vor und verurteilte ihn am 25. Juni 1460, die Kosten der Gegenpartei bis zur Höhe von 3.000 Gulden zu ersetzen. Zugleich wurde der Rechtsstreit an den bayerischen Herzog zurückverwiesen, der am 27. Februar 1466 schließlich entschied, dass auf dem Kochelsee jeder der drei streitenden Parteien das Fischrecht mit einer Segen zustehe.[45] Anlässlich einer weiteren Auseinandersetzung wegen der Fischerei im Kochelsee kam es 1529 zu einer ersten Fischordnung für den Kochelsee.[46]

Vermutlich als man in Benediktbeuern erkannt hatte, dass man am leicht zugänglichen, nahen Kochelsee nur ein Drittel der Fische erhalten würde, beschäftigte man sich intensiver mit der Fischerei am weiter entfernten und unwegsamen Walchensee. 1466 war die Entscheidung am Kochelsee gefallen. 1480 kam es zum ersten Besatz des Walchensees mit Renken, gefolgt von Saiblingen 1503.

Generell scheint das Kloster Benediktbeuern seine Fischzucht um 1500 intensiviert zu haben. Abt Balthasar Werlin (1504-1521) legte eine Reihe neuer Fischweiher an, nachdem seine Vorgänger bereits mit der Verbesserung der Fischzucht im Walchensee begonnen hatten, indem Abt Wilhelm 1475 Renken eingesetzt hatte und 1503 Abt Narziß Saiblinge. Nach dem Vorbild von Tegernsee, das bereits seit Jahren über eine ausgezeichnete Fischzucht verfügte, ließ Abt Balthasar zudem Weiher bei Benediktbeuern, Kochel, Heilbrunn, Stallau, Puchau, Riedern und in der Ramsau anlegen und mit Karpfen, Hechten und Forellen besetzen.[47] Vor allem nachdem die neuen Karpfenteiche 1515 in der Stallau gegraben worden waren, wurde die Benediktbeurer Fischerei ertragreicher.[48] Seit 1511 wurde ein eigener

38 Hemmerle, Benediktbeuern, S. 308.

39 BayHStA KL Benediktbeuern 1093/315. Vgl. ausführlich das Kapitel „Die Organisation der Fischerei".

40 BayHStA Benediktbeuern, Fasz. 105, Nr. 32.

41 BayHStA KL Benediktbeuern 1092/307.

42 BayHStA KL Benediktbeuern 93 1/3 und 94 1/4.

43 Hemmerle, Benediktbeuern, S. 309.

44 Vgl. oben S. 27 f. Es handelte sich dabei um die genannte verfälschte Urkunde.

45 Heigel, Schlehdorf, S. 128 f. Doch auch in der Folge kam es zwischen den Parteien immer wieder zu Streitigkeiten bezüglich der Fischrechte auf dem Kochelsee, bis nach dem Vertrag über die Fischerei am Kochel- und Walchensee vom 29. November 1716 und nach der am 9. Juni 1717 erlassenen gemeinsamen Fischordnung endlich Ruhe einkehrte. Vgl. auch Hemmerle, Benediktbeuern, S. 309.

46 BayHStA KU Benediktbeuern 955.

47 BayHStA KL Benediktbeuern 80, fol. 155-158. Zu den Benediktbeurer Fischweihern vgl. Hemmerle, Benediktbeuern, S. 312.

48 Hemmerle, Benediktbeuern, S 507. Vgl. auch unten S. 224.

Weihermeister besoldet, dem später fünf Klosterfischer und eine ganze Reihe von Arbeitern zur Seite standen. Abt Ludwig Perzl (1548-1570) schließlich soll sogar eine Schrift über die Anlage von Weihern und die Fischzucht[49] verfasst haben.

In diese Zeit fällt auch die Vermehrung der Fischer am See. Waren bisher zwei Fischer aufgestellt – einer für Benediktbeuern und einer für Schlehdorf –, erscheinen in der Folge fünf Fischer: zwei für Benediktbeuern und drei für Schlehdorf. Im Ort Walchensee wohnten die Benediktbeurer Fischerfamilie Öttl, die im Benediktbeurer Stiftsbuch erstmals für das Jahr 1487 schriftlich belegt ist, und die Schlehdorfer Fischerfamilie Zwerger, jeweils auf einem Urbar. Um 1500 wurde offensichtlich aufgestockt: Benediktbeuern übernahm nun auch Heinz Zwerger samt Tafern von Kloster Schlehdorf, während die drei Söhne des Heinz Zwerger die Schlehdorfer Fischerei nun zu dritt übernahmen, sich jenseits des Sees auf der Halbinsel niederließen, die in der Folge ihren Namen trug (und bis heute trägt) und dort die drei Fischerhäuser errichteten. Ob und in welchem Ausmaß damals dort schon Fischzucht betrieben wurde, lässt sich heute nicht mehr genau feststellen. In der abgelegenen Bucht waren offensichtlich bereits die ersten Fischzucht- und Kalteranlagen entstanden, die per Einbaum von den Wohnhäusern im Ort Walchensee aus bewirtschaftet wurden. Dass eine Hütte für einen Knecht zur Aufsicht und zur Unterbringung von Gerätschaften bereits zu diesem Zeitpunkt dort bestanden hat, ist nicht auszuschließen. Die Wohnhäuser aber standen eindeutig in Walchensee. Die in der Zwergerner Bucht wurden erst nach 1500 erbaut.

Fischerhütte in der Zwergerner Bucht, Fotografie um 1920

Luftaufnahme von der Zwergerner Bucht, ca. 1980

49 Meichelbeck, Chronicon, S. 256. Die Handschrift läst sich allerdings nicht mehr auffinden.

DAS FISCHERGESCHLECHT DER ZWERGER

Eng mit der Geschichte der Fischerei am Walchensee verbunden ist die Geschichte des alten Fischergeschlechts der Zwerger, das hier über 400 Jahre eine bedeutende Rolle spielte. Doch nicht nur am Walchensee machten die Zwerger als Fischer Karriere. Zahlreich lassen sie sich bayernweit feststellen und einige sind sogar in die große weite Welt hinausgegangen und behaupteten sich im Ausland. Insgesamt lassen sich mehr als 30 Gewässer aufzählen, an denen Vertreter der Familie Zwerger wirkten.[50]

Es ist hier sicher nicht genug Raum, die Geschichte dieses Geschlechts erschöpfend zu behandeln. Bereits 1929 hielt der damalige Pfarrer von Eschenlohe, Josef Demleitner, einen Vortrag über „Das Fischergeschlecht der Zwerger" vor den Mitgliedern des Bayerischen Landesvereins für Familienkunde in München.[51] 1937 kam es sogar zur ersten (und wohl auch einzigen) „Zwerger-Tagung" vom 18. bis 20. September 1937 am Walchensee, anlässlich der 450-Jahr-Feier, wobei man sich damals auf die Nennung von 1487 bezog. Die Zwerger lassen sich jedoch bereits vorher am Walchensee nachweisen. Als Einladender fungierte der Baumeister Josef Zwerger aus Garmisch-Partenkirchen; Pfarrer Demleitner hielt eine Ansprache, die anschließend sogar im Druck erschien und über die die Zeitungen ausführlich berichteten[52]. Die Geschichte der Familie Zwerger blieb auch nach dem Zweiten Weltkrieg von Interesse: Seit Jahren erforscht Otto Wimmer, Pullach, dieses Thema.[53]

Die drei Höfe auf der Halbinsel Zwergern, Aufnahme um 1910

Einst gab es verschiedene Zweige der Familie am Walchensee. Heute existiert hier kein einziger mehr, während ansonsten Nachkommen noch weit verstreut zu finden sind.

Anders als etwa bei den nahe gelegenen Jocher von Joch oder den Sachenbacher von Sachenbach trat im Fall der Zwerger zunächst der Familienname auf; erst ein knappes Jahrhundert nach der ersten Nennung des Konrad Zwerger 1440 am Walchensee besiedelten sie vom Ort Walchensee aus die Halbinsel im Walchensee und gaben der neuen Siedlung ihren Namen: „Bei den Zwergern". 1529 ist erstmals die Rede von den Zwergern, *„die über dem See sitzen"*[54]. Auch in den Fischordnungen von 1580 oder 1586 ist nur jeweils von den Schlehdorfer Fischern Zwerger die Rede, nicht jedoch von einem Ort Zwergern oder etwas Ähnlichem. Die Stiftsbücher von Schlehdorf von 1551 und 1586/96[55] nennen als Ortsangabe nur *„Walchensee"*, womit vermutlich der See selbst gemeint ist, nicht das Dorf Walchensee. Erst in der zweiten Hälfte des 17. Jahrhunderts wurde aus dem Familiennamen langsam

50 Demleitner, Fischergeschlecht. Ein von ihm erstellter Zwerger-Stammbaum enthält jedoch einige Ungenauigkeiten, Mutmaßungen und Fehler, die hier im Einzelnen nicht alle überprüft und richtiggestellt werden konnten.

51 Als maschinenschriftliches Manuskript ohne Seitenangaben erhalten.

52 Garmisch-Partenkircher Tagblatt vom 4. September 1937; Werdenfelser Anzeiger vom 20. September 1937.

53 Die Forschungen (Stand Januar 2006) standen mir dankenswerterweise zur Verfügung.

54 BayHStA KU Benediktbeuern 1323, beiliegende Abschrift der Urkunde von 1529.

55 BayHStA KL Schlehdorf 19 und KL Schlehdorf 32.

Das Wappen der Zwerger, Ausschnitt des Wappenbriefs vom 6. Dezember 1532

auch ein Ortsname. Erstmals 1652 erscheint in den Seegerichtsprotokollen die Angabe *„die Fischer zum Zwergern“*[56]; zehn Jahre später heißt es *„bey den Zwergern“*[57]. In den 1690er-Jahren ist dann häufiger die Rede von den drei Fischern *„zum Zwergern“*[58]. Der Pfarrvikar kam 1695 *„nach Zwergern“*[59] und im Universalvergleich von 1716 liest man dann von *„bei den sogenannten Zwergern“*.

Der Name leitet sich ursprünglich mit einiger Sicherheit von mhd. „twerch“ = „schräg, quer“ ab, ein Wort, das wir heute eigentlich nur noch in der Zusammensetzung „Zwerchfell“ kennen[60] und das wohl einst als Spott- oder Spitzname für einen vielleicht verwachsenen oder zumindest gebeugt, schief gehenden Menschen gewählt wurde. Zu Spitznamen führten mit Abstand am häufigsten körperliche, leicht wahrzunehmende Eigenarten oder ein augenfälliger Makel. Später mutierten diese Spitznamen vielfach zu Familiennamen.[61]

Das erste Auftreten der Zwerger findet jedoch nicht am Walchensee statt, sondern im Schwäbischen: 1295 wird ein Konrad Zwerger als Siegelzeuge und Dienstmann des Herrn von Kleinkemnat bei Kaufbeuren genannt. 1314 erscheint Heinrich Zwerger als Siegelzeuge in Rotenbuch, später im Raum Landsberg, um nur die frühesten zu nennen. 1370 bestätigen dann die Brüder Otto und Heinrich, dass sie von Kloster Benediktbeuern drei Höfe zu *„Kuckenberch“* leibgedingsweis innehatten.[62] Möglicherweise hat bereits dieses Bruderpaar Benediktbeurer Lehen am Walchensee erhalten. Demleitner mutmaßt, dass die Zwerger um 1400 die einzigen Siedler am Walchensee waren – mit Ausnahme der Sachenbacher –, ohne allerdings eine Quelle für diese Annahme anzuführen. Auch die eher ungenaue Angabe in der Urkunde von Hans Ebenhauser, in der 1529 die Rede davon ist, dass bereits ihr *„Vater und* [ihre] *Vorfordern“* auf dem Urbar gesessen haben, besagt nur, dass die Zwerger schon seit Generationen dort lebten, bietet jedoch keinen genauen zeitlichen Anhaltspunkt.[63] Auf gesichertem historischen Boden befinden wir uns erst im Jahr 1440. Damals erscheint Konrad Zwerger auf einem Urbar am Walchensee, das allerdings zur Grundherrschaft Schlehdorf gehörte. Konrad Zwerger erhielt jedoch von Abt Wilhelm Diepolzkircher von Benediktbeuern als Gerichtsherr zusammen mit seiner Ehefrau Agnes und den Kindern Wolfgang, Oswald, Heinrich und Amman die Erlaubnis, eine Mahlmühle am Walchensee zu errichten und seinem Urbar zuzuschlagen.[64]

56 BayHStA KL Benediktbeuern 1093/315, fol. 28’.

57 Ebenda, fol. 33 (vom 27. November 1662).

58 Ebenda, fol. 64’, 66, 71’ und 74.

59 Ebenda, fol. 70.

60 Auch der Flurname „Zwergacker“ in der Gemeinde Krün ist auf „zwerch“ = „schräg“, „quer“ zurückzuführen. Helmer u. a., Flurnamenbuch Krün, S. 257. Auch in der Urkunde des Hans Ebenhauser von 1529 ist für die Ausmarkung auf dem Katzenkopf der Ausdruck „zwerch zeun“ verwendet worden, was so viel wie „schräg laufender Zaun“ bedeutet. Vgl. Meichelbeck, Chronicon, Teil II, S. 212.

61 Baumann, Spitznamen, S. 34 ff. Bereits für das 12. Jahrhundert ist in Regensburg ein „Dwerchols“, ein „Schiefhals“, bezeugt, den Schwarz (Personennamengebung in Regensburg, S. 36) allerdings für einen „Querkopf“ hielt. Unser „Zwerg“ geht auf einen anderen Ursprung zurück. Vgl. auch Schmeller, Bayerisches Wörterbuch, Bd. II, Sp. 1182 f.

62 BayHStA KL Benediktbeuern 18, fol. 171’. Bei „Kuckenberg“ handelt es sich vermutlich um den Weiler Guggenberg (Gemeinde Bad Kohlgrub), der zum Klostergericht Benediktbeuern gehörte. Vgl. Albrecht, Historischer Atlas, S. 41.

63 Meichelbeck, Chronicon Teil II, S. 211.

64 BayHStA KL Benediktbeuern 17, fol. 376’ ff. Vgl. auch S 108.

Zwergern um 1898, Zeichnung von Irmgard von Freyberg, entstanden 1938

Demleitner vermutet, dass Konrad der Zwerger kein „Dahergelaufener" war, sondern ein Nachkomme der oben genannten Zwerger, die bereits Benediktbeurer Lehen innehatten, und ein Verwandter des Abts Diepolzkircher war – allerdings ohne dafür einen Quellenbeweis zu liefern. Konrad Zwergers Ehefrau Agnes stammte als Tochter des Heinrich Grüner (Grinner, Krinner) vom Luitpoldenhof, einem der größten Höfe der Jachenau, auf jeden Fall aus gutem Hause. All ihr Erb und Gut regelte sie 1459 in einem Testament, das für größeren Reichtum spricht.[65] Demleitner vermutet darüber hinaus, dass sie reiche Verwandte in Benediktbeuern hatte und Mitglieder ihrer Familie sogar ins Kloster eingetreten waren.

Mit dem Urbar, das die Zwerger seit 1440 innehatten, war später eine Tafern verbunden, die nach dem Bau der Kesselbergstraße 1492 besondere Bedeutung erhalten sollte. Konrad (= Kunz) hatte, da der See wenig ergiebig war, zunächst nur wenige Fische an das Kloster zu liefern. Doch arm waren die Zwerger sicher nicht. Am 9. Januar 1463 übertrug nämlich Wolfgang Zwerger von Walchensee für sich, seine Hausfrau und alle seine Erben seinen Teil und alle Gerechtigkeit, die er von seinem namentlich nicht genannten Vater, bei dem es sich jedoch um Konrad handeln muss, und die er von *„Heiratswegen zu Heiratsgut"* zu Walchensee bekommen hatte, mit allem, was dazugehörte, *„ze Haus, ze Veld, ze Weyd, ze Holtz mit sambt dem Walchensee, nichts ausgenommen"*, an Abt Wilhelm von Benediktbeuern.[66] Konrads Sohn Heinz Zwerger und seine Frau Katharina, die 1470 in Walchensee wohnten, mussten dann nicht nur zehn Forellen an das Kloster Benediktbeuern als Gerichtsherrschaft abtreten, sondern darüber hinaus auch Bargeld und verschiedene „Dienste", obwohl sie eigentlich Schlehdorfer Grunduntertanen waren. Propst Johannes hatte ihnen den Schlehdorfer Leibgedingsbrief am 14. Februar 1470 ausgestellt, in dem auch die Weiderechte in der Wismad, genannt das Obermoos, geregelt wurde.[67] In dieser Urkunde wird erneut expressis verbis ausgedrückt: Das Schlehdorfer Urbar, auf dem die Zwerger saßen, war im Ort Walchensee gelegen, *„zu Sand Jacob an des von Pewern Urbar"*, und der „halbe See" gehörte zum Gotteshaus Schlehdorf, *„den wir viel und lange Zeit verliehen haben zusammen mit den Bächen"*. Heinz Zwergers Sohn Kunz (= Konrad) Zwerger, der offensichtlich das Leibgeding von seinem Vater übernommen hatte, war 1494 neben Hechten und anderen Leistungen bereits 15 Renken schuldig.[68]

65 BayHStA KL Benediktbeuern 18, fol. 100'-101.

66 BayHStA KL Benediktbeuern 18, fol. 127-128 und fol. 471-472.

67 BayHStA KL 17, fol. 380. Vgl. auch BayHStA KL Benediktbeuern 39, fol. 75-76. Um die Weiderechte wurde auch in Zukunft mehrfach gestritten. So musste etwa der Richter von Wolfratshausen, Hans Ebenhauser, einen Streit bezüglich der „Irrungen wegen des Triebs und Blumebesuchs der Zwerger am Walchensee" am 27. Oktober 1529 zwischen Schlehdorf und Benediktbeuern schlichten. Vgl. BayHStA Repertorium KU Benediktbeuern 954. Die Urkunde fehlt heute.

68 BayHStA KL Benediktbeuern 39, fol. 405.

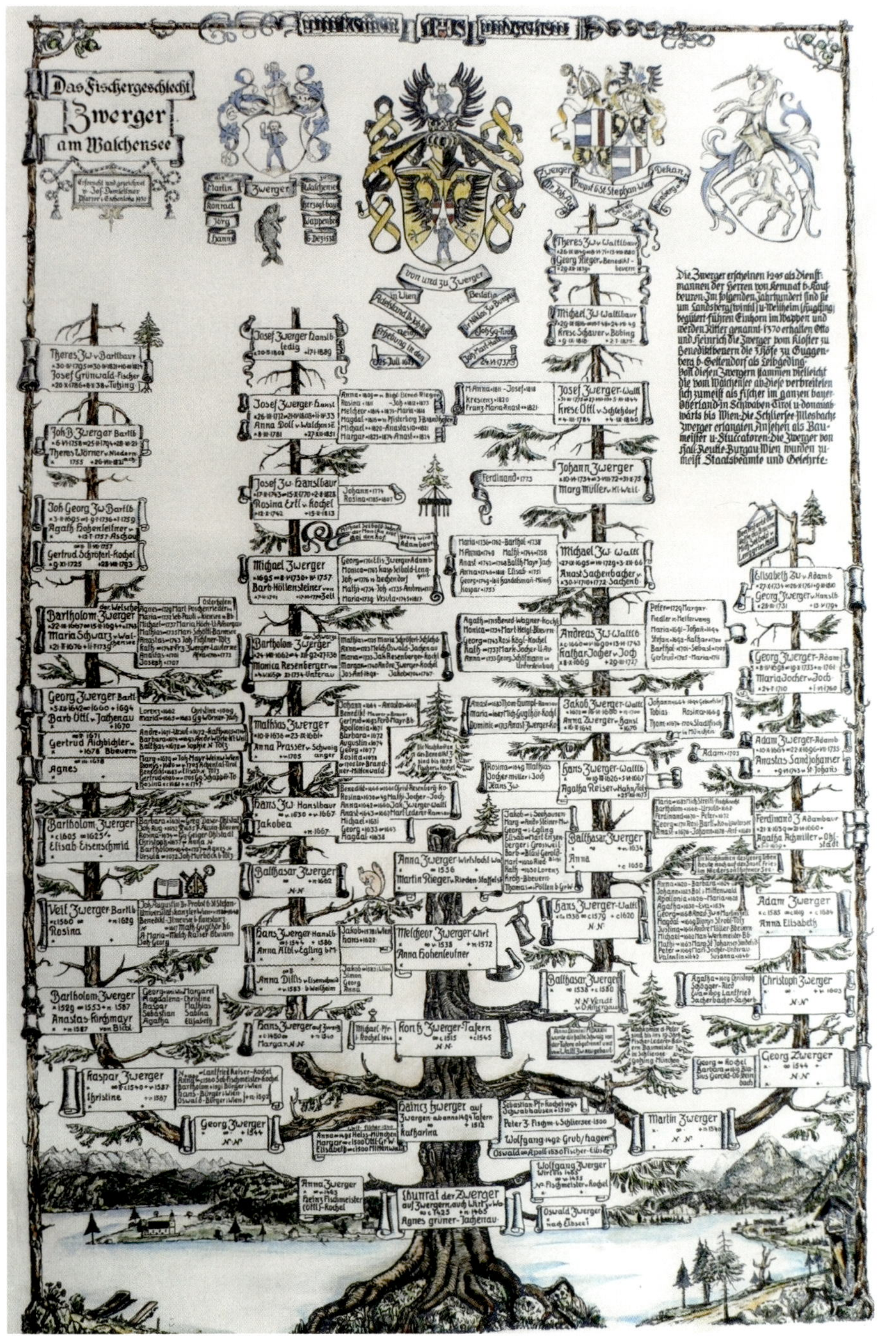

Der Ahnherr

Gedicht von Karl Dankwart Zwerger (Erfurt) zur 450-Jahr-Tagung der Sippe der Zwerger von Walchensee (anlässlich der ersten Zwerger-Tagung, als typisches Beispiel für ein Gelegenheitsgedicht seiner Zeit).

Er war ein Fischer, zwerch am See
Ein Mensch wie wir aus Glück und Weh,
Und Sohn und Sohn gewann sich Pfand
An hundert Seen im Alpenland.

Geschlechter ziehn und Zeit zerbrach
Das Blut allein blieb licht und wach, –
In einer Welle Blut und Geist
Wird Ewigkeit, was Erbe heißt.

Wir wissen nicht, wieviel wir sind
In welchen rot sein Quell noch rinnt,
Wir wissen nur: jahrhundertreich
Ist er uns Ruf und Strom zugleich.

Nun sind wir stolz und demutsam
Ein weiter Tausend-Enkel-Stamm,
An Sippe, Volk und Pflicht verschworn,
Und jeder Keim und jeder Korn.

Und jeder Fähr- und Fischerblut
An Kampf und Traum, Geduld und Glut
Mit Berg und Wald und Glück und Weh
Vom Ahnenhaus am Walchensee.

(Werdenfelser Anzeiger Nr. 218
vom 20. September 1937)

Inzwischen waren die Renken und später auch die Saiblinge eingesetzt worden, die seitdem der Stolz der Walchenseefischer sind. Die Einsetzung nahmen zwar vor allem die Fischer Öttl vor, doch der Ruhm färbte auch auf die Zwerger ab (die noch dazu mit den Öttl verschwägert waren[69]) und mehrte ihren Ruf als bedeutendes Fischergeschlecht im Oberland: In jenen Tagen wurden wohl auch die Anlagen in der Zwergerner Bucht angebracht. Mit dieser Verbesserung der Fischerei am Walchensee und dank der Tafern, die nach dem Ausbau der Kesselbergstraße florierte, hatten nicht nur die Klosterbrüder, sondern auch die Zwerger größere wirtschaftliche Erfolge. Enkel Heinrich (Heinz) und seine Frau Katharina werden durch den Bau der Kesselbergstraße und den zunehmenden Reiseverkehr

69 Laut Demleitners Stammbaum hatte Konrad Zwergers Tochter Anna um 1463 den Fischmeister Heinz Öttl von Kochel geheiratet. In einer Urkunde von 1463 erwähnt Wolfgang Zwerger vom Walchensee einen Bruder Heinz und einen Schwager „Heintzen Vischmaister zu Kochel“ (vgl. BayHStA KL Benediktbeuern 18, S. fol. 127-128). Demnach handelte es sich bei Hans und Liendl Öttl möglicherweise um Enkel des Konrad Zwerger.

Linke Seite: Zwerger-Stammbaum, erstellt von Josef Demleitner, 1930

keine schlechten Geschäfte gemacht haben. Alle zehn Kinder, die das Erwachsenenalter erreichten, wurden laut Demleitner gut versorgt. Der älteste Sohn, Kunz, erhielt die Tafernwirtschaft mit dem Urbar und der Fischerei, Martin, Georg und Hans erbauten später je einen Hof am „Ort", auf der Halbinsel, die später den Namen Zwergerner Halbinsel führte.

Auch den übrigen Zwerger-Sprößlingen erging es laut Demleitner nicht schlecht: Sebastian erscheint 1494 als Pfarrer in Kochel und später in Schwabhausen. Wolfgang bekam den großen Hof zu Grub bei Murnau, den er 1510 neu erbaute. Peter wurde Fischer am Schliersee und begründete dort eine Fischer- und Ledererfamilie, die bis ins 19. Jahrhundert bestand und aus der die bekannten Baukünstler hervorgingen.[70] Eine Tochter, Anna, heiratete laut Demleitner 1495 den bürgerlichen Fischer Wolfgang Heiß in München; Margarethe wurde 1500 an einen Oettl in Großweil, Elisabeth in Mittenwald verheiratet. Ein Konrad Zwerger war 1465 auch Segenfischer in Kochel. Seine Nachkommen blieben Segenfischer bis 1832, als der Letzte, Johann Zwerger, das „nasse Gewerbe" der Fischerei mit einem anderen „feuchten Beruf" vertauschte: Er wurde Wirt zu Fischen am Ammersee. Spätestens 1532 hatten sich nach Demleitner auch Zwerger aus Walchensee in Schlehdorf niedergelassen.[71] 1530 erhielt Oswald Zwerger vom Walchensee von Bischof Philipp von Freising den Eibsee und das dazugehörige Fischerhaus. Dazu erwarb er große Höfe in Grainau und Wiesen, die nach seinem Tod 1572 samt und sonders einschließlich der Fischereigerechtigkeit an die Tochter Martha, verheiratete Ostler, übergingen.

Auch in der Folge zogen immer Einzelne der zahlreichen Zwerger-Sprösslinge ins Land hinaus. Die kleinen Seen bei Mittenwald, der Sachensee, der Barmsee, der Lauter- und der Ferchensee, kamen schon bald in den Besitz der Zwerger und blieben dort bis ins 19. Jahrhundert. Vom Chiemsee bis ins Allgäu finden sich in der Folge Zwerger an den bayerischen Seen. Auch die bedeutende Fischerei des Fürststifts Kempten kann Fischermeister aus dem Geschlecht der Zwerger aufweisen.[72] Thomas Zwerger vom Waltlbauern in Walchensee wird 1704 als bürgerlicher Fischermeister in München genannt. Sogar in Fürstenbergischen Diensten lässt sich ein Zwerger vom Bartlbauern nachweisen, ebenso wie in Tirol. Bis nach Wien hat es die Brüder Johann, Oswald und Bartholomäus Zwerger vom Bartlbauern als Fischhändler und kaiserliche Hoffischer verschlagen. Ein Jakob Zwerger vom Hanslbauern stirbt 1578 als Fischkäufler in Wien. Die Nachfahren hielten den intensiven Kontakt zwischen Walchensee und Wien und machten auch außerhalb der Fischerei Karriere, etwa Johann Augustin Zwerger, studierter Theologe, Domherr, Universitätsprofessor und Kanzler der Universität Wien, der am 25. Juli 1625 vom Kaiser sogar in den Reichsadelsstand erhoben wurde. Demleitner vermutet, dass er um 1580 als Sohn des Veit Zwerger beim Bartlbauern geboren worden war.[73] Und so ließe sich noch eine ganze Reihe weiterer Zwerger in Fischereisachen aufzählen.

Doch kehren wir zurück an den Walchensee, wo die Zwerger einen schwunghaften Handel mit ihren edlen Fischen trieben, zum Teil allerdings auf eigene Rechnung und knapp an der Legalität vorbei.[74] Auch an die bayerische Landschaft mussten sie liefern, wie nicht nur eine Rechnung aus dem Jahr 1556, sondern auch die zahlreichen kurfürstlichen Befehle und Ermahnungen beweisen.

Durch die stark frequentierte Handelsstraße zwischen München und Bozen über den Kesselberg nach Mittenwald und Tirol waren die Zwerger auch ins Handelsgeschäft eingestiegen. Sie betrieben Frachtfuhrwerke und leisteten Vorspanndienste bis weit hinab nach Südtirol und Italien. Bartholomäus Zwerger, der Bartlbauer, bekam deswegen sogar den Zunamen „der Welsche". Viele Zwerger-Nachkommen ließen sich in der Folge entlang der Brennerstraße nieder. 1893 etwa verstarb Johann Baptist Zwerger aus der Südtiroler Linie als Fürstbischof von Seckau.

70 Georg Zwerger hatte es in München zum Stadtmaurermeister gebracht, sein Sohn Philipp errichtete einige Adelspaläste, dessen Sohn wiederum war als Baumeister in Weilheim tätig, bevor er zum Hofmaurermeister befördert wurde. Vgl. Oelwein, Der Orlandoblock, S. 42.

71 Im Schlehdorfer Stiftsbuch von 1551 ist ein Christoph Zwerger von Schlehdorf verzeichnet (BayHStA KL Schlehdorf 19, fol. 4).

72 Oelwein, Fischereibuch des Benedict von Schönau, S. VII.

73 1644 schenkte er der Margarethenkirche zu Zwergern einen silbernen Kelch mit seinem Wappen und Widmung.

74 Vgl. Kapitel „Die Organisation der Fischerei."

Vom 6. Dezember 1532 datiert ein Wappenbrief, ausgestellt in München von den Herzögen Wilhelm IV. und Ludwig von Bayern, für die lieben, getreuen Hansen, Konrad, Jörg und Martin die Zwerger, wegen ihrer Ehrbarkeit, Redlichkeit, guter Schicklichkeit, darin sie hoch berühmt worden sind, auch wegen der getreuen, untertänigen Dienste, die sie den Fürsten und der *„Landes Sachen gehorsamblich getan“*. Das Wappen zeigt auf weißem Feld einen Zwerg mit blauer Hose und blauem Wams, auf dem fünf goldene Knöpfe prangen. Der Zwerg steht auf den beiden äußeren von drei kleinen „Berglein“ und hebt einen weißen Kieselstein zum Wurf auf. Dabei wurde „Zwerger“ volksetymologisch mit „Zwerg“ in Verbindung gebracht, weil das mhd. „twerch“ schon damals nicht mehr verstanden wurde.[75] Die Helmzier mit weißer und blauer Helmdecke nimmt das Motiv erneut auf. Der kleine, offensichtlich wütende Zwerg im Wappen, der wenig friedfertig den Stein in der Hand hält, öffnet Spekulationen Tür und Tor. Das Bild ist ungewöhnlich und offensichtlich ein „redendes Wappen“, wie es in der Fachsprache heißt. Man kann davon ausgehen, dass auf einen realen Vorfall Bezug genommen wird. Doch wie dieser ausgesehen hat, wissen wir nicht. Vielleicht steht auch dieses Bild im Zusammenhang mit den Auseinandersetzungen und der *„Separierung über den See hinüber“*. Aber das ist reine Spekulation. Die Urkunde selbst gibt darüber keinen Aufschluss.

Die beiden wegen ihrer Jagdleidenschaft bekannten Wittelsbacher kamen nicht zur Freude, sondern nur mit notgedrungener Erlaubnis des Abts von Benediktbeuern

75 Unser „Zwerg“ ist jedoch auf mhd. „twerc“ bereits in der Bedeutung „Zwerg“ zurückzuführen. Vgl. Kluge/Seebold, Etymologisches Wörterbuch, S. 820. Zur Erklärung siehe oben S. 116.

Linke Seite: Der Wappenbrief der Zwerger vom 6. Dezember 1532

Der Wappenbrief vom 6. Dezember 1532

Von Gottes Genaden Wir Wilhelm unnd Wir Ludwig Gebrüder, Pfallntzgraven bey Rein, Hertzogen in Obern unnd Nidern Bairn etc. bekennen unnd thun khunt offentlich mit dem Brieve gegen allermeniglich, wann wir aus angeborner Giete und fürstlicher Milltigkhait yeder Zeit genaigt sein, allen unnd jeglichen unsern Unnderthanen lieben unnd getrewen unnser fürstliche Genad genediglich mitzeteilen, so ist doch unnser Gemite imer begirlicher unnd aus Billicheit schulldig die Jhenigen, so sich gegen unns unnd den unnsern allweg in gehorsamer Dinstvez unnd Willigkeit hallten unnd beweisen. Auch in tugenndden unnd gueten erbern zedlichen Sachen yeben unnd gebrauchen zu fürdern und zue begnaden. Demnach wir angesehen unnd bedacht unnserer lieben getreuen Hannsen, Chunradtn, Jörgen unnd Hartmen der Zwerger Erberkait, Redlicheit unnd gueter Schigklicheit, darinn sy unns hoch berumbt worden sind. Auch die getreuen unnderthenigen Dinste, so sy in unnsern und unnsers Lanndes Sachen gehorsamblich gethan unnd solhes hinfüron wol thuen mügen sollen und wollen unnd haben darumben mit wolbedachtem Muet, guetem Rat unnd rechter Wissen dieselben Zwerger und all ire eheleiblichen Erben von irem Namen unnd Stammen geporen mit ainem Clainat unnd Wappen allso geschaffen, nemblich ain weisser Schilldt unnden darinn drey gele Perglein, darauff ain Menndlin mit langem Har unnd Part, gleichend ainem Zwergen, in plaue Klaidung, Hosen unnd Wammis angethan unnd vornen an seiner Prust fünf gele, eingethane runde Knepflein, sein lingkhe Hannd auf der Huff und in der gerechten Hannd ainen weissen Kyslingstain zum Wurff aufrecht halltend. Auch an jetwedem seinem Fuess ain hochen herabgestilbten schwartzen Schuch, mitt denselben von einannder auf den aussern zwaien Perglein unnd das mitter Perglein frey steend gestellt und geordent auf dem Schilldt ain Hellm mit weisser unnd plauer Hellmdegk geziert. Auf dem Hellm abermalls ain Mantdlein von der Schoes auf, sonnst allermassen Gestallt wie vor oben Melldung davon beschehen unnd in Mitte diss unnsers Briefs mit Farben aigentlich gemalet und aufgestrichen ist begnadet, begabt, verlihen unnd geben, verliechen unnd begeben ine auch das allso aus fürstlicher Macht unnd rechter Wissen hiemit in Crafft diss Briefs unnd wollen, das sy in füren in ewig Zeit obbemelte Zwerger unnd ir Erben unnd derselben Erbens Erben, die berueten Wappen unnd Klainat haben, fürn unnd sich die in allen und yeglichern erlichen Sachen und Gescheffften zu Schimpf unnd Ernist, in Streitten, Stirmmen, Kempffen, Gestechen, Gefechten, unnd zigen Paniern, Gezellten, Aufflahen, Insiglen, Petschafften, Klainaten, Begrabussen und sonnst an allen Wirden und Gerechten nach irn Eren und gestifften Willen und Wollgevallen alls sich zu sollichem Gepurt unnd frumen Leitten wol zu [...] allermeniglich [...] ohn Hindernuss geprauchen und geniessen mugen. Sy sollen auch all so damit in ewig Zeit Waffensiglers Leut haissen und sein, alles treulich und ongeverde. Doch anndern, die in solchermassen vorgewappt, an iren Wappen unschedlich unnd unvergriffenlich des zue wahrn Urkunt und ewiger Gedechtnus haben wir vorgedachten Zwergern disen Brief mit unnserm anhanngenden Secret Innsigl, des wir uns baid alls miteinannder regierend Fürsten geprauchen, besiglt. Geben zu München an sannd Nicolaus Abennd, den sechsten Tag Decembris, alls man zallt nach der Gepurt Chriti unnsers Seeligmachers, fünfzehenhundert und im zwayunnddreissigisten Jar.

(Die Originalurkunde (s. links) mit einem an weiß-blauen Seidenschnüren eingehängten Siegel befindet sich im Privatbesitz der Familie Grünwald, Zwergern.)

Der Wiener Theologe Johann Augustin Zwerger, Gemälde um 1625

ein paar Jahrzehnte lang mit ihrem zahlreichen Gefolge in das wilde Gebirge rund um den Walchensee. In welcher Weise ihnen dabei die Jocher in Joch, die ebenfalls einen Wappenbrief erhielten, und die Zwerger dienlich waren, geht aus den Wappenbriefen nicht hervor. Allgemein wird vermutet, dass die hohen Herren bei den Fischern in Zwergern Quartier bezogen, vielleicht reichten die Dienste jedoch weit darüber hinaus. In Anerkennung ihrer Dienste stellten die hochgeborenen Jäger jeder der beiden Familien einen Wappenbrief aus.[76] Die Fischerfamilien haben den Adelstitel „von", der ihnen nun eigentlich gebührte, nicht geführt, sich ihn in Ausnahmefällen allerdings bestätigen lassen, etwa wenn sie in höhere geistliche Stellungen aufgestiegen waren.[77]

Der Hauptstamm der Zwerger saß ursprünglich auf der Tafern am Walchensee, ist dort aber schon in der fünften Generation (soweit wir zurückblicken können) im männlichen Stamm erloschen. Bereits in der dritten Generation war allerdings im Ort Walchensee das inzwischen vereinigte Urbar bei der Tafern wieder geteilt und ein Teil dem Balthasar gegeben worden, der 1539 nebenan einen neuen Hof, den Waltbauernhof, zimmerte.[78]

Konrad, Jörg, Hans und Martin[79] Zwerger, die 1532 den Wappenbrief erhalten hatten, saßen auf ihren ebenfalls neu gezimmerten Höfen drüben auf der Halbinsel Zwergern, eng aneinandergerückt, in Neubauten, die offensichtlich einem Herzog samt Entourage Quartier auf der Jagd bieten konnten. Wann die Zwerger dort ihre kleinen Höfe errichtet haben, ist nicht mit Sicherheit zu sagen, allem Anschein nach jedoch zu Beginn des 16. Jahrhunderts. In der Urkunde des herzoglichen Richters von Wolfratshausen, Hans Ebenhauser, von 1529 werden *„die Zwerger, die über dem See sitzen"*, erstmals erwähnt, während Heinz Zwerger noch immer auf der Tafern im Ort Walchensee saß.[80] Ein Ortsname existierte damals noch nicht. Selbst in dem bereits mehrmals erwähnten Wappenbrief von 1532 ist nur von *„den Zwergern"* die Rede, nicht von Zwergern als Ortsbezeichnung.

In der Urkunde von 1529 wurden auch besitzrechtliche Fragen geklärt. Zum einen bekam *„Hans Zwerger der Eltest"* Holz aus dem Urbar, das sein Vater und seine Vorfordern bisher genossen hatten. Hans und sein Bruder hatten jeder einst vier Rinder, allerdings war der Bestand nun auf 30 gewachsen, für deren Unterhalt die Weiden am Walchensee jedoch zu klein waren, weswegen man nach neuen Weidgründen suchte, um *„Trieb und Trat"* bat und schließlich nach Wallgau ausweichen musste. Gleichzeitig wurde angezeigt, dass *„der Ort St. Jacob genannt"* dem Gotteshaus daselbst (also dem in Walchensee) gehört, *„der Perg oder Waldt, der hinderhalb des Wegs liegt"*, aber brauchen sie beide, die Zwerger, die über dem See sitzen, und Heinz Zwerger auf der Tafern *„zu ihrer Notdurft"*. *„Wie aber derselbige Wald oder Perg mit den Marchen ausgemerckht sei, wissen si nit."*[81] Aus der Tatsache, dass sich Heinz Zwerger, der auf dem einst zu Schlehdorf gehörigen Gut saß, mit den Zwergern, die noch immer zu Schlehdorf gehörten, den Wald auf dem Katzenkopf teilen musste, lässt darauf schließen, dass die ganze Halbinsel einst zu Schlehdorf gehörte. Auch wenn die Grenzen der Nutzungsrechte auf der Zwergerner Halbinsel nicht ganz geklärt waren, niedergelassen hatten sich dort nur drei zu Schlehdorf gehörige Fischer.

Der Hof des Jörg (= Georg) hat später nach dessen Enkel Bartholomäus, kurz Bartl, den Namen Bartlbauer bzw. Mitterbartl erhalten. Im Schlehdorfer Stiftsbuch von 1586 bis 1596 sind seine Abgaben an Saiblingen und Renken an das Kloster ebenso verzeichnet wie die Tatsache, dass er einen Fischerknecht beschäftigte.[82] Elf Generationen lang haben Zwerger auf dem Hof gelebt (mit kurzer Unterbrechung zwischen 1763 und 1794[83] durch Franz Ruedorffer, der eine Zwerger-Witwe geheiratet hatte und somit der Stiefvater von Johann Zwerger war), bis die letzte

76 Vgl. S. 229 f.

77 So etwa 1625 der bereits erwähnte Wiener Theologe Johann Augustin Zwerger oder 1790 der bayerische Hofkammerrechnungskommissar Georg Alois Zwerger, in dessen Unterlagen jedoch lediglich auf die Erhebung in den Reichsadel von 1625 Bezug genommen wird, nicht auf den Wappenbrief von 1532. Vgl. BayHStA Heroldenamt, Akten 3/315, 5/104, 19/93 und 25/90.

78 Siehe unten S. 134.

79 Martin, der laut Demleitners Stammbaum „nach 1540" verstorben ist, war laut Schlehdorfer Stiftsbuch zumindest 1551 noch am Leben. Vgl. BayHStA KL Schlehdorf 19, fol. 49.

80 BayHStA KU Benediktbeuern 1323.

81 Ebenda.

82 BayHStA KL Schlehdorf 32, fol. 127 ff.

83 BayHStA KL Benediktbeuern 70, fol. 445. Franz Ruedorffer war Schlehdorfer Grunduntertan, hatte aber von Benediktbeuern einen „Raumb", der seinem Vorfahren am 4. April 1697 verliehen worden war.

84 BayHStA KL Benediktbeuern 70, fol. 445.

85 StA Mü Kataster 21659. Nach Joseph Grünwald ging der Hof auf Paul Grünwald über.

86 BayHStA KL Schlehdorf 32, fol. 125 ff. Auch er hatte einen Fischerknecht und u. a. Saiblinge abzugeben.

87 Bereits 1759 wird „Georg Zwerger oder benambster Adam Jergl von Zwergern" als Fischmeister erwähnt. Vgl. BayHStA KL Schlehdorf 92, fol. 54.

Nachfahrin mit Namen Therese 1821 den Fischer Joseph Grünwald aus Tutzing heiratete, der den Hof samt Grund vom Kloster Schlehdorf ablöste.[84] Ihre Nachfahren leben noch heute auf diesem Hof.[85]

Der Hof des Martin, der im Schlehdorfer Stiftsbuch von 1586 bis 1596 zunächst dem Georg Zwerger und dann seinem Sohn Christoph[86] verstiftet war, erhielt um 1600 nach seinem Besitzer Adam Zwerger den Namen Adambauer. Am 26. Oktober 1761 besaß Georg Zwerger, genannt Adam Jörgl[87], diesen Drittelhof freistiftsweis (also zu Lehen mit beiderseitigem Kündigungsrecht) vom Kloster Schlehdorf und *„hat alleinig von allhiesig löblichen Kloster einen Raumb oder Rauth[88] daselbst, so seinen Vorfahrer den 4. April 1697 zu veranlaithen Freistifts Gerechtigkeit verliehen worden."*[89] Im 19. Jahrhundert ist auch dort der Name Zwerger verschwunden. Michael Seibold (auch Seybold geschrieben) von Lenggries, dessen Mutter eine geborene Zwerger war, übernahm den Hof am 6. Juli 1801 auf dem Erbwege.[90] Später ging er an Kaspar Kleinkaps über und danach an Jakob Sittl[91], der schließlich die Fischereigerechtigkeit des Hauses nach Urfeld transferierte. Seit etwa 1870 erscheint die Gerechtigkeit in der Familie Hornsteiner.

Der dritte Hof wurde Hanslbauer genannt, wobei heute nicht mehr mit Bestimmtheit gesagt werden kann, auf welchen der zahlreichen Zwerger mit Namen Johann bzw. Hans, die auf dem Hof saßen, dies zurückzuführen ist. Im Schlehdorfer Stiftsbuch von 1586/96 ist zwar die Abgabe von Renken aus diesem Hof erwähnt, nicht aber der Name des Lehenträgers.[92] 1833 starb beim Hanslbauern Josef Zwerger, der den Hof 1805 von seinem Vater gleichen Namens (der ihn 1771 übernommen hatte) abgelöst hatte[93]. Seine drei Söhne und eine Schwester lebten daraufhin zusammen auf dem Hof – allesamt unverheiratet –, bis einer nach dem anderen verstarb. Zu Beginn des 20. Jahrhunderts war der Hof längst in fremde Hände übergegangen und diente als Sommersitz. Am 12. September 1934 schließlich erwarb den Hanslbauernhof Adolf Boehm aus München, der auch von seinem Fischereirecht wieder Gebrauch machte und schließlich von 1965 bis 1973 Vorsitzender der Fischereigenossenschaft Walchensee war. 1975 beerbten ihn seine Söhne Martin und Gottfried Boehm. Martin Boehm ist heute Vorsitzender der Fischereigenossenschaft.

Offensichtlich sind die Fischer in Zwergern nicht ganz arm gewesen. Neben der Kirche haben sie nach und nach Wiesen und Äcker zur Arrondierung ihres Besitzes hinzugekauft, auch außerhalb der Zwergerner Halbinsel, zum Beispiel 1820 und 1825 in der Gemeinde Wallgau[94], wo sie ja bereits seit Jahrhunderten Wiesen nutzten, um ihr Vieh weiden zu lassen.

Von den einstigen Fischerhütten ist nicht mehr viel erhalten. Haus Nr. 2 mit Flachsatteldach stammt aus dem 18. Jahrhundert und steht ebenso unter Denkmalschutz wie Haus Nr. 3, ein stattliches Bauernhaus mit Flachsatteldach aus der zweiten Hälfte des 19. Jahrhunderts.[95] Die stattliche Schifferhütte von 1792 sowie die Badstube (= Brechlhütte) auf dem Foto unten sind ebenfalls erhalten und gehörten jedem der drei Fischer zu je einem Drittel[96]. Bis heute besteht der Weiler Zwergern aus diesen drei Fischerhäusern mit ihren Nebengebäuden. Auffällig ist dabei, dass hier die Stallungen nicht – wie bei den Bauernhäusern der Gegend üblich – unmittelbar an das Wohnhaus angebaut, sondern frei stehend waren. Die mögliche Erklärung, dass dies mit dem aufgestockten Viehbestand von 1529 in Zusammenhang stehen könnte, krankt zum einen an der Tatsache, dass die Urfischerhäuser erst kurz davor erbaut worden waren, und zum anderen vor allem daran, dass die heutigen Gebäude aus dem 18. Jahrhundert stammen, man sich also spätestens beim Neubau an den landsüblichen Stil hätte angleichen können. So muss die Frage nach dem Grund dieser Besonderheit unbeantwortet bleiben.

88 „Raumreith/Raumreuth" ist das Recht, einen Ort von Steinen, Stücken, Buschwerk und dergleichen frei zu räumen und zu nutzen. In der Regel handelte es sich um kleine Flächen innerhalb eines herrschaftlichen Waldes (hier von Kloster Benediktbeuern), die von der Herrschaft gegen eine Abgabenleistung (welche ebenfalls als Raumreuth bezeichnet wurde) den Bauern zum Ausräumen, zur Kultivierung und anschließenden Heugewinnung überlassen wurden. Vgl. Riepl, Wörterbuch, S. 307. Alle drei Zwerger-Höfe hatten seit dem 4. April 1697 ein solches Raumreuth von Benediktbeuern inne. Vgl. BayHStA KL Benediktbeuern 70, fol. 444-446.

89 BayHStA KL Benediktbeuern 70, fol. 444.

90 Ebenda.

91 StA Mü Kataster 21659.

92 BayHStA KL Schlehdorf 32, fol. 124'.

93 BayHStA KL Benediktbeuern 70, fol. 446. Joseph Zwerger, dessen Hof in dieser Handschrift übrigens „Schwarz" genannt wird, hatte von Benediktbeuern wie die anderen einen Raumb, der seinem Vorfahren am 4. April 1697 verliehen worden war.

94 StA Mü AR 1951/63.

95 Neu/Liedke, Denkmäler, S. 102. Paula/Wegener-Hüssen, Bad Tölz-Wolfratshausen, S. 356-358.

96 Das Gebäude hat auch drei Flurnummern.

DIE FISCHER IN DER TAFERN

Das Gasthaus „Zur Post" in Walchensee hat eine lange Tradition und von jeher das Recht, nicht nur Fische aus dem Walchensee zu fangen, sondern sie auch an Gäste zu verkaufen. Das war keine Selbstverständlichkeit. Dazu bedurfte es neben dem Recht zur Fischerei auch einer Taferngerechtigkeit, also des Rechts, Gäste über Nacht zu beherbergen und zu verköstigen.[97]

Erstmals lesen wir von dem Recht auf Errichtung einer Tafern in der Abschrift einer Urkunde von 1459. Damals hätten die Schlehdorfer Fischer eine Tafern an der Obernach (also im Bereich des heutigen Einsiedl) erbauen dürfen[98], was sie aber offensichtlich nicht taten. Der nächste Hinweis ist 35 Jahre jünger: In der Kopie einer Notiz aus dem Jahr 1494 steht, dass Haintz (= Heinrich) Zwerger und seine Frau Katharina das Urbar zu Walchensee, das zum *„würdigen Gotteshaus Schlehdorf"* gehörte, verstiftet bekamen. Aussteller dieser Notiz war als Gerichtsherr Abt Narziß Paumann von Benediktbeuern (1483-1504). Der Stiftsbrief umfasste jedoch nicht nur das Urbar, sondern auch die Tafern.[99] Bereits vom 14. Februar 1470 datiert ein Schlehdorfer Leibgedingsbrief, ausgestellt von Propst Johannes für Haintz Zwerger und seine Frau Katharina sowie ihre leiblichen Kinder, in dem ihre Verpflichtungen näher ausgeführt werden, die sie als Gegenleistung für das Urbar erbringen mussten. Neben einer Summe Geldes wurden alljährlich zehn Forellen von je einem Pfund fällig. Waren keine Forellen vorhanden, konnten die Zwerger dies im jeweiligen Gegenwert in Geld ablösen. Auch mussten die Zwerger, wenn einer vom Kloster *„ins Gebirg ritt"*, diesen verköstigen und über Nacht beherbergen und das Futter für die Tiere stellen – also die klassischen Aufgaben eines Wirts erfüllen. Und wenn die Leute vom Kloster in die Gegend zum Jagen kamen und ihm dies vorher kundtaten, so musste der Zwerger sie auf dem See (in Urfeld) mit einem Schiff erwarten und dann nach Walchensee bringen.[100]

Dies alles besagt, dass das Tafernrecht in der zweiten Hälfte des 15. Jahrhunderts zunächst bei den Schlehdorfer Fischern lag. Bestätigt wird dies noch durch einen Vermerk unter der Abschrift dieses Leibgedingsbriefes aus der Zeit um 1700:

Der Ort Walchensee mit dem Klösterl rechts, Gemälde von Johann Jakob Dorner, um 1820

97 Mit „Tafern" bezeichnet man eine Gastwirtschaft mit Speisung und Beherbergung sowie der Berechtigung zum Abhalten von Hochzeits- und Leichenfeiern im Unterschied zu einer gewöhnlichen Schenke. Noch bis 1702 war es in Bayern im ländlichen Raum verboten, anderswo als in einer herrschaftlichen Schenke (= Tafern) Bier auszuschenken oder zu trinken. Die Taferngerechtigkeit ist die Konzession für den Betrieb einer solchen Wirtschaft. Vgl. Riepl, Wörterbuch, S. 367.

98 BayHStA KU Schlehdorf 1459, November 30.

99 BayHStA KL Benediktbeuern 17, fol. 376.

100 Mindera, Tafernen, S. 102. Noch 1459 in der Urkunde von Abt Wilhelm von Benediktbeuern (Vgl. BayHStA KU Schlehdorf 1459, November 30) ist von diesen Verpflichtungen nicht die Rede.

Der Walchensee, Farblithografie, um 1900, Postkarte

„Das dermalige Jägerhäusl zu Walchensee hat dahmahls nach Schlehdorf gehört." Und von einer anderen Hand wurde ergänzt: *„Ao. 1716 ist ein völliger Vergleich über die strittig gewesene Sach gemacht worden"*, wobei nicht ganz klar ist, auf welche *„Sach"* hier Bezug genommen wurde.[101]

Um 1500 war die große Zeit des Umbruchs, des Besatzes des Sees mit den edlen Renken und Saiblingen sowie – und dies war für den Betrieb der Tafern vermutlich noch wichtiger – des Ausbaus des Handelsweges über den Kesselberg und entlang des Walchensees.

1494 verstiftete, das heißt verpachtete Abt Narziß als Gerichtsherr die dem Kloster Schlehdorf zugehörige Tafern erneut an Heinrich Zwerger zu Walchensee.[102] Nach dem Bau der Kesselbergstraße und dem daraufhin zunehmenden Verkehr gedieh die Tafern am Walchensee erst richtig[103], wobei aus dieser Zeit keine Nachweise erhalten sind. Mit dem Übergang des Schlehdorfer Besitzes im Ort Walchensee ging auch die Tafern an Benediktbeuern über. Noch 1513 saßen die Zwerger auf dem halben Urbar in Walchensee samt Tafern, hatten aber bereits mit dem Herzog Verhandlungen aufgenommen bzw. dieser mit ihnen. Am 5. August 1514 verzichteten die Herzöge auf das Urbar am Walchensee zu Gunsten Benediktbeuerns. Wer die Tafern im 16. Jahrhundert innehatte, ist nicht überliefert. Zunächst blieb der Hauptstamm der Zwerger auf der Tafern in Walchensee sitzen, dann allerdings fehlen entsprechende Nachrichten. Erst 1572 ist in Quellen wieder davon zu lesen. Nun wurde die Tafern zusammen mit dem halben Urbar an Hans

101 BayHStA KL Benediktbeuern 17, fol. 380-381'. Vermutlich wird hier Bezug genommen auf den Universalvergleich vom 29. November 1716, BayHStA KL Benediktbeuern 1323; vgl. S. 165.

102 BayHStA KL Benediktbeurern 39, fol. 56'-59'; BayHStA KL Benediktbeurern 17, fol. 376-380.

103 Ausführlich mit der Geschichte der Benediktbeurer Tafernen beschäftigt hat sich Pater Karl Mindera aus Kloster Benediktbeuern. Zur Walchenseer Tafern vgl. Die Tafernen der Klosterhofmark Benediktbeuern, S. 102-105. Vgl. auch hier, soweit nicht anders vermerkt, das Weitere zur Tafern in Walchensee.

Seemüller verstiftet, eine Verstiftung, die 1578 erneuert wird[104] (das heißt, der Sechsjahresrhythmus wurde noch immer eingehalten), wobei die Pachtbedingungen genau aufgeführt sind. Zunächst wurden die im Walchensee vorkommenden Fische und ihre Preise pro Pfund aufgelistet: Saibling Wildfang zwölf Kreuzer, Saibling gespeist (= gemästet) 20 Kreuzer, Ferchen (= Forellen), Rutten und Hechte je sechs Kreuzer, Alt (= Aitel) drei Kreuzer, Renken 100 Stück 20 Kreuzer. Weiter heißt es dann wie bereits ein knappes Jahrhundert früher für die Öttl:[105] Der Wirt von Walchensee hat seiner Herrschaft, also dem Abt von Benediktbeuern, an folgenden Tagen eine Fischehrung zu reichen: an Neujahr, St. Benedikt in den Fasten (= 21. März), Ostern, Klosterkirchweih, am St.-Benediktentag im Sommer (= 11. Juli), an Unser Frauen Schiedung (= 15. August) und zu Quatember im Advent. Ferner hat er einmal im Jahr ein Essen Fisch zu geben im Wert von einem Gulden sowie die schier unglaubliche Anzahl von 1.000 Renken, bei der es sich nur um eine Verschreibung handeln kann.

Darüber hinaus, *„wenn wir das Gejaidt bey der Iser järlich besuchen"*, war der Tafernwirt dem Kloster, dem Abt persönlich oder seinem Abgesandten, schuldig, *„auf ain Tisch zu geben sechs Essen und jeder Person, sovil an diesem Tisch sitzen, ein Maß Wein über die Mahlzeit"*, dem Gesinde aber, so viel auch dabei war, vier Gerichte samt Brot, allerdings ohne Wein.

Auch wenn die klösterlichen Gesandten zur Weinlese in Südtirol und auf die Güter am Brenner reiten, ist der Wirt ihnen *„Hauß und ein Fuetter und Mal schuldig umbsonst"*.

Wenn und so oft die Fuhrleute auf dem Weg ins Etschtal oder zurück oder auch in anderen Geschäften unterwegs waren und zu Walchensee über Nacht lagen, erhielt der Tafernwirt pro Ross und Nacht für Heu und Stroh einen Kreuzer. Allerdings nur, wenn die *„Fuhrleut ohn Klag"* wären. Darüber hinaus hatten die Fuhrleute pro Person für die Mahlzeit zehn Kreuzer zu berappen. Wenn allerdings der Pfarrer hinaufzog, um die Messe zu lesen, musste der Wirt ihm das Mahl umsonst geben, nebst einer halben Maß Wein sowie Heu und Futter für das Pferd. Und schließlich sollte er *„in dem ganzen Gericht sonderlich in der Jachnaw"* weder Kälber noch anderes Vieh ohne klösterliche Erlaubnis erwerben.[106]

Zur Tafern zählte eine Fischerei, die der Wirt Seemüller durch Caspar Wolf ausüben ließ.[107] Das alte Gasthaus war damals bereits wieder baufällig und Seemüller wurde im Stiftsbrief dazu verpflichtet, es *„mit Stadl und Stallung and andern"* aufzubauen. Dieselbe Forderung wurde 1579 bei der Verstiftung an Caspar Panerädl erneut erhoben.

Anlässlich der Jagden besuchten der Abt und seine Leute stets auch das Wirtshaus in Walchensee, wo die Gäste erwarteten, wie immer mit Speis und Trank versorgt zu werden. Dafür wurden dem Wirt jedoch 20 Gulden seiner Gilt nachgelassen, was in etwa dem Preis von 60 Pfund guten Saiblingen oder 200 Pfund Hecht entsprach. Wenn der Abt jedoch aus unerfindlichen Gründen nicht zur Jagd kam und folglich auch nicht mit seinem Gefolge das Wirtshaus besuchte, war die volle Gilt fällig.[108]

1579 war der Wirt Hans Seemüller von Caspar Panerädl abgelöst worden, der die Tafern 1602 umbaute.[109] In der Fischordnung von 1586 wurde Panerädl als Fischmeister von Seiten Benediktbeuerns eingesetzt und die Tafern in Walchensee als alleiniger Ort bestimmt, an dem die Fische der beiden Klöster verteilt und verpackt werden durften, eine Bestimmung, die allerdings regelmäßig übertreten wurde.

Lange Zeit galt die Einkehr als eine der Gefahren des Reisens. Manchen Gasthöfen eilte nicht gerade der beste Ruf voraus. Man fürchtete schlechte Gesellschaft,

104 Am 14. Februar 1578. BayHStA KL Benediktbeuern 56, fol. 11'. Vgl. auch Hemmerle, Benediktbeuern, S. 413.

105 Siehe unten S. 132 f.

106 BayHStA KL Benediktbeuern 56, fol. 13-13'; vgl. auch Mindera, Die Tafernen der Klosterhofmark Benediktbeuern, S. 102 f. Auffällig ist, dass im Stiftsbuch von 1572-1582 (KL Benediktbeuern 56) die erste Seite, die sich auf die Walchenseer Besitzungen bezieht, herausgeschnitten wurde. Laut Register beginnen die Walchensee betreffenden Eintragungen auf fol. 6 (alte Zählung). Diese Seitenzahl fehlt jedoch. Die neue, heute gültige Bleistiftpaginierung läuft von S. 11 auf 12 durch, das heißt, die Seite wurde schon vor der Abgabe ins Bayerische Hauptstaatsarchiv entfernt, also noch im Kloster Benediktbeuern. Auf fol. 14' ist dann erwähnt, dass Melchior Zwerger ein halbes Urbar auf Land und Wasser hat, was sich wohl auf das zweite Walchenseer Anwesen bezieht.

107 BayHStA KL Benediktbeuern 56, fol. 12'.

108 Immer wieder wurden die Fischdienste und Gilten wie 1578 wiederholt, etwa 1704. Noch damals wurden für die Verköstigung des Abts und der Jäger bei der Rotwildjagd von der 60 Gulden-Gilt zwanzig Gulden abgezogen. Vgl. BayHStA KL Benediktbeurern 70, fol. 440-443.

109 Auf einer neben der Haustür eingemauerten steinernen Tafel war zu lesen, dass das Haus anno 1602 von Neuem erbaut worden ist. Vgl. Becker, Walchensee, S. 95.

zwielichtige Häuser, Wucherpreise und manch anderes mehr – man denke nur an die Geschichte vom Wirtshaus im Spessart! Doch mit der Zeit entwickelte sich um den Reiseverkehr ein blühendes Gewerbe – und mit ihrem Wohlstand stieg auch das Ansehen der Wirte.

Die Tafern scheint zu Panerädls Zeit floriert zu haben, auf jeden Fall ist er zu einigem Reichtum gekommen. Meichelbeck schreibt, dass von dem *„ehrenfesten und fürnehmen Herren Caspar Panrädl und Balthasar Täppls von Eppan"* 200 Gulden für das ewige Licht in St. Jakob gestiftet worden seien. Zudem existiert bis heute sein Grabstein in dieser Kirche. Nur reiche Leute konnten sich einen damals sehr teuren Stein leisten; die Mehrheit musste sich mit einem bald vermodernden Holzkreuz begnügen. Überhaupt scheint man damals in Walchensee gut gelebt zu haben. So gab es zum Beispiel 1591 Ärger mit dem Kloster Benediktbeuern wegen einer *„Fleisch-Fresserey"* der klösterlichen Untertanen in Walchensee in der Fastenzeit. Das Kloster scheint drastische Strafen verhängt zu haben, sodass die Walchenseer in München um Gnade nachsuchten. Nach Verhandlungen beschied man fürstlicherseits eine Abmilderung der Strafe.[110]

Nachdem Caspar Panerädl in den ersten Jahren des 17. Jahrhunderts verstorben war[111], heiratete seine Witwe Ursula Panerädl am 28. Oktober 1608 Hans Hundtsperger, einen Wirtssohn aus Herrsching am Ammersee. Kurz darauf verstarb sie, und der neue Wirt ehelichte bereits am 1. September 1609 Regina Spensberger, die Tochter des Bürgermeisters von Weilheim. Aus dem Testament vom 19. Oktober 1635 geht hervor, dass die Ehe kinderlos blieb. Nach dem Tod der zweiten Frau heiratete Hans Hundtsperger ein drittes Mal: Die Auserwählte hieß ebenfalls Regina und war die Witwe des Zöllners Hans Hopfner von Zirl. Ihr Bruder war Andreas Pader, der Aufschlagseinnehmer von Mittenwald. Die guten Verbindungen zu den Zollbeamten erklären sich damit, dass der Walchenseer Wirt stets Renken bereitzuhalten hatte, die anstelle von Trinkgeldern von den Benediktbeurer Fuhrleuten den Zöllnern verehrt wurden. Von der guten Laune der Beamten hing es nämlich ab, ob man sich an die Zollprivilegien erinnerte, die die Andechser Grafen als Tiroler Landesherren dem Kloster vor urdenklichen Zeiten für die Einführung der Weine aus dem Etschland gewährt hatten. Auch in Sachen Salz aus Hall im Inntal verhielt es sich ähnlich. 1687 wurden diese kleinen „Geschäfte" zwischen dem Wirt und den Mittenwalder Aufschlägern schließlich unterbunden.[112]

Hans Hundtsperger scheint in der letzten Ehe noch einen Sohn mit Namen Simon bekommen zu haben. Dieser ließ die Tafern 1662 auf die Gant kommen, das heißt, sie wurde zwangsversteigert. Doch muss dies nicht zwingend auf Missmanagement schließen lassen. Der massive Rückgang des Fernverkehrs in den Pestjahren, Truppendurchmärsche und durchreisende Flüchtlinge in der Folge des Dreißigjährigen Kriegs werden daran schuld gewesen sein. Neuer Besitzer wurde Michael Schönicher, der Wirt von Etting bei Weilheim. 2.250 Gulden kostete ihn die Wirtschaft in Walchensee.

Bereits vier Jahren später starb Schönicher, und die Witwe verkaufte an Balthasar Werkmeister, bürgerlicher Bräu aus Tölz, der verschiedentlich auch in Urkunden als Zeuge auftrat[113], was seine angesehene Stellung verdeutlicht. Doch auch er kam mit der Walchenseer Tafern auf keinen grünen Zweig und veräußerte das Anwesen bereits zwei Jahre später an Johann Georg, den Sohn des Fischers Wolfgang Schwarz aus Stegen am Ammersee. Immerhin zahlte dieser bereits 3.000 Gulden. Dazu kamen noch Schuldenrückzahlungen an die Jakobskirche in Höhe von 400 Gulden und 124 Gulden Gebühren. Der neue Wirt scheint erst einmal die Gastwirtschaft wieder auf Vordermann gebracht zu haben, bevor auch er ans Heiraten dachte. Auf jeden Fall waren seine Kinder mit der Lenggrieser Wirtstochter

110 Meichelbeck, zitiert nach Daffner, Benediktbeuern, S. 336.

111 Sein Grabstein in St. Jakob existierte bis vor Kurzem. Meichelbeck schreibt sogar, dass die Stiftung erst um das Jahr 1615 erfolgt sei. Meichelbeck Handschrift, zitiert nach Daffner, Benediktbeuern, S. 336.

112 Meichelbeck, zitiert nach Daffner, Benediktbeuern, S. 337.

113 Vgl. zum Beispiel BayHStA KU Benediktbeuern 1276.

Maria Ursula Mayr noch nicht volljährig, als Johann Georg Schwarz im Jahr 1691 erstochen wurde[114] – andere sprechen von einer Krankheit im Jahr 1690. Er wurde als Kirchenpropst und nach Genehmigung durch das Kloster Benediktbeuern (und Zahlung von fünf Gulden durch die Erben) in der Kirche St. Jakob bestattet[115], obwohl er dem Kloster etwa in Sachen Fischerei nicht immer Freude bereitet hatte, wie verschiedene Seegerichtsprotokolle bestätigen.[116] Unter anderem soll er im Wirtshaus in Kochel *„Drohworte“* ausgesprochen haben, er wolle die Walchenseer alle von Hof und Haus bringen.[117] Es ging sogar soweit, dass sich der Schlehdorfer Fischmeister nicht allein mit ihm auf den See traute, weil der Wirt nicht gerade als zimperlich bekannt war.[118] Die Todesumstände von Georg Schwarz sind demgemäß auch äußerst mysteriös. Einmal ist von Mord die Rede, einmal von Krankheit. Sein Sohn und Nachfolger, ebenfalls Johann Georg Schwarz mit Namen, nannte als Grund für seine Unterstützung der Einsiedler im Klösterl, dass er nicht wie sein Vater ohne Sakramente dahinsterben wolle, wie Meichelbeck überlieferte.[119] Von einem Mord schreibt er nichts. Und die noch vor Kurzem in der Kirche erhaltene Grabplatte vermeldete angeblich den 24. September 1690 als Todestag, nicht das Jahr 1691.

Die „Post“ in Walchensee, Postkarte, gestempelt 1903

Im Jahr 1691 erfolgte dann die Aufstellung der Posthalterei in Walchensee[120], wobei nicht überliefert ist, ob zu diesem Zeitpunkt der Wirt Schwarz noch am Leben war. Nach seinem möglicherweise gewaltsamen Tod verstiftete das Kloster Benediktbeuern seiner Witwe[121] die Tafern, bis der Sohn Johann Georg erwachsen wäre und die Tafern übernehmen könnte. Am 6. März 1704 schloss dieser Sohn einen Ehevertrag mit der Müllertochter Maria Humpel von Ramsau bei Heilbrunn. Am gleichen Tag wurde das Urbar samt Tafern von Kloster Benediktbeuern neu an ihn verstiftet.[122]

Nach der bayerischen Kapitulation im Spanischen Erbfolgekrieg am 7. November 1704 wurden die Handelsbeziehungen zwischen Bayern und Tirol, die einige Jahre geruht hatten, wieder aufgenommen. Wein kam erneut über den Walchensee aus Südtirol nach Norden; die Benediktbeurer schickten Fische nach Innsbruck. *„So konnten wir gegenseitig unseren Bedarf decken“*, schrieb Meichelbeck. Abt Eliland von Benediktbeuern ließ angesichts der sich normalisierenden Beziehungen die Straße nicht nur wieder öffnen, sondern auch Schäden

114 Minderna, Die Tafernen der Klosterhofmark Benediktbeuern, S. 104.

115 Emerich, St. Jakob, S. 55.

116 Vgl. S. 157 ff.

117 BayHStA KL Benediktbeuern 1093/15, fol. 56-58'.

118 Ebenda, fol. 58'-59'.

119 Siehe oben S. 43.

120 Meichelbeck, zitiert nach Daffner, Benediktbeuern, S. 337.

121 Sie starb erst im Jahr 1727.

122 BayHStA KL Benediktbeuern 70, fol. 440.

Die „Post“ in Walchensee, das Bootshaus mit der Unterkunft für die Fuhrleute, Foto von 1910

reparieren und den Handelsweg bestmöglich passierbar machen.[123] 1728 kam es zum Bau der Schwaige (Schwaiger Hof) anstelle des alten Jägerhäusels in Walchensee[124], während etwa zur gleichen Zeit das Jägerhäusl in Urfeld erbaut wurde.[125]

Ursula Schwarzin, *„die alte Frau Würthin am Wallersee“*, spendete im Jahr 1723 noch einmal 50 Gulden für die neuen Seitenaltäre in der Kirche St. Jakob[126], nachdem sie sich in den Jahren zuvor immer wieder etwas in Sachen Fischerei zu Schulden hatte kommen lassen, etwa die Verwendung zu enger Netze (ein Vergehen, das bis heute nicht aus der Mode gekommen ist) oder widerrechtliche Fischverkäufe.[127]

Unter der Führung der Familie Schwarz erholte sich das Unternehmen finanziell. Bei der Übergabe an Josef Schwarz am 22. Juli 1736 ist von Schulden nicht mehr die Rede. Zudem machte dieser eine gute Partie. Seine Frau Anastasia, die Tochter des Wirts Balthasar Wörner aus der Jachenau, brachte 1.300 Gulden mit in die Ehe, zwei Betten und zwölf beschlagene Maßkrüge. Da sie bald kinderlos starb, gab ihr Mann allerdings 1.000 Gulden des Heiratsguts an die Familie zurück. In einer zweiten Ehe mit Elisabeth Sachenbacher von Sachenbach kam dann jedoch der ersehnte Stammhalter zur Welt, ein Sohn mit Namen Simon, der beim Tod des Vaters 1755 noch unmündig war. Die Witwe heiratete noch im selben Jahr Melchior Krinner, Mairbauernsohn von Kochel. Aus dieser Ehe gingen drei Kinder hervor, die beim Tod der Mutter 1761 noch sehr klein waren, woraufhin Melchior Krinner schnell wieder eine Ehe einging und erneut eine Tochter, Rosina, bekam. 1772 starb Melchior Krinner; zwei Jahre später übernahm sein Sohn Jakob als Achtzehnjähriger die Tafern. Bemerkenswert ist im Ehevertrag mit Anna Gattinger aus Guglhör die Verpflichtung, die kleine Rosina nicht nur bis zum 15. Lebensjahr im Haus zu behalten, sondern sie auch zur Schule zu schicken, vermutlich zu den Benediktbeurer Patres, die nun im Klösterl wohnten und Unterricht erteilten.

Am 30. August 1774 übernahm Michael Krinner auf dem Weg der Erbschaft den Hof mit Wirtsgerechtsamen und der ganzen Einrichtung.[128] Michael und Maria Krinner sind die letzten Wirtsleute, die die Tafern in Walchensee vom Kloster Benediktbeuern zum Lehen hatten.

Die Krinner führten ein größeres Haus als etwa der Benediktbeurer Tafernwirt von Kochel, was nicht weiter verwunderlich ist, da Walchensee die zweite Tagesetappe von München aus war und nicht Kochel, das zu nah an Benediktbeuern (der ersten Tagesetappe) lag. Nach den bei den jeweiligen Übergaben von 1755, 1761 und 1772 aufgestellten Inventaren befanden sich im Erdgeschoss die Schankstube mit vier Tischen, zwei Lehn- und fünf Vorbänken, ferner ein gut eingerichtetes Stüberl, drei Kammern, der Flez und die Küche. Im ersten Stock waren 1755 das Herrenzimmer mit Nebenkammer und Verschlag, ferner eine obere Gaststube, zwei Gastkammern, die 1761 Dirn- und Bauernkammer hießen, und die sogenannte Nusskammer. Bis 1772 wurde umgebaut. Unter Dreingabe einer Kammer war die Gaststube auf fünf Tische erweitert worden. In einem Anbau wohnte der alte Wirt. Die Tafern konnte den Betten nach rund zehn Gäste beherbergen; dem Begleitpersonal standen möglicherweise weitere, weniger luxuriöse Schlafgelegenheiten in den Stallungen zur Verfügung.

Einträglicher als die Beherbergung von Fremden und die Verabreichung von Speisen und Getränken war für den Wirt in Walchensee jedoch die Posthalterei. In der Walchenseer Tafern war 1691 unter Abt Eliland Öttl von Benediktbeuern (1690-1707) eine Poststation eingerichtet und der Wirt zum Posthalter ernannt worden.[129] An den Hauptrouten lagen alle zwölf bis 25 Kilometer Poststationen – Zufluchtsorte im „schrecklichen Gebirge“.

123 Steiner, Es geschah vor 300 Jahren, S. 77 f.

124 BayHStA KL Benediktbeuern 141, fol. 87.

125 Meichelbeck, zitiert nach Daffner, Benediktbeuern, S. 337.

126 Emerich, St. Jakob, S. 57.

127 BayHStA KL Benediktbeuern 1093/315, fol. 71’ ff.

128 StA Mü Kataster 21656. BayHStA KL Benediktbeuern 70, fol. 440.

129 Dussler, Eine Skizze des Walchensees, S. 61.

Aus der Übergabe von 1736 ist zu ersehen, dass die Tafern in Walchensee längst zur Poststelle aufgestiegen war und der Wirt als Posthalter von der Taxi'schen Post in München alljährlich 100 Gulden für seine Bemühungen bezog. In einem Schuppen standen zwei Postchaisen zum Wechsel und zwei Rennschlitten. Auch Reitsättel für Frauen und Männer waren vorhanden. War die Straße entlang des Sees unpassierbar, wurden die Reisenden mit eigenen Kähnen von und nach Urfeld übergesetzt. Zum Wechsel oder zum Ausritt standen sechs Pferde im Stall.[130]

Noch bei der Uraufnahme 1808, als das Kloster Benediktbeuern längst säkularisiert und das Anwesen von Michael Krinner am 22. Juli 1803 von der *„Kloster-Aufhebungsversteigerungs-Commission"* von Benediktbeuern erworben worden war, gehörte zum „Posthalter und Wirt zu Walchensee" *„eine Schiffhütte, wo zugleich eine Wagenbehältnis ist"*.

Das Gasthaus in Walchensee scheint ganz ordentlich gewesen zu sein – wenigstens im 19. Jahrhundert. Joseph von Oberberg berichtet in seiner 1815 erschienenen „Reise durch das Königreich Baiern": *„Wir unterhielten uns, so gut wir konnten, im Gasthause zu Wallersee, fanden ein besseres Nachlager, als wir erwartet hatten, und schlummerten dem kommenden Morgen entgegen."*[131]

Im 19. und 20. Jahrhundert wechselten dann die Besitzer der Postwirtschaft in Walchensee mehrfach: Zunächst übernahm Georg Schwarz die Posthalterei und die Wirtschaft; es folgten Andreas Kirchmayr, Max Pfund, Alexander Oechsner, Anton Lang, Franz Leiss, Oskar Kiesl, Rudolf Böhmer, Emil Pröschl, S. Lermer und andere. Doch inzwischen war die Postwirtschaft längst nicht mehr nur Poststation, sondern auch Refugium für Sommerfrischler.[132]

Der Ort Walchensee, Ölgemälde von Johann Christian Ziegler, 1825

130 Für das Jahr 1740 ist zum Beispiel belegt, dass der Wirt 30 Scheffel Hafer zur Fütterung der Postpferde gekauft hat.

131 Obernberg, Reisen durch das Königreich Baiern, 1815, S. 80.

132 Vgl. StA Mü AR 1952/103; vgl. auch Demleitner, Kochel, S. 100 f. Vgl. auch unten S. 236 ff.

DIE MAUTSTATION

1795 hatte der Tafernwirt und Posthalter Michael Krinner zudem auf eigene Kosten ein Mauthaus errichtet und war – solange das Mautamt dort Bestand hatte – von den Abgaben befreit.[133] 1788 befand sich das kleine, aus Holz gebaute *„Confinwächterhaus“* am Walchensee *„in dem übelsten Zustand“* und bis 1794 war es schließlich so weit verfallen, dass es nicht mehr bewohnbar war und mit dem damaligen Posthalter und Wirt Krinner ein Vertrag zur Erbauung einer Mautwohnung geschlossen wurde. Danach musste Krinner auf seinem Grund ein Mauthaus errichten als Unterkunft für den Mautbeamten und die zwei Mautbediensteten, wofür ihm einmalig der Betrag von 100 Gulden für den Bau gezahlt wurde. Ab Bezug der Wohnungen erhielt er jährlich einen *„Hauszins“*, also eine Miete von 60 Gulden. Sobald eine Änderung in der Mautstation eintrat oder eine Verlegung, dann sollten dem Krinner weitere 300 Gulden Entschädigung zustehen.[134]

Lange hatte die Mautstelle in Walchensee, die eine Außenstelle der Zollstation in Mittenwald war[135], allerdings nicht Bestand. 1765 eingerichtet, wurde sie bereits 1802 überflüssig. Die Grafschaft Werdenfels, zwischen Bayern und Tirol gelegen, begann gleich hinter dem Walchensee. Sie gehörte bis 1802 zum Territorium des Hochstifts Freising, auch wenn Bayern die Landesherrschaft über das Gebiet seit Mitte des 18. Jahrhunderts beanspruchte – Forderungen, die 1768 vom Reichshofrat zurückgewiesen wurden. Nur einige hoheitsähnliche Rechte wie das Fürstengeleit und vor allem die Zollstation in Mittenwald konnte Bayern behaupten. 1765, im Rahmen des neuen bayerischen Mautsystems, war das Zollamt in Mittenwald eingerichtet worden. Die Tatsache, dass das Werdenfelser Land nicht unter die bayerische Landeshoheit fiel, veranlasste Bayern, an der Exklavierung von Werdenfels aus dem Zollgebiet festzuhalten, das heißt, es musste stets Zoll gezahlt werden. Werdenfels blieb Zollausland bis zur Besetzung durch bayerisches Militär im Jahr 1802.[136] *„Durch die Acquisition Tyrols und der Einverleibung dieser Provinz in den allgemeinen Mautverband ist die Mautstation Walchen-See gänzlich aufgelöst worden.“*[137] Nun machte der Posthalter Michael Krinner seine Entschädigungsforderung laut Vertrag von 1794 geltend. Am 14. Juni 1808 wurde sie ihm gewährt.[138]

133 Vertrag mit der ehemalig kurpfalzbaierischen Hofkammer vom 22. Juli 1795, StA Mü Kataster 21656.

134 BayHStA MF 61504.

135 Vgl. die „Churbaierische Mauth- und Accis-Ordnung“ von 1765 und die beigefügte Mautkarte von Franz Seraph Kohlbrenner, entworfen im Jahr 1764.

136 Vgl. hierzu ausführlich bei Häberle, Zollpolitik und Integration im 18. Jahrhundert, S. 155-157.

137 BayHStA MF 61504.

138 Ebenda.

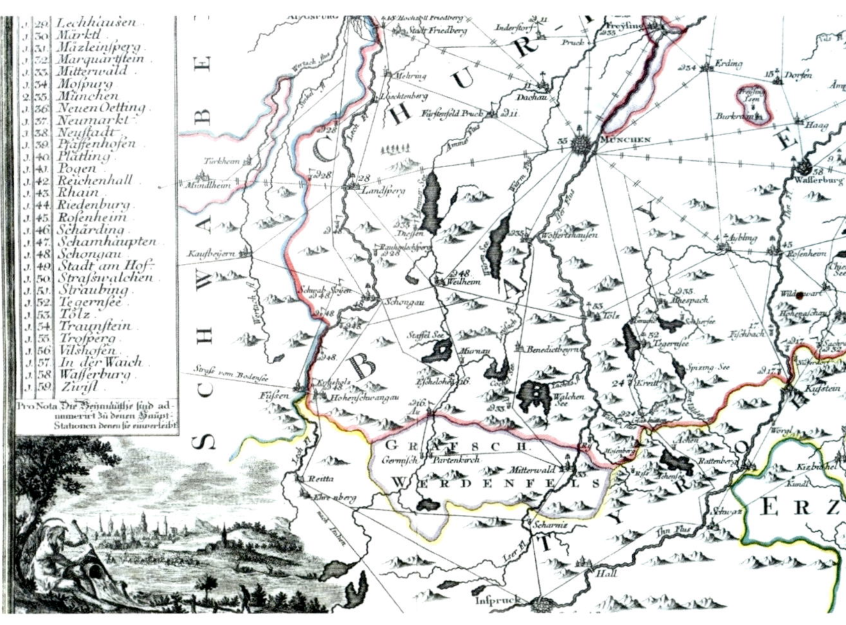

Ausschnitte aus der Kurbayerischen Mautkarte von Franz Seraph Kohlbrenner, gestochen von Tobias Conrad Lotter in Augsburg, 1764

DIE FISCHERFAMILIE ÖTTL

Eine zweite frühe Fischerfamilie am Walchensee ist die Familie Öttl, die dort zwar nur wenige Jahre wirkte, der aber die entscheidende Wendung des Walchensees vom fischarmen Gebirgssee zum Renken- und Saiblingsgewässer erster Güte zu verdanken ist.

Laut Stiftsbuch des Klosters Benediktbeuern von 1482 bis 1489 saßen 1487 die Brüder Hans (Hansl) und Liendl Öttl auf dem ganzen Urbar im Ort Walchensee.[139] Möglicherweise waren sie mit den Renken vom Kochelsee an den Walchensee gezogen, denn die Öttl waren eine der ursprünglich drei alten Fischerfamilien von Kochel.[140] Auf jeden Fall war Hans Öttl maßgeblich an der Übersiedlung dieser Fischart vom einen zum anderen See beteiligt.[141] Darüber hinaus lassen sich Hansl und Liendl Öttl etwa zur gleichen Zeit auch in Kochel nachweisen.[142] Dass es sich um zwei gleichnamige Brüderpaare handelt, ist nicht auszuschließen, aber doch äußerst unwahrscheinlich. Zusätzlich spricht ja die Transferierung der Renken für ein und dasselbe Paar. Vermutlich blieb schließlich nur Hansl am Walchensee, denn in späteren Aufzeichnungen erscheint nur noch sein Name, während auch später noch Öttl in Kochel nachgewiesen werden können. 1487 allerdings sind noch beide auf dem ganzen Urbar am Walchensee genannt, das ihnen von einem zum anderen Jahr von Kloster Benediktbeuern verstiftet wurde.[143] Ausführlich sind die Bedingungen aufgeführt. So hatten sie vom *„Walhensee"* alljährliche wie gewohnt Halbrenken[144] (wohl für den Besatz[145]) und dreißig Forellen als „Dienst" sowie eine weitere Forelle für den Zehent entrichten.[146] *„Ein gut Essen Fisch"*[147] war zudem als Stiftsgeld fällig. Darüber hinaus hatten sie sechs Fischehrungen abzuliefern: an Weihnachten, an Fassnacht, an St.-Benedikten-Tag in der Fasten (= 21. März), an Ostern, an Kirchweih sowie an Pfingsten. Auch mussten sie in der Zeit zwischen St. Georg und dem Heiligkreuztag (= 24. April bis 14. September) pro Woche 100 Krebse ins Kloster bringen. Doch wenn sie diese Wochendienste im Kloster ablieferten, erhielten sie dafür einen Viertellaib Käse, zwei Herrenbrote und vier gemeine Brote, sonst aber nichts. Das klingt zwar ärmlich, ist es aber nicht, wenn man bedenkt, dass bis ins beginnende 19. Jahrhundert fast der ganze Lohn für das „tägliche Brot" ausgegeben wurde. Verschiedene Untersuchungen sprechen von Zahlen zwischen 75 und 90 Prozent. Und gemeint ist wirklich Brot,

„Am Walchensee", Gemälde von Johann Christian Ziegler, 1825

139 BayHStA KL Benediktbeuern 36, fol. 14 f.

140 Demleitner, Kochel, S. 18. Bereits 1459 erscheint ein Fischer Öttl von Kochel als Zeuge einer in Benediktbeuern ausgestellten Urkunde. Vgl. BayHStA KU Schlehdorf 1459, November 30.

141 Vgl. hierzu auch S. 222 ff.

142 Zum Beispiel 1494, vgl. KL BayHStA Benediktbeuern 39, fol. 84.

143 Die Verstiftung ist ausführlich beschrieben in BayHStA KL Benediktbeuern 36, fol. 14 f. 1494 wurden diese Vereinbarungen erneuert. BayHStA KL Benediktbeuern 39, fol. 57.

144 Am Rand wurde von späterer Hand ergänzt: „Halbrenken i. e. Ridling".

145 Damit waren die Renken an die Stelle der Hechte getreten, die noch 1270 als Abgabe verlangt worden waren.

146 Vgl. BayHStA KL Benediktbeuern 36, fol. 14: „Daselbs Hannsel unnd Lienndel di Oetel haben unnser Urbar ganntz zu Walhensee. Item di benannten zwen Bruder haben wir gestifft von aynem Jar zum andern unnd dienen unns davon all gewonnlich dienst mit namen halb Rencken XXX Forchen dienst und die Forchen für den Zehet ausgenommen Kaszehennt unnd die Forchen sol wird sein LII Kr. Item für das Stifftgelt sollen sy geben ain gut Essen Visch."

147 Zu einem „guet Essen Fisch", das unter zeitgleichen Kochler Abgaben auch als „guet Essen Fisch auf ein Schüssel" bezeichnet wird, vgl. oben S. 86.

nicht etwa Lebensmittel generell. Da nehmen sich zwei gute Herrenbrote und vier gewöhnliche Brote – zusammen mit einem Viertellaib Käse – nicht so schlecht aus, auch wenn natürlich 100 Krebse deliziöser schmecken würden. Bei diesen Broten handelte es sich sicher nicht nur um eine Wegzehrung. Von den Broten konnte auch die Familie zu Hause profitieren. Mit „Herrenbrot" bezeichnete man das aus weißem Weizenmehl gebackene feine Brot; die gemeinen Brote waren dagegen aus grobem Roggenmehl. Und weiter wird im Stiftsbuch unter 1487 vermerkt, dass die beiden Brüder zudem zwei Metzen Roggen und sieben Metzen Hafer (nach altem Weilheimer Maß entsprach das vermutlich 30 und 40 Liter) erhalten sollten; auch durften sie Holz schlagen, jedoch nicht mehr als zehn Floß. Dafür mussten sie jedoch alljährlich eine Maien- und eine Herbststeuer entrichten.[148]

Die einfache Landbevölkerung aß vor allem Getreidebreie. Das Brotbacken ging zunächst von den Klöstern aus.[149] Erhielt der Untertan Roggen, war dies in der Regel auch zum Brotbacken gedacht. Hafer dagegen diente für die Landbevölkerung für den allgemein gegessenen Haferbrei (nicht zu einer eventuellen Pferdefütterung).[150] Von den Fischen haben sie selbst wohl kaum einen gegessen. Zumindest war es nicht erlaubt. So berichtet Lorenz Westenrieder noch 1784 vom Starnberger See, dass ihm ein Fischer auf die Frage, wie ihnen die einzelnen Fische schmeckten, antwortete: *„Wir haben weder diesen noch jenen Fisch, den wir oft gefangen haben, jemals gegessen."*[151]

1494 erscheint dann nur noch Hans Öttl auf einem halben Urbar, das 20 Gulden brachte und jeweils ein Essen Fisch, das 42 Gulden wert war.[152] Dafür erhielt er dann vier Herrenbrote und zu Neujahr eine Maß Welschwein. Die Maien- und die Herbststeuer waren inzwischen jeweils auf 45 Gulden angestiegen. Für die Frau und jedes Kind waren nochmals vier Gulden fällig, ebenso wie für die Ehrungen an St.-Benedikten-Tag, an Margareth, an Ostern, an Kirchweih, an Mariä Himmelfahrt und im Advent.[153]

Wenn man die Bedingungen liest, die zwar von einer Reihe von Abgaben sprechen, auf der anderen Seite jedoch einen gewissen Ausgleich durch Naturalien zeigen, wird der Verdacht erhärtet, dass die Öttl die Versetzung der Renken zumindest teilweise auf eigene Kosten vorgenommen haben. Auch von einigen etwa zeitgleich entstandenen Weihern ist bekannt, dass sie auf Kosten der Fischer eingerichtet wurden. Dafür hatten die Fischer und ihre Frauen lebenslanges Nutzungsrecht.[154]

Hans Öttl war maßgeblich an der Einsetzung der Renken und später der Saiblinge beteiligt, also an den einschneidendsten Entwicklungen in der Fischerei am Walchensee. Dabei hat er sich hoch verschuldet, sodass anno 1507 jener Hans Öttl als *„ein sehr alter Fischer"* sein halbes Benediktbeurer Urbar an den Tiroler Bergwerksunternehmer Veit Jakob Tänzl auf Tratzberg verkaufte.[155] Die Fischerei dort versah aber weiterhin sein Sohn, Hans Öttl der Jüngere. Als auf Betreiben des Herzogs die Öttl aus dem Fischerhaus am Walchensee geworfen wurden und kurzzeitig ein herzoglicher Fischer namens Marx dort einzog, starb Hans Öttl der Ältere am 11. November 1513. 1514 kehrte Hans Öttl der Jüngere wieder in sein Vaterhaus zurück, bis auch er im Jahr 1519 verstarb. Wer die Fischerei nach ihm neben seinem Nachbarn, dem Tafernwirt, in Walchensee betrieb, ist aus den schriftlichen Quellen nicht zu erkennen. Bis 1525 hatte noch einmal Veit Jakob Tänzl von Tratzberg dieses halbe Urbar inne. Wer für ihn die Bewirtschaftung besorgte, ist ebenfalls nicht überliefert, wahrscheinlich ein Dienstmann des Tirolers.

148 BayHStA KL Benediktbeuern 36, fol. 14'.

149 Vgl. Zieher/Bührer, Das Brot, S. 88.

150 Kartoffeln kannte man zu dieser Zeit in Europa noch überhaupt nicht. Im Gebiet des Walchensees setzte sie sich als Nahrungsmittel sogar erst extrem spät durch. Noch 1888 schreibt Maximilian Lizius, der Forstmeister aus der Jachenau: „Kartoffeln, die überhaupt in unseren Gebirgsgegenden – zum Glück – noch verhältnismäßig wenig und selten, mehr als Rarität genossen werden, kommen hie und da gleichsam als Nachtisch auf den Speisezettel" (Lizius, Wald-, Wild- und Waidmannsbilder, S. 81).

151 Westenrieder, Beschreibung des Wurm- oder Starenbergersees, S. 138.

152 Überraschenderweise sind jedoch für dasselbe Jahr an anderer Stelle beide Namen zu lesen. BayHStA KL Benediktbeuern 39, fol. 55 f.

153 Vgl. BayHStA KL Benediktbeuern 39, fol. 55' f.

154 Der Schönauer Weiher etwa war 1495 von Hans Jäger und seiner Frau Christina von Riedt auf eigene Kosten errichtet worden, wofür sie die Nutznießung Zeit ihres Lebens überlassen bekamen (vgl. BayHStA KL Benediktbeuern 93 1/3, fol. 289). 1497 entstand der Achmüller Weiher auf Kosten von Caspar Mörz (ebenda, S. 489).

155 Siehe dazu ausführlich unten das Kapitel „Fremde Begehrlichkeiten", S. 222 ff.

Nach 1525 wurde dieses halbe Urbar in Walchensee möglicherweise unter der Grundherrschaft Benediktbeuern mit der zweiten Hälfte inklusive Tafern zu einem einzigen Urbar vereinigt und Heinrich Zwerger zum Lehenträger des Klosters Benediktbeuern, während drei seiner Söhne als Schlehdorfer Fischer auf der nahen Halbinsel siedelten. Zentrum des vereinigten Urbars in Walchensee war offensichtlich die Tafern, während vom zweiten Hof nichts mehr zu lesen ist. Im Jahr 1539 wurde das vereinigte Benediktbeurer Fischeranwesen in Walchensee jedoch erneut geteilt: Neben der Tafern entstand der Waltlbauernhof und auf beiden saßen zunächst wohl Vertreter der Familie Zwerger. Von der Familie Öttl als Fischer am Walchensee ist in den Benediktbeurer Überlieferungen nach 1519 nichts mehr zu lesen.[156]

DER WALTLBAUER

Im Jahr 1539 wurde das vereinigte Benediktbeurer Fischeranwesen in Walchensee erneut geteilt: *„Beede Fischer, unsere beede Unterthonnen zu Wahlnsee, zum erstenmahl separiert, da der Waltl ein aignes Haus unweith des Würths-Haus gebauet.“* Dies geht laut Meichelbeck aus einem Salbuch dieses Jahres hervor, das sich jedoch nicht im Original finden ließ.[157] Die Namen der Fischer wurden nicht genannt. Laut Demleitner handelte es sich dabei um den ca. 1545 verstorbenen Tafernwirt Konrad (= Kunz) Zwerger und seinen Sohn Balthasar, der ca. 1580 starb.[158] Beweise dafür gibt es nicht, doch spricht der Vorname dafür: Balthasar = Baltl = Waltl, da W und B früher häufig synonym verwendet wurden.

Dieser Hof hieß von da an „Paltl-“ oder „Waltlbauernhof“ und noch in der Fischordnung von 1759 wurde der Fischmeister Georg Zwerger „Waltl-Fischer“ oder „Waldl am Wallersee“ genannt.[159] Auf dem Waltlbauernhof lassen sich bis ins 19. Jahrhundert Zwerger nachweisen. 1776 wird auf dem „Paltl-Hof“ zwar Georg Doll als Lehensträger erwähnt[160] und am 22. Dezember 1794 geht der Hof durch Heirat an Georg Pfalz über[161], doch am 13. August 1810 ist Josef Zwerger der Besitzer.[162]

Der letzte Zwerger auf diesem Waltlbauernhof starb 1849 nach nur eineinhalbjähriger Ehe und hinterließ deshalb auch lediglich ein Kind, eine Tochter, die 1871 dem Georg Rieger von Benediktbeuern den Hof anheiratete. Seither besitzen die Nachkommen Rieger (Eckstein) – bis heute – Fischrechte auf dem Walchensee.

156 Allerdings lassen sich Öttl über Jahrhunderte etwa in Obernach oder am Kochelsee nachweisen.

157 Meichelbeck, zitiert nach Daffner, S. 335.

158 Demleitner, Stammbaum.

159 BayHStA KL Schlehdorf 92, fol. 44-54. Auch in der KU Benediktbeuern 1331 vom 12. Mai 1754 werden Michael Zwerger und sein Sohn Mathias in Walchensee als Benediktbeurer Untertanen genannt.

160 BayHStA KL Benediktbeuern 70, fol. 443.

161 StA Mü Kataster 21656.

162 BayHStA KL Benediktbeuern 70, fol. 443.

Der Waltlbauernhof in Walchensee mit einer Zille, Foto um 1890

Kapitale Seeforelle, Foto um 1965

Rechts: Eisenstallwinkel, Radierung von Paul Geißler, um 1950

DIE FISCHMEISTER

In der Fischordnung des Jahres 1586 wurde für den Walchensee erstmals die Aufstellung von Fischmeistern angeordnet: einer für Kloster Benediktbeuern und einer für Kloster Schlehdorf. Sie hatten vor allem über die Einhaltung der Fischordnung zu wachen. Die Entwicklung der Geschichte zeigt jedoch, dass sie selbst diese nicht selten übertraten. Als strafrechtliche Folge mussten sie im Laufe der Zeit jeweils die doppelte Strafe bezahlen. Dass sie jedoch ihres Amtes deshalb enthoben wurden, lässt sich in den Archivalien nicht nachweisen. Meist wurden sie aus Alters- oder Zeitgründen abgesetzt beziehungsweise wenn sie den Hof bereits an ihre Erben übergeben hatten, wie etwa 1694 ausdrücklich erwähnt wurde.[163] Auch als der Wirt Georg Schwarz 1690/91 gestorben war und seine Frau zwar die Tafern weiterführte, ging das Amt des Fischmeisters auf seinen Nachbarn Jacob Zwerger in Walchensee über[164], der bereits Jahre zuvor das Amt innegehabt hatte. Eine Frau durfte nicht als Fischer tätig werden, folglich auch nicht als Fischmeister. Einen zeitlichen Rhythmus für die Neubestellungen der Fischmeister scheint es nicht gegeben zu haben: Meist schwanken die Abstände der Neubestellungen zwischen zehn und 20 Jahren, wenn man sie überhaupt feststellen kann.

Auf Seiten des Klosters Benediktbeuern wurde also jeweils einer der Fischer aus dem Ort Walchensee nominiert, wobei es sich häufig um den Tafernwirt handelte, auf Seiten des Klosters Schlehdorf wurde in der Regel zwischen den einzelnen Zwerger-Familien gewechselt.

Fischmeister **(soweit sie sich heute noch feststellen lassen)**

	Walchensee (Benediktbeuern)	Zwergern (Schlehdorf)
1586	Caspar Panerädl (Wirt)	Christoph Zwerger
1647	Simon Hundtsperger (Wirt)	Hans Zwerger
1663	Jacob Zwerger	Georg Zwerger
1674	Georg Schwarz (Wirt)	Mathias Zwerger
(1691)	Jacob Zwerger	Mathias Zwerger
1694	Andreas Zwerger	Ferdinand Zwerger
1706	Johann Schwarz	Bartlme Zwerger d. Ä.
1722	Johann Schwarz	Adam Zwerger
(1757)	Lorenz Zwerger	
1759	Michael Zwerger	Georg Zwerger

(Jahreszahlen ohne Klammern sind Jahre der Ernennung; Jahreszahlen in Klammern Nennungen bzw. erschlossene Daten)

163 BayHStA KL Benediktbeuern 1093/315, fol. 64.

164 Mindera, Die Tafernen der Klosterhofmark Benediktbeuern, S. 104. Am 21. Januar 1692 wird bereits Jacob Zwerger als Fischmeister genannt. BayHStA KL Benediktbeuern 1093/315, fol. 60.

Die Fischerei in der Niedernach (Jachen)

Am Ostufer fließt die Niedernach (= Jachen) aus der Niedernacher Bucht des Walchensees – im Gegensatz zur Obernach, dem einst einzigen Zufluss des Walchensees bei Einsiedl am Südwestufer. Heute spricht man jedoch nur noch von der „Jachen". Der Name „Niedernach" ist für das Fließgewässer verschwunden. Nur die Bucht wird noch „Niedernacher Bucht" genannt. Auch der Weiler zu Füßen des Fischbergs trägt bis heute den Namen „Niedernach". Allerdings ist die Ansiedlung noch relativ jung: Erst 1703 haben Lorenz Krinner und seine Frau Anna am Auslauf des Walchensees eine Siedlung begründen dürfen, während die nahe Mühlraut bereits 1441 an Müller verstiftet, wenn auch nicht dauernd bewohnt war.[1]

Die Fischerei in der Niedernach stand – anders als die im Walchensee selbst – jedoch offensichtlich nur dem Kloster Benediktbeuern zu. Auf jeden Fall sah man dies dort so, obwohl in der ersten Regelung zur Fischerei am Walchensee, 1446 im Spruchbrief des herzoglichen Pflegers, ausdrücklich erwähnt wurde, dass die Fischer beider Urbare die Zu- und Abflüsse gemeinschaftlich befischen sollten: während des Forellenlaichs jeweils drei Tage und Nächte der eine in der Obernach und der andere in der Niedernach und dem Sachenbach; dann drei Tage jeweils umgekehrt. Während des Hecht- und Ruttenlaichs sollten sie beide zusammen fischen.[2]

Das war in Benediktbeuern längst vergessen, als man Ende des 17. Jahrhunderts um das alleinige Fischrecht in der Niedernach kämpfte.[3] Nach eigener Aussage hatte man den Schlehdorfer Fischern nur aus Gutmütigkeit einst das Fischen in der Niedernach gestattet – eine eher unglaubwürdige Aussage, da dies eigentlich nicht der sonstigen „Wirtschaftsphilosophie" des Klosters Benediktbeuern entsprach! Kaum waren in den 1580er-Jahren die Fischordnungen erlassen worden, die das gemeinsame Fischrecht in den Zu- und Abflüssen im gleichen Sinn ordneten, wie

1 Zur Siedlung Niedernach vgl. Gudelius, Jachenau, S. 133 f.

2 BayHStA KL Benediktbeuern 17, fol. 378'-379.

3 Ob mit diesen Auseinandersetzungen auch die Überlegung zusammenhing, am Ausfluss des Walchensees in die Niedernach Schleusen zu bauen, ist nicht überliefert. Die Schleusen sollten den See auf- und anschwellen lassen, damit das gefällte Holz aus den umliegenden Bergen durch die Niedernach besser in die Isar geschwemmt und auf diese Weise Geld und Kosten gespart werden könnten. Doch schon bald legte man den Plan zu den Akten, aus Sorge vor Überschwemmungen, die den Häusern, Wiesen und Äckern großen Schaden hätten zufügen können. Vgl. Lindenmayr, Jachenau, S. 17.

Die Jachenmündung in der Niedernach, Postkarte um 1920

der Spruchbrief rund 140 Jahre zuvor, soll es bereits Streitigkeiten wegen der Niedernach gegeben haben, die offensichtlich besonders fischreich war, denn wegen keinem der anderen Bäche gab es solch heftig diskutierte Probleme.

Diese Streitsache um 1700 umfasst in einem Faszikel des Bayerischen Hauptstaatsarchivs mehr als 330 Seiten.[4] Doch auch in anderen Beständen blieb die Streitsache zwischen dem Kloster Benediktbeuern und den Zwergerner Fischern um die Fischrechte in der Niedernach in den Jahren 1695 bis 1704 nicht unerwähnt. Sogar Kurfürst Max Emanuel wurde durch ein Schreiben des Klosters am 24. September 1695 involviert. Um Benediktbeuerns Rechte zu vertreten, wurden angeblich uralte Papiere aus der Schublade gezogen, von denen jedoch nicht ganz sicher ist, ob sie nicht gerade eben erst angefertigt worden waren. Sie sind nämlich wieder einmal nur in Abschrift überliefert.

Am 3. Oktober 1591 waren angeblich die Schlehdorfer Untertanten vom Walchensee *„wegen eines Streits und Mißverstands in dem achten Articul der Vischordnung"* in Benediktbeuern erschienen; es ging um die Niedernach, die sie zu fünft befischt hatten. In Kloster Benediktbeuern legte man diesen Punkt natürlich im eigenen Interesse aus, nämlich dahin gehend, dass die Schlehdorfer Untertanen nicht weiter in der Niedernach fischen dürften als bis zur *„Unteren Hirschhäcken, wie das Khag bey dem Fleckhl in der Niedernach geht"*[5]. Darüber hinaus sollen die Schlehdorfer Fischer auch in der Jachenau nicht weiter nach Forellen fischen dürfen, nur zur Winterszeit sollte ihnen das Fangen von Huchen und anderen Fischen, soweit sie ihnen nachkommen könnten, unverwehrt bleiben, ebenso wie in den anderen Bächen, die die Untertanen beider Klöster zusammen befischten. Allein was die Niedernach betrifft, sollte es wie beschrieben gehalten werden, weil dem *„Herr von Bayrn ihme das vorbehalten"*,[6] das heißt, dass der Herzog in der Niedernach Fischrechte besaß. In Artikel 8 der Fischordnung ist von alledem allerdings nichts zu lesen. Dort geht es nur um die Bäche im Allgemeinen, der Name „Niedernach" erscheint überhaupt nicht und auch zwischen den Fischern von Benediktbeuern und Schlehdorf waren dort keinerlei unterschiedlichen Rechte oder irgendwelche räumlichen Begrenzungen vereinbart.

Noch am selben Tag, dem 3. Oktober 1591, wurde angeblich eine Urkunde von Abt Johann Benedikt von Benediktbeuern (1570-1604) verfasst, in der die Schlehdorfer Klage, weiter fischen zu dürfen, ausdrücklich abgewiesen wurde. Die Benediktbeurer betrachteten den Wunsch der Schlehdorfer als Anmaßung und die eingeschränkte Genehmigung zum Fischen bis auf *„die undern Hürschhäcken, wie das Kag bey dem Fleckhel"* lediglich als einen Ausdruck des guten Willens gegenüber den Schlehdorfern auf das nachbarliche Ersuchen von Propst Wolfgang von Schlehdorf hin. Ein Recht dürften die Schlehdorfer daraus aber auf keinen Fall ableiten.

Diese Urkunde von 1591 ist mehr als auffällig, da es in späterer Zeit heftige Auseinandersetzungen gerade um diesen Punkt gab. Diese Urkunde von 1591 ist nicht im Original erhalten[7], sondern nur in einer Abschrift aus der Zeit um 1700, also genau aus der Zeit, in der der jahrelange Streit voll entbrannt war.[8] Schon 1591 hätten also die Benediktbeurer die Fischrechte in der Niedernach für sich reklamiert – wenn denn das Schreiben wirklich existiert hat. Laut Beschluss von 1591 war es auch den Benediktbeurer Fischern aus der Jachenau nicht gestattet, über die genannte Markierung hinaus mit dem Beren nach Forellen zu fischen, jedoch nach Huchen und anderen Fischen, *„wan die im Laich seindt"*. Auch der Walchenseer Wirt und sein Nachbar, beide Benediktbeurer Untertanen, sollten dieses Recht haben. Die anderen Bäche jedoch konnten sie alle zusammen befischen.[9]

4 BayHStA KL Benediktbeuern 1086/291.

5 Diese geografische Angabe bezieht sich wohl auf das sogenannte „Fleck", das als älteste Sölde der Jachenau gilt. Es erscheint erstmals um 1522 (vgl. Gudelius, Jachenau, S. 122). Mit „Kag" wird laut Schmeller (Bayerisches Wörterbuch, Sp. 1230) ein Zaun bezeichnet. Schmeller zieht zu dieser Erklärung Meichelbeck heran. Beim Fleck mündet auch ein kleines Rinnsal in die Jachen.

6 BayHStA KL Benediktbeuern 1093/315, fol. 16'-17, bzw. KL Benediktbeuern 1086/291.

7 Im Urkundenbestand von Kloster Schlehdorf ist auch kein Hinweis darauf zu finden.

8 Es ist dies das einzige Vergehen, das offensichtlich nach den mehrfach überlieferten Fischordnungen von 1580 bzw. 1586 und vor weiteren Aufzeichnungen ab 1623 in Sachen Fischerei am Walchensee verhandelt wurde, also in einem Zeitraum von über 30 Jahren. Später werden die Abstände kürzer. In den Archivalien des Klosters Schlehdorf finden sich keine Unterlagen zur Niedernach von 1591. Vgl. BayHStA KL Benediktbeuern 1089/291.

9 BayHStA KL Benediktbeuern 1093/315, fol. 17'-19.

Um 1700 war der Streit um die Niedernach auf seinem Höhepunkt angelangt. Bereits am 13. August 1695 waren die drei Zwergerner Fischer unangenehm aufgefallen wegen des *„Fischens auf der Nidernach, so sye vermög Briefs de dato 3. October anno 1591 vom Closter Benediktbeyrn nur auf gutem Willen und aus kheiner Gerechtigkeit gehabt, von der Hürschheggen wie das Kag bey dem Fleckhel in der Nidernach gehet"*. Sie sollten dieses Fischen gänzlich unterlassen und sich vor saftigen Strafen hüten, weil *„solche Nidernach ihro Gnaden Herr Abt zu Benedictbeyrn zu dem Closter widerumben renoviert und absonderlich besuchen lassen würdt"*[10].

Auch am 6. September 1695 wurde den drei Fischern von Zwergern vorgeworfen, sie hätten wieder einmal in der Niedernach gefischt, was ihnen 1591 jedoch lediglich als Gnade zugestanden worden war. Die Niedernach war ein allein dem Kloster Benediktbeuern zustehendes Fischwasser – und sein Eigentum. Die Zwerger hatten jedoch nicht nur über die *„March"* hinaus bis an die Mühle in die Jachenau gefischt, sondern auch den Fluss mit *„Täxen"* und *„Grözling"* zum Schaden des Fischwerks *„verschlagen"*[11], obwohl ihnen dies wiederholt untersagt worden war. Die Zwerger verteidigen sich: Ihre gnädige Herrschaft, also die Schlehdorfer, hätte ihnen bei Androhung des Verlusts ihrer Fischereigerechtigkeit befohlen, in der Niedernach zu fischen, ja, es wären bei dem Fischzug sogar der Dechant und der Kellerbruder von Schlehdorf dabei gewesen und hätten vorgegeben, dass sie nach altem Recht in der Niedernach fischen dürften. Ob dieses Recht nun bestünde oder nicht, konnten sie als arme Fischer nicht wissen, noch dazu, wo sie und ihre Vorfahren von jeher in besagter Niedernach auf Fischfang gegangen seien, natürlich immer nur innerhalb jener Marken, die man ihnen bei der Fischordnungserneuerung angewiesen hätte. Den drei Zwergern wird hierauf gerichtlich aufgetragen, ihr Fischrecht in der Niedernach innerhalb von drei Wochen zu beweisen. Andernfalls müssten sie mit einem Bußgeld von sechs Reichstalern rechnen.[12]

Offensichtlich konnten die Zwerger jedoch keine diesbezügliche Urkunde vorlegen. Die drei Wochen verstrichen ungenutzt – zumindest was die Beweisvorlage betrifft. Zum Fischen in der Niedernach gingen sie nämlich weiterhin, wieder bis an die Mühle in der Jachenau, mit Einsatz von Verschlägen. Deshalb wurden sie am 22. November 1695 nicht nur zu den sechs Reichstalern verurteilt, sondern zur doppelten Strafe, mit dem Zusatz, dass wenn sie sich noch einmal erwischen ließen, ein jeder mit *„mehr empfündtlicher Straff"* zu rechnen habe.

Die Zwerger jedoch hatten kein Einsehen. Wieder führten sie an, dass sie nur auf Befehl ihrer Grundherrschaft in der Niedernach gefischt hätten, wobei dieselbe ihnen bedeutet hätte, dass sie dem Kloster Benediktbeuern keine Strafe zahlen, sondern sich eher ins Amtshaus werfen lassen sollten, dem nun nachzukommen sie sich hiermit erklärten.

Hierauf wurden die drei Zwerger zur Strafe ins Amtshaus gebracht. Doch dort war es wohl nicht sehr gemütlich, denn am 27. November 1695 ließen die drei Zwerger durch den Gerichtsamtmann vorbringen, dass sie sich *„submittieren und umb ein gnedige Straff und Entlassung bitten wollen"*, woraufhin man sie noch einmal anhörte. Auf ihr inständiges Bitten und weil ja ihre Grundherrschaft sie dazu angehalten hatte, zeigte sich das Kloster Benediktbeuern gnädig, sodass schließlich ein jeder mit zwei Gulden Strafe glimpflich davonkam.[13]

Am 7. Mai 1700 kam es dann zu einem Lokaltermin. Zwei Wochen im Voraus war dies sowohl Adam Zwerger als auch dem Kloster Schlehdorf von Seiten Benediktbeuerns mitgeteilt worden. Mit dabei waren auch Vertreter des kurfürstlichen Hofrats in München.[14] Leider klafft dann im Aktenbestand eine Lücke von fast

10 Ebenda, fol. 67.

11 Mit „Täxen" = Daxen werden Äste und Zweige, besonders von Nadelbäumen, bezeichnet (Schmeller, Bayerisches Wörterbuch, Sp. 482), mit „Grözling" = Größling, Sprosse, insbesondere die Wipfelsprosse von Nadelholz (vgl. ebenda, Sp. 1018). „March" bezeichnet die Grenze, einen abgegrenzten Grund und Boden, eine Markierung oder ein Grenzzeichen (vgl. ebenda Sp. 1643-1645).

12 BayHStA KL Benediktbeuern 1093/315, fol. 72-74.

13 Ebenda, fol. 74-75.

14 BayHStA KL Benediktbeuern 1089/291, fol. 93-95.

einem Jahr. Offensichtlich fällte der kurfürstliche Hofrat keine Entscheidung oder zumindest keine, die man gerne in Benediktbeuern überliefert hätte, sodass wir über das Ergebnis des Lokaltermins nichts sagen können. Das nächste Schreiben datiert erst wieder vom 2. März 1701. Es enthielt eine Vorladung nach München für beide Klöster, für Schlehdorf und Benediktbeuern. Offensichtlich wurde wieder keine Entscheidung gefällt. Die Sache ging weiter. Am 12. Dezember 1703 beorderte Max Emanuel für den 19. Januar 1704 erneut Vertreter beider Klöster nach München. Und nun entschied der kurfürstliche Rat gegen Benediktbeuern: Dem *„Zwerger und Cons."* blieb ihre *„possession de iuris piscandi auf der Nidernach"*.

Doch Benediktbeuern ließ nicht locker und kämpfte weiter. Im Verlauf der Streitigkeiten brach der Spanische Erbfolgekrieg aus; Kurfürst Max Emanuel musste außer Landes gehen. Man wandte sich von Seiten Benediktbeuerns nun an den österreichischen Kaiser Josef. Doch auch seine Kaiserliche Majestät beließ es am 13. Juli 1705 in dieser Sache bei der vom kurfürstlichen Hofrat bereits am 12. Dezember 1703 ausgestellten *„Erkhantnus"*. Die Fischrechte in der Niedernach wurden dann wohl auch im Universalvergleich von 1716 mit bereinigt.

Nach der Säkularisation gingen die Fischrechte in der Jachen nicht an die Fischer über, sondern verblieben beim Staat und sorgten auch noch im 19. Jahrhundert für mancherlei Diskussionen.[15]

15 Siehe unten S. 208 f.

Karte von Kochel- und Walchensee, Kupferstich von Gabriel Bodenehr, um 1720

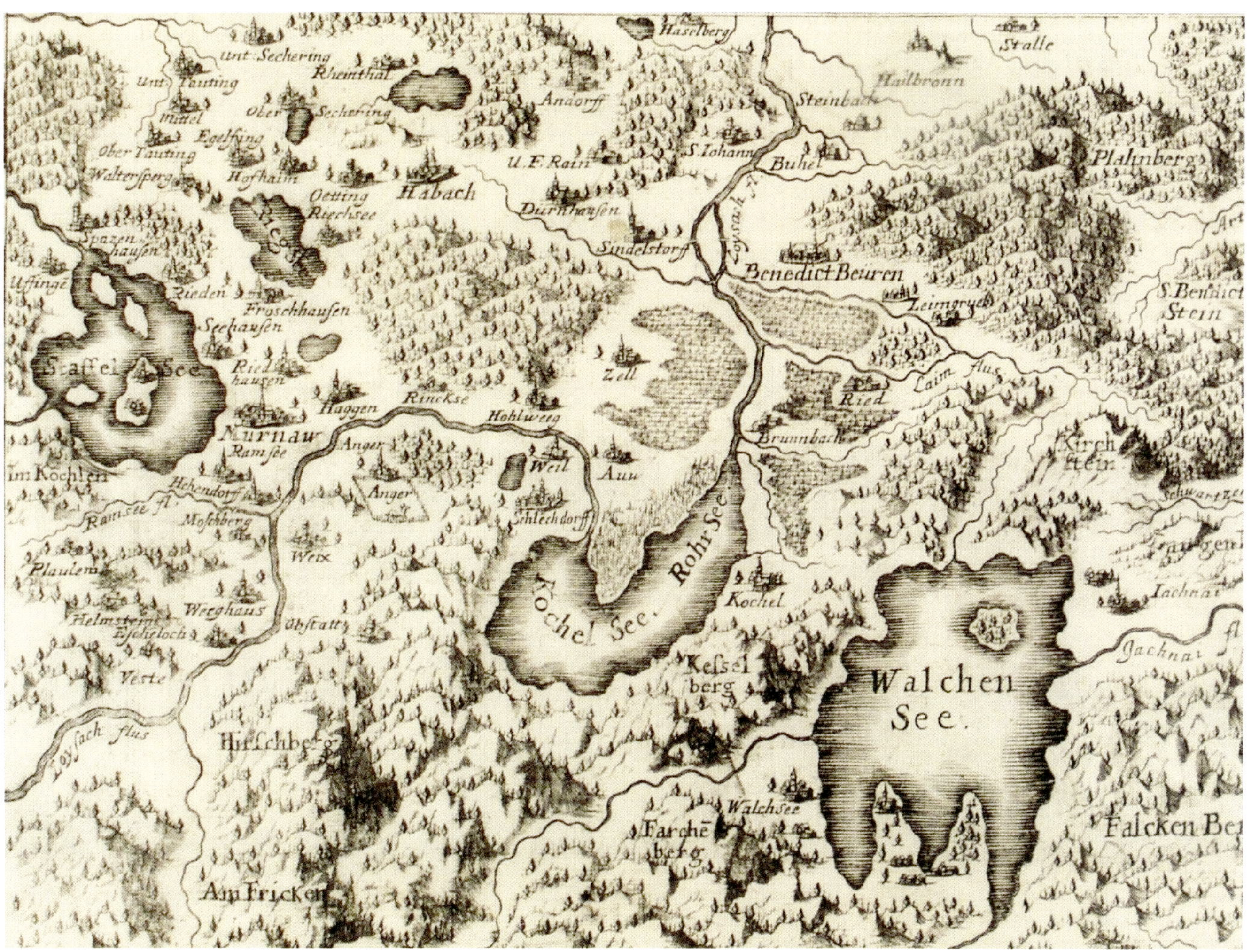

Die Fischerei in der Obernach

Vor der Inbetriebnahme des Obernachkanals bildete vor allem die Obernach den Einfluss des Walchensees, während die Niedernach (= Jachen) seinen Hauptausfluss darstellte. Anders als in Grenzbeschreibungen, in denen der Obernach als Grenze zwischen den Grundherrschaften des Klosters Ettal und des Klosters Benediktbeuern große Bedeutung zukam, erscheint die Obernach in den alten Fischordnungen und Seegerichtsprotokollen selten. Offensichtlich wurde sie wie alle übrigen Bäche unter den Anordnungen für den Walchensee subsumiert – anders als die Niedernach. Und so haben wir über die Fischerei in der Obernach für frühere Zeiten kaum spezielle Unterlagen.

Allerdings zählte die Obernach einst zu den besten Seeforellengewässern; es gab dort dermaßen viele Seeforellen, dass man *„fast darüber gehen konnte"*, wie sich ältere Fischer noch erinnerten. Die ersten Nachrichten über eine Fischerei in der Obernach stammen aus dem Jahr 1446. Damals wurde vereinbart, dass die beiden Fischer, der des Klosters Schlehdorf und der des Klosters Benediktbeuern, jeweils drei Tage in der Obernach und dann drei Tage in der Niedernach und dem Sachenbach fischen dürften, solange der Forellenlaich dauert. Während des Rutten- und Hechtlaichs aber sollten die beiden Fischer nebeneinander fischen.[1]

Doch schon bald wurden die Vereinbarungen offensichtlich nicht eingehalten. 1459 fischten die Schlehdorfer Fischer angeblich widerrechtlich in der Niedernach[2], während sie zur selben Zeit an der Obernach (nahe dem heutigen Einsiedl) eine Tafern hätten errichten dürfen.[3] Warum dies nicht geschah, wurde nicht überliefert. Überhaupt wurde es ruhig um die Obernach – bis zum Bau des Walchenseekraftwerks.

Durch die Inbetriebnahme des Walchenseekraftwerks im Jahr 1924 und der damit verbundenen Wasserführung durch den Isarüberleitungskanal und die ausgebaute Obernach waren bereits in den Jahren zwischen 1924 und 1948 wegen des vielen Wassers Querbauwerke zur Stabilisierung nötig. Zwei Jahre nach dem Kraftwerk wurde das Forschungsinstitut für Wasserbau und Wasserkraft (heute Versuchsanstalt für Wasserbau und Wasserwirtschaft, TU München) im Gebiet des einstigen „Eisenstalls" errichtet. Wiederum zwei Jahre später löste man die alten Weiderechte der Zwergerner Bauern auf dem Gelände der Versuchsanstalt ab.[4]

Nach dem Bau des Obernachkraftwerks und des Stollens vom Sachensee nach Einsiedl fließt seit 1955 dort die ursprüngliche Obernach. Das Wasser wird heute hauptsächlich durch den Obernachkanal geführt. Der Lauf der Obernach selbst dient nur für Wartungsarbeiten an den Turbinen vorbei in den Walchensee, nicht jedoch zur Energiegewinnung.

Die Regulierungen bzw. Verbauungen der Obernach hatten starke Auswirkungen auf die Fischerei. Die einst massenhaft vorhandenen Seeforellen werden seit 1955 am Aufsteigen gehindert. Die Obernach ist jedoch das einzige Laichgewässer für Seeforellen am Walchensee. Durch die Verbauungen sind die Forellen von ihren natürlichen Laichplätzen abgeschnitten, sodass keine natürliche Reproduktion mehr stattfinden und der Seeforellenbestand im Walchensee nur durch Besatz erhalten werden konnte.

Die rund dreieinhalb Kilometer lange Obernach vom Wasserfall bis zum Einfluss in den Walchensee bei Einsiedl weist heute acht Verbauungen auf, das heißt acht Wanderhindernisse für Fische. Dazu kommt die häufig ungenügende Wasserführung (längere Abschnitte fallen mehrmals im Jahr sogar trocken), sodass die

Die Obernach, Foto oben: Erfassung des Fischbestands mit Hilfe von Elektrobefischung
Foto Mitte: markierte Seeforelle im Oktober 2007
Unten: unüberwindbares Querbauwerk

1 BayHStA, KL Benediktbeuern 17, fol. 378'-379.

2 Siehe S. 138 f.

3 BayHStA KU Schlehdorf 1459 IV 20 und 1459 XI 30.

4 Archiv der Max-Planck-Gesellschaft Nr. 2328/1, Verwaltungsbericht 1927/28, nach Angabe von Jost Knauss.

Die Obernachmündung, Ausschnitt aus dem Kataster von 1930

Obernach längst nicht mehr als Aufstiegsgewässer geeignet ist. Die Fische verschwanden weitestgehend aus der Obernach. Sogar Schwarzfischer, die einst häufig an der Obernach anzutreffen waren und teilweise sogar mit Mistgabeln große Beute machten, kommen heute kaum mehr. Es rentiert sich nicht.

Durch Renaturierungsmaßnahmen in den nächsten Jahren soll jedoch wieder ein größerer Bestand erreicht und vor allem ein Aufsteigen der Fische und damit eine natürliche Vermehrung möglich werden. In Zusammenarbeit von Fischereigenossenschaft, dem zuständigen Forstamt Bad Tölz, dem Wasserwirtschaftsamt, den E.ON-Werken sowie der Fischzuchtanstalt in Starnberg sollen die Wehre in sogenannte raue Rampen umgebaut werden. Am Alpenrhein am Bodensee hat man in den letzten zwanzig Jahren mit ähnlichen Renaturierungsmaßnahmen sehr gute Ergebnisse erzielt. Marco Denic, ein Diplomand der Versuchsanstalt für Wasserbau in Obernach, erstellte eine Erfolg versprechende Machbarkeitsstudie als Diplomarbeit an der TU München.[5]

2007 und 2008 wurden am Walchensee je 500 markierte Seeforellen in die Obernach als Initialbesatz eingebracht sowie 2009 5.000 Seeforelleneier im Augstadium. Durch die jahrzehntelange Entwöhnung haben die Forellen den Geruchssinn, der sie zu ihren Laichplätzen in der Obernach führen sollte, verloren. „Homing" heißt der Fachausdruck. Nun sollen sie diesen Geruchssinn wieder trainieren. Erste Erfolge sind bereits zu erkennen, auch wenn das Projekt erst in den nächsten Jahren abgeschlossen sein wird. Im Januar 2009 wurde vom Landesfischereiverband Bayern e. V. ein entsprechendes *„Konzept zur Schaffung der biologischen Durchgängigkeit in der Obernach (Walchensee) zur Ermöglichung eines Laichaufstieges für die Seeforelle"* erstellt.

Der ursprüngliche Lauf der Obernach vor 1924 (Einleitung der Isar), Foto um 1920

5 Denic, Bewertung der Obernach als Reproduktionsgewässer für Seeforellen. Diplomarbeit am Institut für Fischbiologie, Februar 2008, TU München (Freising/Weihenstephan), Prüfer: 1. Dr. Jürgen Geist, 2. Dr. Manfred Klein.

Die Organisation der Fischerei

DIE FISCHORDNUNGEN UND IHRE ÜBERTRETUNGEN

Fisch war auf herrschaftlichen Tafeln eine begehrte Delikatesse und in den Klöstern eine unverzichtbare Notwendigkeit – vor allem an Fasttagen. Fisch wurde teuer bezahlt. Und so wurde gefischt und geangelt, was die Gewässer hergaben. Seit dem 15. Jahrhundert ging deshalb die *„allgemeine Klage im Lande über die große Unordnung, die mit dem Fischen auf großen und kleinen Wässern herrsche, dadurch das Fischwerk fast erödigt werde. Es wurde besonders der Fischbrut auf unhaushalterische Weise zugesetzt, und der Hang zum Müßiggang verleitete damals wie zu allen Zeiten, die Schlenderer und Arbeitsscheuen des Fischwerkes zu ihrem Zeitvertreib zu pflegen"*, schrieb bereits Max Freiherr von Freyberg in seiner 1836 erschienenen „Geschichte der bayerischen Gesetzgebung".[1] Um diesen Missständen entgegenzutreten, wurden nach und nach zahlreiche Fischereiordnungen oder Fischordnungen erlassen, die zum Teil nur für einen beschränkten Raum, zum Teil aber auch überregionale Bedeutung hatten.

Allen Fischereiordnungen gemeinsam war die Sorge um den Rückgang der Fischpopulation. Um diese zu schützen, wurden Mindestmaße für Fische und Netze festgelegt, verschiedene Fangmethoden und Geräte verboten sowie Schonzeiten ausgesprochen, wobei – anders als heute – durchaus auch Fischfang während der Laichzeit gestattet wurde. Dass diese Fischereiordnungen nur bedingt eingehalten wurden, bedarf allerdings kaum einer Erwähnung. Die meisten Menschen waren des Lesens nicht kundig und ein- oder auch mehrmals verlesene Verordnungen konnten schnell wieder in Vergessenheit geraten. So wurden die Ordnungen zunehmend lax gehandhabt, bis es zu neuen Verboten und Erlassen kam. Der Wunsch nach Erneuerung und Verschärfung blieb über die Jahrhunderte bestehen. Erst in den 40er-Jahren des 19. Jahrhunderts trat *„der Sinn für die Fischerei wieder mehr hervor"*. Staatlicherseits interessierte man sich langsam für die Fischerei. In einem einschlägigen Reskript vom 16. September 1854 wurde konstatiert, *„dass der Zustand der Fischzucht in Bayern eine rasch fortschreitende Abnahme dieses Culturzweiges und damit den Verlust einer wichtigen Erwerbs- und Nahrungsquelle mit Grund befürchten lasse, wenn gegen den augenfälligen und bereits weit vorgerückten Verfall nicht Maßregeln ergriffen werden, welche die Fischzucht nicht nur regeln und wieder beleben, sondern derselben auch einen kräftigen und nachhaltigen öffentlichen Schutz gewähren"*[2]. Ab der Mitte des 19. Jahrhunderts wurden allgemein verbindliche neue Verordnungen erlassen, etwa zeitgleich mit der Entstehung der ersten Fischereivereine und -verbände in der zweiten Hälfte des 19. Jahrhunderts. Erst am 15. August 1908 allerdings wurde ein einheitliches bayerisches Fischereigesetz verabschiedet. Es trat am 1. April 1909 in Kraft und ist – mehrfach ergänzt und überarbeitet – bis heute gültig.[3]

An der Schwelle vom Mittelalter zur Neuzeit begann man von obrigkeitlicher Seite die Fischerei immer wieder neu zu ordnen und vor allem durch spezielle Verordnungen in einigermaßen geordnete Bahnen zu lenken. Landesfürsten, Herzöge, Bischöfe und Äbte erließen eigene Fisch- bzw. Fischereiordnungen zunächst meist für einzelne Gewässer und Bereiche. Erste Verordnungen reichen bis ins 14. Jahrhundert zurück, etwa die Würzburger Fischerzunftordnung aus dem Jahr 1385.[4] Hunderte von Fischordnungen sind für Bayern und den Alpenraum entstanden. Gemeinsam war allen Fischordnungen, dass die Notwendigkeit, die

1 Freyberg, Pragmatische Geschichte, S. 139.

2 Lochner von Hüttenbach, Bodenseefischerei, S. 58.

3 Vgl. dazu ausführlich Oelwein, Die Fischerei im Wandel, S. 241.

4 Koch, Festschrift zum 100-jährigen Fischereijubiläum in Bayern, S. 306.

Fische zur Laichzeit zu schonen, anerkannt wurde und keine zu kleinen Fische gefangen sowie zu enge Netze gebraucht werden dürfen. So schrieb bereits die Ordnung der Fischwaid von Innsbruck aus der Zeit um 1450 vor, dass nur solche Fische gefangen werden dürften, welche die Größe der Verordnung beigefügter Zeichnung erreichten. Dieses Schonmaß von ca. 18 Zentimetern galt auch in der Fischereiordnung von 1536, die besagt, dass Jungfische, etwa Forellen oder Äschen, nur dann gefangen werden dürfen, wenn sie mit Kopf und Schwanz aus der geschlossenen Hand hervorschauen. In gleicher Weise gab etwa die Fischereiordnung, die Kaiser Maximilian I. für die Haller Fischer aufstellte, eine Norm für die Maschenweite der Netze, das sogenannte Brittlmaß, vor. Die Überprüfung der Einhaltung dieser Vorschrift oblag den Fischmeistern. Infolge des Rückgangs der Renken im Achensee wurde 1514 ergänzend angeordnet, in Zukunft nur noch weitermaschige Netze zu verwenden; eine ähnliche Anweisung erfolgte nochmals 1527.[5]

Für den Kochelsee ist vom 1. Dezember 1529 eine erste ausführliche Fischordnung überliefert.[6] Für den Ammersee kennen wir die erste Fischereiordnung von 1516, die die Herzöge Wilhelm IV. und Ludwig erließen und auf die bereits 1531 eine weitere, ergänzende folgte.[7] 20 Jahre später erneuerte Herzog Albrecht V. die Fischereiordnung für den Ammersee, die von seinem Vorgänger Herzog Wilhelm IV. erlassen worden, aber nicht zum Vollzug gekommen war.[8] In der erwähnten „Bayerischen Landts-Ordnung" des Jahres 1553 von Herzog Albrecht ist auch die älteste bayerische Fischordnung für Ober- und Niederbayern enthalten[9], die aus den verschiedenen im Laufe von Jahrhunderten entwickelten Fischereiordnungen entstanden ist und die – erneut in das bayerische Landrecht von 1616 eingefügt – bis zum Beginn des 19. Jahrhunderts in Kraft blieb.

An guten Verordnungen fehlte es also nicht; allein mit der Umsetzung haperte es. Und wenn man schon einmal einen „Sünder" dingfest machen konnte, waren die Strafen meist relativ harmlos und wenig abschreckend.

Der Walchensee macht in dieser Entwicklung keine Ausnahme. Auch hier wurden immer wieder Fischereiverordnungen erlassen – und gebrochen, wobei in diesem Fall noch erschwerend hinzukam, dass die Fischer von Kloster Benediktbeuern und von Schlehdorf gemeinsam den ganzen See befischen durften, also nicht auf speziell abgesteckte Bereiche beschränkt waren. Am 20. September 1446 hat Hans Höhenkircher, der herzogliche Pfleger zu Wolfratshausen[10], einen Spruch zwischen den Fischern von Benediktbeuern und Schlehdorf gefällt, in dem es hauptsächlich um jenes Holzrecht *„am Orth, das liegt innerhalb des Wegs* [...] *das den zweyen Kirchen St. Jacoben und St. Margareth und beiden Theil Güttern darauf die Fischer seyent"*, ging. Den Schlehdorfern wurde die Gämsenjagd am Farchenberg gestattet. Die Fischer sollten je zu gleichen Teilen die Überfahrt über den Walchensee übernehmen. Und schließlich wurde die Zahl der Segen und Reusen für Forellen, Hechte und Rutten (Renken und Saiblinge kannte man damals noch nicht im Walchensee) festgelegt.[11] Dieser Spruchbrief von Hans Höhenkircher kann gewissermaßen als die erste Fischordnung für den Walchensee angesehen werden, auch wenn die Fischerei nur einen kleinen Teil der Urkunde ausmacht.

Seeforelle, Illustration von Wolfgang Fehenberger

5 Niederwolfsgruber, Kaiser Maximilians I. Jagd- und Fischereibücher, S. 58.

6 Meichelbeck, Chronicon, Bd. II, Nr. CCCXIV.

7 Deml, Bayerische Fischerei-Regesten, Nr. 32 und 35.

8 Ebenda, Nr. 41.

9 Kuhn, 125 Jahre Fischereiverband Niederbayern, S. 172.

10 In geistlichen Gebieten wurde die Gerichtsbarkeit durch die Landesherren als Vögte ausgeübt. Die Grafen von Wolfratshausen waren u. a. die Vögte von Benediktbeuern. Als dann die Wittelsbacher die Grafschaften in ihr Herrschaftsgebiet eingegliedert hatten, war es ihnen nicht mehr möglich, überall selbst Gericht zu halten. Sie bildeten aus den ehemaligen Grafschaften Landgerichte und setzten Pfleger und Richter ein. Oft übte der Pfleger gleichzeitig das Amt des Richters aus. Die Wolfratshauser Pfleger wohnten meist auf der Burg in Wolfratshausen. Vgl. Beer, Chronik der Stadt Wolfratshausen, S. 44 f.

11 Abschrift der Urkunde in BayHStA KL Benediktbeuern, Fasz. 105/32. Nachträglich wurde auf dieser Abschrift vermerkt: „NB 1716 ist alles gerichtet worden durch den Universalvergleich" (= BayHStA KU Benediktbeuern 1323). Die Urkunde Höhenkirchers ist mehrfach überliefert, u.a. auch in KL Benediktbeuern 18, fol. 27'-29.

Auszug aus dem Spruchbrief des herzoglichen Pflegers Hans Höhenkircher vom 20. September 1446

„[...] Mer von des Vischzeugs wegen ze mercken, da von yeglichem Urbar wol mogen ainsmals geen zwo Segen, da ist ain Krautsegen und ain Renckensegen, es sey Tag oder Nacht, an jerung und einer des andern Tayls aber zwo Renckensegen oder zwo Krauftsegen sollen von ainem Urbar nit aus geen ainsmals.

Auch ze merken, daß am Ruttenlaych und am Hechtenlaych mag ainer Reyss und Peren legen, so vil ainen verlust, doch sol ainer drey Tag und Nacht auff den andern warten und an den andern nit faren. Auch mag yeglicher Nacht Ängl und Schnüre legen so vil ainen verlust.

Mer zu merken, was dem Altenlaich, das gehallten sol werden, wie vor alter, als das allda getailt sol werden nach beyder Urbar-Vischer Willen. Und di Taylung sol also drey Jar beleiben. Und welcher taylt, so sol der ander di Wal haben; und so die drey Jar aus sind, so sol des andern Urbar Vischer auch auff drey Jar teylen und der andere di Wal haben, der vor getailt hat. Also sol es für und für gehallten werden. Mer der Zighalben sol es gehallten werden, als im Kochlsee und wie von Alter herkomen ist. Auch ist geredt und bedingt worden, daß ich benanten Zwerger oder welchen ich meiner Sinn auff die Tafern und Urbar setz, sol alle Jar unnd di Stifft wird acht Tag raumen und deytten, wo das dem Urbar am nutzisten ist, doch dem andern Urbar unentgolten. Sunst sollen wir uns zu allen Dingen gebrauchen Innhallt aines Spruchbrieffs etwan darumb ausgangen, der von Wort zu Wort also lautet:

Ich Hanns Höhenkirchner die Zeyt Pfleger zu Wolffartzhausen, Ich Wilhalm Wellenberg der durchlauchtigsten Hochgebornen Fürsten und Herrn Herrn Albrechten Pfaltzgraven bej Rein und Herzog in Bayern etc. Kuchenmaister und ich Peter Rudolff zu München bekennen als Spruchleit in dem Brieff, das Kloster zu Sand Benedictenpryren umb solcher Zuwarung unnd Jerung wegen als gewesen ist, zwischen dem Abt Wilhelm und Convent von Benedictbeyrn und Propst zu Schlechdorf und sein Convent wegen Walchen und Kochelsee, auch etliche Perg und Holtzmarch [...]

Daß der von Schlechendorff Vischer migt seiner grossen Segen auch mit seyner Krautsegen mit des von Peyern Vischer wol geleich darauff vischen sol und mag, wann das alles von Alter herkommen ist. Des gleichen mögen sy peyd Vischer in dem See vberal mit Reissen und Peren, mit Ängeln und mit anderm Vischzeug wol vischen, yeder nach seiner Notturfft. Getrewlich und ungevarlich ausgenomen in dem Foerchenlaich, in dem Hechtlaich und in dem Ruttenlaich, da sollen sy in dem Foerchenlaich als lanng der wird einer vischen in der Obernach drey tag und drey nächt, in der Nidernach und Sacherpach und wan di drey Tag und Nächt vergangen seindt, so sol der Vischer der in der Obernach gevischt hat, in der Niedernach und Sacherpach vischen, auch drey Tag und Nächt, und der zu Nidernach und Sachenpach gevischt hat, so auch dieselben drey Tag und Nächt in der Obernach vischen. Und der Wechsel der dreyer Tag und Nächt sol zwischen ir gleich umb geen als lanng der Foerhenlaich wird, dan den Hecht- und Ruttenlaich sollen sy beyd Tayl Vischer geleich neben einander Vischen als lanng der wird, es wär dann das ir ainen Erhafft Nott jeret ainen Tag zwen oder drey, so sol sein der ander warten und nit vischen, alles trewlich und ungefarlich. [...]

Pfintztag vor Sanct Matheustag des Heyligen zwölfbotten [...] 1446.

Am 25. Februar 1466 wurde dieser Spruchbrief durch Herzog Albrecht IV. von Bayern bekräftigt.[12] Ein weiterer Spruchbrief stammt dann von Hans Ebenhauser, dem Wolfratshausener Landrichter unter den Herzögen Wilhelm und Ludwig, vom 27. Oktober 1529, in dem der Brief von Hans Höhenkircher noch einmal bestätigt (und erweitert) wurde.[13]

Aus dem Jahr 1494 – aus eben jener Zeit, in der die Fischerei im Walchensee deutlich intensiviert und aus dem fischarmen Gewässer ein durchaus interessantes Fischereigewässer wurde – stammen dann erste genauere Anweisungen für den Walchensee.[14]

In dieser Urkunde von 1494 wurde in Bezug auf die Fischerei bemerkt, dass von *„jeglichem Urbar“* zwei Segen verwendet werden: eine Krautsegen und eine Renkensegen. Doch sollen nie zwei Renkensegen oder zwei Krautsegen von einem Urbar ausgehen. Im Rutten- und Hechtenlaich durfte einer so viele Reusen und Pern legen, wie er wollte, doch sollten die Fischer sich abwechseln: Der eine sollte drei Tage und Nächte auf Fischfang gehen und dann drei Tage lang nicht. Auch durfte jeder so viele Nachtangeln und Schnüre legen, wie er wollte. Darüber hinaus sollte es mit dem Altenlaich gehalten werden, wie von alters her, das heißt, dass alles nach dem Willen der beiden Urbarfischer geteilt werden sollte, und zwar auf folgende Weise: Die Teilung sollte drei Jahre lang der eine Fischer vornehmen und der andere sollte dann die Wahl haben. Und nach den drei Jahren sollte der andere Urbarfischer teilen und der erste wählen. So sollte es fortan gehalten werden. Auch dieser Punkt wurde durch die Jahrhunderte eher lax gehandhabt. Meist sind die Fischer gar nicht mehr selbst angetreten, sondern haben nur noch ihre Söhne oder Knechte geschickt. In der Fischordnung von 1756 wurde deshalb ergänzend erlassen, dass sie sich beim Fischmeister vorher mit Angabe des Grundes entschuldigen mussten. Erschien der Grund als nicht hinreichend, gingen die jeweiligen Fischer leer aus.[15]

Morgendlicher Aufbruch zum Einholen der Netze

12 BayHStA KL Benediktbeuern, Fasz. 105/32, KL Benediktbeuern 17, fol. 782-783' sowie KL Benediktbeuern 39, fol. 58. In dieser Urkunde wurde vor allem die Fischerei im Kochelsee geregelt; zum Walchensee wurde nur der Spruchbrief des Hans Höhenkirchers bestätigt.

13 BayHStA KU Benediktbeuern 1323. Beiliegende Abschrift, gedruckt in Meichelbeck, Chronicon, Bd. II, Nr. CCCXIII. Dabei geht es vor allem um Holz- und Weiderechte der Zwerger.

14 BayHStA KL Benediktbeuern 39, fol. 58: „Aber zwo Renkensegen oder zwo Krautsegen sollen von einem Urbar nit ausgeen ainsmals, auch zu merken, daß am Ruttenlaich und am Hechtenlaich mag einer Reyß und Peren legen, so viel einger verlust, doch soll einer drey Tag und Nacht auf den anderen warten und an den andern nit vahren. Auch mag jeglicher Nachtangel und Snyer legen sovil einer verlust. Mer zu merken von dem Altenlaich, das gehalten soll werden wie von alter, also daß all da getailt soll werden nach beider Urbar Fischer Willen und dy Tailung soll also drei Jahr bleiben und welcher tailt, so soll der andere die Wahl haben, und so die drey Jahr aus sind, so soll des andern Urbarfischer auch auf drey Jahr tailen und der ander wählen. So soll es für und für gehalten werden.
Mer der zighalben soll es gehalten werden, wie am Kochelsee und wie vor Alter herkommen ist.
Auch ist geredt worden, daß ich benannter Zwerger oder welchen ich meiner Sun auf die Tafern und Urbar setz, soll alle Jahr stiften.“

15 BayHStA KL Schlehdorf 92, fol. 53. Vgl. Fischereiordnung von 1756 auf S. 160 ff.

Älteste Fischordnung am Walchensee vom 27. August 1580

Zu wissen, daß nun seit einiger Zeit und seit wenigen Jahren unter der Fischerei auf dem Wallensee etliche Unordnung, Mißgebräuche und andere Ungebühr entstehen und erwachsen wollte, haben wir hinfüran in lang mehr aufgenommen, welcher nicht allein dem See zu augenscheinlicher und wohl zu erfahrner Ersteigerung und Abnahme aller Fisch, sondern auch ebenso denen so benannten Wallensee mit dem Fischzeug besuchen, selbes zu offensichtlichem und merklichen Schaden gereicht, daß sie dann von Tag zu Tag wohl gespürt und abgenommen haben.

Demnach und zum Zuvorkommen dessen, was oben vermeldet, ist mit vorgehender gnädiger Bewilligung und Ratifikation des ehrwürdigen in Gott Herrn Johann Benedicten Abate des würdigen Gotteshauses und Klosters zu Benedictpeurn als Gerichts- und zum Teil Grundherrn, durch die ehrbaren und bescheidnen Caspar Pannerödl, Wirt, und Hannsen Zwerger dem Jüngeren, welche dem Gotteshaus Benedictbeyrn, und dann Bartholomen Zwerger, Jörg Zwerger und Hannsen Zwerger dem Älteren, so dem Gotteshaus Schlechdorff zugehörig, und von gemeldeten beiden Grundherrschaften gedachter See verstiftet, und alle fünf daselbsten häuslich wohnhaft, nachfolgende Ordnung wie es hinfüran (in Zukunft) unter ihnen soll gehalten werden, vorgenommen, beschlossen und gemacht worden, auch ob derselben fest und steif zu halten gehorsamlich erbeten.

Nämlich und für das erste: So ist bisher dieser Mißgebrauch gewesen, daß nicht allein die hohen Feste Zwölfboten [15. Juli] und festgesetzte Frauentage [= Marienfesttage], sondern auch die heilige von Gott selbst angeordneten Sonntag nicht gefeiert noch gehalten , ja eben sowohl als an gemeinen Werktagen vor und nach Verrichtung des würdigen Gottesdienst gleich alsbald gearbeitet und der See mit allerlei Fischzeug besucht wurde. Damit aber der heilig Sonntag und andere hier genannte hohe Feste und verordnete Feiertage nach göttlichem wie altem christlichen Gebrauch gehalten werden, so soll in Zukunft kein Fischer weder in Gemeinschaft noch allein an besagten Sonntagen, Fest- und Feiertagen vor gebührlicher und gewöhnlicher Zeit mit einer Segen, einem Netz, einer Reuse, oder Schnüren noch anderem etc. auf dem See arbeiten noch dieselben gebrauchen, sondern hiermit soll dies gänzlich aufgehoben, niedergelegt und verboten sein.
Soviel aber den Altenlaich und die Springer-Seegen anbelangt, weil solche keine Satzung haben, soll es damit nach altem Herkommen und Gebrauch gehalten werden.

Zum andern [= zweitens]: Ist erst vor wenigen Jahren entstanden, daß im Renkenlaich gar im Überfluß Netze gebraucht wurden und dies noch dermaßen zunimmt, daß solches zu besonderem Schaden des Sees geraten würde. Demnach sollen hinfüran im Laich die Zwerger oder Fischer dem [Kloster] von Schlechdorff zugehörig alle miteinander mit 6 Schiffen, dagegen des Herrn von Benedictenpeurn als der Wirth und sein Mitverwandter auch mit 6 Schiffen gen See fahren, und den Laich besuchen und darüber weiter keinen Teil – weder Schiff oder Netz – weder hin noch her führen, sondern die Fischer auf beiden Seiten und jeder Teil sollen mit ihren 6 Schiffen besagten Laich miteinander besuchen. Es soll auch keiner die gesetzten Netze über zwei Tage, es sei denn, daß zu solcher Zeit ein Feiertag fallen sollte, über drei Tage stehen lassen.

Zum Dritten hat man die Saiblingsschnüren bisher in großen Überfluß gebraucht, was seit wenigen Jahren ganz und gar abgekommen und verboten gewesen ist. Daraus ergibt sich und mit dieser Neuerung entspringt, so die Saiblinge im Laich sind und auch zu fangen wären, daß durch dergleichen überflüssige Schnüre die Layn gleich schier gar öd gestellt und im Laich wenig mehr gefangen werden. Damit aber angeregter Saiblingslaich mit der Zeit wiederum zunehmen und wachsen möchte, so soll hiermit jedwedem Teil gemeinsam zwölf Schnüre und nicht mehr zu gebrauchen vergönnt und zugegeben und also die darüber hinaus gehende Zahl ganz und gar verboten sein.

Zum Vierten soll es mit den Ruttenreusen, Saiblings- und Forellennetzen, auch mit dem Hechtpern nach alter Ordnung und Gebrauch gehalten, wie von Alters her die Stellen angezeichnet und vermarkt worden, und alsdann ein jeder Teil daselbst blieben, keiner dem andern eine Einbuße zufügen, zudem daß auch kein Teil dem andern im Laich allerlei Fische stören noch ein Hindernis errichten solle, sondern solchermaßen verhalten, daß keiner durch den anderen geschädigt wird.

Zum Fünften: So ist hievor Inhalt eines Spaltzettels, durch beide Teilel einhellig gemacht und beschlossen, daß den Springer im Frühling keiner angreifen noch unterfachen soll, bevor und ehe dann beide Teile solches einander zu wissen machen, damit man sich einvernehmlich und weise beratschlage, ob man mit einer oder zwei Segen fahren will, ob man es überhaupt zu tun sei oder nicht. Ebenso soll es gehalten werden, wenn man die Riegling [= Halbrenken, ca. dreijährige Renken] anfängt zu fangen.
Item die Sengel sollen erst über das andere Jahr, doch auch dann die Fischer nur gemeinsam nach Jacobi zu fahren erlaubt und zugelassen sein, vor Jacobi aber ist es durchaus verboten.

Zum Sechsten soll keiner [der Fischer] von den Vier Tagen [= Aschermittwoch bis zum ersten Fastensonntag] an bis auf Bartholomae [24. August] kein weites Netz setzen, dazu auch zum Renkenlaich vor Allerheiligentag kein Renkennetz gebrauchen.

Zum Siebenten ist bisher im Hechtenlaich große Unordnung geschehen; jeder ist nach Gutdünken auf dem See auf und ab gefahren. Nunmehr aber soll es also gehalten werden, daß im Hechtenlaich die Fischer zusammen bis auf Heiligen Auffahrttag [= Christi Himmelfahrt] mit den Krautsegen zusammen gen See fahren, auch ebenso wiederum zurück, wie es dann im Saiblingslaich genauso gemacht und gehalten wird. Die Bäche sollen sie ebenso miteinander besuchen, keinem allein weder mit Wissen noch Stürpörn [?] durchaus nicht vergönnt sein.

Letztlich und zum Beschluß: Weil nun die Sengel und Krebses nur wenig wachsen und sich zum Aufnehmen anschicken, so dann billig gehegt und mit dem Fang verschont werden sollten, so ist in dieser Hinsicht diese Ordnung gemacht, nach der sich auch steif gehalten werden muß, daß die Sengel, soviel als nur immer möglich gehegt und nicht zu ungebührlicher Zeit herausgefangen werden, wie dann deshalb und zu welcher Zeit solche gefangen mögen werden, im fünften Articul hievor ausdrückliche Meldung getan worden ist. Dann der Krebs halber: So wann unter andern kleine gefangen würden, sollen doch dieselben alsbald wiederum eingesetzt werden, auch die Orte, wo dann die Krebsstände sind, abteilen, damit kein Teil dem andern in dessen ihm gebührender Stelle eine Einbuße oder ein Hindernis zufügen, noch viel weniger solches zu erlauben.
Hierauf und damit dann hiervor beschriebne Articul die Fischer zum Wallensee samt und sonderlich unter beiden Grundherrschaften seßhaft, desto steifer und beständiger halten und ihrer selbst wohl gemachten Ordnung nachleben, und nicht dawider handeln, sollen die Übertreter, welche den einen oder mehrere Articul unter ihnen nicht halten, sondern brechen würden, ihrer ordentlichen Gerichtsobrigkeit vier Pfund Pfennig als Strafe verfallen sein und so oft das Verbrechen bei dem einen oder dem andern geschieht, und in welchem Articul das Geschehene sein möge, der oder dieselben sollen jedesmal um besagte vier Pfund Pfennig gestraft und ohne fernere Widerrede und Ausflucht unnachlässig erlegen und bezahlen. Demnach seien von mehrerer Richtigkeit wegen zu Aufrechterhaltung dieser Ordnung auf ihr untertänig gehorsames Bitten hierüber zwei gleichlautende Verschreibungen mit einer Hand geschrieben und durch hievor wohlgemeldeten Herrn Johann Benedicten Abte zu Benedictenpeurn als Gerichtsherrn secrete verfertiget, aufgerichtet und jedem Teil auf Begehren eines zu Händen gestellt worden.

Geschehen zu genanntem Benedictenbeyrn, Samstag nach Bartholomei, den 27. Tag Augusti, als man zählte von Christi Geburt fünfzehnhundert und achtzig Jahre.

Angler auf dem Walchensee, Foto, 2009

Wegen des Fischzugs (*„zighalber"*[16]) sollte es wie am Kochelsee gehalten werden und wie es von alters her getan wurde. Ansonsten wurde erneut auf den Spruchbrief des Hans Höhenkircher verwiesen.

Als älteste Walchenseeordnung kennen wir jedoch erst die Fischordnung vom 22. August 1580[17], die allerdings nur in Kopie überliefert ist und in die weit ausführlichere Fischereiordnung vom 25. Februar 1586, die gleich in zwei Originalen und mehrfachen Kopien erhalten ist, übernommen wurde. Es war dies eine Zeit, in der Benediktbeuern seine Fischerei offensichtlich im großen Stil ordnete. Aus demselben Jahr 1580 stammt auch eine neue Fischordnung für den Kochelsee. Am 3. Mai 1580 war sie aufgestellt worden, weil seit einiger Zeit *„allerlei Unordnung"* in der dortigen Fischerei beobachtet worden war.[18] Bereits im 15. Jahrhundert hatten es die Walchenseefischer mit der Fischerei ja ähnlich zu halten wie ihre Kollegen am Kochelsee.

Die zweite Fischordnung für den Walchensee von 1586 ist eine in wesentlichen Punkten erweiterte Form der Ordnung von 1580 und regelt wie die ältere nicht nur die Schonzeiten[19], sondern darüber hinaus auch den Gebrauch und das Aussehen verschiedener Fischereigeräte. Die Tatsache, dass die Fischer – sowohl die des Klosters Benediktbeuern als auch die von Schlehdorf – gemeinsam auf Fischfang gehen sollten, wurde verstärkt betont. Neu hinzu kamen Punkt 11, der vorsah, dass unnütz gewordene Zillen und andere Schiffe nicht wie bisher am Ufer liegen durften, und Punkt 12, in dem geregelt wurde, dass von beiden Grundherrschaften je ein Verordneter (an anderer Stelle auch Fischermeister genannt) aufgestellt werden sollte, der seinem Grundherrn jeweils die Fänge anzuzeigen hatte. So man in den Klöstern keinen Bedarf hatte, konnten diese Verordneten die Fische bei der Tafern in Walchensee verpacken und auf den Markt bringen, wobei genaue Vorgaben auch hinsichtlich des Verkaufs getroffen wurden. Vor allem durften die einzelnen Fischer nicht alleine agieren. Die Fischmeister hatten darüber zu wachen, dass die Fischordnung genauestens befolgt wurde. 1586 ernannte man von Seiten Benediktbeuerns den Wirt Caspar Panerädl als Fischmeister, von Seiten Schlehdorfs Christoph Zwerger. Der Wirt Pannerädl hatte nun ein Auge auf die Zwerger *„auf der enttern Seitten"* (auf der drüberen Seite, der Zwergerner Seite), Christoph Zwerger auf den Wirt und seine Nachbarn in Walchensee.

In den frühesten erhaltenen Fischordnungen sind zudem alle Walchenseer Fischer namentlich aufgeführt: 1580 waren dies für Benediktbeuern Caspar Panerädl, der Tafernwirt, und Hans Zwerger der Jüngere (ca. 1538-ca. 1620); für Schlehdorf Bartholomäus Zwerger (1529-nach 1587), Jörg Zwerger und Hans Zwerger der Ältere (gestorben 1586), der Hanslbauer. Bis auf Jörg Zwerger erscheinen sie 1586 erneut. Jörg (= Georg) dürfte in der Zwischenzeit verstorben sein. An seine Stelle war nun sein Sohn Christoph Zwerger getreten.

Kaum waren die ersten Fischordnungen erlassen, gab es 1591 Streitigkeiten wegen der Niedernach, die offensichtlich besonders fischreich war, denn mit keinem der anderen Bäche gab es solch heftig diskutierte Probleme, wobei die Echtheit dieser Urkunden angezweifelt werden darf.[20] Doch allgemein finden sich für die ersten Jahre keine Seegerichtsprotokolle, obwohl es Verstöße mit Sicherheit gegeben hat. Erst im Laufe des 17. Jahrhunderts wird die Überlieferungslage besser und nun sprudelt die Quelle: Anlässlich der regelmäßig durchgeführten Visitationen gab es stets etwas zu bemängeln und zu bestrafen. Patres aus Benediktbeuern rückten an und hörten sich um, ob es nicht irgendwelche Klagen bezüglich der Nichteinhaltung der Fischordnung gebe. Und in der Regel hatten sie mit ihren Fragen Erfolg: Stets hatten die Benediktbeurer Fischer etwas gegen die Schlehdorfer

16 „Zigen" = „ziehen" = mundartlich bayerisch „ziegn". Dieses Wort bezieht sich wohl auf das Ziehen des Netzes. Der Nürnberger Meistersinger Hans Sachs etwa verwendete 1612 den Ausdruck „abziehen vor dem Garn" im übertragenen Sinne von „sich selbstsüchtig davon machen". Vgl. Schmeller, Bayerisches Wörterbuch, Bd. II, Sp. 1107.

17 BayHStA KL Benediktbeuern 1093/315, fol. 1-6. Abschrift um 1700. In dieser Handschrift wurde um 1700 eine Reihe von Fischereiverordnungen und Verstößen dagegen abgeschrieben sowie nach der Jahrhundertmitte von anderer Hand ergänzt; zum Teil sind die Texte identisch mit den „Alten Acta", die Pater Rhaban Hirschbeindtner zusammengetragen hatte und die dem Faszikel beiliegen.

18 BayHStA KL Benediktbeuern 105/32, Fischbuch, S. 119-128.

19 Die inzwischen im Jahr 1582 eingetretene Kalenderreform scheint auf die Fischerei am Walchensee keinen Einfluss genommen zu haben, zumindest haben wir darüber keinen Nachweis wie etwa vom Starnberger See. Hier hatten sich die Fischer beschwert, dass sich die Zeiten dadurch verschoben. So waren 1582 die Termine, der Gallus- und der Martinstag, jeweils um zehn Tage nach vorne gerückt. Sie beschwerten sich, dass die Tage gewissermaßen vorverlegt wurden, wo doch der „Ränckh" immer erst an Martini (11. November), dem alten Martinstag, „an den Laich und in die Höch" geht. Vgl. Gröber, Kalenderreform, S. 94.

20 BayHStA KL Benediktbeuern 1093/315, fol. 16'-17. Vgl. Kapitel oben „Die Fischerei in Niedernach (Jachen)"

Zugnetzfischerei am Walchensee, Kupferstich nach einem Gemälde von Johann Christian Ziegler, Mitte 19. Jahrhundert

vorzubringen und – wen wundert es, da die Patres ebenso wie die Aufzeichnungen aus Benediktbeuern stammten – die Schlehdorfer blieben in der Regel „zweite Sieger“!

So zum Beispiel am 11. August 1623, als der Pater Kellerer und der Gerichtsschreiber von Benediktbeuern am Walchensee eintrafen. Sie fanden vieles in Unordnung. Demnach hatten die Fischer, allen voran natürlich die drei Zwerger, an den heiligen Sonn- und Feiertagen gefischt. Auch beklagten sich die Fischer, dass der eine mehr, der andere weniger Renkennetze habe und deswegen Artikel 2 der Fischordnung nicht eingehalten werden könne. Zu Artikel 3 war zu sagen, dass die Fischer zwar die Saiblingsschnüre nicht mehr gebrauchten, doch sollen sie vor den Laichen heimlich Netze gesetzt haben, wodurch den Saiblingen weit mehr Schaden entstehen kann als durch die Schnüre. Das Netzeinsetzen ist gleich vor Ort abgestraft worden mit vier Pfund Pfennig, wobei nicht gesagt wurde, welcher Fischer zu zahlen hatte – oder ob vielleicht sogar alle zusammen. Auch zu Artikel 4 gab es Klagen: Seit zwei Jahren fischte ein jeder nach seinem Gefallen, also nicht mehr alle zusammen. Zusammen mussten sie nun dafür die Strafe von zwei Pfund Pfennig zahlen.

„Die beyspiellose Theuerung anno 1816/17, in Figuren dargestellt von Christ. Henning", modelliert aus Brotteig

Artikel 5 wurde eingehalten. In Bezug auf Artikel 6 hatten sie sich dahin gehend geeinigt, dass sie sämtlich miteinander nach Bartholomä zum Renkenfang auf dem „Springer" fahren sollten, was bisher die drei Zwerger jedoch *„einschichtigerweis getan"*, weshalb sie von Obrigkeit wegen abgestraft wurden. Artikel 7 scheint eingehalten worden zu sein. Den Artikel 8 zu befolgen wurde den Fischern erneut *„ernstlich befohlen"*, weil inzwischen jeder nach seinem Gutdünken mit der Krautsegen nach den Hechten *„an dem Laich"* gefahren war, was wider die Fischordnung war, weil ja die Fischer alle zusammen und keiner ohne den anderen auf den See in den Hechtlaich fahren sollte. Bezüglich der Artikel 9, 10 und 11 war von Seiten der Visitatoren nichts zu bemerken, anders bei Punkt 12: Die drei Zwerger hatten in letzter Zeit so viele (Kraxen-)Träger am See gehabt, dass *„kein Fischkäuffl im Gericht kein Fisch mehr bekommen kann"*, das heißt, die Zwerger haben ihre Fische selbst verkauft und keine Fische mehr bei der Tafern verpackt. Deswegen wurden die Träger abgeschafft und unter Androhung einer empfindlichen Strafe anbefohlen, Artikel 12 streng einzuhalten.[21]

Noch im selben Jahr 1623, am 31. Oktober, klagten Hans Hundtsperger, der Wirt von Walchensee, und Balthasar Zwerger gegen die drei Zwerger von Zwergern, weil diese mit ihren Knechten ohne Vorankündigung mit der großen Segen *„nach den Renckhen uf dem Springer"* gefahren waren. Die drei Zwerger verteidigten sich: Es wäre ohne ihr Wissen und ohne ihre Bewilligung durch ihre Söhne und Knechte geschehen *„und sei ihnen nicht lieb"*. Die Strafe fiel eher harmlos aus. Jeder der drei Zwerger musste als Strafe *„ein guets Essen Fisch"* an den Herrn Prälaten liefern.[22] Und am 5. September 1624 klagte der Wirt schon wieder in Benediktbeuern: Dieses Mal ging es vor allem um unberechtigten Verkauf durch die Zwerger.[23] An diesem 9. August 1628 kam dann für die Zwerger ganz nett

21 BayHStA KL Benediktbeuern 1093/315, fol. 20-22.

22 Ebenda, fol. 22'-23.

23 Ebenda, fol. 23-24'.

etwas an Unkosten zusammen, weil sie nicht nur eine saftige Strafe für unerlaubtes Holzschlagen zahlten mussten[24], sondern obendrein auch noch 18 Reichstaler fällig wurden, weil sie eine 18 Pfund schwere Forelle gefangen und nach Schlehdorf gebracht hatten, ohne dies der Gerichtsherrschaft in Benediktbeuern zu melden. Die Strafen trafen jedoch nur Veith und Jörg Zwerger, *„weillen Adam dermahlen nit anhaimbs gewest"*[25].

Am 23. Oktober 1641 fand wieder einmal eine See- und Fischordnungsvisitation am Walchensee statt. Natürlich hatten der Wirt und sein Nachbar wieder Klagen über die drei Zwerger vorzubringen, die auswärts häufig Netze erwarben, mit denen sie *„allerlei Fisch"* fingen und den *„See übersegen und ausödigen"*. Sie benützten drei Krautsegen, obwohl ihnen nur zwei erlaubt waren, außerdem fuhren sie zu *„ungewohnlicher Zeit auf den See"*, und vor allem allein, wo sie doch alle zugleich fahren sollten. Ärger gab es auch mit den Jachenauern und Sachenbachern, von denen fast jeder ein eigenes Schiff hatte. Der Beschluss lautete: *„Mit den Jachenauern sein die Schiff abgeschafft."* Darüber hinaus wurden die Saiblingnetze gänzlich abgeschafft, ebenso wie die Ruttensegen (außer von Lichtmess bis zum Weißen Sonntag) und die Hechtsegen (außer von Georgi bis zum Himmelfahrtstag). Zum Abschluss der Visitation wurde den fünf Fischern die Fischordnung erneut verlesen und deren Einhaltung nachdrücklich anempfohlen.[26]

Alle paar Jahre kam es zu diesen Visitationen, bei denen es stets zur Verlesung der Fischordnung und kleinen ergänzenden Neuregelungen sowie der Wahl der Fischmeister kam. So wurden etwa am 8. Juni 1647 der Wirt Simon Hundtsperger für Benediktbeuern und Hans Zwerger für Schlehdorf als solche verpflichtet.[27]

Es sieht nun so aus, als ob es die Fischer am Walchensee mit den Verordnungen nicht so genau genommen hätten. Das stimmt zwar, war jedoch sicher kein Einzelfall und vor allem: In der ersten Hälfte des 17. Jahrhunderts tobte der Dreißigjährige Krieg durch Europa. Wir dürfen uns die Zeit zwar nicht als einen immerwährenden Kriegszustand vorstellen, doch kam es immer wieder zu feindlichen Übergriffen, zu Hungersnöten und Seuchen. Sicher war es also nicht nur bloße Habgier, die manchen Fischer veranlasste, zu verbotenen Zeiten an unzulässigen Orten und mit unstatthaften Methoden zu fischen, sondern blanke Not. Kriegslasten, Verteuerung des Brots als Grundnahrungsmittel, Pest und Repressalien durch feindliche Soldaten hatten das Land ausbluten lassen. Die Pest hatte in München weite Teile der Bevölkerung hinweggerafft. 1648 ist von Zerstörungen im Kloster Benediktbeuern durch Flüchtlinge des Dreißigjährigen Krieges die Rede. Sie hatten die Weinvorräte des Klosters geplündert[28] und sicher auch die Fische nicht verschont. In solchen Zeiten versuchte jeder, zu ergattern, was zu ergattern war. Auch nach dem Friedensschluss änderte sich die drangvolle Hungersnot erst allmählich. Deshalb lockerte der Benediktbeurer Prälat sogar am 9. November 1649 auf Bitten der Fischer die strengen Regeln: *„So ist bei der jetzigen schweren Zeit und großen Getreideverteuerung, und da sonst kein Gewinn vorhanden, den sämtlichen Fischern am Wallersee auf ihr inständiges gehorsames Anhalten auf jeder Seiten 250, insgesamt also 500 Renken-Netze von dato an bis auf den Heiligen Abend zu setzen bewilligt worden, und zwar der Gestalten, daß sie besagte Renken-Netze alleinig zu morgens setzen, und beim Tag wider aufheben und sich deren bei der Nacht nicht bedienen sollten. Widrigen falls sollte der Verbrecher mit 10 Reichstaler büssen."* Als Bedingung wurde gestellt, dass die gefangenen Fische keinem Fischkäufl gegeben wurden.[29]

24 Siehe unten S. 166 ff.

25 BayHStA KL Benediktbeuern 1093/315, fol. 24'-25'.

26 Ebenda, fol. 25'-26.

27 Ebenda, fol. 26'-27'.

28 Dussler, Skizze des Walchensees, S. 61.

29 BayHStA KL Benediktbeuern 1093/315, fol. 30-30'.

Fischordnung für den Walchensee vom 25. Februar 1586

Bayerisches Hauptstaatsarchiv KU Schlehdorf0, 1586, II, 25.
„Vischordnung den Wallensee betreffend"

Originalurkunde auf Pergament mit zwei anhängenden Siegeln (eines für Kloster Benediktbeuern und eines für die Propstei Schlehdorf).

Zu wissen, daß nun seit einiger Zeit und seit wenigen Jahren unter der Fischerei auf dem Walchensee etliche Unordnung, Mißbräuche und anderes Ungebührliches entstehen und erwachsen wollte, haben wir dafür, je länger, desto mehr aufgenommen, welches nicht allein dem See zu augenscheinlicher und merklicher Verringerung aller Fische, sondern auch ebenso jenen, die den besagten Walchensee mit dem Fischzeug besuchen, selbes zu offensichtlichem und merklichem Schaden gereicht, was sie dann von Tag zu Tag wohl gespürt und erfahren haben, und das, obwohl davor seit etlichen Jahren in der einen oder anderen Angelegenheit mit dieser Fischerei eine gute Ordnung angestellt und gemacht worden ist. Weil es aber seitdem dabei weder geblieben noch sich erhalten hat, so ist deswegen und zur Vorbeugung des erwähnten abermals mit vorhergehender gnädiger Bewilligung und Genehmigung der ehrwürdigen Herren in Gott, des Herrn Johann Benedikt, Abt des würdigen Gotteshauses und Klosters Benediktbeuern als Gerichtsherrn, und des Herrn Wolfgangen, Propst des würdigen Gotteshauses in Schlehdorf, beide Grundherren, durch die ehrbaren und belehrten [kann auch bestimmt, unterwiesenen, klug etc. bedeuten] Caspar Pannerädl, Wirt, und Hansen Zwerger den Jüngeren, welche dem Gotteshaus Benediktbeuern, und dann Bartholomäus Zwerger, Hansen Zwerger dem Ältern und Christoph Zwerger, so dem Gotteshaus Schlehdorf zugehören, und von besagten beiden Grundherrschaften der betreffende See verliehen und alle fünf daselbst häuslich wohnhaft, nachfolgende Ordnung, wie es in Zukunft unter ihnen gehalten werde, vorgenommen, beschlossen und gemacht worden, auch sich nach derselben fest und steif zu halten, wird gehorsamst gebeten:

Nämlich und erstens: So ist bisher der Mißbrauch gewesen, daß nicht allein die hohen Feste Zwölfboten [15. Juli] und andere festgesetzte Frauentage, sondern auch die heiligen von Gott selbst bestimmten Sonntage weder gefeiert noch gehalten wurden, ja ebenso wie an den gemeinen Werktagen vor und nach Verrichtung des würdigen Gottesdienstes sofort gearbeitet und der See mit allerlei Fischzeug besucht wird. Damit aber der heilige Sonntag und andere hier genannte hohe Feste und verordnete Feiertage nach göttlichem, als auch nach dem alten christlichen Gebrauch gehalten werden, so soll in Zukunft kein Fischer weder in Gemeinschaft, noch allein an besagten Sonntagen, Fest- und Feiertagen vor gebührlicher und passender Zeit mit einer Seegen, einem Netz, einer Reuse, mit Schnüren noch anderem etc. auf dem See arbeiten noch dieselben gebrauchen, sondern hiermit soll dies gänzlich aufgehoben, niedergelegt und verboten sein. Was jedoch die alten Laich- und Springerseegen anbelangt, soll es mit ihnen nach altem Herkommen und Gebrauch gehalten werden.

Zum anderen [= zweitens]: So ist auch erst vor wenigen Jahren eingeführt worden, daß im Renkenlaich die Netze im Überfluß gebraucht wurden und dies sogar noch dermaßen zunehmen wird, daß solches zu besonderem Schaden des Sees geraten würde. Deshalb und soviel dann besagte Netze anbelangt, ist unverzüglich die Anzahl, wieviel einem jeden zu benützen erlaubt werde, festzusetzen. Ausnahmslos soll es also gehalten werden: Was einer auf zwei Schiffen erziehen mag, dasselbe darf er gebrauchen, mehr aber nicht. Und [es] sollen fortan im Laich die Zwerger oder die dem [Gotteshaus] von Schlehdorf zugehörigen Fischer alle zusammen mit sechs Schiffen und auf der anderen Seite des Herrn von Benediktbeuern [Fischer], als der Wirt und sein Verwandter, auch mit sechs Schiffen auf dem See fahren und den Laich besuchen, darüber hinaus aber weiter kein Teil, weder Schiff noch Netz, hin noch her führen, sondern die Fischer auf beiden Seiten und jedem Teil sollen mit ihren sechs Schiffen besagten Laich zusammen besuchen. Es soll auch keiner die ausgelegten Netze über zwei Tage, beziehungsweise, wenn in diese Zeit ein Feiertag fallen sollte, über drei Tage stehen lassen.

Fürs dritte hat man auch die Saiblingsschnüre bisher in großem Überfluß gebraucht, was seit wenigen Jahren ganz und gar abgekommen und verboten gewesen war. Daraus ergibt sich nun mit dieser Neuerung, daß wenn die Saiblinge im Laich wären und gefangen würden, daß durch dergleichen überflüssige Schnüre die … lain… [Ausdruck für jungen Saibling?] fast gänzlich verödet und im Laich kaum mehr gefangen werden. Damit aber besagter Saiblingslaich mit der Zeit wieder zunehmen und wachsen möge, so soll hiermit jedwedem Teil insgesamt zwölf Schnüre, deren eine ungefähr bei zweihundert Klafter [allgemeines Längen- oder Raummaß, regional unterschiedliche Länge, allgemein ca. 1,80 Meter; erscheint mir hier aber etwas zu lang!] lang sein solle, mehr aber nicht, zu gebrauchen vergönnt und erlaubt und gleichzeitig die darüber hinausgehende Zahl ganz und gar verboten sein. Was dann die Ruttenschnüre anbelangt, mit denen bisher wenig Nutzen geschaffen wurde, dafür aber zum größeren Teil dem See Schaden zugefügt worden ist, soll der Gebrauch derselben in Zukunft ganz und gar abgeschafft sein.

Zum vierten sollte es auch mit den Ruttenreusen, Saibling- und Forellennetzen und mit den Hechtpern nach alter Ordnung und Gebrauch gehalten werden, wie von alters her die Stellen angezeichnet und vermerkt sind, und alsdann ein jeder Teil daselbst bleiben, keiner dem anderen eine Einbuße zufügen, auch was die Ruttenreusen betrifft, jedem seine Stelle um Pfingsten geräumt sein. Zudem, daß auch kein Teil dem anderen in der Laichzeit die verschiedenen Fische stören noch ein Hindernis errichten solle, sondern sich solchermaßen verhalten, daß keiner durch den anderen behindert wird.

Zum fünften: Nachdem bis jetzt durch beide Teile einhellig beschlossen wurde, daß den Springer [laut Schmeller eine Art Fischerzeug, wohl von „springen" = „wallen"] keiner im Frühling angreifen noch unterfachen [= ablassen? Von „vach" = Vorrichtung zum Aufstauen des Wassers oder von „fachen" = „fangen"?] soll ehe und bevor beide Teile solches einander bekannt geben, damit man sich einvernehmlich und weise beratschlage, ob man mit einer oder zwei Segen fahren will, ob man es überhaupt tun soll oder nicht, so und solcher Meinung soll es in Zukunft noch, es seien große oder kleine Renken vorhanden, bei demselben bleiben und wie oben angeregt stets durch beide Teile gehalten werden.

Fürs sechste, was die Renkensangen [von „Sengel" = „kleiner Fisch"?] anbelangt, so ist nun mit Herausfangung derselben bisher auf vielerlei Weise großer Überfluß gebraucht worden, welches dann auch dem See nicht zum Vorteil, sondern zu augenscheinlichem und merklichen Schaden, der daraus erfolgt, gereichen würde. Damit aber nun besagter See in Zukunft nicht zu Schaden oder Erödung desselben, wie bisher zum Teil geschehen, gebracht werde, sondern je länger desto mehr desselben mit Herausfangen solcher Renkensangen billig verschont und derselbe zu einem guten Ergebnis gewendet, auch dabei also erhalten werde, so ist demnach folgende Ordnung vorgenommen worden, nämlich, daß besagter Renkensangen in Zukunft mit dem Herausfangen so viel als möglich verschont werden solle, aber im Fall man der Rigling [alter Ausdruck für (kleine) Renken] in Zukunft so hoch von Nöten und bedürftig wäre, so mögen sie dieselben doch mit Vernunft und nach ihrem von beiden Teileneratenem Gutachten zum Verkauf fangen. Aber die Saiblinge oder anderen Fische, welche es auch sein mögen, damit – wie bisher vielfältig geschehen und zum Speisen üblich – soll dasselbe hiermit gänzlich abgeschafft und verboten sein. [Dieser letzte Satz ergibt für mich keinen Sinn]

Deshalb sollen dann auch die zwei Verordneten, so jährlich aufgestellt werden, ihre fleißige Betrachtung und Aufsicht haben, damit an beiden Orten dagegen nichts unternommen noch gehandelt, sondern sich nach diesem Artikel fleißig gehalten werde. Ebenso der Sengel [= kleine Fische verschiedener Arten] halber sollen dieselben erst im nächsten Jahr, doch auch mit Bedacht und nach Gutachten der Fischer, sämtlich nach Jacobi [25. Juli] ziehen dürfen und zugelassen sein, aber vor Jacobi ist es [das Fangen] mit ihnen gänzlich verboten.

Zum siebten soll auch keiner [der Fischer] von den Vier Tagen [Aschermittwoch bis zum ersten Fastensonntag, Invocavit] an bis Bartholomei [24. August] ein weites Netz auf die deuf [vielleicht Teil des Sees, zusammenhängend mit „tief", „Tiefe"? Schmeller kennt nur „deuf" = „Diebesgut", „Diebstahl", was hier aber meines Erachtens nicht passt] und weiter kein enges Netz dem Hechtpern [kann dies ein Ausdruck für Hechtbrut sein, von „bern" = „Frucht tragen", „gebären", „hervorbringen"? Hier ist wohl nicht „Pern" im Sinn von Handnetz gemeint, oben vermutlich aber schon.] und dem Ruttenlaich zum Schaden setzen, darüber hinaus auch zum Renkenlaich vor dem Allerheiligentag [1. November] kein Renkennetz gebrauchen.

Zum achten ist in letzter Zeit auch im Hechtlaich große Unordnung geschehen; jeder [ist] nach seinem Gutdünken auf dem See auf und ab gefahren. Nunmehr aber soll es so gehalten werden, daß im Hechtlaich die Fischer allesamt bis auf Christi Himmelfahrt mit den Krautsegen zusammen auf den See fahren, auch ebenso wiederum zurück, wie es zudem auch im Saiblinglaich gemacht und gehalten werden soll.
Gleichfalls ist es auch in Bezug auf die Bäche dahingehend geordnet worden: Wenn einer sein Netz vor einem Bach hat, ist ihm dies unbenommen, darf [er] gleichwohl zur selben Zeit Reusen hinein legen und Fische darin fangen, wie er kann oder mag. Außerhalb dessen aber darf keiner allein mit der Angel, dem Seepern oder anderem Fischerzeug, wie es auch immer beschaffen sein möchte, in den Bächen fischen, sondern eine Gruppe soll dieselben zusammen besuchen.

Zum neunten: Weil nun die Sengel und Krebse nur wenig wachsen und aufkommen können, die von rechts wegen gehegt und mit dem Fang verschont werden sollen, so ist in dieser Hinsicht die Ordnung gemacht, nach der sich auch streng gehalten werden muß, daß die Sengel soviel als nur immer möglich gehegt und nicht zu ungebührlicher Zeit herauszufangen werden, wie dieses – und zu welcher Zeit solche gefangen werden mögen –, oben im sechsten Artikel ausdrücklich vermerkt worden ist.
In Sachen Krebse soll es folgendermaßen unter ihnen gehalten werden, nämlich, daß kein Teil vor dem Ulrichstag [4. Juli] Reusen einlegen soll. Und falls etwa nach dieser Zeit, da es ihnen erlaubt ist, kleine Krebse mitgefangen werden möchten, sollen dieselben alsbald wiederum eingesetzt werden. Auch die Stellen, wo sich die Krebsstände befinden, sollen abgeteilt werden, damit kein Teil dem anderen an der ihm zustehenden Stelle eine Einbuße oder ein Hindernis zufüge, noch viel weniger solches zu erlauben.

Zum zehnten: Was die Kraut-, Rutten- und Hechtsegen betrifft, so ist deswegen keine andere Ordnung aufgestellt worden, sondern es soll hierbei so gehalten werden, wie von alters her geschehen und sie auch alle bestens wissen. Und dabei soll es also bleiben und beruhen.

Fürs elfte: Nachdem nun seit etlichen Jahren üblich geworden ist, daß viele unnütze Zillen auf dem See hin und wieder an dem Gestade stehend gefunden werden, auf welche sich dann allerlei müßige Leute und kleine Kinder begeben und unnütz auf denen hin und her fahren. Dadurch wurden seither nicht nur die Fische in genanntem See von ihren Standorten verjagt und vertrieben, sondern es sind für die Zukunft auch weitere Gefahren und Schäden zu befürchten und zu erwarten gewesen, wegen der Kinder, die schon bisher auf dem See allerlei Frevel verübt haben. So ist nun bisher durch solche Zillen und Schiffe, auf denen man nur mutwilliger Dinge halber hin und her gefahren ist, dem See wenig Gewinn, dafür umsomehr Schaden zugefügt worden. Deswegen und damit nicht nur solcher Schaden abgewendet und die Fische ihren Fortgang haben mögen, sondern auch damit anderen Gefahren mit den jungen Leuten zuvorgekommen werde, so sollen diese unnützen Zillen und Schiffe, so bisher an dem See lagen, ganz und gar abgeschafft und mit allem Nachdruck verboten sein. Und wenn noch eines gefunden würde, soll es weggebracht werden, worauf die beiden Verordneten ebenfalls achten sollen.

Zum zwölften: So ist auch den Fischern von beiden Teilen am Walchensee ernsthaft vorgeschrieben und befohlen worden: Was sie in Zukunft an guten Fischen haben und bekommen, die sollen sie – sowohl der eine Teil wie der andere – ohne Wissen ihrer Gerichts- und Grundherrschaft an anderen Orten nichts verkaufen oder damit handeln, sondern die zwei Verordneten, die jährlich aufgestellt werden, sollen hiermit schuldig und angehalten sein, solche Fische, wie viele sie davon auch haben mögen, ihren genannten Gerichts- und Grundherrschaften sofort anzuzeigen. Wenn diese [die Grundherrschaften] solche [die Fische] dann nicht bedürften, soll ihnen in diesem Fall unverwehrt sein, solche an anderen Orten, wo immer sie [die Fischer] wollen und können, diese zu verkaufen, und da sie auch fürderhin von lebenden Fischen oder anderen, es seien die, wie sie wollen, was verkaufen, sollen dieselben an keinem anderen Ort – es sei in Legeln oder anderen Geschirren [= Behältern] – außer bei der ordentlichen Tafern eingepackt werden, wobei dann auch jederzeit die zwei Verordneten sein und beaufsichtigen sollen, was sie mitführen, weil bisher auch die lebenden und anderen Fische vielfach an heimliche und ungewöhnliche Orte gebracht und in Weidenkörben bei der Nacht hinweg getragen wurden, um diese dann auch auf den Märkten zu verkaufen, oder sonst auf anderen Wegen durch dergleichen Personen nicht wenig Verlust gebracht und zu Schaden gekommen ist. So ist hiermit solches ganz und gar abgeschafft und soll auch allen und jeden Fischer zu beiden Teilen nachdrücklich bei unten angefügter Strafe verboten sein, dergleichen Fische, es seien lebende oder nicht, denjenigen, die sie bisher heimlich weggetragen und weggeführt haben, nicht mehr zu verkaufen oder zu geben, sondern was sie anzubieten haben, soll bei der Tafern eingepackt werden. Gleichzeitig ist auch mit den Fischen als den Renken, die man wöchentlich vom Walchensee wegführt, folgende Ordnung aufgestellt, nämlich, daß die zwei Verordneten, die jährlich aufgestellt werden, nach ihrem Gutdünken zwei Fischkäufe wöchentlich vornehmen und verordnen sollen, damit die Märkte nicht überschwemmt und durch Mißachtung des Verbots dieselben nicht verdorben werden und sie, die Verordneten, da sie einen oder mehr wöchentlich vornehmen würden, und die anderen von ihnen nicht bezahlt werden möchten, sollen in diesem Fall die Verordneten Bürgen und Zahler sein.

Damit sie, die Fischer zum Walchensee, samt und sonders unter beiden Grundherrschaften seßhaft, die oben beschriebenen Artikel um so beständiger halten und nach der um ihrer selbst Willen wohl gemachten Ordnung leben und ihr nicht zuwider handeln, muß der Übertreter derselben, welcher den einen oder den anderen Artikel unter ihnen nicht halten, sondern brechen würde, seiner ordentlichen Gerichtsobrigkeit vier Pfund Pfennig Strafe zahlen, und so oft das Verbrechen bei einem oder mehreren geschieht, und in welchem Artikel das wäre, der oder dieselben sollen jedesmal mit den besagten vier Pfund Pfennig bestraft werden und sie sollen ohne weitere Widerrede und Ausflüchte unnachgiebig diese erlegen und bezahlen. In dem Fall aber, daß sie nicht nach dieser Ordnung leben – wie es sich gebührt – sondern wider dieselbe mutwilliger und frevlerischer Weise handeln würden und also vor der bestimmten Strafe keine Furcht [mehr] haben, so soll in diesem Fall diese Ordnung aufgehoben, kassiert und abgetan, auch nicht mehr gültig sein, sondern sollen unter ihnen, den Fischern, sämtlich aus besagtem Walchensee, darauf hin zusammen, wie dies auch schon vor vielen und langen Jahren geschehen ist, als nämlich, wie man mit allen Segen gemeinschaftlich alle Arbeiten zusammen verrichtet hat, so soll es auch mit den Netzen, Schnüren, Reusen und dergleichen kleineren Arbeiten gemeinschaftlich und nicht anders als bei diesen gehalten und gearbeitet werden.

Demnach und damit nun solche gute vorgenommene Ordnung je mehr desto besser in Würden und mit Kräften erhalten werde, und auch vor allem in Zukunft dem See zu ersprießlichem Nutzen und Gedeihen gereiche, so seien hierüber in Ausstellung solcher Ordnung durch die gedachten beiden Grundherrschaften zwei Fischmeister verordnet und aufgestellt worden, nämlich Caspar Pannerädl, Wirt, dem Gotteshaus Benediktbeuern [zugehörig], und Christoph Zwerger dem Gotteshaus Schlehdorf zugehörig, die nun, der Wirt auf die Zwerger auf der herüberen Seite und Christoph Zwerger auf den Wirt und seine Nachbarn [auf der anderen Seite] in allen vorgenannten Punkten und Artikeln fleißige Aufsicht und Aufmerken haben und wenn einer, wer es auch immer sei, strafbar befunden würde, so sollen sie, die Verordneten, solches ihrer Gerichtsobrigkeit ordentlich, wie es sich gebührt, anzuzeigen schuldig sein und in diesen Sachen keiner verschont werden. Und nach Ablauf des Jahres, das jetzt beginnen und am 25. Februar des kommenden, [fünfzehnhundertund] siebenundachtzigsten Jahres enden wird, sollen die genannten zwei Verordneten von ihrer Aufgabe entbunden und alsdann unter ihnen allen an ihrer statt zwei andere – von beiden Seiten einer – erwählt und dazu verordnet werden, die auch gleichfalls sich dieser Aufgabe nicht entziehen oder verweigern sollen, sondern sowohl als die ersten gemäß dieser Ordnung und der darin enthaltenen Artikel ihre fleißige Aufmerksamkeit haben sollen. Mit diesen Verordneten solle es nun in Zukunft so gehalten werden, so lange diese Ordnung in Kraft und in Würden bleibt, nämlich daß solches unter ihnen zu beiden Teilen jährlich weitergehe und jederzeit nach Ablauf eines Jahres zwei andere ausgesucht und verordnet werden sollen.

Deswegen und wegen der weiteren Richtigkeit und zu Erhaltung dieser Ordnung sind auf ihr untertäniges und gehorsames Bitten hierüber zwei gleichlautende Schreiben [Urkunden] von einer Hand geschrieben und durch oben genannte Herren Johann Benedikt, Abt von Benediktbeuern, als Gerichtsherr, und Herrn Wolfgang, Propst zu Schlehdorf, beide als Grundherren der Abtei und der Propstei hier angehängten Siegeln ausgefertigt, aufgestellt und jedem Teil auf seinen Wunsch hin eine ausgehändigt worden.

Geschehen den fünfundzwanzigsten Tag des Monats Februar, als man zählte nach Christi, unseres lieben Herrn und Seligmachers Geburt, im fünfzehnhundertsechsundachtzigsten [Jahr].

Originalurkunde der Fischordnung vom 25. Februar 1586

Am 20. Februar 1652 kam es überraschenderweise einmal zu einer Klage der Zwerger: In Benediktbeuern erschienen die drei Zwerger als Schlehdorfer Untertanen und Fischer „zum Zwergern" und beschwerten sich über die beiden Benediktbeurer Fischer, dass die von ihnen gefangenen *„Renckhen so zu klein und das Hundert nit zwei Pfundt erreichen"* und folglich *„der See ganz erödigt und beederseits verderbt worden"* sei. Man bat von Seiten der Zwerger um *„gerichtliche Abstöllung"* und darum, nur noch an bestimmten Tagen in der Woche das Fischen zu erlauben. Die Beklagten gaben zur Antwort, dass sie zusammen mit den Zwergern vor rund vier Wochen übereingekommen waren, dass jeder drei Tage die Woche fischen sollte. Der Wirt hatte den Anfang gemacht und allein mit einer Segen gefischt, allerdings nur etwa 3,5 Zentner Fisch erbeutet, hingegen hatte Adam Zwerger gleich darauf 14 Tage nacheinander mit einer Segen gefischt und sieben Zentner 30 Pfund gehabt, woraufhin auch die anderen nacheinander mit vier Segen zum Fischen fortfuhren und jeder von ihnen erfolgreicher war als der Wirt Hundtsperger. Und als die Beklagten merkten, dass die Kläger die getroffenen Vereinbarungen nicht eingehalten hatten, fuhren auch sie wieder auf den See. Also wäre die Frage, wer nun mehr Unrecht getan habe! Die Kläger gaben schließlich zu, dass durch alle Unrecht geschehen sei, und damit solches fürderhin verhütet würde, baten sie noch einmal, gewisse Tage in der Woche zum Fischen zugewiesen zu bekommen. Die Entscheidung lautete, dass nur noch am Montag, Dienstag und Mittwoch gefischt werden durfte, und zwar nur untertags und nicht bei Nacht, wobei jeder Teil mit einer Segen fischen durfte. Die Fische sollten sie untereinander aufteilen und zum Verkauf geben und nicht an einen fremden Fürkäufl geben, sondern die Einschirrung immer beim Wirt vornehmen. Derjenige, der gegen diese Entscheidung verstoße, sollte jeweils mit sechs Talern bestraft werden.[30]

Im Jahr darauf war wieder die Benediktbeurer Seite am Zug: Am 3. November 1653 klagten der Wirt Simon Hundtsperger und sein Nachbar Hans Zwerger erneut gegen die drei Zwerger von Zwergern. Wieder ging es um die Anzahl der gesetzten Netze bzw. der Schiffe.[31] Drei Wochen später wurde der Wirt erneut in Benediktbeuern vorstellig, dieses Mal, weil die Zwerger dem Thomann Stürer von Schlehdorf die Renken verkauft hatten und nicht ihm abgegeben hätten, wie es eigentlich ihre Pflicht gewesen wäre. Woraufhin die Zwerger ihm entgegenhielten: Wenn er die Fische bar bezahlen würde, hätten sie ihm diese schon gegeben. Man einigte sich für die Zukunft: Die Fische gehen an den Wirt, wenn er bar zahlt.[32]
Im November 1662 stand wieder einmal eine Visitation an. Man zählte in Zwergern folgende Netze: bei Adam Zwerger 208, bei Georg Barthes 177 und bei Hans Zwerger 87 Netze.[33] Gleichzeitig wurde bei jedem der drei Zwerger eine Steuer von einem Reichstaler durch den Abt von Benediktbeuern eingetrieben[34], während wenige Monate später, am 10. April 1663, erneut von jedem zehn Reichstaler Strafe zu zahlen waren, weil sie wieder einmal zu viel gefischt und auch noch öffentlich erklärt hatten, sie ließen sich dergleichen nicht verbieten.[35]

Doch zuvor war es bereits erneut zu einer See- und Fischordnungsvisitation zusammen mit der Aufstellung neuer Fischmeister und Fischkäufl am 23. März 1663 gekommen. Ihro Hochwürden und Gnaden, Herr Amandus, Abt von Benediktbeuern, war höchstpersönlich an den Walchensee gereist und begutachtete nun das Fischzeug. Er ließ den Fischern wieder einmal die Fischordnung zur Erinnerung verlesen. Zudem hatte er Propst Virgilius von Schlehdorf an den See beordert, und gemeinsam ernannten sie die neuen Fischmeister: für Benediktbeuern Jakob Zwerger zu Walchensee und für Schlehdorf Georg Zwerger zum Zwergern, denen erneut eingeschärft wurde, *„fleißig Obsicht zu halten"*[36].

30 BayHStA KL Benediktbeuern 1093/315, fol. 28'-30.

31 Ebenda, fol. 30'-32.

32 Ebenda, fol. 32-33.

33 Ebenda, fol. 33.

34 Ebenda, fol. 33'.

35 Ebenda, fol. 33'-34.

36 Ebenda, fol. 34-35'.

Zeitungsausschnitt von 1933 über die Fischer am Walchensee. Die original Bildunterschrift lautet: „Fischertyp: Groß, blond, zäh, arbeitsam".

Lange hielt die Erinnerung an die verlesene Fischordnung nicht. Bereits am 3. Januar 1664 gab es erneut Klagen. Hatten die Klosterbrüder von Benediktbeuern bisher schon ihre liebe Not mit den Zwergern gehabt – jetzt wurde es noch schlimmer. Der Adambauernsohn Ferdinand Zwerger (Jahrgang 1639[37]) scheint ein besonderer Hitzkopf gewesen zu sein. Erstmals 1664 tritt er in Sachen „Übertretung der Fischordnung" in Erscheinung. Nicht nur, dass er nach Lust und Laune die Fische verkaufte und zu viele Netze gesetzt hatte, er schwang auch markige Reden, etwa, dass er sich lieber den Kopf abschlagen ließe als die Fischordnung einzuhalten![38] Über viele Jahre sollten die Benediktbeurer ihre Freude an Ferdinand Zwerger haben. Immer wieder ist zu lesen, dass er die Gerichtsherrschaft öffentlich verspottet und ausgelacht oder sich ungehorsam und ungebührlich erzeigt habe. Und die Strafen ließen nicht lange auf sich warten.[39]

Am 15. Januar 1668 war es wieder einmal so weit. Eine *„Specification der Nöz, so bey den Zwergern und Wallerseen in der Padstuben gefunden"*, wurde durchgeführt. Demnach hatte Mathias Zwerger in der Badstube 42 Renkennetze und auf dem See acht Setz; Ferdinand Zwerger 39 Renkennetze und auf dem See acht Setz; Georg Zwerger 62 Renkennetze und in dem See fünf Setz; der Wirt Balthasar Werckmaister hatte 40 Renkennetze und in dem See sieben Setz sowie Jacob Zwerger 48 Renkennetze und auf dem See fünf Setz.[40] Gleichzeitig hatten sich sämtliche Fischer am Walchensee zu verantworten, weil wieder einmal die Fischordnung nicht eingehalten worden war, vor allem, weil wieder ausländische Fischträger gesichtet worden waren.[41]

1671 erfolgte erneut eine „Wallerseeische See-Visitation". Überflüssig zu erwähnen: Die Zwerger hatten wieder einmal viel zu viele Netze. Und weil es gar so viele waren, waren die Bußgelder auch saftig. Bei dieser Gelegenheit wurde auch darauf hingewiesen, dass die Renkennetze nicht länger als 30 Ellen sein durften, also rund zehn Meter.[42]

Am 25. Oktober 1672 wurde die „Wallerseeische See- und Fischordnung" wieder einmal erneuert und ergänzt. Sämtliche Fischer vom Walchensee wurden ins Kloster Benediktbeuern vor Abt Placidus Mayr zitiert, *„denen man dann den üblen Stand des edlen Fischwerchs im Wallersee, welches durch ungebührliches Fischen fast ganz erödet ist, umbstendig vorgehalten"* und zur Verhütung weiteren Schadens ergänzende Punkte und Satzungen erlassen hat:

Der Ruttenlaich sollte von allen zusammen besucht werden, von Lichtmess bis zum Weißen Sonntag.

Die Saiblingnetze sollten von Michaeli bis Weihnachten gesetzt werden.

Die Renkennetze sollten von einer Partei jeweils 300 zu setzen erlaubt sein, vom Allerseelentag bis auf Weihnachten, mit der Bedingung, dass derjenige, der lange setzt, nicht so viele setzen darf wie der, der kurze verwendet, *„der Proportion nach"*.

Von Weihnachten bis Michaeli sollte keiner Netze setzen, außer es werde von der Gerichtsherrschaft anbefohlen oder dass die Fischer auf Kirchweih etwas vonnöten hätten.

Alle Peren auf die Rutten und Hechte sollten in den nächsten vier bis fünf Jahren unterlassen werden, ebenso die Rutten- oder Holzreusen.

Netze vom Land aus zu setzen wurde verboten, bis sich die Fischer untereinander dahin gehend einigen, dies zu tun.

Auf die kleinen, erst kürzlich angeschafften Krautsegen sollte gänzlich verzichtet werden, bis sie in drei bis vier Jahren nach Absprache mit der Herrschaft wieder zugelassen würden.

Auf die kleinen Renken sollten sie zusammen fischen.

37 Demleitner, Stammtafel.

38 BayHStA KL Benediktbeuern 1093/315, fol. 35'-37.

39 Ebenda, fol. 37'-39.

40 Ebenda, fol. 39-39'.

41 Ebenda, fol. 39'-40'.

42 Ebenda, fol. 41-42.

Das Alt- und Hechtjagen sollte ganz abgeschafft werden, von den „Haselnetzen" sollte jeweils nur eines vom Land aus gesetzt werden.
Wer gegen diese neue Verordnung verstieß, sollte vom Fischmeister bei doppelter Strafe bei der Gerichtsherrschaft in Benediktbeuern angezeigt werden.[43]
Obwohl es ein ständiger Kampf der Fischer untereinander war, scheinen sie sich hin und wieder auch verständigt zu haben, etwa als sie am 25. Oktober 1680 die Zahl der Renkennetze festlegten. Der Wirt Schwarz und Jacob Zwerger sollten ebenso 400 Netze setzen wie die drei Zwerger, zusammen also zwischen Allerheiligen und Weihnachten 800 Renkennetze.[44] Auch am 17. September 1684 scheint es relativ friedlich zugegangen zu sein, als man beschloss, die Peren – außer im Laugenlaich – durchgehend zu setzen. Außerdem beschloss man, dass die kleinen Seegl bei Nacht verboten seien, dass die langen Krautsegen von Michaeli 1684 bis Michaeli 1685 gänzlich aufgehoben bleiben sollten, dass die Fischer so viele Renken fangen könnten, wie sie wollten, diese allerdings zu gleichen Teilen untereinander teilen sollten, damit keinem Unrecht geschehe. Deswegen sollte von jedem jeweils auch ein Knecht dabei sein. Wenn ein Fischmeister einen Fischer bei einer Untat ertappte und dies zur Anzeige brachte, hatte der beschuldigte Fischer sämtliche Unkosten zu übernehmen. Würde aber ein Fischmeister selbst eines Unrechts überführt, fiel die Strafe doppelt so hoch aus.

Wenn der Grund- oder Gerichtsherr dringend Fische brauchte, sollten die Fischer zusammen etliche Netze setzen und *„solche Notdurfft Visch mit einander hergeben"*. Ansonsten sollte den beiden Fischern zu Walchensee, also dem Wirt und Jacob Zwerger, jedem 50 und den drei Fischern *„am Zwergern"* miteinander 100, also insgesamt allen fünf Fischern nicht mehr als 200 Saiblingnetze zu setzen erlaubt sein. All diese Vereinbarungen wurden im Beisein von Abt Placidus getroffen.[45]

Am 16. Dezember 1685 traf es einmal nicht die Zwerger, sondern den Benediktbeurer Fischmeister, den Wirt Hans Georg Schwarz, persönlich. Nicht nur, dass er im Wirtshaus zu Kochel große Sprüche geklopft hatte, dahin gehend, er wolle alle Walchenseer von ihren Höfen bringen, er hatte sich auch unterstanden, viel zu viele *„Ruttenängl"* zu legen. Tatsächlich traf ihn das doppelte Strafmaß. Seines Amtes als Fischmeister scheint er jedoch nicht verlustig gegangen zu sein, und das, obwohl er sich auch noch andere Vergehen hatte zu Schulden kommen lassen. Zum Beispiel hatte er sich angemaßt, in einem Feld einen Weiher anzulegen.[46] Dies hatte Ferdinand Zwerger in Benediktbeuern gemeldet. Bei Androhung einer *„wolempfündtlichen Straff"* wurde ihm aufgetragen, den Weiher wieder *„einzewerffen und einzugleichen und fürhin dergleichen sich nit mehr anzemassen"*[47].

Auch in den nächsten Jahren ließ sich der Wirt einiges zu Schulden kommen; etwa hatte er im Winter 1687/88 widerrechtlich Reusen eingelegt und mit Beren gefischt, was zur *„Erödigung des Sees"* beitrug, wofür ihm lediglich die milde Strafe von vier Reichstalern auferlegt wurde, weil der beklagte Schwarz zwar zugegeben hatte, die Reusen und Bern gelegt zu haben, doch wollte er von dem Verbot nichts gewusst haben. Beinahe wäre auch noch der Schlehdorfer Fischmeister Mathias Zwerger verurteilt worden, weil er nichts gegen den Wirt Schwarz und sein unbefugtes Fischen unternommen, ja, ihn vielleicht sogar noch unterstützt hatte. Mathias Zwerger räumte zwar ein, von Ferdinand Zwerger darüber informiert worden zu sein, habe dies aber nicht glauben können und auch selbst nichts davon gewusst. Außerdem habe er sich nicht allein zu visitieren getraut, weil Ferdinand nicht den Mut gehabt habe, mitzufahren, weil der Wirt ja nicht gerade als zimperlich bekannt war. Mathias Zwerger kam deshalb auch ungeschoren davon.[48]

43 Ebenda, fol. 42-43'.

44 Ebenda, fol. 54'-55.

45 Ebenda, fol. 55-56.

46 (Aufzucht?) Weiher hat es offensichtlich verschiedene rund um den Walchensee gegeben. Auch in einer Wiese in der Zwergerner Bucht sind noch Spuren von ehemaligen Weihern zu erkennen.

47 BayHStA KL Benediktbeuern 1093/315, fol. 56-58'.

48 Ebenda, fol. 58'-59'.

Fischers Glück: Seeforelle am Ufer des Walchensees, Fotografie um 1930

Viele Jahre waren Jakob Zwerger und Mathias Zwerger als Fischmeister tätig. Nachdem sie 1694 ihre Güter bereits an ihre Erben übergeben hatten, wurden sie am 2. Dezember desselben Jahres auch als Fischmeister abgelöst. Neu aufgestellt wurden Andreas Zwerger aus Walchensee als Fischmeister für Benediktbeuern und Ferdinand Zwerger aus Zwergern für Schlehdorf. So lautete auf jeden Fall der schriftliche Vorschlag von Seiten Benediktbeuerns. Schlehdorf protestierte gegen die Bevormundung. Der Propst von Schlehdorf habe das Recht, selbst aus seinen drei Grunduntertanen in Zwergern einen Fischmeister zu benennen. Und das tat er nun auch: Seine Wahl fiel auf Ferdinand Zwerger! So war es rechtlich korrekt! Gegen die Ernennung des Andreas Zwerger als Benediktbeurischer Fischmeister war im Übrigen von Seiten Schlehdorfs nichts einzuwenden. Und da auch die Fischer am Walchensee gegen die beiden nominierten Fischmeister keine Vorbehalte hatten, konnten am 2. Dezember 1694 die beiden neuen Fischmeister im Kloster Benediktbeuern im Beisein von Pater Virgilius, seinerzeit Subprior des Kloster Benediktbeuern, und des hochwürdigen Herrn Korbinian, Konventul des Klosters Schlehdorf, der Fischer Jacob Zwerger und Johann Schwarz aus Walchensee sowie Mathias Zwerger, Barthlme Zwerger, dessen Sohn, und Barthlme Zwerger, alle drei aus Zwergern, vereidigt werden.[49] Die neuen Fischmeister änderten an den Problemen am Walchensee nur wenig. Bereits am 13. August 1695 waren die drei Zwerger erneut unangenehm aufgefallen: Die Streitigkeiten um das Fischen auf der Niedernach begannen.[50]

Doch wurden am 2. Dezember 1694 nicht nur die neuen Fischmeister bestellt. Auch an die Einhaltung der Fischordnung vom 21. Januar 1692 wurde erinnert und ergänzende Verordnungen erlassen, die einen tiefen Einblick in die damaligen Fischereimethoden erlauben:

Erneuert wurde das Verbot der engen Sailblingsnetze, *„massen solche nur zum Betrug seindt“*, da sie damit die kleinen *„Wildtfäng“* fangen und unter die Speissaiblinge werfen und verkaufen, *„welches niehmalen geduldet worden, in deme es dem See zu unwiderbringlichen Schaden geraichen würde“*.

Auch die Saiblingsnetze *„umb das Landt“*, deren sich die Fischer durchgehend und insbesondere im Sommer ohne Bewilligung ihrer Gerichtsherrschaft zu Benediktbeuern bedienten, wurden verboten.

Desgleichen sollte sich auch keiner unterstehen und wie bisher *„neben dem Landt herumb stiren und die khleine Hechten auffangen“*. Außerdem sollte sich kein Fischer unterfangen, *„Däxen Grössling umbzehauen“*[51] und *„Fächten umb den See herumb zemachen“*, wie es bisher nicht gebräuchlich war.[52]

Wieder wurde allen Fischern am See das Fangen der kleinsten und nicht dem Mindestmaß entsprechenden Rutten *„umb das Landt herumb mit dem Schapf und anderen Peren bey empfindlicher Straff“* verboten. Dabei ist mit „Schapf“ *„eine große Art Fischernetz“*[53] gemeint und mit „Peren“ nicht wie allgemein üblich ein kleines Handnetz, sondern der Teil eines großen Zugnetzes, *„in welchen sich beim Herausziehen des letzteren die Fische zu sammeln pflegen“*[54]. Möglicherweise ist der Ausdruck sogar für diese spezielle Netzform überhaupt verwendet worden. *„Zu deme seindt auch die enge Pern* [Netze mit zu engen Maschen] *durchgehendt verboten.“*

Wenn die Fischer in der Segen neben den Renken auch junge Saiblinge gefangen hatten, sollten sie diese wieder in den See zurückwerfen und nicht wie bisher zum Schaden des Sees mit den Renken vermischen und verkaufen.

Auch hatten die Fischer bisher – vor allem im Frühling – ganz kleine Saiblinge gefangen, die sogleich eingegangen waren, was niemandem nützte.

49 Ebenda, fol. 64-66'.

50 Ebenda, fol. 67. Vgl. Kapitel „Die Fischerei auf der Niedernach“.

51 Laut Schmeller, Bayerisches Wörterbuch sind Daxen Äste und Zweige, besonders von Nadelbäumen (Sp. 482) und „Größling“, „Grötzling“, „Sprößlinge“, vor allem die Wipfelsprosse von Nadelholz (Sp. 1018).

52 Zu den Fischzäunen siehe unten S. 197.

53 Vgl. Schmeller, Bayerisches Wörterbuch, Bd. II, Sp. 440. Der Ausdruck war auch am Chiemsee oder Starnberger See gebräuchlich.

54 Schmeller, Bayerisches Wörterbuch, Sp. 261.

Fischordnung für den Walchensee von 1759

Zu vernemmen nachdeme bereits von villen Jahren her eine Fischordnung nit mehr vorgenommen worden, dahingegen aber immer disen geraumen Zeit mit der Fischerey unter sammentlichen Fischern auf dem Wallersee, wo auch drey Knechte, sehr ville Missbräuch und Unordnungen eingeschlichen, mithin also die höchste Nothwendigkeit angeschienen hat, das mann widerumen eine See- und Fischrodnung vornehmen solle, zu welchem Endts dann Ihro Hochwürden und Gnaden der iezt Regierndte Herr Herr Benno Abbt dess Uralt Exempten Stifft und Closters Benedictbeyrn als unmitlbarer einziger Jurisdiction Herr auf den Wallersee sich selbsten aldahin begeben und nachfolgende Fischordnungs-Erneuerung mit und in Beysein Ihre Hochwürden Herrn Patris Virgilii Buchwitz, Conventuale und Kellermeisters, Ihro Hochwürden Herr P. Gerardus Pärtl, Holzschaffners, dan Ihro Hochwürden Herr P. Benedictus Flussing vicarii auf widerholtem Wallersee, item Ihro Hochwürden Herr P, Elilandus Burckharts, Conventuale und Küchenmeistgers, besagt. Lobl. Closters Benedictbeyrn, wie auch Herrn Franz Ignati Rudolph Michael Hofrichters daselbt von Jurisdictionis und See Gerichts Herrschaffts wegen vornehmen lassen, worzue das lobl. Closter Schechdorf als Grundherrschafft der drey Fischer zum Zwergern, fahls selbiges etwan was von Grundherrschafts wegen darbey zu erwidern haben mechte, invitirt worden und auch von seithen selbigen darbey wircklich anwesent gewesst Ihro Hochwürden und Gnaden Herr Herr Innocentius Probst, obbesgt Lobl. Closters Schlechdorf, Ihro hochwürden Herr Pusidonius [?] Decanus, dann Ihro Hochwürden Herr Floridus Plöz Senior und Herr Joseph Stanislaus Kistner Hofrichter aldorth.

Erstlichen die Springer Segen Betreffend: solche seint ihnen Fischern fernerhin jährlichen von Georgi bis Martini zu gebrauchen verwilliget worden, von welchen die 2 Benedictbeyrische Fischer 2 und die Schlechdorffische 3 Fischer auch dergleichen 2 zu fiehren berechtiget seint und da mit dieser Seegen der See besuecht wird, muß solches von beeden Theilen mit einander geschehen, und geschicht werden, gleichwie bishero observiert worden und hinfüro also noch gehalten werden solle.

2. Die Hoch-Seegen, welche das ganze Jahr hindurch gefiehrt wird, und zwar mehrern theils zu Sommerszeit von St. Ulrichstag bis Michaeli bey dem Tag auf den Boden, Winterszeit aber bey der Nacht als von Weyhnachten bis St. Georgi, hievon haben gleichfahls die 2 Beneditbeyrische 2 und die Schlechdorffische 3 Fischer zum Zwergern auch 2 dergleichen Seegen oder Fischzeug den See- und die Fischerey Besuechen schlegen [?] selbe mehrern theils alle vier Seegen zu gebrauchen, solch all obiges zu halten anheunt weiteres befolchen worden ist.

3. Die Kraut-Seegen, die wirdet Winterszeit zu Nachts auf die Rutten gefischet, im Höchtenlaich dessgleichen, als von Gerogi bis Christi Himmelfahrt, sowohl Tag- als Nachtszeit. Item wirdet solche gefiehrt auf die Speis, Sommer und Winterszeit, sowohl bey Tag als bey Nachts und haben ebenfahls die 2 Benedictbeyrische Fischer 2 und die 3 Schlechdorffische Fischer auch 2 Kraut Seegen, mit welchen sye Fischer in solchen Zeiten den See mit gesamter Hand, gleichwie es vor Alters herkommen, zu besuchen haben.

4. Die Speis-Seegen betref. So Sommer- und Winterszeit Tag und Nacht nach Gefahlen auf die weiss Fisch als Laugen, Pirschling, und Hasel gebraucht werden, von diss hat ieder Theil der Fischer nehmlichen die zu Walchensee 2 und die zu Zwergern auch 2 zu fiehren.

5. Die Laugen-Seglen werden gebraucht Sommerszeit am Gestatt dess Sees auf die Laugen, wovon auch iedem Ohrts 2 gefiehrt werden derffen.

6. Der Sälbling Nöz und solcher Fischerey halber will mann eine gerichtliche Verordnung und Anbefehlung, welche unterm 29. November ao. 1706 et 2ten. Januar ao. 1707 beschechen, hiemit allderdings erneuert, und ihnen sammentlichen Fischer ferners solchers zuhalten hiemit ernstlichen befolchen haben, das nehmlichen sye Fischer dess Sälblingfangs nicht ainschichtigerweis sich anmassen, sondern sammentlich miteinander solchen iedoch aber in keiner andern Zeit das Jahr hindurch als von Galli bis St. Andreen Tag, allermassen um Allerheyl. Tag also gegen den Monat November die Sälbling in den Laich zu gehen pflegen, besuechen, sye Fischer aber keineswegs mehrer Sälbling Nöz zu haben berechtigt sein sollen, als mann selbigen unterm 29ten. November ao. 1706 von See-Gerichtsherrschaft weegen erlaubt und bewilliget und zwar denen 2 Fischern bey St. Jacob iedem 12, thuet 24, denen 3 Fischern zu St. Margarethen hingegen iedem 8 thueth auch 24 dergleichen Söz solchergestalten zuegelassen werden, das ied sothannes Söz 2 Nöz in sich halten solle. Die in disen Nözen fieherete Speigl [Spiegl?] aber, bey im widerigen zubefahren habenter Bestraffung von einer Grösse sein müessen, wie ihnen Fischer unterm 2.ten Januar ao. 1707 das Speigl [Spiegl?] oder Gapfen Mas von Eisen mit dess Lobl. Closters Benedictbeyrn als Jurisdictions Herrschafts Wappen Gemarchter gegeben worden und darf auf ein dergleichen Nöz nit länger werden 45 bis 50 Ellen sein. Im Übrigen haben sye sammentliche Fischer über obig gemelte Zeit sich dess Sälblingfangens gänzlichen zu enthalten, ausser es wurde ihnen im Sommer dergleichen Nöz zu sezen von Gnädiger Gerichtsherrschafft anbefolchen werden und fahls solches bisweillen beschechete, so hätten sye Fischer von Monath July bis Bartolomaei oder Michaelis gedachte Sälbling Nöz auf den Weit See an folgenten Ohrten einzusezen, als am Kesselberg, am Millberg, an St. Margarethen

Ohrte, am Altla Flöckh, am Triffenberg ingestalten an disen sammentlichen Orthen sich eine Reusse [? eigentlich Seuffte] befindet, und dahero solche Fischerey im Sommer dieser Ohrten angehet. Unnd weillen dennen Fischern beschwerlich sein will, daß die Fischknecht in wehrunter [?] Zeit, da die Sälbling Nöz in See seint, auch mit denen Seeggen Nözen zu See fahren, unnd hiedurch verursachen, daß mann die Sälbling Nöz eintweeders ausheben müssen oder das selbe zerrissen werde, also solle hiemit beyr Straff weiters verbotten sein, hinfürders solang die Sälbling Nöz im See seint, denen Knechten sovil möglich ist, nicht mehr zugestatten, daß sye den See mit den Seeggen Nözen mehr bereihren [?] sollen.

7. Weegen der Renckhen Nöz wirdet hiemit all das einige widerhollt, was diesfahls unterm 11. [II?] ten Januar ao 1706 verordnet worden, wie das Sye Fischer, als die zu St. Jacob ieder 150 Nöz haben, so in 9 Söz bestehen und hiraus 6 Söz iedes 17 Nöz unnd 3 Söz iedes 16 Nöz halten, mithin beede Fischer aldas miteinander 300 unnd die Fischer zu St. Margareth ieder 100 also miteinand auch 300 Senckhn Nöz solchergestalten haben unnd fiehren sollen, daß bey ieden Fischer zu gedachten St. Margareth die zu fiehren bewilligte 100 Renckhen Nöz in 6 Söz bestehen, woraus 4 Söz auch iedes mit 17 Nöz unnd 2 Söz iedes mit 16 Nöz sein mues, iedweedes Nöz hingegen auch nicht über 30 Ellen lang sein darf. Unnd gleichwie ihnen sammentlichen Fischern keinesweegs zuegestandten werden kann, daß selbe den See mit dennen Renckhen Nözen zu unerlaubten Zeiten und also nach ihrem Belieben besuechen, indeme selbe vermög der Fischordnung de ao. 1674 iedoch auf iedermahligen Veränderung nach Nothdurfft dess Fischwerks mit hin alleinig auf Versuechung und Widerruffen die Verwilligung beschehen, daß sye Fischer von Allerheyligen an, den 1. November bis Weyhnachten den 24. Dezember unnd nicht längers auf die Renckhen zu fischen haben sollten, wessweegen mann ihnen unterm 11. Januar ao. 1706 bey von Gerichtsherrschaftsweegen vorgenommene See Visitation die Erinnerung durch wircklich beschehene Abstraffung wahr gemacht unnd hierüber solches beye letzhin in ao. 1708 vorgegangener Seeordnung allerdings gelassen habe, unnd ob zwar ihnen sammentlichen Fischern von seithen gnädiger Jurisditcions Herrschafft durch erlassene ...[Schnörkel Verordnung? Sig.] de dato 4.ten Januar ao. 1717 aus einer Gnad erlaubt worden, daß sye denen Renggen Nöz längers unnd zwar bis auf das Fest dess heyl. Sebastiani iedoch nur auf 3 Jahr lang in dem See gebrauchen derffen, so ist ihnen aber den 5. Januar ao. 1722 durch eine weitere ... [gleicher Schnörkel] bedeutet worden, daß selbe, um willen dies edle Fischwerch zum merkhlichen Schaden unnd Abgang gekomen, sich mit Einsezung der Renckhen Nöz gänzlich enthalten sollen, damit in Gebrauchung derley Nöz inner dieser Zeit in ander Fischerey keine Vortheilhafftigkeiten geschehen können. Als beschicht hiemit der fernere Auftrag, daß sye sammentliche Fischer sich dises Renggenfangs in keiner andern Zeit, als wie oben gemeldet, nemlich von Allerheyl. an bis Weyhnachten zu gebrauchen sollen, ausser es würde inen von Jurisdictions Herrschaffft weiters erlaubt. Unnd wie nun bishero zum öfftern missfählig zu vernemmen gewest, daß sye solchergestalt kleine Renggen gefachen das 15 unnd noch mehr dergleichen Stück kaum 1 Pfund gewogen, welches dann blatterdings wider die lobl. Fischordnung lauffet unnd sye Fischer desweegen ao. 1736 nebst ernstlichen Verweise behörig abgestraffet, in ... erst heur den 17. April abhin durch zuegefertigte ... [Schnörkel] sich dieses zu enthalten angemahnet worden sind. So will mann hiemit dann den Gerichtsherrschafftlich Genädigen Auftrag gemacht unnd gemessenst anbefolchen haben, daß sye sammentliche Fischer keine kleinere Renggen fangen sollen , wo nit wenigst 10 dergleichen kleine Renckhen 1 Pfund im Gewicht haben.

8. Die Speis Nöz betreff. Verbleibt es darbey, daß nehmlichen die 2 zu St. Jacob 18 und die 3 Fischer zu St. Margareth auch 18 dergleichen Nöz zu fischen befuegt sein sollen, unnd zwar zu ieder Zeit dess Jahres, Tag unnd Nacht ohn Ausnahm.

9. Die weisse Laugen oder Hasl Nöz haben sey Fischer, wie vorhin bewiliget worden, unnd zwar die Benedictbeyrischen Fischer zu St. Jacob 6 unnd die Schlechdorfischen Fischer zu St. Margareth auch 6 zu gebrauchen, womit sye iederzeit ohne Ausnahm den See besuechen können.

10. Die Rutten Nöze, so sye Fischer im Monath Januar und Februar, als zu welcher Zeit die Rutten im Laich seint, zwar eingelegt, aber ser eng gefischet haben, daß hirdurch grosser Schaden in Herausfischung der kleinen Rutten geschehen, seint beyr Fischordnung ao. 1708 nach selbstigen Verlangen der Fischer gänzlichen abgeschafft worden, bey welchen es sein Verbleiben hat, unnd die Nöz bis auf weitern Verlaub nit gebraucht werden sollen.

11. Die Ferchen und Alten Nöz betref. Werden solche in den Ferchen und Altenlaich gefiehrt, unnd ist der Ferchenlaich von Galli bis Andreeis der Altenlaich aber um Pfingsten, die Nöz seint hiemit noch ferners zuegelassen, unnd ieden Theil 24, also in allen zu beederseits Fischern 48 verlaubt mit dem austruckhlichen Befelch, unnd ernstlichen Gebott, daß die sammenlichen Fischer im Ferchen und Altenlaich miteinander fischen, und sich kein Theil ainschichtiger weis unterfangen solle, bey Vermeydung wohl empfundlicher Straff.

12. Die Höchten Pern seint in derselben Laich von Georgi bis Himmelfahrt Christi vor der Fischordnung ao. 1708 einzulegen erlaubt, damahls aber gänzlichen verbotten worden. Nachdeme nun aber beyr Fischordnung ao. 1718 mann solche Pern unnd Raiser widerum in den See legen zu lassen erlaubt hatte, so ist hingegen dem Wuhrt

[Wirt] zu Wallersee unnd dem Waltl Fischer alsda der Auftrag beschehen, daß selbe mit Einlegung solcher Reiser und Pern im Höchtenlaich an ihren Ohrten jährlich umwechseln sollen, gleichwie die 3 Fischer zum Zwergern dergleichen Abwechslung observieren. Als will mann es hiebey gelassen unnd disen nachzukommen anmit befolchen, annebens aber verwilliget haben, daß die Benedictbeyrischen Fischer zu Wallersee miteinander 90 und die 3 Schlechdorffischen Fischer zum Zwergern auch 90 dergleichen Höchten Pern einlegen derffen, iedoch sollen sye Fischer unnd besonders die Fischmeister bey Straff keine kleinere Höchten fangen, als wie ihnen das in ao. 1708 gegebene Höchtenmaas weiset. Annebens aber wirdet ihnen Fischer hiemit gänzlichen verbotten, ins künfftig zu dergleichen Pern einigen Filz Koppen, deren sye bishero ser vill ohne Antrag und mithin gleichsam als ein Recht genommen, nit mehr umzuhackhen.

13. Die Enge Pern oder die Speis Pern werden gefiehrt im Laugen Laich von Georgi bis auf St. Ulrichs Tag, diese werden ferners zu fiehren vergünstiget, unnd haben beede Theil Fischer 36 zu fiehren, dergestalt, daß ieder Thail sein Anzahl der 18 auf den See wechselweis einlegen unnd nit beständig an einen Ohrt verbleiben.

14. Die Rutten Reiser seint zwar vor Zeiten ohne Zahl in den See das ganze Jahr hindurch eingelegter gehalten, solche ihnen aber beyr Fischordnung ao. 1708 gänzlichen abgeschafft, beyr lezterer Fischordnung ao. 1718 hingegen wiederumen iedoch solchergestalten einzulegen erlaubt worden, daß sye dises mit Manier thuen unnd keine kleine Rutten herausgefangen sollten. Zumahlen nun aber bishero zum Öffteren wider obiges Verbott höchst sträfflich geschehen, daß sye Fischer sehr vill klein unnd solche Rutten gefangen, welche bey weittem nicht das ienige Rutten Mass gehalten, welches ihnen sammentlichen Fischern beyr Fischordnung ao. 1718 gegeben worden, als will mann selbigen solches ernstlichen hiemit weiters verbotten unnd sye mit Fangung der Ruten an obiges Maas angewiesen oder entgegen sovil bewillliget haben, daß sye ins künfftig bey zubefahren habent wohl empfundlicher Straff keine kleinere Rutten mehr fangen sollen, wo nit 6 dergleichen Stückh 1 Pfund im Gewicht haben. Sovil aber dergleichen Reiser, wie auch die Rutten Pern anbetrifft, haben mit sye Genehmhaltung Gnädiger Jurisdictions Herrschafft zu sammentliche Fischer sich bey heuntiger Fischordnung einhellig erclärt, daß nehmlichen Sye Fischer bey St. Jacob an Rutten Reiser miteinander 12 Band, wo iedes Band. 6 Reis unnd also zusammen 72 Reis austrifft, unnd auf gleiche weis als vornehmlich die Fischer zu St. Margareth auch miteinander 72 solche Reiser einlegen, an Rutten Pern hingegen beederseits Fischer mehrere nit dann ieder Theil 24 gebrauchen und fischen sollen.

15. Wirckt diessohrts widerhollent, was vorhin schon öffters gebotten und anbefolchen worden, daß nehmlichen die sammentliche Fischer den See und Fischerey ins Gemain unnd mit gesamter Hand besuechen, dessgleichen auch die Fischaustheillung wie von Alters alzeit gewesen, bey den Wuhrtshaus [Wirtshaus] vorgenommen sollen, unnd da sye Fischer miteinand gen See fahren wollen von diesen aber ain unnd der Anderte hierzue gar nit oder zu spatt kommen oder aber nur Kinder unnd unbrauchbares Gesindt schickhen wollte, so solle ein solcher die Ursach jevor, warummen er nit kommen könne, dennen Fischmaistern melden unnd andeuten unnd fahls solche Ursach nit erheblich sein unnd für genuegsam erachtet wurde, alsdann solche Fischer keinen Theil von dennen gefangenen Fischen zu begehren noch zu empfangen haben solle. Im Überigen aber sollen selbe weeder dennen Fischkäuffler, noch vill weniger einen Fremden ohne Special Verlaub Ihro Hochwürdten und Gnaden Herrn Abbtens zu Benedictbeyrn als einzigen Gerichtsherrns oder dem, so von Ihro Hochwürden und Gnaden hierzu verordnet worden, ainige Fisch, es seint todt oder lebendige, nit verkauffen bey Straff der Confiscation und doppelten Werth der Fisch.

16. Solle es bey dem seith ao. 1692 verwilligten Saz das Pfund Renggen dennen Fischkäufflern per 8 kr. zu verkauffen weiters gelassen werden, iedoch dennen Herrschafften und Obrigkeit ohne Praejudiz als welche dissfahlig bey ihren Grundherrschaftlichen Geding verbleiben und die Obrigkeit als vill selbe vor ihre aigene Nothdurfft von nöthen das Pfundt nur per 6 Kreuzer zu bezahlen haben.

17. Würdet ihnen sammentlichen Fischern hiemit geschafft und befolchen, daß Sye (ausser denen Herrschafften und Obrigkeit) niemand andren als dennen verordneten Fischkäufflern die Fisch verkauffen sollen, bey Vermeydung 12 Reichsthaler Straf. Im übrigen ist sovil abgemacht und beschlossen worden, daß sye Fischkäuffler von Bärthlmee bis Pfingstgen alle Fisch annemmen und erkauffen müssen, von Pfingsten bis Bärthlmee aber nur sovil zu nemmen haben, als vill selbe in dieser Zeit zum Verkauf bringen können, wie dann sye Fischkäuffler keinesweegs einen ohnmaasgebigen Fisch kauffen und annemmen sollen, ingestalten auf Betreffen dessen nicht allein der ienige Fischer, sondern auch sye Fischkäuffler ohnnachlässig gestrafft werden würden.

18. Ist weiters verordnet und anbefolchen worden, daß wann und so offt sye Fischkäuffler die Fisch verfiehren, sey solche allzeit unnd zwar vorhero dem lobl. Closter Benedictbeyrn als denn aber auch dem lobl. Closter Schlchdorf ansagen und erwartten sollen, ob und was mann ieden Ohrts hirvon nemmen will.

19. Komet in dise See und Fischordnung noch beizusezen, wie das die Bueben unnd auch zu Zeiten die Knecht sich bishero unterfangen haben, an Sonn- und Feyrtägen besonders den ganzen Nachmittag auf den See mit denen Schöpf Pern umzustieren und hirmit die Rutten ohne

Unterschid herauszufangen, welche zu unterlassen von Hersschafts weegen hiemit abgeschafft und verbotten wirdt.

20. Unnd ob es zwar ein alter Brauch das die Fischerknecht für sich selbsten in denen Samstäg Nächten zu fischen haben, so ist aber solches zum öffteren nicht nur die halbe Nacht, sondern auch an denen Gott geheilligten Sonntägen bis zu anbrechenten Tag geschehen. Gleichwie nun solch höchst sträffliche Anmassungen ins künfftig nit mehr gedultet werden können, als wirdet disetweegen der 1.te Articul von der in ao. 1647 abgehaltenen See- und Fischordnung hirmit allerdings erneuert und solle bey dem bereits schon damalhs ergangenen Verbott das gänzliche Verbleiben haben, daß nehmlichen die Knecht an denen Samstägen länger nit mehr als bis auf Mitternacht, damit der Sonn- und Feyrtag christlicher Ordnung nach gehalten unnd der bishero widerum in Schwung gekommene Missbrauch abgebracht werde, zu fischen unnd zu arbeithen befuegt sein sollen wie dann aber das ihnen Knechten das Fischen für sich mit denen Laitter Nözen hiemit völlig abgeschafft unnd verbotten wird. Unnd da sye Knecht solche Verbott nit achten, sondern ain oder anders übertretten würden, so wäre mann gezwungen, von See Gerichts Herrschaffts weegen gegen selbige mit einer ohnnachlässigen Straf zu verfahren. Unnd damit ins künftig auf gegenwärttig gemacht unnd erneuerte Fischordnung fleissiger gehalten und Obsorg getragen wird, hat mann von Gerichtsherrschafft weegen vor eine Nothdurfft befunden, widerummen 2 Fischmeister zu verordnen, so auch geschehen unnd hierzue ernennt worden Michael Zwerger, Waldl am Wallersee, welcher auf die 3 Zwergerer oder Schlechdorffischen, und Georg Zwerger oder so benamster Adam Jergl von Zwergern, welche auf die 2 Wallerseer oder Benedictbeyrischen Fischer die Obsicht haben solle, unnd welcher Fischer wie auch deren Knecht oder Fischkäuffler solcher Ordnung widerhandlet, diser solle von dem Fischmaister bey im widerigen zu befahren habent doppelter Straff, der Gerichtsherrschaft der Abstraff und Abstrafung willen angezeigt werden. Worüber von obigen 2 Fischmeistern das ihnen vorgetragene Jurament wircklich obgelegt worden. Zu Fischkäuffler aber hat mann auch bestättiget Mathiasen Loidl und Balthasar Ortherer, beede von Kochel.

Demnach und hierauf seint von mehrerer Richtigkeit weegen zu Erhaltung diser Ordnung auf der Fischer unterthänig gehorsames Bitten zwey gleichlautendts Beschreybung ausgefihrt unnd mit des hiervorn hochgedachten Herrn Herrn Benno Abbten zu Benedictbeyrn als Gerichtsherrn abbteyl. Insigl verfertiget unnd iedem Theill auf Begehren eine zu Handten gestellet worden. Geschechen zu Benedictbeyrn den ersten Montathstag Augusti. Als man zält nach Christi Jesu gnadenreichister Gebuhrt im aintausendt siebenhundert neun und fünfzigisten Jahre.

(BayHStA KL Schlehdorf 92, fol. 44-54)

Seeforelle, Illustration von Wolfgang Fehenberger, 2005

Dies aber scheint für die Benediktbeurer mit ein Hauptgrund gewesen zu sein, warum das edle Fischwerk im Walchensee nahezu ruiniert war. Folglich wurde auch dies bei Strafe verboten.

Im Übrigen war es auch vorgekommen, dass die Zwerger, wenn ihr Herr Pfarrvikar von Schlehdorf nach Zwergern zur Verrichtung des Gottesdienstes gekommen war, ein Saiblingsnetz setzten, egal zu welcher Jahreszeit, um für den Pfarrherrn Saiblinge zu fangen (von denen er vielleicht sogar noch einige mit zurück ins Kloster nahm?). Weil nun aber dieses *„Anmaßen"* dem Kloster Benediktbeuern und dessen Seegerichtsbarkeit auf dem Walchensee zuwiderlief, auch in der Fischordnung nicht vorgesehen war und die Herren von Schlehdorf solches zu begehren keineswegs berechtigt waren, erinnerte man die Zwerger nachdrücklich, dass dies abzustellen sei. Darüber hinaus hatten die Fischer am Walchensee, sowohl die Benediktbeurer als auch die Schlehdorfer Grunduntertanen, eine Meldepflicht bezüglich aller Wildfänge, insbesondere aber im Hinblick auf schöne Saiblingswildfänge, Forellen, Rutten und dergleichen *„Specialfisch"*[55].

Offensichtlich verfehlten auch die neuerlichen Verordnungen und Strafandrohungen ihre Wirkung, denn am 19. Juli 1695 wurde bereits wieder geklagt: Ferdinand Zwerger, Fischmeister beim Zwergern am Wallersee, Barthlme Zwerger der Ältere und Barthlme Zwerger der Jüngere sowie Ursula Schwarzin, die Wirtin am Wallersee, die nach dem Tod ihres Mannes die Tafern weiterführte, haben sich unterstanden und wieder die engen Sailblingsnetze gesetzt, wofür sie mit zwölf Gulden bestraft wurden.[56] Auch Mathias Zwerger reihte sich in die Reihe der *„Untäter"* ein, jagte erneut nach Hechten, setzte den Rutten mit dem kleinen und dem Haselnetz nach, wofür er im Oktober desselben Jahres abgestraft wurde.[57] Kurz zuvor hatte es mit den drei Zwergerner Fischern Ärger wegen der Fischerei in der Niedernach gegeben.[58] Und am 2. Januar 1696 traf es wieder einmal alle, weil sie die Fische erneut nicht am Wirthaus verteilt hatten.[59]

Es folgten zahlreiche Rechtsverletzungen, sei es in Form falscher Netzzahlen oder widerrechtlicher Verkäufe. Keine der Seevisitationen der nächsten Jahre blieb folgenlos. Immer wieder bestand die Sorge, dass das *„edle Fischwerch im Wallersee zum merklichen Schaden und Abgang kommen"* sei. Man rechnete stets mit der *„völligen Ausödigung des Fischwerchs"*, die dann dank der Vorschriften doch nie eintrat. Man appellierte immer wieder aufs Neue an die Vernunft der Fischer, die Schonung des Fischbestandes *„von selbsten für die erste Notdurft"* zu erachten und sowohl die Fangzeiten als auch die Maschenweiten einzuhalten. Genutzt haben die Vorschriften und Appelle wenig. Es wurde munter weiter gefischt, Fangverbote missachtet und viel zu viele Netze eingelegt. Auch die durchaus saftigen Strafen hinderten die Fischer nicht daran. Und wenn man die Strafen aufaddiert, kommen beachtliche Summen zusammen, die die Fischer offensichtlich zu zahlen im Stande waren. Die *„alte Wirtin"* Ursula Schwarz war 1723 obendrein in der Lage, 50 Gulden für die neuen Seitenaltäre von St. Jakob zu spenden.[60] Fragt sich nur, wovon? Offensichtlich waren die Vorwürfe nicht unberechtigt und die Fischer betrieben lukrative „Nebenerwerbe", wohl vor allem in Form von widerrechtlichen Verkäufen. Zudem war man mit den Lieferungen ins Kloster äußerst nachlässig.

Am 29. November 1716 kam es erneut zu einer Vereinbarung zwischen Abt Magnus von Benediktbeuern und Propst Bernhard von Schlehdorf, da sich *„von ainigen Jahren hero etliche Irrungen und Differentien sowohl auf dem Waller- als Kochelsee weegen beederseitigen der Orthen habenten Unterthonen und Fischern auf derselben Gerechthsambe zu fischen erhalten"* hatten. Es handelte sich dabei

55 BayHStA KL Benediktbeuern 1093/315, fol. 67-71.

56 Ebenda, fol. 71'.

57 Ebenda, fol. 71'-72.

58 Ebenda, fol. 72-74.

59 Ebenda, fol. 75'.

60 Emerich, St. Jakob, S. 57.

um den immer wieder zitierten Universalvergleich. Dabei wurde nicht nur ein neuer Schlehdorfer Fischkäufl am Walchensee aufgestellt. Bis es jedoch so weit sei, sollten die Benediktbeurer Fischkäufl jeweils die Fische in Schlehdorf anzeigen. Darüber hinaus wollte Benediktbeuern den Schlehdorfern *„an ihren bey den sogenannten Zwergern zu suchen habenten jährlichen Giltfischen und grundherrlichen Forderungen nit den geringsten Einhalt zu thuen"*, das heißt, Schlehdorf durfte seine Fische nun endlich unabhängig von Benediktbeuern verwenden.[61]

Doch auch nach dem Universalvergleich hörten die Differenzen und vor allem die Gesetzesübertretungen nicht auf. Eine Fischordnungserneuerung war längst überfällig, *„die höchste Notwendigkeit"* – wie es hieß –, als sie am 1. August 1759 ausgearbeitet wurde.[62] Gut 60 Jahre hatte nun die neue Fischordnung Bestand, bevor sie 1832 in einer revidierten Fassung erneut erlassen wurde. Am 25. Februar 1831 hatte das bayerische Finanzministerium beim Innenministerium anfragen lassen, wie es mit der Fischordung am Walchensee bestellt sei. Bereits am 15. April wurde eine revidierte Fassung aufgrund der Ordnung von 1759 vorgelegt. Nun folgte ein längeres Kompetenzgerangel zwischen verschiedenen Behörden, bevor die Neufassung am 25. Juni 1832 von König Ludwig I. höchst eigenhändig mit seiner markanten Unterschrift genehmigt wurde.[63] Diese revidierte Walchenseefischordnung galt nun für rund ein halbes Jahrhundert. 1884 trat die Allgemeine Landesfischereiordnung in Kraft[64], die schließlich vom Bayerischen Fischereigesetz 1909 abgelöst wurde.

Der Universalvergleich zwischen den Klöstern Benediktbeuern und Schlehdorf vom 29. November 1716

In diesem Vergleich wurde eine ganze Reihe von „Irrungen und Differentien" ausgeräumt, die sich nicht nur am Walchensee, sondern auch am Kochelsee ergeben hatten und nicht nur die Fischerei betrafen. Die Vereinbarungen wurden zwischen Abt Magnus von Benediktbeuern und Probst Bernardus von Schlehdorf getroffen.
(Auszug, die Fischerei am Walchensee betreffend, nach der Originalurkunde)

„[...] Fürs ander, wann eine Fischordnung auf dem Wallersee gehalten würdt, soll man solche von Seithen des lob. Closters Schlechdorff beywohnen und dabey die habente Jura observieren können, jedoch bleibt dabey dem lob. Closter Benedictbeyrn allainig die Jurisdictions Praerogativ in Salvo und hat dises der Notdurfft nach die Fischordnung vorgenommen und an das lobl Closter Schlechdorff deswegen die Ausschreibung zu künden.
Wie dann Fürs dritte bey erfolgendem bessern Standt des Wallersee man sich auch an Seithen des Closters Schlechdorff zu getressten haben solle, daß nach guett Befindten und Belieben das lob. Closter Benedictbeyrn ain Fischkäuffel auf dem Dorff Schlechdorff am Wallersee werde aufgestellt werden. Entzwischen aber will man denen Benedictbeyrischen Fischkäufflen die Anbefehlung thun, daß selbe die abfihrente Fisch vorhero auch dem lobl. Closster Schlechdorff ansagen sollen. Gleicherweis gedenckhet das lobl. Closster Benedictbeyrn ainem gleichfahls lobl. Closster Schlechdorff an ihren bey den sogenannten Zwergern zu suchen habenten jährlichen Giltfischen und grundherrlichen Forderungen nit den geringsten Einhalt zu thuen [...]"

(BayHStA KU Benediktbeuern 1323; gedruckt bei Meichelbeck, Chronicon, Teil II, S. 275 ff., sowie bei Daffner, Benediktbeuern, S. 236-239, allerdings mit Ungenauigkeiten in der Lesung)

61 BayHStA KU Benediktbeuern 1323. Darüber hinaus werden in dieser Originalurkunde auch die Eisfischerei am Kochelsee sowie Holzrechte behandelt.

62 BayHStA KL Benediktbeuern 1093/315, unter 1759, sowie KL Schlehdorf 92, fol. 44-54. Am Kochelsee war bereits am 27. Juni 1729 eine neue Fischordnung in Kraft getreten (Vgl. BayHStA KL Benediktbeuern, Fasz. 105/32, Fischbuch, S. 191-199).

63 BayHStA MInn 46544. Erstaunlicherweise liegt der Text der revidierten Fischordnung der Akte nicht bei. Auch wurde sie nicht im offiziellen Organ, dem „Königlich bayerischen Intelligenzblatt für den Isarkreis" publiziert. Sie dürfte sich aufgrund des Aktenvorgangs jedoch weitestgehend an die Fassung von 1759 angeschlossen haben.

64 Vgl. hierzu ausführlich bei Kuhn, 125 Jahre Fischereiverband Niederbayern, S. 174.

HOLZSTREITIGKEITEN AM KATZENKOPF

Immer wieder gab es rund um den Walchensee auch Streitigkeiten um das Holz, das in reichem Maße vorhanden war – dies ist jedoch eine eigene Geschichte.[65] Die Grenzunstimmigkeiten um den Wald auf der Halbinsel Zwergern zwischen den Klöstern Benediktbeuern und Schlehdorf ziehen sich durch die Jahrhunderte. Im Universalvergleich von 1716 schien auch dieses Problem endgültig gelöst und dennoch kam es auch in der Folge immer wieder zu Grenzauseinandersetzungen, die sogar bis in den Bereich des Klosters Ettal reichten, das vor allem südlich von Einsiedl Grundbesitz hatte. Die Obernach markiert die Grenze zwischen dem Ettaler und dem Benediktbeurer Gebiet, wobei es bei den Grenzziehungen nicht nur um Holzrechte gegangen war.[66]

Durch die Jahrhunderte kam es immer wieder zu sogenannten „Ausmarchungen", also zu Kennzeichnungen der Zuständigkeitsbereiche, speziell in den Wäldern in Bezug auf Holzschlag und Jagdreviere. Ein Problem dabei war, dass die Marken zunächst (bis ins 18. Jahrhundert hinein) meist nur in Bäume geschlagen wurden und mit den Bäumen wieder verschwanden oder sich verwuchsen. Später bediente man sich verschiedener Steine, die weitaus haltbarer waren und zum Teil noch heute an Ort und Stelle liegen.[67]

Der älteste erhaltene Grenzstein wurde wohl 1668 gesetzt. Am 8. August fertigte man wieder einmal eine „Marchbeschreibung der Wallerseer oder Simetsberger Au" an, und darin war die Rede von der *„Steinenen Säul, welche an der Landstrass steht, auch von Duffstein"* und die die Jahreszahl 1668 trug.[68] Diese steinerne Säule ist heute längst verschwunden. Allerdings markierte sie die Grenze der Gerichtsherrschaft Benediktbeuern und der Grafschaft Werdenfels.[69] Der Walchensee selbst und seine Ufer gehörten damals jedoch gänzlich zur Gerichtsherrschaft Benediktbeuern. In unserem Zusammenhang interessieren vor allem die Grenzstreitigkeiten zwischen dem Grundeigentum von Benediktbeuern und Schlehdorf, die in Sachen Holz auf der Zwergerner Halbinsel zu einigen Auseinandersetzungen führten. Generell ist zu sagen, dass die Grenze in weiten Teilen über den Grat des Katzenkopfs verlief, was durch Marken in den Bäumen verdeutlicht wurde. Dennoch kam es immer wieder zu Streitereien zwischen den beiden Parteien.

Die Halbinsel, die heute längst als Zwergerner Halbinsel bekannt ist, trug einst nach dem kleinen Gebirgsrücken den Namen „Katzenkopf" oder „das Orth". „Orth" bedeutete einst „Spitze, Zipfel, Ecke, Ende, Rand"[70], aber auch „Grenze"[71]. Ob der Name „Katzenkopf" wirklich von hier lebenden Wildkatzen kommt oder vielleicht eher in der Bedeutung von „Regen verkündende Nebelmasse, die auf dem Gebirge sitzt"[72] zu sehen ist oder eine ganz andere Bedeutung hat, sei dahingestellt.[73]

Bereits in einem herzoglichen Spruchbrief vom 15. September 1446 wird die Halbinsel „Ort" oder „Katzenkopf" genannt, und natürlich ging es auch damals um die Verteilung von Besitzungen bzw. Rechten zwischen St. Jakob und St. Margareth, zwischen Benediktbeuern und Schlehdorf. Das Holzrecht innerhalb der Straße sollte damals bei den beiden Kirchen verbleiben, und zwar so, wie die Fischer ihre Güter verteilt hatten.[74]

Doch die Streitereien von 1446 fanden Jahrhunderte später eine Fortsetzung: Aufgrund des herzoglichen Schiedspruchs meinte der Propst von Schlehdorf, die Hälfte des Holzes am „Katzenkopf" gehöre zu St. Margareth und damit den Schlehdorfer Fischern. In Benediktbeuern sah man dies jedoch anders. Und so kam es bis ins 18. Jahrhundert hinein immer wieder zu Auseinandersetzungen.

65 Im Bayerischen Hauptstaatsarchiv findet sich eine Fülle von weitestgehend unbearbeiteten Archivalien zu diesem Thema, fast noch mehr als zum Thema Fischerei. Sie müssten in einer eigenen Arbeit untersucht werden.

66 Zu den sich über Jahrhunderten hinziehenden Grenzstreitigkeiten vgl. etwa BayHStA KL Benediktbeuern 191. Dieser Faszikel beinhaltet die Auseinandersetzungen bzw. Grenzmarkierungen von 1554 bis 1754.

67 Einige der Grenzsteine vor allem im Obernachtal vom Eisenstall bis zur Versuchsanstalt hat Jost Knauss in der Flur noch entdecken können.

68 BayHStA KU Benediktbeuern 1331. 1754 war bei dieser Säule allerdings bereits das Fundament gebrochen. Möglicherweise wurde der Grenzstein anstelle eines früheren Grenzsteins errichtet, der an der Landstraße zwischen Walchensee und Wallgau bereits auf der Zeichnung des Mittenwalder Zolleinnehmers Franz Kauffmann von 1627 zu erkennen ist.

69 Adrian von Riedel (Reiseatlas, 2. Lieferung, S. 20 f.) erwähnt die Säule an dieser Stelle mit der Jahreszahl 1668 und bemerkt, dass später noch die Zahl 1771 hinzugefügt wurde.

70 Schmeller, Bayerisches Wörterbuch, Bd. I/1, Sp. 151. Vgl. auch Schnetz, Flurnamenkunde, S. 72.

71 Buck, Oberdeutsches Flurnamenbuch, S. 199: „So wurden die Anschlüsse genannt, die man in Erweiterung der Mark aus dem Urwalde, der Einöde dem Hofe zugefügt durch den Wurf des Pflugeisens, Hammers etc." Vgl. auch Schmeller, Bayerisches Wörterbuch, Bd. I/2, Sp. 1313.

72 Schmeller, Bayerisches Wörterbuch, Bd. I/2, Sp. 1313.

Inschriften in der Felswand des Praitensteins über der Quelle „Schön Priell" bei Einsiedl

Wenn man den Benediktbeurer Fischern Glauben schenken darf, waren die Zwergerner Fischer eine eingeschworene Gemeinschaft, die gerne an den Ordnungen vorbei agierte – nicht nur in Sachen Fischerei. Auch gegen die Forst- und Polizeiordnung verstießen sie hin und wieder – so ist es zumindest in den Benediktbeurer Unterlagen nachzulesen. Am 9. August 1628 etwa wurde Jörg Zwerger bestraft, weil er am *„Orth oder Katzenkopf"* über 30 Klafter Buchenholz *„gescheitert"* hatte, ohne vorher beim Holzherrn von Benediktbeuern um Erlaubnis gebeten zu haben. Die Strafe war saftig: Für jedes Klafter hatte er einen Reichstaler zu zahlen, also insgesamt 30 Taler (= 45 Gulden). Zudem wurden Veith Zwerger weitere vier Reichstaler Strafe auferlegt, wegen *„Reittens am Ohrt"*, also wegen Rodens.[75]

1682 war dann offensichtlich wieder einmal eine Ausmarkung des Gehölzes am Katzenkopf (auch *„Orth"* genannt) vorgenommen worden, die jedoch niemals ratifiziert wurde, wie aus einem Protokoll vom 23. Juli 1696 hervorgeht. Damals wurden die Marchen, also die Grenzzeichen[76], in Augenschein genommen:[77] Die Aufzeichnungen über die Vermarkung des *„Gehilz aufm Kazenkhopf oder am Orth zu Wallersee"* unter Abt Eliland füllten Seiten. Hochkarätig waren die Benediktbeurer am Walchensee angetreten, mit Subprior, Hofrichter und natürlich den beiden *„Holzhays"*, den Holzaufsehern des Klosters, einem Gerichtsamtmann, dem Jäger Johann Heiss und als Zeugen Andreas Schwarz, Wirtssohn zu Walchensee.

Die erste March oder Marke war *„auf dem Gradt des Katzenkopfs, da man von der Landtstrass, wo diese gegen der Obernach abwerts gehet, den Berg weiters linkher handt aufsteiget"*, in einer Fichte. Dort waren zum einen zwei gekreuzte Abtstäbe als March des Klosters Benediktbeuern, zum andern ein Kelch als March des Klosters Schlehdorf eingehauen. Die zweite Marke, *„schnuer geraden Weegs fort auf dem Gradt des Pergs bey 50 in 60 Schritt von dem ersten"*, war erneut in einer Fichte eingehauen. Die dritte March, *„gleichfahls auf den Grad von dem andern auch in 50 Schritt entlegen"*, war wiederum in einer Fichte. Das vierte Zeichen fand sich *„gegen St. Margareth geraden Weegs auf den Gradt"* in einem Tannenbaum, die fünfte dann in einer Buche, die sechste erneut in einer Fichte und schließlich die siebte March als *„letzte auf dem Grad des Pergs"* nochmals in einer Fichte. Dann kam ein Graben *„gegen den See und auf St. Jacobs Khürchen Seithen"*, in dem fast in der Mitte die achte March an einer Fichte zu finden war. Das neunte Grenzzeichen war dann beim See in einem Tannenbaum. Das war der Stand der Dinge Ende des 17. Jahrhunderts. Allerdings konnte man daraus nicht erkennen, wie der Grenzverlauf einstens gewesen war, weil keine alten Stöcke oder Bäume mit früheren Marken mehr vorhanden waren. Zwar fragte man den inzwischen 66-jährigen Jakob Zwerger, Benediktbeurer Fischer am Walchensee, der bei der „Urmarchung" dabei gewesen war. Er erklärte an Eides statt, dass er von seinem Vater gehört hätte, dass schon früher wegen des Holzschlagens am Katzenkopf Uneinigkeit geherrscht hätte, worüber bereits vor ungefähr 14 Jahren, also um das Jahr 1682, von Abt Placidus von Benediktbeuern und dem Kloster Schlehdorf eine Untersuchung angestellt worden sei, bei der man auch eine alte Markierung an einer Buche auf dem Grat des Katzenkopfs gefunden hätte, auch in der Gegend des ersten Zeichens *„so von der Strassen in die Höche steht"*. Zudem hätte man sich untereinander abgesprochen, das Holz auf dem Grat abzuteilen und die Markierungen zu machen, *„bis man zu dem alten March so der Mathias Zwerger vorgeben"* kam. Und nachdem nun die Markierungen bis zum See hinunter eingehauen worden, die alten Markierungen jedoch nicht zu finden waren, waren beide Seiten – Benediktbeuern und Schlehdorf – unzufrieden.

73 In der Flurnamenforschung geben zahlreiche Flurnamen Katzen- und Katerholz, -loh, -baum, -bach usw. noch Rätsel auf. Verschiedentlich wurde auch daran gedacht, dass Katz- für ein kleines, unbedeutendes Objekt steht. Vgl. Schnetz, Flurnamenkunde, S. 54 f., bzw. Buck, Oberdeutsches Flurnamenbuch, S. 133.

74 BayStA KL Benediktbeuern 18, fol. 28', KL Benediktbeuern 39, fol. 58. Hemmerle, Benediktbeuern, S. 210; Hemmerle, Germania Sacra, S. 483.

75 BayHStA KL Benediktbeuern 1093/315, fol. 24'-25'.

76 Schmeller, Bayerisches Wörterbuch, Bd. I/2, Sp. 1643-1645.

77 BayHStA KL Benediktbeuern 1093/315, fol. 76'-84.

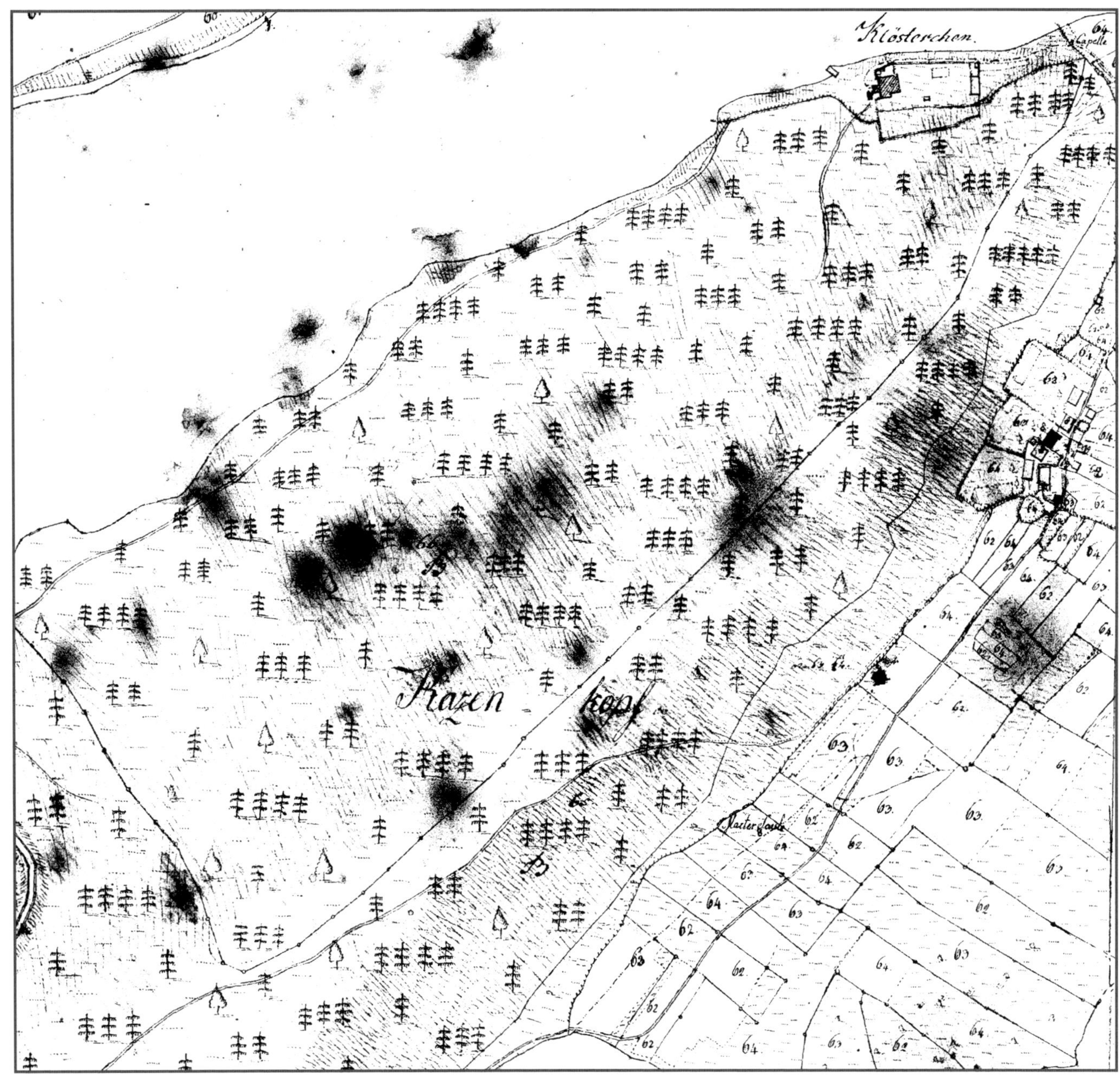

Ausschnitt aus dem Urkataster der Halbinsel Zwergern, Lithografie von 1817

Jakob Zwerger war auch Zeuge gewesen bei der Suche nach den alten Markierungen und Ohrenzeuge der Gespräche, insbesondere des Verweises an Mathias Zwerger, der die Markierung nicht vorzeigen konnte. Und noch einmal bestätigte er, dass die Marken von keiner Herrschaft gutgeheißen wurden.

Stein des Anstoßes war offensichtlich in erster Linie, dass den Zwergerner Fischern von Schlehdorf 96 Baumstämme angezeigt worden waren, die sie auch schlugen. Die Zwerger waren sich keiner Schuld bewusst und auch in Schlehdorf sah man dies so. Anders in Benediktbeuern. Für jeden Stamm sollten die Fischer nun eine Strafe von 30 Kreuzer berappen, was 48 Gulden entsprach. Bis die Strafe völlig abgegolten war, sollten sie wieder einmal ins Amtshaus in Benediktbeuern gesperrt werden. Die Zwerger weigerten sich, wurden aber mit Gewalt ins Amtshaus geschafft, woraufhin sich die Entwicklung dramatisch zuspitzte.

Barthlme Zwerger der Ältere, der Sohn des Mathias Zwerger zum Zwergern, ist auf dem Kesselberg, als er zusammen mit seinen beiden Nachbarn am 23. Juli 1696 wegen des geschlagenen Holzes in Begleitung der beiden Benediktbeurer Holzhaye und des Gerichtsamtmanns nach Benediktbeuern ins Amtshaus geführt werden sollte, entflohen. Der Hofrichter setzte ihm nach und verstellte ihm den Weg. Daraufhin hat der Zwerger *„truzig den Huet aufgesetzt, an den Khopf getruckht, auch bey den heyl. Sacramenten geflucht"* und mit beiden Händen nach den Socken gegriffen, um ein Messer herauszuziehen, woraufhin nicht nur der Hofrichter den Degen gezogen und dem Barthlme Zwerger vorgehalten hat, sondern sich auch der Benediktbeurer Holzhay Wilhelm Niedereuther bemüßigt fühlte, herbeizueilen und dem Hofrichter zu Hilfe zu kommen. Als er dann dem Bärtl die Holzmarchaxt an den Kopf gehalten hat, mit den Worten, er solle ihn nur angreifen, dann wolle er ihn niederschlagen wie einen Ochsen, hat der Bärtl den Hut wiederum abgezogen und ist *„gutwillig"* ins Amtshaus gegangen. Wegen der *„gegen seine Obrigkeit verübten Mutwilligkeit"* hatte er jedoch weitere sechs Reichstaler Strafe zu zahlen.

Aber auch Bartlme Zwerger der Jünger und Adam Zwerger gingen nicht ganz ohne Zwischenfälle ins Amtshaus nach Benediktbeuern. Sie haben auf dem Weg beim Kochelsee hinter dem Herrn Subprior und dem Hofrichter – ihnen zum Trotz – *„gejuchzet, welcher Verächtlichkeit halber jeder mit zwei Reichstalern"* zusätzlich bestraft wurde.

Die Schlehdorfer ließen jedoch die Sache nicht auf sich beruhen. Sie fühlten sich im Recht und meinten, ihre Fischer seien widerrechtlich in Gewahrsam genommen worden. Das Holzrecht war ja bereits am 15. September 1446 in einem Spruchbrief innerhalb des Wegs zwischen den beiden Kirchen aufgeteilt worden, nach *„baider Thaill Güetter, darauf die Fischer sitzen"*[78]. Daraus hatte der Propst von Schlehdorf geschlossen, dass der halbe Teil des Holzes zu St. Margareth gehöre und damit den Schlehdorfer Fischern und dem Kloster Schlehdorf. Weit gefehlt, wenigstens nach Ansicht der Benediktbeurer! Als nämlich der Propst im Jahr 1695 den Zwergern die erwähnten 100 Bäume angezeigt hatte, von denen die Fischer 96 geschlagen hatten, wofür sie vor Gericht zitiert und abgestraft wurden, hatte man von Benediktbeuern aus auch eine Protestnote ins Kloster Schlehdorf geschickt. Schlehdorf ließ dies nicht auf sich sitzen und klagte nun seinerseits vor dem Hofrat. Die Schlehdorfer sahen sich im Recht. Und der Hofrat sah dies ähnlich. Man verlangte vom Kloster Benediktbeuern den Nachweis darüber, dass ihm das Holzrecht zustehe. Unwirsch notierte Meichelbeck: *„Mithin ware unserm Kloster die Prob des Aigenthumbs auf den Hals geschoben."* Wieder einmal musste der Benediktbeurer Archivar und Geschichtsschreiber die Unterlagen wälzen, so lange, bis sich die Sache zu Gunsten seines Klosters wendete. Man hatte ihn damals offiziell zum Bibliothekar des Klosters ernannt und ihm die Aufgabe übertragen. Es war ein mühsames Geschäft, denn die Unterlagen waren noch längst nicht geordnet. Diese Arbeit erledigte Meichelbeck erst in den kommenden Jahren. Dennoch hat man *„dise Prob so forth bey uns zimmlich nachdrucklich gemacht"*, wobei „sofort" relativ zu sehen ist. Immerhin zog sich die Sache ganze 18 Jahre hin. Meichelbeck aber fährt fort: *„Und habe ich mich beflissen, über die gantze Action meine wenige Gedancken auf drei Pögen zusammen zu tragen, in welchen ich gesucht, die wahre medullam* [den wahren Kern] *herauf zu ziehen und ex notitia Archivi* [aus den Aufzeichnungen des Archivs] *ein und anders zimlich nachdruckliches beyzusetzen, welches anno 1713 geschechen, umb die Herren Hofräth recht compendiosè doch energicè zu informieren. Es hat aber all obiges nichts gefruchtet."*

78 Siehe oben S. 144.

Klostergebiet Benediktbeuerns, Zeichnung, vermutlich vom Klosterbaumeister Michael Ötschmann, 1712

Erst 1713, wohl nachdem er das klösterliche Archiv geordnet und durchforstet hatte, hat er die Quintessenz aus allen Aufzeichnungen ziehen und die Herren Hofräte (die sicher schon längst nicht mehr wussten, um was es ging!) kurz und bündig aufklären können. Dort hatte man es nun auch nicht eilig. Der Referent Herr Rigl konnte nicht dazu bewegt werden, die Sache im Hofrat vorzulegen, weil er sowieso schon überlastet war. Wieder gingen Jahre ins Land, ohne dass die Sache abschließend geklärt worden wäre – und ohne, dass eines der beiden Klöster einen Nutzen davon gehabt hätte. Als nämlich Karl Meichelbeck den Dekan Augustinus von Schlehdorf am 18. Juni 1716 – der Beginn der Auseinandersetzungen in Sachen Katzenkopfholz lag nunmehr 21 Jahre zurück – zufällig in Weilheim traf, fragte er ihn u. a. *„in omni charitate"*, in aller Freundschaft, ob denn das Kloster Schlehdorf von dem Katzenkopf jährlich auch nur einen Kreuzer genieße. „Keinen einzigen", antwortete der Schlehdorfer. Und Meichelbeck erwiderte: „Wir auch nicht!" Warum, fragte er weiter, hätten sie dann wegen dieser Sache eine so *„kostbare action"*, eine so kostspielige gerichtliche Auseinandersetzung? Schließlich brachen beide in Gelächter aus und beschlossen, die Sache gütlich beizulegen. Am 29. Oktober desselben Jahres einigte man sich und teilte am 2. Dezember dem Hofrat in München mit, dass sie dem Zank ein *„erwünschtes Endt gemacht"* hätten. So hatte ein aufwendiger, langwieriger Streit endlich sein Ende gefunden.[79] Abt Eliland II. war inzwischen längst verstorben.

Das Aktenkonvolut über den Holzmarkungsstreit auf der Halbinsel existiert noch heute im Bayerischen Hauptstaatsarchiv.[80] Es umfasst ganze 474 Blatt. Beigefügt war ein Plan aus dem Jahr 1712.[81] Darauf ist jedoch nicht nur die Zwergerner Halbinsel detailreich gezeichnet, sondern das ganze Walchenseegebiet einschließlich der Klöster Benediktbeuern und Schlehdorf – eine für uns aufschlussreiche Quelle.[82] Die feine Federzeichnung ist koloriert und hat eine Breite von 36 Zentimetern und eine Höhe von 22 Zentimetern. Als Entwerfer dieser Karte kommen nach Dussler

79 Meichelbeck, zitiert nach Daffner, Benediktbeuern, S. 345 f.

80 BayHStA KL Benediktbeuern 27 1/5.

81 BayHStA Plansammlung 11123.

82 Pater Hildebrand Dussler hat bereits 1961 einen Aufsatz über diesen Plan in „Lech-Isar-Land" veröffentlicht und eine Nachzeichnung angefertigt. Zum Folgenden vgl. – wenn nicht anders vermerkt – Dussler, Eine Skizze des Walchensees, S. 56-67.

sowohl der Benediktbeurer Kistler Michel Ötschmann (1670-1755) aus Bichl[83] in Frage als auch Frater Lukas Zais, der um die gleiche Zeit die Pläne für den Neubau der Jakobskirche in Walchensee gezeichnet hat. Die nicht genordete und zudem perspektivisch nicht korrekte Karte ist mit einzelnen Ziffern markiert, die in einer beigefügten Legende aufgelistet wurden. Unter 1. findet sich der Ort „Walgau" im Hintergrund (wobei nur sieben der damals 14 dortigen Anwesen abgebildet wurden), unter 2. „Wallersee", unter 3. „Altlä"(Altlach bestand 1712 aus vier verstreut liegenden Einzelhöfen: Zum Jäger, Mathes, Christoph und Öttl) und unter 4. „Jachenau". Auf der Zeichnung sind nur die Kirche und acht Häuser zu sehen. Westlich davon fließt die „Jachna" aus dem Walchensee. Deutlich sichtbar ist auch die Straße von Jachenau nach Urfeld über Sachenbach. Auf dieser Straße reitet ein Pater, vermutlich als launiger Hinweis auf die Seelsorge in der Jachenau, den die Benediktbeurer damals selbst versahen (erst später übernahmen diese Aufgabe die Seelsorgepatres vom Klösterl) oder vielleicht auch als Erinnerung an den Kooperator Pater Ulrich aus der Jachenau, der auf dem Ritt zum Gottesdienst am 26. September 1705 im Alter von 29 Jahren hier vom Pferd in den See gestürzt war. Während sich das Pferd ans Ufer retten konnte, ist der geistliche Herr ertrunken.[84]

Im Zuge des Universalvergleichs vom 29. November 1716 ist auch der Streit wegen des Margarethenkirchleins geregelt worden, von dem nicht bekannt war, wann und von wem es erbaut und ob es überhaupt je geweiht worden war. Nachdem es nämlich lange Zeit zweifelhaft gewesen war, ob dasjenige Geld, das die Zwerger wegen ihres Holzschlags in dem benachbarten Gehölz dem Margarethenkirchlein gaben, ein wahres *„dominium fundi"* (Grundeigentum) an dem Holz erkennen lasse, *„haben endlich die Schlehdorffer in dem anno 1716 gemachten Universalvergleich sich dahin bekennet"* – so Meichelbeck –, *„daß das dominium fundi unserm Kloster* [Benediktbeuern] *zuestehe, und daß das für das Holz ex consuetudine* [nach altem Brauch] *dem Kirchl zu raichende Geld keine Schuldigkeit, sondern nur eine Ehrung seye, und geschicht diese Ehrung künfftighin nit mehr durch die Zwerger, sondern ohnmittelbar durch unsern pater Waldschaffner, welcher zuvor das Geld von denen Zwergern einnimbt"*[85]. Ob es im Rahmen des Universalvergleichs allerdings auch zu einer neuen Ausmarkung gekommen ist, lässt sich heute nicht mehr mit Bestimmtheit sagen. Möglicherweise stehen die bis heute erhaltenen sieben behauenen Tuffsteine mit ihrem elegant ineinander verschlungenen Monogramm „SA" für St. Anna im Zusammenhang damit. Auch die Eremiten haben nämlich ihr Terrain abgesteckt. Die Steine, die rückseitig keine anderen Initialen tragen, markieren die Holzmarch des Klösterls, die die vordere Hälfte der Zwergerner Halbinsel bis hinauf zum Grat des Katzenkopfs einnahm. Streitigkeiten über den Grenzverlauf, nicht nur auf dem Katzenkopf, gab es auch in der Folge. 1752 ist die Rede davon, dass Benediktbeurer Marken an der Straße bei Urfeld, im Ort Walchensee, am Klösterl, *„beym Zwergern"*, *„aufm Altla"*, in *„Nithernach"*, in Sachenbach und *„aufm Berg"* gesetzt wurden.[86] Um die Grenzen für alle Ewigkeit festzuschreiben, wählte man bei einer erneuten Ausmarkung geeignete Kalksteine[87] und schlug die Buchstaben „CBB" (für „Claustrum Benedicto Buranum") zusammen mit gekreuzten Abtstäben ein bzw. einem stilisierten Kelch für Schlehdorf. Vier dieser Steine haben sich erhalten.[88] Wie viele es einst waren, ist unbekannt.

Nach der Säkularisation wurde das Holz am Katzenkopf, das bisher der Kirche St. Jakob zugestanden und an dem sowohl der Wirt als auch der Waltlbauer Nutzungsrechte hatten, den beiden als Eigentum überlassen.[89] Und auch die ehemaligen Schlehdorfer Fischer in Zwergern hatten weiterhin Holzrechte am Katzenkopf.

83 Zu Ötschmann vgl. Kirmeier/Treml, Glanz und Ende der alten Klöster, Nr. 116. Rund 100 Pläne hat Ötschmann für das Kloster entworfen.

84 Gudelius, Jachenau, S. 33. Ein Marterl hat noch lange an den Unfall erinnert.

85 Daffner, Benediktbeuern, S. 337 und S. 237 f.

86 BayHStA KL Benediktbeuern 27 1/6.

87 Jost Knauss vermutet diese Ausmarkung im Jahr 1790, ohne nähere Erläuterungen für diese Datierung anzugeben.

88 Einer ist heute im Freilichtmuseum auf der Glentleiten, einer am Eingang zum Sitzungssaal des Kochler Rathauses und zwei befinden sich noch auf der Zwergerner Halbinsel. Ein Marchstein aus Tuffstein, der sich heute im Kloster Benediktbeuern befindet, trägt ebenfalls das typische CBB auf der Vorderseite, dazu jedoch die Jahreszahl 1741. Wo er einst im Gerichtsbezirk Benediktbeuern gestanden hat, ist nicht bekannt. Vgl. Kirmeier/Treml, Glanz und Ende der alten Klöster, Nr. 108 und Abb. S. 55. Siehe auch vorne S. 46.

89 Emerich, St. Jakob, S. 59.

DER HANDEL MIT DEN FISCHEN

Bereits früh wurde auch der Handel mit den Fischen geregelt. Während in der ersten Fischordnung aus dem Jahr 1580 dieser Punkt keine Erwähnung fand, wurde er sechs Jahre später ausführlich behandelt. Unter Punkt 12 wird den Fischern verboten, einen Fisch ohne das Wissen der Gerichts- und Grundherrschaft an einem anderen Ort zu verkaufen. Immer musste der Fang erst einmal bei der Grundherrschaft gemeldet werden. Falls dort kein Bedarf bestand, durften sie die Fische verkaufen, wo immer sie wollten und konnten. Weil aber in der Vergangenheit verschiedentlich die Fänge *„an heimliche und ungewöhnliche Orte"* gebracht und in Weidenkörben bei Nacht auf die Märkte getragen worden waren und deswegen der Grundherrschaft kein unbedeutender Verlust entstanden war, wurde dies fürderhin bei ausdrücklicher Strafandrohung verboten. Um dies überwachen zu können, wurden sämtliche Fischer verpflichtet, ihre sowieso gemeinsam erzielten Fänge – um welche Fischart es sich auch handeln mochte – an der Tafern nicht nur aufzuteilen, sondern auch zu verpacken.

Bezüglich der Renken, die man wöchentlich vom Walchensee abtransportierte, wurden ebenfalls neue Regelungen getroffen, nämlich, dass zwei Verordnete, die jährlich aufgestellt wurden, nach ihrem Gutdünken zwei Fischkäufe wöchentlich vornehmen sollten, damit die Märkte nicht überschwemmt und die Preise verdorben würden. Die Verordneten mussten für die Ware, die offensichtlich nicht sofort bezahlt wurde, bürgen und schließlich auch bezahlen, offensichtlich unabhängig davon, ob sie die Ware auch hatten absetzen können.[90] Dies war ein Punkt, über den es infolge – wenig überraschend – immer wieder zu Auseinandersetzungen kam.

Vermutlich zu Zeiten Kurfürst Maximilians I., der in wirtschaftlicher Hinsicht in Bayern zahlreiche neue Strukturen einführte oder zumindest verfestigte, kam es wohl auch zur Neuregelung über die „Fischkäufl" und zu Festlegungen auf bestimmte Preise für den Walchensee. Für die Situation des Gewerbes in Bayern war bisher charakteristisch, dass es im Herzogtum keinen großen gewerblichen und kaufmännischen Schwerpunkt gab wie etwa in den Reichsstädten. Das Gewerbe war dezentralisiert durch die verschiedenen Residenzstädte, vor allem aber durch die zahlreichen Klöster und die Dörfer der geistlichen und weltlichen Grundherrschaften, in denen ein weitgehend eigenständiges Gewerbe existierte. Unter Maximilian kam es zu weitreichenden Wirtschaftsreformen.[91] *„Es erschienen nun Churfürstliche Befelch, keinen Fisch von unsern Wässern ausser Landts zu lassen, in welcher Materia sich ein- und andersmahl zimliche Difficultaeten haben hervorgethan. Sonsten ist auch bey disen Befelchen zu bemercken, daß die alte gar gnädig, die neue aber gar hart stilisiert und eingerichtet seindt, und bleibt halt wahr, daß selten etwas besser hernach folget."*[92]

Erstmals 1623 ist am Walchensee urkundlich ein „Fischkäufl" belegt.[93] Allerdings reicht die Tätigkeit der Fischkäufl weiter zurück. 1623 werden sie als Selbstverständlichkeit erwähnt. Am Chiemsee etwa hat man bereits 1551 Nachrichten über Fischkäufl.[94] Die Fischkäufl hatten vor allem die Aufgabe, die Fische zu transportieren – vorwiegend an den Hof nach München. Wenn das Hofküchenamt allerdings keinen Bedarf daran hatte, konnte der Fischkäufl die Fänge auch auf den Markt tragen, wozu dann wiederum eigene Richtlinien erlassen waren. Die Preise waren genauestens festgesetzt. Änderungen des Fischpreises zu Ungunsten der Käufer wurden streng geahndet. Auch war den Fischkäufln nicht erlaubt, mit Fischen aus Gewässern zu handeln, für die sie nicht ausdrücklich aufgestellt waren.

90 Fischordnung vom 25. Februar 1586, vgl. S. 152 ff.

91 Albrecht, Maximilian I., S. 9 und S. 212 f.

92 Meichelbeck, zitiert nach Daffner, Benediktbeuern, S. 334.

93 BayHStA KL Benediktbeuern 1093/315, fol. 20-22.

94 Höfling, Chiemsee-Fischerei, S. 144.

Der Einflussbereich des Klosters Benediktbeuern, Aquarell von Pater Udalricus Riesch, Ende 18. Jahrhundert

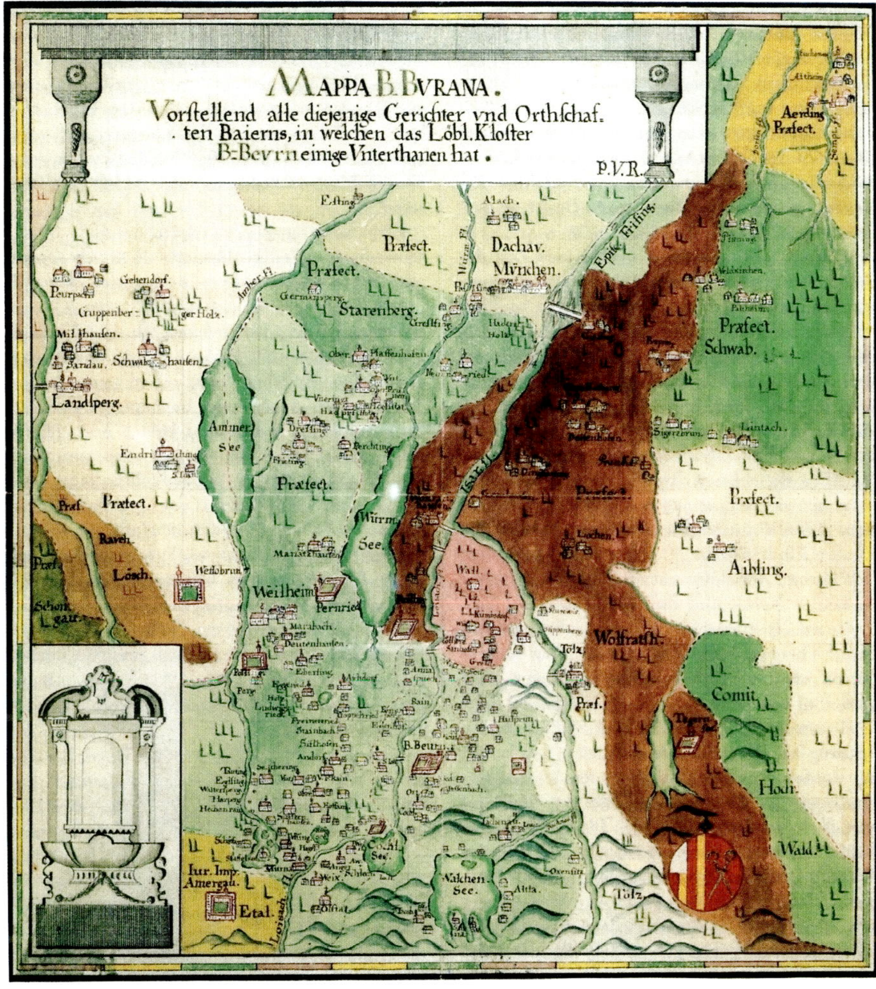

Das klingt zu Recht nach großen Einschränkungen. Das System hatte für die Fischer jedoch auch einen Vorteil: Die Fischkäufl waren verpflichtet, die bereitgehaltenen Fänge zu den üblichen Taxen abzunehmen. Die Verluste bei Halterung und auf dem Transport waren groß und mussten von den Fischkäufln getragen werden. Deswegen wurde eine angemessene Gewinnspanne zwischen Einkaufs- und Verkaufspreis gewährt.[95]

Anlässlich einer Visitation des Paters Kellerers und des Gerichtsschreibers von Benediktbeuern am 11. August 1623 am Walchensee kam auf, dass die drei Zwerger in letzter Zeit so viele (Kraxen-)Träger am See gehabt hatten, dass kein Fischkäufl im Gerichtsbereich mehr einen Fisch bekommen konnte, das heißt, die Zwerger hatten ihre Fische selbst verkauft und keine Fische mehr bei der Tafern zur Abgabe an die Fischkäufl verpackt. Deswegen wurden die Träger verboten und unter Androhung einer empfindlichen Strafe anbefohlen, Artikel 12 der Fischordnung von 1586 streng einzuhalten.[96]

Am 5. September 1624 klagte der Wirt schon wieder in Benediktbeuern: Die Zwerger hatten erneut an die Kraxenträger Fisch abgegeben, obwohl er als Fischmeister ihnen dies *„vielmahlen abgemahnt"* habe. Doch wenn er die Zwerger an die Fischordnung erinnerte, verspotteten sie ihn nur. Die beklagten Zwerger verteidigten sich: Der Wirt selbst hatte einen eignen Kraxenträger im Haus, welchen er alle Samstag nach Innsbruck *„abfertigte"*. Es half nichts. Georg und

95 Ebenda, S. 145.

96 BayHStA KL Benediktbeuern 1093/315, fol. 20-22.

Adam Zwerger wurden jeder zu drei Reichstalern Strafe verdonnert, weil es ja nicht das erste Mal gewesen war, dass sie sich über die Fischordnung hinweggesetzt und den Kraxenträgern trotz mehrfachen Verbots Fische ausgehändigt hatten. Erneut wurden sie ermahnt, die Fische nicht bei ihren eigenen Häusern, sondern bei der *„ordentlichen gewöhnlichen Alten Vischstatt als der Tafern zu Wallersee"* zu verteilen und außerdem der St.-Jakobs-Kirche zu Walchensee eine gewisse Anzahl zu geben, wie sie dies versprochen hatten, welches *„Gebot und Geschäft sie aber niemahlen gehalten"* hatten. Besonders hart traf die Strafe Veith Zwerger, der sich bei der Anhörung gegen den Herrn Prälaten und den Herrn Richter trotzig gezeigt und sogar *„spöttliche Reden"* verlauten hatte lassen: Er musste das Doppelte berappen: sechs Reichstaler.[97]

Im Jahr 1625 wurde dann eine neue Fischtaxe in München erarbeitet: *„Es wollten nemblich die H. Hofräthe dazumahl die Edle Fisch wohlfaill essen, nit bedeckent, daß bey damahliger teurer Zeit die Fischer ohnmöglich sich und ihren Zeug erhalten kunten, wann sye nit auch auf die Fisch etwas schlagten."* Dies sah man sogar im Kloster Benediktbeuern ein. Also schrieb Abt Johannes an den kurfürstlichen Hof nach München, man möchte dort das für die Fischer nötige Getreide um einen geringeren Preis abgeben, dann könnten auch die Fischer die Fische um einen *„leidentlichen"* Preis abgeben.[98] Manchmal blieb den Fischern kaum etwas anderes übrig, als unlauter zu fischen oder mit den Fischen zu handeln, wollten sie überleben. Es ist wohl kein Zufall, dass sich die Vergehen im 17. Jahrhundert in Folge der verschiedenen Drangsale bedingt durch den Dreißigjährigen Krieg auffällig häufen.

Für die frühe Zeit kennen wir die Namen der Fischkäufl nicht. Doch anlässlich einer See- und Fischordnungsvisitation kam es am 23. März 1663 zur Aufstellung neuer Fischmeister und Fischkäufl. Zu Fischkäufl wurden auf Seiten Benediktbeuerns Sebastian Schröferl, Hanns Khürchmayr und Matheus Reiser zu Kochel ernannt, auf Seiten Schlehdorfs Barthlme Stürer, Georg Stürer, Georg Greinwaldt und Andreas Zwerger, alle von Schlehdorf – allerdings für den Kochelsee, doch waren sie auch für den Walchensee zuständig. Und weil zu Schlehdorf vier saßen, also um einen Fischkäufl mehr als zu Kochel, sollte, sobald einer der Schlehdorfer sterben würde, keiner an seiner Stelle nachnominiert und die Zahl ebenso wie in Kochel auf drei reduziert werden. Die Benediktbeurer Fischkäufl sollten in der ersten Woche die Fische erhalten, die Schlehdorfer in der zweiten usw., immer abwechselnd. Auch die Fische, die die Fischer und ihre Knechte in den Samstagnächten auf eigene Rechnung fischen durften, sollten sie gegen eine entsprechende Bezahlung an die Fischkäufl abgeben, außer den Laugen, die unverkäuflich waren. Die Fischträger (auch „Kraxenträger" genannt) aber sollten gänzlich abgeschafft werden und sobald einer angetroffen würde, hätte er mit einer Strafe von vier Reichstalern zu rechnen. Nur zweimal im Jahr stand es den Fischern frei, so viele Fische, wie sie beibringen könnten, seien es Saiblinge, Forellen, Renken oder andere Fische, nach eigenem Gutdünken abzugeben.[99]

Lange hielt die Erinnerung an die anlässlich der Visitation von 1663 verlesene Fischordnung nicht. Bereits am 3. Januar 1664 gab es erneut Klagen: Michael Schönicher, der Wirt von Walchensee, musste bekennen, dass er Fische unrechtmäßig abgegeben habe. Er hatte eine Kuh erworben und diese gewissermaßen mit Fischen bezahlt. Einen Fischträger habe er nach und nach Fische im Wert der Kuh wegtragen lassen. Der Wirt war jedoch in guter Gesellschaft. Auch sein Nachbar und die Zwerger hatten die Fischordnung längst wieder vergessen und Fische nach Belieben abgegeben. So hat Mathias Zwerger von Zwergern gerne Geschäfte mit

97 Ebenda, fol. 23-24'.

98 Meichelbeck, zitiert nach Daffner, Benediktbeuern, S. 334.

99 BayHStA KL Benediktbeuern 1093/315, fol. 34-35'.

Thoman vom Barmsee gemacht, einem *„ausländischen Fuhrmann"*, wie besonders betont wurde. Immerhin lag der Barmsee im Werdenfelser Land, also im Freisingischen, auch wenn die Entfernung nur ein paar Kilometer betrug.[100]

Am 15. Januar 1668 hatten sich sämtliche Fischer am Walchensee wieder einmal zu verantworten, weil heimliche ausländische Fischträger gesichtet worden waren, wodurch nicht nur den Gotteshäusern Benediktbeuern und Schlehdorf das ihnen zustehende Fischgeld vorenthalten wurde, sondern auch dem Kurfürsten Zoll- und Mautgebühren, weil diese Kraxenträger im Gegenzug aus Tirol Wein und Branntwein ins Land brachten. Beides war strafbar und die Fischer mittendrin. 70 Zentner Fisch sollen so allein dem Kloster Benediktbeuern entgangen sein. Wieder hätten die Fischer – allen voran die Zwerger – die Gerichtsobrigkeit respektlos verlacht und verspottet. Im Kloster war man dermaßen erbost, dass man ihnen für die Zukunft nicht nur Geldstrafen androhte, sondern sogar Haft.[101]

Über die Jahre änderten sich weder die Fischer noch die Delikte oder Strafen. So bekannte etwa Mathias Zwerger von Zwergern am 3. Januar 1674, dass er Thoman vom Barmsee, dem ausländischen Fuhrmann, wieder einmal Speisforellen und Renken abtransportieren habe lassen, während die Fischkäufl zu Kochel das Nachsehen hatten. Gleichzeitig gab Ferdinand Zwerger zu, dass er geprahlt hatte, er wolle sich lieber den Kopf abschlagen lassen als die Fischordnung einzuhalten. Und Jacob Zwerger vermeldete, dass auch er Saiblinge an einen ausländischen Fuhrmann abgegeben habe, aber nur, weil es seine Nachbarn ja auch nicht anders machten. Die Strafen von vier Reichstalern für jeden folgten wie immer auf dem Fuße.[102] Die Anschuldigungen und Verurteilungen wiederholten sich auch in den kommenden Jahren.[103]

Richtig Ärger gab es im Herbst desselben Jahres 1674, als nämlich aufkam, dass die Walchenseer Fischer die edlen Fische, anstatt auf den Fischmarkt nach München und vor allem an das kurfürstliche Hofkuchelamt zu liefern, außer Landes gebracht hatten, also wohl wieder ins Werdenfelsische oder nach Tirol. Für diese *„aigennuzigen Attentate"* wurden sogar sechs Reichstaler Strafe fällig. Man drang in die neu aufgestellten Fischmeister, den Wirt Georg Schwarz für Benediktbeuern und Mathias Zwerger für Schlehdorf, besser auf die Fischer und die Einhaltung der Fischordnung zu achten und nicht länger die *„truzigen und widerspenstigen Worte"* gegen Abt Placidus von Benediktbeuern und Propst Bernhard von Schlehdorf zu gestatten. Und im Falle weiterer Verfehlungen wurden gar zehn Reichstaler Strafe angedroht.[104]

Um den Fischhandel zu regeln, wurden im Beisein von Abt Placidus und Propst Bernhard und mit Zustimmung des Hofrats und in Absprache mit den Fischkäufln 1676 Preislisten festgelegt:

Die Renken wurden von Allerheiligen bis Ostern das Pfund Netz- oder Segen-Renken, deren meist zehn auf ein Pfund gehen per acht kr. (Kreuzer) verkauft. Doch wenn sie kleiner waren, wurde das Pfund per sieben und sechs kr. abgegeben. Von Ostern bis Pfingsten aber wurden die größeren Renken, von deren wenigstens zehn an ein Pfund und nicht weniger gehen sollen, das Pfund per sieben kr., die kleinern aber per sechs kr. zu kaufen geben, ebenso fortan bis Allerheiligen.

Die Rutten haben sie allezeit per 15 kr. ab dem See abgegeben.

Die Hechte wurden das Pfund per acht kr. verkauft, die Alten per sechs kr. das Pfund, das Hundert Krebse ungefähr per 30 kr., die Speis-Forellen per 24 kr., die Speis-Saibling per 30 kr., die „Wildfäng Sälbling" lebendig per 18 kr. und tot per zwölf kr. Die Bezahlung sollte stets vor dem Markt von jedem Fischkäufl erfolgen. Obwohl die Fischkäufl versuchten, die Preise etwas zu drücken, blieb es bei diesen Preisen.

100 Ebenda, fol. 37'-39.

101 Ebenda, fol. 39'-40'.

102 Ebenda, fol. 43'-44'.

103 Zum Beispiel am 22. November 1678 (Vgl. BayHStA KL Benediktbeuern 1093/315, fol. 51'-53'), 16. Dezember 1685 (vgl. ebenda, fol. 56-57), 12. August 1689 (vgl. ebenda fol. 59'-60).

104 BayHStA KL Benediktbeuern 1093/315, fol. 44'-48.

Probleme machten vor allem die Speisforellen und -saiblinge, weil die Fischer diese zweimal im Jahr auf eigene Rechnung verkaufen durften, nachdem sie in München beim Kuchlamt die Fische vorher angezeigt hatten. Wenn sie ihre Fische nun doch an die Fischkäufl abgaben, waren sie nicht an die Preise gebunden, vielmehr stand *„der gebiehrende Preiss zu ihrer Willkhur"*[105].

Die jahrelangen Auseinandersetzungen zwischen den Fischern und den Fischkäufln schienen nun ein für allemal beendet. Doch der Schein trügt. Am 21. Januar 1692 kam es wieder zu einer Visitation am Walchensee. Jacob und Mathäus Zwerger, die beiden am Walchensee aufgestellten Fischmeister, brachten bei dieser Gelegenheit vor, dass sie die Renken nicht mehr zu sechs Kreuzern das Pfund an die Fischkäufl verkaufen könnten, da der See ziemlich ausgefischt sei und daher der Renkenfang das Jahr hindurch merklich abgenommen habe. Sie baten, dass sie die Renken nun für acht Kreuzer das Pfund verkaufen dürften (und dass die Fischkäufl die Renken auch zu diesem Preis annehmen müssten), bis sich die Zeiten ändern würden und der Renkenfang wieder üppiger ausfiele. Außerdem hatten sie bisher den Fischkäufln gelegentlich die Fische auch *„auf porg"* – heute würde man wohl sagen: in Kommission – gegeben. Dies konnten sich die Fischer nun nicht mehr leisten, da ihnen die Fischkäufl, wenn die Fische auf dem Transport Schaden genommen hätten, das Geld dann nicht mehr gegeben und sie das Nachsehen gehabt hätten. Sie wollten ihnen die Fische nun nur noch gegen bare Münze überlassen. Die Klosterbrüder von Benediktbeuern sollten dies den Fischkäufln anweisen.

Mathias Khriner von Kochl und Johann Zwerger zu Schlehdorf wandten als aufgestellte Fischkäufl dagegen ein, dass sie die Fische nicht auf ihr eigenes Risiko abtransportieren könnten. Das Kloster solle ihnen erlauben, jeweils nach Gutdünken mit den Fischern verhandeln zu dürfen, also nicht eine Barbezahlung zu befehlen. Nach dieser Anhörung legte Abt Placidus den Renkenpreis auf acht Kreuzer fest, allerdings überließ er die Einigung wegen der Bezahlung den Fischern und Fischkäufln. Auch wurde den Fischern wie den Fischkäufln verboten, Fische durch die *„Läglträger"* in und außer Landes zu tragen. Bei dieser Gelegenheit wurden als Fichkäufl für den Kochel- und den Walchensee aufgestellt: Matheisen Khriner, Martin Schröferl und Balthasar Loidl, alle drei von Kochel, sowie Johann Zwerger, Michael Greinwaldt und Martin Schretter zu Schlehdorf. Die Fischer wie die Fischkäufl haben der gnädigen Herrschaft *„mit Mundt und Handt angelobt"*, die Fischordnung *„tuenlich vollziehen"* zu wollen. Überflüssig zu erwähnen: Auch bei dieser Visitation war einmal mehr geklagt worden, dass sich die Fischer sämtlich nicht an die Fischordnung gehalten hätten.[106]

Am 2. Dezember 1694 stand wieder einmal die Bestellung neuer Fischmeister an. Dabei wurde u. a. erneut den Fischmeistern, den Fischkäufln und den Fischern aufgetragen, ihre Fänge, welche der edlen Fischarten es auch seien, zunächst beim Kloster Benediktbeuern *„anzusagen"*. Sowohl der Fischer als auch der Fischmeister sollten bei Zuwiderhandlung bestraft werden. Besonders hart aber traf die Strafe die Fischhändler: *„Der Fischkäuffl aber soll von seiner Fischkhäufflerey abgeschafft werden."* Offensichtlich waren die Strafandrohungen noch nicht abschreckend genug. Deshalb wurde gut ein Jahr später eine Zusatzklausel angefügt. Am 19. Juni 1695 wurde beschlossen, *„weilen sich bezeigt, daß die Fischer am Wallersee und selbige Fischkäuffl diesen Punct bishero nit observiert"*, dass es in Zukunft nicht reiche, nur die Anzeige zu machen. Sie mussten sich beim Kloster einen entsprechenden *„Paß-Zetl"* aushändigen lassen, mit dem sie die Anzeige auch nachweisen konnten. 1694, anlässlich einer Bestätigung alter Verordnungen,

105 Ebenda, fol. 48-51.

106 Ebenda, fol. 60-64.

„Das Monument am Kesselberg“. Links die Inschriftentafel von 1492 (s. auch S. 59), im Hintergrund der Walchensee. Kolorierte Lithografie von Heinrich Nachtmann bei Velten, datiert 1822

waren als Fischkäufl namentlich erwähnt worden: Mathias Khriner, Martin Schröferl und Balthasar Loidl von Kochel sowie Michael Greinwaldt, Martin Schretter und Johann Zwerger von Schlehdorf.[107]

Nicht nur, dass einzelne Fischer hin und wieder Geschäfte an den Fischkäufln vorbei machten – manchmal machten sie mit ihnen auch gemeinsame Sache: Am 9. Mai 1696 wurden alle Fischer miteinander abgestraft, weil sie in der Karwoche durch den Schlehdorfer Fischkäufl Michael Greinwald sechs Zentner Renken außer Landes geführt hatten, ohne vorher die Erlaubnis im Kloster Benediktbeuern einzuholen. Die Strafe war saftig: zusammen 80 Gulden. Auf ihr inständiges Bitten ist ihnen die Strafe jedoch auf zwölf Gulden *„moderiert“* worden, jedoch mit dem Zusatz, dass sie, wenn so etwas noch einmal vorkäme, ganz und gar keine Gnade mehr erwarten dürften.[108]

Geholfen hat auch diese Androhung nichts. Am 25. August 1698 wurde erneut verhandelt, weil sich Michael Greinwaldt von Schlehdorf als Fischkäufl am Wallersee unterstanden hatte, ohne Erlaubnis 50 Pfund Renken nach Tirol zu *„vertragen“*, unter Vorspiegelung falscher Tatsachen: Er hatte den Walchenseefischern weisgemacht, er habe die Erlaubnis und würde den Passzettel später nachreichen. Da er nicht in der Lage war, die auferlegte Geldstrafe zu begleichen, sollte er von *„der Vischkäufflerey am Wallersee genzlichen abgeschafft sein“*. Doch Greinwaldt bettelte und bat, ihn doch bei seiner Fischkäuflerei zu belassen.

107 Ebenda, fol. 67-71.

108 Ebenda, fol. 75'-76.

Schließlich ließ das Kloster Gnade vor Recht ergehen und beließ ihm das Gewerbe mit dem Hinweis, dass es wirklich das letzte Mal gewesen sei, dass man so milde reagiert hätte und er mit einer glimpflichen Geldstrafe davongekommen sei. Auch für die Fischer hatte die Sache ein Nachspiel: Weil sie die Fische aus sein *„leeres Reden ohne Vorweisung ordentlicher Paßzettel abgegeben hatten"*, wurden auch sie mit einer kleinen Geldstrafe belegt.[109]
Die Klagen der Fischkäufl gegen die Fischer wollten kein Ende nehmen. Am 15. Dezember 1701 brachte Martin Schröferl, der zu Kochel aufgestellte Fischkäufl, vor, er habe von Barthlme Zwerger aus Zwergern am Wallersee vor Kurzem einen Zentner und zehn Pfund Renken gekauft, nun aber habe der Beklagte die Vereinbarungen nicht eingehalten, sondern die Fische selbst abtransportiert, wozu ihm die Wirtin von Walchensee auch noch ein Pferd zur Verfügung gestellt habe. Da dem Kläger nun aber durch die Beschaffung des Ausfuhrpasses für die Renken nach Tirol große Unkosten entstanden waren, die ihm die Fischer jedoch nicht ersetzen wollten, und da der Beklagte auch keine Ausfuhrgenehmigung hatte und zudem die Fische an einen Fremden zu Mittenwald, also einen ausländischen Fischkäufl verkauft hatte, bat der Kochler Fischkäufl um eine angemessene Entschädigung.

Der Beklagte hielt dagegen, dass er mit dem Kläger nicht handelseinig geworden sei; im Übrigen sei es jedoch wahr, dass er von der Wirtin ein Pferd zum Transport ausgeliehen hätte, und wenn es unrecht gewesen sei, dass er zur Ausfuhr keinen Zettel genommen habe, bitte er um eine gnädige Strafe. Ansonsten begehre er keinen neuen Fischkäufl; er habe dieses Mal nur nicht mehr Fische zum Abgeben gehabt. Doch der Kläger beharrte auf seiner Klage. Er hatte dem Beklagten den ordentlichen Satz von acht Kreuzern für das Pfund Renken geben wollen; mehr sei er ihm nicht schuldig. Und dennoch habe er auf den Zentner 30 Kreuzer *„Überkaufgeld"* gegeben und ihm auch zu Mittenwald freie Verpflegung versprochen, wenn er selbst mitfahren würde. Es habe also gar kein Grund bestanden, mit einem ausländischen Fischkäufl zu verhandeln. Und der Kläger bitte noch einmal, die Mittenwalder Konkurrenz am Walchensee nicht zu dulden. Schließlich musste sich der Beklagte mit dem Kläger vergleichen, zwei Reichstaler Strafe waren wieder einmal fällig und für die Zukunft wurde beschlossen, dass es den Fischern vom Walchensee bei Strafe von zwölf Reichstalern verboten bleibe, einem Mittenwalder oder anderen Fischkäufl – außer Martin Schröferl – Fische zu verkaufen.[110]

Am 19. Juni 1711 wurden neben Martin Schröferl Georg Dölls und Balthasar Loidl (beide von Kochel) als Fischkäufl für den Walchensee zugelassen.[111] In der Neufassung der Fischordnung von 1759 wurden Mathias Loidl und Balthasar Ortherer, beide von Kochel, als Fischkäufl bestätigt, ebenso wie der bereits 1692 festgelegte Fischpreis.[112]

Erst im 19. Jahrhundert brach das System der Fischkäufl zusammen. Nun konnten die Fischer ihren Fang frei verkaufen. Anders als etwa am Starnberger See, wo noch bis 1856 das Vorkaufsrecht des Hofes bestand[113], waren die Walchenseer Fischer bereits seit dem Beginn des Jahrhunderts frei – seit der Erwerbung der Fischrechte nach der Säkularisation. Nun konnten sie die Fische verkaufen, wie und wo sie wollten. Allerdings stellte sich nun die Frage: an wen? Die Klöster als Abnehmer waren bayernweit weggefallen, die heimische Bevölkerung jedoch nicht gerade als extreme Fischesser bekannt. Da kamen die Sommerfrischler – auch in anderen Gebirgsdörfern – gerade recht. Emil Becker berichtet, dass die Fischer ihre Beute Ende des 19. Jahrhunderts zum einen Teil vor Ort absetzten, speziell an die Fremden, und zum anderen in Mittenwald, Kochel und München. Als Preise nannte er für Renken 1,20 Mark, für Hechte und Rutten 1,40 Mark und für Saiblinge und Lachsforellen zwei Mark je Kilo.[114]

109 Ebenda, fol. 89-90.

110 Ebenda, fol. 95-96.

111 Ebenda, fol. 110'.

112 BayHStA KL Schlehdorf 92, fol. 44-54.

113 Gröber, Fischerei am Starnberger See, S. 20.

114 Becker, Walchensee, S. 186.

DAS SONDERRECHT DER KNECHTE

Ein steter Quell von Streitereien war auch das Vorrecht der Knechte, in den Samstagnächten auf eigene Rechnung fischen zu dürfen. Eigentlich hätten sie die Fänge beim Kloster melden müssen, bevor sie die Fische verkauften, eine Bestimmung, die leicht in Vergessenheit geriet. Auf der anderen Seite konnten sie die Fische ja nicht selbst nach Tölz tragen, und dann sollte niemand anderes als öffentliche bestellte Fischkäufl, etwa Martin Schöferl mit seinen Leuten, die Arbeit erledigen. Allerdings mussten auch sie sich zuvor ordentliche Zettel im Kloster Benediktbeuern ausstellen lassen. Dieser Erlass datiert vom 15. Februar 1701.[115]

Seit alters her hatten die Fischerknechte das Recht, in den Samstagnächten auf eigene Rechnung zu fischen, offensichtlich ein lukrativer Nebenerwerb, allerdings ein Recht, das nicht selten auch in anderer Hinsicht überstrapaziert wurde. Häufig wurde nicht nur die halbe Nacht gefischt, sondern die ganze Nacht hindurch bis zum anbrechenden heiligen Sonntag. In der Fischordnung von 1759 wurde deshalb erneut diese *„höchst sträfliche Anmaßung"* für die Zukunft nicht mehr geduldet, wie dies bereits in der See- und Fischordnung von 1647 erneuert worden war. Schon damals war den Knechten verboten worden, länger als bis Mitternacht zu fischen, damit der Sonn- und Feiertag der christlichen Ordnung nach eingehalten und der bisher wiederum in Schwung gekommene Missbrauch abgeschafft werde. Zudem wurde den Knechten gänzlich verboten, mit *„Laiter-Netzen"* (Leiter, Leitnetzen) zu arbeiten. Bei Zuwiderhandlung drohten den Knechten Strafen. Ganz verwerflich war, dass es sich die *„Bueben"* (vermutlich die Fischersöhne) und hin und wieder auch die Knechte erlaubt hatten, an Sonn- und Feiertagen den ganzen Nachmittag lang auf dem See mit den Schöpfpern zu hantierten und die Rutten ohne Unterschied herauszufangen, was ihnen gleichzeitig verboten wurde.[116]

„Netzkontrolle", Fotografie um 1930

115 BayHStA KL Benediktbeuern 1093/315, fol. 96'.

116 BayHStA KL Schlehdorf 92, fol. 53 f. Vgl. Fischordnung von 1759, S. 160 ff.

DIE FISCHEREIGENOSSENSCHAFT WALCHENSEE

FISCHEREIGENOSSENSCHAFT WALCHENSEE

Um den Niedergang der Fischerei im Walchensee, der durch die Inbetriebnahme des Walchenseekraftwerks, aber auch durch eine unorganisierte Fischerei zu befürchten war, aufzuhalten, wurde 1937 eine Fischereigenossenschaft gegründet: *„Nach einer Vorbesprechung am 8. April konnte die Gründung der Genossenschaft für die Walchenseefischer am 16. Juni in Anwesenheit des Landesfachwartes für Fischerei durchgeführt werden. Die Fischereiberechtigten wurden auf die Ziele und Arbeiten, die der Genossenschaft gestellt sind, hingewiesen und auch aufgeklärt, welche Vorteile der genossenschaftliche Zusammenschluß jedem einzelnen Fischer bringt. Es steht deshalb zu erwarten, daß diese jüngste Genossenschaft ein starkes Glied sein wird in der Organisation, die aufgebaut wird, um die der Fischerei gestellten Aufgaben erfüllen zu können, im Dienst für unser Volk und zum Wohle jedes einzelnen."*[117]

Im Jahr 1937 bestand allgemein die Tendenz zur Gründung von Genossenschaften, nachdem bereits zu Beginn des Jahrhunderts Fischereigenossenschaften aufgrund des Bayerischen Fischereigesetzes von 1908/9 gegründet worden waren.[118] Damals hatte sich jedoch am Walchensee noch keine Genossenschaft zusammengefunden. Doch 1937 war man generell der Meinung: *„Eine rein sportliche Nutzung, die nur darauf abzielt, ab und zu Fische zu fangen, ohne das Wasser voll auszunützen, liegt nicht im Sinne der Erzeugungsschlacht. Um die Bewirtschaftung der Gewässer zu erleichtern, ist es notwendig, zusammenhängende Fischereibetriebe durch Zusammenlegung kleinerer Fischereirechte zu bilden, die möglichst natürliche Grenzen aufweisen und diese Fischereibetriebe in Fischereigenossenschaften zusammenzufassen, deren Aufgabe es dann ist, die Besetzung ganzer Gewässergebiete einheitlich und planmäßig zu gestalten."*[119]

Bereits lange vor der Gründung der Fischereigenossenschaft hatte schon einmal der Wunsch nach Zusammenschluss der Fischer vom Walchensee bestanden. In ihrer Ausgabe vom 10. Oktober 1894 berichtet die „Allgemeine Fischerei-Zeitung": *„Auf Anregung des kgl. Bezirksamtmannes in Tölz, Freiherrn von Malsen, und mit Unterstützung des Vorstandsmitgliedes des Bayerischen Landes-Fischerei-Vereins, Herrn A. Schillinger, haben sich die Fischerei-Berechtigten des Walchensees zu einem Fischerei-Verein zusammengeschlossen. Es steht zu erwarten, daß hiedurch eine einheitliche Bewirthschaftung dieses Sees in's Leben treten wird, welche den stark im Rückgang begriffenen Fischbestand desselben wieder zu heben wohl als das beste Mittel erscheint."*[120] Drei Jahre zuvor, am 18. Oktober 1891, war bereits auf Anregung des Bezirksamtmanns Schreiber von 30 Gründungsmitgliedern im „Gasthof zum Bürgerbräu" der „Bezirks-Fischerei-Verein Tölz" ins Leben gerufen worden.[121]

Ob es überhaupt zur Gründung des Walchenseer Fischereivereins gekommen ist und wie lange der Verein eventuell Bestand hatte, lässt sich nicht mehr eruieren. Er scheint – wenn es ihn denn je gegeben hat – relativ bald sang- und klanglos wieder eingegangen zu sein. Auf jeden Fall wird er in der Liste von 25 Fischereivereinen, die es im Jahr 1904 in Oberbayern gegeben hat, nicht mit aufgezählt.[122]

Doch 1937 war es – wie gesagt – zu einer zeittypischen Zwangsgenossenschaft gekommen, die auch nach dem Zweiten Weltkrieg aktiv blieb – bis heute. Bei der vermutlich ersten Mitgliederversammlung nach dem Krieg, die am 8. Oktober 1950 in Walchensee stattfand und bei der neben sämtlichen Fischereiberechtigten auch der Fischereirat der Regierung von Oberbayern, Josef Schmid, anwesend war, wurde beschlossen, der Genossenschaft eine neue, zeitgemäße Satzung zu geben.[123]

117 AFZ 1937, S. 204.

118 AFZ 1911, S. 442. So wurde zum Beispiel 1914 am Kochelsee eine Fischereigenossenschaft gegründet. Vgl. Schretter, Fischerei im Kochelsee, S. 247.

119 AFZ 1937, S. 90.

120 AFZ 1894, S. 372.

121 AFZ 1891, S. 269.

122 AFZ 1904, S. 42.

123 AFZ 1950.

Stefan Hierl beim Fischen im Winter auf Seeforellen

Einige Jahre später wurde die Fischereigenossenschaft genauer beschrieben: *„Die Fischerei des Walchensees, der eine Fläche von 1620 ha aufweist, setzt sich in rechtlicher Hinsicht aus Zwölftelrechten zusammen. Es gibt hier insgesamt vier Fischereiberechtigte, wovon der eine 5/12, der nächste 3/12 und die zwei restlichen je 2/12 Anteile als Eigentum besitzen.*

Da der See selbst im Eigentum des Freistaates Bayern steht, die Fischereirechte aber dritten Personen gehören, handelt es sich um selbständige Fischereirechte nach Art. 9 des Bayer. Fischereigesetzes. Die Fischereiberechtigten haben zur geregelten Aufsichtsführung und zu gemeinsamen Maßnahmen zum Schutze und zur Hebung des Fischbestandes eine Fischereigenossenschaft gebildet. Sie ist Mitglied des Verbandes oberbayerischer Seefischer und Seenbesitzer e. V.“[124] Doch auch andere Probleme wurden bei der ersten Nachkriegsversammlung 1950 angesprochen: *„In eingehender Beratung und lebhafter Diskussion gelangte eine Reihe von Fragen zur Behandlung, welche für die Fischerei im Walchensee, des viertgrößten bayerischen Sees, von wichtiger Bedeutung sind, z. B. Jungfischeinsatz, Ausgabe von Angelkarten und Einleitung des Rißbaches in den Walchensee.“* Und weiter wurde beschlossen: *„Künftighin werden die Angelkarten wieder einheitlich für den ganzen See durch die Genossenschaft ausgegeben; die hieraus erzielten Einnahmen fließen in die Genossenschaftskasse.“* Auch ein anderes zeittypisches Phänomen in der bayerischen Fischerei konnte am Walchensee beobachtet werden: *„Stark geklagt wurde in der Versammlung über das häufige Befischen des Walchensees durch Besatzungsangehörige und die hiermit verbundene Untergrabung des Privateigentums.“*[125]

Von nun an kam es wieder regelmäßig zu Mitgliederversammlungen; die nächste fand bereits am 29. April 1951 unter Leitung des Vorsitzenden Josef Rieger statt und wurde von den Eigentümern und Pächtern der Fischereirechte vollzählig besucht. Als wichtigste Punkte zur Behandlung und Beschlussfassung wurden genannt: *„Für den Hecht- und Seeforellenfang dürfen künftighin nur Netze mit einer Mindestmaschenweite von 60 Millimetern verwendet werden, für den Renken- und Saiblingsfang solche von 38 mm. Die Renken- und Saiblingsfischerei hat jeweils vom 1. Oktober bis 15. März zu ruhen. Pro ein Zwölftel Fischereirecht dürfen gleichzeitig höchstens 500 m Schweb- oder Bodennetze ausgelegt werden. Die Genossenschaft bildete ein Schiedsgericht und wählte einstimmig zu dessen Obmann Regierungsfischereirat Schmid, welcher der Versammlung beiwohnte. In Zukunft werden sämtliche Angelkarten für den Walchensee wieder gemeinsam durch die Genossenschaft ausgegeben. Die Ausstellung geschieht im Fremdenverkehrsbüro in Walchensee. Fragen des Jungfischeinsatzes bildeten den Abschluß der harmonisch verlaufenen Versammlung.“*[126]

Am 31. März 1954 führte die Fischereigenossenschaft Walchensee ihre ordentliche Jahreshauptversammlung in Urfeld durch. Dem Kassenbericht zufolge waren die finanziellen Verhältnisse der Genossenschaft *„gesund“*. Im Vordergrund der Beratungen standen Fragen des Jungfischeinsatzes, wozu sich insbesondere Regierungsfischereirat Schmid äußerte. Man wollte vor allem Hechte, Seeforellen und Renken einsetzen. Auch sollte nach dem Vorbild Schliersees ein Versuch mit der Regenbogenforelle gemacht werden. Gleichzeitig wurde festgehalten: *„Für Schleie, Zander und Aal ist der Walchensee auf Grund der besonderen fischereibiologischen Gegebenheiten nicht geeignet.“* Zur besseren Fundierung des Wissens hinsichtlich des Renkenbestandes und der Renkenfischerei beschloss man, im Sommer einen erfahrenen Fischer für Versuchsfänge von einem typischen bayerischen Renkengewässer kommen zu lassen. Bedenken wurden geäußert über die Auswirkung des künftigen Obernachkraftwerkes, da kein künftiger Aufstieg der

124 AFZ 1962, S. 487.

125 AFZ 1950.

126 AFZ 1951, S. 210.

Seeforelle zur natürlichen Laichablage in der Obernach befürchtet wurde – nicht zu Unrecht, wie sich später herausstellte. Und zum Schluss wurde noch festgehalten: *„Am Walchensee spielt die Sportfischerei eine erhebliche Rolle.“*[127]

Unter Leitung des Vorstandes Josef Rieger und erneut in Anwesenheit von Regierungsfischereirat Schmid aus München fand am 13. April 1955 in Urfeld die vollzählig besuchte Jahreshauptversammlung statt. Dem Geschäftsbericht zufolge war der See im Jahr zuvor gut mit Jungfischen besetzt worden. Insbesondere waren mehrere Tausend Stück Regenbogenforellen- und 7.000 Renkensetzlinge eingebracht worden. Der Erfolg des Regenbogenforelleneinsatzes war zwar kein durchschlagender, doch wurden bereits *„recht schöne Exemplare in beachtlicher Zahl“* gefangen. Für den kommenden Herbst beschloss man, vor allem Hechte und Seeforellen einzusetzen. Der Seeforellenbestand war zwar gut, doch das Hechtvorkommen konnte eine Stärkung vertragen. Im weiteren Verlauf der Versammlung wurde die Angelkartenausgabe auf eine neue Grundlage gestellt. Angelkarten (Tages- und Wochenkarten) sollten in Zukunft erhältlich sein bei Florian Reiter, Fischereimeister in Walchensee, Josef Rieger in Walchensee und Johann Strauß in Urfeld. Und in der „Allgemeinen Fischerei-Zeitung“ wurden darüber hinaus festgehalten: *„Die Fischereigenossenschaft Walchensee hat sich dankenswerterweise bereit erklärt, den Teilnehmern des oberbayerischen Fischereitages, der am zweiten Septembersonntag 1955 in Kochel abgehalten wird, an diesem Tage freie Fischerei im Walchensee einzuräumen.“*[128]

Die Fischereierlaubnisscheine für Touristen waren stets ein Tagesordnungspunkt bei den jährlichen Versammlungen, so auch am 5. April 1959. Damals wurde beschlossen, in der Zeit vom 1. März bis 15. Oktober Tages- und Wochenfischereierlaubnisscheine zum Preis von fünf bzw. 15 DM auszustellen. Und auch der Besatz war stets ein Thema. Für 1959 wurde ein verstärkter Jungfischeinsatz vorgesehen.[129]

Bei der Jahreshauptversammlung am 11. März 1960 wurde der Hecht- und Renkenbestand als recht mäßig bezeichnet, das Seesaiblingsvorkommen jedoch als gut. Überraschend hatte seit Kurzem auch das Rotauge beträchtlich zugenommen, während im gleichen Zeitraum der Barsch stark zurückgegangen war. Einstimmig wurde beschlossen, 1960 in sehr namhafter Weise Forellen, Hechte und Renken einzusetzen.

Der damalige Schriftführer Adolf Boehm erklärte sich bereit, ein Grundstück für die Errichtung einer Brutanstalt und eines Aufzuchtteichs zur Verfügung zu stellen. Dies wurde auch von Oberfischereirat Schmid begrüßt, der wie alle Jahre der Versammlung beiwohnte und der insbesondere auf die Notwendigkeit der künstlichen Erbrütung der Seeforelle hinwies, die aufgrund der Umgestaltung des Walchensees durch das Werk Obernach seine Erfolg versprechenden Laichplätze an diesem Gewässer verloren hatte. In Zusammenarbeit mit dem Oberfischereirat und dem Wasserwirtschaftsamt wollte man das Projekt Forellenaufzucht weiterverfolgen[130], doch ist es schließlich wieder zu den Akten gelegt worden.

1962 wurde anlässlich der Mitgliederversammlung am 17. April besonders ausführlich über den Stand der Fischerei berichtet: *„Wichtigste Fischart des Sees ist der Seesaibling. Auch der Seeforelle kommt erhebliche Bedeutung zu. Von Chiemseefischen abstammend, wurden im vergangenen Herbst mehrere tausend Stück Seeforellensetzlinge in den Walchensee eingebracht. Die Maßnahme wird heuer wiederholt. Auch Seesaiblinge werden in diesem Jahre nachgesetzt. Die Renke wurde in letzter Zeit etwas vernachlässigt. Dennoch lieferte sie im vergangenen Jahre zufriedenstellende Fänge. Zum festen Bestand im Walchensee zählt auch der Hecht. Freilich sind seiner Entwicklung bei dem besonderen Charakter*

127 AFZ 1954, S. 217.

128 AFZ 1955, S. 237.

129 AFZ 1959, S. 197.

130 AFZ 1960, S. 184.

So sehen glückliche Fischer aus: Wolfgang Buchwieser präsentiert stolz eine kapitale Seeforelle bei Urfeld

des Sees Grenzen gesetzt. Erheblich zugenommen hat in letzter Zeit die Rutte – leider, denn viele junge Edelfische fallen dem gefräßigen Räuber zum Opfer. Eine intensive Befischung der Rutte ist dringend geboten.“[131]

Ein Jahr später, am 25. September 1964, konnte man feststellen, dass sich *„der regelmäßige Einsatz der Seeforelle und des Seesaiblings bewährt hat. Auch die Renkenfischerei weist einen guten Stand auf. Die Renke wird mit Stellnetzen von 40 Millimeter Maschenweite befischt.“* Weiter wurde beschlossen, dass im Jahr 1965 in erster Linie Seesaibling, Seeforelle, Bachforelle und Renke einzusetzen wären.

Nach 23-jähriger Tätigkeit als 1. Vorsitzender trat Josef Rieger aus gesundheitlichen Gründen zurück. Daraufhin wählte man den bisherigen Schriftführer Adolf Boehm zu seinem Nachfolger, während Josef Rieger nunmehr stellvertretender Vorsitzender wurde.[132]

Anlässlich der wie immer vollzählig besuchten Jahreshauptversammlung am 2. November 1966 konnte der nunmehrige 1. Vorsitzende Adolf Boehm berichten: *„Die Genossenschaft hat im abgelaufenen Jahr über 12.000 DM für den Jungfischeinsatz aufgewendet und hierfür Seeforellen, Seesaiblinge, Hechte und Renken beschafft. Der Schwerpunkt lag beim Einsatz des Saiblings, der aus dem Fuschlsee (Österreich) bezogen wurde. Wie zu hören war, hat sich im See der Renkenfang günstig angelassen. Auch Seeforelle und Seesaibling haben sich zufriedenstellend entwickelt. Der Hechtbestand ist befriedigend.“* Und bezüglich der Fischereierlaubnisscheine, die in der Zeit vom 1. März bis 30. September ausgestellt werden sollten, wurde für das Folgejahr ein Tagespreis von acht DM und ein Wochenpreis von 25 DM beschlossen. Auch wurde über eine angemessene Erhöhung der Maschenweite bei Renkenstellnetzen nachgedacht.[133] Für die Renkenstellnetze war Ende der 1960er-Jahre eine Maschenweite von mindestens 42 Millimetern vorgeschrieben. Bisweilen verwendeten die Fischer aus freien Stücken jedoch Netze mit 44 Millimetern Maschenweite. Mit diesen schnitten sie nach eigenen Angaben gewichtsmäßig ebenso gut ab wie mit 42-Millimeter-Netzen. Als Folge lieferte die Renkenfischerei etwa im Jahr 1969 ein hervorragendes Ergebnis. Ein Teil der gefangenen Renken wurde nun von den Fischern geräuchert[134], während noch anlässlich der Versammlung am 30. November 1967 festgehalten wurde: *„Noch nicht eingeführt ist am Walchensee das Räuchern der Renke“.*[135] Bei der Versammlung von 1967 war auch von Fischfrevlern die Rede, denen so manche laichfähige Seeforelle in der Obernach zum Opfer gefallen war.

Im Jahr 1969 wurde der Walchensee von der Genossenschaft mit Jungfischen im Wert von 14.000 DM bestückt. Vom Bezirkstag Oberbayern erhielt die Genossenschaft einen Besatzzuschuss. Klage führten die Fischer anlässlich der Jahreshauptversammlung am 24. November 1969 über den zu großen Bestand an Haubentauchern; sie wünschten nachdrücklich eine *„Dezimierung des Schädlings durch die Jagdausübungsberechtigten“*[136].

Ein Jahr später hatte die Genossenschaft Walchensee dann zahlreichen Besuch: Der Oberbayerische Fischereitag wurde am 3. und 4. Oktober 1970 am Walchensee abgehalten. Trotz anhaltenden Regenwetters kamen über 200 Fischer und genossen neben der Fischerei Blasmusik und Heimatabend in der „Post“ und im „Haus Edeltraut“, Gedenkgottesdienst und Festmarsch. Anlässlich seiner Festrede hielt Josef Lex, der Vorsitzende des Verbandes Oberbayerischer Seenfischer und Seenbesitzer fest, dass der Walchensee und der Ammersee damals den *„höchsten Renkenertrag seit Menschengedenken“* erbracht haben.[137] Ähnliche Erfolgsmeldungen konnte der Vorstand der Fischereigenossenschaft am 7. Dezember 1972 und am 11. Dezember 1973 vermelden: Die Renkenfischerei war wieder sehr gut

131 AFZ 1962, S. 487.

132 AFZ 1965.

133 AFZ 1967, S. 92.

134 AFZ 1970, S. 249.

135 AFZ Januar 1968.

136 AFZ 1970, S. 249.

137 Resenberger, Den Fischern schwimmen die Felle nicht davon.

ausgefallen. „*Auch die Fangergebnisse bei Seeforelle und Seesaibling zeigten sich verbessert; gleichwohl läßt der Seesaibling, gemessen an den hohen Einsätzen, doch etwas zu wünschen übrig.*“ Der wie in jedem Jahr anwesende Fachberater des Bezirks Oberbayern, Josef Schmid, referierte über die Einheitsbewertung der Seefischerei und über Besatzmaßnahmen. Bei der Neuwahl der Vorstandschaft kandidierte der 1. Vorsitzende Adolf Boehm aus Altersgründen nicht mehr. An seiner Stelle wurde Josef Rieger einstimmig zum 1. Vorsitzenden gewählt.[138]

Auch anlässlich der Versammlung im Jahr 1973 wurde festgestellt, dass die Seesaiblingsfischerei weniger gut war, jedoch immerhin noch zufriedenstellend. Nur in mäßigem Umfang jedoch konnten Seeforellen und Hecht gefangen werden. Im Jahr 1973 wurden dem See von der Fischereigenossenschaft insgesamt Jungfische im Wert von 28.715 DM zugeführt. Der Schwerpunkt des Besatzes lag bei Seesaibling und Seeforelle. Ein Fischeinsatz in ähnlichem Unfang wurde für das Jahr 1974 geplant. Und noch etwas konnte der Vorstand verkünden: „*Erfreulicherweise gelangt nunmehr in Mittenwald eine biologische Kläranlage zum Bau, so daß von dort aus keine Abwassergefahren mehr für den Walchensee zu besorgen sind.*“[139]

In den letzten Jahren hat die Fischereigenossenschaft viel dafür getan, dass der Walchensee ein hervorragendes Salmonidengewässer bleibt. So werden in jeder Saison Netze ausgelegt, um laichende Saiblinge und Seeforellen zu erhalten. In speziellen Fischzuchten werden die Eier erbrütet bzw. die Jungfische aufgezogen. Neben den Saiblingen aus eigenem Bestand werden Satzfische vom Starnberger See zugekauft, die sich erfahrungsgemäß am besten eignen. Der Renkenbesatz stammt ebenfalls vom Starnberger See.[140]

Heute liegen die Fischrechte im Walchensee in den Händen von vier Eigentümern, die in der Fischereigenossenschaft zusammengeschlossen sind. Der satzungsmäßige Zweck der Genossenschaft ist nach wie vor die Regelung der Fischerei im Walchensee entsprechend den gesetzlichen Vorgaben, um eine sinnvolle Bewirtschaftung sicherzustellen. Dazu gehört die Aufsicht über die Ausübung der Berufs- wie der Angelfischerei. Daneben ist es auch die Aufgabe, den Fischbestand im Walchensee zu fördern und zu schützen. Die Fischereigenossenschaft Walchensee wird beraten und beaufsichtigt durch den Bezirk Oberbayern, speziell durch die Fischereiberatung und die Bayerische Landesanstalt für Landwirtschaft, Institut für Fischerei in Starnberg. Darüber hinaus arbeitet die Fischereigenossenschaft mit dem Bayerischen Forst, in dessen Obhut sich der Walchensee befindet, der TU München, der E.ON und dem Wasserwirtschaftsamt Weilheim am Projekt zur Renaturierung der Obernach zusammen. Man sitzt bereits am „runden Tisch“, Machbarkeitsstudien und Kostenschätzungen wurden in Auftrag gegeben.[141]

Immer wieder ist neben dem Besatz auch die Frage der Fischereierlaubnisscheine bzw. Angelkarten Thema der Versammlungen. Anlässlich der Zusammenkunft am 5. November 1981 wurden im Hinblick auf den zunehmenden angelfischereilichen Druck auf den Walchensee und die Notwendigkeit einer sachgerechten pfleglichen Nutzung des Fischbestandes in diesem Gewässer neue Bedingungen für die Angelfischerei im Walchensee beschlossen:

„*Fanglimit: drei Saiblinge und fünf Renken pro Tag.*
An der Hegene dürfen nicht mehr als 5 Haken angebracht werden.
Die bisherigen Beschränkungen (pro Monat höchstens vier Tageskarten oder eine Wochenkarte pro Person) entfallen.
Beginn und Ende der Angelfischerei (1. März bis 15. September) bleiben unverändert. Die Angelkartenausgabe im Frühjahr beginnt widrigenfalls erst, wenn wenigstens die Hälfte des Sees eisfrei ist.“[142]

138 AFZ 1973.

139 AFZ 1974, S. 106.

140 Zum Besatz vgl. Kapitel: „Die Fische des Walchensees im letzten Jahrhundert“.

141 Mitteilung der Fischereigenossenschaft Walchensee, Mai 2008. Vgl. auch das Kapitel über die Fischerei in der Obernach.

142 AFZ 1982, S. 95.

Vorsitzende der Fischereigenossenschaft Walchensee:

Josef Rieger	1942 (?)-1965
Adolf Boehm	1965-1973
Josef Rieger	1973-1991
Martin Boehm	seit 1992

Heute dauert die Saison wieder vom 1. März bis 30. September, sowohl für Boots- als auch für Uferangeln. Die Tageskarte kostet acht Euro, die Wochenkarte 32, die Monatskarte 110 und die Jahreskarte 250 Euro. Ein staatlicher Fischereischein ist jedoch Voraussetzung. Die Mindestmaße betragen bei Saiblingen 26 Zentimeter, bei Renken 30 Zentimeter und bei Forellen jeder Art 50 Zentimeter (seit 2010 wieder 60 Zentimeter). Erlaubt wird eine Entnahme von täglich zehn Saiblingen und fünf Renken. Erlaubte Köder sind eine Hegeneangel mit fünf Nymphen oder zwei mit jeweils drei Nymphen; beim Schleppfischen zwei Anbissstellen und beim Angeln mit Naturködern zwei Ruten mit je einem Einfachhaken. Toter Köderfisch ist erlaubt, lebender jedoch verboten. Das Benutzen eines Echolots wird geduldet.[143]

Die Fischsaison der Berufsfischerei dauert vom 1. Februar bis Ende September. Eine amtlich genehmigte Ausnahme ist der Laichfischfang auf Seeforellen im Oktober und November. Jeder Fischereirechtsinhaber ist berechtigt, pro Nacht eine festgesetzte Anzahl von Schwebnetzen mit einer Maschenweite von 40 Millimetern, ab August von 42 Millimetern auszulegen. Heute teilen sich die 12/12-Fischrechte die Besitzer Boehm, Grünwald, Rieger und die E.ON-Werke. Zurzeit werden von den Fischern nur 3/12 regelmäßig befischt.[144]

Morgenstimmung auf dem Walchensee, Foto 2008

143 Taller, Wundervoller Walchensee, 2. Auflage, S. 7.

144 Mitteilung der Fischereigenossenschaft Walchensee, Mai 2008.

Geräte und Schiffe

FISCHEREIGERÄTE UND FANGMETHODEN

Bereits in der ältesten erhaltenen Fischordnung des Walchensees vom 27. August 1580 wurde festgehalten, dass *„der See mit allerlei Fischzeug besucht wurde"*. Es ist die Rede von Segen, Netzen, Reusen, Schnüren u. a. Was dies im Einzelnen war, lässt sich heute nur noch zum Teil eruieren. In den alten Urkunden ist von „allerlei Fischzeug" die Rede, zum Teil allerdings mit Ausdrücken, die heute nicht mehr gebräuchlich sind oder in einem anderen Zusammenhang gebraucht werden. Hauptfischereigeräte am Walchensee waren jedoch verschiedene Formen von großen Zugnetzen. Im Folgenden sollen die häufig verwendeten Begriffe kurz angeführt und eine Erklärung versucht, nicht jedoch eine vollständige Wiederholung der entsprechenden Passagen in den einzelnen Fischordnungen sowie einige der häufigsten Fangmethoden aufgelistet werden, ohne dabei Vollständigkeit anzustreben. Zu vielseitig und unterschiedlich waren die Ausdrücke durch die Jahrhunderte.

Generell unterscheidet man die Fischereigeräte nach „großem" und „kleinem Zeug". Unter „großem Zeug" versteht man vor allem die Fischernetze, doch werden auch die Kähne dazu gezählt.[1] Dem Fischfang mit dem großen Zeug stand die „übrige Fischerei", die sogenannte „Weid" oder „Fischweide" gegenüber, die mit dem „kleinen Zeug" ausgeübt wurde. Hauptsächlich wurde zum kleinen Zeug gezählt: Reusen der verschiedensten Arten, Handnetze und Angeln, wobei die Ausdrücke auch hier regional unterschiedlich gebraucht werden.

Petrus de Crescentiis, ein Bologneser Advokat, hat in seinem großen „Jagdbuch" gegen Ende seines Lebens alle Erfahrungen in der Bewirtschaftung seines Landgutes und in der Ausübung der Jagd und des Fischfangs niedergelegt.[2] Er listete um 1300 eine ganze Reihe von verschiedenen Netzformen und unterschiedlichen Fangmethoden auf. Auch das Fischereibuch Kaiser Maximilians I. nennt die Fanggeräte, die in dem jeweiligen Gewässer an der Wende zur Neuzeit verwendet wurden. In diesem See war *„mit der Segen zu vischen"*, in einem anderen mit *„Satznetzen"*. Von Bächen wird erwähnt, dass dort *„mit der muschgeten, clebgarn und pern"* zu fischen sei bzw. *„mit dem pern oder angl"*[3].

Zur Schonung des Fischbestandes wurden den Fischern nach und nach einzelne Fischereimethoden verboten sowie Mindestmaße für ihre Netzmaschen vorgegeben. Damals wie heute bedurfte es regelmäßiger Kontrollen und harter Strafen, um die erlassenen Regeln durchzusetzen, was jedoch nicht immer von Erfolg gekrönt war, wie die zahlreichen Seegerichtsprotokolle und Verurteilungen beweisen.

Viele der alten Fischereigeräte wurden erst in den letzten Jahrzehnten durch moderne, meist industriell gefertigte Nachfolger aus neuzeitlichen Materialien ersetzt. Die seit den frühen 1950er-Jahren zur Netzherstellung verwendeten Chemiefasern brachten in der Berufsfischerei große strukturelle Veränderungen und einen veränderten Fischeralltag mit sich. Doch nicht nur die Netze haben sich verändert. Viele andere Fanggeräte sind aus der Mode gekommen, wenn nicht gar verboten worden. Ein Großteil der alten Geräte verschwand, nicht zuletzt, weil heute vor allem die Freizeitfischer am Walchensee zu finden sind und weniger die Berufsfischer. Mit dieser Veränderung änderten sich auch die Interessen und die Geräte. Wurden früher vor allem Fische für die „Notdurft der Küche" gefangen,

1 Thiele, Fischerei und Schiffahrt, S. 245.

2 Lindner, Das Jagdbuch des Petrus de Crescentiis, S. 155-160.

3 Niederwolfsgruber, Kaiser Maximilian I, Jagd- und Fischereibuch, S. 54.

„Der Fischer" in „Schauplatz der Natur und Kunst", gestochen von Joseph Wagner, Wien 1744. Dargestellt sind eine Angelrute (1) ein Hamen bzw. Beren (2), ein Fischergarn oder Zugnetz (3) sowie eine Reuse (4).

steht heute mehr der sportliche Ehrgeiz im Vordergrund. Um 1900 trat die Verschiebung von der Berufsfischerei zur Sportfischerei langsam ein. Emil Becker berichtete für diese Zeit: *„Gefischt wurde innerhalb der gesetzlichen Fangzeit auf Renken und Saiblinge auf hohem See mit großen Netzen, den sogenannten Seegen (Sägen, von sagena). Dieselben sind bis 50 Meter lang und 4 Meter breit und werden von zwei Kähnen ausgeworfen, wozu mindestens zwei Fischer erforderlich sind. Der Hecht, einzelne Lachsforellen und Rutten werden mit der Legangel und dem sogenannten Stehnetz aus ganz feinem Garn erbeutet. Dem Sommerfrischler gestatten die Fischer gern ohne irgendeine Abgabe das Angeln im See vom Ufer aus mit Flugangeln."* Dies hat sich in der Zwischenzeit geändert! Becker fährt fort: *„Sie wissen sehr wohl, daß nur Lauben, Eitel, Rothauge, Bürschling und vereinzelt junge Renken dem Vergnügungsangler zur Beute fallen und daß dem werthvollen Fischbestande dadurch kein Abbruch geschieht. Hin und wieder wird dem Fremden auch gestattet, mit der Schleppangel auf Hechte zu fischen. Während der Wintermonate ruht die Fischerei ganz und gar."*[4]

4 Becker, Walchensee, S. 186.

NETZE

Das häufigste Fischerzeug am Walchensee waren große Netze. Die Rede ist vor allem von einer ganzen Reihe von Segen und Netzen, aber auch von Pern bzw. Bern, wobei es sich hier ebenfalls um große Zugnetze handelte und nicht wie andernorts häufiger erwähnt, um Handnetze.

Wir lesen von Springersegen, Hochsegen, Krautsegen, Speissegen und Laugensegen sowie von Saiblings-, Renken-, Ferchen-, Alten-, Laugen- und Haselnetz, außerdem von Hechten und Speispern. Die einzelnen Netzformen waren nicht zu allen Zeiten gleich lang zu setzen erlaubt. So wurden etwa die Krautsegen 1672 für ein paar Jahre verboten, damit sich der Fischbestand wieder erholen konnte.

SEGEN

Die Fischerei allgemein kennt verschiedene Formen der Segen, je nach den zu fangenden Fischen. Am Walchensee werden Springer-, Hecht-, Rutten-, Kraut- und Speissegen erwähnt. Man kann annehmen, dass die Segen bereits seit frühester Zeit verwendet wurden. Auf jeden Fall ist bereits in der Fischordnung von 1586 unter Punkt 10 vermerkt: Was die Kraut-, Rutten- und Hechtsegen betrifft, so ist deswegen keine neue Ordnung aufgestellt worden, sondern es soll hierbei so gehalten werden, wie von alters her geschehen und sie auch alle bestens wissen. Und dabei soll es bleiben.

Die Segen (Seegin, Segi, Sägen, Sengen oder ähnlich[5]) ist das größte Netz, das die Fischer gebrauchen. Sie ist ein großes Zugnetz, das nur von mehreren Männern zusammen gehandhabt werden konnte. Johann Andreas Schmeller definiert die Segen als *„großes Zugnetz, welches aus zwey starken Wänden, es daran zu ziehen, und einem Sack (bern) in der Mitte besteht“*, und leitete es vom althochdeutschen Wort „segina“ (aus dem Lateinischen „sagena“ = Fischergarn, Netz) ab.[6] Bereits im altsächsischen „Heliland“ aus dem 9. Jahrhundert ist „segina“ erwähnt.[7] Segen durften nur von Berufsfischern verwendet werden. Bereits in der ältesten Fischordnung am Walchensee von 1580 ist von Segen die Rede.

Bei der „Segenfischerei“ nutzte man meist tiefe Stellen hinter Kiesbänken mit langsam fließendem oder sogar rücklaufendem Wasser. Mit dem Boot wurde die Netzwand dabei so ausgebracht, dass das Netz am Ende eines Zuges von Land aus zusammengezogen werden konnte. Wenn das Wasser nicht allzu tief war, konnte man sich bei dieser Zugnetzfischerei einer einfachen Netzwand bedienen. Tieferes, schneller strömendes Wasser machte dagegen den Einsatz eines Netzes mit eingestricktem Sack nötig.

Das Segenfischen wurde auch von Booten aus betrieben, etwa mit einem oder zwei Einbäumen. Fischte man mit einem, so machte man die Segen an einer Seite mit sogenannten „Zugstempen“ (ufernah in das seichte Wasser geschlagene Pflöcke) fest und fuhr nun mit dem Einbaum in einem großen Bogen, das Netz auslegend, auf den See hinaus und schließlich wieder zum Zugstempen zurück. Nun wurde der Einbaum am Zugstempen festgemacht. Das geschah mit Hilfe eines Stricks, der durch das „Strangloch“ gezogen und mit einem Hölzchen, dem „Strangnagel“, befestigt wurde. Jetzt konnte das Einziehen der Segen beginnen. Wenn die Segen ausgelegt wurden, sprach man von einem „Zug“.[8] An der Donau machte man mit den Segen „Würfe“. Ein Mann stand am Ufer und hielt das Netz an einem Seil, während die anderen es von der Zille aus bogenförmig zum Ufer hinfahrend

5 Es finden sich sowohl „der“ Segen als „die“ Segen. Im Folgenden wird die feminine Form benutzt.

6 Schmeller, Bayerisches Wörterbuch, Bd. II, Sp. 240.

7 Volkert, Fischerei am Waginger See, S. 144.

8 Höfling, Chiemsee, S. 27 ff.

auswarfen. Die Segen wurde dann zum Ufer herausgezogen. Die gleiche Fangmethode ist auch mit zwei Booten möglich.[9]

Der „Zug“ geschah an festen Plätzen, die von Hindernissen, etwa schwimmendem Holz, geräumt sein mussten. Teilweise hatten die Züge sogar eigene Namen. Die Zugstempen wurden am Walchensee „Söz“ oder „Setz“ genannt. Fischte man mit zwei Einbäumen, so benötigte man drei Zugstempen. Mit einem Einbaum legte man die an einem äußeren Zugstempen befestigte Segen aus, indem man in einem weiten Bogen auf den See hinausfuhr und zum anderen äußeren Zugstempen zurückkehrte. Die beiden Einbäume schlossen nun die Segen, indem sie die Enden von den äußeren Zugstempen aus gegen den mittleren Zugstempen zogen und an diesem vorne und hinten vorbeifahrend die Segen einholten.

Netzwände wurden entweder in der aktiven Fischerei als Zuggarne oder aber in der passiven Fischerei in Kombination mit Reusen eingesetzt. Im fließenden Wasser verbot sich der Einsatz von Stellnetzen allerdings von selbst.[10] Man verwendete die Segen vor allem zum massenhaften Fang von Schwarmfischen. Wegen der Verwendung von langen Segen kam es allgemein immer wieder zu Auseinandersetzungen. So traf etwa Herzog Albrecht IV. von Bayern anno 1476 Bestimmungen über den Gebrauch der langen Segen (*„Segesen“*) am Ammersee.[11] Am Walchensee wurde 1672 *„umb das Landt die Nöz zu setzen“* verboten, 1684 dann das Setzen der *„kleinen Seegl“* bei Nacht. Dagegen waren die „Laugenseglen“ 1756 zur Sommerszeit am *„Gestatt des Sees“* auf die Laugen erlaubt, wobei sowohl die Benediktbeurer als auch die Schlehdorfer Fischer je zwei führen durften.

Nach dem Zweiten Weltkrieg wurde die Berufsfischerei fast nur hinsichtlich der Renke und des Saiblings ausgeübt, wozu Stellnetze verwendet werden. Anlässlich einer Versammlung der Fischereigenossenschaft Walchensee am 19. März 1969 wurde für die Ausübung der Renkenfischerei festgelegt, dass pro 1/12-Fischereirecht 200 Meter Stellnetze bis zu zwei Meter Höhe oder 250 Meter über zwei Meter bis maximal vier Meter Höhe verwendet werden dürfen.[12] Diese Regulierung hat bis heute Bestand.

SPRINGERSEGEN

Die Springersegen scheinen bereits vor der ersten Fischordnung von 1580 in Gebrauch gewesen zu sein, weil es damals *„damit nach altem Herkommen und Gebrauch gehalten werden“* sollte. Auch in der Folgezeit blieben sie üblich, wie etwa die Klage des Wirts von Walchensee 1623 beweist, in der er die drei Zwerger von Zwergern beschuldigt, sie seien mit ihren Knechten ohne Vorankündigung mit der großen Segen *„nach den Renckhen uf dem Springer“* gefahren.

Laut Schmeller ist Springer zwar eine *„Art Fischerzeug“*[13], wohl von „springen“ = „wallen“, doch dürfte es sich hierbei um etwas anderes handeln. Es ist eher an eine bestimmte Stelle oder Stellen im See zu denken, etwa eine Stelle, an der etwas gegen die sonstige Ordnung, ein Hindernis, vorhanden war, oder – von „entspringen“ – an eine Stelle, an der irgendein Wasser austrat, aus einem Fluss oder Bach in den See floss.

1759 wurde für den Walchensee die Springersegen betreffend festgelegt: Solche sind den Fischern fernerhin jährlichen von Georgi bis Martini zu gebrauchen erlaubt, von welchen die beiden Benediktbeurer Fischer zwei und die drei Schlehdorfer Fischer auch zwei zu führen berechtiget sind. Wenn mit dieser Segen der See besucht wird, muss solches von beiden Teilen miteinander geschehen.

9 Thiele, Fischerei und Schiffahrt, S. 245.

10 Sarrazin, Die Fischerei auf der Iller, S. 104.

11 Deml, Bayerische Fischerei-Regesten, Nr. 20.

12 AFZ 1969, S. 358.

13 Schmeller, Bayerisches Wörterbuch, Bd. II, Sp. 703.

HECHTSEGEN

In der Fischordnung von 1586 wurde festgehalten, dass Hechtsegen – ebenso wie die Ruttensegen – so wie bisher gebraucht werden sollten. 1759 regelte man, dass die Hechtsegen, die das ganze Jahr hindurch geführt wurden, und zwar hauptsächlich zur Sommerszeit vom St.-Ulrichs-Tag bis Michaeli bei Tag *„auf den Boden"*, in der Winterszeit (von Weihnachten bis Georgi) aber bei der Nacht, jeweils zwei für die Benediktbeurer und zwei für die Schlehdorfer Fischer zugelassen seien, welche auch alle vier zusammen verwendet werden durften. Zum Aussehen der Hechtsegen schreibt Paul Höfling für den Chiemsee, dass sie ca. 85 bis 90 Meter lange Zugnetze mit Sack sind. Die Spreizstäbe waren etwa zwei Meter lang.[14]

KRAUT- UND SPEISSEGEN

In der ältesten Fischordnung von 1580 werden bereits die Krautsegen erwähnt; 1586 wird dann bestätigt, dass die Krautsegen benutzt werden sollten wie bisher. 1672 ist jedoch von *„kleinen erst hergebrachten Krautsegen"* die Rede, die damals allerdings verboten wurden. 1684 fischte man am Walchensee auch mit *„langen Krautsegen"*.

Diese Art Zugnetz mit zwei Flügeln gab es laut Paul Höfling in verschiedenen Ausführungen.[15] Krautsegen waren zum Beispiel besonders eng gestrickte Netze zum Fang von Kleinfischen. Mit dem Kollektivnamen „Kraut" bezeichnete man kleine Fische.[16] Die „kurze Krautsegen" sollte – zumindest laut einer Fischordnung vom Ammersee aus dem Jahr 1551 – nicht über 300 Maschen in der Höhe gestrickt sein, die mittlere und gewöhnliche nicht über 400 Maschen.[17]

Die Krautsegen hatten ob ihrer geringen Maschenweite oft schädliche Auswirkungen auf die allgemeine Fischpopulation. Zu oft wurden auch zu viele junge Exemplare von Edelfischen mit herausgezogen. So ist bereits in der Fischordnung von 1586 zu lesen, dass in letzter Zeit auch im Hechtlaich große Unordnung geschehen sei, weil jeder nach seinem Gutdünken auf dem See auf und ab gefahren war. *„Nunmehr aber soll es so gehalten werden, daß im Hechtlaich die Fischer allesamt bis auf Christi Himmelfahrt mit den Krautsegen zusammen auf den See fahren, auch ebenso wiederum zurück, wie es zudem auch im Saiblinglaich gemacht und gehalten werden soll."* Vermutlich setzte man darauf, dass die Fischer sich gegenseitig auf die Finger sahen und zu junge Fische wieder einwarfen.

1759 ist zu lesen, dass mit den Krautsegen zur Winterszeit *„nachts auf die Rutten gefischet"* wird und *„im Höchtenlaich dessgleichen, als von Gerogi bis Christi Himmelfahrt, sowohl Tag- als Nachtszeit"*. Darüber hinaus wird die Krautsegen zum Fischen von „Speis" verwendet, sowohl im Sommer als auch im Winter, sowohl bei Tag als auch bei Nacht. Noch immer haben die beiden Fischereiparteien je zwei Krautsegen mit denen sie gemeinsam auf Fischfang gehen sollten, *„gleichwie es vor Alters herkommen"*. Daneben werden aber in der Verordnung von 1659 auch *„Speissegen"* erwähnt, die sowohl im Sommer als auch im Winter Tag und Nacht nach Gefallen auf die Weißfische, als da sind Laugen, Pirschling (= Barsche) und Hasel, gebraucht werden dürfen, wobei auch wieder jeder der zwei Parteien zwei Exemplare zur Verfügung standen. Das Aussehen der Kraut- und Speissegen dürften nicht gar zu unterschiedlich gewesen sein. Mit „Speis" oder „Speisfisch" werden jene Weißfische bezeichnet, die zur Speisung größerer Edelfische in Fischkaltern verwendet werden. Das Ergebnis dieser gezielten Füttermaßnahme waren dann die Speisforelle oder Speissaiblinge.[18]

14 Höfling, Chiemsee, S. 36.

15 Ebenda, S. 37 f.

16 Schmeller, Bayerisches Wörterbuch, Bd 1/2, Sp. 1387.

17 Fischereiordnung für den Ammersee von Herzog Albrecht V. von Bayern vom 27. Februar 1551. Deml, Bayerische Fischerei-Regesten, Nr. 41.

18 Schmeller, Bayerisches Wörterbuch, Bd. II, Sp. 687.

Fischer beim Trocknen der Netze, Fotografie um 1930

RENKENNETZE

1671 wurde festgelegt, dass zum Beispiel jeder Zwerger vier Renkensäz und an einem Säz 25 Netze haben soll. Diese Netze durften jedoch nicht über 30 Ellen lang sein. Eine Elle misst in Bayern in der Regel 83,5 Zentimeter, im Tiroler Inntal jedoch 80,4 Zentimeter. Das heißt, dass ein Renkennetz nicht über ca. 25 Meter lang sein durfte. Ein Jahr später (1672) ist dann zu lesen, dass jede Partei, also Benediktbeuern und Schlehdorf, je 300 Renkennetze setzen durfte, von Allerseelen bis Weihnachten.[19] Allerdings durfte derjenige, der lange Netze setzte, nicht so viele gebrauchen wie derjenige, der kürzere verwendete.

Für die über 40 Meter tiefen Seen ist ein eigenes Zugnetz, die sogenannte Renkensegen, gebräuchlich, mit der man im ganzen See fischen kann, ohne befürchten zu müssen, am Grund hängen zu bleiben. Dieses Netz fischt bis in eine Tiefe von 30 Metern, ohne den Grund zu berühren, und dient nur zum Fangen der Renken, außer dass vielleicht hie und da Forellen mit gefangen wurden. Die Renken werden jedoch auch mit Stell- und Schwebenetzen gefangen.[20]

Daneben wurden bereits 1580 auch Ferchen- und Saiblingsnetze erwähnt. An Haselnetzen durfte 1672 nur eines vom Land aus gesetzt werden. Erneut wurde am 2. Dezember 1694 das Verbot der engen Sailblingsnetze ausgesprochen, *„massen solche nur zum Betrug seindt“*, da sie damit die kleinen *„Wildtfäng“* fangen und unter die Speissaiblinge werfen und verkaufen, *„welches niehmalen geduldet worden, in deme es dem See zu unwiderbringlichen Schaden geraichen würde“*. Auch die Saiblingsnetze *„umb das Landt“*, deren sich die Fischer durchgehend, insbesondere aber im Sommer bedienten, wurden verboten. Wenn die Fischer in der Segen neben den Renken auch junge Saiblinge gefangen hatten, sollten sie diese wieder in den See zurückwerfen und nicht wie bisher zum Schaden des Sees mit den Renken vermischen und verkaufen.

PERN

Die Pern (Bern) am Walchensee sind nicht – wie allgemein üblich – kleine Handnetze, sondern Teil eines großen Zugnetzes, *„in welchen sich beim Herausziehen des letzteren die Fische zu sammeln pflegen“*[21]. Möglicherweise ist der Ausdruck sogar für diese spezielle Netzform überhaupt verwendet worden. *„Zu deme seindt auch die enge Pern durchgehendt verboten“*, also die Netze mit zu enger Maschenweite.1688 ist die Rede davon, dass *„Beren eingelegt“* wurden, woraus deutlich zu erkennen ist, dass es sich bei den Walchenseer Pern nicht um ein Handnetz gehandelt haben kann. Noch in den Fischordnungen des 18. Jahrhunderts ist von *„Höchten Pern“* die Rede, die einst in der Zeit von Georgi bis Himmelfahrt Christi einzulegen erlaubt waren, dann aber zeitweise verboten wurden.

Auch von *„Enge Pern“* oder *„Speis Pern“*, die im Laugenlaich von Georgi bis zum St.-Ulrichs-Tag geführt wurden, ist zu lesen. Die beiden Fischerteile hatten zusammen 36 Stück, doch durften immer nur 18 wechselweise in den See eingelegt werden, zudem immer an verschiedenen Stellen. Auch in anderen Fischordnungen war der Verwendung von engen Pern genau geregelt, etwa in Kempten. Jeder, der gegen die Vorschriften verstieß und *„mit einem Engen Fischberner, der das rechte Mass nit hat, der solle ohn alle Gnad* […] *abgestrafft werden“*[22]. Am Walchensee wurden die engen Pern 1694 verboten. Am Chiemsee kannte man die *„Engsegen“*, ebenfalls eine Art Zugnetz, das allerdings als äußerst schädlich bezeichnet wird, da es durch die Unterwasserpflanzen gezogen wird und

19 Das ist eine ungeheuer große Zahl. Damit wären die Netze zusammen ja rund 7,5 Kilometer lang, sodass man von einer anderen Anordnung ausgehen darf, in Form eines gleichzeitigen Setzens. Zum Vergleich: Heute sind die Renkennetze 50 Meter lang und jeweils fünf dürfen für jedes Zwölftelfischrecht gesetzt werden.

20 Schwarz, Alpenseen, S. 879.

21 Schmeller, Bayerisches Wörterbuch, Bd I, Sp. 261.

22 StadtA Kempten, Ratsprotokolle 1673-1677, S. 48. Zitiert nach Oelwein, Fischerei in Schwaben, S. 150.

die kleinen Hechte und sonstige kleine Fische damit gefangen wurden.[23] Auch die Pern auf Rutten und Hechte wurden am Walchensee 1672 für ein paar Jahre verboten.

Daneben ist am Walchensee noch von „Stürpörn" die Rede, im Sinn von *„um das Land herumb stiren* [= steuern] *und die kleinen Hechte auffangen"*[24]. 1694 hieß es auch, dass *„die Rutten umb das Landt herumb mit dem Schapf und anderen Peren"* gefangen wurden, wobei das „Schapf" laut Schmeller ebenfalls eine große Art von Fischernetzen war.[25] Dieser Ausdruck war auch am Chiemsee oder am Starnberger See gebräuchlich, auch als „Schöpf" oder „Schepf". Dabei handelte es sich um Zugnetze, die über große Tiefen im „weiten See" frei schwimmend ausgelegt und sofort wieder eingeholt wurden. Das Boot wurde dabei nicht verankert, auch nicht beim Einholen des Netzes. Die Schöpfen waren ein sehr hohes Zugnetz mit hohem, sich weit öffnendem Netzsack, die Flügel dagegen waren im Verhältnis zu anderen Zugnetzen verhältnismäßig kurz.[26]

Das Fischen mit dem Handnetz (Hamen, Beren), Stich von Joseph Bergler, 1807

In anderen Gegenden werden mit „Pern", „Bern", „Bären" und ähnlichen Begriffen eine ganze Reihe von Handnetzen bezeichnet. Wie diese am Walchensee genannt wurden, geht aus den Verordnungen nicht hervor, da es für sie offensichtlich keine allgemeinen Reglements gab.

Dennoch benötigten auch die Walchenseefischer irgendwelche sack- oder haubenförmigen kleinen Handnetze bzw. Kescher zum Herausheben von Fischen aus den Kaltern, wenn sie nicht auch direkt zum Fang von Fischen und Krebsen benutzt wurden. Die Konstruktion erlaubte es dem Fischer, sein Fanggerät bis nahe an den Unterschlupf des Fisches zu bringen, der dann mit Stangen oder durch Schlagen mit den Rudern auf das Wasser ins Netz gescheucht werden konnte. Diese Handberen waren damit außerordentlich gut zum Fang von einzeln lebenden Raubfischen geeignet, aber auch zur Befischung von Uferkanten. Wie allgemein aus vielen Quellen hervorgeht, waren die Handnetze in vergangenen Zeiten ein äußerst beliebtes Fischereigerät und gehörten bis ins 20. Jahrhundert zur Grundausstattung eines jeden Fischereibetriebes.

DIE HERSTELLUNG VON NETZEN

Bereits die Pfahlbaubewohner der Steinzeit am Bodensee haben ihre Netze auf nahezu dieselbe Weise geknüpft wie die Großväter der heutigen Fischer.[27] Jetzt kaufen die Fischer in der Regel maschinell gefertigte Netze ab Werk. Ausbesserungsarbeiten werden allerdings nach wie vor mit der Hand ausgeführt. Viele der Gerätschaften, von den Netzen bis hin zu den Schiffen, mussten die Fischer früher in eigener Arbeit herstellen. Nur in wenigen Fällen halfen ihnen andere Handwerker. Dazu dienten den Fischern verschiedene Werkzeuge: für die Netze zum Beispiel eigene Netzstricknadeln und Modeln. Die jeweilige Maschenweite war mindestens seit dem Beginn des 15. Jahrhunderts vorgeschrieben.

Das Netz besteht aus dem eigentlichen, früher vom Fischer selbst gestrickten Garn (wobei Garn sowohl das Grundmaterial in dem Sinn, wie das Wort „Garn" auch im Zusammenhang mit häuslichen Handarbeiten gebraucht wird, als auch das eigentliche Netzwerk bedeutet). Das Garn wurde mit einer bestimmten Maschenweite mit Hilfe eine Brettchens oder Stöckchens vom Fischer „gestrickt", eigentlich geknüpft, wozu ihm das „Prüttelmaß" die Maschenweite vorgab. Die Annahme des Dichters Novalis, dass *„je willkürlicher das Netz gewebt ist, das der kühne Fischer auswirft, desto glücklicher der Fang*[28]*"* sei, ist nicht nur unzutreffend, sondern sogar gesetzeswidrig.

23 Höfling, Chiemsee, S. 39.

24 Schmeller, Bayerisches Wörterbuch Bd. II, Sp. 777.

25 Schmeller, Bayerisches Wörterbuch Bd. II, Sp. 440.

26 Ausführlich bei Höfling, Chiemsee, S. 47 f.

27 Altweck, Die Bodenseefischerei gestern und heute, S. 69.

28 Novalis, Die Lehrlinge zu Sais.

Die Brechlhütte oder Badstube in Zwergern

Wie bei vielen bäuerlichen Anwesen komplettierte auch auf der Halbinsel Zwergern eine Flachsbrechhütte die Anlage. Die Flachsverarbeitung war einst ein wichtiger Produktionszweig bäuerlicher Selbstversorgung und für die Fischer für die Herstellung des Garns zum Netzestricken unerlässlich. Wie etwa Backhäuser konnten auch die „Brechlhütten" von mehreren Familien gemeinsam genutzt und unterhalten werden. Meist lagen diese „Brecheln" wegen der Brandgefahr etwas abseits der übrigen Häuser und in der Nähe eines Gewässers, so auch in Zwergern, wo sich die drei Fischerfamilien die Brechlhütte ebenso wie die Schiffshütte teilten, obwohl sie laut Kataster zum Hanslbauernhof gehörte.

In der Regel wurde der blau blühende Flachs in der zweiten Augusthälfte geerntet und einige Wochen in einer Art „Heumandl" zum Weiterreifen der Samenkapseln getrocknet. Nach verschiedenen Arbeitsschritten erfolgte meist Anfang November, wenn die Arbeit auf dem Feld erledigt war, das „Haarbrechen" in der Brechlstube. Dazu mussten der Ofen in der Stube stark eingeheizt und die Flachsgarben in bestimmter Weise zum Dörren aufgeschichtet werden. Nach ca. zwölf Stunden unerträglicher Hitze konnte schließlich auf dem Vorplatz mit dem eigentlichen Brechen begonnen werden, wobei der Flachs in mehreren Durchgängen immer feiner gebrochen wurde. Erst dann konnte man ihn zur Weiterverarbeitung zu Garn und zum Stricken von Fischernetzen oder zum Weben von grobem Leinen verwenden.

Seit den 1930er-Jahren sind der Flachsanbau- und seine Verarbeitung bei uns de facto ausgestorben, abgesehen von einem kurzen Wiederaufleben in den schlechten Zeiten des Zweiten Weltkriegs. Flachsbrechstuben, die vereinzelt auf dem Land noch zu finden sind, erkennt man erst auf den zweiten Blick, da sie meist zu Stadeln und Wagenhütten umfunktioniert wurden. Die originalen Ofenanlagen sind längst verschwunden.

Es gab verschiedene Bautypen für Brechlhütten, die teilweise auch als „Brechlbad" oder einfach nur „Bad" oder „Badstube" bezeichnet wurden, weil sie gelegentlich auch als Schwitzbad Verwendung fanden. Im Fall von Zwergern, wo in älteren Quellen von Badstube die Rede ist, handelt es sich um die Variante in Blockbauweise mit gemauerten Wänden und einem Tonnengewölbe im Bereich des Ofens sowie einem weit vorkragenden Dach, unter dem der Flachs gebrochen wurde.

(Zu den Flachsbrechhütten im südlichen Oberbayern vgl. Ariane Weidlich, S. 47-66, die allerdings die Brechlhütte von Zwergern nicht mit aufführt.)

Die Badstube in Zwergern, Postkarte um 1920

Zum Garn- bzw. Netzstricken verwendete man Hanf/Flachs, später Baumwolle. Der Hanf wurde meist von den Fischern selbst angebaut und in den Brechlhütten (auch Badstube genannt) weiterverarbeitet und schließlich von den Fischerfrauen gesponnen. Heute kommen ausschließlich fertige Monofilgarne aus Kunststofffasern zum Einsatz, die nicht so schnell verrotten wie die Netze aus Hanf oder Baumwolle, die ein sofortiges Reinigen nach Gebrauch zwingend notwendig machten. Die empfindlichen Baumwoll- bzw. Hanfnetze mussten fast jeden zweiten Tag getrocknet, geflickt und imprägniert werden.[29]

Das „Prüttel“, „Brittl“ oder ähnlich (von „Brettlein“ = Diminuitivform von Brett) war ein Holzbrettchen oder Model, über das der Fischer die Maschen seines Netzes strickte.[30] In gedruckter Form finden sich Prüttelmaße in verschiedenen Fischereiordnungen, so auch am Walchensee.

Noch im Jahr 1896 wurde an die Regierung von Oberbayern ein Gesuch gerichtet, wonach u. a. für den Walchensee das Prüttelmaß für Hechte auf 3,5 Zentimeter festgesetzt werden sollte und schließlich auch wurde.[31]

Fischgabel, gefunden in der Niedernacher Bucht am Walchensee

REUSEN

Neben der Angel ist die Reuse, auch „Reiß“, „Reisach“, „Reiser“ und ähnlich genannt, wohl das älteste Fischereigerät. In der Regel handelt es sich um tonnen- oder kegelförmige Vorrichtungen aus Weiden-, Netz- oder Drahtgeflecht mit trichterförmigem Eingang. Es gab auch Holzreusen.[32] Schon die Bezeichnungen deuten darauf hin, dass man die Reusen zunächst vor allem aus Reisig, das häufig aus einem speziellen Fischlehenholz geliefert wurde, herstellte, in der Regel aus Weidenruten.

Auch am Walchensee waren Reusen seit den ältesten Fischordnungen bekannt, vor allem auf Rutten. 1672 allerdings wurden die *„Rutten- oder Holzreissen“* für ein paar Jahre verboten, erneut noch einmal 1685, weil sie augenscheinlich zur Verödung des Sees beitrugen.

HECHT- UND ALTJAGEN

Im 17. Jahrhundert ist mehrmals zu lesen, dass das *„Hechtjagen“* bzw. *„Altjagen“* verboten sei. Dabei handelte es sich vermutlich um die Jagd vom Einbaum aus auf den lauernden Hecht mit Hilfe von „Geren“, „Fischeisen“ oder „Fischgabeln“, wie man heute am Walchensee sagt. Es ist kein spezieller älterer Ausdruck für diese Art Fischspeer vom Walchensee überliefert. Der Fisch wurde mit der mehrzackigen Fischgabel vom Ufer oder vom Boot aus aufgespießt. Bei klarem Wasser konnten mit diesen Geräten recht beachtliche Erfolge erzielt, aber auch viel Unheil angerichtet werden. Nicht jedes Mal gelang es nämlich, den Fisch auf Anhieb sicher zu erlegen. Diese Methode führte zu mannigfachen Verletzungen der Fische (denen die Tiere dann meist erlagen) und wurde deshalb in vielen, vor allem neuzeitlichen Fischereiordnungen verboten. Dennoch wurden Fische munter weiter gestochen, vor allem von Wilderern, denen meist gar kein eigener Fischger zur Verfügung stand. Sie bedienten sich gerne der Mistgabeln, die einerseits zwar weniger auffällig waren. Andererseits aber konnten die Fische – obwohl getroffen – leicht entkommen, weil die glatten Mistgabelzinken keine Widerhaken besitzen.

29 Altweck, Die Bodenseefischerei gestern und heute, S. 73.

30 Vgl. Fischer, Schwäbisches Wörterbuch, Bd. 1, Sp. 1408 f.

31 Stetter, Fischereiverhältnisse Oberbayerns, S. 379.

32 Thiele, Fischerei und Schiffahrt, S. 243.

ANGELN UND SCHNÜRELEGEN

Eine der ältesten Fischfangmethoden ist das Angeln oder Schnürelegen. Bereits in der ältesten Fischordnung von 1580 ist das Legen von Schnüren am Walchensee belegt. 1685 ist dann ist etwa vermerkt, dass *„Ruttenängl"* widerrechtlich verwendet wurden.

Angelhaken aus Metall hat man bereits aus keltischer Zeit, also etwa aus der Zeit um 100 vor Christus gefunden: in einer Kiesgrube nahe Nersingen (Landkreis Neu-Ulm) oder in Manching.[33] Im Laufe der Zeit entwickelte sich eine Reihe von Sonderformen dieser Fischereigeräte, die regional und vor allem nach Art der Fische unterschiedlich waren. Die Angel wird bereits im Alt- und Mittelhochdeutschen als „angal", „angil", „angul" und „angel" bezeichnet – allerdings sprach man damals noch von „dem" (männlichen) Angel, während die Bezeichnung seit dem Spätmittelalter langsam weiblich geworden ist. Das Wort geht zurück auf griechisch „angula" (maskulin) = Haken bzw. indogermanisch „ank" = krumm.[34]

Bereits in der Jungsteinzeit (zwischen 30.000 und 10.000 v. Chr.) soll so etwas wie Angelhaken verwendet worden sein – allerdings aus Knochen, Hirschhorn oder Holz; seit etwa 3000 v. Chr. kamen kompliziertere Hakenformen ins Spiel, und in der jüngeren Eisenzeit (ab 400 v. Chr.) wurde das Drahtvorfach erfunden, wodurch das Abbeißen des Hakens durch scharfzahnige Fische vermieden werden konnte. Wie alt hingegen das Fischen mit einem Stecken, einer Rute oder eben „einer Angel" ist, kann nicht genau gesagt werden. Eine 4.000 Jahre alte ägyptische Darstellung zeigt ein entsprechendes Motiv – und die antiken Autoren berichten ebenfalls davon.[35]

Die Angel ist eines der am meisten verbreiteten Fanggeräte, wenigstens in den letzten Jahrzehnten. Die Angel besteht in der Regel aus einem (Angel-)Haken, der durch den Köder das zubeißende Tier festhält, dem Vorfach aus Draht und in jüngster Zeit aus Kunststoff, der Angelschnur aus Seide oder Kunstfaser sowie der Angelrute mit Rollen zum Ablassen oder Aufwinden der Schnur. Der aus Blei gefertigte Senker und der Schwimmer aus Kork lassen den Köder in bestimmter Wassertiefe schweben; außerdem zeigt der Schwimmer an, ob ein Fisch angebissen hat.

Die ersten Schwimmer wurden vermutlich im 15. Jahrhundert benutzt, während die Rolle in ihrer ersten primitiven Form wohl auf das 17. Jahrhundert zurückgehen dürfte. 1734 wurden erstmals Seidenschnüre empfohlen, die die herkömmlichen Rosshaargarne nach und nach ablösten, ehe nach Versuchen mit Darmmaterial, das stets nass gehalten werden musste, in der zweiten Hälfte des 20. Jahrhunderts die festeren und zudem viel dünneren Nylon- und Perlonschnüre zur Verfügung standen.[36]

Als Köder dienten Würmer, tote Kleinfische oder Blinker (nachgebildete Fischchen) sowie künstliche Insekten (für Lachse und Forellen). Bereits 1498 wurde in Erfurt ein Angelbüchlein gedruckt, das zahlreiche Nachfolger fand. Diese Bücher enthielten vielfältige Rezepte für Köder und „Fliegen".[37]

Relativ früh verbot man allgemein den Gebrauch von Legangeln oder Schnüren mit meist mehreren beköderten Angelhaken, die ohne Aufsicht an geeigneten Stellen ausgelegt wurden. Der Grund für das Verbot mag darin zu suchen sein, dass der Fisch dabei häufig schon eine beträchtliche Zeit tot ist, bevor er aus dem Wasser genommen wird. Wahrscheinlicher ist allerdings, dass man ein generelles Verbot dieser Fangmethode aussprach, um dem Schwarzfischen bzw. dem Fangen von Fischen während der Laichzeit sowie von zu kleinen Tieren besser einen Riegel vorschieben zu können.

33 Ergert, Fischerei – von der Urzeit bis heute, o. S.

34 Kluge/Seebold, Etymologisches Wörterbuch, S. 29 f.

35 Zettl, Lechauf – lechab, S. 127.

36 Ebenda, S. 127 f.

37 Ebenda, S. 239 f.

Am Walchensee hat sich diese Art der Fischerei als Sonderform allerdings bis heute erhalten, obwohl bereits in der Fischordnung von 1580 beklagt wurde, dass die *„Saiblingsschnüre bisher in großem Überfluß gebraucht"* wurden, was jedoch *„seit wenigen Jahren ganz und gar abgekommen und verboten gewesen ist"*. In der Fischordnung von 1586 wurde dann genau festgelegt: Sowohl die Benediktbeurer als auch die Schlehdorfer Fischer durften zusammen jeweils insgesamt zwölf Schnüre legen, von denen jede ungefähr 200 Klafter lang sein durfte, was in etwa 350 Metern entspricht. Noch bis nach dem Zweiten Weltkrieg waren Schnüre von rund 300 Metern in Gebrauch. Alle 20 Meter hatten sie einen rund 30 Zentimeter langen „Springer" aus einem zwei Millimeter starkem „Spagat" mit einem Haken. Die Schnüre wurden u. a. von der Spitze der St. Margareth-Halbinsel in Richtung Sassau auf den Grund gelegt und erbrachten stattliche Fänge an Rutten, Seeforellen und Saiblingen. 1586 dageben waren spezielle Ruttenschnüre gänzlich verboten.

Heute spricht man von „Hegene". Immer wieder ist zu lesen: Das Erfolgsrezept, um Saiblinge und Renken zu fangen, heißt „Hegene", ein Fanggerät, das angeblich an den Schweizer Seen entwickelt wurde.[38] Da die Hegene etwas Besonderes ist – *„diese Angelmethode war für uns neu"*, kann man sogar in der „Allgemeinen Fischereizeitung" lesen[39] – wird sie auch in unseren Tagen immer wieder in der einschlägigen Literatur beschrieben: *„Ein ca. ein Meter langes Vorfach, deren Ende ein 25 Gramm schweres Blei die Schnur immer straff hält. Vom Grundblei ausgehend aber immer versetzt in bestimmten Abständen werden künstliche Nymphen so angebunden, daß diese an der ca. 1 Meter langen 0.20 Schnur im rechten Winkel abstehen. (Die künstlichen Nymphen täuschen hier im Walchensee den Saiblingen eine Larve – wahrscheinlich der Steinfliege – vor. Diese Unterwasserlarven leben bis zur Weiterentwicklung zum flugfähigen Insekt im Wasser). Die gebundenen Nymphen haben die unterschiedlichsten Farben.* [...] *Hier durfte mit einer Rute und fünf Haken an einer Schnur gefischt werden. An der Hegene dürfen also nicht mehr als fünf Haken angebracht sein. Wir hatten natürlich keine solche Ausrüstung mitgebracht, denn diese Angelmethode ist bei uns nicht erlaubt. In den Orten am Walchensee werden fängige Hegene in mehreren Variationen angeboten.* [...]*"*[40] Andere am Walchensee sehr erfolgreiche Fangmethoden auf Seesaibling sind heute das „Schleppen" und das „Tupfen". [41]

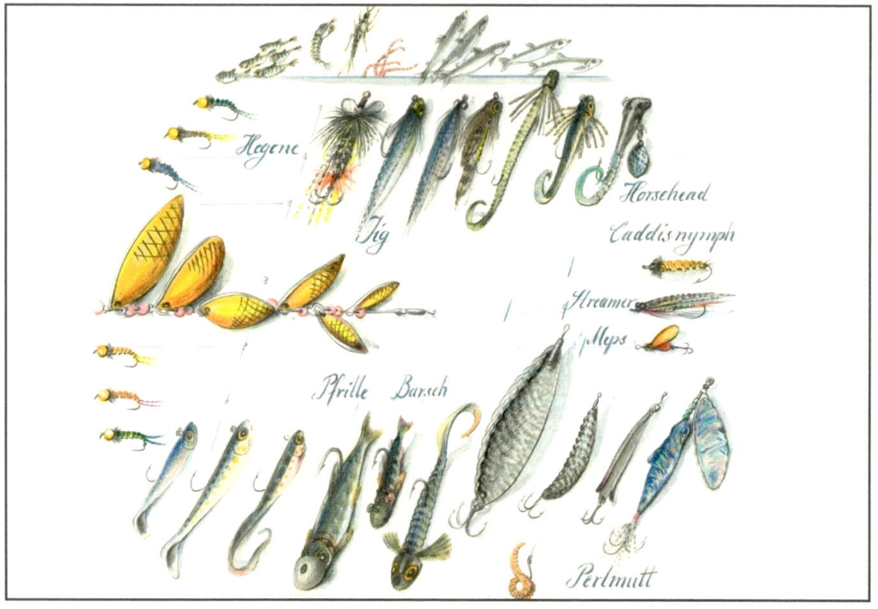

Hegene, Blinker und andere Köder, Illustration von Wolfgang Fehenberger, 2005

38 Zum genauen Aussehen der modernen Hegene vgl. Hager, Die Hegene; Zeitler, Renken- und Seesaiblingfang, S. 276 f.; Fischer, Walchensee-Fänge, S. 36; Rindlisbacher, Erfolgreich mit der Hegene; Boeck, Der große Alpensee u. a.

39 AFZ 1985/1, S. 14.

40 Wozniak, Der Walchensee – ein Hauch von Abenteuer, S. 14.

41 Zeitler, Renken- und Seesaiblinfang am Walchensee, S. 280.

FÄCHTEN

Eine weitere Methode, Fische zu fangen, ist die Verwendung von Fischzäunen, am Walchensee „Fächten", in anderen Gegenden auch „Errachen", „Arch" und ähnlich genannt. Dabei handelte es sich um Fischzäune, um Flechtwerk, das zum Fischfang im Wasser ausgespannt wurde.[42]

Die Fische wurden mit einem Zugnetz auf den Fischzaun zugetrieben, bis nur noch ein schmaler Zwischenraum übrig war. Diese Zäune waren zwar verschiedentlich verboten, doch mit Sondererlaubnis vereinzelt noch bis ins 17. Jahrhundert hinein in Gebrauch.[43]

1694 wurden diese Fischereimethoden am Walchensee reglementiert. Keiner sollte sich fürderhin unterstehen und wie bisher *„neben dem Landt herumb stiren und die khleine Hechten auffangen"*. Außerdem sollte sich kein Fischer erlauben, *„Däxen Grössling umbzehauen"*[44] und *„Fächten umb den See herumb ze machen"*, wie es bisher auch nicht gebräuchlich war. Vermutlich war gegen Ende des 17. Jahrhunderts die Fangmethode, die an anderen Orten etwa mit *„Landreyser"*, *„Landhagen"* oder ähnlich bezeichnet wurde, übernommen worden. Dabei wurden Zweige oder eng gestellte und mit Reisern umbundene Pfahlreihen im Wasser befestigt. *„In diesen Reyssern stellen sich die Hechten, Eglin* [= Barsch]*, Fürnen* [= Rotfeder]*, Hasel, Alet* [= Aitel, Alt]", wird etwa 1790 vom Bodensee berichtet.[45] Diese Art des Fischfangs war nicht nur für die Fische gefährlich, sondern auch für die Gewässer – vor allem bei Fließgewässern drohte ein Anstauen und schließlich Überschwemmungsgefahr – und so wurden sie in verschiedenen Fischordnungen verboten, etwa in der Altmühlordnung von 1512.[46] Auch am Walchensee wurde diese Fangmethode nicht erlaubt, vor allem als man die Niedernach *„mit Täxen und Grözling zu Schaden des Fischwerchs verschlagen"* hatte. Doppelt so hoch fiel die Strafe aus: Sowohl das geschlagene Holz als auch die hiermit gefangenen Fische mussten bezahlt werden.

Luftaufnahme einer Fächte im Starnberger See in der Nähe von Bernried, 2008

42 Gelegentlich bedeutete das Wort „Erich" auch Anker zur Befestigung von Flößen, Vgl. Fischer, Schwäbisches Wörterbuch, S. 806.

43 Thiele, Fischerei und Schiffahrt, S. 240.

44 Laut Schmeller, Bayerisches Wörterbuch, sind „Daxen" Äste und Zweige, besonders von Nadelbäumen (Sp. 482) und „Größling", „Grötzling", „Sprößlinge", besonders die Wipfelsproße von Nadelholz (Sp. 1018).

45 Stoffel, Fischereiverhältnisse des Bodensees, S. 353. Vgl. auch Fischer, Schwäbisches Wörterbuch, Bd. 4, Sp. 966.

46 Oelwein, Fischerei im Wandel, S. 8.

DER TRANSPORT DER FISCHE

Immer wieder ist die Rede davon, dass die Walchenseefischer ihre Fänge „Kraxentragern" oder sogenannten „Lägltragern" anvertraut hätten, aber auch fremden Fuhrleuten, die die Fische (meist auf nicht ganz legalem Weg) nach Tirol schafften. Das heißt: Die Fische wurden zum einen in kleinen Lägeln weggetragen, zum anderen mit großen Schüttelfässern auf Fuhrwerken abtransportiert.

Mit dem Fang der Fische war es nicht getan. Fische sollten nach Möglichkeit lebend weitertransportiert werden, und dazu dienten die „Fischlägel", Fischfässer, wie es sie in verschiedenen Größen gab und wie sie noch bis ins 20. Jahrhundert in Gebrauch waren. Kaiser Maximilian I. rühmte sich im „Weißkunig", *„die Behalter, darin man die Selbling und Vörchen frisch und mit irem rechten Vischgeschmack, als weren sy in irem Wasser, behalten mag"*, erdacht zu haben. Die Illustrationen seines Fischereibuches dokumentieren die Verwendung von Rüttel- oder Schüttelfässern, wie sie zum Teil unter Freizeitfischern bis heute Verwendung finden, ebenso wie deren zum Teil beachtliches Ausmaß. Für den Transport dieser großen Fischfässer kamen bisweilen sogar Vierergespanne zum Einsatz.

Möglichkeiten zu Transport und Lagerung von Fisch waren vor der Erfindung von Kühlmaschinen natürliche Grenzen gesetzt. Zudem war auf den meisten Märkten nur der Verkauf von Lebendfisch gestattet – sieht man einmal von konserviertem Stockfisch oder eingelegten Heringen und Aalen ab. Es bot sich daher an, den Fisch lebend zu transportieren, wobei versucht wurde, durch ständiges Schütteln (das sich beim Transport auf Fuhrwerken grundsätzlich nicht verhindern ließ) und durch einen möglichst häufigen Wasserwechsel den Sauerstoffgehalt des Wassers nicht zu weit absinken zu lassen.

SCHIFFE AUF DEM WALCHENSEE

Zum Fischzeug zählen auch die Fischerboote. Am Walchensee waren dies über Jahrhunderte vor allem Einbäume und Zillen.[47] Später kamen diverse Bretterboote und andere Formen hinzu.

EINBÄUME

„Auf dem Wallersee fahren die Vischer in kleinen Nachen oder Schifflin, die von gantzen Holtz außgehieben seindt, unnd do sie etlige Personen darauff miteinander fahren wollen, binden sie deren zwen, drey oder mehr zusammen." Soweit der Bericht eines Reisenden aus dem Jahr 1612.[48]

Einbäume zählen zu den ältesten und wichtigsten Hilfsmitteln in der Fischereiausübung. Sie haben ihr Aussehen durch die Jahre kaum verändert. Beispiele aus dem 19. Jahrhundert sind bis heute erhalten, etwa in Zwergern. Nach ihrer Bauart gleichen sie jenen, die zum Beispiel am Mondsee verwendet wurden und wo sie noch bis in unsere Tage hergestellt wurden.[49] Es ist nicht auszuschließen, dass Wanderarbeiter oder Zimmerergesellen auf der Stör von dort an den Walchensee zur Einbaumherstellung gelangten. Auch am Mondsee waren Holzverarbeitung und Fischfang eng verknüpft. Hier wie dort haben sich jedoch keine frühen Beispiele erhalten. Das liegt vor allem daran, dass ausgediente Einbäume nicht etwa auf Grund gelegt, sondern klein gehackt als Brennholz endverwertet wurden. Am

47 Vgl. Fischordnung von 1586.

48 Aschhausen, Gesandtschaftsreise, S. 41.

49 Zu den Mondseer Einbäumen und ihre Herstellung vgl. ausführlich Kunze, Mondseer Einbaum.

Der Mondseer Einbaum von Walter Kunze, Fotoserie, entstanden von April 1966 bis März 1967

„Schöffhacka“ beim Gebet vor Beginn der Arbeit

Entfernen des „Araums“ (Abraum = Überholz).

„Kesselhacken“ zum Entfernen des Überholzes

Messen mit dem Tiefenmaß

„Einschrotten“ und Arbeit mit dem „Schöfftexl“ (Schiff- oder Einbaumtexel)

Schleifen des „Prügls“ zur Fahrtstraße

Empfang mit Krapfen und Trunk nach dem Bringen des „Prügls“

Links: das Versenken („Einschwarn“) , rechts das Heben des „Prügls“

Eingedeckter „Prügl“ zum Trocknen über den Winter

Ausarbeiten („Putzen“) des Prügls

Der fertige Einbaum wird ins Wasser gelassen.

Mit dem Einbaum beim „Segnfischen“

Chiemsee und am Starnberger See wurden ausschließlich Eichenstämme für Einbäume verwendet.[50] Am Walchensee bediente man sich des reichlich vorhandenen Fichten- oder Tannenholzes.

Der Einbaum wurde vorwiegend von Segenfischern verwendet. Die Einbäume waren für die Fischerei vor allem deswegen geeignet, da das Fischen mit dem großen Zugnetz, das sogenannte Segenfischen, eine stabile und ruhige Lage des Bootes verlangt. Durch die Länge von knapp zwölf Metern waren das durch die Wellen hervorgerufene Stampfen und Rollen stark vermindert. *„Der Einbaum derglangt die dritte Welln"*, sagt man am Mondsee.[51] Er hat Platz für das große Zugnetz, die Segen, und das Fehlen von Verstrebungen, wie man sie bei Bretterbooten findet, birgt für das Netz nicht die Gefahr des Hängenbleibens und Zerreißens. Zudem kann der Einbaum wegen seiner allseitig glatten Flächen leicht gesäubert werden. Und schließlich spielte auch die weitaus größere Haltbarkeit des Einbaums gegenüber den aus Brettern gefertigten Booten eine Rolle. Ein Einbaum hielt in der Regel rund drei- bis fünfmal so lange wie eine Zille. Man geht von 20 bis 25 Jahren aus, in Einzelfällen sogar von 30 Jahren.

Während die Einbäume allgemein auf den bayerischen Seen im Laufe des 19. Jahrhunderts verschwanden, hielten sie sich am Walchensee (ähnlich wie am Mondsee) jedoch bis ins 20. Jahrhundert. Behördlicherseits hatte man einen Rückgang der Einbäume gewünscht, nachdem es am Chiemsee zu einem Bootsunglück mit Sommerfrischlern gekommen war.[52] Die Regierung von Oberbayern ließ 1841 nicht nur anfragen, wie viele Unglücksfälle in den letzten zehn Jahren mit Einbäumen vorgefallen wären, sondern auch, *„was der unverzüglichen Abschaffung solcher Einbäume entgegenstehen sollte"*[53]. Einbäume waren zwar für geübte Fischer ein gutes Hilfsmittel, für den Personentransport jedoch weniger geeignet. Die eichenen Einbäume *„sind sehr leicht und können durch eine einzige Person, welche mit jeder Hand rudert ohne zu große Mühe mit vieler Geschwindigkeit fortgebracht werden; aber eben so gewöhnlich sieht man am Vorder- und am Hintertheile eine besondere Person, welche rudert. Es ist allemal gefährlich, sie zu überladen, und sechs Personen sind genug. Sie schlagen leicht um, und erfordern daher, daß man ruhig sitzen bleibe und sich zur Zeit eines Sturms nicht in den See wage"*, hatte Lorenz von Westenrieder bereits 1784 am Starnberger See gelernt.[54]

Einbäume in Zwergern. Der rechte wurde aus einem Stamm mit 1,40 Meter Durchmesser gehauen

50 Höfling, Chiemsee-Fischerei, S. 89; Schmied, Von Einbäumen des Starnberger Sees, S. 32.

51 Kunze, Mondseer Einbaum, S. 23.

52 Siehe unten S. 204.

53 StA Mü AR 3704/586.

54 Westenrieder, Beschreibung des Würmsees, S. 37 f.

Zillen am Jägersee bei Kleinarl im Salzburger Land

SCHIFFE ZUR PERSONENBEFÖRDERUNG

Für die Personenbeförderung dienten andere (Bretter-)Schiffe, sogenannte „Zillen", die am Walchensee in jüngerer Zeit offensichtlich nur als „Schiffe" bezeichnet wurden[55], jedoch die typische Form der Zille aufweisen. Mit dem Tourismus nahm auch die Zahl der Boote auf dem Walchensee zu, sodass bei der Jahresversammlung der Fischereigenossenschaft 1967 Klagen laut wurden über die Behinderung der Stellnetzfischerei durch die zahlreich eingelegten Bojen.[56] Doch bis ins beginnende 20. Jahrhundert kannte man kaum fischereiliche Probleme im Zusammenhang mit der Schifffahrt, sieht man einmal davon ab, dass bereits in der Fischordnung von 1586 unter Punkt 11 beklagt wurde, dass seit einiger Zeit viele überflüssige Zillen am Ufer liegen, *„auf welche sich dann allerlei müßige Leute und kleine Kinder begeben und unnütz auf denen hin und her fahren"*. Dadurch wurden nicht nur die Fische von ihren Standorten vertrieben, sondern man befürchtete für die Zukunft weitere Schäden und Gefahren, vor allem wegen der Kinder, die schon bisher auf dem See allerlei Frevel verübt hatten. *„So ist nun bisher durch solche Zillen und Schiffe, auf denen man nur mutwilliger Dinge halber hin und her gefahren ist, dem See wenig Gewinn, dafür umsomehr Schaden zugefügt worden."* Um diese Schäden zu vermeiden, aber auch, um die jungen Leute nicht in Gefahr zu bringen, sollten die überflüssigen Zillen und Schiffe, die bisher am Ufer lagen, abgeschafft und verboten werden. Und wenn doch noch eines gefunden würde, sollte es weggebracht werden, worauf die beiden bestellten Fischmeister, sowohl der von Benediktbeuern als auch der von Schlehdorf, achten sollten.

Einige Schiffe aber waren doch vonnöten: zum einen natürlich für die Fischer, zum anderen für den Personentransport, da in früheren Zeiten die Straße entlang des Sees äußerst lawinengefährdet war bzw. vor dem Bau der Kesselbergstraße nur als schmaler Pfad existierte. So mussten sowohl Reise- als auch Jagdgesellschaften in Urfeld erwartet werden. Im Jägerhaus in Urfeld wohnte seit alter Zeit der Jäger, der im Winter die Reisenden gegen Bezahlung über den See rudern musste, da die Reise zu Land, am Seeufer entlang wegen der Lawinengefahr zu gefährlich gewesen wäre, wusste man noch 1786 zu berichten.[57]

Bretterboote in Form von Zillen eigneten sich wegen ihres größeren Fassungsvermögens im Gegensatz zu den vor allem von den Fischern verwendeten Einbäumen besser zum Waren- und Personentransport.[58] Der an beiden Enden der Boote flach hochgezogene Boden ermöglicht ein gefahrloses Auflaufen auf natürliche schräge Ufer und begünstigt bei sumpfigen Uferstreifen die Beladung des Schiffes dadurch, dass das angelandete Schiffsspitz[59] die Wassergrenze des Ufers rund einen bis eineinhalb Meter überragt. Kennzeichnend für eine Zille ist, dass der hintere Fahrzeugspitz meist eine Breite von rund 60 Zentimetern aufweist. Den Platz auf dem flachen hinteren Spitz nimmt in jedem Fall, auch bei Einpersonenbedienung, der Schiffsführer ein. Gleichzeitig wollte man jedoch mit diesem Fahrzeug größere Lasten transportieren. Bei größeren Formen von Zillen spricht man von „Plätten". Dadurch entstand ein Schiff, das für die Jagd und den Fischfang weniger geeignet war. Man benutzte die Plätte mehr zum Einbringen der Ernte und zum Transport von Frachtgut und Passagieren. Mit der Zunahme befestigter Landeplätze musste man den Boden am hinteren Schiffsende nicht mehr so weit hochziehen und erhielt dadurch ein plattes Schiff – daher der Name „Plätte". Die ursprüngliche Form des vorderen Spitzes wurde allerdings beibehalten, sodass man zumindest auf die Vorteile eines flach hochgezogenen Schiffsendes nicht völlig zu verzichten brauchte. Als Folge des flachen Bodens am Heck ergab sich allerdings, dass sich das bei Zillen gebräuchliche Stakruder als unhandlich und in seiner Steuerfunktion wenig wirkungsvoll erwies.

55 Becker, Walchensee, S. 52.

56 Versammlung am 30. November 1967; AFZ Januar 1968.

57 Geographisches, Statistisch-Topographisches Lexikon von Baiern, Bd. 1, Ulm 1786, S. 567. Vgl. hierzu auch das Kapitel über Urfeld, S. 76 f.

58 So verbietet etwa eine Fischordnung von 1507 auf dem Mondsee, das Kirchvolk mit Einbäumen überzusetzen; dafür sollten sie die „Züll" nehmen. Vgl. Kunze, Mondseer, Einbaum, S. 21.

59 Im Donauraum spricht man deshalb nicht von achtern und vorn, sondern von „hinterem Spitz" und „Vorderspitz".

Ein Boot für den Pfarrherrn

Auch der Pfarrer musste vom Klösterl aus seine Pfarrkinder rund um den See mit einem Boot besuchen. Zunächst stellte dieses das Kloster Benediktbeuern für seine klosterangehörigen Patres, doch nach der Säkularisation war dieses nicht mehr für die Bewohner des Klösterls zuständig. Das Staatsärar konnte oder wollte die Kosten für die Schiffe ebenfalls nicht übernehmen, wie aus einer Anfrage des Pfarrers aus dem Jahr 1829 hervorgeht. Am 17. Oktober 1837 wagte er erneut einen Vorstoß und bat um die Kostenübernahme eines Schiffes, weil:

„1. bei dem Pfarrhofe Wallensee, welcher auf einer Halbinsel des Wallensees gebaut ist, stets ein Schiff nöthig ist, auch immer ein solches da war, zur gottesdienstlichen und seelsorgl. Pflichterfüllung bei den Besuchen jenseits des Sees, auch die Bedürfnisse für den Pfarrhof als Baumaterialien, Lebensmittel für die Menschen und Futter für das Vieh etc. mit dem Schiffe auf dem See holen zu können.
2. Ist das dermalige Schiff, welches im Jahre 1830 gebaut wurde, schon 7 Jahre alt und dergestalt baufällig, daß man ohne Lebensgefahr damit länger nicht mehr fahren kann, da die gleichzeitigen Schiffe, als das Jäger- die Wirthsschiffe u. a. schon längere Zeit neu hergestellt sind, indem man das Fahren mit solchen nicht räthlich mehr fand.
3. Auch in der Vorzeit, nach Aufhebung des Klösterls (dermaligen Pfarrhofes) Walchensee, und der Einziehung der Güter und Organisierung der Pfarrei im J. 1806 wurde die Beschaffung eines neuen Schiffes von der kgl. Regierung gnädigst aus den Mitteln des kgl. Staatsärars bewilligt, weil solches aus obigem Grunde, die Baulast des Klösterl-Pfarrhofes, da der jeweilige Pfarrer nur Bewohner und Nutznieser ist, übernahm und das so nöthige Schiff als ein Theil der Baulast anzusehen ist, weil es auch früher vom Klösterl Walchensee resp. den Gütern desselben erbaut wurde. [...]"
Der Brief des Pfarrers Michael Löckher enthielt noch viele weitere Argumente, doch konnten sie alle die Zuständigen beim Landgericht nicht überzeugen. Der Antrag wurde abgelehnt und die Kosten sollten auf die Gemeinde abgewälzt werden, die auch schon das letzte Schiff bezahlt hatte.
Die Gemeinde jedoch meinte am 28. Oktober 1837, dass sie zu klein sei, um nun schon wieder ein Schiff für den Pfarrer finanzieren zu können. Die Geschichte landete schließlich beim Finanzministerium. Man verwies darauf, dass der Antrag bereits 1829 abgelehnt worden sei, und leitete die Unterlagen ans Innenministerium weiter. Die Zuständigen im Innenministerium schrieben wiederum ans Landgericht in Tölz, dass auch sie nicht zuständig seien. Damit endet die Akte im Staatsarchiv München. Wer das Schiff schließlich zahlte, bleibt offen.

(StA Mü AR 1050/186)

Bootsverkehr mit Blick auf den Ort Walchensee, Fotografie um 1925

Urlauber auf dem See in einer Zille, Postkarte, gestempelt 1903

Die Lebenserwartung all dieser Holzschiffe war nicht hoch, auch wenn sich die Fischer mit ihrer Pflege größte Mühe gegeben hatten. Die ausrangierten, unbrauchbar gewordenen Schiffe wurden in der Regel zweitverwendet – meist als Brennholz.

Während des 19. Jahrhunderts nahm die Zahl der Schiffe auf dem See mit der steigenden Besucherzahl stetig zu. 1842 etwa zählte man am Walchensee zehn Einbäume, die zum Fischfang gebraucht wurden, und neun weitere „Fahrzeuge" für den Personentransport. 1895 standen dann insgesamt 17 Schiffe zur Personenbeförderung zur Verfügung.[60]

Emil Becker beschreibt die *„üblichen, am See ‚Schiffe' genannten Fahrzeuge"* als *„ziemlich schwerfällige Kähne mit flachem breitem Boden von etwa fünf Metern Länge und 1,20 bis 1,50 Metern an der breitesten Stelle, welche nach beiden Enden gleichmäßig in zwei stumpfe Spitzen auslaufen. Sie werden von zwei bis vier mittellangen Rudern getrieben und haben an dem einen Ende eine Vorrichtung, um ein schmales Steuer leicht ein- und abzuhängen. Der Einheimische, namentlich der officielle ‚Schiffer', d. h. der Fährknecht für die Beförderung Fremder auf dem See, gebraucht das Steuer nie. Er gelangt mit unfehlbarer Sicherheit auf dem geradesten Wege an sein Ziel, in dem ihm bestimmte Felszacken, Bäume und dergleichen als feste Punkte dienen, nach denen er den Lauf des Kahnes richtet; nur selten blickt er rückwärts, um sich zu überzeugen, daß er auf der richtigen Linie nach dem Endpunkt der Fahrt sich befindet. So fördert er mit verhältnismäßig schnellen Ruderschlägen sein nicht leichtes Gefährt sicher und flinker, als man*

60 StA Mü AR 1952/103.

erwartet, durch die Fluthen des Sees. Insbesondere ist die Sicherheit dieser Flachboote zu betonen, die auch bei hohem Wellenschlag benutzt werden, ohne daß man jemals von einem Unglücksfall etwas gehört hätte. Alle Schiffe sind außen mit farbigen Streifen gestrichen, wie grün und weiß, roth und weiß, blau und weiß. Jeder Anwohner hat sein Schiff zu seiner eigenen und seiner Familie Benutzung."[61]

Auch wenn Emil Becker nichts von Unglücksfällen gehört hatte – gegeben hat es sie auch am Walchensee. Und nicht nur dort. Mit Zunahme der Seebesucher bayernweit mehrten sich die Unfälle. Und als am Chiemsee bei einem Unglück sogar einige Tote zu beklagen waren, wurden die Fischer bzw. Schiffer an den Seen aufgefordert, über die Beschaffenheit ihrer Boote Auskunft zu geben.[62]

„*Aus Veranlassung der Unglücksfälle, welche sich in der neuesten Zeit auf den Landseen in Oberbayern ergeben haben, und deren Ursprung in dem Überladen der Schiffe mit Menschen sowie in dem Mangel einer geregelten Hilfeleistung nach schon eingetretenem Unglücke vorzüglich zu suchen ist*", wurde dem königlichen Landgericht Tölz seit 1843 alljährlich aufgetragen, entsprechende Listen über den Zustand der Schiffe anlässlich von Visitationen anzufertigen.[63]

Am 28. August 1844 wurde ein Protokoll für den Walchen- und Kochelsee erstellt: Zwei Beamte reisten extra an die Seen und visitierten die Fahrzeuge bei den um Lohn fahrenden Schiffbesitzern. Daraus ergab sich:

„*1. Andreas Breu von Altlach: dieser hat ein Schiff, welches 23 Schuh lang, im weithesten Theile 6 Schuh, am Boden 4 Schuh, zwischen dem oberen Rande in Lichten breit und bis zum Boden 2 ½ Schuh tief ist*[64].
2. Michael Zwerger von Wallersee hat ein Schiff in Bauart wie oben.
3. Georg Schwarz Posthalter hat ein Schiff in Bauart wie oben.
4. Wolfgang Heiß von Uhrfeld [!] *hat zwei Schiff in Bauart wie oben.*
5. Jakob Sittel von Uhrfeld hat ein Schiff in Bauart wie oben.
6. Joseph Zwerger von die Zwerger [!] *hat ein Schiff in Bauart wie oben.*
7. Johann Ettel [= Öttl] *Bauer von Joch hat ein Schiff in Bauart wie oben.*
8. Joseph Schreder von Kochl hat zwey Schiff in Bauart wie oben."

Diese Schiffe befanden die Visitatoren sowohl gut gebaut als auch in gutem Zustand.

Bei der Visitation des folgenden Jahres wurde darüber hinaus festgehalten, dass alle zur Personenbeförderung geeignet wären und jeweils Platz für zehn Personen böten, das des Johann Öttl sogar für vierzehn. Bis 1874 sind die alljährlichen Gutachten erhalten. Daraus sind die Veränderungen zu erkennen. Besonders spektakulär waren sie nicht. So können etwa Jakob Sittl und Johann Reichenbacher von Urfeld 1848 jeweils bereits zwei Schiffe aufweisen, von denen eines sogar zwölf Personen fasst, während der Posthalter Andreas Kirchmayr in Walchensee ebenso wie Michael Zwerger in Walchensee nur je ein Schiff besitzt.

1863 wurde ergänzend nachgefragt, wer die Schiffe denn führen würde. Die Antwort vom 1. Juni 1863 aus Kochel lautete:

„*Was die Ruderer betrifft, so fährt:*
Jakob Sitl abwechselnd mit seinem Weibe und seinen erwachsenen Kindern.
Für Georg Schwarz fährt dessen langjähriger Fischerknecht Peter Eisele.
Johann Reichenbacher fährt selbst und dazu seine Magd Maria Schröder.
Johann Oettl in Joch hält zur Überfahrt seinen Sägknecht Peter Oettl und Jakob Pössenbacher seinen Futterer Martin Sträßle.
Josef Zwerger fährt einzig selbst."

Und abschließend wurde bemerkt: „*Sämmtliche Personen sind notarisch des Fahrens vollkommen kundig.*"

61 Becker, Walchensee, S. 52. Am Tegernsee existieren noch heute zwei der gestreift bemalten Boote, genannt „das Blaue" und „das Roade".

62 Über die entsprechenden Visitationen zum Beispiel am Starnberger See vgl. Schmied, Von Einbäumen des Starnberger Sees, S. 32, bzw. Gröber/Widemann, Die Lohnschiffahrt auf dem Starnberger See, S. 66-68. StA Mü AR 3704/586.

63 Zu den Visitationen der Jahre 1841 bis 1895 vgl. StA Mü AR 1952/103.

64 Ein Schuh entspricht knapp 30 Zentimetern, wodurch die Boote etwas größer wären, als von Becker, Walchensee, S. 52, angegeben. Er spricht von ca. fünf Metern Länge und 1,20-1,50 Metern Breite. Die Schuhangaben würden gut 6,50 Metern Länge und ca. 1,70 Metern Breite entsprechen.

Taxe für die Personenbeförderung auf dem Walchensee 1873

Die Taxe fürs Fahren auf dem Walchensee betrug 1873 für eine Person (bei mehreren Personen reduzierte sich der Preis: bei zwei um die Hälfte, bei drei und mehr noch einmal um drei Kreuzer, außer natürlich bei den „Kurzstrecken").

Von Urfeld nach
Sachenbach 18 kr
Altlach 24 kr
Obernach 30 kr
Walchensee und Zwergern 21 kr

Von Walchensee nach
Urfeld 21 kr
Sachenbach 24 kr
Altlach 15 kr
Klösterl und Zwergern 3 kr

Von Zwergern nach
Urfeld 21 kr
Sachenbach 24 kr
Altlach 12 kr
Walchensee 3 kr

(StA Mü AR 1952/103)

Auffällig ist, dass Johann und Josef Zwerger stets abwechselnd genannt werden oder unterschreiben. Im Verzeichnis der Ruderer von 1864 wird Johann Zwerger in Zwergern als Hanslbauer näher bestimmt.

Langsam machte sich der Tourismus auch bei den Schiffsführern bemerkbar. 1872 sind auffällig viele Schiffe als „neu" genannt: Max Pfund, Posthalter in Walchensee, hat zwei „neue" Schiffe für je zehn Personen, auch Lorenz Merkl sowie Anna Moser in Walchensee; Josef Zwerger hat ebenfalls ein „neues" und Adolf Lühr in Urfeld hat zu seinem „guten" Schiff ein „neues" für zwölf Personen machen lassen. Auch Jakob Sittl in Urfeld, der bereits 1870 ein neues hat anfertigen lassen, hat 1872 offensichtlich erneut ein weiteres dazubekommen.

Wenn ein Schiff gänzlich als unbrauchbar erschien, wurde eine weitere Beförderung strengstens untersagt, was aber sehr selten vorkam. Die Schiffe waren meist in „gutem" oder „sehr gutem" Zustand, wenn nicht gar „neu" oder „fast neu". 1873 hat auch Paul Grünwald, Bauer in Zwergern, ein neues Boot für sechs Personen, Johann Zwerger, Zwergerbauer (Hanslbauer), eines in gutem Zustand für acht Personen.

Dann werden die Nachrichten seltener. Nur noch vereinzelt sind die Protokolle überliefert. Inzwischen sind auch einige Veränderungen eingetreten, und so werden 1895 Schiffsbesitzer erwähnt, von denen einige mehrere Schiffe ihr Eigen nannten:

Hornsteiner Georg, Zwergern, Söldner
Rieger Georg, Walchensee, Fischer
Lang Anton, Walchensee, K. Posthalter
Moser Theres, Walchensee, Überfahrerin (= Schwaiger Theres)
Rieger Joseph, Urfeld, Fischer
Sterzer Anton, Urfeld, Gastwirt
Sittl Jakob, Urfeld, Überführer.

Insgesamt standen 1895 am Walchensee 17 Schiffe zur Personenbeförderung zur Verfügung. Dazu gesellten sich gegen Ende des 19. Jahrhunderts auch die Privatboote der Sommerfrischler. *„Nur ein elegantes, gelb gestrichenes Kielboot ist auf dem See zu sehen in der Zeit, wo der Besitzer desselben, der Professor A. Schmidt aus München, mit seiner zahlreichen Familien seine* […] *Villa in Walchensee bewohnt, d. i. während der großen Schulferien vom 15. Juli bis 15. September. Dieses schlanke Boot kann man dann bei schönem Wetter fast den ganzen Tag irgendwo auf der weiten Wasserfläche entdecken, bewegt von Söhnen oder Töchtern des Eigenthümers. Obgleich dieses Boot schon mehrere Jahre auf dem Walchensee schwimmt, hat es noch keinen Nachfolger gefunden, und es ist auch nicht anzunehmen, daß ein Einheimischer sich dazu entschließen wird zum Kielboot überzugehen.*"[65] Ein anderer Sommerfrischler besaß kurz vor 1900 sogar einen *„Raddampfer en miniature, welcher durch einen kleinen Petroleummotor getrieben wird"*. Da der Besitzer jedoch nur immer wenige Wochen an den Walchensee kam und der Minidampfer auch nur wenig rauchte, fiel er kaum auf. *„Durch seine geringen Dimensionen endlich, die wenig von den Größenverhältnissen der üblichen Schiffe abweichen, erregt er weniger die Aufmerksamkeit, als durch sein roth und weiß gestreiftes Sonnendach, welches fast über das ganze Schifflein ausgespannt ist."*[66]

Zur Unterbringung der Boote diente das zu einem jeden Gehöft gehörige Schiffshaus. *„Letzteres ist ein einfacher, in den See hineingebauter Bretterschuppen, in*

65 Becker, Walchensee, S. 53.

66 Ebenda, S. 54.

Das „Hotel Einsiedel am Walchensee" und das Forsthaus (links), im Hintergrund der Simetsberg, Postkarte von 1926

welchen vom Ufer aus eine verschließbare Thür führt. Das im Wasser stehende Giebelende des Schuppens ist offen zur Einfahrt und zum Auslaufen des Kahnes. Im Innern des Hauses, dessen kleinerer Theil auf trockener Erde ruht, während der größere Theil des Bodens vom Seewasser bedeckt ist, führt eine schiefe, aus Holzdielen bestehende Ebene vom Festlande bis unter den Wasserspiegel. Auf diese schiefe Ebene fährt das einlaufende Schiff auf, und von ihr kann es wieder leicht abgeschoben und flott zur Ausfahrt in den See gemacht werden. Wer kein besonderes Badehaus besitzt, benutzt das Schiffshaus als solches. In den Ortschaften Urfeld und Walchensee, wo die einzigen Gasthäuser sich befinden, von denen eine lebhafte Schifffahrt über den See nach allen Richtungen betrieben wird, sind die Schiffshäuser so geräumig, daß sie mehrere Kähne aufzunehmen vermögen, während die privaten Schiffshäuser in der Regel nur zur Aufnahme eines Kahnes bestimmt und eingerichtet sind."[67] So wird zum Beispiel 1906 eine Schiffshütte der Familie Belli di Pino in Urfeld erwähnt.[68] Auch bei der „Post" in Walchensee, bei Fischer Rieger, ist eine Schiffshütte erhalten, ebenso wie natürlich in Zwergern. Diese Schiffshütte ist mit der an einem Balken eingeschnitzten Jahreszahl 1760 datiert und diente allen drei Zwergerner Fischerfamilien ebenso wie die Badstube gemeinschaftlich. Noch heute hat die Schiffshütte drei Besitzer und drei Flurnummern.

Eine richtige Dampfschifffahrt gab und gibt es nicht auf dem Walchensee; Emil Becker vermutet, weil es keine größeren Ortschaften gibt und folglich auch nur wenige Personen die Ufer bewohnen. *„Die Beförderung von Touristen während des kurzen Sommers würde schwerlich so viel abwerfen, um die Zinsen eines für ein Dampfschiff aufzuwendendens Capitals einzubringen."*[69] Vermutlich hätte auch nicht einfach ein Walchenseer ein Dampfschiff in Betrieb nehmen dürfen. Die Seen gehören zum Staatsärar und die Schifffahrt auf ihnen ist folglich – abgesehen von einigen Ausnahmen – bis heute staatlich. Und der Staat hat wohl schon um 1900 erkannt: Hier ist nicht viel Geld mit einem Dampfschiff zu machen.

Doch wurde das Fehlen eines Dampfschiffs schon früher nicht sonderlich bedauert: *„Für jeden Naturfreund aber ist das Fehlen dieser modernen Vehikel, die mit ihrem Pfeifen und Fauchen die heilige Stille der Natur störend unterbrechen und mit ihrem Qualm die Landschaft weithin erfüllen, der größte Vorzug unseres Sees."*[70]

67 Ebenda, S. 52 f.

68 StA Mü Straßenbauamt Weilheim 79.

69 Becker, Walchensee, S. 53.

70 Ebenda, S. 53 f.

Im 20. Jahrhundert änderte sich dann das Bild: Zwar gibt es bis heute keine Dampfschiffe, doch die von Emil Becker 1897 noch fehlenden weißen Segel, *„wie solche in großer Zahl den Würmsee beleben, ihn nach allen Richtungen durchkreuzend"*, hielten auch am Walchensee Einzug. Becker hatte das Fehlen der Segel um die Jahrhundertwende erstaunt, da *„die breite und nach allen Windrichtungen Spielraum bietende Wasserfläche förmlich zum Segeln herausfordert"*. Allerdings lieferte er selbst die Erklärung: *„Allein die den See einschließenden Berge, die Lage des Sees nahe der Ebene und dem Hochgebirge und die dadurch bedingten meteorologischen Erscheinungen erzeugen so unregelmäßige Luftbewegungen, daß das Segel sich erfahrungsmäßig als ein durchaus ungeeignetes, ja höchst gefährliches Fortbewegungsmittel für die Schiffahrt auf dem Walchensee erwiesen hat. Der Wind setzt nämlich mitunter ganz plötzlich mit der größten Heftigkeit und stoßweise aus einer seinem bisherigen Wehen entgegengesetzten Richtung ein, so daß ein zeitiges Umstellen des Segels unausführbar und ein Kentern des Schiffes die Folge ist. Von diesen unberechenbaren Wetterumschlägen abgesehen wirft der Walchensee immer leichte Wellen, er ist nie ganz ruhig, sondern regelmäßig auch an schönen Tagen von 10 Uhr vormittags bis 5 Uhr abends von mehr oder weniger starkem Wellenschlage bewegt, indem der Nordostwind vom Kesselberge hereinweht."*[71]

Das Bild hat sich entschieden geändert: Heute ist an bestimmten Tagen der See voll von Segeln, insbesondere von den in allen Farben leuchtenden Segeln der Windsurfer, einer Sportart, die in den 1970/80er-Jahren den Walchensee erobert hat. Die Wasserwacht musste sich den veränderten Verhältnissen anpassen. Waren noch vor wenigen Jahrzehnten auf dem See vielleicht fünfzig Ruderboote unterwegs, sind es heute oft an einem schönen Tag Hunderte von Surfern und Seglern, so viele, dass die Gemeinde Jachenau 1988 einen Antrag auf Surf- und Segelverbot in der Niedernacher Bucht gestellt hat.[72]

Die bereits von Emil Becker erwähnten überraschend auftretenden Windböen sind noch immer eine häufig unterschätzte Gefahr. Allein von 1962 bis 1982 forderte der Walchensee 13 Tote. Doch konnte auch eine ungleich größere Anzahl von Schiffbrüchigen durch die Anfang der 1950er-Jahre gegründete Wasserwacht gerettet werden.[73] 1973 wurde eine Wasserwachtstation in der Niedernacher Bucht errichtet[74], 1982 eine zweite Rettungsstelle in Walchensee eingeweiht.[75]

Postkarte mit Fischerbooten bei Urfeld, um 1910

71 Ebenda, S. 51 f.

72 Gudelius, Jachenau, S. 57.

73 Demleitner, Kochel, S. 340-343.

74 Gudelius, Jachenau, S. 55.

75 Demleitner, Kochel, S. 343.

Schädigungen der Fischerei

Zunächst gab es in der Walchenseefischerei nicht die geringsten Störfaktoren, mit Ausnahme der Fischer selbst bzw. der Schwarzfischer, die speziell in schlechten Zeiten und nach Kriegsende hier mit Mistgabeln und anderem abenteuerlichen Gerät auf verbotene Fischjagd gingen. Da die Verhältnisse für die Hege der Fische hier äußerst günstig waren, konnte ungeachtet einer ziemlich irrationellen Fischwirtschaft der Walchensee in Fischereikreisen Ende des 19. Jahrhunderts noch als der *„vielleicht fischreichste See Bayerns"* bezeichnet werden und als *„ein fischereiwirtschaftliches Objekt ersten Ranges"*[1]. *„Schädliche Einflüsse sind hier nicht vorhanden, wenn nicht die Betriebsweise der Fischer durch unbemessenen Fang und Mißachtung der Laichzeit selbst sie schafft. Die Fischerei ist hier allerdings schwieriger als anderswo, da die Saiblinge und Renken nur zur Laichzeit in die Höhe gehen, wo sie jedoch durch das Gesetz gegen den Fang geschützt sind, zu der übrigen Zeit aber sich durchgehends in der Tiefe aufhalten, wo ihnen nur schwer beizukommen ist. Klugheit und Ausdauer vermögen jedoch auch diese Räthsel der Natur zu lösen, wie denn auch am Chiemsee bereits mit verbesserten Netzen, die die dortigen Fischer am Bodensee kennen gelernt, mit dem Fange der sog. Bodenfische ein glücklicher Anfang gemacht ist."*[2]

Auch Emil Becker beklagte den allzu sorglosen Umgang mit den Fischen: *„Mit dem fortschreitenden Zuwachs der Bevölkerung und der Reisenden ist auch die Nachfrage nach Fischen sowie der Preis derselben enorm gestiegen. Anstatt daß nun die Fischer mit Rücksicht auf diese Verhältnisse sich veranlaßt sahen, erst recht auf die Nachhaltigkeit des Fischstandes Bedacht zu nehmen, beuteten sie die die Gewässer rücksichtslos aus."*[3]

Um 1900 sah man die Fischerei und die Ausbeutung vor allem durch die massenhaft angereisten Sportangler und den zunehmenden Tourismus bedroht. Viele andere Gewässer wären über diese Gefahren alleine glücklich.

Selbst die moderne Dampfschifffahrt, die in anderen oberbayerischen Seen ihren Tribut unter den Fischen forderte, hat es am Walchensee nicht gegeben. Das einzige Problem, das der See hatte, waren Wilderer und die Fischer selbst, die durch die Jahrhunderte eine *„unzulässige Raubfischerei"* betrieben. In den letzten Jahren häuften sich auch die Meinungsverschiedenheiten zwischen Berufsfischern und Hobbyanglern über Besatz und Fischerei.

1 Becker, Walchensee, S. 184.

2 BFZ 1879, S. 118.

3 Becker, Walchensee, S. 183 f.

Mit der höchsten Gewässerqualität bietet der Walchensee optimale Bedingungen für Fische, Foto von 2009.

Der bayerische Landesfischereiverein in München. Circular an die Gendarmeriestation Jachenau Benediktbeuern. Die Fischerei im Walchensee betr.

„Es wird Klage geführt, daß Seitens der Fischereiberechtigen im Walchensee eine unzulässige Raubfischerei betrieben werde, welche binnen kurzem den Fischbestand im Walchensee zu vernichten droht.
Um diesem Mißstande thunlichst entgegenzutreten, ergeht der Auftrag, gelegentlich der Patrouillengänge im August und September auf die Einhaltung der fischereipolizeilichen Vorschriften Seitens der Walchensee Fischer besonders zu achten, namentlich zu überzeugen, ob die an die Gastwirtschaften abgelieferten Fische das Brittelmaß, die Netze die vorgeschriebene Maschenweite haben etc. und etwaige Übertretungen zur Anzeige zu bringen.
Tölz, den 27. August 1890
Kgl. Bezirksamt Scheiber."
In der Jachenau hat man dieses Schreiben am 29. August 1890 zur Kenntnis genommen. Erfolgsmeldungen gibt es keine.

(StA Mü AR 1952/104)

NATÜRLICHE SCHÄDLINGE

Das Kapitel über die natürlichen Schädlinge in vergangener Zeit fällt am Walchensee sehr kurz aus. Es gab nämlich keine nennenswerten. Durch die weitestgehende Abgeschlossenheit des Sees wurden keine Krankheiten eingeschleppt. Auch von eventuellen Plagen durch Wasservögel ist in den ausführlichen Aufzeichnungen zur Fischerei in Benediktbeuern nichts zu lesen. Wenn es zu solchen gekommen wäre, hätten die Fischer mit Sicherheit im Kloster um Vergünstigungen nachgesucht. Den Wasservögeln ist in den Berichten vergangener Jahrhunderte kaum eine Zeile gewidmet, mit Ausnahme des Oberförsters in der Jachenau Maximilian Lizius im Jahr 1889. Und der bestätigt: Es gab davon nur sehr wenige am Walchensee.[4]

Lizius hatte nur auf der Insel Sassau *„den großen Säger (Säg-Ente, eine große prachtvolle weiße Wildente mit schwarzem Kopfe und Kragen, auf dem Rücken grau, am Bauche gelblich, deren langer Schnabel mit sägeartigen Zähnen beiderseits versehen ist, daher ihr Name) oder auch ein paar Stockenten (Wildenten – von ihnen stammt bekanntlich unsere Hausente), welche in vereinzelten Exemplaren alljährlich den schilflosen See beleben"*, entdeckt. Emil Becker hatte ebenfalls lediglich einige nistende Entenpaare auf der Insel Sassau beobachtet, die allerdings nur bei extremer Kälte aus dem hohen Norden als Zugvögel kamen. Auch vereinzelte Reiher oder Fischadler hatte er bemerkt, *„dagegen werden die Blässhühner oder Blassin, welche den Kochelsee in grossen Schaaren beleben, auf dem Walchensee nicht angetroffen"*. Becker erklärt dieses Phänomen damit, dass der Walchensee mit seiner großen Tiefe kaum flache, Schilf bewachsene Ufer aufweist, die der bevorzugte Lebensraum der Blesshühner sind. *„Auch die am Würm- und Kochelsee häufigen Möven haben wir am Walchensee nicht beobachtet. Ebenso fehlt hier wie am Kochelsee der Storch gänzlich."*[5] Anders als etwa am

4 Lizius, zitiert nach Daffner, Benediktbeuern, S. 312.

5 Becker, Walchensee, S. 48.

Kochelsee, wo das Fangen von Ottern und Wasservögel von Seiten der Fischer wortreich geregelt werden musste[6], stellte sich das Problem für den Walchensee offensichtlich nicht. 1938 sichtete man zwar ein paar Gänsesäger und Schellenten, doch erst in der Zeit nach dem Zweiten Weltkrieg wurden erste Klagen geführt, etwa 1969 über einen zunehmenden Bestand von Haubentauchern.[7] Auch Rothals- und Schwarzhalstaucher machen nun im Winter hier Station. Und in jüngster Zeit sieht man auch immer häufiger den hier ursprünglich nicht heimischen Kormoran. Heute bieten die Ufer und die unter Naturschutz stehende Insel Sassau hervorragende Brutmöglichkeiten sowie für Zugvögel, von denen weit mehr Arten als früher zu sehen sind, Durchzugs- und Überwinterungsquartiere. Seit 1970 werden im Rahmen der internationalen Wasservögelzählung allwinterlich von September bis April monatlich alle rastenden Schwimmvögel erfasst.

Erst in allerjüngster Zeit kam es dann zu einem bis dahin nicht gekannten Problem – und das hieß Kieselalgenblüte. 2007 gingen die Renkenfänge drastisch zurück. Anstatt wie bisher 50 bis 100 Tiere pro Tag zu fangen, gingen dem Berufsfischer Hans Rieger nur drei bis fünf Stück ins Netz. Gleichzeitig war das Netz mit einer bräunlich-grauen, zäh anhaftenden Masse belegt, die sich als kaum abwaschbar erwies und das Netz zentnerschwer machte. Es stellte sich heraus, dass es überraschend zu einer massenhaften Kieselalgenblüte gekommen war, die der Fischerei extrem zusetzte. Dasselbe Phänomen wurde auch in anderen Voralpenseen beobachtet, in dieser Stärke und Nachhaltigkeit allerdings nur noch am Tegernsee. Die Ausbildung einer derart massiven Kieselalgenblüte auch am Walchensee, der bislang als beispielhaft unbelastetes, oligotrophes (nährstoffarmes) Alpingewässer galt, gab große Rätsel auf. Das ungewöhnlich warme und trockene Wetter im Frühling 2007 kann allein nicht die Ursache gewesen sein, denn zu einer derart heftigen Algenentwicklung gehört auch das Vorhandensein einer erheblichen Menge an aktivierbaren Nährstoffen. Noch während nach Antworten auf die Fragen gesucht wurden, hat sich die Situation wieder gebessert.[8]

DIE WILDERER IN DER JACHENAU

Und dann waren da noch die Wilderer, die zwar nicht viel Schaden in der Fischerei verursachten, aber dennoch Einfluss auf die Fischerei hatten. Auch die Jachen hatte Fischwasser, die ursprünglich zu Benediktbeuern gehörten.[9] Nach der Säkularisation gingen diese in Staatsbesitz über. Doch die Gemeinde Jachenau hätte die Fischwasser gerne verpachtet und fragte deshalb in den Jahren 1859 und 1860 mehrmals beim Landgericht Tölz nach, ob sie die Pacht der Fischwasser nicht öffentlich versteigern dürfte. Das Landgericht Tölz leitete die Frage weiter an das Forstamt Tölz, wo man entschieden dagegen war: *„Bei dem vorzugsweise im Steuerbezirk Jachenau herrschenden Wildfrevel wird das Forstamt eine Verpachtung des Fischwassers im aerarialischen Antheile des Jachenflusses an Gemeindeglieder von Jachenau niemals begutachten und wenn dieselben noch so viel Lust dazu bezeigen."* Und *„übrigens"*, fügte man noch an, *„liegt dieser Gegenstand außerhalb dem Bereiche der gemeindlichen Sorgfalt und auch außer der kompetenzmäßigen Verfügung der Polizeybehörde und des Forstamtes. In gleicher Weise muß sich das Forstamt aus jagd- und forstpolizeylischen Gründen gegen die Verpachtung der übrigen Fischwasser um so mehr aussprechen, als sie einer Mittheilung gemäß die Jachenau-Gemeindebäche nicht besitzt, hierüber auch im Steuerkataster weder ein Vertrag besteht, noch die Gemeinde eine Fischwasser-Steuer bezahlt und sohin auch zu einer solchen Verpachtung nicht berechtigt ist."*

6 Vgl. etwa BayHStA MF 56051.

7 AFZ 1970, S. 249.

8 Wißmath, Renkenfischerei in Not.

9 Vgl. das Kapitel „Fischerei in der Niedernach (Jachen)".

Unterschrieben: *Königlicher Forstmeister Reisenegger.*[10] Ende der Geschichte! Was daraus schließlich geworden ist, verschweigen die Akten.

Die extreme Wilderei in der Jachenau aber wird auch von anderer Seite bestätigt. So schreibt etwa Ludwig Thoma, dessen Vater seit 1865 Oberförster in Vorderriß war, in seinen Memoiren: *„Die Wilderer trieben in jener Zeit ein arges Unwesen im Isartal. Manches Ereignis ist von den Zeitungen berichtet, auch romantisch aufgeputzt worden. Die Verwegensten waren die Lenggrieser, Wackersberger und Jachenauer (als besonders reich an Listen galten die Tiroler aus der Scharnitz). Es mußten schneidige Jäger sein, die gegen sie aufkommen wollten, und man fand sie unter den Einheimischen, die selber gewildert hatten, bevor sie in den Dienst traten. Ich habe nie gehört, daß einer untreu gewesen wäre, wohl aber weiß ich, daß der eine und andere beim Zusammentreffen mit den alten Kameraden sein Leben lassen mußte. Diese Dinge entbehrten für die Beteiligten ganz und gar des Reizes, den sie für Fernstehende hatten; es ging dabei rauher zu, als es sich ein freundlicher, vom Schimmer der Romantik angeregter Leser vorstellen mochte."*[11] Die Sympathien der Bevölkerung lagen bei den Wilderern und Schmugglern. Zöllner und Jäger hatten durch die Jahrhunderte ein „Imageproblem", wie man heute sagen würde. Anders die Gesetzesübertreter: Dabei war es nebensächlich, ob jemand aus blanker Not zum Kleinkriminellen wurde oder aus Lust am Verbotenen. Die Wilderer und Konsorten wurden für ihren Schneid bewundert, wagten sie es doch, der Obrigkeit auf der Nase herumzutanzen. Dabei hielten sie wie Pech und Schwefel zusammen. Doch waren sie beileibe keine edlen Robin Hoods. *„Einer von meines Vaters Jagdgehilfen, der Bartl, ein braver, bildschöner Bursche, wurde aus dem Hinterhalt auf wenige Schritte Entfernung niedergeschossen. Ein Jachenauer, der unter den Wilderern war und die Tat, wie man erzählte, verhindern wollte, wurde später Jagdgehilfe und fand einen schlimmen Tod auf der Beneditkenwand; er wurde schwer verwundet mit Steinen zugedeckt und kam so jämmerlich um. Ein Sagknecht aus der Jachenau, der den Bartl erschossen haben soll – bewiesen konnte es nicht werden – traf nicht lange nachher wieder mit den Jägern zusammen und wurde schwer verwundet. Er kam mit dem Leben davon, verlor aber das Gehör.* [...] *Anzeigen hatten keinen Erfolg, denn die Strafen waren vor Einführung des Reichsstrafgesetzbuches so gelinde, daß sie keinen abschrecken konnten; trotzdem haben die unbändigen Isarwinkler sich fast immer mit der Waffe gegen die Gefangennahme gewehrt. Die drei oder vier Jäger hatten gegen die zahlreichen Schützen einen harten Stand in dem großen Revier."*[12]

Maximilian Lizius, der Förster in der Jachenau, konnte Ludwig Thoma nur beipflichten: Auch er verwehrte sich gegen eine Romantisierung der Wilderer als Romanhelden. Und auch er hatte mit den Wilderern, denen er in seinen „Wald-, Wild- und Waidmannsbildern" ein eigenes Kapitel widmete, schwer zu kämpfen.[13]

„Die Wilderer", Lithografie um 1830

10 StA Mü AR 1051/231.

11 Thoma, Erinnerungen, S. 47-50.

12 Ebenda.

13 Lizius, Wald-, Wild- und Waidmannsbilder, S. 46-63.

DAS WALCHENSEEKRAFTWERK

In den Jahren 1918 bis 1924 trat eine weitreichende Veränderung im Gebiet des Walchensees ein, die auch Einfluss auf die Fischerei hatte. Unter der Leitung des Elektroingenieurs Oskar von Miller setzte man ein kühnes Projekt in die Tat um. Der natürliche Höhenunterschied zwischen Walchen- und Kochelsee von 203 Metern wurde für die Anlage eines Speicherkraftwerkes genutzt, das jährlich mit acht Turbinen über 300 Millionen Kilowattstunden elektrischen Strom erzeugt. Da der Walchensee nur kleine natürliche Zuflüsse mit durchschnittlich drei Kubikmetern pro Sekunde Wasserführung hat, musste ihm Wasser aus dem Flussgebiet der Isar zugeführt und sein natürlicher Abfluss durch die Jachenau durch eine Schleuse gesperrt werden. Dazu kamen weitere Kraftwerke. Von der Isar bei Krün wird Wasser in den Sachensee und von dort in einem knapp vier Kilometer langen Stollen zum Obernachkraftwerk am Walchensee geleitet, das, 1955 fertiggestellt, rund 60 Millionen Kilowattstunden Strom pro Jahr erzeugt. Eine noch längere Wasserzuleitung führt aus dem Rißbachtal südlich Vorderriß in zwei Stollen von jeweils über drei Kilometern Länge unter der Isar hindurch zum Niedernachkraftwerk in der Südostecke des Sees. Dieses wurde 1951 in Betrieb genommen und liefert jährlich rund zehn Millionen Kilowattstunden.

Trotz dieser künstlichen Erweiterung des Walchenseeeinzugsgebietes von 74 Quadratkilometern auf gut das Zehnfache, wodurch dem See bis zu 37 Kubikmeter pro Sekunde Wasser zusätzlich zugeführt werden können, muss der Spiegel des Walchensees während der winterlichen Niedrigwasserperiode jeweils um bis zu 6,6 Meter abgesenkt werden. So dient der Walchensee als natürlicher Speicher,

Oben: das Walchenseekraftwerk in Altjoch am Kochelsee, unten: das Rißbachwehr bei Vorderriß

der jedoch in der sommerlichen Fremdenverkehrssaison meist normalen Wasserstand aufweisen soll. Lediglich Schwankungen bis 50 Zentimeter sind genehmigt (derzeit versuchsweise 90 Zentimeter auf zwei Jahre). Mehrere Hochspannungsleitungen, die nach München und Penzberg sowie nach Zirl in Tirol (und weiter nach Italien) führen, verbinden das Walchenseekraftwerk mit dem deutschen und europäischen Verbundnetz und zeugen von der Bedeutung des Walchensees als Energielieferant.[14]

Noch bevor das Walchenseekraftwerk gebaut oder gar in Betrieb gegangen war, machten Horrorvisionen die Runde. Man fürchtete um den Verlust an Naturschönheit, da ein Gerücht besagte, der See würde um ganze 16 Meter abgesenkt werden. Und: *„Die malerische, durch die Pfahlbauten interessante Bucht bei den Zwergerhöfen würde total verschwinden."* Die Bewohner würden leiden, die Touristen ausbleiben. *„Die ungünstigen Folgen auf die Fischerei endlich sind leicht zu ermessen"*, unkte der Ferienhausbesitzer Albert Schmidt bereits 1907 in den „Münchner Neuesten Nachrichten".[15] In einem Wanderführer orakelte man 1924: *„Bis jetzt eine ruhende Wassermasse mit kleinem Einzugsgebiet, dessen schmächtige Rinnsale den See kaum merklich trüben, soll er künftig von einer kräftigen Strömung durchzogen und an das ausgedehnte Quellgebiet der Oberen Isar angeschlossen werden. Über das Absturzbauwerk an der Obernachmündung werden künftig bis zu 25 Kubikmeter Isarwasser in der Sekunde dem See zugeführt. Temperaturverhältnisse, chemische Beschaffenheit, Farbe und Durchsichtigkeit und die in engster Abhängigkeit von diesen Voraussetzungen stehenden Lebewelt des Sees werden von solchen Veränderungen zweifellos nachteilig betroffen werden. Auch die winterliche Absenkung des Seespiegels um vorläufig 4,6 Meter wird das Ufergelände zu spüren bekommen."*[16]

Am 24. Januar 1924 drehte sich die erste Turbine. Dass ein solcher Eingriff in die Natur nicht ohne Folgen blieb, ist selbstverständlich. Bereits kurz nach der Inbetriebnahme des neuen Kraftwerks im November 1924 wurden erste Schäden durch das Absenken des Wasserspiegels sichtbar. So waren bereits im Januar 1925 zwei lange Risse in der Staatsstraße am Walchensee bemerkt worden. Am 27. Januar wurde im „Tölzer Kurier" darüber berichtet; einen Tag später rückten Herren der Bauleitung des Walchenseekraftwerks mit einem Auto an, um die Risse zu begutachten.[17]

Doch es blieb nicht bei den Rissen in der Straße. Am 7. Februar 1925 wurde ausführlich über die Schäden berichtet: *„Schon bevor mit dem Baue des Walchenseekraftwerkes begonnen wurde, hatten die maßgebenden Kreise damit gerechnet, daß nach Inbetriebnahme des Werkes während der Wintermonate der Seespiegel mehrere Meter gesenkt werden muß, sollte das Werk überhaupt rentabel wirtschaften können, da bekanntlich das Hochgebirge im Winter kein oder nur ganz wenig Wasser abgibt, weil die Niederschläge dort ausschließlich in dieser Zeit in Schneeform stattfinden und die Schneemassen bis Eintritt des Frühlings liegen bleiben. Ebenso wurde mit Bestimmtheit angenommen, daß einigen Uferbewohnern durch eine Seespiegelsenkung an Grund und Boden Schaden zustoßen könnte. Aus diesem Grunde erfolgten die verschiedentlichen Verhandlungen mit Haus- und Grundeigentümern am Seeufer und interessierten Behörden.*

Wenn heute der Seespiegel sich nun um ungefähr 2,40 Meter unter Normal im Sommer gesenkt hat, so trat dies gar nicht unerwartet ein. Freilich hat die Staatsstraße 6 Risse erhalten und etwas Uferland ist neben dem Ortswege bei Einsiedel in die Tiefe gerutscht. Das Haus des Herrn Leiß in Walchensee weißt ebenfalls Risse auf und zwar am hinteren Teile gegen das Wasser zu, da dieser Teil auf

14 Plessen, Die Isar, S. 177 f. Die Idee, den Höhenunterschied zur Gewinnung von Wasserkraft zu nutzen, war bereits kurz vor der Jahrhundertwende aufgekommen, bereits 1904 lag der bayerischen Staatsregierung ein erster Plan vor (Das Walchensee-Werk, S. 15 f.).
Zum Bau des Walchensee-Werks vgl. ausführlich Das Walchensee-Werk, 1921 herausgeben vom Staatsministerium des Innern und anderen öffentlichen Stellen. Bereits 1911 war das Projekt endgültig genehmigt, doch noch während der vorbereitenden Arbeiten brach der Erste Weltkrieg aus. Erst nach Kriegsende konnte mit dem Bau begonnen werden.

15 Schmidt, Schicksal und Zukunft des Walchensees, in: Münchner Neueste Nachrichten vom 5. Dezember 1907.

16 Simon/Vollmann, Münchener Wanderbuch, S. 36.

17 Tölzer Kurier vom 29. Januar 1925. Auch im Straßenbauamt Weilheim stapelten sich die Akten in Sachen Absperrung (sie sind heute im Staatsarchiv München verwahrt). Vgl. auch das Kapitel „Der Bau der Kesselbergstraße und die weitere Entwicklung".

Pfählen, sowie nicht festem Boden gebaut wurde, während der Vorderteil (und zwar der größere Teil) des Hauses von den Einwirkungen der Wassersenkung verschont blieb. Dies rührt davon her, weil dieser Teil auf festen Grundmauern einer ehedem dagestandenen klösterlichen Schmiede sitzt und die Klöster eben festes Mauerwerk erstellen ließen. Die Mauerrisse haben sich durch Anbringen von Stützsäulen verschärft, da durch das Einkeilen dieser der Druck gegen den losen Boden vergrößert wurde. [...]

Vorsorglich gesperrt wurden: der Ortsverbindungsweg Einsiedel – Zwergern und das Forststräßchen nach Altlach, während für den Verkehr auf der Staatsstraße vorerst in keiner Weise Gefahr droht und eine Sperrung dieser Straße deshalb auch nicht beabsichtigt ist. Das Betreten von Ufergelände ist jedoch für die persönliche Sicherheit nicht angängig. Um durch planloses Landen von Booten eine Gefahr von Leib und Leben zu verhindern, werden für den Bootsverkehr einige Anlaufplätze hergerichtet. Desgleichen wird zwischen Altlach und Walchensee von der Bauleitung des Walchenseekraftwerkes ein Fährdienst eingerichtet. Damit die Kinder gefahrlos zur Schule ins Klösterl gelangen können, werden sie mittels Booten unter Leitung der Lehrerin, Frl. Therese Moser, zur und von der Schule transportiert. Ebenso ist für die Kirchenbesucher ein Fährdienst eingerichtet worden, sodaß die Bevölkerung für die Wegsperrung einstweilen, bis der Weg wieder benutzbar gemacht wird, voll und ganz entschädigt ist. An der Staatsstraße wird wahrscheinlich eine Einbuchtung gegen den Berg angebracht werden.

Da durch die Absenkung des Sees jetzt die Obernachmündung verhältnismäßig höher liegt als der Seespiegel, so ist es ein natürlicher Vorgang, wenn die Obernach, begünstigt dadurch, weil der Bach in Schwemmkies gebettet ist, ihr Bett tiefer legt und eine Menge Kies weit fort in den See nimmt. An dieser Stelle wird nun eine Spundwand am Seeufer angebracht und so ein künstlicher Wasserfall eingebaut, um fernerhin ein tieferes Eingraben des Flußbettes mit Wegschwemmen von Flußufergelände zu verhindern. Zu dieser Arbeit werden seit letzterer Zeit Rammteile und andere Geräte sowie Werkzeuge nach Einsiedel geschafft. Auch eine Dampframme wurde nach dort befördert und sie wird bereits montiert.

Wenn man sich die Vorbereitungen zum Ausbau dieser Gefällstufe vor Augen führt, so findet das Gerücht über den Beginn des Ausbaues der Obernachkraftstufe von selbst eine Widerlegung. Dieses Gerücht entstand ja hauptsächlich deshalb, weil die letztere Zeit Transporte von Baugeräten nach Einsiedel stattfanden.

Die Uferbewohner am Walchensee sind in Sorge darüber, ob der See im Sommer überhaupt noch zur Normalhöhe angeschwellt werden kann. Demgegenüber erklärt man an maßgebender Stelle: Der Seespiegel hat spätestens bis Mai seinen Normalstand, und das Landschaftsbild ist bis dahin wieder wie vor alten Zeiten. Jahrelange Beobachtungen in Bezug auf Niederschläge usw. versichern das mit Bestimmtheit und diese Bestimmtheit allein machte überhaupt den Bau des Werkes möglich, da sonst ein rentabler Betrieb nicht Gewährleistung gefunden hätte, denn ein Wasserkraftwerk ohne genügende Wassermengen wäre ein Unding."[18]

Ufer bei Walchensee, Seeabsenkung 1924/25

Bauschiffe bei Altlach, Seeabsenkung 1924/25

Abbruch des Ufers bei Altlach, Seeabsenkung 1924/25

Die Verantwortlichen beim Kraftwerk sahen die Risse und all die anderen Schäden nicht so dramatisch und verwiesen darauf, dass man diese Folgen von Absenkungen bei anderen Seen bereits kennen würde[19], was die Bewohner des Walchensees nur wenig beruhigt haben dürfte, denn schon einen Tag später meldeten die Zeitungen, dass auf der Staatsstraße Walchensee–Einsiedl ein großer Erdrutsch erfolgt sei. Man versprach, dass die Staatsstraße bis Ostern wieder passierbar wäre. Man hätte dies sogar fast geschafft, wären nicht die *„Tücken des Ufergeländes in Wirkung getreten"* und weitere Schäden infolge von Erdrutschen entstanden. In der Lobisau (Eisenstallwinkel) versank ein ganzes Stück Sumpfland samt

18 Kainzmaier im Tölzer Kurier vom 7. Februar 1925.

19 Tölzer Kurier vom 14. Februar 1925.

Brücke und riss die Lichtleitungs- und Telefonmasten mit sich in die Tiefe, sodass für kurze Zeit der Telefonverkehr unterbrochen war. Ebenso rutschte ein kleines Stück Uferböschung bei Walchensee ab und in der Villa Hubertus zeigten sich Mauerrisse. Auch in Altlach verschwand ein Stück der Forststraße im See. Das Heiß-Anwesen musste geräumt werden. Anfang April 1925 sollte der See seinen tiefsten Stand erreicht haben und man fürchtete weitere Schäden, auch in der Nähe des Café Buchner in Walchensee und bei Einsiedl.[20]

Urfeld zur Zeit der Seeabsenkung von 1924/25

Das Wort vom „sterbenden Walchensee“ machte die Runde. Von Tag zu Tag mehrten sich die Nachrichten über Erdrutsche und namentlich für die Bewohner der Uferregion nahmen die Schäden bedenkliche Formen an. Sogar Gebäude, die nicht unmittelbar am Ufer lagen, zeigten nach und nach Mauerrisse. In der Walchenseer Bucht stürzte Ende März 1925 der Holzganterplatz des Forstamtes mit mehreren Hundert Kubikmetern Langholz samt einem Teil der Staatsstraße in die Tiefe und riss eine Brücke mit sich, *„so daß diese äußerst verkehrsreiche und für die Uferorte hinsichtlich ihres Erwerbslebens notwendige Straße wohl für lange Zeit gesperrt sein wird.“*[21] Auch in unmittelbarer Nähe des Klösterls kam das Ufergelände infolge der Absenkung in Bewegung. Allenthalben zeigten sich nun auch an diesem massiven Klostergebäude Mauerrisse. *„Begreiflicher Weise ist ob dieser Tatsachen die Beunruhigung und Erregung der Bevölkerung keine geringe, die an und für sich schon durch die Verwüstung des Sees, dieses einzigartigen Gebirgsgewässers, für ihr Erwerbsleben eine große Schädigung sehen muß, noch gesteigert durch die Sperre der Verkehrsstraße für lange Zeit und jetzt sogar im Bestand seiner Anwesen bedroht ist.“*[22] Besonders erbost war man vor allem deshalb, weil *„bis zur Stunde, was die Sicherungen von Gebäuden am Ufergelände betrifft, nichts Nennenswertes geschehen!“*[23] Lediglich ein einziges halbwegs leistungsfähiges Schlagwerk für Pfähle, allerdings mit Handbetrieb, war wenige Tage zuvor eingetroffen. *„Man beschränkte sich von Seiten der staatlichen Bauleitung Wochen und Monate lang mit dem bloßen Beobachten auftretender Schäden. Eine Kommission und Inspektion löste die andere ab – aber zu einem frühzeitigen, tatkräftigen Eingreifen konnte man sich nicht erschwingen. Nach*

20 Tölzer Kurier vom 29. März 1925.

21 Tölzer Kurier vom 4. April 1925.

22 Ebenda.

23 Ebenda.

dem Urteil von Leuten, die auch offenes Aug und praktischen Sinn haben, hat man es an maßgebender Stelle entschieden versäumt, die Straße in der Walchensee-Bucht nachdem sich einmal Risse und Schäden gezeigt, auch Rutschungen vorlagen, sachgemäße Sicherungen einzulegen und hätte so den Verkehr mit verhältnismäßig geringen Kosten aufrecht erhalten können. Aber man ließ es rutschen, man wollte abwarten und beobachten!"[24] Zwar war im Vertrag vom 17. Mai 1919 zwischen dem Bezirksamt Tölz und dem Walchenseewerk ausdrücklich im Interesse der Seeanwohner vereinbart worden, auf Kosten des Werks alle baulichen Vorkehrungen zu treffen, um das Ufergelände des Walchensees gegen die Gefahr des Abrutschens infolge der Absenkung des Seespiegels zu sichern. Doch getan wurde nichts.[25]

Abbruch in der Lobisau, Foto vom 25. März 1925

Die Obernachmündung, Foto vom 5. Februar 1926

Diese Anschuldigungen ließ das Kraftwerk nicht auf sich sitzen und veröffentlichte ebenfalls im Tölzer Kurier eine amtliche Notiz: *„Zur Klarstellung der in den Zeitungen gebrachten kurzen Nachricht über starke durch die Senkung des Walchensees verursachte Erdrutsche wird bemerkt, daß sich die Veränderungen des Walchenseeufers bis jetzt auf ungefährliche Risse infolge Senkung des Grundwasserstandes und auf Uferabbrüche in den südlichen Buchten nächst der Einmündung der Obernach, dem Zubringer des Isarwassers, dann in der Bucht bei Zwergern und bei dem Ort Walchensee beschränken, wo Seeschlickablagerungen von größerer Mächtigkeit durch die Absenkung freigelegt wurden. Diese kalkigen Ablagerungen, auch Seekreide genannt, bedecken den Grund des Walchensees, sind in größerer Tiefe durch den Wasserdruck zu einer zähen, tonähnlichen Masse zusammengepackt, an den Steilufern jedoch, soweit nicht stärkerem Wellenschlag ausgesetzt, noch mit Wasser gesättigt und aufgequollen. Durch den Rückgang des Seespiegels werden diese Ablagerungen aus dem Gleichgewichtszustand gebracht, die feuchte nur langsam austrocknende Masse selbst wird durch Verminderung des Auftriebs schwerer, der Gegendruck des Wassers nimmt ab und die steile Böschung sucht sich durch Abrutsch von selbst abzuflachen.*

Wenn von einem Betreten der Ufer gewarnt wird, so sind damit nur Uferstrecken mit Seeschlickablagerungen gemeint, die vor der Absenkung des Walchensees vom Wasser bedeckt waren; an den übrigen mit Kies oder Steinen bedeckten Ufern, insbesondere längs der öffentlichen Straße nach Walchensee und nach Sachenbach besteht keine unmittelbare Gefahr." Und wenig ermutigend klingt der weitere Text dieser amtlichen Mitteilung: *„Der Walchensee ist bis jetzt auf 2,39 Meter unter seinen früheren niedrigsten Wasserstand abgesenkt, d. i. die Hälfte der zulässigen Absenkungstiefe; es ist daher nicht ausgeschlossen, daß mit zunehmender Absenkung noch weitere Uferabbrüche eintreten werden. Die bisherigen Vorkommnisse sind keine Überraschungen, man hat am Seehammer-, Soyen-, Faulenbacher-, Spuller-See usw. die gleichen Beobachtungen gemacht."* Und der letzte Satz dieser Notiz wird den Geschädigten auch nur bedingt Beruhigung verschafft haben: *„Auf den Betrieb des Walchenseewerkes haben diese Uferrutschungen keinen Einfluß."*[26]

Auch wenn von Seiten des Kraftwerks immer wieder betont wurde: Die Schäden sind halb so wild![27], dokumentieren riesige Aktenbündel des Straßenbauamts Weilheim, die heute im Staatsarchiv in München verwahrt werden, das Gegenteil. Und auch vor Ort war zu merken, dass sich einiges veränderte.

Die Meldungen über den „sterbenden Walchensee" lockten anno 1925 viele Schaulustige aus nah und fern an den See. Ganze *„Kolonnen Radfahrer, Fußgänger und Motorradfahrer"* kamen über den Kesselberg, um sich vor Ort selbst ein Bild zu machen.[28] Nach der ersten Absenkung füllte sich der See dank Schneeschmelze im Frühjahr langsam wieder. Ende Juni 1925 hatte er seinen gewohnten Wasserstand erneut erreicht[29] und die Bewohner konnten beruhigt aufatmen – bis zum nächsten Herbst!

24 Ebenda.

25 Ebenda.

26 Tölzer Kurier vom 14. April 1925.

27 Zum Beispiel Tölzer Kurier vom 7. Mai 1925.

28 Tölzer Kurier vom 7. April 1925.

29 Tölzer Kurier vom 20. Juni 1925.

Der Eisenstallwinkel, Foto vom 5. März 1925

„Walchenseeufer, km 5,750", Foto vom 13. April 1937

Schon kurz nach Bekanntwerden der Pläne zum Bau des Walchenseekraftwerks[30], dessen Bau am 1. Juli 1911 endgültig genehmigt worden war, hatten sich in der breiten Öffentlichkeit erste Proteste geregt. Man fürchtete eine Beeinträchtigung der Naturschönheiten im Isartal und am Walchensee und eine daraus resultierende Schädigung des Fremdenverkehrs. Rund 150 Einsprüche wurden erhoben von verschiedenen Gemeinden und Privatleuten, von Waldbesitzern, Flößermeistern, Villenbesitzern und vielen anderen. 1909 wurde eine eigene „Denkschrift zum Walchenseeprojekt"[31] herausgegeben, in der Fachleute verschiedenster Fakultäten ihre Bedenken anmeldeten, nicht nur Naturschützer, sondern auch ein Rechtsanwalt, ein Arzt, die Flößer und natürlich betroffene Anwohner. Die Fischereiberechtigten fürchteten darin eine Verschlechterung der Laichverhältnisse und infolge davon einen Schwund beim Fischbestand und somit einen Verlust ihrer Einkünfte. Ansonsten stehen die Sorge um den Verlust der Naturschönheit und befürchtete Einbußen im Tourismus an vorderer Stelle.

Ansprüche für zu erwartende Schädigungen wurden bereits vorab geltend gemacht.[32] Und auch die Künstler hatten ihre Bedenken, wenn sie den Blick aus der Burg Schwaneck über dem Isartal in die Ferne schweifen ließen. *„Kommt der Walchensee wirklich nach München, dann kommt er in allen Ehren und Züchten, als ein von der obersten Baubehörde wohl geregeltes Element in großen Kanälen mit zweimalhunderttausend Pferdekräften als moderner Kulturfaktor"*, weissagte der Schriftsteller Josef Ruederer bereits 1907. *„Da wird das obere Bett der Isar sich bei Krünn und Walgau durch das Gewässer des Walchensees mittels großer Turbinen mit dem unteren verbinden, und die alte Prophezeiung wird auf dem Wege der Realwissenschaften aufs glänzendste in Erfüllung gehen. Von Burg Schwaneck aber, wo ich immer noch sitze, wird der Blick sich weiten über abgeholzte Wälder, über Fabriken und Schlöte, über Telegraphendrähte, elektrische Leitungen und polizeiliche Verbote, die das Berühren der Drähte bei Todesstrafe verbieten."*[33]

Besonders beklagt wurde die Schädigung der Fremdenverkehrsbetriebe, der Hotels in Urfeld, Walchensee und Einsiedl.[34] Schon unter dem Bau des Werkes hatte der Tourismus zu leiden, doch Ende 1924 hoffte man auf bessere Zeiten. Auf seiner Jahressitzung am 14. November in der „Post" in Kochel verkündete der Vorsitzende des Kur- und Verkehrsvereins für das Kochel- und Walchenseegebiet und gleichzeitige Besitzer des Hotels „Fischer am See" in Urfeld, Richard Schilde, dass die Hotels, Gasthöfe und Privathäuser nun wieder frei und gut zu erreichen seien und wie in früheren Jahren wieder zur Verfügung der Gäste stünden.[35] Das war wohl etwas zu optimistisch gesehen. Auch in den kommenden Monaten nahmen die Klagen über Schädigungen kein Ende. Das Hotel in Einsiedl kaufte das Kraftwerk kurzerhand auf und eröffnete es im Sommer 1925 wieder frisch renoviert.[36] Auch auf die Flößerei hatte die Ableitung der Isar starke Auswirkungen, das heißt, diese war streckenweise nicht mehr möglich.[37]

Am Fischereiwesen ging die Veränderung des Walchensees ebenfalls nicht spurlos vorüber. Viele Laichplätze gingen verloren, weil weite Strecken der Uferpartien und somit auch der Laich trocken gefallen waren. Man hatte dies bereits zuvor befürchtet. Generell lagen Fischer und Wasserbautechniker im Widerstreit.[38] Schon bald nach Errichtung des Walchenseekraftwerks wurden Klagen auch von Seiten der Fischer laut: *„Durch die Inbetriebnahme des Walchenseewerkes erlitt die Stadt Tölz großen Schaden in ihren Fischereirechten. Ein Angebot der Bayernwerke A. G., eine Abfindung von 20.000 Mark zu zahlen, lehnte der Stadtrat ab. Er verbleibt bei einer Entschädigungsforderung von 70.000 Mark"*, verlautete es etwa aus dem nahen Tölz.[39]

30 Fotos in BayHStA MF 67750.

31 Exemplar erhalten in BayHStA MK 51193.

32 Das Walchensee-Werk, S. 19 f.

33 Ruederer, München, S. 96 f.

34 Tölzer Kurier vom 4. April 1925.

35 Tölzer Kurier vom 21. November 1924.

36 Tölzer Kurier vom 6. März und 20. Juni 1925.

37 Das Walchensee-Werk, S. 11, und Kriner, Von Gervn zu Krün, S. 199.

38 Vgl. zum Beispiel AFZ 1914, S. 467 f.

39 AFZ 1928, S. 383 (15. Dezember 1928) und FZ 1928, S. 951 (23. Dezember 1928).

Auch am Walchensee litt die Fischerei; die Fischbestände gingen merklich zurück. Den Fischern am Walchensee wurde zwar eine Abfindungssumme bezahlt[40], doch den Verlust an Fischen konnte dies nicht verhindern. Nicht nur, dass Fische in Rechen zu Tode kamen, viel schlimmer war der Einfluss des Absenkens des Wasserspiegels auf das Laichverhalten.

1938 veröffentlichte der Fischermeister Josef Lämmerer von Urfeld einen Aufsatz in der „Allgemeinen Fischerei-Zeitung" über die Fischerei am Walchensee, in dem er beklagte: *„Der Bestand der Fischarten läßt, mit Ausnahme der Seeforelle, gegen früher sehr zu wünschen übrig."* Er nennt dafür zwei Gründe: einmal die mangelhafte Bewirtschaftung des Sees, die jedoch durch die Gründung der Genossenschaft im Jahr zuvor auf Besserung hoffen ließ, zum anderen aber die Absenkung des Wassers, die vor allem die Fische in ihrem Laich stark beeinträchtigte:

„Infolge des ungleichen Wasserstandes, den das Walchenseekraftwerk mit der Abzapfung verursacht und der von Oktober mit Mai bis zu 5 Meter beträgt, ergibt sich von selber, daß die Uferlaicher wie Hecht, Aitel, Laube und Rotauge im Aussterben begriffen sind. Da der Walchensee ziemlich kaltes Wasser hat, im Sommer zwischen 17 bis 19 Grad, laichen die genannten Fische erst Ende April bis Mitte Mai. Um diese Zeit ist aber der Seespiegel meistens noch 2 bis 3 Meter unter dem Normalstand. Dadurch sind die natürlichen Laichplätze für die Uferlaicher nicht erreichbar und diese sind gezwungen, am Steilufer oder sonstwo ihr Laichgeschäft zu erledigen. Außerdem kann es vorkommen, wie es in diesem Jahre der Fall war, daß der See gerade während der Laichzeit innerhalb 14 Tagen voll aufgestaut wird, und daß dadurch der Laich entweder vom starken Wellengang ans Ufer geschwemmt wird oder daß er vollkommen verschlammt auf dem Grunde in 2 bis 4 Meter Tiefe liegt."

Doch noch ein anderes Phänomen wurde von Josef Lämmerer bemerkt: *„Leider muß ich jedes Frühjahr, wenn der See angestaut wird, feststellen, daß hauptsächlich die Posthornschnecke, die ja gerade bei unserem futterarmen See als Grundnahrung für Aitel, Rotaugen und Schleie sehr wertvoll ist, millionenhaft abgestorben ans Ufer gespült wird. Dadurch, daß das Ufer den ganzen Winter über 3 bis 5 Meter trocken ist, müssen diese Schnecken erfrieren und im Frühjahr sieht das Ufer an den wenigen flachen Stellen, die der See hat, aus, als wenn schneeweißer Sand angespült wäre.*

Der einzige Fisch, dem die Seesenkung am allerwenigsten schadet, ist die Seeforelle. Diese ist auf ihre früheren Laichplätze im See nicht mehr angewiesen, da für sie durch die Einleitung von Isarwasser in den Walchensee noch viel bessere Laichmöglichkeiten im laufenden Wasser und zwar in der Obernach entstanden sind." Doch war auch diese Tatsache für die Fischer keine ungetrübte Freude: *„Leider können wir Fischer aber keine der großen Seeforellen fangen, da der Teil, in welchem die Lachse laichen, nicht mehr zum See, sondern dem Forstamt Walchensee gehört. Ich glaube aber, daß mit dem Forstmeister sicher eine Abmachung getroffen werden kann, um die aufsteigenden Fische zu fangen und zu streifen."*[41] Doch auch diese Hoffnung trog. Durch die Verbauung der Obernach und den Bau des Obernachkraftwerks wurden die Forellen am Aufsteigen gehindert, ein Schaden, der durch die derzeit laufenden Renaturierungsmaßnahmen wieder rückgängig gemacht werden soll.[42]

„Der Saibling ist im See sehr stark vertreten, aber leider vollkommen degeneriert. Im Jahre 1930 habe ich noch an jeder Saiblingsschnur mit 150 bis 200 Ködern 80 bis 100 Saiblinge, darunter zwei bis drei Stück mit 1.500 bis 3.000 Gramm gefangen, ebenso fing ich mit Bodennetzen an gewissen Plätzen immer

40 AFZ 1957, S. 47.

41 AFZ 1938, S. 294-296.

42 Vgl. hierzu das Kapitel „Die Fischerei in der Obernach".

250 bis 750 Gramm schwere. Während ich 1934 noch zwei Stück mit 1.500 bis 2.500 Gramm bekam, konnte ich bis heute keinen großen Saibling mehr fangen. In der heurigen Fangzeit habe ich oft an einer Schnur mit 150 Hacken 60 bis 80 Saiblinge gefangen, aber lauter kleines Zeug, 5 und noch mehr Stück auf 500 Gramm gehend. Das ganze Aussehen der Saiblinge spricht schon für Degeneration. Denn jeder hat einen furchtbar großen Kopf und der Rücken verläuft keilförmig bis zur Schwanzflosse." Resigniert schlussfolgert Josef Lämmerer, dass man vom Saibling, der einst der Stolz der Walchenseefischer war, zu Gunsten der Renken verzichten sollte: *„Das Beste ist, man nimmt auf diesen Fisch gar keine Rücksicht und wirft all dieses Kleinzeug heraus. Eine Blutauffrischung ist schwer zu beschaffen, sie hat auch keinen Wert, denn große Saiblinge richten unter den Jungrenken nur Schaden an."* Zum Schluss aber hoffte der Fischmeister von Urfeld, dass, wenn die Genossenschaftsmitglieder in Zukunft gut zusammenarbeiten, der Fischbestand in den folgenden vier bis fünf Jahren sich durch Besatz wieder erholen könnte.[43]

Blick auf den Walchensee über Urfeld, Aufnahme aus den 1950er-Jahren

43 AFZ 1938, S. 294-296.

Bauarbeiter fürs Kraftwerk am Walchensee

In dem stramm linken, 1931 erschienenen Arbeiterroman „Der Baraber vom Walchensee“ wird detailfreudig und mit authentischen Fotos der Baustelle und der Arbeiter die Situation nach dem Ersten Weltkrieg am Walchensee mit dem Bau des Walchenseekraftwerks und in der Folge den Straßenarbeiten geschildert. Mit „Baraber“ wurden generell Arbeiter bezeichnet, die vorübergehend in eine Gegend kamen, wie etwa Hopfenzupfer, Erntehelfer oder – wie im Fall des Walchensees – Bauarbeiter. Allen haftete ein negativer Ruf bis hin zur Kriminalität an, der sich auch im Fall der Baraber vom Walchensee bestätigte. Die Einheimischen versuchten, möglichst wenig mit den Arbeitern in Kontakt zu kommen, abgesehen von den Wirten, denen der Bierkonsum der Baraber zusätzliches Geld in die Kassen spülte. Am Walchensee hausten sie in Baracken, wenn sie nicht in leer stehenden Häusern einquartiert wurden. Es war die Zeit nach dem Ersten Weltkrieg; die Räteherrschaft hatte sich Bayerns bemächtigt. In treu kommunistischem Jargon beschreibt Josef Rambeck die Situation während der Bauarbeiten:

„Am Ufer der nördlichen Bucht des Walchensees liegt der Ort Urfeld, nämlich zwei Hotels und einige am Berghang verstreute Villen und Landhäuser. Im Sommer genießen hier Leute, die es sich leisten können, die Schönheiten des Bergsees. Unzählige Luxusautos beleben dann die durch den Ort führende Staatsstraße. Auf den Hotelterrassen lassen sich zahlreiche Bergwanderer zur Rast nieder, wenn sie nicht durch plötzlich eintretendes Regenwetter in die Gasträume gezwungen werden, wo sie dann ärgerlich brütend und in den meisten Fällen vergeblich das Wiedererscheinen der Sonne abwarten. Im Winter dagegen, besonders an den Wochentagen, ist hier alles wie ausgestorben. Die Villen sind fast alle unbewohnt, und in den Hotels wird der Betrieb nur in der sogenannten Bauernstube aufrechterhalten. Sie ist dann zumeist nur von Holzarbeitern und Fuhrleuten besetzt. Diesmal aber sollte auch im Winter, wenn auch auf andere Art, mehr Leben in diesen Gebirgswinkel kommen.“

Er meinte die Arbeiten am Kraftwerk. Doch fehlte es an entsprechenden Unterkünften. Die Baracken reichten nicht aus für all die Baraber. Einer der Arbeiter schwang sich zu ihrem Anführer empor. „Dann wälzen wir uns eben in den Daunenbetten der Bourgeoisie“, beendete er stets seine Forderungen zum Wohnungsproblem. „Es gelang ihm, auf seine Vorstellungen hin beim Sozialministerium in München eine Verordnung zu erwirken, wonach leerstehende Wohngebäude, dort wo ein dringender Bedarf vorhanden war, für Arbeiterwohnungen beschlagnahmt werden konnten. Freilich, so war das Beschlagnahmen wohl nicht gedacht, wie es die Baraber einmal in Abwesenheit Dills [ihres Anführers] auffaßten.

Die Obhut über die Villen und Landhäuser unterlag meistens einem einheimischen Nachbarn, der auch die Schlüssel hatte. Wurde dieser den Arbeiterräten nicht ausgeliefert oder der Besitzer eines Gebäudes hatte den Schlüssel nirgends im Ort hinterlegt, so wurde im Namen des Arbeiterrates mit dem Schlosserwerkzeug geöffnet. Die Verteilung der Wohnungen ergab weiter keinen Streit. Wer zuerst kam, der mahlte zuerst, und im übrigen fand man sich schon möglichst in der Gesellschaft zusammen, die dem einzelnen am besten zusagte. Alsbald trafen dann die ersten Frauen ein und begannen sich in ihren neuen schönen Wohnungen häuslich einzurichten. Wir sehen sie heute unter den zum Abmarsch wartenden Barabern, wo sie deren Späße belachen und sich anscheinend in dem Ring älterer und junger Kavaliere sehr wohl fühlen.“

Nicht nur in Urfeld haben sich die Anhänger der Räteregierung in den Villen breit gemacht, sondern auch in Walchensee, allerdings auf weniger illegalem Weg: „Am südwestlichen Winkel des Walchensees, zwischen Wald, Berg und Wasser liegt das Dorf Walchensee. Der Ort ist kein gewöhnliches Bauerndorf, sondern er dient vielmehr als Sommeraufenthalt einer Anzahl Stadtmenschen, die das nötige Kleingeld hatten, um sich in dieser herrlichen Gegend eine Villa oder ein Landhaus zu erwerben oder bauen zu lassen. Es mag vor dem Einzug dieser naturhungrigen Geldmenschen sehr still gewesen sein in diesem Dorf, das bis dorthin nur aus ein paar Bauernhöfen, einer Försterei, einer Kirche und einem Wirtshaus bestand. Das heißt, die neuen Eindringlinge bleiben nicht das ganze Jahr hindurch hier; im Herbst, nach den ersten kalten Winden, ziehen sie wieder zurück in die Stadt, um frühestens im Spätfrühling wiederzukommen. Während dieser Zeit stehen dann die schmucken Häuschen und Villen leer und mit geschlossenen Läden da, als schliefen sie ihren Winterschlaf.

Den Barabern waren diese Schläfer nicht verborgen geblieben. Sie waren ja auch nur vier Kilometer von Urfeld entfernt, und man konnte noch auf kürzerem Wege mit dem Kahn über den See herüberkommen. Also wurde in einer Versammlung das Problem der Villenbeschlagnahme im Dorf Walchensee eingehend erörtert. Die Befürworter der gewaltsamen Öffnung der ‚Bourgeoisiepaläste' drangen diesmal nicht durch; denn Dill unterstützte den Vorschlag eines früheren Hotelhausmeisters, nach dem man mit den Villenbesitzern zunächst auf friedlichem Wege eine Einigung versuchen sollte. So wurde dann auch dieser Genosse als Wohnungskommissar gewählt und zu Verhandlungen mit der ‚Bourgeoisie' bevollmächtigt. Und diese blieben in der Tat nicht erfolglos.

So zogen also auch im Dorf Walchensee alsbald eine Anzahl Baraber in die noblen Sommerquartiere der Bourgeoisie. Im übrigen fiel diese Einmietung für die Besitzer gar nicht so schlimm aus. Einige schlossen mit ihren Mietern sogar regelrechte Verträge ab.“ Ob ganz freiwillig oder aus Angst vor ähnlichen Zuständen wie in Urfeld ist nicht überliefert.

(Rambeck, Der Baraber vom Walchensee, S. 11, 46 und 84-85)

Ob er mit seiner Prognose recht hatte, lässt sich schwer sagen, denn eben in diese Zeit fiel der Zweite Weltkrieg mit fehlendem Besatzmaterial, mit Raubfischerei und dem Fehlen der Fischer, die zum Militärdienst eingezogen waren.

Auch nach Kriegsende ging es mit einer richtigen Bewirtschaftung nicht so schnell, wie man gehofft hatte. Noch 1957 stellte der Wasserbiologe Dr. Otto Schindler in der „Allgemeinen Fischerei-Zeitung" die Frage: *„Wann wird mit der richtigen Bewirtschaftung des Walchensees begonnen?"*[44]

Durch den gestiegenen Bedarf an elektrischem Strom hatte man inzwischen die Kapazität des Kraftwerks durch die Einleitung des Rißbachs gesteigert. Das bedeutete aber auch, dass der See nun nicht wie bisher um bis zu vier Meter abgesenkt wurde, sondern gar um sechs Meter und mehr. Anders als in den Jahren nach 1924 sind in den 1950er-Jahren keine neuen Schäden für die Fischerei dazugekommen. Bald nach der neuerlichen Veränderung waren zwar von den Fischereirechtinhabern verschiedenste Befürchtungen geäußert worden – man fürchtete sogar das Ende der Fischerei im Walchensee –, doch zum Glück waren sie größtenteils unbegründet. *„Zunächst wurde angenommen, der Walchensee sei infolge der neuen Veränderungen – verstärkter Durchstrom, tiefere Absenkung des Wasserspiegels – fast vollkommen zugrunde gerichtet, und es sei zwecklos ihn weiterhin fischereilich zu bewirtschaften. Insbesondere tauchte immer wieder die Behauptung auf, die Fische würden nicht genug Nahrung finden und müßten hungern – ja vielleicht sogar verhungern. Als Grund wurde insbesondere der erhöhte Durchstrom durch den See angeführt, der das Plankton, also die Schwebetierchen, die die Hauptnahrung der Renken und vieler anderer Fische bilden, so beeinträchtigen, daß sie zugrunde gehen. Immer wieder hieß es, es sei ja doch keine Nahrung mehr im See, Einsatz von Renken sei daher sinnlos. Es ist nicht bekannt, wie weit sich diese anfängliche Meinung inzwischen geändert hat – die äußerst wohlgenährten Renken, die seit 1950 jedes Jahr gefangen wurden, sind jedenfalls der offensichtlichste Gegenbeweis."* Seit fünf Jahren war Otto Schindler mit der Untersuchung der biologischen Gegebenheiten des Walchensees beschäftigt, deren Endzweck die Feststellung war, wie der See am besten fischereilich zu nutzen sei. Er konnte aufgrund seiner Untersuchungen den Fischereirechtinhabern des Walchensees die beruhigende Mitteilung machen, *„daß die Planktonmenge des Walchensees vollkommen ausreicht, um einen der Größe des Sees entsprechenden guten Renkenbestand zu ernähren. Die Gefahr, diese Fische müßten hungern, besteht nicht, zumal die Hauptmasse der Nahrung auf verhältnismäßig engem Raum lebt, nämlich in der Wasserschicht zwischen der Oberfläche und 20 Meter Tiefe. Daher müssen die Renken auch nicht zu große Strecken zurücklegen, um ihr Futter zu finden"*.

Zwar hatten die Fischereirechtinhaber immer wieder geklagt, sie würden so gut wie keine wertvollen Nutzfische mehr fangen, doch Otto Schindler sah die Ursache dafür weniger in der erneuten Absenkung des Sees, sondern vielmehr in der falschen Bewirtschaftung.

Dieser Artikel blieb nicht unerwidert. Ebenfalls in der „Allgemeinen Fischerei-Zeitung" entgegnete Serge Tircher, der als Freizeitfischer mit dem Walchensee und seinem Fischvorkommen eng vertraut war, dass Schindlers Standpunkt in mancher Hinsicht nicht ganz den Tatsachen entspräche. Er war vielmehr der Ansicht, dass, wenn nun die Saiblingsfänge in den letzten Jahren zurückgegangen seien, dies nur mit dem Bau des Wasserkraftwerkes zusammenhinge. *„Die Saiblingsplätze lagen unfern dieses Werkes und sobald die Arbeiten begannen, hörten die Fänge auf."* Allerdings vermutet Tircher weniger einen Verlust der Saiblinge als vielmehr deren Abwanderung in andere Teile des Sees.[45]

44 AFZ 1957, S. 47-49.

45 AFZ 1957, S. 86.

Der Walchensee und die Wittelsbacher

FREMDE BEGEHRLICHKEITEN

Nachdem die edlen Fische im Walchensee eingesetzt waren, die Kesselbergstraße erbaut und damit nicht nur ein günstiger Handelsweg geschaffen war, sondern auch die wildreichen Jagdreviere leichter zu erreichen waren, stieg das allgemeine Interesse am Walchenseegebiet. Die Herzöge von Bayern bemühten sich um den Walchensee. Ausführlich berichtet darüber Karl Meichelbeck.[1] Ein Grund für diese Ausführlichkeit ist nach seinen eigenen Angaben, dass man erkennt, *„was für ein scharpfes Aug das Haus Bayern (wie vor Zeiten auch die Bischöf von Freising) auf den Wallersee getragen und noch bekommen könnte"*. Gerne kam der Herzog in die Gegend zur Gämsen-, Hirsch- oder Biberjagd.[2] Im Laufe der zweiten Hälfte des 15. Jahrhunderts war nämlich eine starke Veränderung der Landschaftsstruktur eingetreten. Bedingt durch den erhöhten Holzverbrauch der Bevölkerung – München war auf über 10.000 Einwohner angewachsen – kam es nicht nur zu einer Minderung des Holzbestandes rund um die bayerische Residenzstadt, sondern auch zu einer Einengung des Lebensraums für jagdbares Wild. Herzog Albrecht IV., genannt der Weise, war ein begeisterter Jäger; gleichzeitig wurde er seinem Beinamen gerecht und erließ Schutzbestimmungen für Wälder und gegen Wilderer sowie Jagd- und Fischereiordnungen. Die Jagdleidenschaft und einen gehegten Wildbestand vererbte er seinem Sohn Wilhelm IV. (1508-1550). Über alle Kunst und politischen Ehrgeiz ging auch ihm die Freude am Jagen. Bis ins hohe Alter blieb er dieser Leidenschaft treu – und mit ihm die Münchner Hofgesellschaft.[3] Immer neue Jagdreviere mussten gefunden werden. Doch nicht nur die „grüne Weyd" gehörte von alters her zu den herzoglichen Vergnügungen, sondern auch die „nasse Weyd". Im Unterschied zur Jagd wurde in der Fischerei jedoch bereits im 16. Jahrhundert eine Hege im heutigen Sinne betrieben. Man fischte in der Regel nicht wahllos, sondern unterschied die Fische nach Größe und Gewicht und setzte sie zum Teil wieder in bewirtschaftete Weiher ein.[4] Auch am Walchensee interessierten sich die Herren aus München für die Fischerei.

Anno 1507 hatte Hans Öttl, *„ein sehr alter Fischer"*, wie Meichelbeck schreibt, ein halbes Benediktbeurer Urbar zu Land und zu Wasser am Walchensee. Dieser Hans Öttl hatte nicht nur beim damaligen Abt Balthasar Werlin (1504-1521), sondern schon bei dessen Vorgängern Abt Narziß (1483-1494) und Abt Wilhelm (1449-1483) nicht unerhebliche Schulden gemacht, die schließlich dazu führten, dass das ursprünglich gänzlich genossene Urbar um 1490 geteilt wurde.[5] Dennoch war sein Schuldenberg bis 1507 so weit angewachsen, dass Öttl – heute würde man sagen – pleite war. Um aus den Schulden herauszukommen, verhandelte er mit dem steinreichen Tiroler Bergwerksunternehmer Veit Jakob Tänzl auf Tratzberg und bot diesem sein *„Seezeug"*, seine *„Kästen, Fischbrunnen und anders"*, ja sogar seinen Seeanteil an, doch bedurfte es dazu der Zustimmung des Grundherrn, also des Klosters Benediktbeuern. Dort war man nicht abgeneigt – offensichtlich war der Walchensee noch keine Goldquelle und die Schulden des Klosterneubaus nach dem Brand noch lange nicht getilgt –, doch wollte man sichergehen, dass von Seiten des Landesfürsten nichts dagegenspräche. Herr Tänzl, der wohl nicht nur an der Fischerei im Walchensee, sondern als passionierter Jäger auch an der

1 BayHStA KL Benediktbeuern 2/2, fol. 41-50. Handschriftliche Aufzeichnungen Meichelbecks, zitiert nach Daffner, Benediktbeuern, S. 324-331.

2 BayHStA KL Benediktbeuern 2/2, S. 50. Vgl. hierzu auch die umfangreichen Aktenbestände KL Benediktbeuern 143, 145,146, 156 b, 159, 160, 162 und 183.

3 Vgl. hierzu Ergert, Skizzen aus dem Gebiet der Jagd, S. 15 f.

4 Ebenda, S. 17.

5 Meichelbeck, zitiert nach Daffner, Benediktbeuern, S. 324, nennt als Jahr der Teilung 1480, was nicht stimmen kann, da laut Stiftsbuch von 1482 bis 1489 Hans und Liendel Öttl noch 1487 das Urbar „ganntz zu Walhensee" verstiftet bekamen (vgl. BayHStA KL Benediktbeuern 36, fol. 14). Von Liendel ist bei der Teilung nicht mehr die Rede, woraus geschlossen werden kann, dass die Teilung nach 1487 erfolgte.

Burg Tratzberg im Inntal

Veit Jakob Tänzl von Tratzberg

Veit Jakob Tänzl von Tratzberg (Burg bei Schwaz im Inntal), geboren um 1465, gestorben 1530, war der Sohn einer bedeutenden und reichen Tiroler Gewerken- und Kaufmannsfamilie, die an den ergiebigen Schwazer Bergwerken beteiligt war. Ihr Reichtum war enorm; zahlreiche Schlösser nannte sie ihr Eigen. Nach dem Tod des Vaters 1491 übernahmen die Brüder Veit Jakob und Simon das Geschäft. Simon (gestorben 1525) trat wenig in Erscheinung, während Veit Jakob ein prunkvolles Renaissanceleben führte. Romanhaft wirken sein Aufstieg und sein Niedergang. 1502 wurde er geadelt und führte von da an den Freiherrentitel und den Zusatz „von Tratzberg“. Er genoss ein fürstliches Leben, in dem die Jagd eine wichtige Rolle spielte. Unter anderem erwarb er die Burg Reichersbeuern bei Tölz. Als kaiserlicher Rat hatte er zudem großen politischen Einfluss. Um 1520 stand er auf dem Höhepunkt seiner Macht, doch dann ging es durch Misswirtschaft von Mitarbeitern und durch die steigende Konkurrenz der Augsburger, allen voran der Fugger, steil bergab. Zudem war 1519 sein Gönner und Jagdfreund Kaiser Maximilian gestorben. Prozesse, Aufstände, Bankrotte, sogar eine Betrugsaffäre wegen Veruntreuung kirchlicher Gelder waren die Folge, wodurch seine gesellschaftliche Stellung schließlich ruiniert war. Sein Tod 1530 bewahrte ihn vor weiterer Schande. Seine Frau starb im Jahr darauf. Sie hatten keine Kinder. Die Söhne Simons führten die Reste der Firma weiter, bis 1552 der endgültige Zusammenbruch erfolgte. Die Familie verließ Tirol und ließ sich in Schwaben nieder, wo ihre Nachkommen noch heute leben. Emilian Tänzl von Tratzberg trat zum Beispiel ins Kloster Kempten ein und hatte dort von 1785 bis 1803 das Amt des Fischerherrn inne; ein Simon Tänzl von Tratzberg ist in der zweiten Hälfte des 16. Jahrhunderts als Obristjägermeister im Augsburger Raum nachzuweisen.

(Pfaundler, Tirol-Lexikon, S. 429 f., und Oelwein, Geschichte der Fischerei in Schwaben, S. 138)

Jagd drum herum interessiert gewesen sein dürfte und vielleicht auch an der günstigen Lage an dem wichtigen Fernhandelsweg (wenige Jahre zuvor war die Kesselbergstraße fertiggestellt worden), begab sich sofort nach München zu Herzog Albrecht IV., jenem Herzog, der am Bau der Kesselbergstraße beteiligt war und der ihm noch am 8. Dezember 1507 ein Schreiben an Abt Balthasar ausfertigte, in dem der Herzog seine Einwilligung auf fünf Jahre erteilte. Einen Tag später, am 9. Dezember, lag das Schreiben bereits auf dem Schreibtisch des Abts in Benediktbeuern. Der Vertrag wurde unterzeichnet und ein Salbuch des Jahres 1508 beweist, dass Herr Tänzl von Tratzberg klösterlicher Pächter geworden war und die geforderten Abgaben entrichtete. Die Fischerei im See hat jedoch für ihn auch weiterhin der Fischer Öttl, inzwischen Hans Öttl der Jüngere, versehen. Auch durfte dieser weiterhin in seinem Vaterhaus in Walchensee verbleiben.[6]

Inzwischen schmeckten – laut Meichelbeck – dem Herrn Tänzl die Fische aus dem Walchensee sehr wohl, sodass er auf die Idee kam, sich in Zukunft noch mehr um den See zu bemühen als bisher. Ende des Jahres 1510 richtete er einen Brief an den Abt und den Konvent von Benediktbeuern, mit der Bitte, auch die andere Hälfte des Urbars übernehmen zu dürfen. Zu dieser zweiten Hälfte gehörte jedoch auch die in der Zwischenzeit äußerst lukrative Tafern am neuen Fernhandelsweg von München nach Tirol. Folglich wurde diese neuerliche Bitte abgeschlagen. Herr Tänzl, hierüber ziemlich missvergnügt, wie Meichelbeck schreibt, reiste

6 Meichelbeck, zitiert nach Daffner, Benediktbeuern, S. 325; vgl. auch Daffner, ebenda, S. 98 ff.

sofort nach München zu den Herzögen Wolfgang, dem jüngsten Bruder Herzog Albrechts IV., und Wilhelm, dem Sohn Albrechts, dessen Vormundschaftspfleger Tänzl gewesen war. Sie sollten ein Machtwort an den Abt von Benediktbeuern schreiben, was Herzog Wolfgang auch umgehend tat. Im Kloster beratschlagte man nun: Was war mit dem Konrad Zwerger zu tun, der damals auf dem halben Urbar saß und die Tafern zu Walchensee von Rechts wegen innehatte und sich bis dato nichts zu Schulden hatte kommen lassen? In diesem Sinn schrieb der Abt nach München. *„Mit sothaner Antwortt glaubte man bey uns, sich genuegsamb aus disen Molestiis hinaus gewicklet zu haben"*, das heißt, das Kloster hatte sich vermeintlich elegant aus der Affäre gezogen. Doch schon bald sollte die Geschichte eine Fortsetzung finden. Im September 1511 erreichte abermals ein herzogliches Schreiben in Sachen „Walchensee" den Abt von Benediktbeuern. Diesmal trat Herzog Wolfgang nicht mehr als Fürsprecher für den Tänzl von Tratzberg auf, sondern forderte das halbe Urbar gewissermaßen für sich selbst, für einen ihm äußerst treu ergebenen Fischer, Andreas von Egling. Als dieser nun zu Abt Balthasar nach Benediktbeuern kam, zeigte er ihm den Briefwechsel bezüglich der noch immer nicht entschiedenen Wünsche des Tirolers. Der Fischer lief zum Herzog und erzählte ihm alles; Herzog Wolfgang schrieb daraufhin erneut nach Benediktbeuern. Nun bestritt er, sich je für den Tänzl verwendet zu haben, ordnete an, der Abt solle sich nicht länger mit diesem abgeben, sondern seine, des Herzogs, weitere Willensäußerungen abwarten. Bald darauf erneuerte der Herzog seine Fürsprache für den erwähnten Fischer von Egling. Der Abt meldete dies unverzüglich nach Tirol. Veit Jakob Tänzl ließ nicht locker. Er ignorierte den herzoglichen Willen, bot dem Gotteshaus dagegen sogar *„mehr Satisfaciton, als ein jeder anderer geben würde"*, das heißt, die Besitzungen am Walchensee waren ihm viel wert. Abt Balthasar antwortete: Es werde dem Tänzl wohl nicht entgangen sein, dass es dem Herzog ernst sei wegen des Wallerseeischen Urbars und er, der Abt, fürchte größere Ungelegenheiten, wenn er auf das Angebot des Tänzl eingehe. Was der Tiroler in der Folge in dieser Sache unternahm, war Karl Meichelbeck nicht bekannt. Tatsache ist jedoch, dass Konrad Zwerger auch noch in den Jahren 1511, 1512 und den folgenden das halbe Urbar samt Tafern innehatte.

Die Wünsche des Veit Jakob Tänzl von Tratzberg waren nun offensichtlich gänzlich abgeschmettert. Die Verhandlungen mit dem bayerischen Herzog Wolfgang jedoch gingen weiter. Offensichtlich konnte auch er das halbe Urbar des Konrad Zwerger nicht erlangen. So verfiel er auf einen anderen Gedanken: Da war doch noch die andere Hälfte des Urbars, jene Hälfte, die der Tänzl seit 1508 innehatte. Herzog Wolfgang schickte am Neujahrstag 1512 seinen Rentmeister nach Benediktbeuern. Abt Balthasar wurde zum Herzog nach Landsberg zitiert und aufgefordert, das halbe Urbar am Walchensee, *„so bis dahin der Tänzl genossen"*, ihm, dem Herzog, selbst gegen Zins zu verleihen. Der Abt wollte aber auch dieses halbe Urbar nicht an den Herzog abgeben. Er *„difficultierte"*, wie Meichelbeck schreibt, er machte Schwierigkeiten, war uneinsichtig. Doch der Herzog ließ nicht locker, schrieb gleich nach Lichtmess, also nach dem 2. Februar, erneut einen *„gar nachdrucklichen Brief"* mit dem Hinweis, dass, *„was das Kloster ehedessen einem Ausländer gethann, könne man wohl auch Ihme als Landt-Fürsten erweisen"*.

Abt Balthasar kann einem fast leid tun. Wieder musste er zur Feder greifen. Er schrieb, dass er damals dem Tänzl das halbe Urbar ja nur überlassen habe, weil Hans Öttl es nicht mehr zahlen konnte, und dies mit ausdrücklicher Genehmigung des damaligen Herzogs Albrecht. Außerdem habe der Tänzl dieses halbe Urbar noch ein Jahr zu genießen. Inzwischen hatten sich die Umstände jedoch

Höfische Jagd- und Fischereiszenen am Achensee, Illustration aus dem Fischereibuch Kaiser Maximilians von 1504

entschieden verändert. Benediktbeuern habe nun, nachdem das Kloster nach dem großen Brand wieder hergerichtet sei, einen großen Konvent. Und nun habe man einen Mangel an Fischen, da man ja nach der Regel des heiligen Benedikt gewöhnlich kein Fleisch essen dürfe. Deswegen bedürften der Abt und der Konvent ganz dringend selbst der Fische und seien deshalb nicht geneigt, das halbe Urbar an irgendjemand anderen zu verleihen, *„sondern durch ihren selbst aignen Fischer zur aignen Haus-Nothdurfft fischen zu lassen"*.

An dieser Stelle dürfte der Abt verschwiegen haben, dass nicht nur der Konvent gewachsen war, sondern auch der Bestand an Edelfischen im Walchensee. Zur Erinnerung: 1480 waren die ersten Renken eingesetzt worden und 1503 die ersten Saiblinge. In der Zwischenzeit wird der erste Erfolg längst sichtbar gewesen sein. Und vermutlich ist diese Entwicklung auch dem Herzog nicht entgangen, denn wie wäre es anders zu erklären, dass er so hartnäckig auf ein halbes Urbar am Walchensee drängte?

Noch war die Sache für das Kloster nämlich nicht ausgestanden. Wenige Tage nach dem Schreiben des Abts befahl der Herzog dem Abt samt zweier Religiosen sofort nach Landsberg zu kommen. Abt Balthasar erwiderte, der Herzog solle ihn und die beiden Religiosen doch um Gottes willen in Benediktbeuern lassen. Jetzt, in der Fastenzeit, wäre er wegen der vielen Gottesdienste im Kloster unabkömmlich. Doch, schreibt Meichelbeck, *„alles war umsonst. Der Herzog wollte das Urbar haben!"* Die „Einladung" nach Landsberg wurde wiederholt, der Abt sollte jedoch vorher mit dem Tänzl *„abkommen"* und dann sofort dem Herzog das Urbar zum gewöhnlichen Zins überlassen.

Der Abt suchte nach neuen Argumenten. Wegen des Mangels an Fischen versuchte er bereits, den freisingischen Fischer am Kochelsee vom Bischof von Freising an sich zu bringen. Da ihm dies jedoch nicht gelungen sei, bedurfte er der eigenen Fischereien höchst notwendig. Ja, er war sogar gezwungen, *„neue Fisch-Grueben (nemlich Weyer) da und dorten anzulegen"*[7]. Auch hier hatte man gerne die Hilfe des Tänzl von Tratzberg in Anspruch genommen, der vom Kloster den Grund in Sallach erworben hatte, *„damit ich einen Fischkalter machen mag"*[8]. Kloster und Tänzl waren also mehrfach miteinander verquickt und der Abt versuchte sich, so gut er konnte, aus den Verpflichtungen dem Herzog gegenüber zu entwinden. *„Aber auch dises alles fruchtete Nichts"*, der Herzog blieb hartnäckig, zitierte den Abt erneut nach Landsberg. Der Abt kam wieder mit Hinweis auf Unabkömmlichkeit nicht an den Lech. Erneut erreichte ihn die Aufforderung, zu kommen. Wieder blieb der Abt in Benediktbeuern. Inzwischen war es Sommer geworden. Herr Tänzl griff ein zu Gunsten des Klosters (und wohl auch seiner eigenen Interessen) und erntete nichts als einen scharfen Verweis des Herzogs. Er wollte das Urbar auf jeden Fall zu Lichtmess des Jahres 1513. Zu dem Zeitpunkt sei ja auch der Vertrag mit dem Tänzl abgelaufen.

Und tatsächlich erschien – trotz massiven Widerspruchs des Abts – pünktlich zu Lichtmess 1513 ein herzoglicher Fischer namens Marx, den man von Seiten Benediktbeuerns sogar noch in jeder Weise unterstützen, dem man zur Hand gehen und *„alle Gelegenheit und Vorthail"* zeigen sollte, auch wenn Meichelbeck um 1700 diese Worte nicht gebrauchte. Dieses herzogliche Vorgehen war ja wohl die Höhe!

Abt Balthasar willigte dementsprechend auch nicht ein und schickte den armen Marx wieder zurück. Sofort kam ein neuer, noch schärferer Befehl des Herzogs und in der Folge wieder der Fischer Marx. Noch aber saß Hans Öttl auf dem Haus am Walchensee. Der Herzog forderte vom Abt, dass er diesen augenblicklich aus dem Haus werfe. In diesem – nun schon ziemlich harschen – Schreiben wird dem Abt in einem Postskript zudem verboten, den Zwergern in deren zu- und ablaufenden Bächen wegen des Fischens *„einige Hindernus zu verursachen, alldieweilen der Herzog auch mit denen Zwergern einen Bestandt gemacht habe"*. Dieser Brief datiert vom 29. April 1513 und muss eigentlich jeden empören. Meichelbeck merkte an: *„Muesste also selbiger Zeit gleich wohl Gewalt für Recht gehen."*

Offensichtlich war Herzog Wolfgang[9], der jüngste Bruder des bereits verstorbenen Herzogs Albrecht IV., doch nicht so gutmütig-gemütlich, wie er in der Geschichtsschreibung gerne dargestellt wird. Geschichtsschreiber erwähnten ihn als *„ain fauler Herr"*, der gerne seine Ruhe haben wollte, sich gerne mit

7 Vgl. S. 113. Nach der Säkularisation zu Beginn des 19. Jahrhunderts kamen 14 klostereigene Weiher zur Versteigerung, die größtenteils in unmittelbarer Umgebung des Klosters gelegen haben dürften und teilweise als „Seminariweiher" bezeichnet wurden.
Vgl. StA Mü AR 1081/51.
Ein Weiher ist im Gegensatz zu natürlichen Seen immer künstlich, also durch Menschenhand entstanden. Das Wort Weiher, mhd. wi(w)aere, entlehnt aus lateinisch vivarium = Fischbehälter (von vivus = lebendig), war ursprünglich allgemeiner, doch seit dem 9. Jahrhundert hat sich die heutige Bedeutung durchgesetzt. Vgl. Kluge/Seebold, Etymologisches Wörterbuch, S. 784.

8 Originalurkunde von 1519. Vgl. BayHStA KU Benediktbeuern 902. Laut Weiherbuch war der Weiher in Stallau seit 1515 durch den Tänzl erbaut worden. Erst 1560 kaufte das Kloster den Weiher von Tänzls Nachkomme Augustin Rudolph zu Reichersbeuern für 4.900 Gulden. Der Weiher hat hauptsächlich als Halterung für Karpfen und Hechte gedient. Vgl. BayHStA KL Benediktbeuern 93 1/3, fol. 11 und auch BayHStA KL. Benediktbeuern 17, fol. 408.

9 Herzog Wolfgang (1451-1514, beerdigt in Andechs) hatte wie seine Brüder in Italien studiert und war später (1508-1511) Vormund seines Neffen Herzog Wilhelm IV.

Bauernmädchen verlustierte und dessen größte Freude schöne Pferde waren. Seinen temperamentvollen Bruder Herzog Christoph den Starken, von dem man sich die abenteuerlichsten Geschichten erzählte, soll er verehrt und seinen älteren Bruder Albrecht IV. in der Regierung nicht behindert haben. Doch in den Walchensee-Fischereiauseinandersetzungen bewies er wenig Gutmütigkeit und setzte seine Wünsche energisch durch.

Schwer fiel es Hans Öttl dem Jüngeren, sein Haus zu räumen. Nachdem sein Vater für das Kloster Benediktbeuern tätig gewesen war, hatte er offensichtlich zur vollen Zufriedenheit des Veit Jakob Tänzl, dessen Fischer er geworden war, gearbeitet. Nun sollten er und sein greiser Vater, der immer noch im Fischerhaus am Walchensee lebte, einfach vor die Tür gesetzt werden, ohne auch nur eine Ahnung zu haben, wohin sie gehen sollten. Hans Öttl wandte sich mit Hilfe eines gelehrten Schreibers in einem Brief an den Herzog, rühmte die Meriten seines Vaters für die Fischerei im Walchensee, unter dem die Einsetzung der Edelfische stattgefunden hatte, ja, er erwähnt sogar, dass es sein Vater gewesen war, der die Renken und Saiblinge (Grundferchen) durch eigene Mühe und auf eigene Unkosten in den Walchensee gebracht habe. Zwar findet Meichelbeck diese Äußerung *„curiose"*, doch ganz von der Hand zu weisen ist dies nicht. Immerhin wurde Hans Öttl eigens bei den Einsetzaktionen erwähnt und ein Zusammenhang zwischen dem Einsetzen der Edelfische und seiner hohen Verschuldung ist ebenfalls nicht auszuschließen. Zudem hat das Kloster in jenen Jahren zum Beispiel verschiedentlich Weiher durch Privatpersonen auf klösterlichem Grund anlegen lassen, die diese zunächst nutznießen durften, bevor sie nach dem Tod der Anleger an das Kloster fielen.[10]

In München glaubte man Öttls Schreiben, Abt Balthasar wiegelte allerdings etwas ab und meinte auf Befragen, dass *„des alten Hänsl Öttls Verdienst nit eben so gar groß waren, als sye von dem Jungen Hänsl Öttl hervorgestrichen worden, in specie negierte er, daß obgemelte Rencken und Grund-Ferchen dem alten Öttl zuezuschreiben, wohl aber Abbten Wilhelm, auf dessen Verordnung und Uncösten solche Einsetzung geschehen"*. Allerdings räumte er ein, *„daß der alte Hans Öttl möchte bey solcher Einsetzung sich haben brauchen lassen"*. Welchen Anteil wer an der damaligen Einsetzaktion hatte, lässt sich heute mit Sicherheit nicht mehr auseinanderdividieren. Sicher hatte sich Hans Öttl stark eingesetzt, sicher auch Mehrarbeit und Sorgen ob der eingesetzten Fische gehabt, und vielleicht sind ihm seine entstandenen Kosten auch nur zum Teil ersetzt worden. Auf jeden Fall hatte er seinen Anteil an dem für die Walchenseefischerei so entscheidenden Schritt. Umso bedauerlicher ist sein unverschuldeter Hinauswurf. Der alte Öttl scheint es sich sehr zu Herzen genommen zu haben; am 11. November desselben Jahres, 1513, ist er gestorben.

Auch wenn der Abt die Meriten des Hans Öttl nicht ganz so hoch ansetzen und die Verdienste eher auf das eigene Konto verbuchen wollte – lieber als den herzoglichen Fischer Marx hätte er den Öttl allemal im Fischerhaus am Walchensee behalten. Meichelbeck schreibt, dass der Abt *„hundertmahl mehr wünschte den aufgetrungenen Marxen ausser dem Haus zu sehen"*. Aber noch saß der herzogliche Fischer am Walchensee. Hans Öttl verlieh seinem Widerspruch in München erneut Nachdruck. Auch Abt Balthasar gab nicht auf. Er hatte erkannt: Mit Briefeschreiben konnte hier nichts mehr erreicht werden. Er suchte um einen persönlichen Termin nach, der ihm auch gewährt wurde. Leider hat ihn Herzog Wolfgang nicht mehr erlebt. Er starb am 24. Mai 1514 im Alter von 62 Jahren. Damit sah Abt Balthasar auch die erzwungene Verleihung des Urbars als erledigt an und jagte den Fischer Marx augenblicklich aus dem Haus. Hans Öttl der Jüngere wurde wiederum als Benediktbeurer Fischer in Walchensee aufgestellt.

10 So wurde etwa der Schönauer Weiher 1495 unter Abt Narziß von Hans Jäger und seiner Frau Christina von Riedt auf deren eigene Kosten angelegt. Dafür war ihnen die Nutznießung zeit ihres Lebens überlassen (vgl. BayHStA KL Benediktbeuern 93 1/3, fol. 289). Zwei Jahre später ließ Abt Narziß auf Kosten des Caspar Mörz, seines Marstallers, den Achmüller oder unteren Praittenrieder Weiher anlegen (vgl. ebenda fol. 489).

Doch noch war die Geschichte nicht ausgestanden: Den verstorbenen Herzog Wolfgang beerbten seine beiden Neffen Wilhelm IV. und Ludwig, die beiden Söhne Herzog Albrechts IV. (Wolfgang selbst war unverheiratet und hatte keine Nachkommen). Noch im Jahr 1514, am 29. Juni, beorderten die beiden Abt Balthasar von Benediktbeuern nach München. Sie fühlten sich als Rechtsnachfolger Herzog Wolfgangs, auch am Walchensee. Abt Balthasar bot offensichtlich all seine Überredungskünste auf, um die beiden neuen Herzöge zu überzeugen, das Urbar am Walchensee doch ihm zu überlassen, und hatte schließlich Erfolg – zumindest teilweise. Bereits wenige Wochen später, am 5. August 1514, überließen sie dem Kloster das Urbar, obwohl sie – wie sie ausdrücklich vermerkten – allen Grund gehabt hätten, über sein eigenmächtiges Handeln verärgert zu sein. Statt das mit Gewalt entfremdete Urbar wieder zurückzugeben, boten es die Münchner Herzöge dem Abt gegen einen Zins an. Benediktbeuern gelangte zwar wieder zu seinem alten Recht, doch wurde die Bedingung gestellt, dass das Kloster einen alten Knecht Herzog Wolfgangs, Martin mit Namen, ins Kloster aufzunehmen und bis an sein Lebensende zu verpflegen hätte. Einst hatte Martin im Marstall Herzog Wolfgangs gedient, ihn wohl sogar in gehobener Position versorgt, denn ansonsten hätten sich die Herzöge wohl kaum um ihn gekümmert. Diese Forderung war von Seiten des Klosters zu erfüllen, zumal in dem herzoglichen Schreiben angemerkt wurde, dass der Knecht *„sein Cost noch wol verdienen mag"*, was vermutlich bedeutet, dass er noch mit anpacken konnte.[11] Hans Öttl blieb bis 1519 der klösterliche Fischer, wie aus den Salbüchern zu ersehen ist.

Unverständlich ist, dass 1519, möglicherweise nach dem Tod Hans Öttls, sich Veit Jakob Tänzl, im Zenit seiner Macht, erneut meldete, um das halbe Urbar wiederum auf sechs Jahre zu übernehmen. Als er beim Herzog diesbezüglich anfragte, reklamierte Wilhelm IV. es für sich. Die Streitereien schienen wieder von vorne zu beginnen. Abt Balthasar hielt an Tänzl fest, der dem Kloster offensichtlich größere Geldmengen geliehen hatte, die das Kloster wiederum an den Herzog zu zahlen hatte, und der offensichtlich auch andere bedeutende Lehen vom Kloster innehatte.[12] Nun stand der Abt in der Schuld des Tirolers und konnte ihm das Urbar schlecht verweigern. Sechs Jahre lang genoss Veit Jakob Tänzl wiederum das Urbar. Danach liest man in der Benediktbeurer Überlieferung nichts mehr vom Tänzl von Tratzberg. Sein Niedergang hatte 1525 längst begonnen.

Tänzl hin, Tänzl her – Herzog Wilhelm schätzte das Walchenseegebiet als beliebtes Jagdrevier. Es ist vielleicht kein Zufall, dass die umfangreiche Korrespondenz zwischen Kloster Benediktbeuern und dem Herzog wegen der Jagd im Gebirge zwischen Kesselberg, Walchensee und Schlehdorf im Jahr 1526 einsetzt.[13] Inbesondere die Jagd auf Gämsen und Hirsche in diesem Gebiet zog nun der Herzog an sich, aber auch der Holzschlag für Brennholz, Floßholz oder Kohlenholz ist Thema dieser Briefe, sehr zum Missfallen des Abts von Benediktbeuern, der notgedrungen seine Erlaubnis erteilt hatte. In der Folge kamen die beiden ob ihrer Jagdleidenschaft bekannten Wittelsbacher (und später ihre Nachfahren) jahrzehntelang so oft ins Jagdrevier am Walchensee, dass der gämsenreiche, 1.731 Meter hohe Farchenberg, an dem ein herzoglicher Pirschstand eingerichtet worden war, im Volksmund zum „Herzogstand" mutierte. 1731 ist der Name erstmals in einer Karte verzeichnet.[14] In der Zwischenzeit ist dieser Name längst offiziell geworden; nur der Fahrenbergkopf, auf den heute eine Seilbahn führt, erinnert noch an den alten Namen. Der Landesfürst ging sogar so weit, dass er sich die Jagd in der Gegend ausschließlich vorbehalten wollte, sehr zum Missfallen der Benediktbeurer. Schließlich gelang es Abt Benedikt Merz (1570-1604), den Herzog zu bewegen, davon Abstand zu nehmen.

11 Diese Urkunde ist in voller Länge in den „Monumenta Boica" von 1766 abdruckt (S. 218 f.).

12 So hatte er offensichtlich den Weiher „in der Sallach" ebenfalls 1519 von Benediktbeuern verliehen bekommen. Vgl. BayHStA KL Benediktbeuern 17, fol. 408.

13 BayHStA KL Benediktbeuern 159 (1526-1587) u. a.

14 Karte gezeichnet von Michael Ötschmann.

Blick auf den Walchensee vom Hochkopf, Aquarell von Max Kuhn um 1870

Auch der jagdbegeisterte Herzog Ferdinand scheint ins Walchenseegebiet gekommen zu sein. Um ihn rankt sich die Legende der schönen Fischertochter Genoveva, die in verschiedenen Varianten gerne erzählt wurde. Doch sein Bruder, der regierende Herzog, trennte sich 1580 von der Jagd am Walchensee. Am 24. Oktober 1579 war Herzog Albrecht V. gestorben. Es folgte ihm sein Sohn Wilhelm V. als Herzog. Bereits nach wenigen Monaten, am 16. März 1580, gab dieser dem Kloster Benediktbeuern die Jagd auf Rotwild im Walchenseegebiet zurück.[15]

Doch auch danach kamen die Herzöge zur Jagd und zum Angeln in die Gegend. Kaiser Ferdinand II. etwa soll, als er in Ingolstadt studierte, mit der Angel nach Benediktbeuern in Vakanz gegangen sein, um zusammen mit den Söhnen Herzog Wilhelms zu fischen.[16] Ob sie dabei auch an den Walchensee gekommen sind oder sich auf den Kochelsee und andere Gewässer beschränkten, ist nicht überliefert. Doch wissen wir, dass die Klöster allgemein ihre Klosterjäger hatten, die in erster Linie für die Versorgung des Klosters mit Wildbret sowie die Pflege der Waldbesitzungen und zum Schutz der Untertanen vor Raubtieren engagiert worden waren, aber auch mit den Jagdgästen auf die Pirsch zu gehen hatten.[17]

Bis in das 19. Jahrhundert haben die Wittelsbacher die Gegend um den Herzogstand geliebt. König Maximilian II. und sein Sohn König Ludwig II. errichteten dort sogar jeder ein Jagdhaus. Vom „Jäger am See" führte der Reitweg König Ludwigs hinauf zu einem seiner Lieblingsplätze. Eines der berühmten Pferdeporträts von Friedrich Wilhelm Pfeiffer zeigt den Aufstieg zum Königshaus.[18]

Noch einmal zurück ins 16. Jahrhundert: In die Zeit der herzoglichen Jagden fallen auch die Wappenbriefe, die die Herzöge Wilhelm IV. und Ludwig 1532 an die Zwerger und die Jocher ausstellten.[19] Bei den Jochern zu Joch[20] und bei den Zwergern hatten die hohen Herrschaften vermutlich ihre Standquartiere. Bei den beiden Familien haben sich die hochgeborenen Jäger fürstlich für nicht näher genannte Dienste mit der Verleihung eines Wappenbriefes bedankt.

15 BayHStA Kurbaier Äußeres Archiv 4083, fol. 154 ff. Vgl. Hemmerle, Benediktbeuern, S. 507.

16 Peetz, Fischwaid, S. 73 f.

17 Kirmeier/Treml, Glanz und Ende der alten Klöster, Nr. 121.

18 Heindl, Heimliche Residenzen, S. 49 f., und Schmid, Friedrich Wilhelm Pfeiffer, S. 40 f. und 109.

19 Siehe S. 120 f.

20 Gritzner, Bayerisches Adelsrepertorium, S. 13: am 2. Januar 1532 stellten die Herzöge Wilhelm IV. und Ludwig den Wappenbrief für die Jocher aus.

Das ist ein für die damalige Zeit äußerst ungewöhnlicher Vorgang. Wappenverleihungen durch die Herzöge waren in diesen Jahren äußerst selten und erfolgten meist, um Schulden zu begleichen. Wenn der Herzog nicht in der Lage war, größere geliehene Geldbeträge zurückzuzahlen, griff er verschiedentlich auf die Verleihung von Rechten und Ehrungen zurück, um sich seiner Schulden zu entledigen. Dies dürfte im Fall der Fischer von Zwergern jedoch auszuschließen sein. Welche Vermögen hätten die armen Fischer vom Walchensee zu verleihen gehabt?

Die Wappenverleihung ist wohl vielmehr im Zusammenhang mit den Auseinandersetzungen zwischen den Herzögen und Benediktbeuern zu sehen. 1526 setzte die bereits erwähnte umfangreiche Korrespondenz zwischen beiden Seiten über die Jagd in diesem Gebiet ein, wobei der Abt von Benediktbeuern trotz starken Widerstands immer wieder nachgeben musste. Es dürfte kein Zufall sein, dass gerade in dieser Zeit die Zwerger auf der Halbinsel Zwergern neue Behausungen bezogen, die offensichtlich auch den hohen Herren aus München als Quartier konvenierten. Nicht auszuschließen ist sogar – allerdings muss dies aufgrund fehlender Archivalien[21] Spekulation bleiben –, dass die Herzöge die Zwerger beim Bau ihrer Häuser unterstützten. Mit den Fischerhütten hatten sie, wenn nicht ein Bollwerk, so doch ein Standquartier in unmittelbarer Nachbarschaft des Klosterbesitzes. 1513 war man ja bereits wegen der Fischerei in den Bächen einig geworden. Vielleicht sind die getreuen, untertänigen Dienste auch im Zusammenhang mit der Anlage der vermuteten Fischzuchtanlage zu sehen.

Blick vom Herzogstand auf den Walchensee und die Halbinsel Zwergern, Foto von 2009

21 Die herzoglichen Archivalien sind generell nicht vollständig erhalten.

DIE SCHÖNE GENOVEVA – DICHTUNG UND WAHRHEIT

Bernd Taller dichtete – Emil Becker folgend – die angebliche Affäre mit dem „Veverl vom Walchensee"[22], die bis heute in verschiedenen Varianten erzählt wird, einem Herzog Ferdinand an, dem Bruder des regierenden Herzogs Albrecht des Weisen (1447-1508). Als dieser zur Jagd in die Gegend kam, wurde er von Genoveva, der schönen Tochter des Fischers von Urfeld, über den See gerudert. Von ihrem Liebreiz und ihrer sittlichen Anmut überwältigt, verliebte sich der Herzog. Genoveva jedoch liebte Kaspar, einen Bauernsohn aus der Jachenau. Der hohe Herr konnte sich nicht auf die Jagd konzentrieren, kehrte frühzeitig in die Fischerhütte nach Urfeld zurück und bat Genoveva um ihre Hand. Sie lehnte ab, willigte jedoch ein, den Herzog mit seiner Jagdgesellschaft auf den Herzogstand zu begleiten. Ferdinand hoffte, sie bei dieser Gelegenheit durch fürstlichen Glanz und Prunk erobern zu können. Am festgesetzten Tag erschien Herzog Ferdinand in prunkvoller Jagdkleidung und mit stattlichem Tross. Zusammen mit Genoveva zogen sie gen Herzogstand. Als sie die prächtige Aussicht auf den schwarzen Walchensee genossen, schlang der hohe Herr den Arm um die Hüfte des Mädchens und beschwor sie, in eine heimliche Trauung im Jakobskircherl zu Walchensee einzuwilligen. Vevi jedoch riss sich los. Da knackte es plötzlich im nahen Gebüsch und donnernd krachte ein Schuss. In die Brust getroffen, sank Genoveva zu Boden. Ein paar Augenblicke später hauchte sie ihr junges Leben in den Armen des entsetzten Herzogs aus. An der Stelle, von der der Schuss kam, fand man einen Gebirgsstutzen und daneben die Leiche Kaspars. Als er die Kugel auf die vermeintlich treulose Geliebte abfeuerte, sank er, vom Herzschlag getroffen, tot zu Boden.

Johann Nepomuk Sepp erzählt uns die Geschichte folgendermaßen: Der jagdbegeisterte Herzog Ferdinand, Bruder des regierenden Kurfürsten Maximilian I. (1573-1631), weilte gerne in der Gegend. 1649 soll es anlässlich seines Jagdaufenthalts zu jenem folgenschweren Drama gekommen sein, das noch immer als die Geschichte der „schönen Genovefa von Urfahrn" bekannt ist. Der Herzog hatte sich in die ländliche Schöne so sehr verliebt, dass er sie offen als seine Braut ausgab. In München scheint man die Nachricht nicht gerade mit Begeisterung aufgenommen zu haben, und um die Heirat zu verhindern, traf die Auserwählte auf dem Herzogstand bald eine „meuchlerische Kugel". Nach der Erzählung blieb sie jedoch am Leben, wurde aber, als die Trauung mit dem vornehmen Bräutigam in der Kirche am Walchensee vor sich gehen sollte, bei der Überfahrt von dem eifersüchtigen Eckbauernsohn aus der Jachenau in den See gestürzt, wo sie jämmerlich ertrank.[23]

Beide Geschichten haben ihre Ungereimtheiten. Vor allem stellt sich die Frage: Wer war jener Herzog Ferdinand? Herzog Albrecht IV. der Weise hatte zwar eine ganze Reihe von Brüdern, darunter jenen Herzog Wolfgang, der sich so sehr um das Urbar am Walchensee bemüht hatte, jedoch keinen mit Namen Ferdinand. Maximilian I. hatte zwar einen Bruder Ferdinand, der von 1577 bis 1650 lebte. Er wäre 1649 also im für damalige Zeiten stattlichen Alter von 72 Jahren gewesen und zudem Erzbischof von Köln sowie Bischof von Hildesheim, Lüttich, Münster und Paderborn. Ein Heiratswunsch seinerseits dürfte also eher unwahrscheinlich gewesen sein. Bleibt da noch sein Onkel Ferdinand (1550-1602), der Bruder seines Vaters Herzog Wilhelms V. Der käme schon eher in Frage. Zwar passt dann das Jahr 1649 nicht, doch war dieser Herzog Ferdinand als Schwerenöter bekannt, sollte sogar mit Maria Stuart vermählt werden und schloss 1588 schließlich eine morganatische Ehe, zwar nicht mit einer Genoveva, sondern mit Maria Pettenbeck, der Tochter eines Beamten.[24]

22 Becker, Walchensee, S. 78-82; Taller, Wundervoller Walchensee, S. 67.

23 Sepp, Bayerischer Bauernkrieg, S. 50.

24 Oelwein, Pettenbeck.

Das heißt: Die Geschichte der armen Fischertochter Genoveva dürfte irgendwann kurz vor 1580 anzusetzen sein, denn am 16. März 1580 gab Herzog Wilhelm V. die Jagd auf Rotwild im Walchenseegebiet an Kloster Benediktbeuern zurück. Bleibt noch eine andere Unstimmigkeit: Im 16. und 17. Jahrhundert gab es in Urfeld noch keinen Fischer. Damals saßen die Fischer ohne Ausnahme in Walchensee und Zwergern. Doch zu Herzen gehend ist die Geschichte des armen Veverls allemal. Sicher tuschelte man bereits in den vergangenen Jahrhunderten über Jagderlebnisse der hohen Herren auf dem Herzogstand. Nicht auszuschließen ist, dass es dabei auch zu Unglücksfällen kam. In der Fantasie der Bevölkerung und durch immer wieder neu ausgeschmückte Erzählungen von ursprünglich tatsächlich wahren Begebenheiten konnte es leicht zu solchen sicher gern gehörten Geschichten kommen, in denen sogar mehrere Tatsachen miteinander vermischt worden sein können.[25]

Um das Genoveva-Ferdinand-Durcheinander noch weiter zu verstärken, hat Lorenz Strobl 1929 das Volksstück „Das Veverl vom Walchensee" veröffentlicht. Danach war Veverl die 20-jährige Tochter eines Seefischers und dessen Frau Afra; Herzog Ferdinand zählte bereits 35 Lenze. Veverl liebte den jungen Jagerlois aus der Jachenau. Und anders als in allen anderen Varianten hat dieses Volksstück in vier Akten ein Happy End: Der Herzog führt, nachdem er die Aussichtslosigkeit seiner Werbung erkannt hat, die beiden Verliebten zusammen und entsagt der Liebe für immer.[26]

Eine unbekannte Hand errichtete später einen Gedenkstein für das unglückliche Veverl, die arme Fischerstocher aus Urfeld. Im 19. Jahrhundert wurde sogar die Idee laut, man solle das Gasthaus, das inzwischen an der Stelle der Fischerhütte in Urfeld steht, in „Zur schönen Genoveva" umbenennen.[27]

Der Schriftsteller Maximilian Schmidt, genannt „Waldschmidt"

Doch auch andere Sagen stehen mit dem bayerischen Herzoghaus in Verbindung. Maximilian Schmidt, genannt „Waldschmidt", hat in seinem Roman über „Die Jachenauer in Griechenland" in Kapitel 9 eine weitere überliefert:

„Vor vielen Jahren hatte ein Herzog von Bayern mit Vorliebe in der Umgebung des Herzogstandes gejagt, der durch ihn den Namen erhielt. Seine Gemahlin begleitete ihn häufig, ließ sich aber gern durch einen Fischer auf den Walchensee spazieren fahren, während ihr Gemahl dem Weidwerk oblag. Der Schiffer, ein herrlicher Jüngling aus der Jachenau, mit Namen Friedl, wußte die hohe Frau durch seine Alpenlieder und Jodler höchlich zu ergötzen, und bald entbrannte die Herzogin in leidenschaftlicher Liebe zu dem jungen Manne. Dieser fühlte nicht weniger warm für die schöne Frau, aber noch höher galt ihm die Liebe zum angestammten Herrscherhause, und gelegentlich einer neuen Fahrt mit ihr auf dem See riß er sich aus ihren Armen und rief: ‚Schöne Frau, ich hab Euch lieb, aber ich kann kein Unglück über unser Herzogtum bringen, deshalb laßt mich lieber sterben. Lebt wohl!' Und er sprang aus dem Schiffe und versank in der tiefen Flut."

Diese Sage war offensichtlich nicht so populär wie die des Veverls und ist auch sonst nicht überliefert, obwohl Maximilian Schmidt in seinem 1888 erschienenen Roman weiter berichtet: *„Mit Stolz gedenken die Jachenauer dieser Sage und ihre treue Anhänglichkeit an das Fürstenhaus hat sich bei allen Gelegenheiten rühmlichst bewährt."*

Wie bei der Geschichte der schönen Genoveva ist jedoch auch hier vermutlich in der mündlichen Überlieferung ein durchaus möglicher Selbstmord oder Unglücksfall mit der häufigen Anwesenheit der Wittelsbacher am Walchensee verwoben worden.

25 Generell scheint es am Walchensee begnadete Geschichtenerzähler gegeben zu haben. So berichtet etwa der Lehrer Ferdinand Feldigl über den Jagdgehilfen Wenzel von Walchensee, der um 1900 den Reisenden und Sommerfrischlern allerlei schaurige Geschichten und Lügenmärchen aufgetischt hat.

26 Strobl, Das Veverl vom Walchensee.

27 Becker, Walchensee, S. 82.

König Ludwig II. von Bayern, Foto um 1864

DIE KÖNIGLICHEN JAGDHÄUSER AM WALCHENSEE

Seit dem 16. Jahrhundert gingen die Wittelsbacher gerne auf die Jagd rund um den Walchensee. Diese Vorliebe für die Gegend behielten sie über Jahrhunderte bei. Bereits auf ihrer ersten großen Wanderung durch das Gebirge kamen der Kronprinz und spätere König Maximilian II. und sein jüngerer Bruder Otto, der nachmalige König von Griechenland, am 8. Mai 1829 in die Gegend: *„Nachdem wir nun wieder einige Stunden* [von Partenkirchen aus] *zurückgelegt hatten, ließen wir uns in dem Dorfe Walgau Bier und Brod geben und gingen dann sehr rasch nach Wallersee. Dieser See ist von allen Seiten von waldigen Bergen eingeschlossen und sein Wasser scheint vom Widerscheine des Gebirges schwarz zu seyn. Einige von uns, welche etwas umgegangen waren, fuhren eine kleine Strecke über den Wallersee zum Dorfe gleichen Namens, wo wir in einem sehr freundlichen Wirthshause übernachteten, nachdem wir 12 Stunden zurückgelegt hatten.* [...] *Mit dem 9ten May kam der letzte Tag unserer Fußreise herbey. Eine Strecke gingen wir am Ufer des Wallersees, dann stiegen wir zum Kochelsee herab, indem wir zu unserer Rechten den steilen Kesselberg hatten. Nun fiel uns erst recht die beträchtlich hohe Lage des Wallersees auf."* Soweit die Reisetagebucheintragungen des damals 14-jährigen Prinzen Otto.[28]

Der bayerische Kronprinz hatte nach dieser ersten Begegnung mit seinem künftigen Königreich das Land zwischen Isar und Lech besonders ins Herz geschlossen. Knapp 30 Jahre später, im Sommer 1858, wiederholte Maximilian II. die Wanderung vom Bodensee bis an den Chiemsee zusammen mit einigen Herren seines Hofstaats, die der Schriftsteller Friedrich Bodenstedt festhielt. Allerdings schrieb er über die Walchenseegegend kaum ein paar Zeilen, da vom königlichen Jagdhaus in der Vorderriß, wo man Quartier bezogen hatte, *„so viel umhergestiegen wurde, daß ich kaum Zeit fand, ein paar Bemerkungen in mein Notizbuch zu kritzeln"*[29].

König Maximilian II. hatte seine Jagdhäuser an den *„schönsten Plätzen"* errichten lassen[30]: in der Vorderriß, am Hochkopf und am Herzogstand – Jagdhäuser, die später sein Sohn Ludwig II. gern besuchte. Nur ein Teil ist bis heute erhalten geblieben.

Auch auf die Insel Sassau hatte König Maximilian Anfang der 1860er-Jahre ein Auge geworfen, ohne dass er dort jedoch ein Gebäude hätte errichten lassen. Tief im wuchernden Heidekraut versteckt, bemerkte der Oberförster Lizius aus der Jachenau noch 1889 einen schmalen Pfad, der sich rings um die Insel zog und vermutlich einst auf Befehl des Königs geschlagen worden war. Auch hat er auf dem kleinen Plateau der Sassau einen kunstlosen Steinherd gesehen, auf dem einmal des Königs Mahlzeit zugerichtet worden war.[31]

Von Altlach aus wurde der sogenannte Reitweg zum Hochkopf angelegt, wo König Maximilian 1853 gleich eine ganze kleine Häuserkolonie als Pirschhäuser errichten ließ. Seine Glanzzeit erlebte das königliche Hochkopfhaus jedoch zu Zeiten König Ludwigs II. Dieser verbrachte verschiedentlich einige Tage auf dem Hochkopf.

Im August 1865 war auch Richard Wagner auf Einladung des Königs zehn Tage in der Königshütte auf dem Hochkopf. Ein 1983 errichtetes Denkmal in Altlach erinnert an diesen Besuch. Das Bronzerelief auf einem etwa 120 Zentner schweren Glimmerschiefer-Findling aus Spitzberg ist nach einer Idee von Hannes Heindl vom Bildhauer Hans Friedrich Hoff und dem Erzgießer Werner Braun geschaffen worden.[32]

28 Zitiert nach Heindl, Heimliche Residenzen, S. 11.

29 Ebenda, S. 12.

30 Franz von Kobell, zitiert nach Heindl, Heimliche Residenzen, S. 14.

31 Daffner, Benediktbeuern, S. 314. 1894 erwarb der Münchner Arzt Pfistermeister aus München die Insel. Bereits dieser verbot das Betreten der Insel ohne seine ausdrückliche Erlaubnis. Entsprechende Bekanntmachungen waren in den Gasthäusern in Urfeld und in der „Post" zu Walchensee angeschlagen. Er ließ erneut ein kleines, schlichtes Blockhaus auf dem Plateau errichten, das inzwischen jedoch auch wieder längst verschwunden ist. Vgl. Becker, Walchensee, S. 54-58. Nach dem Zweiten Weltkrieg errichtete dort der evangelische Pfarrer Dr. Detlef von Walter dann eine Hütte, zu der er oft mit dem Segelboot hinüberfuhr und wo er gelegentlich auch Jugendliche um das Lagerfeuer versammelte. 1978 wurde die Insel unter Naturschutz gestellt und ein Betreten gänzlich verboten. Demleitner, Insel Sassau.

32 Programm zur feierlichen Enthüllung des Richard-Wagner-Denkmals am 15. Oktober 1983 zu Altlach. Vgl. Tölzer Kurier vom 17. Oktober 1983. Vgl. auch Süddeutsche Zeitung, Landkreis Bad Tölz-Wolfratshausen, vom 18. Oktober 1983.

Wagners Begeisterung für das karge Leben in der Weltabgeschiedenheit der Walchenseer Bergwelt hielt sich in Grenzen, dennoch hatte er einen Blick für die Schönheit der Landschaft. Unter anderem.notierte er in sein Tagebuch: *„Als ich gestern über den Walchensee im Nachen fuhr, sah ich was Schönes. Die seichten Stellen: wie klar, wie licht Alles auf dem Grunde; das Wasser war nur Glas; schöner weißer Sandgrund, jeder einzelne Stein, da, dort, hier eine Pflanze, dort ein Stamm – Alles deutlich. Da kam der tiefe Abgrund: das Wasser dunkel, dunkel, alle Klarheit fort, Alles verschlossen; dafür aber plötzlich der Himmel, die Sonne, die Berge – Alles zum Greifen hell und klar auf dem Spiegel."*[33] Dennoch nahm der Komponist keine weitere der vielen Einladungen an, die Ludwig II. immer wieder aussprach. Der Sommeraufenthalt 1865 am Walchensee sollte sein einziger bleiben. Vielleicht lag es ja auch daran, dass er kein Klavier auf dem Hochkopf hatte. Der Bräu von Altlach hat es mit seinen Ochsen nach oben gekarrt, doch auf dem Weg ereilte ihn ein Malheur: Der Karren stürzte um, das Klavier fiel herab und zerbrach. Seither wird die scharfe Kurve auf dem Weg zum Hochkopf Ochsenkarrenklavierkurve genannt.

Richard-Wagner-Denkmal in Altlach auf dem Weg zum Hochkopf (mit Bayerischem Gebirgsschweißhund „Lauser")

Der König selbst aber kehrte immer wieder an den Walchensee zurück, auf den Herzogstand, auf den Hochkopf oder in die Vorderriß. Dort standen die von seinem Vater erbauten Jagdhäuser, die Ludwig liebte, auch wenn er selbst kein Freund der Jagd war. Er suchte hier die Einsamkeit. 1866 schrieb er an seinen Großvater, König Ludwig I., der wie er am 25. August sowohl Geburts- als auch Namenstag hatte: *„Ich feierte dasselbe* [= das Doppelfest] *im herrlichen Gebirge am Walchensee; wohl that mir dies, da ich den ganzen Juli fast wegen dringender Geschäfte in München und im Zimmer verweilen mußte."*[34] Ein Jahr später schreibt er an Richard Wagner: *„Gestern begab ich mich nach dem geräuschvoll unruhigen Treiben des Tages* [Fronleichnam] *hierher nach dem abgeschiedenen, trauten Hochkopf, wo ich auflebe in wonniger Einsamkeit, fern der Welt, die stets mich verkennt und mit der auch ich mich nie und nimmer befreunden kann und will."*[35] Manchmal verlegte der Monarch sogar seine Geschäfte ins Gebirge, ins Freie am Walchensee: *„Ein paar Mal wickelten sich zur Sommerszeit die Staatsgeschäfte vor dem Forsthaus in Altlach am Walchensee ab. Der Förster hatte Haus und Flur von oben bis unten scheuern lassen, Stühle und Tische in die Wiese gestellt, eine rote Wolldecke darüber gedeckt, einen riesigen Blumenstrauß darauf postiert, seine Dachshunde in die Hundshütte verbannt, und ehrerbietig wartete dann der*

Postkarte „Gruss aus Altlach", gestempelt 1902

33 Tagebucheintrag Richard Wagners vom 22. August 1865. Zitiert nach Heindl, Heimliche Residenzen, S. 32.

34 Brief Ludwigs II. vom 30. August 1866 an Ludwig I. Zitiert nach Heindl, Heimliche Residenzen, S. 34.

35 Brief Ludwigs II. vom 21. Juni 1867 an Richard Wagner. Zitiert nach Heindl, Heimliche Residenzen, S. 35.

Förster der Dinge, die nun kommen sollten. Da sprengte der König mit seinem Pferd und Wagentroß daher. Eisenhart erschien mit seinem Portefeuille und der Vortrag fand im Freien statt. Die Szenerie war eigentümlich. Im Hintergrunde der Wiese lagerten die Reitknechte und reihten sich die Fahrzeuge aneinander. Der König setzte sich, die schottische Mütze auf dem Kopf im Reisekostüm an den Tisch, rückwärts von ihm, stramm aufrecht, zwei Lakaien, vor ihm stand sein Kabinettschef im schwarzen Frack, den Claquehut unter dem Arm, und berichtete mit lauter Stimme über die von den verschiedenen Ministern eingesandten Anträge und Vorschläge; dann und wann mischte sich das Tönen einer Kuhglocke darein, oder das Gekläffe der über ihre Haft erbosten Hunde." Soweit Louise von Kobell, die Frau des königlichen Kabinettsekretärs August von Eisenhart.[36] Und noch heute zeigt man beim Bräu in Altlach nicht ohne Stolz das Zimmer, in dem der König einst übernachtete, sowie die Stube, in der die Konferenzen und Vorträge bei schlechtem Wetter stattfanden. Das Forsthaus von Altlach ist – wie das Königshaus auf dem Hochkopf, der Rastplatz in Urfeld, das Forsthaus in Vorderriß oder der Aufstieg zum Herzogstand – auf einem der bekannten „Pferdebilder" im Marstallmuseum in Schloss Nymphenburg verewigt. Deren Maler war Friedrich Wilhelm Pfeiffer.[37]

Auch andere Walchenseer haben ihre König-Ludwig-Andenken und -Erzählungen, etwa ein Hausbesitzer nahe des königlichen Rastplatzes in Urfeld: Dort war die Treppe sehr niedrig – und der König ja bekanntlich über 190 Zentimeter groß. Damit sich seine Majestät bei seinem Besuch anno 1869 jedoch nicht den Kopf anschlug, brachte man oben ein rotes Polster an. Dazu stopfte man eine rote Badehose mit Heu aus und befestigte sie mit goldenen Tapeziernägeln am oberen Balken. Das Polster ist bis heute erhalten. Dass der König die Treppe unbeschadet passierte, kann angenommen werden. Solche und ähnliche Geschichten gibt es sicher noch einige rund um den See zu erzählen.

Die Hochkopfhäuser wurden nach dem Tod Ludwigs II. der Administration des Vermögens König Ottos unterstellt und blieben somit für die Hofjagd erhalten. Erst nach dem Ende der Monarchie kamen die Häuser an die Forstverwaltung; die Nebengebäude verfielen und wurden abgerissen. Vor 1945 war die Jagdhütte vorübergehend an die Naturfreunde verpachtet.[38] Heute untersteht sie dem Alpenverein.

Das Jagdhaus auf dem Herzogstand, das König Maximilian 1857 errichten hat lassen, wurde 1895 nach einem Blitzschlag eingeäschert. Das von König Ludwig II. 1857 errichtete Königshaus brannte im November 1990 ab.[39]

Postkarte mit den Jagdhäusern auf dem Herzogstand, gestempelt 1901

36 Wilhelm, Luise von Kobell, S. 351.

37 Vgl. Schmid, Friedrich Wilhelm Pfeiffer, Nr. 8, 9, 10, 11, 12. Dort finden sich auch Zeichnungen der Topografie, die vor Ort entstanden sein dürften.

38 Bauer, Bodendenkmäler, S. 39.

39 Ebenda, S. 40.

Fischerei und Tourismus

Als Sommerfrische hat der Walchensee erst sehr spät an allgemeinem Interesse gewonnen. Während es an anderen Orten in den bayerischen Gebirgen von Reisenden bereits wimmelte[1], war es am Walchensee noch ziemlich ruhig. Obwohl bereits König Maximilian II. in seiner Kronprinzenzeit die Gegend bereist hatte und begeistert war, schreibt Heinrich Noë noch in seinem 1865 erschienenen „Seenbuch": *„Es ist unbegreiflich, warum Walchensee kein Sommeraufenthalt ist. Schatten und Wasser, Wälder und Achen, Hochgebirge und Hügel setzen hier eine Landschaft zusammen, deren sommerliche Luft nicht hoch genug gepriesen werden kann. Schon diese Schlucht, in welcher man neben Wassern mit dem elegischen Tibullus der Hitze des ‚glühenden Hundes' entfliehen kann, möchte für manchen, der solche vor seiner Türe liebt, ein mächtiges Lockungsmittel sein. Aber auch solchen, die weniger elegisch gestimmt sind, kann die Vortrefflichkeit des Gasthauses und der Fische des Sees zum hohen Trost gereichen. Nahe an der Hauptstadt und doch an keiner Eisenbahn oder sehr begangenen Straßen hat man auch nicht die Last unbequemer Gesellschaften zu fürchten."*[2] Doch im selben Buch gibt er selbst eine Erklärung, warum der von ihm geliebte See sich noch keines regen Tourismus erfreute: *„Ich war, wie ich neulich zusammengerechnet habe, elfmal an den Gestaden dieses Sees. Zehnmal war es trüb oder regnerisch, einmal brannte die Sonne. Wenn man von Süden kommt, ist das gleichgültig. Der Blick von hier auf die einsamen Wälder des Nordufers und das Wasser, auf dem kein Nachen schwimmt, ist an heiteren oder regnerischen Tagen gleich traurig. Das erste Lebende, was du vielleicht an einem der beiden Südbuchten zuerst siehst, ist eine Wassernatter, die in vielfachen Windungen und mit hoch emporgehobenem Kopf das herankommende Geräusch flieht."*[3]

Melancholie bis hin zum Suizid rief der See bei einigen depressiven Seelen hervor.[4] Auch Paul Heyse stellt dem See in seiner „Hochzeitsreise an den Walchensee" von 1858 nicht gerade ein heiteres Zeugnis aus: *„Hoch über seinem sonnigen Nachbar liegt in finstrer Majestät der Walchensee. Die purpurgrüne Alpenflut geschmiegt an dunkle Wände, die ihn drohend jäh umufern. Seine Spiegelfläche wiegt den Widerschein von ferner Gipfel Schnee. Bergeinsamkeit! Mit scheuem Fittich schwanken hier überm Todesabgrund die Gedanken."*[5] Und die Reiseführer luden zudem kaum zum Besuch des Walchensees ein: *„Unendlich trostlose Einsamkeit brütet über dem alten Gemäuer"* des Klösterls, versprach Max Höfler in seinem „Führer von Tölz und Umgebung" aus dem Jahr 1886 neben *„großer Naturschönheit und melancholischer Einsamkeit"*[6]. Von Freuden einer Sommerfrische ist in den Führern nichts zu lesen.

Einige trauten sich dennoch in die Gebirgseinsamkeit am Walchensee: Im Jahr 1825 malte der Wunsiedler Künstler Johann Christian Ziegler (1803-1833) den „Wallensee", ein Ölgemälde, das heute im Fichtelgebirgsmuseum in dessen Heimatstadt Wunsiedel hängt. Es war von einem Herrn Frank aus Hof in Auftrag gegeben worden, wurde dann jedoch nicht von ihm abgenommen. Eine Erklärung dafür gibt es nicht, denn das zeittypische Bild ist ein schönes Beispiel der sogenannten Münchner Schule – Ziegler war ein Schüler von Kobell und malte später viele Naturstudien für den Südamerikaforscher Carl Friedrich Philipp von Martius. Das Bild ist nicht nur dekorativ, sondern auch gut gemalt. Es zeigt den Walchensee von der Stelle des Eisenstallwinkels aus, den Ort Walchensee im Hintergrund und ein (Fischer-?)Paar im Einbaum im Vordergrund. Ein anderer

1 Münchner Tagblatt vom 9. Juni 1835.

2 Noë, Oberbayerisches Seenbuch, S. 294 f.

3 Ebenda, S. 284.

4 So wurde etwa am 10. August 1832 eine „todte Mannsperson" aus dem See geborgen, die „mutmaßlich selbst hineingefallen war". Man versuchte seine Identität mittels Zeitungsanzeige zu klären. Der einzige Anhaltspunkt waren die Initialen F. M. S., die in seinem feinen Hemd eingestickt waren. Am 3. August war der etwa 24 bis 30 Jahre alte Herr, der aufgrund seiner Kleidung kein Bauer gewesen sein konnte, im Wirtshaus angekommen und hatte einen falschen Wohnort angegeben. An diesem Tag hatte man ihn zuletzt lebend gesehen, „in sich selbst vertieft". Selbstmord konnte nicht ausgeschlossen werden. Vgl. Kgl. bayerisches Intelligenzblatt für den Isarkreis 1832, Sp. 1036 f. und 1055 f. Der Fall beschäftigte die Medien noch mehrere Wochen. Am 11. Oktober 1832 berichtete „Die bayer'sche Landbötin" (S. 986) erneut von dem Fall und mutmaßte, dass es sich bei dem Toten um einen Studierenden oder Lehrer handelte. Ob sich seine Identität schließlich klären ließ, ist nicht überliefert.

5 Heyse, Hochzeitsreise, S. 482.

6 Höfler, Führer 1886, S. 97 und 98.

„Walchensee, vom Kesselberg gesehen", Lithografie von Gustav Kraus, 1837

Käufer ließ sich erstaunlicherweise nicht finden, wohl weil der Walchensee noch nicht populär genug war. Schließlich gelangte das Bild über den Bruder des Künstlers in städtischen Besitz und schließlich ins Museum. Der wenig bekannte Maler starb 1833 im Alter von nicht einmal dreißig Jahren.

Von Sommerfrischlern war der Walchensee noch nicht entdeckt, doch die Naturfreunde und die ersten Künstler hatten bereits Feuer gefangen. Ziegler reiste mehrere Sommer lang für jeweils einige Monate an den Walchensee. Seine Freizeit verbrachte er mit den Einheimischen im Wirtshaus und in den Bauernstuben. 1824, 1826 und 1827 lässt er sich am Walchensee nachweisen; die Gemälde vollendete er dann im Winter in seinem Münchner Atelier. Gezeigt wurden sie dort auf den Ausstellungen des Kunstvereins. Eine Vielzahl von Zeichnungen und Gemälden entstand, die heute fast alle verschollen sind. Es mögen noch einige unerkannt in Privatbesitz schlummern. Neben dem Fichtelgebirgsmuseum besitzt lediglich das Münchner Stadtmuseum eine Wallerseedarstellung von Johann Christian Ziegler.[7]

Vereinzelte Sommergäste wurden also doch am Walchensee gesichtet. Im Juni 1833 kam zum Beispiel der Dichter und Redakteur Moritz Gottlieb Saphir, veröffentlichte im Anschluss jedoch ein äußerst elegisches Gedicht.[8]

Aus dem Jahr 1837 stammt die Lithografie von Gustav Kraus, die einen Blick vom Kesselberg auf den Altlacher Hochkopf zeigt, mit dem Walchensee im Hintergrund. Bei dieser Lithografie handelt es sich um das Blatt VIII der bei Frau Sauer erschienenen Folge „Alpenblumen oder 25 malerische Ansichten interessanter Berge, Seen, Städte etc. im bayerischen Hochlande", zu der Adolph von Schaden einen Text in Deutsch und Französisch verfasste. Zu dieser Zeit war das Gebiet dann wohl schon etwas mehr in das Blickfeld der Touristen gerückt. Im begleitenden Text ist nicht nur zu lesen, dass der Ort Walchensee damals aus sechs Häusern bestand, sondern auch Folgendes: *„Sowohl der Kochel- als insbesondere der Walchensee stellen höchst eigenthümliche Naturschönheiten dar, welche würdig zu schildern nicht Feder noch Pinsel vermögen. Beide Seen werden im Sommer stets von unzähligen Fremden besucht, welche hier ihre kühnsten Erwartungen übertroffen finden."*[9]

7 Ziegler, Verschollen – Vergessen, S. 10, 16, 19 f., 32 und 42-44 (dort auch verschiedene Abbildungen). Vgl. auch oben, S. 69.

8 Moritz Gottlieb Saphir. Erstes Wort. Am Wallersee, den 10. Juni 1833, in Der Bazar für München und Bayern. Ein Frühstücks-Blatt für Jedermann und jede Frau, hrsg. von M. G. Saphir, Nr. 138, 15. Juni 1833.

9 Von Schaden, Alpenblumen, S. 10. Pressler, Gustav Kraus, Nr. 264.

Vollmond über dem Jochberg, vom Herzogstand aus gesehen

Auch andere Schriftsteller konnten sich für die Naturschönheiten begeistern: *„Anders aber ist es, wenn man von Norden den Kesselberg herabkommt. Hier tut die Sonne ihre Wunder. Wie ein langer blinkender Goldreif, ein Diadem mit gleißenden Demanten, spannt sich das Karwendel jenseits der Wasser über die grünen Berge. Eine unendliche Fülle von Duft liegt dann über der grünen Flut. Der klassisch abgeschnittene Wetterstein, der Tiroler Soinstein im Süden dämmern noch mit dem sanftesten Blau hinein und geben der Landschaft einen zauberischen Abschluß.“*[10] Und gar erst in der Nacht! *„Am wunderbarsten ist wohl eine Mondnacht, die man vom Westufer aus betrachtet. Der Vollmond steht über der Taleinsenkung der Jachenau; die Gebirge stehen in einem sonderbaren Glanze, wie der Traum der Jugend. Die Welle des Sees ist hier wie flüssiges Gold, dort rabenschwarz. Ein leises Geräusch weht am Ufer; die Blätter der Bäume zittern im Licht, und das Wasser schlägt ganz still an die kleinen Kiesel. Über dem See und an manchen Bergen des Südufers stehen unbewegliche Wolken, keine Turmhöhe über dem Wasser. Andere lange weiße Nebelstreifen scheinen vom Karwendel herabzufließen, bleiben aber in den vielen Wipfeln hängen und verschwinden im Dunkel der unteren Wälder.“*[11]

Ein Grund, warum der Tourismus erst so spät einsetzte, lag beim Landgericht in Tölz. Es gab so gut wie keine Gastronomie am Walchensee. Und das sollte sich auch so schnell nicht ändern. Nur im Wirtsanwesen „Zur Post“ in Walchensee konnte man offiziell absteigen und eine warme Mahlzeit zu sich nehmen. Manche Reisende quartierten sich in den – auch nicht zu zahlreichen – Bauernhöfen ein, wobei dies an der Grenze des Legalen lag. Bereits das Oberbayerische Landrecht Kaiser Ludwigs des Bayern von 1346 verbot, auf dem Land oder *„wo es Ehafttafernen gibt, eine Schenke zu betreiben, weil an solchen ‚wilden‘ Schankstätten großer Schaden vom bösen Volk angerichtet wird, das sich dorthin wendet“*[12]. Das heißt also, dass man eigentlich nur in der Tafern einkehren konnte. Bereits als im Klösterl Wallfahrer, andere Fremde und sogar Einheimische versorgt wurden, hatte dies – wie gesehen – massive Auseinandersetzungen nach sich gezogen.

10 Noë, Oberbayerisches Seenbuch, S. 284 f.

11 Ebenda, S. 285.

12 Schlosser/Schwab, Landrecht, Art. 271.

Wirtshaus am Walchensee, Tuschezeichnung von Max Thiemann, um 1900

Jakob Sittl, der Brunnerbauer von Urfeld, der seit Jahren mit seinem Schiff Reisende über den See beförderte, suchte 1853 um die Erteilung einer Lizenz *„zum Verkaufe gekochter Fische aus dem Walchensee und Beherbergung von Fremden"*[13]. Das Gesuch wurde abgewiesen. 1857 wagte er erneut einen Vorstoß in dieser Sache, brachte sogar ein ausgezeichnetes Leumundszeugnis der Nachbarn bei, die das Gesuch unterstützten und einen offensichtlich von anderer Seite geäußerten Einwand entkräfteten: *„Was die Angabe betrifft, daß Brunners Knabe behufs Einladung der Reisenden zur Überfahrt sich viel auf offener Strasse aufhalte, so ist dieselbe jedenfalls um so unerheblicher, als jener früher sehr vielen Fremden ein willkommener Führer auf die Jocher Alpe war und diese ihm wohl selbst gerne zu dem gut gebauten Schiffe seiner Eltern folgen mochten. Der Knabe ist übrigens jetzt fast erblindet und recht kärglich aus einer Heilanstalt zurückgekehrt. Das Gesuch Brunners als Fischkäufler an Fremde gekochte Fische verkaufen zu dürfen, wird bei dessen beschränktem Erwerbe und häuslichen Unglücke hiemit gnädiger Gewährung bestens empfohlen."*[14]

Der Antragsteller Jakob Sittl selbst brachte am 1. August 1857 zudem vor: *„Ich besitze eine Behausung samt Oekonomie auf der nordöstlichen Seite des Walchensees und zwar an der Stelle, wo der 1 Stunde lange Kesselberg sich endet. Seit der Errichtung der Dampfschiffahrt auf dem Starnbergersee*[15] *bewegen sich häufiger große Sonderzüge über Seehaupt und Kochl nach Jachenau und Lenggries. Wenn nun diese Fremden den hohen Kesselberg erstiegen haben oder von dem Jochberge herabkommen, welcher mehrere tausend Fuß hoch ist und von den Fremden wegen seiner lohnenden Aussicht oftmals begangen wird, so wäre es für dieselben um so erwünschter, an dem Platz, wo der Kesselberg endet und der Jochberg fußt und wo, wie schon bemerkt, mein Anwesen liegt, eine Bewirthung zu finden, als das Wirthshaus in Walchensee von da noch eine Stunde und das in der Jachenau noch zwei Stunden entfernt sind. Dieser Wunsch wurde nun von den Fremden mir gegenüber schon so oft verlautbart und auch von einzelnen Gemeindegliedern derartig unterstützt, daß ich zu meinem bessern Fortkommen und im Interesse des Publikums an den bezeichneten Orte eine Wirthschaft errichten möchte und deswegen an ein K. Landgericht die Bitte stelle: es möge zur Ausübung einer Tafernwirthschaft in meiner Behausung am Walchensee eine Concession ertheilt werden mit allen Befugnissen der dermaligen Tafernwirthe."* Geschrieben hat das Gesuch ein kundiger Schreiber im Landgericht Tölz. Unterschrieben hat Jakob Sittl selbst in einer etwas ungelenken, ungeübten Kinderschrift.[16]

Auch Johann Reichenbacher, Jägerpächter von Urfeld, hatte offensichtlich etwa zur gleichen Zeit um eine Konzession eingegeben. Beide Anträge wurden am 17. September 1857 abgelehnt, mit der Begründung, dass kein unzweifelhaftes Bedürfnis bestehe: *„Ein solches Bedürfnis liegt jetzt sowenig vor, als in den Jahren 1835 und 1854 zu welcher Zeit Jakob Sittl schon um fragliche Concession nachgesucht hat und abgewiesen wurde. Allerdings mag es für den Vergnügungssuchenden angenehm sein, vor der Besteigung eines Berges und bei seiner Ankunft ein Wirthshaus in seiner Nähe zu haben, doch darf dem Vergnügen Einzelner nicht der Nahrungsstand eines Gewerbsinhabers geopfert werden, was namentlich bei dem Wirthschaftsbesitzern in Wallersee der Fall wäre, wenn man dem Sittl die nachgesuchte Concession gäbe. Wenn auch der Posthalter in Wallersee und der Wirth in Kochel es unterlassen haben, gegen das Gesuch zu protestieren, so geschah es wohl deshalb, weil sie auf die unterfertigte Gewerbspolizeibehörde vertrauten, daß diese nicht da ein Schenkrecht verleihen, wo sowohl in örtlicher Beziehung kein Bedürfnis vorliegt, als auch im Interesse der Seelsorge ein derartiges Recht zu verleihen nicht rathsam ist."*[17]

13 StA Mü AR 3766/402.

14 Schreiben der Verwaltung der Landgemeinde Kochel vom 29. Juli 1857; vgl. StA Mü AR 3766/402.

15 Gemeint ist der Dampfer „Maximilian", der 1851 in Dienst gestellt wurde und in dessen Folge am 1. Juli 1851 eine tägliche Postomnibuslinie von München nach Mittenwald „unter Benützung des Dampfschiffes von Starnberg bis Seeshaupt" eröffnet wurde. Vgl. Münchner Tagblatt Nr. 180 vom 2. Juli 1851.

16 Vgl. StA Mü AR 3766/402.

17 Beschluss des Landgerichts Tölz vom 11. September 1857. StA Mü AR 3766/402.

Urfeld, Postkarte, geschrieben am 15. August 1907

So weit die Meinung bei den Zuständigen im Landgericht Tölz. Wenn man die Begründung der Ablehnung liest, ist man geneigt, zu glauben, dass die beiden Wirte in Walchensee und Kochel vielleicht doch etwas nachgeholfen haben könnten.

Fünf Jahre später wagte Johann Reichenbacher aus Urfeld erneut einen Vorstoß.[18] Das Bedürfnis für ein Gasthaus bestand ja augenscheinlich. Und zudem hatte Reichenbacher offenbar seit Jahren ein persönliches Bierschankrecht, doch durfte auch er weder warme noch kalte Speisen verabreichen und schon gar nicht Fremde beherbergen. Das Einsehen in Tölz und das öffentliche Interesse waren in der Zwischenzeit gewachsen. Am 26. Februar 1863 schließlich wird das Bedürfnis einer Wirtschaft in Urfeld anerkannt. *„Dieses Bedürfnis hat sich seither* [seit der Ablehnung von 1857] *durch den erhöhten Verkehr gesteigert."* Auch die häufigen königlichen Besuche in den Jagdhäusern rund um den Walchensee und die Aufenthalte der Monarchen beim Forsthaus in Altlach hatten ihre anziehende Wirkung auf Sommerfrischler nicht verfehlt. Eine Konzessionsgenehmigung schien in greifbarer Nähe. Nun rührten sich allerdings die Tafernwirte Jakob Fink aus Kochel und Georg Schwarz aus Walchensee. Sie fürchteten die Konkurrenz.

1863 waren Johann Reichenbachers Bemühungen endlich von Erfolg gekrönt: seine Bierschankskonzession wurde erweitert und ihm für die Zukunft gestattet, kalte und warme Speisen und Getränke an Fremde zu verabreichen sowie Fremde zu beherbergen. Wenige Jahre später verkaufte Reichenbach jedoch sein Anwesen an Josef Ott, der 1870 nun seinerseits um eine Konzessionserteilung nachsuchte, die ihm vom Königlichen Bezirksamt Tölz gewährt wurde. Ott erhielt die gewünschte *„Berechtigung zur Beherbergung von Fremden, zum Ausschank geistiger Getränke, Verabreichung von Speisen und zur Verabreichung von Kaffee und anderen warmen Getränken und Erfrischungen"*[19].

Und nun schien sich der Tourismus wirklich zu entwickeln. Vor Pfingsten 1874 empfahl sich das „Gasthaus zum Jäger am See" im Bayerischen Kurier den *„hochverehrten Herrschaften, Reisenden und Touristen bestens"* und versprach: *„Aufmerksame Bedienung, Verabreichung seiner Küche und vorzüglicher Getränke, bei verhältnißmäßig billigen Preisen"*. Sogar eine *„Seebadegelegenheit"* war geboten.[20]

18 StA Mü AR 3766/408.

19 StA Mü AR 3766/408.

20 Mehrfach in Bayerischer Kurier Mai 1874.

Sommerfrische in Walchensee 1893

„Gegenüber vom Posthaus steht noch ein kleineres Logierhaus – eigentlich unmittelbar in das Wasser hineingebaut, oben mit behaglichen, sauberen Zimmern, während in den unteren dunklen Räumen die Kähne und Schiffe liegen, deren man sich zur Überfahrt nach Urfeld bedient. Zur Seite des Hauses findet sich ein schattiges offenes Plätzchen dicht am Wasser, und häufig werden Tische und Stühle dorthin gestellt von den Gästen. Dort sitzen heute zwei Herren, die soeben ihr zweites Frühstück, bestehend aus Eiern und Tiroler Wein, eingenommen haben und jetzt beschäftigt sind, die Fische zu füttern, deren wimmelnde Schaaren in dem sonnendurchblitzten Wasser hin und her schießen."

(Julius Grosse, Am Walchensee, S. 2 f.)

Walchensee, Gemälde von Otto Pippel, 1920
Rechts: die „Post" in Walchensee mit dem „Logierhaus" rechts, Postkarte, um 1910

Auch der Bedarf an Schiffen zur Personenbeförderung stieg. Während um die Mitte des 19. Jahrhunderts meist neun mehr oder weniger altersschwache Schiffe dafür zur Verfügung standen, wurden 1872 auffällig viele Schiffe neu angeschafft, eine Tendenz, die sich in den folgenden Jahren fortsetzte. 1895 konnte man am Walchensee 17 Schiffe zur Personenbeförderung zählen.[21] Josef Rheinberger komponierte 1872 acht Chorlieder mit dem Titel „Am Walchensee", was ebenfalls auf einen Imagegewinn schließen lässt.

Das Geschäft florierte und sowohl der „Jäger am See" in Urfeld als auch der „Postwirt" in Walchensee hatten ihr Auskommen. Die von alters her mit einer Tafernwirtsgerechtigkeit (das heißt dem Recht, Gäste zu beherbergen und ihnen warmes Essen zu verabreichen) ausgestattete Poststation in Walchensee wurde offensichtlich so interessant, dass sie nach und nach von Münchner Gastronomen übernommen wurde. 1886 suchte der Bräumeister Alexander Oechsner aus München nach um die Bewilligung zum Betreiben der Taferngerechtigkeit auf dem Postanwesen zu Walchensee, nachdem er das Postanwesen käuflich erworben hatte. Genehmigt![22]

21 StA Mü AR 1952/103.

22 StA Mü AR 3766/419.

Hotel Post um 1900

In den ersten Jahren des 20. Jahrhunderts warb Franz Leiss, der königliche Posthalter und Besitzer des Hotels „Zur Post“ Walchensee, Telefon: Kochel 52, auf seinem Briefbogen:
„In schönster Lage direkt am See und nächster Nähe des Waldes.
Neuerbautes Haus.
80 comfortabel eingerichtete Fremdenzimmer mit Balkons und guten Betten.
Seebäder.
Kalte und warme Bäder im Hause.
Fischerei und Schiffahrt.
Kgl. Post- und Telegraphenstation mit Telefonbetrieb.
Automobil- und Omnibusverbindung nach allen Richtungen.
Ein- und Zweispänner.
Restauration zu jeder Tageszeit.
Vorzügliche Küche. Münchner Biere. Reine Weine.
Das ganze Jahr geöffnet.
Central-Heizung.“

(StA Mü Straßenbauamt Weilheim 342)

Die „Post“ in Walchensee, Postkarte, um 1900

Allerdings erfreute er sich nicht lange dieser Gunst. 1893 verkaufte er das Anwesen an Anton Lang aus München, der nun als Posthalter zu Walchensee um die Erteilung einer Wirtschaftskonzession nachsuchte, die auch ihm zugebilligt wurde.[23] Später folgten Franz Leiss, Emil Pröschl, S. Lermer und andere.

Doch noch immer war der Fremdenverkehr in Bayern – etwa im Vergleich zu Tirol oder zur Schweiz – verhältnismäßig unbedeutend. Einen vehementen Vorkämpfer fand der bayerische Tourismus in dem Schriftsteller Maximilian Schmidt, genannt „Waldschmidt“ (1832-1919). *„Bayern muß das von Fremden meist besuchte Land werden!“*, war sein Postulat. Dass die Zahl der Touristen hier

23 StA Mü AR 3766/419.

Walchenseeidylle bei Maximilian Schmidt, genannt „Waldschmidt“

Als erster Roman, der im Walchenseegebiet spielt, erschien 1888 die historische Volkserzählung „Die Jachenauer in Griechenland“. Maximilian Schmidt, genannt „Waldschmidt“ (1832-1919), berichtet darin nicht nur von den Abenteuern der bayerischen Soldaten, die dem Wittelsbacher Prinzen Otto ins ferne Griechenland gefolgt sind, sondern auch von der Schönheit der Landschaft rund um den Walchensee. Seinen Anfang und sein Ende nimmt der Roman in der Jachenau und am Walchensee, der schon damals als äußerst idyllisch beschrieben wird, wobei weder die Sage vom Waller noch die Entstehung des Klösterls vergessen wird.
Eine von Waldschmidts Motivationen für seine zahlreichen Romane war die Tourismuswerbung. Der Autor hatte es sich zur Aufgabe gemacht, alle bayerischen Alpenregionen in Romanen vorzustellen. In „Die Jachenauer in Griechenland“ waren es vor allem die Jachenau und das Walchenseegebiet, das er im Jahr zuvor besucht hatte. Es war der erste Roman überhaupt, der in dieser Gegend spielt. Schmidt malte ein herrliches Bild der Naturschönheiten rund um den See, der eben in jenen Jahren als Sommerfrische entdeckt wurde. Um die deutschlandweite Wirkung zu erahnen, sei festgehalten, dass dieser Roman erstmals als Fortsetzung in der „Kölnischen Zeitung“ erschien. Inzwischen hat er insgesamt zwölf Buchauflagen erlebt.

Ende November 1832 hatten die bayerischen Soldaten von München aus ihren Weg über den Kesselberg und den Walchensee Richtung Süden eingeschlagen. Auf der Höhe des Kesselbergs angelangt, „war der Nebel plötzlich verschwunden, im tiefsten Blau spannte sich das Firmament über die Spiegelfläche des bald in Diamantfeuer, bald Rubinen gleich erglühenden Walchensees mit seinen malerischen Ufern, während im Hintergrunde die gewaltigen Tirolerberge mit ihren gen Himmel starrenden schneebedeckten, jetzt in majestätischem Schimmer erglänzenden Häuptern schweigend über die zu ihren Füßen gelagerte Landschaft hereinschauten“.
Nicht mit nach Griechenland gezogen war der Fischer Friedl, der zu Hause sein „Herzeleid“ auskurierte. „Friedl hatte ein Schiff losgelöst und ruderte in der Richtung quer über den See nach dem am westlichen Ufer auf einer grünen Halbinsel, dem Posthause und dem Dörfchen Walchensee gerade gegenüber gelegenen sogenannten Klösterl. [...] Das verlassene Stift am Walchensee ward ein zur Abtei Benediktbeuern gehöriges Pächterhaus und ein alter, ehrwürdiger Benefiziat versah dort die Seelsorge. Zu diesem führte Friedl jetzt sein Kahn. [...] Die Sonne war bereits hinter den Bergen hinabgesunken, der Abglanz einiger Sterne blickte schon aus den allmählich sich verdüsternden Fluten. Es mahnte der Silberton des Glöckleins vom stillen Klösterl zum Abendgebete.“

(Vgl. Bauernfeind, Maximilian Schmidt; Waldschmidt, Auf den Spuren des Waldschmidt)

vergleichsweise niedrig blieb, lag nicht an den landschaftlichen Gegebenheiten. *„Woran fehlte es sonach? an drei Dingen: an ordentlicher Unterkunft, an guter Verpflegung und an der Reklame.“* Vor allem Letzterer nahm sich Maximilian Schmidt an und organisierte nicht nur die Gründungsversammlung des Fremdenverkehrsverbands in Bayern, sondern schilderte die bayerische Landschaft in seinen zahlreichen Erzählungen und Romanen als äußerst verlockend und besuchenswert. Sie fanden deutschlandweit Anklang, wurden allgemein als beste Reiselektüre empfohlen und verbreiteten den Ruf der bayerischen Landschaft in zahlreichen

Sommerfrische in Urfeld 1893

„Das Gasthaus von Urfeld, früher zum ‚Jäger am See' genannt, besteht erst seit wenigen Jahren und ist im Styl der Bauernhäuser des Hochlandes gebaut, das heißt: Scheune und Ställe, Wohnstuben und Wirthschaftsräume befinden sich unter einem First, unter einem und demselben weit vorspringenden Dach. Das erste wie das zweite Stockwerk ist in der Mitte durch einen Korridor getheilt, der nach der Giebelseite zu auf den breiten Altan mündet, während zu beiden Seiten die schmucklosen weißgetünchten Fremdenzimmer liegen.

Diese Korridore wie die Altane gehören in solchen Gasthäusern allen Fremden gemeinschaftlich und glücklich der, welcher sich einen ständigen Platz auf dem Balkon erobert hat, der zugleich die Stelle eines Söllers, Erkers und Lug-ins-Land vertritt und in den meisten Fällen mit einer Reihe von Blumentöpfen, auch wohl mit schattigem Leinwanddach geschmückt ist. Die Altane des Gasthauses von Urfeld ist zwar einfacher, aber wenige im bayerischen Hochland gewähren eine so entzückende Aussicht wie hier auf die weite Bergwelt des Karwendelgebirgs und des Wettersteins."

(Julius Grosse, Am Walchensee, S. 155 f.)

Villa des Geheimrates Rietschel, Sohn des Bildhauser Ernst Rietschel aus Dresden, Federzeichnung von Max Thiemann, 1916

Abdrucken als Fortsetzungsromane in Tageszeitungen und Periodika.[24] Auch das Walchenseegebiet wurde von Maximilian Schmidt nicht vergessen. In seinem 1888 erschienenen historischen Roman über „Die Jachenauer in Griechenland" wird die Gegend in den leuchtendsten Farben geschildert. Damit unterstützte Schmidt andere zeitgleiche Bemühungen, den Walchensee als Sommerfrische zu etablieren.

Mit dem Fremdenverkehr ging es weiter voran: Bauern offerierten ihre eigenen Betten als Unterkunft für Fremde, in Urfeld kam um die Jahrhundertwende das Hotel „Fischer am See" (Besitzer M. Geiger) dazu.[25] Bis zur Jahrhundertwende mauserte sich Urfeld dann wegen des Aufstiegs zum Herzogstand zum meistbesuchten Ort am See; Hauptort aber blieb das Dorf Walchensee.

Und dann erwarben vor allem Münchner Bürger Grund und Boden am Westufer des Walchensees und errichteten dort ihre Feriendomizile, wie etwa der Architekt Prof. Albert Schmidt aus München, der mit seiner zahlreichen Familie in den Sommermonaten sein im Stil oberbayerischer Bauernhäuser erbautes Anwesen in Walchensee bewohnte und das einzige elegante Kielboot auf dem See besaß.[26] Als er den Schwaigerhof – die einstige Schwaige des Klosters Benediktbeuern – 1886 erwarb, schlugen seine Verwandten und Bekannten allerdings die Hände über dem Kopf zusammen: Ein Sommerrefugium in dieser Weltabgeschiedenheit! Was wäre, wenn eines der zwölf Kinder krank würde, wenn … Nicht auszudenken! Dennoch wagte der Architekt, der 1841 in Sonneberg in Thüringen geboren war und dem u. a. die Lukaskirche und der Löwenbräukeller in München zu verdanken sind, das Unternehmen, baute erst einmal den Bauernhof und die Stallungen in Wohn- und Schlafräume um und trat im Sommer 1887 erstmals die Sommerfrische am Walchensee an: Eltern, zwölf Kinder und fünf dienstbare Geister. Die Schmidts fühlten sich heimisch am Walchensee, und als die ersten Pläne für das Walchenseekraftwerk bekannt wurden, veröffentlichte der Professor in den „Münchner Neuesten Nachrichten", dem Vorläufer der „Süddeutschen Zeitung", eine Philippika dagegen.[27] Nach und nach erwarben die Schmidts Grund dazu; eine rege Bautätigkeit lässt sich durch die Jahre feststellen, auch nach dem Tod von Professor Schmidt

24 Schmidt, Waldschmidt im Spiegel der Presse, S. 73-79; Bauernfeind, Maximilian Schmidt, S. 19.

25 Das Haus gehört heute der „Katholischen Integrierten Gemeinde"; vgl. Kapfhammer, Corinth, S. 122.

26 Becker, Walchensee, S. 53.

27 Münchner Neueste Nachrichten vom 5. und 6. Dezember 1907: Der Walchensee, „der König unter den bayerischen Seen", würde ruiniert, die Touristen und Anwohner hätten viel zu leiden und „die ungünstigen Folgen auf die Fischerei endlich sind leicht zu ermessen" – so der Grundtenor seines Artikels mit dem Titel „Das Schicksal und die Zukunft des Walchensees und der Isar". Vgl. oben S. 213 ff.

Der „Schwaigerhof“, Postkarte, um 1930

im Jahr 1913. Unter anderem errichteten sie eine Bade- und Schiffshütte, die allerdings 1939 wieder abgebrochen wurde. Die vielen Kinder hatten wiederum viele Kinder und dementsprechend viele Erben. Zunächst noch in Erbengemeinschaft geführt, wurde das Anwesen 1960 verkauft.[28] Inzwischen ist aus dem Anwesen längst das „Hotel zum Schwaigerhof“ geworden.

General von Stephan, der sich im Krieg von 1870/71 als Führer der ersten bayerischen Division besonders in den Kämpfen bei Orleans – trotz einer Verwundung – ausgezeichnet hatte, wollte sich ganz in der Nähe ebenfalls ein Landhaus errichten. Er erwarb eine Wiese am See, gegenüber dem Forsthaus in Walchensee. Zerwürfnisse mit dem Wirt sollen die Realisierung des Plans jedoch vereitelt haben. Testamentarisch vermachte der General das Grundstück schließlich der Kirche St. Jakob, die die „General-Stephan-Wiese“ dann um 200 Mark an das Forstärar veräußerte.[29]

Auch der Staat veräußerte damals Besitz am Walchensee, etwa die einzige Insel im See, Sassau. Bis 1894 war die dicht bewaldete Insel in fiskalischem Besitz. Dann erwarb sie Hofrat Dr. von Pfistermeister, ein Arzt aus München, der an der Westseite ein kleines Blockhaus errichtete.[30]

Georg von Vollmar, der frühe Vertreter bayerischer Sozialdemokraten, erwarb das Landhaus Soiensaß in Urfeld, wo nicht nur *„viele seiner Gedanken über die soziale Entwicklung reiften“*, sondern ihn auch viele Freunde und Kollegen besuchten. Daffner erwähnt sein Anwesen als eine von damals *„drei hübschen Villen“*, die an der rechten Straßenseite lagen, wenn man den Kesselberg herabkam.[31] Hier tagte am 2. Juni 1904 sogar die sozialdemokratische Landtagsfraktion Bayerns. August Bebel und Friedrich Ebert, der schwedische Ministerpräsident Hjalmar Barting, jede Menge Minister und Gesandte, Bürgermeister und Universitätsprofessoren kamen zu Besuch nach Urfeld, wo Georg von Vollmar 1922 auch verstarb.[32]

Nur wenige Schritte entfernt hatte die ehemalige Hofdame von Belli de Pino ihr Anwesen. Von ihr erzählt man sich bis heute die Geschichte, wie sie sich einst, als König Ludwig II. an den See gereist war, „aus Versehen“ ins Wasser fallen ließ, in der Hoffnung, der König würde sie höchstpersönlich retten. Der jedoch beauftragte nur einen Herrn seines Gefolges, die triefend nasse Hofdame aus dem Wasser zu ziehen.

28 Wimmer, Zwerger.

29 Emerich, St. Jakob, S. 59. General Johann Baptist von Stephan wohnte in den 1870er-Jahren in der aufgelassenen Abtei Schlehdorf. Er war es auch, der die Versuche, Saiblinge aus dem Walchensee im Kochelsee heimisch zu machen, unternommen hat. Vgl. MFW 1876, S. 46. Vgl. auch S. 97 f.

30 Becker, Walchensee, S. 54 f.

31 Daffner, Benediktbeuern, S. 311.

32 Kampffmeyer, Georg von Vollmar, S. 85-89.

„Sommerfrische“ der Hofdame von Belli di Pino am Walchensee

Lovis Corinth am Walchensee

Der Maler Lovis Corinth besuchte Urfeld erstmals im Sommer 1918, wo er am 21. Juli im Hotel „Fischer am See“ abstieg, um seinen 60. Geburtstag zu feiern. Den ganzen Sommer über blieb die Familie – von Frau Charlotte Corinth gern als die „Corinther“ bezeichnet – am Walchensee. Lovis erfreute sich an der Landschaft, unternahm Ruderpartien, wanderte entlang des Ufers und stieg auf die benachbarten Berge. Bereits in diesem Sommer entstanden einige seiner schönsten Walchenseebilder. In einem Brief beschrieb er sein Sommerdomizil: „Dieses Urfeld ist ein ganz winziger Ort, es gibt eine Post, zwei Gasthäuser, aber weder Schneider noch Schuster. Einige Villen im Liliputanerstil leuchten unter schwarzen Tannen hervor.“ Hier wollte auch Corinth eine Villa besitzen, und da der Maler viel Geld für die Bilder vom Walchensee bekommen hatte, war er dazu auch finanziell in der Lage. Im Herbst 1918 ging die Familie an den Bau eines Hauses zu Füßen des Herzogstands, zunächst noch etwas verunsichert durch die politischen Verhältnisse in Bayern nach dem Ersten Weltkrieg und der Revolution. Allen Schwierigkeiten zum Trotz bezogen die „Corinther“ das Haus in Urfeld. Anno 1919 war es so weit. Die Reise bedeutete für die Familie jedes Mal „eine kleine Himmelfahrt“. Von Berlin ging es im Nachtexpress nach München, von dort mit dem Bummelzug nach Kochel und dann weiter mit dem Fuhrwerk. In Urfeld angekommen, genoss der Künstler die Stille, die Luft, den Ausblick auf den See und die Berge.

Die in der Folge entstandenen mehr als fünfzig Walchenseebilder sind heute aus der Geschichte der Malerei nicht mehr wegzudenken. Der Künstler selbst begründete die Faszination, die dieser See auf ihn ausübte, anlässlich der Vollendung seines 1921 entstandenen Bildes „Walchensee mit Lärche“: „Der See selbst wechselt in rätselhaften Farben und Stimmungen. Bald blitzt er wie ein Smaragd, bald wird er blau wie ein Saphir, und dann glitzern Amethyste im Ring mit der gewaltigen Einfassung von alten, schwarzen Tannen, die sich noch schwärzer in dem klaren See widerspiegeln. Darüber breitet sich das Hochgebirge der bayerischen Alpen und wieder über dem ganzen im dunkelstem und silbrigem Schimmer der gewaltige Wetterstein.“ Und rückblickend meinte Charlotte Corinth über die Zeit am Walchensee: „In diesen sechs Jahren hat unser gemeinsames Leben kulminiert.“ Corinths Walchenseebilder zeigen nicht nur die wechselnden Stimmungen von Wetter, Tages- und Jahreszeit, sondern auch seine eigenen Gefühlszustände – von der einst legendären Lebenslust bis hin zu den immer dunkleren Bildern seiner letzten, von Krankheit geprägten Jahre. Seine Gemälde tragen heute das Bild des Walchensees in alle Welt hinaus. So wurde etwa 2008, anlässlich seines 150. Geburtstags, eine ganze Reihe von Walchenseebildern in einer Ausstellung im Musée d'Orsay in Paris, in Leipzig und Regensburg gezeigt. Bei Sotheby's in London wurden in den letzten Jahren sogar zwei seiner Walchenseebilder zu einem Preis von über einer Million Euro versteigert.

Nach dem Tode Lovis Corinths im Jahr 1925 erwarb der Physiknobelpreisträger und Begründer der Quantentheorie Werner Heisenberg das Anwesen. Noch heute ist das Haus in Privatbesitz.

(Kapfhammer, Lovis Corinth in Walchensee, S. 122-124; Behrend-Corinth, Mein Leben mit Lovis Corinth, S. 25; Kropmanns, Mit C wie Corinth, S. 38-40; Stelzle, Spurensuche, S. 81 f.)

Ende des 19. Jahrhunderts hatte sich der Walchensee als Sommerfrische durchgesetzt – allerdings nur auf seiner Westseite –, eine Tatsache, die sich auch im beginnenden 20. Jahrhundert durch den Erwerb zahlreicher Anwesen durch Münchner Bürger fortsetzte. Auch der Kontakt zur Außenwelt wurde gepflegt. 1892 erhielt die durch Telefon bereits mit Kochel verbundene Postexpedition in Walchensee eine telefonische Verbindung nach Mittenwald und ins Wirtschaftsgebäude auf dem Herzogstand, sodass von der Höhe aus ein direkter Anschluss auch nach Urfeld und die Jachenau bestand.[33]

Nun kamen die Gäste in Scharen. 1924 konnte der „Tölzer Kurier“ melden, dass sich der „Fischer am See“ in Urfeld *„unter der guten Leitung von Direktor Lohse, zuletzt Hotel Rottmannshöhe, Starnberger See, größter Beliebtheit“* erfreue. Als Gäste jenes Sommers wurden u. a. der Herzog von Braunschweig mit Familie sowie Mitglieder der preußischen, sächsischen und meiningischen Fürstenfamilien aufgezählt. *„Neuerbaute Einstellstallungen stehen zur Verfügung.“*[34]

In Walchensee existierte um die Jahrhundertwende sogar eine eigene Walchensee Höhenkur- und Eigenbau Gesellschaft m. b. H.[35] Um 1905 begann die teilweise Bebauung mit Villen.[36] Der bekannteste Villenbesitzer war jedoch wohl der aus Ostpreußen stammende Kunstmaler Lovis Corinth (1858-1925), der 1918 in

33 Daffner, Benediktbeuern, S. 316 f.

34 Tölzer Kurier vom 18. September 1924.

35 StA Mü Straßenbauamt Weilheim 342.

36 Wimmer, Zwerger.

„Walchensee mit Lärche", Gemälde von Lovis Corinth aus dem Jahr 1921

Urfeld, am Fuße des Herzogstands, ein Haus erbaute, dort zusammen mit seiner Frau die letzten sieben Jahre seines Lebens verbrachte und zahlreiche Gemälde und Zeichnungen vom Walchensee anfertigte.[37]

Sogar Romane spielten nun in der Sommerfrische am Walchensee, etwa der bereits erwähnte von Maximilian Schmidt, genannte „Waldschmidt", über „Die Jachenauer in Griechenland" von 1888 oder Julius Grosses zweibändiger Roman „Am Walchensee", erschienen 1893 in Dresden bzw. Leipzig. Auch im Baedeker wurde der *„tiefblaue"* Walchensee nun als *„der schönste baierische See nach dem Königssee"*[38] gerühmt.

Viele Namen der erwähnten Sommerhausbesitzer finden sich auch als Unterschriften in der Denkschrift gegen das geplante Walchenseekraftwerk von 1909. Neben den Erwähnten, den ortsansässigen Hoteliers und anderen Einheimischen erscheinen auch die Professoren Hermann Rietschel aus Berlin, Berthold Kellermann, Gustav Buchholz aus Posen, der Geheimrat von Kittel, der Physiker Otto Freiherr von und zu Aufsess sowie der Arzt Dr. Otto Billinger, die vermutlich auch alle – wenigstens zeitweise – ihre Sommer am Walchensee verbrachten – sowie natürlich der Vertreter der Eigenbaugesellschaft Walchensee, Major a. D. K. Kreitmaier.[39]

37 Kapfhammer, Lovis Corinth in Walchensee, S. 122-124; Taller, Wundervoller Walchensee, 2. Auflage, S. 80.

38 Baedeker, Südbayern, Tirol und Salzburg,1880, 19. Auflage, S. 66.

39 Denkschrift zum Walchenseeprojekt, S. 36.

Die Jagdhäuser auf dem Hochkopf, Postkarte, um 1930

Aufbruch zur Bergpartie anno 1893

„Schon im feuchten Grauen des Tagesanbruchs erwachte ein lebhaftes Treiben innen und außen am Gasthause zu Urfeld und steigerte sich mit jeder Stunde. Drinnen an den sauber gescheuerten Eichentischen und draußen am thaufrischen Strande des Sees bewegten sich lebhafte Gruppen von Männern, die meisten ausgerüstet mit hohen Bergstöcken und Joppen nebst Rucksack, andere in hohen Stiefeln mit Plaids und breitkrämpigen Hüten; bei einzelnen waren auch grüne Botanisierbüchsen und Fernrohre bemerkbar. Morgengruß und Gegengruß hallte fröhlich durch das Haus – hier klapperten Tassen und Kannen am Frühstückstisch, dort versahen andere sorgsame Leute ihre Waidmannstasche mit solider Provision und langhalsigen Flaschen. [...]
Es waren alle gekommen: die Studenten vom Posthaus zu Walchensee, die Cavaliere und Kurgäste von Bad Kochel, [...] und zahlreiche Mitglieder des Alpenvereins – wahre Gestalten wie eine Leibgarde Rübezahls, ausgesuchte Hünen und Recken, würdig, in jedem Nibelungengesang aufzutreten. Auch zahlreiche schöne Damen waren vorhanden mit breitrandigen Strohhüten, bunten schottischen Plaids und in kurzgeschürzten Reisekleidern aller Art. Auch sie brachten zahlreiches Gefolge mit: Gelehrte, Künstler, Beamte, halbwüchsige Schüler und Schülerinnen – kurz alle Provinzen des weiten Deutschland, vom blonden, ernsten Norden bis zum leichtlebigen Süden, hatten ihr Kontingent gestellt an Stadtmüden, Naturdurstigen und sonstigen Touristen aller Art, die man heute unter dem Sammelnamen Sommerfrischler zusammenfaßt. Eine Bergbesteigung des Herzogstands ist längst kein außerordentliches Ereignis mehr, zumal in den Sommermonaten.“

(Julius Grosse, Am Walchensee, S. 230-232)

Die Herzogstandhäuser im Winter, Postkarte, um 1910

Nach und nach waren die Alpen *„zu einem großen Erholungs- und Pilgerfahrtziele der modernen europäischen Welt"* geworden, wie L. Purtscheller in der „Alpenvereins-Zeitschrift" 1894 feststellte.[40] Mit den Fremden kam auch neuer Wohlstand ins Gebirge. An die Stelle des Handels, der längst den Eisenbahnlinien folgte, war der Tourismus getreten.

In den Reiseführern des beginnenden 20. Jahrhunderts war man sich längst einig: *„Zu den lohnendsten Ausflügen von München gehört der an den Kochel- und Walchensee."* Doch: *„Das Gebiet des Kochel- und Walchensees wird von Fremden nicht in dem Maße besucht, wie es das verdient.* [...] *Das Gebiet des Kochel- und Walchensees ist nicht so fashionable wie das von Partenkirchen, Tegernsee oder Reichenhall. Es wirkt hier alles viel natürlicher, selbst das neue Walchenseekraftwerk hat diesen Eindruck nicht abschwächen können. Alles ist ernst gestimmt."* Beeindruckend ist bereits der Kochelsee, doch *„ein noch größerer Eindruck wird uns beschieden, wenn wir vom Kesselbergjoch aus den ersten Blick auf den 200 m höher als den Kochelsee liegenden Walchensee, den tiefsten See Deutschlands werfen. Über den Bergen des Isartals erhebt sich in seiner Felsenschönheit der Karwendel, während zu unseren Füßen der dunkle Walchensee längst vergangenen Zeiten nachträumt. Dieses Bild gehört zu den schönsten Erinnerungen, die wir aus Bayerns Bergwelt wieder mit in die Heimat nehmen."*[41]

Nach dem Bau der ersten Ferienhäuser und mit den zunehmend komfortableren Transportmöglichkeiten kamen seit Ende des 19. Jahrhunderts auch die ersten Winterbesucher, allerdings nicht in dem Maße wie in die bekannten Wintersportorte in Tirol oder nach Garmisch. Wieder soll Professor Albert Schmidt den Anfang gemacht haben, indem er bisweilen auch im Winter mit einigen Gästen auf ein paar Tage aus München herauskam. Vor allem Naturfreunden wurde ein Besuch des Walchensees im Winter wärmstens empfohlen: *„Ungeahntes kann er da erschauen, was ihm lange Herz und Sinn erfüllen und erfreuen wird."*[42] Wintersport dagegen wurde am Walchensee kleingeschrieben. Das damals bereits in verschiedenen Teilen der Alpen übliche Skilaufen war am Walchensee unbekannt. Schlittschuhe kannte der Walchenseer – wie die Bergbewohner überhaupt – ebenfalls nicht. Es reichte gerade noch zum Rodeln auf dem Herzogstand. Ein farbenfrohes Leben und Treiben, das damals bereits auf dem Tegern- oder Starnberger See stattfand, war kaum möglich, da der Walchensee so gut wie nie ganz zufror.

40 Zitiert nach Becker, Walchensee, S. 113.

41 IRO-Führer München und das bayerische Oberland, um 1920, S. 60 f.

42 Becker, Walchensee, S. 200.

Lediglich zum Eisstockschießen reichte das Eis in den Buchten, wobei auch hier nicht selten Unglücksfälle passierten und der eine oder andere Bursche einbrach und ertrank.

Nicht nur die Feriengäste waren ein Geschäft für die ortsansässige Gastronomie, sondern auch die verschiedenen Bautätigkeiten im Zusammenhang mit dem Walchenseekraftwerk. Die Versorgung der Arbeiter vor allem mit Bier war unter den Wirten heiß umkämpft. Zunächst scheint der Postwirt das Monopol besessen zu haben, 1910 jedoch stellte dann Hans Wiesmayer in Urfeld einen geeigneten Raum zur Verfügung und bekam die Bierversorgung daraufhin übertragen.[43]

Durch die steigende Besucherzahl stieg vor Ort auch der Bedarf an Speisefischen – ein Aufschwung für die heimische Fischerei. Die Bewohner des Landgerichtsbezirks Tölz waren selbst nämlich keine großen Abnehmer, obwohl bereits Jakob Kriechbammer in seiner „Medizinischen Topographie des Landgerichtsbezirks Tölz" von 1806 vermerkt hatte, dass die Flüsse, Seen und Teiche zwar eine Reihe verschiedener Fische liefern, unter welchen die Karpfen, Forellen, Hechte, Schleien, Pirschlinge (= Barsche) die häufigsten waren, und *„der Walchensee vorzüglich schmackhafte Seiblinge"* enthielt, diese Fische aber nicht unter den genossenen Nahrungsmitteln auftraten[44]. Sein späterer Kollege, der Tölzer Arzt Dr. Gustav Höfler, bestätigt dies in seinem 1860 verfassten „Physikatsbericht" des Landgerichts: *„Der Bürger zu Tölz ißt gut und reichlich. Mit Ausnahme von*

Urfeld, geprägte Postkarte, gestempelt am 30. Oktober 1905

STRANDHOTEL FISCHER AM SEE

BAYERISCHES HOCHGEBIRGE

URFELD AM WALCHENSEE

Anzeige aus den 1930er-Jahren

43 StA Mü Straßenbauamt Weilheim 342.

44 Kriechbammer, zitiert nach Probst, Land um Isar und Loisach, S. 30 und 34.

Anzeige aus den 1950er-Jahren

Sauerkraut, Salat, Rettigen, Gurken, rothen Rüben und sogenannten Dotschen genießt er kein Gemüse, sondern nährt sich fast durchweg von Fleisch. Kuh-, Rind-, Kalb-, Schweinefleisch sind die gewöhnlichen Nahrungsmittel. Sehr beliebte Delikatessen sind Kitzfleisch und Ferkeln, Enten und Gänse. Eine große Rolle spielen die Würste, welche aber weniger gut als umfangreich sind. Der Bauer ißt Milch, Butter, Topfen, Käse, gedörrtes Obst, eingesalzenes Kraut, die weiße und sogenannte bayerische Rübe, Brei von Milch und Mehl, viel Schmalzgebackenes, wenig Kartoffel, die nicht gut und wenig beliebt ist."[45]

Bei einem solchen Konsumverhalten der einheimischen Bevölkerung war der Fischfreund aus der Haupt- und Residenzstadt und aus Deutschlands Norden auch in Fischerkreisen willkommen. Mit den Touristen entdeckten auch die Freizeitfischer den Walchensee, in dem bereits in den 1880er-Jahren auch durch den Landesfischereiverband Versuche mit nicht heimischen Fischarten unternommen wurden.

Die Fischerei blühte auf. Die Fischer konnten ihre Fänge jetzt in größeren Mengen in den Gasthäusern direkt vermarkten. Bald wurde wieder gefischt, was das Zeug hielt. Man zog so viele Fische aus dem See, dass man sich sogar in München, im Bayerischen Landesfischereiverein, Sorgen ob der *„unzulässigen Raubfischerei"* machte und die örtliche Gendarmerie 1890 aufforderte, ein Auge darauf zu haben. In der zuständigen Gendarmeriestation in Jachenau nahm man das Schreiben zur Kenntnis. Was daraus geworden ist, verschweigen die Akten. Erfolgsmeldungen sind nicht erhalten.[46] Doch hielt Emil Becker, ein Sommerfrischler aus Erfurt, in seiner 1897 erschienenen Beschreibung des Walchensees fest: *„Die Controle über*

45 Höfler, zitiert nach Probst, Land um Isar und Loisach, S. 73.

46 StA Mü. AR 1952/104, Texte siehe oben S. 209.

die Fischerei, die Beobachtung der Schonzeiten, die Anwendung vorschriftsmäßiger Netze u.s.w. wird durch das königliche Bezirksamt Tölz und in dessen Auftrag durch den zuständigen Gendarmen ausgeübt. Außerdem sehen die fast beständig mit einander in Streit liegenden Fischereiberechtigten sich gegenseitig auf die Finger.“[47] Dazu kam, dass bestimmte Seestrecken als Fangplätze Ende des Jahrhunderts für jedermann freigegeben wurden. Emil Becker vermutet sogar, dass *„der Mangel an Einteilung“* der Hauptanlass für die Raubfischerei war.[48]

Um der daniederliegenden Fischerei wieder aufzuhelfen, wurde im Mai 1891 auf Ansuchen des Bezirksamts Tölz ein Besatz mit 20.000 Saiblings- und 60.000 Renkeneiern aus der Fischzuchtanstalt München im Walchensee vorgenommen, woraufhin sich der Bestand wieder erholte.[49] Emil Becker ergänzt: *„Es ist zu wünschen und mit Sicherheit zu erwarten, daß dieser gute Zustand des Fischvolks nicht nur erhalten, sondern mit der steigenden Einsicht der Fischer von Jahr zu Jahr verbessert werden wird.“*[50]

Der Einfluss auf die Fischerei durch die Angelfischerei war entschieden größer als der durch den gestiegenen Fischbedarf in den Gasthäusern. Während in früheren Zeiten ausschließlich Berufsfischer tätig waren – zumindest was die legale Fischerei betraf! –, sind es heute vor allem die Freizeitfischer, die mit Begeisterung an den Walchensee strömen. An kaum einem anderen oberbayerischen See werden so viele Tageskarten ausgegeben wie am Walchensee. Es handelt sich dabei um Tausende von DM bzw. Euro pro Jahr, ein Gewinn, der mit der Netzfischerei nie zu erzielen wäre. Alfons Englbrecht aus Walchensee verwies 1977 auf seine bereits 50-jährige Erfahrung im Handel und in der Beratung für den Sportfischer, was besagt, dass bereits 1927 ein Geschäft für Anglerbedarf in Walchensee bestand. Gleichzeitig offerierte er im eigenen Gästehaus „Seehof“ ein *„preisgünstiges Angebot für einen Angelurlaub im Frühjahr“*. Auch das Verkehrsamt des Luftkurorts Walchensee warb um Sportfischergäste: *„Jetzt im Frühling zum nebelfreien Walchensee. Hochsaison für Seeforelle, Saibling, Aalrutte.“*[51] Dies hatte auch seine Auswirkung auf die Fischerei, eine Entwicklung, die allerdings nicht von allen Seiten gutgeheißen wurde.[52]

Titelblatt eines „Panorama“-Heftes mit den umliegenden Gipfeln am Walchensee

47 Becker, Walchensee, S. 185 f.

48 Ebenda, S. 185.

49 Ebenda, S. 184.

50 Ebenda, S. 184.

51 AFZ 1977.

52 Tircher, Nochmals über den Walchensee. Schindler, Abermals zur Bewirtschaftung des Walchensees.

Der Herzogstand, Postkarte, um 1900.
Unten: Fischer auf dem Walchensee, Foto 2009

Speziell in der Zeit nach dem Zweiten Weltkrieg waren die einschlägigen Zeitschriften voll von begeisterten und begeisternden Artikeln über die Fischerei am Walchensee. *„Der Walchensee gilt als berühmtes Ziel der Sportangler. Die meisten von ihnen, insbesondere aus Süddeutschland, kommen wegen des Seesaiblings. Im Gegensatz dazu befassen sich Angler aus Norddeutschland im Walchensee vorwiegend mit dem Hecht. Die Seeforelle ist mehr als ausgesprochene Spezialität gesucht.*“[53]

Heute könnte kein Berufsfischer mehr vom Fang alleine leben. Zimmervermietung, Gastronomie und vor allem die Ausgabe von Fischereikarten über die Genossenschaft liefern nun einen weit höheren Ertrag – eine Entwicklung, die in der Binnenfischerei bayernweit festzustellen ist.[54] Inzwischen sind es längst nicht nur Hotels, Gasthäuser und Privatpensionen, die den Anglern Quartier bieten. Auch auf dem Campingplatz südlich von Walchensee finden sie sich ein. Allerdings blieb das Eindringen der Freizeitangler nicht ohne Folgen für die Fischerei. Meinungsverschiedenheiten mit den Berufsfischern waren vorprogrammiert und finden heute in Internetforen ihren Niederschlag.[55]

53 AFZ Januar 1968.

54 Oelwein, Fischerei im Wandel, S. 198 ff.

55 Zum Beispiel unter www.alpines-angeln.de.

Die Pfähle im Walchensee

Ein großes Rätsel am Walchensee sind die Pfähle in der Bucht von Zwergern. Erst mit den winterlichen Absenkungen im Zusammenhang mit dem Walchenseekraftwerk seit 1924 sind in der flachen Bucht einige Hundert Pfähle zum Vorschein gekommen, das heißt, gesehen hatte man sie in dem klaren Wasser bereits vorher. Nun aber ragten sie weit über den Wasserspiegel bzw. über den trocken liegenden Seegrund hinaus. Die Bauernknechte in der Zwergerner Bucht betrachteten die alten Pfähle als willkommenes Geschenk, kürzten sie und verwendeten das Material als Brennholz. Auch in der Walchenseer Bucht und im Obernacher Winkel bei Einsiedl fand man mehrere Hundert Jahre alte Holzstempen im Wasser.

Die Forschung und die Fachliteratur haben sich jedoch kaum um die Pfahlreste gekümmert – und das bis heute –, obwohl man schon kurz nach der Entdeckung die Prähistorische Staatssammlung in München um Rat fragte und sich sogar allgemein in Fischereikreisen dafür interessierte: *„Infolge der Absenkung des Walchensees, die jedoch, wie bereits gemeldet, behoben werden wird, hat man in der Bucht von Zwergern unter dem Seespiegel zahlreiche Pfähle entdeckt, deren Untersuchung von der prähistorischen Staatssammlung München durchgeführt wurde. Das Ergebnis war, daß es sich hier um Anlagen für Fischereizwecke handelt, die nach dem 15. Jahrhundert geschaffen wurden. Daß sich solche Anlagen gerade an dieser Stelle finden, erklärt sich aus der seichten Beschaffenheit der Bucht, wie sie nur an dieser Stelle des Walchensees anzutreffen ist.*“[1] Friedrich Wagner, der damalige Konservator und spätere Leiter der Prähistorischen Staatssammlung, hatte selbst dazu Stellung genommen.

Bereits Friedrich Wagner stellte fest, dass es sich um zwei verschiedene Anlagen handelte: zum einen um die von ihm als „Hüttchen“ bezeichneten vorderen Pfahlreste und zum anderen um die dahinter stehenden Palisaden, die die Bucht abriegelten. Ob beide Anlagen der Fischzucht dienten, ist nicht mit letzter Sicherheit gesagt, kann jedoch angenommen werden. Der Meinung, es handelte sich ausschließlich um Fischereianlagen, schloss sich der Kocheler Heimatforscher Hans Demleitner an, der sich mit den Pfahlfunden beschäftigte, jedoch noch ohne Ergebnisse archäologischer Untersuchungen bezüglich Alter und Funktion. Nach Demleitner sollen die beiden die Bucht durchquerenden Pfahlreihen den Fischern von Zwergern als Abteilung für Fischbecken gedient haben.[2]

Doch waren die Reihen nicht die einzigen Pfahlfunde in der Bucht. Davor finden sich noch in Rechtecken angeordnete Pfähle, die laut Stefan Bauer, *„ziemlich sicher* [...] *als Stützpfeiler für sechs Pfahlbauten gedeutet werden*“[3] können, eine Deutung, die heute nicht so sicher ist.

Erst in unseren Tagen wollte der heutige Mitbesitzer des „Hanslbauern“ und Vorsitzende der Fischereigenossenschaft Walchensee, Martin Boehm, der Sache endlich auf den Grund gehen. Zusammen mit Prof. Dr. Jost Knauss vermaß er in den Jahren 2007 und 2008 die Pfahlreste. Der Bezirksheimatpfleger von Oberbayern, Stefan Hirsch, ließ einige Proben dendrochonologisch untersuchen. Die Ergebnisse der Untersuchungen sowie die auf dieser Grundlage mögliche Erklärung der einzelnen Teile der Anlage werden im Anhang von Jost Knauss und Martin Boehm geschildert.

1 AFZ vom 10. Juli 1925, S. 243.

2 Demleitner, Kochel, S. 13, und Demleitner im Tölzer Kurier vom 12./13. März 1988.

3 Bauer, Bodendenkmäler, S. 50.

Die Pfahlbauten in der Zwergerner Bucht zur Zeit der Seeabsenkung, fotografiert am 13. April 1934

Generell ist zu sagen: Wir haben es mit den Resten verschiedener Pfahlanlagen zu tun, die sowohl der Fischzucht als auch der Schifffahrt gedient haben. Doch obwohl die technischen Konstruktionen heute weitgehend rekonstruiert werden können, bleibt die genaue Funktion der einzelnen Anlagen in Teilen unbekannt. Auch wenn zur Zeit der Einrichtung beider Anlagen, die größenordnungsmäßig um die Mitte des 15. Jahrhunderts erfolgte, die Fischerei auf einem äußerst hohen Niveau stand, wissen wir darüber jedoch nur sehr wenig, da so gut wie keine schriftlichen Überlieferungen vorliegen.

Von Kloster Tegernsee etwa ist eine bedeutende Fischzucht bekannt. Doch schon Wilhelm Koch wunderte sich, *„daß Tegernsee, das eine der bedeutendsten Klosterbibliotheken besaß, das in großer Zahl Handschriften fertigte, sogar eine eigene Buchdruckerei besaß, nur eine einzige Handschrift überliefert hat, die einen Fischereitraktat enthält“*[4]. Dabei handelt es sich um das berühmte „Tegernseer Fischbüchlein“, das einer anderen Handschrift beigebunden wurde. Es beinhaltet jedoch lediglich Hinweise auf die Angelfischerei, die uns in Fragen der Fischzucht nicht weiterhelfen. Das erste bekannte Werk zur Teichwirtschaft ist das berühmte „Buch von den Teichen und den Fischen, welche in denselben gezüchtet werden“ von Janus Dubravius (1486-1553), Bischof von Olmütz, aus dem Jahr 1547.[5] In lateinischer Sprache verfasst, beschäftigt es sich mit der Anlage künstlicher Weiher aufgrund von eigenen Erfahrungen im böhmisch-mährischen Raum sowie im Besonderen mit der Karpfenzucht und bringt uns im Fall des Walchensees somit auch nicht weiter.

4 Koch, Das Tegernseer Fischbüchlein, in FZ 1926, S. 701, bzw. in AFZ 1953, S. 181.

5 Vgl. hierzu Schmeller, Karpfen- und Forellenteichwirtschaft, S. 282-286.

Alte Holzbauten im Walchensee von Friedrich Wagner

Als die Holzpfähle durch die Absenkung des Sees aus dem Wasser kamen, verwendete man sie nicht nur als Brennholz, sondern ließ Proben auch durch die Prähistorische Staatssammlung (heute Archäologische Staatssammlung) in München untersuchen. Heute sind dort keine Unterlagen zu den damaligen Untersuchungen mehr erhalten. Doch wurde der gutachtliche Bericht des damaligen Konservators und späteren Professors und Leiters der Prähistorischen Staatssammlung, Dr. Friedrich Wagner (1887-1953), im „Tölzer Kurier" vom 9. Mai 1925 abgedruckt. Dass er mit seinen Vermutungen dabei in allen Punkten richtig lag, wird heute jedoch angezweifelt.

„Schon lange war bekannt, daß sich in der kleinen, etwa 100 Meter breiten und 200 Meter langen Bucht von Zwergern am Walchensee unter dem Seespiegel zahlreiche Pfähle befinden, über deren Alter und Herkunft jedoch keine Klarheit bestand. Die Absenkung des Walchensees während der verflossenen Monate hatte nun die größtenteils seichte Bucht trocken gelegt und damit eine Untersuchung der merkwürdigen Pfahlanlagen ermöglicht, die von der Prähistorischen Staatssammlung München durchgeführt wurde und folgendes Ergebnis zeitigte: Die im nördlichen Abschnitt der Bucht meist noch ein bis 1,5 Meter über den Seeschlamm herausragenden Pfähle stellen Eckpfosten von quadratischen ‚Hüttchen' dar, deren Seitenlänge gegen vier Meter beträgt. Die Eckpfosten sind mit Rinnen versehen und durch in diese eingeschobene Bretter miteinander verbunden. Erhalten ist fast durchweg nur ein Brett auf jeder Seite, das auf dem Schlamm aufsitzt. Der Boden der ‚Hüttchen' ist 40 bis 50 Zentimeter hoch mit Kies bedeckt. Die ‚Hüttchen' bilden vier Gruppen. Die größte, aus etwa neun ‚Hüttchen' bestehende zieht sich längs des Westufers der Bucht hin. Die zweite Gruppe liegt 20 Meter östlich davon und besteht ebenso wie die dritte schon näher dem Ostufer beim Kirchlein St. Margareth gelegene Gruppe aus vier hintereinander angeordneten ‚Hüttchen', von denen das nördlichste durch Wellenbrecher gesichert ist. Die vierte Gruppe, noch ca. 20 Meter vom Ostufer entfernt, besteht aus zwei ‚Hüttchen' der normalen Größe und aus zwei daneben liegenden ‚Hüttchen' größeren Ausmaßes. Diese haben doppelte Wände, je ein kleineres ‚Hüttchen' ist unsymmetrisch eingeschachtelt. Pfähle wie Bretter sind, soweit sie im Schlamm stecken, ausgezeichnet erhalten, die Pfähle reichen drei bis vier Meter im Schlamm hinab. Wahrscheinlich haben wir Anlagen für Fischereizwecke vor uns. Die Technik weist darauf hin, daß sie erst nach dem 15. Jahrhundert geschaffen wurden. Daß solche Anlagen gerade hier geschaffen wurden, findet seine Erklärung in der seichten Beschaffenheit der Bucht, wie eine solche am Walchensee nicht mehr anzutreffen ist.

Hinter den ‚Hüttchen' (also landeinwärts) laufen quer über die ganze Bucht zwei Palisaden. Die nördliche besteht aus zwei 1,30 bis 1,60 Meter von einander entfernten Reihen eingerammter Rundpfähle. Dahinter zieht nicht ganz parallel in einigen Metern Abstand eine zweite sorgfältige, schnurgerade Sperre her. Sie besteht aus vier Teilen, nämlich aus einer losen Pfahlreihe, hinter der in 80 Zentimeter Abstand eine aus starken Fichtenbrettern gefertigte Spundwand steht; sie wird durchschnittlich alle 5 Meter von einem kräftigen vierkantigen Pfahl unterbrochen. Hinter ihr folgen in kleinen Abständen zwei Reihen vierkantiger und mit Rinnen versehener Pfähle, die gleich den Pfählen der ‚Hüttchen' durch Bretter miteinander verbunden sind. Die Gleichheit der Technik weist auf gleiche Entstehungszeit hin. Aller Wahrscheinlichkeit nach hatten diese Sicherungen den Zweck, bei niederem Wasserstand dem Druck der zu Abrutschung geneigten Seebodenschichten Widerstand zu leisten und allenfallsige Zerstörungen von den Ufern fernzuhalten. Die Anlagen verdanken also den gleichen Ursachen ihre Entstehung, die jetzt infolge einer allerdings viel bedeutenderen Seespiegelsenkung an verschiedenen Stellen des Walchenseeufers Schutzmaßnahmen erfordern."

Foto links: Holzlpfähle vor St. Margareth, Foto Frühjahr 1925

DIE „PFAHLBAUTEN": FISCHKALTER

Tatsächlich wurden die meist rechteckig angeordneten Eckpfeiler für „Pfahlbauten" verwendet, doch sicher nicht für prähistorische Bewohner, sondern für Fischkalter der frühen Neuzeit. Seit der zweiten Hälfte des 19. Jahrhunderts kamen prähistorische Pfahlbauten richtiggehend in Mode: Man vermutete sie plötzlich an vielen Orten. Man kannte sie aus Unteruhldingen am Bodensee, vom oberschwäbischen Federsee, wo man zwischen 1872 und 1930 immer wieder Ausgrabungen durchgeführt hat[6], und selbst im nahen Barmsee vermutet man bis heute einstige Pfahlbauten, obwohl eine moderne wissenschaftliche Untersuchung der vorhandenen Pfahlreste noch aussteht.[7]

Auch am Walchensee bemühte man sich um den Fund von prähistorischen Pfahlbauten, konnte aber bei ernst zu nehmender Suche schon damals keine finden, auch wenn Romanschriftsteller dies anders sahen. So spricht zum Beispiel Julius Grosse in seinem 1893 erschienenen Walchenseeroman von den Resten von Pfahlbauten im See[8], und da er ansonsten in seinen Schilderungen sehr detailgetreu ist, wird er die Pfahlreste in der Zwergerner Bucht, in der Bucht von Einsiedl oder vor dem Ort Walchensee durch das Wasser schimmern gesehen haben, ohne sie näher zu untersuchen.

Professor Albert Schmidt, der den Schwaigerhof in Walchensee als Feriendomizil erworben hatte, spricht ebenfalls von der *„malerischen, durch die Pfahlbauten interessanten Bucht bei den Zwerger-Höfen"*, wobei auch er sich auf die Frage nach der Zeit ihrer Entstehung nicht näher einließ.[9]

Emil Becker, der langjährige Besucher des Walchensees, der sich ausführlich mit dessen Geschichte beschäftigte, stellte jedoch schon in seinem 1897 erschienenen Buch richtig: *„In den abgelegenen, ringsum von steilen und unwegsamen hohen Bergen eingeschlossenen Kessel des Walchensees scheint der Ureinwohner des Gebirges nicht vorgedrungen zu sein, wenigstens hat er feste Siedlungen am See nicht angelegt gehabt. Denn es sind weder Spuren von Pfahlbauten noch sonstige Einzelfunde an Waffen, Geräthschaften*[10] *und dergleichen bisher am See entdeckt worden."*[11]

Becker konnte wohl deshalb keine „Pfahlbauten" entdecken, weil die Fischkalter möglicherweise bis in seine Zeit in Gebrauch waren oder deren Verwendung damals zumindest noch bekannt war. Noch um die Mitte des 19. Jahrhunderts waren diese Vorrichtungen auf jeden Fall in Betrieb gewesen. Wie selbstverständlich berichtet Heinrich Noë in seinem 1863 erschienenen „Bayerischen Seenbuch" nämlich von der Zwergerner Halbinsel: *„Der See wogt in seiner ganzen Breite gegen das Ufer unserer Halbinsel. Blitzschnelle Fischchen durchfliegen das sonnige, seichte Wasser am Strand. Dort stehen graue, fest verschlossene Hütten im Geplätscher – es sind die Fischbehälter (Fischg'halter) der Bauernhöfe Zwergern."*[12] Dass es sich dabei nicht etwa um die noch heute existierende Schiffshütte von 1790 gehandelt hat, beweist die Fortsetzung der Beschreibung: *„Ein hübscher rotlippiger Bursche mäht Heu auf einer Wiese, die an zirpendes Röhricht stößt. Kühe haben sich vor der großen Sonnenhitze auf der Weide geflüchtet und stehen jetzt in der schattigen Schiffhütte, wo ihnen die heranrauschende Welle den Rücken netzt."* Auch an der Schiffshütte des Posthalters in Walchensee hat es laut Noë damals Behälter für Saiblinge gegeben.[13] Und noch Max Höfler erwähnt in seinem „Führer von Tölz und Umgebung" aus dem Jahr 1875, dass die Saiblinge *„nur einmal im Jahre, im Oktober, gefangen und dann die ganze Zeit mit Fleisch gefüttert werden"*, und dafür brauchte man Kalter.[14] Karl Emerich bestätigt, dass ihm eine der ältesten Personen am Walchensee bei seinen Recherchen für die 1911 erschienene Geschichte von St. Margareth versicherte, *„daß jene Pfähle von*

6 Schöbel, Pfahlbaumuseum Unteruhldingen, S. 2 ff.

7 Kriner, Von Gervn zu Krün, S. 11-13. Auch für die möglichen Pfahlbauten am Barmsee stammen die ersten Erwähnungen von 1879, nachzulesen in der „Chronik des Marktes Mittenwald" von Joseph Baader. Vgl. ebenda.

8 Grosse, Walchensee, an verschiedenen Stellen.

9 Schmidt, Das Schicksal und die Zukunft des Walchensees, in Münchner Neueste Nachrichten vom 5. Dezember 1907.

10 Das Steinbeil bei Zwergern wurde erst 1962 entdeckt; das neolithische Steinbeil bei Urfeld noch später.

11 Becker, Der Walchensee, S. 83 f.

12 Noë, Bayerisches Seenbuch, S. 288.

13 Ebenda, S. 293.

14 Höfler, Führer, S. 66.

sogenannten Fischkaltern herstammen, an die sie sich noch gut erinnere". Und Emerich fährt richtig fort: *„Diese Erklärung erscheint sehr wahrscheinlich; man hätte es demnach mit Pfahlbauten aus ganz neuer, historischer Zeit zu tun."*[15]

Bereits im Mittelalter verwendete man Fischkalter. So wurde etwa in Artikel 349 des Oberbayerischen Landrechts Kaiser Ludwigs des Bayern von 1346 festgehalten, dass, wer dem anderen seine Fische stiehlt oder aus dessen Weihern, Gruben oder Behältern (*„behaltern"*) entwendet und dabei bei frischer Tat aufgegriffen oder der Tat überführt wird, an Haut und Haar gestraft werden soll, das heißt mit Schlägen gezüchtigt oder kahl geschoren werde (es gab jedoch die Möglichkeit, seine Schuld in Geld abzulösen).[16]

Als „Kalter" bezeichnet man in Süddeutschland Behälter für Fische, abgeleitet von „behalten, aufbewahren".[17] Sie können unterschiedlich aussehen und verschiedene Bauweisen haben. Fischkalter kannten schon die alten Römer. Lebende Fische, die für die Küche oder zum Verkauf bestimmt waren, konnten über längere Zeit in eigens dafür bestimmten Behältern in gewissen Mengen aufbewahrt werden.[18] Zu diesem Zweck wurden zum einen in natürlichen Gewässern Vorrichtungen geschaffen, zum anderen Wasserbauten an Land künstlich errichtet.

Vor allem in der klösterlichen Fischzucht verwendete man eigene „Küchenweiher", Fischgruben, Fischkalter, Fischgewölbe oder ganze Fischhäuser.[19] Zum Aufbewahren lebendiger Fische in natürlichen Gewässern dienten Fischtruhen oder Fischkästen. Dafür wurden in der Regel Bretter in einem solchen Abstand zueinander angebracht, dass das Wasser zwar hindurchfließen konnte, nicht jedoch die Fische. Diese Fischkästen konnten in natürlichen Gewässern ebenso aufbewahrt werden wie in künstlichen Brunnen.[20] In einem Fluss oder See auf Pfählen befestigt, konnte der Kasten mehr oder weniger weit vom Ufer entfernt sein und über ein Brett erreicht oder mit einem Kahn angefahren werden. Manchmal war der Kasten auch mit Seilen oder Ketten an Pfähle gehängt und konnte mittels einer doppelten Winde gehoben werden. Eine besondere Form von Fischkaltern sind Kästen mit beweglichem Boden, der zur Entnahme der Fische angehoben werden konnte.[21]

Teilweise muss man sich diese Fischkalter, auch Fischhäuser genannt, als richtige, vielfach sogar gemauerte Häuser vorstellen, die in einem natürlichen Gewässer stehen. Durch Löcher strömt frisches Wasser hinein und durch. Das Fischhaus in Waal (Landkreis Ostallgäu) etwa hatte einen Boden; ein Rechen hielt die Fische. Im Klosterweiher von Thierhaupten (Landkreis Augsburg) traten bei Grabungen Reste einer Halterung von drei mal zwei Metern zutage. Dabei handelte es sich um Eichenpfähle und in Schlitze geführte Bohlen.[22] Eine andere Variante waren die gemauerten Fischkalter, die in Klosterarealen errichtet wurden und nicht selten zudem künstlerische und gartengestalterische Elemente setzten, auch mit Springbrunnen und Ähnlichem verziert, der Repräsentation dienten.[23] Die wohl bekanntesten dieser Fischkalter stehen bis heute im österreichischen Stift Kremsmünster.[24] Die prachtvollen Fischbehälter wurden zwar schon 1606 bis 1608 angelegt, doch erst gegen Ende des Jahrhunderts durch Carlo Antonio Carlone in ihre jetzige Form gebracht und 1717 durch Jakob Prandtauer erweitert.

Im Bereich des Landhaus- und Schlossbaus scheint die Verbindung eines Brunnens mit einem Fischbehälter eine bevorzugte Kombination gewesen zu sein, wobei die Brunnen sehr aufwendig gestaltet sein konnten. Beliebt war auch die Verbindung mit einer Grotte oder einem Grottenwerk.

Allgemein fanden die Fischhalterungen bis ins 19. Jahrhundert hinein Verwendung, bevor neue Formen der Befischung und ihrer Verwendung sowie moderne

15 Emerich, St. Margareth, S. 42, Anm. 3.

16 Schlosser/Schwab, Oberbayerisches Landrecht von 1346, S. 149 und 385.

17 Kluge/Seebold, Etymologisches Wörterbuch, S. 349.

18 So mussten etwa die Ingolstädter Fischer nach einer Ratsverordnung von 1459 den ganzen Winter über (von Michaelis bis Georgi, also vom 29. September bis zum 23./24. April) eine bestimmte Menge Fisch in ihren Fischtruhen oder Fischgruben vorrätig halten. Vgl. Thiele, Fischerei und Schiffahrt, S. 241.

19 Vgl. Reallexikon zur Deutschen Kunstgeschichte, Bd. 9, Sp. 144 ff.

20 Auch im Kochelsee sind zum Beispiel für das Jahr 1529 Fischkalter nachgewiesen. Vgl. BayHStA KL Benediktbeuern, Fasz. 105/32, Fischbuch, S. 55.

21 Reallexikon zur Deutschen Kunstgeschichte, Bd. 9, Sp. 149.

22 Eine zweite Art von Fischhäusern sind Gebäude mit einem oder mehreren Bassins. Über die Einrichtung dieser Fischhäuser, die meist neben Fischgruben, Weihern oder Becken lagen, erfährt man selten Genaueres. In der Regel weiß man bestenfalls, wo die Bassins lagen. Vgl. Oelwein, Fischerei in Schwaben, S. 174-180. Vgl. auch Reallexikon zur Deutschen Kunstgeschichte, Bd. 9, Sp. 148.

23 Zum Aussehen des heute längst verschwundenen Fischkalters im Hofgarten des Fürststifts Kampten vgl. Schönau, Fischereibuch, S. 456.

24 Reallexikon zur Deutschen Kunstgeschichte, Bd. 9, Sp. 154, und Wutzel, 1200 Jahre Kremsmünster, S. 46.

Die Zwergerner Bucht mit den Pfahlbauten, im Hintergrund die Zwergerner Höfe, Foto Frühjahr 1934

Konservierungsmöglichkeiten, allen voran die Erfindung von künstlichem Eis durch Carl von Linde im Jahr 1881, Fischkalter – wenigstens zum Teil – überflüssig machten.[25] Heute werden – zumindest am Walchensee – die gefangenen Saiblinge und Renken meist an Ort und Stelle ausgenommen, mit Salz eingerieben und danach geräuchert[26] oder im Hotel bis zur Heimreise der Angeltouristen tiefgefroren aufbewahrt.[27]

Doch nicht nur zur Aufbewahrung dienten die Kalter, sondern bereits seit langer Zeit auch zur Fischzucht, vor allem für jene Fischarten, die zur Laichzeit gefangen werden, zu der jedoch das Fleisch qualitativ wie quantitativ zurückgeht wie beim Saibling. Seine Laich- (und Fang-) Zeit fiel in den Spätherbst und Winter; der Absatz ist jedoch für die Sommermonate berechnet. Daher war für ihn eine Aufzucht in Halterungen von besonderer Bedeutung.[28]

Seit dem 16. Jahrhundert ist am Walchensee von Speissaiblingen, später auch von Speisferchen die Rede, also von Saiblingen und Forellen, die mit „Speisfischen" (kleinen Weißfischen) gefüttert werden. Wann diese Form der Fischzucht am Walchensee tatsächlich eingesetzt hat, ist nicht überliefert. Sie wird jedoch bereits in die Frühzeit der Saiblingspopulation im Walchensee zurückreichen.

Im Fall der Kalter im Walchensee haben wir es jedoch nicht mit einer höfisch-klösterlichen Anlage zu tun, sondern ausschließlich mit der praktischen Fischzucht und Versorgung der Klosterküche. Folglich sind die dortigen Fischkalter vor allem funktional errichtet worden und weniger zu Dekorationszwecken.

Den frühesten schriftlichen Nachweis über *„Kästen"* und *„Fischbrunnen"* am Walchensee haben wir von 1507. In jenem Jahr bot sie der alte Fischer Hans Öttl dem Bergwerksunternehmer und Handelsmann Veit Jakob Tänzl auf Tratzberg zusammen mit anderem *„Seezeug"* zum Kauf an[29]. Diese Öttl'schen Kästen darf man wohl in Walchensee vermuten, da dieser dort seine Wohnung hatte (und dort auch bis ins 19. Jahrhundert noch Kästen nachzuweisen sind). Die Fischkalter in der Zwergerner Bucht sind vermutlich bereits entstanden, als die Fischer noch ausschließlich im Dorf Walchensee hausten.

Dass Fischhalterungen am Walchensee früher vorhanden waren, steht außer Zweifel. Wie anders hätten sonst die Klosterbrüder sowohl von Benediktbeuern als auch von Schlehdorf über die Verteilung von Fischen verfügen können, ohne je einen Gedanken daran zu verschwenden, ob gerade ein entsprechender Fang gemacht worden war? Über Jahrhunderte fanden die Fischkalter Verwendung und wurden immer wieder ausgebessert bzw. ergänzt, wie die Dendrochronologie beweist. Seit dem ausgehenden 17. Jahrhundert sind sogar Visitationen und genauere Zahlen überliefert: Am 14. Dezember 1696 etwa rückte der Benediktbeurer Subprior Pater Virgilio zusammen mit dem Hoffischer Andreas Miller und dem Amtmann Thomas Straßberger am Walchensee an, um *„von Gerichtsherrschafts wegen"* sowohl bei den eigenen Grunduntertanen als auch den zu Schlehdorf gehörigen Zwergern die Fischkalter zu inspizieren und die Speissaiblinge zu zählen. Danach hatte Bartholomäus Zwerger, der allgemein „der Welsche" genannt wurde, an Speissaiblingen, die vor einem Jahr gefangen wurden, 400 Stück, an heurigen ebenfalls 400. Ferdinand Zwerger hatte an *„fertigen Speis-Sälbling"* 600 Stück und an heurigen 584.

Mathias, jetzt Barthlme Zwerger, hatte 370 fertige und 600 heurige, Andreas Zwerger 381 fertige und 536 heurige. Die Wirtin Ursula Schwarz schließlich hatte die meisten Fische in ihren Kaltern in Walchensee: 420 fertige und 750 heurige Saiblinge sowie 50 *„jährige Ferchen"*[30]. Demnach hatten die Schlehdorfer Fischer 1696 insgesamt knapp 3.000 Saiblinge in ihren Kaltern, die Benediktbeurer gut 2.000 sowie zusätzlich 50 Forellen.

25 Vgl. Oelwein, Die Fischerei im Wandel, S. 186 und 205.

26 AFZ 1970, S. 249. Das Räuchern der Renken praktiziert man am Walchensee seit Ende der 1960er-Jahre.

27 Wozniak, Der Walchensee – ein Hauch von Abenteuer, S. 16.

28 MFW 1877, S. 27.

29 Vgl. S. 222.

30 BayHStA KL Benediktbeuern 1093/315, fol. 88'-89.

Für 1757 liegt eine erneute Aufzeichnung der Visitation der Fischbehälter vor. Allerdings nahm damals offensichtlich der Benediktbeurer Fischermeister Lorenz Zwerger von Walchensee die Zählung vor: Danach hatte Melchior Krinner, der Wirt und Benediktbeurer Fischer in Walchensee, ungefähr 100 Speissaiblinge sowie etwa 600 heurige.

Die Reste der Pfahlbauten in der Zwergerner Bucht, Foto 2008

Michael Zwerger, der Waltlbauer, konnte rund 200 Speissaiblinge vorweisen, außerdem 600 heurige und rund 100 Forellen. Die Fischer in Zwergern verfügten über mehr Fische: Bei Michel Zwerger (Schwarz) wurden 300 Speissaiblinge gezählt sowie rund 700 heurige und ungefähr 50 Forellen, bei Georg Zwerger (Adam Görgl) 250 Speissaiblinge und etwa 600 heurige, bei Georg Zwerger (Mitterbartl) schließlich 150 Speissaiblinge und an die 700 heurige.[31] Insgesamt hatten also die Benediktbeurer rund 1.500 Saiblinge und 100 Forellen in ihren Kaltern, die Schlehdorfer dagegen 2.700 Saiblinge und 50 Forellen.

Diese ungleichen Zahlen sind erstaunlich, da bei den Netzen etc. die beiden Benediktbeurer Fischer zusammen immer ebenso viele haben durften wie die drei Schlehdorfer. Die Benediktbeurer haben jedoch bei beiden Zählungen nur rund zwei Drittel der Fische, die die Schlehdorfer vorweisen können. Es heißt also, dass jeder Fischer mehr oder weniger jeweils die gleiche Anzahl haben konnte.

Als die Eremiten im Klösterl hausten, stellten die Fischer von Zwergern ihnen sogar ihre Fischkalter zur Verfügung, was ihnen natürlich vom Kloster Benediktbeuern 1709 strengstens untersagt wurde, bei Androhung der Konfiszierung aller Fische.[32] Ob sie auch danach den Eremiten ihre Kalter zur Verfügung gestellt haben, ist nicht überliefert, allerdings gab es zwei Jahre später erneut Schwierigkeiten mit Benediktbeuern, weil die Zwerger nun Fische an die Klosterbrüder abgegeben hatten, angeblich nur *„einige Hasl und Laugen"*[33].

Als 1808 die Grundsteuerkataster angelegt wurden, erwähnte man beim Wirt zu Walchensee ausdrücklich zwei *„Fischbehälter"* und beim Mitterbartl zu Zwergern einen *„Fischkalter"*.[34] Noch um die Mitte des 19. Jahrhunderts waren die Kalter in Zwergern und in Walchensee in Gebrauch, wie auch Heinrich Noë anschaulich bestätigt: *„Von dem kleinen Vorsprung an der Schiffshütte des Posthalters sieht sich's prächtig in das Treiben der Wellen hinaus. Hier sieht man auch die Fischer heimkehren, die Nachen hoch mit braunen Netzen und Flechtwerk beladen. Kleine Fische werden in Kübeln herbeigebracht; in diesen werden vom Oktober bis zur sommerlichen Reisesaison in den Behältern die Saiblinge gefüttert, welche dadurch ungemein wohlschmeckend, aber fast ebenso teuer werden wie die berühmten Leckerbissen Hohenleitners auf Sankt Bartholomä."*[35]

Auch wenn über die Existenz der Kalter über einen Zeitraum von rund vier Jahrhunderten keine Zweifel bestehen – ihr Aussehen lässt sich heute größtenteils rekonstruieren, da zahlreiche Teile verloren sind, sei es aufgrund der Zeit, sei es, dass man sie als Brennholz verwendete. Die geheimnisvollen Pfahlreihen dahinter werden von Wasserbautechnikern als mögliche Hafenmole gedeutet.[36] Vermutlich handelte es sich um eine Art Wellenbrecher, der ein Anlegen der Boote erleichterte, aber auch für weitere Teichanlagen gedient haben könnte.

31 Ebenda, unter 1757.

32 Ebenda, fol. 110.

33 Ebenda, fol. 111.

34 StA Mü Kataster 21656.

35 Noë, Bayerisches Seenbuch, S. 293.

36 Vgl. Beitrag Knauss/Boehm, S. 264-306.

DIE GEHEIMNISVOLLEN PFAHLREIHEN

Geht man davon aus, dass es sich bei den Pfahlreihen neben einer Hafenmole um die Reste einer Art Teichanlage im Walchensee handelte, also nicht um einen Erdaushub oder um die Aufstauung eines Fließgewässers, wie man sie sonst bei Teichanlangen kennt, sondern um die Abtrennung eines Teils des bestehenden natürlichen Sees, entfällt hier – wie bei Teichanlagen sonst üblich – die Möglichkeit, Einfluss auf den Wasserspiegel zu nehmen, den Weiher also ablaufen und wieder einlaufen zu lassen. Die Teichanlage im See war also ganzzeitig mit Wasser gefüllt. Dennoch wird man sie im Zusammenhang mit dem Besatz und der beginnenden Aufzucht von Saiblingen sehen müssen. Mehr als erstaunlich ist jedoch, dass sich kein einziger schriftlicher Hinweis finden lässt, während die Besetzung des Walchensees mit Saiblingen und Renken außergewöhnlich gut dokumentiert wurde. Auch in den ausführlichen Fischordnungen sowie in den zahllosen Seegerichtsprotokollen ist nicht ein einziger Hinweis auf eine Art Teichanlage im See zu finden, während etwa ein kleines Weiherlein, das der Wirt von Walchensee im Jahr 1685 ohne Absprache anlegen ließ, wortreich in den Seegerichtsprotokollen erscheint.[37]

Selbst die Tatsache, dass die Anlage von Schlehdorfer Fischern errichtet wurde, liefert keine Erklärung dafür, dass sie in der umfangreichen Benediktbeurer Überlieferung nicht erscheint. Zum einen war ja der See von den Fischern beider Klöster gemeinsam zu befischen, das heißt, auch wenn die Halbinsel Zwergern zu Schlehdorf gehörte, war die Bucht davor für beide Seiten zugänglich. Zudem werden die Seegerichtsprotokolle von Benediktbeuern ja nicht als Grundherr, sondern als Gerichtsherr vorgenommen, und da waren sie auch für die Schlehdorfer Fischer zuständig. Auch scheinen die Benediktbeurer die Zuchtanlage genutzt zu haben, denn woher hätten sonst anno 1540 die 2.000 Saiblingssetzlinge kommen können, die von diesem Kloster an den pfalzgräflichen Hof nach Neuburg an der Donau geliefert wurden? Bestellt waren sogar rund doppelt so viele. Das heißt: Pfalzgraf Ottheinrich musste von einer florierenden Fischzucht am Walchensee gehört haben, sonst wäre er sicher nicht auf die Idee gekommen, dort Satzfische zu bestellen. Auch in den folgenden 150 Jahren kann man immer wieder von entsprechenden Bestellungen lesen.[38]

Dennoch lesen wir nichts von der Anlage in der umfangreichen Benediktbeurer Überlieferung. Auch im ausführlichen 1604 angelegten Fischereibuch des Klosters Benediktbeuern ist zwar von Fischzäunen am Kochelsee für die Zeit um 1487 und später die Rede, nicht jedoch von Fischzäunen im Walchensee, wobei es sich bei den Kochlern nicht um massive Pfahlreihen handelte. Es ist von *„Pfählen oder Stecken"* die Rede, die nicht über Nacht versetzt werden durften. Man errichtete solche Zäune auch in der *„Plechenach"* und vor dem Rohrsee.[39] Dabei muss es sich um eine andere Art Fischzäune gehandelt haben. Die Pfahlreihen im Walchensee hätte man nicht über Nacht versetzen können! Und bei den Seevisitationen am Walchensee wurden zwar die Netze und die Fische in den Kaltern gezählt; von einer weiteren Anlage bei Zwergern ist jedoch nirgendwo die Rede.

Auch die Abgabe der nicht unerheblichen Holzmenge hätte in den Benediktbeurer Unterlagen erscheinen müssen. Darüber hinaus bleibt noch die Frage, wie die Schlehdorfer Fischer in ihrer Walchenseer Abgeschiedenheit die technischen und finanziellen Möglichkeiten zur Errichtung der Anlage aufbringen konnten.

Allerdings hat sich im 15. Jahrhundert am Walchensee einiges getan. Wie erwähnt, wurde zum Beispiel die Kesselbergstraße ausgebaut. Doch auch sonst war etliches im Umbruch: Neue Fischer kamen und gingen; neue Häuser wurden

37 BayHStA KL Benediktbeuern 1093/315, S. 56-58.

38 Meichelbeck, zitiert nach Daffner, Benediktbeuern, S. 334 f.

39 BayHStA KL Benediktbeuern, Fasz. 105/32, Fischbuch, S. 8 und 22.

errichtet, die Taferngerechtigkeit ging von Kloster Schlehdorf auf Benediktbeuern über, hohe und höchste Herren interessierten sich plötzlich auffällig lebhaft für den Walchensee, und schließlich zogen drei Zwerger in die Bucht neben den Fischzuchtanlagen und erhielten zudem noch einen herzoglichen Wappenbrief, was einer kleinen Sensation gleichkommt.

Rechte Seite: die Pfahlbauten in der Zwergerner Bucht mit Blick auf den Jochberg, Foto 2010

Erinnern wir uns noch einmal an die Geschichte der Fischerfamilie Öttl.[40] Sie saß ab den 1480er-Jahren auf dem Benediktbeurer Urbar im Ort Walchensee. Möglicherweise waren sie mit den Renken vom Kochelsee an den Walchensee gezogen. Den Öttln ist offensichtlich die technische Durchführung der Ansiedlung der Renken und Saiblinge zu verdanken – und möglicherweise auch die Anlage der Fischzuchtanstalt in der damals noch unbewohnten Bucht, auch wenn dies aus den Unterlagen nicht hervorgeht. Die Errichtung einer aufwendigen Zuchtanlage würde auch erklären, warum sich die Öttl heillos verschuldet haben. Auch ob und inwieweit der Tänzl von Tratzberg oder die Wittelsbacher Herzöge am weiteren Ausbau der Anstalt beteiligt waren, lässt sich heute nicht mehr sagen. Vom Tiroler Edelmann weiß man zum Beispiel, dass er von Benediktbeuern Grund in Klosternähe erworben hatte, um einen Fischkalter anzulegen. Warum also nicht auch etwas Ähnliches im Walchensee, auch wenn es dafür keinen Nachweis gibt? Für eine Beteiligung der adeligen Herren spricht neben ihrem auffälligen Interesse an diesem See die Tatsache, dass sie über ausreichende Mittel verfügt hätten, um Fachkräfte von außen anzuheuern. Die Wittelsbacher schickten sogar einen Fischer ihres Vertrauens an den Walchensee, der die alteingesessenen Öttl, die das Vertrauen des Klosters bzw. des Tänzl von Tratzberg besaßen, vertrieb. Über Jahre dauerte das Hin und Her zwischen dem Kloster, dem Tänzl von Tratzberg, den Wittelsbachern und ihren Fischern.

1525 schließlich verschwindet der Tänzl aus dem Walchenseegebiet, nachdem er auch sonst in finanzielle Nöte geraten war. Doch zwischen Herzog und Kloster gingen die erbitterten Auseinandersetzungen weiter. Ebenfalls im Jahr 1525 erscheint Heinrich Zwerger auf dem vereinten Urbar in Walchensee, während seine drei Söhne in der Folge neue Häuser in Zwergern auf der Halbinsel Katzenkopf errichteten. 1529 werden die Zwerger, *„die über dem See sitzen"*, erstmals erwähnt. Von 1532 schließlich datiert der außergewöhnliche Wappenbrief, für den es eigentlich keinen wirklich ersichtlichen Grund gab. Was haben die Zwerger so viel anderes getan als der Großteil der Untertanen? Durch ihre *„Ehrbarkeit, Redlichkeit und gute Schicklich*keit*"* sind sie den Herzögen *„hoch berühmt"* geworden. Wegen ihrer *„getreuen, untertänigen Dienste, so sie in unseren und unseres Landes Sachen gehorsam getan und solches wohl tun sollen"*, wurden sie geadelt. Selbst wenn sie den Herzögen auf ihren Jagdausflügen Quartier geboten haben – für eine Wappenverleihung hätte dies wohl nicht gereicht. Das haben ungezählte Bayern im ganzen Land getan. Doch herzogliche Wappenverleihungen kennen wir aus dieser Zeit so gut wie keine. Wie sahen also die „Dienste" aus, die die Zwerger ihren Landesherren und ihrem Land erwiesen hatten? Sicher sind sie im Zusammenhang mit den Auseinandersetzungen zwischen Kloster und Herzögen zu sehen; die Frage, in welcher Angelegenheit genau und ob sie auch eine Fischzuchtanlage für die begehrten Saiblinge einschließen, muss allerdings offen bleiben.

Abschließend kann nur gesagt werden: Solange sich keine weiteren Quellen erschließen, müssen einige Fragen zu den Pfählen in der Zwergerner Bucht unbeantwortet bleiben, auch wenn die Archäologie und die Dendrochronologie eine zeitliche Einordnung und verschiedene technische Einblicke erlauben.

40 Vgl. S. 107 und 114.

Anhang: Struktur und Alter der Pfahlbauten und die Sägmühle in der Lobisau

von Jost Knaus und Martin Boehm

DAS AUFTAUCHEN DER „PFAHLBAUTEN" IM WINTER 1924/25

Am Anfang des 20. Jahrhunderts betrugen die regelmäßigen jährlichen Schwankungen des Walchenseespiegels 56 Zentimeter: auf den mittleren Seewasserstand auf Kote 801,49 bezogen im Winter 20 Zentimeter nach unten, im Sommer 36 Zentimeter nach oben, in extrem trockenen oder feuchten Zeiten 29 Zentimeter nach unten und 91 Zentimeter nach oben, zusammen also maximal 120 Zentimeter. Der mittlere Wasserstand des Sees wurde von der Höhenlage des Ausflusses an der Jachen bestimmt. Die Absenkungen unter den Mittelwert waren bei ausbleibenden Zuflüssen eine Folge der Verdunstung von der Seeoberfläche aus und des unterirdischen Ausflusses, vor allem durch die Kesselbachquelle. Die Wasserstandserhöhungen traten vorübergehend bei anhaltenden Niederschlägen und bei der Schneeschmelze auf. Vor der künstlichen Überleitung der Isar und später des Rißbachs war das naturgegebene Einzugsgebiet des Walchensees relativ klein (ca. 750 Hektar).

Nach dem Bau des Walchenseekraftwerkes gingen im Sommer 1924 alle acht installierten Turbinen ans Netz. Mitte November 1924 wurde mit der geplanten außergewöhnlichen Seeabsenkung begonnen. Die Absenkgeschwindigkeit betrug zunächst 2,5 Zentimeter pro Tag und wurde später auf 3,5 Zentimeter pro Tag gesteigert. Noch vor Ende November wurde erstmals die gewohnte tiefste Lage des Seespiegels unterschritten. In der Bucht von Zwergern sowie in einem fjordartigen Altarm der Obernach in Einsiedl und vor dem Ortszentrum von Walchensee tauchten alte „Pfahlbauten" auf. Anfang Februar 1925 waren sie in voller Höhe sichtbar. Am 8. Februar betrug die Seeabsenkung 2,3 Meter. Der abgesenkte See gab ein Geheimnis preis, das er jahrhundertelang gehütet hatte. Die wahre Größenordnung der „grauen, fest verschlossenen Hütten", wie sie Heinrich Noë 1865 in seinem „Bayerischen Seenbuch" bezeichnete, war bis dahin nicht bekannt.

Die weitere Seeabsenkung brachte für die Bucht zwischen dem Ort Walchensee und der Halbinsel Zwergern eine zweite, diesmal sehr unangenehme Überraschung, nämlich eine teilweise Zerstörung der Uferstraße und eine Unterbrechung des Verkehrs. Die Straße war in den Jahren von 1492 bis 1497 erbaut und für Fuhrwerke passierbar gemacht worden. Im Jahr 1897 wurde sie für den Autoverkehr ausgebaut.

Am 5. März 1925 rutschte bei einer inzwischen auf drei Meter angewachsenen Absenkung ein Teil der Straße im sogenannten Eisensteinwinkel am südlichen Ortsausgang in den See. Die Straße musste nach hinten an den Hangfuß verlegt werden. Zwanzig Tage später, am 25. März, ereignete sich Ähnliches in der benachbarten Lobisau (s. kleines Foto S. 267). Die Seeabsenkung war inzwischen auf 3,7 Meter angewachsen. Auch hier musste die Straße nach hinten verlegt werden.[1] Während des ganzen Winters 1924/25 lag zum Glück für alle Rettungsmaßnahmen am Walchenseeufer fast kein Schnee.

Als die im Mittel 100 Meter breite und maximal 100 Meter tiefe Bucht von Zwergern im Februar 1925 zum ersten Mal vom Wasser freigegeben wurde, war der hintere Teil der ebenen Bucht von Schwemmholz bedeckt, vor allem mit Brettern und Pfosten aus den alten fischereiwirtschaftlichen Anlagen weiter vorne (s. großes Foto S. 266). Der Übergang in den tiefen Teil des Sees zeigte sich als steiler

1 Über die historischen Veränderungen des Wege- und Straßenverlaufs im hinteren Eck der Walchenseer Bucht gibt eine Karte im Bericht über die alte Sägmühle in der Lobisau Auskunft.

Winteraufnahme von der Zwergerner Bucht und den Überresten der Fischkaltern, Fotografie von 2008

Abbruch einer Uferbank (s. S. 267). Nach insgesamt 84 Seeabsenkungen bis heute ist das einstige Steilufer flach verschliffen. Der Boden der Bucht lag 1925 im zentralen Teil etwa 40 Zentimeter höher als heute. Jetzt liegt der Buchtboden wieder da, wo er beim Einbau der Teich-, Hafen- und Behälteranlagen im 15. Jahrhundert gelegen hatte. Viele der ursprünglich 2,5 bis drei Meter hohen Wellenbrecher und Kästenpfosten waren 1925 noch in fast voller Höhe erhalten, im oberen Teil allerdings schon stark verwittert. Das Schwemmholz wurde von den Anwohnern eingesammelt und verheizt. Fotos von April 1934 zeigen einen weitgehend frei geräumten Buchtboden. Die Steckbretterwand und die Hafenmolen schauten allerdings weit weniger aus dem Schlick heraus als heute. Am flusspfeilerförmigen Kasten ragten die Eckpfosten noch deutlich in die Höhe, ebenso wie die der langen Wände mit den liegenden Brettern im Hintergrund.

In den Jahren nach 1934 wurden viele der Behälter- und Molenpfosten abgesägt, das Holz wurde ebenfalls verheizt, wie es die Aufnahmen von April 1937 im Vergleich verdeutlichen. Im Bereich der alten Schiffshütte behinderten die Pfosten bei der Seeabsenkung die Zufahrt und wurden stark eingekürzt. Später wurden leider im Ostteil der Anlage auch noch Behälterpfosten gezogen und entfernt. Dank der Aufmerksamkeit der Anwohner konnte Schlimmeres verhindert werden. Einige der ausgehobenen Pfähle wurden sichergestellt und konnten der jetzigen Untersuchung zugeführt werden.[2]

Trotz aller Beschädigungen im Bestand kann mit der 2007/2008 vorgenommenen genauen Untersuchung des einmaligen und in seiner Größe beeindruckenden Bauwerkes in der Bucht von Zwergern jetzt eine ziemlich vollständige zeichnerische Rekonstruktion der Anlagen vorgelegt werden, vor allem was den Grundriss anbelangt. Aber auch bezüglich der einstigen Höhenentwicklung lassen die erhaltenen Bauwerksreste verlässliche Aussagen zu. Von großem Vorteil für die heutigen Betrachtungen ist der Umstand, dass durch den Schlickaustrag in den vielen Jahren der Seeabsenkung die Gesamtstruktur und die einzelnen baulichen Elemente der Anlage wesentlich deutlicher zu erkennen sind als 1925 beim ersten Auftauchen der Pfähle und Bretterwände.

Von der Prähistorischen Staatssammlung in München wurde noch im Jahr 1925 eine Untersuchung des Bauwerkes durchgeführt. Der Ergebnisbericht ist leider

2 Einige der Fotos von 1934 und 1937 werden im übernächsten Abschnitt gezeigt und erläutert.

Fotografie von 1925 mit dem hinteren Teil der Zwergerner Bucht mit Blick über die Pfahlbauten auf St. Margareth und den See; rechts die erhöhte kreisrunde Struktur, daneben Pfähle einer älteren Buchtenabsperrung.

verschollen. Erhalten ist nur ein kurzer Zeitungsbericht von F. Wagner aus dem Mai 1925, der im vorausgegangenen Kapitel dieses Buches wiedergegeben wurde. In den 80er-Jahren des letzten Jahrhunderts beschäftigte sich der Kocheler Heimatforscher Hans Demleitner mit den Anlagen. Einige seiner damaligen Überlegungen zu den „Rätseln von Zwergern" hat er in seine Chronik „Kochel a. See" von 1983 aufgenommen. In einer Serie von Zeitungsartikeln des „Tölzer Kuriers" im Jahr 1988 hat Hans Demleitner seine Gedanken weitergeführt. Aus seiner Beobachtung, dass die Oberkanten der Pfähle und Bretterwände rund einen Meter unter dem mittleren sommerlichen Seespiegel liegen, zog Demleitner den falschen Schluss, dass der Wasserstand des Sees zur Zeit des Einbaus der Anlagen entsprechend tiefer gelegen hat. Die historischen Fotos aus dem Archiv des Walchenseewerkes kannte er nicht.[3] Die alten Pfahlbauten reichten einst bis in die Höhe des mittleren Hochwasserstandes des Sees hinaus bzw. etwas darüber.

Vor dem Bau des Walchenseekraftwerkes lag der normale sommerliche Hochwasserstand bei Kote 801,85, in extremen Situationen bei Kote 802,40.[4] Die Einmessung des höchsten Punktes am höchsten erhaltenen Pfahl der Behälter in der Bucht von Einsiedl ergab Kote 801,86. Die Oberkante des Pfahles ist stark verwittert. Der erhaltene höchste Pfahl am Steilufer in Walchensee vor dem Waltlbauernhof ragt jetzt noch bis zur Kote 801,45 auf. Die höchsten Pfosten in der Zwergerner Bucht erreichen heute nur noch Höhen zwischen den Koten 800,5 vorne am See und 801,0 hinten in der Bucht.

3 Die hier wiedergegebenen Fotos stammen aus diesem Archiv. Für die freundliche Erlaubnis zu ihrer Veröffentlichung wird der Leitung des Unternehmens herzlich gedankt. Gleicher Dank gilt auch der Friedhelm-Oriwol-Stiftung, aus deren Sammlung alter Fotos die Abbildungen auf dieser Doppelseite stammen.

4 Nach den Angaben in den Ausschreibungsunterlagen zum Ideenwettbewerb für das Walchenseekraftwerk 1909.

Oben: Ufereinbruch in der Lobisau am 25. März 1925; rechts die unterbrochene Straße über den Katzenkopf

DIE NEUEN ERKENNTNISSE ZUR STRUKTUR DER GESAMTANLAGE IN DER ZWERGERNER BUCHT IN EINER EINFÜHRENDEN ÜBERSICHT

Wenn Heinrich Noë 1865 nach seinem Besuch in Zwergern die Fischbehälter als „fest verschlossene Hütten“ bezeichnet, dann bedeutet dies wohl, dass die Kalter in irgendeiner Weise abgedeckt waren, eine Beobachtung, die man heute nicht mehr machen kann. Die Abdeckungen sollten vermutlich verhindern, dass die gefangenen Fische, vor allem die Seeforellen, heraussprangen. Vielleicht sollten sie auch Fischdiebe abhalten. Im Katasterplan von 1860, der auf die Uraufnahme von 1817 zurückgeht, sind drei Kalter nördlich der 1796 erbauten Schiffshütte eingetragen (s. S. 270). Der Plan zeigt auch den alten Baubestand der Häuser von Zwergern. Via-à-vis der Schiffshütte ist auf der anderen Seite der Bucht ein Gebäude eingetragen, das heute nicht mehr existiert. Zu dieser Hütte gehörten die Reste einer hölzernen Wasserleitung, die im Hause Boehm aufbewahrt werden. Die älteren Berichte zu den Pfahlbauten sprechen nur von zwei Anlagenteilen, den Kaltern vorne am See und den Absperrwänden hinten in der Bucht. Dass die Gesamtanlage aus drei Hauptteilen bestand, war bisher nicht erkannt worden. Den Kern oder das Zentrum aller Einrichtungen bildete eine geschützte Anlegestelle für die Fischerboote und eine für den Personenverkehr per Schiff über den See.

Hinter den Absperrwänden, der älteren und den beiden jüngeren, war am Ende der Bucht ein 3.200 Quadratmeter großer Teich entstanden, dessen fischwirtschaftliche Nutzung, zum Beispiel zur Fischaufzucht, nur vermutet werden kann, da die Klosterarchivalien dazu schweigen. Das tiefe Wasser an den Wänden geht im Halbrund des Teiches in Flachwasserzonen an den Ufern über. Der Wasserstand im Teich machte die Schwankungen des Seewasserspiegels mit. Ganz entleeren konnte man den Teich nicht. Im Teich konnte sich aber erwärmtes Wasser halten. Vor der Anlegestelle wurden die Kaltern angelegt. Es gab drei Gruppen, die Behälter im Osten und Westen an den Ufern der Bucht und die in der Mitte im tiefsten Teil der Bucht. Die unterschiedlichen Formgebungen spiegeln die Experimente im Kampf gegen die Wellen des Sees und den Eisdruck. Überschneidungen im Baubefund lehren, dass es mindestens zwei Bauphasen gegeben hat, eine Feststellung, die sich auch noch anderweitig aufzeigen lässt. Die große Zahl der Behälter deutet an, dass diesen Einrichtungen eine wesentliche Rolle im fischereiwirtschaftlichen Betrieb zukam.

Aufnahme aus dem Frühjahr 1925 mit der steilen Uferbank und Resten der Pfahlbauten; im Hintergrund die drei Höfe und Bootshütte

Nächste Doppelseite: auf der linken Seite die Luftaufnahme der Zwergerner Bucht von 1995, rechts der Lageplan der fischereiwirtschaftlichen Anlagen

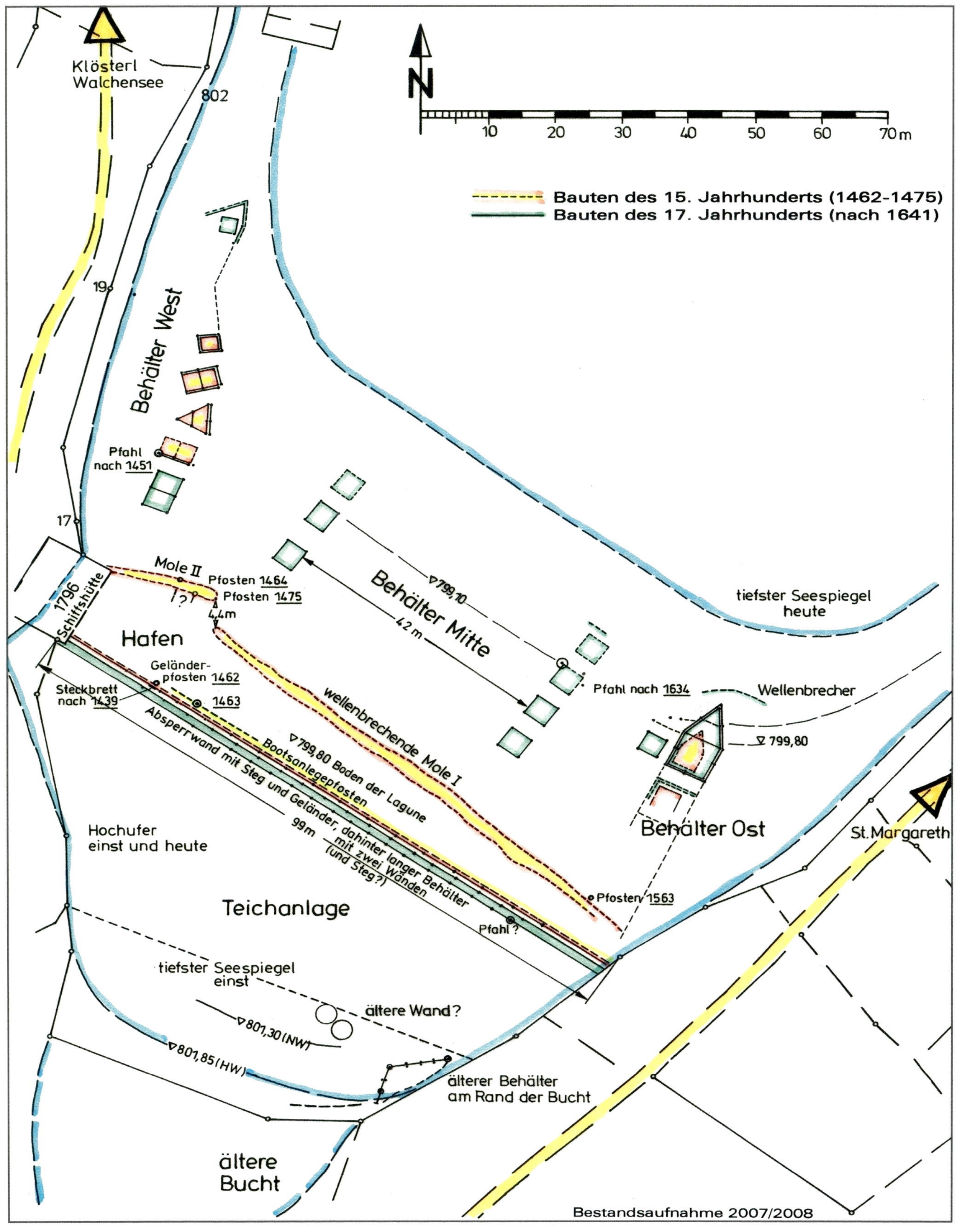
Klösterl
Walchensee
802
N
10
20
30
40
50
60
70 m
Bauten des 15. Jahrhunderts (1462-1475)
Bauten des 17. Jahrhunderts (nach 1641)
Behälter West
19
Pfahl
nach 1451
17
1796
Schiffshütte
Mole II
Pfosten 1464
Pfosten 1475
4,4m
Hafen
Behälter Mitte
▽799,10
42 m
tiefster Seespiegel
heute
Geländer-
pfosten 1462
Steckbrett
nach 1439
1463
Pfahl nach 1634
Wellenbrecher
▽ 799,80
wellenbrechende Mole I
▽799,80 Boden der Lagune
Bootsanlegepfosten
Absperrwand mit Steg und Geländer, dahinter langer Behälter
mit zwei Wänden
(und Steg?)
99m
Behälter Ost
St. Margareth
Hochufer
einst und heute
Teichanlage
Pfosten 1563
Pfahl ?
tiefster Seespiegel
einst
ältere Wand?
▽801,30 (NW)
▽801,85 (HW)
älterer Behälter
am Rand der Bucht
ältere
Bucht
Bestandsaufnahme 2007/2008

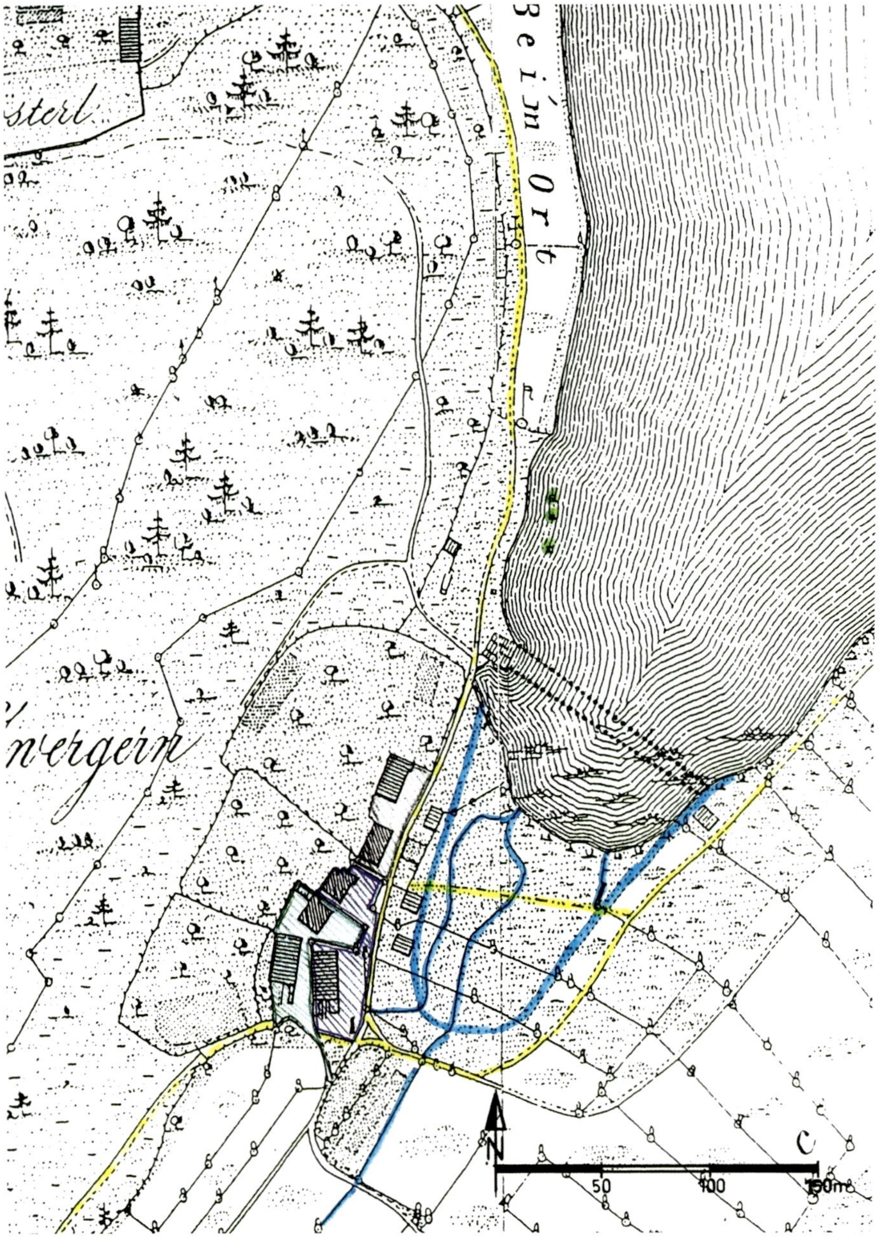

Katasterplan von 1860 mit den damaligen Gebäuden, den Wegen und Gewässern; nördlich der Schiffshütte sind drei der alten Kalter eingezeichnet.

Der Lageplan auf Seite 269 zeigt als Ergebnis umfangreicher Vermessungsarbeiten vor Ort einen Lageplan der Anlagen in der Zwergerner Bucht mit den drei hauptsächlichen Teilen: Hafen, Teich und Kalter. Der Plan ermöglicht erstmals eine genaue Übersicht über das ganze vermutete System. Bei der Erstellung der Karte war ein Luftbild vom Winter 1995 (s. Seite 268) äußerst hilfreich, da eine fast senkrechte Aufnahmerichtung eine maßstabsgerechte Übertragung aller Einzelheiten bei den Behältern und vor allem bei der Linienführung der Molen und der Absperrwände in den Lageplan ermöglichte. Auf die Grundrissdarstellung wird im Folgenden noch öfter einzugehen sein.

Ein Luftbild, das im ausgehenden Winter aufgenommen wurde, vermittelt einen Eindruck von der kleinen, aber historisch so bedeutsamen Ortschaft Zwergern mit der davorliegenden, trocken gefallenen Bucht und den Resten der fischereiwirtschaftlichen Anlagen. Auf zwei besonders wichtige Erkenntnisse der

Blick auf die einstige Anlegestelle, vorne die Reste der kurzen Mole und die Einfahrt

Untersuchungen, auf die später noch im Einzelnen einzugehen ist, wird hier einführend hingewiesen. Die ganze Anlage wurde in tiefes Wasser eingebaut, also von Schiffen aus. Die Eckpfähle der Behälter und die Pfähle der Absperrwände sowie die Bretter oder Läden, die zwischen die Pfähle eingefügt wurden, waren maschinell auf einer Säge zugeschnitten worden.

Bei der ersten Buchtenabsperrung wurden die Läden zwischen den Pfosten senkrecht in den Boden gerammt. Bei allen anderen Anlagen wurden sie liegend eingebaut, wobei die Unterkante des untersten Brettes das damalige Niveau des Buchtenbodens anzeigt. Der älteste und von der Machart beeindruckendste Bauteil der Anlage ist die hier als „Steckbretterwand" bezeichnete erste Buchtenabsperrung. Obwohl sie äußerlich so aussieht, wäre ihre Bezeichnung als „Spundwand" falsch, da sie nicht wasserdicht war. Das Baumaterial besteht zum einen aus Rundhölzern, zumeist aus Fichte, vermutlich aus der näheren Umgebung. Die runden Pfosten wurden mit der Hacke zugespitzt und entrindet, aber auch mit Rinde eingerammt. Die auf einer Säge auf den vier Seiten geschnittenen Pfähle und Bretter stammen vom unteren Griesberg über der Lobisau. Hier handelt es sich überwiegend um Tannenholz. Die Zuspitzung und die Nuten wurden gehackt. Weidenruten und biegsame Zweige von Fichten und Tannen wurden vor Ort gewonnen. Das gebrochene Steinmaterial wurde von etwas weiter weg aus zwei Steinbrüchen auf der Halbinsel herbeigeholt. Kies und Sand gab es an den Rändern der Bucht. Die Wände der Buchtenabsperrung waren mit einem Laufsteg versehen. Bei der Steckbretterwand gab es auch ein Geländer, das aus den vorhandenen Bauwerkresten rekonstruiert werden kann, was noch zu zeigen ist. Die gesamte Anlage ist wohldurchdacht und mit hohem wasserbaulichen Sachverstand ausgeführt worden.

Blick über die „Steckbretterwand" und die lange Mole auf St. Margareth, rechts unten einige Pfähle der späteren Buchtenabsperrung

DIE WICHTIGEN AUSSAGEN DER FOTOS VON 1925, 1934 UND 1937

Die vier Aufnahmen vom Frühjahr 1925 geben nur eine Übersicht über die trocken gefallene Bucht aus verschiedenen Blickrichtungen (s. rechte Seite). Einzelheiten sind kaum zu erkennen. Sichtbar ist der allgemeine Zerstörungszustand der Pfahlbauten, was anzeigt, dass sie vor 1925 schon längere Zeit nicht mehr genutzt wurden. Gut erkennbar ist die einstige Höhe der Bauwerke. Sie kann aber abmessungsmäßig auf diesen Fotos nicht definiert werden. Der zugegebenermaßen nicht sehr deutliche Blick durch die 1796 erbaute Schiffshütte im Jahr 1925 gibt Anlass zur der Vermutung, dass die Anlagenteile in der Nähe der einstigen Hafeneinfahrt schon vor der ersten Seeabsenkung eingekürzt wurden.

Aufnahme aus dem Frühjahr 1925: Blick an der Bootshütte vorbei auf die Reste der Pfahlbauten und auf St. Margareth

Mit dem Ende der Klosterherrschaft 1803 verloren die Anlagen in Zwergern ihre wirtschaftliche Bedeutung. Der Hauptabnehmer für die in den Kaltern gehaltenen Fische fiel aus. So dürften die in der Uraufnahme von 1817 und dem nachfolgenden Katasterplan von 1860 eingetragenen drei Behälter die letzten noch in Betrieb befindlichen Kalter gewesen sein. Das könnten die „Hütten" sein, die Heinrich Noë gesehen hat. Vom mittleren der drei Behälter fehlt heute jegliche Spur.

Auf dem Foto, das 1925 vom Hintergrund der Bucht aus mit Blick auf St. Margareth aufgenommen wurde (s. S. 266), ist am rechten Bildrand auf eine Besonderheit hinzuweisen, nämlich auf eine erhöhte kreisrunde Struktur, die heute noch, zusammen mit einer zweiten weiter rechts, erhalten ist (s. Lageplan). Die Kreise sind mit schmalen, zugespitzten Brettchen eingefasst. Ihr einstiger Zweck ist nicht bekannt. Vielleicht dienten sie der Erbrütung von Fischeiern. Links neben dem kreisförmigen Bau stehen einige Pfosten. Vielleicht hat das Ganze zu einer speziellen Einrichtung in der Teichanlage gehört oder, was wahrscheinlicher ist, zu einer älteren Buchtenabsperrung weiter hinten.
Vom 13. April 1934 stammen aus der Sammlung von Uferaufnahmen rund um den See sechs Fotos, die die Pfahlbauten in der Zwergerner Bucht in der Übersicht, aber auch im Detail zeigen, wodurch ihre Aussagen besonders wertvoll sind. Am 17. April 1937 wurden von fast identischen Standpunkten aus fünf weitere Fotos aufgenommen.

Oben links: Foto vom 13. April 1934 mit Blick auf die Gesamtanlage, im Vordergrund die Reste der Behälter Ost
Oben rechts: Aufnahme vom 17. April 1937 mit Blick auf die Gesamtanlage, wie auf dem Foto von 1934 mit den abgeschnittenen Pfählen

Im Vergleich verdeutlichen die beiden Serien die zunehmende Zerstörung der alten Anlage (s. Fotos oben). Im Jahr 1937 war alles Hohe abgeschnitten, sowohl die Pfähle der seitlichen Behälter als auch die der Absperrwände mit den liegenden Brettern. Die Pfähle der Kalter in der Mitte der Bucht waren schon vor 1934 eingekürzt worden. Man konnte über die alten Bauwerke hinweg mit Booten in den hinteren Teil der Bucht fahren. Die steile Rampe von 1925 am Übergang in den tiefen Teil des Sees war 1934 schon so verschliffen, wie sie sich heute darstellt.

Besonders wertvoll für die Analyse der Bauwerke sind die Fotos oben und unten links und vor allem das unten rechts aus dem Jahr 1934. Sie zeigen, dass nicht alle Teile der Anlage gleichzeitig, sondern zu unterschiedlichen Zeiten gebaut wurden. So sieht man zum Beispiel, dass die Mittelwand des flusspfeilerförmigen Kastens der Behältergruppe Ost die Spitze des innen liegenden kleineren Kastens durchschneidet, was auch schon bei der Bauaufnahme aufgefallen war. Zwischen die beiden Außenwände des über sechs Meter breiten Behälters waren kantige Steinbrocken und gerundeter Kies eingefüllt worden, eine Stabilisierungsmaßnahme, die auch bei den Tiefensondierungen festgestellt wurde. Hinter dem pfeilerförmigen Kasten lag ein weiterer, viereckiger Behälter. Der spätere große Kalter schloss einen kleineren, älteren ein, ohne diesen zu durchschneiden. Von diesem Bauwerk sind nur noch drei Pfahlstummel erhalten. Alles andere wurde entfernt. Das Foto oben links hat also besonderen historischen Wert.

Unten links: Foto vom 13. April 1934, im Vordergrund die keilförmigen Behälter im Osten der Bucht
Unten rechts: Aufnahme vom 13. April 1934 mit Blick auf die ehemalige Anlegestelle; vorne die große Bucht, hinten die Wände der Buchtenabsperrung; außerdem zu erkennen: hohe Verlandung der Bucht, gepflasterte Uferrampe, Abschnittlinie der Pfähle der Steckbretterwand

Aus diesen Fotografien kann nun eine ganz wichtige Aussage über die einstige Höhe der Bauwerke gewonnen werden. Die in der Abbildung mit A und B bezeichneten Pfähle liegen mit der Diagonale ihres Grundrisses parallel zur Aufnahmeebene des Fotoapparates. Das Außenmaß der quadratischen Pfähle liegt zwischen 27 und 28 Zentimeter. Die Länge der Diagonale beträgt damit 38 bis 39 Zentimeter. Dieses Maß erscheint nun in einem messbaren Vielfachen in der Höhe der Pfosten. Sie sind rund 2,15 Meter hoch. Von der eingemessenen Kiessohle aus, von der man annehmen kann, dass sie unverändert in etwa die Einbaulage anzeigt, ragen die Spitzen der seitlich abgewitterten Pfahlköpfe zur Kote 802,15 auf, also rund 30 Zentimeter oder einen bayerischen Schuh über das gewöhnliche Hochwasser im Frühjahr oder Sommer auf Kote 801,85 hinaus. Die Pfähle des Behälters hinter dem zugespitzten sind niedriger (1,5-1,65 Meter). Ihre erhaltene Oberkante erreicht die Kote 802,05.

Das Foto auf S. 273 unten rechts bietet weitere Informationen und Erkenntnisse. Es zeigt den zentralen Teil des Hafens und den westlichen Bereich des dahinter liegenden Teichs. Die heute noch vorhandene Auflandung des Teichbodens (~ 20 Zentimeter) ist durch den Eintrag von feinen Sedimenten aus den beiden einmündenden kleinen Bächen im Hintergrund der Bucht entstanden. Die gegenüber dem ursprünglichen Zustand rund 40 Zentimeter hohe Auflandung des Hafenbeckens mit Schwebstoffen ist das Ergebnis von einem jahrhundertelangen Absetzvorgang im Stillwasser des Hafens. Der Schlick stammt aus dem Kalksteinabrieb der großen und kleinen Bäche am See und wurde von deren Hochwässern in den See getragen und an den wenigen flachen Ufern abgesetzt.

In der unteren Ecke links zeigt die Aufnahme, dass das flache Ufer am östlichen Ende des Hafens mit einem Pflaster aus gebrochenen Steinen befestigt war. Hier konnten, wie auch auf der westlichen Seite, die Boote auf quer liegenden Rundhölzern aus dem Wasser gezogen oder wieder eingesetzt werden. Warum das Pflaster auch in den Ansatz der Mole hineinreicht, ist schwer zu deuten. Vielleicht ist es älter oder die Mole sollte ursprünglich weiter nordöstlich eingebaut werden, was den leichten, im Lageplan zu erkennenden Richtungsschwenk (s. Lageplan) erklären würde. Heute liegen Kies und Sand auf dem Pflaster.

Die wichtigste Aussage des Fotos liefert die Betrachtung der 1934 noch erhaltenen Reste der Absperrwände. Die Pfähle der beiden mit liegenden Brettern ausgestatteten Wände ragen deutlich über die der Steckbretterwand hinaus. Die quer gestellten Pfosten dieser Wand wirken wie auf einer geraden Linie abgeschnitten. Die stark verwitterten Reste von zwei Steckbrettern am östlichen Rand der Wand überragen diese Schnittlinie geringfügig. Der beträchtliche Höhenunterschied der Pfähle weist sehr eindrücklich auf verschiedene Einbauzeiten hin.

Vielleicht waren die Steckbretterwand und ihr Steg zur Zeit des Einbaus der beiden dahinter angeordneten Wände so beschädigt, dass sie abgeschnitten wurden, und zwar so tief, dass man mit den Booten, Einbäumen und Zillen, darüber hinwegfahren konnte. Die Oberseiten der höchsten Pfähle am westlichen und östlichen Ende der Wand liegen heute rund 50 Zentimeter unter dem Mittelwasser bzw. 30 Zentimeter unter dem Niedrigwasser. In der Mitte wurden sie später noch tiefer geschnitten.

Die aus den alten Fotos und dem aktuellen Ortsbefund ableitbare Annahme unterschiedlicher Einbauzeiten wird von der dendrochronologischen Untersuchung ausgewählter Bauhölzer bestätigt. Es gab zwei Hauptbauphasen.

DIE ERGEBNISSE DER ARCHÄOMETRISCHEN DATIERUNG

Die Geschichtsschreibung hat die Bauwerke in der Zwergerner Bucht übersehen und vergessen, ein Schicksal, das sie mit vielen anderen alten Wasserbauten aller Zeiten und aller Orte teilt. Der berühmte Historiker des Klosters Benediktbeuern, Karl Meichelbeck, hat sie vermutlich im Rahmen seiner Aktivitäten bezüglich des nahen Klösterls St. Anna gesehen, erwähnte sie in seinem Chronicon aber nicht. Wahrscheinlich hat er bei seinem Studium der Klosterurkunden dazu nichts gefunden, obwohl kurz vor seiner Zeit und etwas danach offizielle Visitationen aller Fischkalter am Walchensee stattfanden (s. oben). Die erhaltenen Urkunden liefern keine direkten Hinweise, aber wohl einige indirekte, wie im nächsten Berichtsabschnitt gezeigt werden soll.

Das Schweigen der gedruckten und ungedruckten Quellen gab Anlass, die Antwort auf die Frage nach der Bauzeit der Anlagen auf archäometrischem Weg zu suchen. Da die Hauptmasse der Bauten aus Holz erstellt wurde, war es angezeigt, die Dendrochronologie als spezielle Sparte der Archäometrie zurate zu ziehen.

Ein Problem dieses Vorgehens ist allerdings die Entnahme von geeigneten Proben. Da der Befund im gesamten System ohnehin schon so gestört ist, war äußerste Zurückhaltung geboten. Da alle Pfosten, Pfähle und Steckbretter in der Wasserwechselzone über dem Boden mehr oder weniger stark verwittert sind, zeigen sie keine sogenannten Waldkanten mehr, die einen Hinweis auf das Fälldatum des jeweiligen Baumes bieten würden. Zur Gewinnung sicherer Daten musste das ausgewählte Material aus dem Boden gezogen werden. Bei den vielen Pfosten war dies möglich, ohne den Gesamtbefund zu stören. Pfähle sollten nicht gezogen werden. Hier war mit sohlenahen Abschnitten auszukommen. An den vierseitigen Pfählen sind die Waldkanten in den Ecken noch häufiger weitgehend erhalten. Es fehlen nur wenige Jahresringe. Die seitlichen Abschnitte am Baumstamm wurden offensichtlich so knapp wie möglich gehalten; sie waren gerade einmal so ausgeprägt, dass man die Nuten für die Bretter sicher einhacken konnte.

Die nachfolgend aufgeführte Liste gibt eine Übersicht über die ausgewählten Proben, ihre Standorte, die Art des Holzes, die Anzahl der Jahresringe und die ermittelten Daten zur Fällung der Bäume.

Blick auf die Zwergerner Höfe mit der Fischhütte über der Bucht mit den Pfahlbauten

LISTE DER DENDROCHRONOLOGISCH UNTERSUCHTEN PROBEN

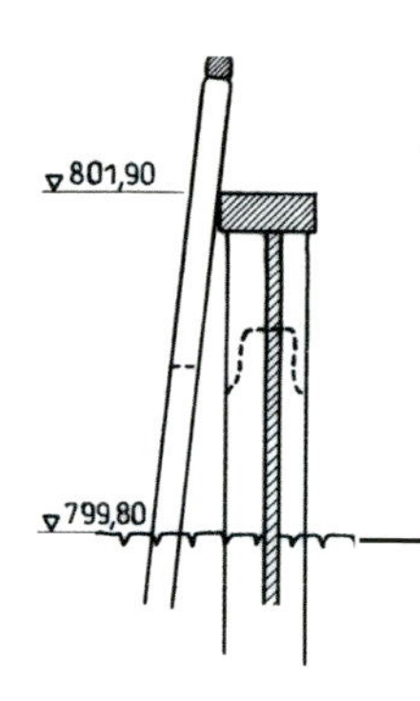

Die Proben 5, 6 und 8 wurden im Jahresringlabor J. Hoffmann, Waldhäuserstraße 12, 72622 Nürtingen, im Sommer 2007 untersucht. Im Sommer 2008 wurde das Ergebnis im Büro für Dendrochronologie und Baudenkmalpflege von O. Gschwind, Münchener Str. 22a, 82152 Planegg, überprüft und zusätzlich die Proben 2, 3, 4, 7 und 9 ausgemessen und datiert. Aus den Untersuchungsberichten werden hier nur die Hauptergebnisse vorgetragen.

Es wird davon ausgegangen, dass zwischen Fällen, Herrichten und Einbauen kein großer zeitlicher Unterschied bestand. Das der Untersuchung zugängliche Material zeigt keinerlei Risse und Verformungen, die auf eine längere Lagerhaltung schließen lassen. Zwischen Fälldatum und Einbaudatum wird höchstens ein Jahr gelegen haben.

Die ausgemessenen Jahresringkurven der Proben wurden mit vorhandenen Standardkurven verglichen, und zwar mit solchen, die in einem regionalen Zusammenhang stehen. Für Tannen ist das die allgemeine süddeutsche Standardkurve und speziell die regionale Chronologie Weilheim-Schongau. Für Fichten liegen Floßholzchronologien aus Landsberg am Lech und Ingolstadt an der Donau vor. Besonders wichtig ist, dass der sogenannte Gleichläufigkeitswert möglichst hoch ist, wozu eine Mindestzahl von Jahresringen erforderlich ist, die hier bei über 60 liegt. Probe 9 konnte deswegen nicht datiert werden. Der Gleichläufigkeitswert liegt bei den untersuchten Proben bei gut ausreichenden 65 bis 75 Prozent. Die ermittelten Datierungen sind also sehr genau.

Die Proben 1 bis 6 liegen nicht nur räumlich, sondern auch zeitlich eng beieinander. In einem direkten baulichen Zusammenhang stehen die Proben 2 und 4, das gezogene Steckbrett und der Pfosten unmittelbar vor dem Brett. Die Pfosten vor der Steckbretterwand sind gegen die Wand geneigt und damit ein deutlicher Hinweis auf den einst über der Wand angelegten Steg (s. Foto rechts). Es sind Geländerpfosten (s. auch die Zeichnung weiter unten). Einen weiteren Hinweis auf den

Die Proben vom Mai 2008: oben das Steckbrett und der Geländerpfosten, ganz unten der Pfosten von der Seeseite der kurzen Mole, darüber der spätere Pfosten vor der langen Mole
Von oben:
Probe 2, Steckbrett, Tanne, Länge: 2,53 Meter, datiert auf 1439 +1 (?),
Probe 4, Geländerpfosten, Fichte, Länge: 2,23 Meter, datiert auf 1461 +1,
Probe 7, Pfosten von der Mole I, Tanne, Länge: 3,17 Meter datiert auf 1562 +1 und
Probe 3, Pfosten von der Mole II, Tanne, Länge: 2,29 Meter, datiert auf 1463 +12

Steckbretterwand und Geländerpfosten, mögliche Rekonstruktion des Stegs; rechts die Pfähle der späteren Absperrwände

Altersbestimmung der Pfähle und Pfosten

Standort siehe Lageplan S. 263	Holzart	Jahresringe	Datierung
1. Ufernaher Pfahl vom zweiten Behälter der Gruppe West (Probe1989)	Tanne	131	1451 + ?
2. Steckbrett vom westl. Ende der Absperrwand (Breite 40 cm, Dicke 10 cm)	Tanne	194	1439 + ?
3. Pfosten aus der seeseitigen Reihe der kurzen Mole (II), ø 22 cm	Tanne	79	1463 + 1 = 1464
4. Geländerpfosten vor dem gezogenen Steckbrett, ø 23,5 cm	Fichte	126	1461 + 1 = 1462
5. Bootsanlegepfosten aus dem westlichen Teil des Hafens, ø 13,5 cm	Fichte	63	1462 + 1 = 1463
6. Pfosten von der Hafenseite der Mole II, ø 20,5 cm (Reparatur am Molenkopf)	Fichte	62	1475 (Spätsommer)
7. Pfosten knapp vor der seeseitigen Reihe der großen Mole (I), ø 21,5 cm	Tanne	143	1562 + 1 = 1563
8. Eckpfahl vom zweiten Behälter der östlichen Reihe der Gruppe Mitte	Tanne	99	1634 + ?
9. Letzter sichtbarer Pfahl am östlichen Ende der hinteren Absperrwand	Fichte	54	nicht datierbar

Steg geben die quer gestellten Pfähle, die die Wand unterbrechen. Der gezogene Geländerpfosten markiert das Baujahr der Steckbretterwand, nämlich 1462. Die Wand wurde von Ost nach West erbaut, was aus der Zuspitzung des Steckbretts ersichtlich ist. Die lange Seite lag beim Ziehen im Osten, die kurze im Westen. Mit der schrägen Zuspitzung wurde das Brett beim Rammen in den Schlick dicht an das vorher eingebaute Nachbarbrett gedrückt. Die zugehackte Spitze ist bei Brett und Geländerpfosten gleich lang, rund 80 Zentimeter. Das Brett steckte rund 1,8 Meter tief im Buchtenboden, der Pfosten nur rund 1,25 Meter.

Der äußerste Jahresring des Steckbretts datiert ins Jahr 1439. Die Jahresringe am Brettrand sind im Mittel 1,5 Millimeter dick. Der zeitliche Unterschied von 1461/62 bis 1439 liefert einen Anhaltspunkt für den auf der Säge vorgenommenen Abschnitt von der Waldkante, nämlich 3,5 bis 4,5 Zentimeter, also äußerst wenig, um große Elementbreiten zu erzielen.

Die Proben 3 und 4 begrenzen die Bauzeit des Hafens: 1462 bis 1464. Der Pfosten auf der Seeseite der kurzen Mole im Westen der Anlage wurde 1464 eingebaut, der Bootsanlegepfosten im westlichen Teil des Hafens im Jahr 1463. Der im

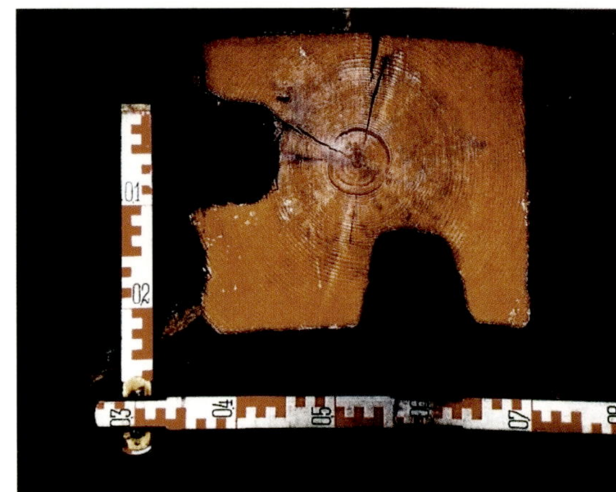

Spätsommer 1475 auf der Innenseite der kurzen Mole eingerammte Pfosten könnte eine notwendige Reparatur am Molenkopf anzeigen. Vielleicht war ein Schiff gegen den ursprünglichen Pfosten gefahren und hatte diesen abgeknickt. Im Jahr 1475 wurden die Renken in den See eingesetzt.

Probe 1, die schon 1989 dendrochronologisch untersucht wurde, bestätigt, dass in der ersten Bauphase außer der Hafenanlage auch schon Behälter gebaut wurden. Wenn man dem an dem Pfahl auf das Jahr 1451 datierten äußersten Jahresring zehn bis 13 Ringe bis zur einstigen Waldkante hinzugibt, dann gehören einige der westlichen Kalter in die erste Bauphase. Wahrscheinlich stammen die kleineren Behälter am östlichen Ufer der vorderen Bucht auch aus dieser Zeit.

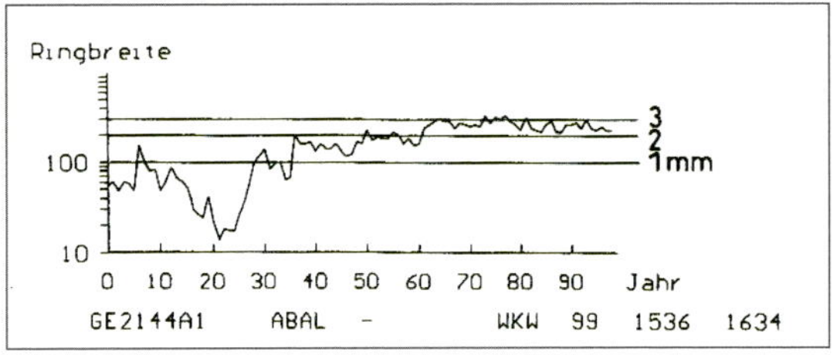

Oben links: das eingeschnittene Baujahr der Bootshütte
Oben rechts: der Eckpfahl vom zweiten Behälter der östlichen Reihe der Gruppe (Probe 8, Tanne)

Die wiedergegebenen Jahresringkurven der Tannenproben 2 (Steckbrett) und 3 (Molenpfosten) können zu einer Mittelkurve zusammengefasst werden (s. Diagramm nächste Seite). Diese kann gewissermaßen als Standardkurve für Tannenholz des späten Mittelalters im Walchenseegebiet dienen. Die erste Bauphase der gesamten Anlage datiert in die Jahre 1462-1464. Die Bedeutung des Pfostens, der im Jahr 1563 (Probe 7) vor die Mole II im Osten des Bauwerks gesetzt wurde, ist nicht ersichtlich.

Etwas echt Neues lieferte die Untersuchung der Probe 8. Der an dem Pfahl aus Tannenholz vom nordwestlichen Eck des zweiten Behälters der östlichen Reihe der Gruppe Mitte erhaltene äußerste Jahresring wird auf das Jahr 1634 datiert. Der der Untersuchung zugeführte Abschnitt des Pfahls befand sich in der Sammlung von sichergestellten Bauteilen der Anlagen im Hause Boehm. Der noch vor Ort befindliche untere Teil des Pfahls konnte ausfindig gemacht werden. Dort sind in den äußeren Ecken noch drei bis vier weitere Jahresringe zu erkennen. Die äußeren Ringe sind im Mittel 2,5 Millimeter dick. Zusammen mit einem besonderen historischen Ereignis, nämlich verheerenden Hochwassern im Jahr 1641, liefert die dendrochronologische Untersuchung des Pfahls die Möglichkeit, die schon anderweitig beobachtete zweite Bauphase an der gesamten Anlage, einen Neubau nach Zerstörungen, zeitlich auf nach 1641 einzuordnen.

Tiefensondierung am vordersten Pfahl der westlichen Reihe der Behälter Mitte (Sägeschnittfläche)

Leider hat der Pfahlabschnitt von der hinteren Reihe der doppelten Absperrwand keine Datierung erlaubt, obwohl er ähnlich breite Jahresringe aufweist. Eine Tiefensondierung am vordersten Pfahl der westlichen Reihe der Behälter Mitte ergab, dass auch diese Pfähle auf der Säge geschnitten wurden. Die erhaltene Oberseite des Pfahls liegt auf Kote 800,60. Die Nut zur Aufnahme der liegenden Bretter reicht zur Kote 799,10 hinunter, was die einstige Höhenlage des Buchtenbodens vorne am See anzeigt. Der Boden liegt heute wieder da, wo er zur Einbauzeit des Behälters nach 1641 lag. Die Kalter waren hier rund drei Meter tief.

Das letzte Baudatum der gesamten Anlage ist direkt zugänglich. Es ist die auf der westlichen Wand im Obergeschoß der Schiffshütte eingeschnitzte Jahreszahl 1796 (s. Foto linke Seite). Der Raum diente der Lagerung von Netzen und anderen Fischereigeräten. Die Zahlen sind etwa sechs Zentimeter hoch. Besonders schön ausgeführt ist die Eins. Zwischen 1462 und 1796 liegen also 334 Jahre Baugeschichte an den fischereiwirtschaftlichen Anlagen in der Zwergerner Bucht am Walchensee.

Ausgewählte Beispiele der Jahresringkurven einzeln und in Synchronlage

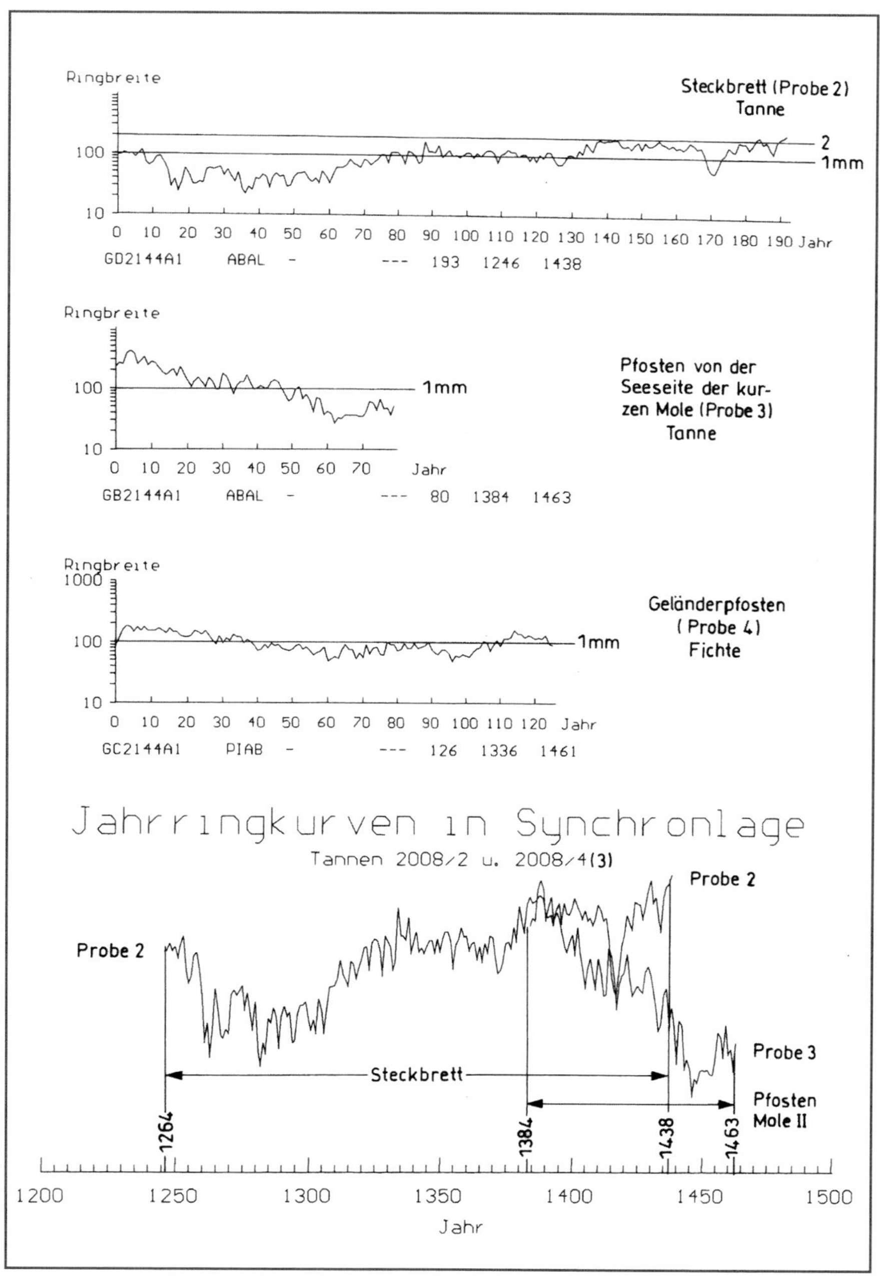

DIE MÜHLEN IN DER LOBISAU – SCHAUPLATZ SPÄT-MITTELALTERLICHER WASSERBAUKUNST (1440-1446)

ENTDECKUNG DER SÄGMÜHLE

Die bei den Tiefensondierungen an den fischereiwirtschaftlichen Anlagen in der Zwergerner Bucht gewonnene Erkenntnis, dass die eingebauten Pfähle und Bretter maschinell geschnitten worden waren, regte zur Suche nach dem Standort einer Sägmühle aus dem 15. Jahrhundert an. Als „terminus ante quem" für die Existenz der Sägmühle und ihren Einsatz für die Herstellung des Baumaterials für die Fischbehälter ist das dendrochronologisch nachgewiesene Baujahr 1462 für die Errichtung der ersten Buchtenabsperrung gegeben. Dieses Datum steht in Einklang mit zwei schriftlichen Erwähnungen von Mühlen in Walchensee aus dieser Zeit.

Am 29. Juni 1440 wurde Konrad Zwerger von Seiten des Klosters Benediktbeuern die Erlaubnis erteilt, eine Mahlmühle zu errichten.[5] Am 20. September 1446 wurde dem Fischer zugestanden, eine wahrscheinlich von ihm gebaute Sägmühle zur Herstellung von Baumaterial zu benutzen.[6] Der einstige Standort der Mühlen und das zugehörige Gewässer werden in den Urkunden nicht genannt. Auf die beiden Urkunden und eine weitere, besonders wichtige aus dem Jahr 1494 ist noch näher einzugehen.

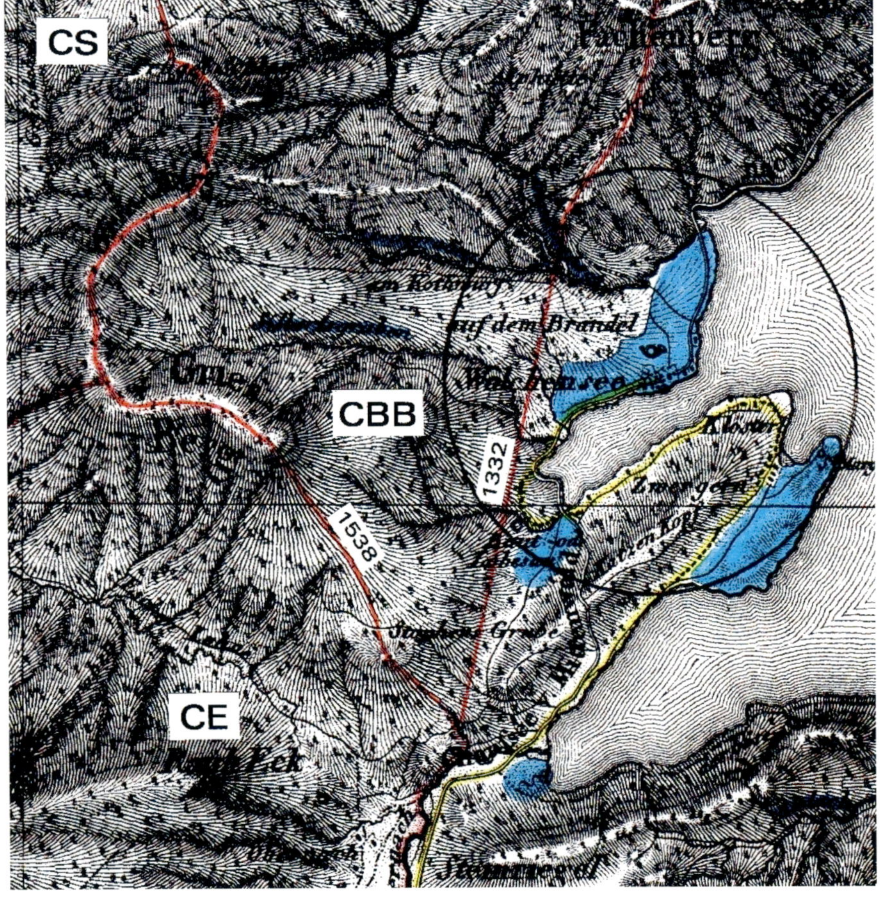

Südweststrecke des Walchensees, Ausschnitt aus der Karte Nr. 90 – Murnau des „Topografischen Atlas vom Königreich Bayern" von 1830 (zusätzlich eingetragen die Jurisdiktionsgrenzen CS und CBB von 1332 und 1538 sowie der Kreis von „Groß-Walchensee")

5 BayHStA KL Benediktbeuern 17, fol. 376-377, auch KLBB 39, fol. 57.

6 BayHStA KL Benediktbeuern Fasz. 105/32 bzw. BayHStA KL Benediktbeuern 39, fol. 56'-59.

Die zeitliche Nähe der beiden Informationen und das Wissen, dass bei den Hauptstandorten von Mühlen im Bereich des Klosters Benediktbeuern Mahl- und Sägmühlen im Verein am selben Gewässer errichtet wurden, ließen diese kombinierte Installation auch für die beiden Mühlentypen in Walchensee vermuten. Für die beiden nächstgelegenen Standorte Altjoch am Kochelsee und den Ortsteil Mühle in der Jachenau ist Folgendes urkundlich: Mahlmühle in Altjoch vor 1440[7], Mahl- und Sägmühle 1505[8], Mühle allgemein 1441 und 1487, in der Jachenau Mahl- und Sägmühle 1527[9], auch schon 1192[10], Mühle allgemein 1487. Zum Standort Walchensee gibt es aus dem Jahr 1789 eine weitere Information. In dem sogenannten „Kurzen Bericht von der Gegend Walchensee", der auf Karl Meichelbeck zurückgeht und nach dessen Tod im Klösterl St. Anna fortgeschrieben wurde, ist zu lesen: *„Da Abt Thomas (1439-1441) auch eine Mühl nicht gar weit weg von dem Kirchl (St. Jakob) hat erbauen lassen (1440), welche aber hernach wegen oftmaligem Abgang des Wassers und wegen der allzugroßen Kälte (am Beginn der kleinen Eiszeit) schlechten Fortgang gehabt."*[11] Bei der Suche nach dem Mühlenstandort am Walchensee war also damit zu rechnen, dass von der Mahlmühle möglicherweise kaum noch Spuren oder bauliche Reste vorhanden sind.

In der Südwestecke des Walchensees (s. links) kommen vom Wasserangebot und vom gegebenen Fließ- bzw. Geländegefälle her als Ort einer Wasserkraftnutzung folgende Gewässer in Frage: als größtes die Obernach, danach die gefährlichen Wildbäche Altlach, Silbertsgraben und Dainingsbach (früher Teinlbach, Karte von 1733), ein kleines, namenloses Gewässer im Südwesten des Schwemmfächers, auf dem der Ort Walchensee liegt, sowie der Bach, der in die Labisau (1796, heute Lobisau) vom unteren Griesberg aus herabfließt.

An der unteren Obernach und an den großen Wildbächen war eine hochwassersichere Wasserkraftnutzung nur durch ein Stauwerk und eine Wasserausleitung zur Seite hin möglich. Das Studium alter Karten und eingehende Ortseinsichten ergaben dort keinerlei Hinweise auf die einstige Existenz solcher Einrichtungen. Die großen Hochwasser der jüngsten Vergangenheit und moderne wasserbauliche Maßnahmen können allerdings bauliche Spuren so verwischt haben, dass man nur noch aus den unveränderten Geländeformationen (zum Beispiel hohe oder tief liegende Randbereiche) Rückschlüsse ziehen kann. Ein weiterer möglicher Standort für die Mahlmühle, aber nur für diese, wäre der vereinigte Unterlauf von drei Wiesenbächen gewesen, die von der Flur mit dem Namen „Auf dem Brandel" (durch Brandrodung gewonnenes Gelände) herunterkommen und am Geländeabsatz zum Seeufer das nötige Gefälle besitzen. Die Stelle hinter dem Gasthaus „Edeltraud" läge „nicht gar weit weg" von der St.-Jakobs-Kirche. Aber auch hier sind keinerlei bauliche Reste eines Mühlengerinnes zu erkennen.

Allen Spekulationen über mögliche Mühlenplätze an den genannten Gewässern machte die zuletzt durchgeführte Begehung des Lobisaubaches in einer steilen Bergnische am nordwestlichen Rand der Lobisau gleich neben der B 11 ein Ende. In den trockenen, schneefreien Tagen im Februar 2008 wurden die der Heimatkunde bislang völlig verborgen gebliebenen, äußerst spektakulären wasserbaulichen Reste der einstigen Sägmühle entdeckt: eine Quellfassung, eine 15 Meter lange und 1,5 Meter hohe Ufermauer und der zugehörige, aus dem anstehenden Fels gehauene Mühlenkanal sowie Reste der Zugänge und die Erschließungsstraße in der Geländedecke.

Besonders bedeutsam war die Feststellung, dass hier eine Quelle der Wasserkraftnutzung dienstbar gemacht wurde. Nach Auskunft des Hofbesitzers in der

7 S. Anm. 5: Auf der neuen Mahlmühle in Walchensee von 1440 darf nichts gemahlen werden, was von alters her auf der Mühle in Altjoch gemahlen wird.

8 Heinrich Part, Erbauer der alten Kesselbergstraße, wird 1505 die Errichtung eines Hammerwerks am Jochbach nur erlaubt, wenn er dem Gotteshaus Benediktbeuern „an seinen Grunten, Mülslag, Mal- und Sagmül" keinen Schaden zufügt (BayHStA KU Benediktbeuern 846).

9 BayHStA KL Benediktbeuern 19, fol. 146.

10 J. Nar, Die Jachenau.

11 Wiedergegeben in der neuen Chronik von Kochel a. See, hrsg. von H. Renner, S. 79 (H. Demleitner).

Lobisau ist der Ablauf der Quelle das einzige ganzjährig fließende Gewässer im näheren Umkreis: in Regenzeiten und bei der Schneeschmelze sowie nach Gewittern mit beachtlichem Abfluss, in Trockenzeiten mit stark reduziertem, aber nie ausbleibendem Erguss. Die Wiesenbäche in Walchensee, der Bach im Silbertsgraben und der Dainigsbach fallen in Trockenzeiten dagegen völlig aus. Die Fassung einer Quelle zur Wasserkraftnutzung erinnert an die Verhältnisse in Altjoch, wo die dortigen Mühlen ganzjährig aus der Kesselbachquelle versorgt wurden.

Mehl mahlen musste man das ganze Jahr. Das Sägen von Bauholz konnte man auf die günstigen Zeiten konzentrieren. Konrad Zwerger dürfte die vorteilhaften natürlichen Gegebenheiten am Lobisaubach gekannt haben und deswegen dem Kloster den Vorschlag zum Bau einer Mahlmühle am Fuß der Quelle gemacht haben. Vielleicht war auch von Anfang an der Bau einer Sägmühle an dieser Stelle geplant. Das nicht immer ausreichende Wasserangebot der Quelle und die weitere Beobachtung der hydrologischen Verhältnisse regten wohl dazu an, neben dem Quellwasser auch die Kraft des Bachwassers zu nutzen. Die Quellfassung wurde ab 1440 gebaut, die Sägmühle war 1446 fertig. Wo der Zwergerner Fischer das Mühlenbauen gelernt hat, ist nicht bekannt. Die vorhandenen Reste und die gedankliche Ergänzung der zerstörten Teile zeugen von hervorragenden wasserbaulichen und hydraulischen Kenntnissen.

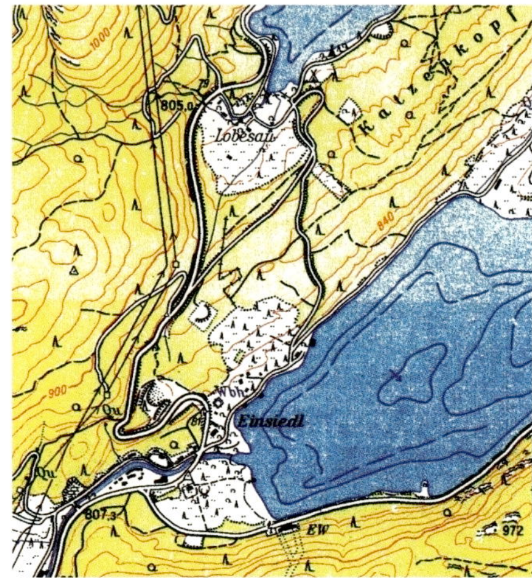

Lobisau, Katzenkopf, Einsiedl – Ausschnitt Karte Nr. 8433, Eschenlohe 1990

Die Quellfassung von 1440 nach der Reinigung

REINIGUNG UND BAULICHE AUFNAHME DER MÜHLEN

Die heute Lobisau genannte Rodungsfläche am hinteren Ende der Walchenseer Bucht wird in der Straßenkarte des Adrian von Riedl aus dem Jahr 1796 mit „Labisau" bezeichnet. Im Besitzstandverzeichnis des Klosters Benediktbeuern heißt die Geländeecke „Laberau"[12]. In den topografischen Karten von 1817 (sogenannte Uraufnahme) und 1830 (aus dem „Topographischen Atlas des Königreichs Bayern") ist „Raut oder Lobisau" eingetragen. In einem Flurnamenverzeichnis von Walchensee aus dem Jahr 1808 erscheint eine „Mühlrauth", vermutlich die Lobisau.

„Laben" ist „durchfeuchten"; mit „Labach" wird ein morastiges Gelände bezeichnet.[13] Der „Labisauerbach" ist als neuzeitliches Wort gedeutet, also der „Bach in der sumpfigen Au", der Unterlauf des Gewässers nach dessen Austritt aus der Bergfalte. Karl Meichelbeck nennt ihn „Laberspach". Der Oberlauf im steilen, felsigen Gelände wird in der Karte von 1817 als „Pilwertsgraben" bezeichnet, also als ein „zum Pil abwärts gerichteter Graben". Pil ist im Mittelhochdeutschen das Spundloch[14], der tief liegende Ausfluss aus einem Fass.

In der Tat wirkt der im Grundriss gerundete und in der Höhe überwölbte Felsbuckel, aus dem die Quelle einst aus zwei oder drei Löchern austrat, äußerlich wie ein Fass (s. rechts). Heute liegt das Austrittsniveau der Quelle rund 2,5 Meter tiefer, wohin es durch den Einbau eines Schachtbrunnens verlegt wurde. In den Jahren 1925/26 wurde die immer fließende Quelle zur Versorgung der Häuser in der Lobisau und des Klösterls in Zwergern herangezogen. Eine moderne Fassung und Wasserleitung ersetzte die bei der winterlichen Seeabsenkung durch den Betrieb des Walchenseekraftwerkes ausgefallenen Grundwasserbrunnen der betroffenen Anwesen. Die Anlage wurde 1960 stillgelegt. Eine im Lageplan der Wasserversorgungsanlage eingetragene Leitung zu einem Fischbehälter in der Nähe des Seeufers zeugt von einer älteren Nutzung des Quellwassers.[15]

12 J. Hemmerle, Die Benediktinerabtei Benediktbeuern, in: Germania Sacra des Max-Planck-Instituts für Geschichte, Berlin, 1991, S. 368.

13 J. A. Schmeller, Bayerisches Wörterbuch, 1985, Bd. 1/2, S. 1402.

14 M. Lexers, Mittelhochdeutsches Taschenwörterbuch, 1956, S. 160.

15 Der heute zugeschüttete Fischbehälter war vier Meter breit und sechs Meter lang. Es könnte einer der „Fischbrunnen" gewesen sein, der 1507 von Hans Öttl dem Älteren an Veith Jakob Tänzl auf Tratzberg verkauft wurde, oder gar die „piscina in Walhense" im Salbuch des Klosters Benediktbeuern von 1294.

Quellaustritt nach starkem Regen, darunter ein Haufen Bausteine am ehemaligen Standort der Mahlmühle

Nachdem der untere Teil des Felsbuckels vom dichten Moosbehang befreit worden war, konnten die verschütteten Quellaustritte und die gepflasterten Sammelgerinne ausgegraben werden. Über dem rechten Loch ist eine hohe Fichte aufgewachsen. Die mittlere, etwas höher gelegene Quellöffnung dürfte nur bei größerer Schüttung aktiv gewesen sein. Nach der Freilegung wurde der Befund nach Lage und Höhe aufgemessen und der Plan oben hergestellt.
An der Abbruchstelle ist der im Querschnitt trapezförmige Wasserableitungskanal der alten Quellfassung an der Sohle rund 40 Zentimeter breit und etwa 30 Zentimeter hoch. Bis zur Hangkante lief der Kanal einst noch zwei bis drei Meter weiter. Die Bausteine des zerstörten Teils liegen auf einem großen Haufen am Steilhang neben dem modernen Quellüberlauf.

Die weit über den Bedarf für die Kanalverlängerung hinausgehende Menge an behauenen Bausteinen und der rund drei Meter hohe Geländeabsatz an dieser Stelle regen die Überlegung an, ob vielleicht an dieser Stelle die Mahlmühle angeordnet gewesen sein könnte, etwa in der Art, wie es Abbildung auf S. 260 oben verdeutlicht.[16] Von Mühlsteinen ist leider nichts zu sehen. Am oberen Ende der Ufermauer der späteren Sägmühle liegt ein grob rund gehauener Kalkstein, in dem man eventuell den verworfenen Rohling eines Mühlsteins erkennen kann.
Falls die einstige Mahlmühle mit einem liegenden Wasserrad und senkrechter Welle ausgestattet war, dann könnte das bei dieser Antriebsart unvermeidbare heftige Spritzwasser im Winter häufig zu Vereisungen und zu Störungen beim Betrieb der Anlage geführt haben. In Trockenzeiten lieferte die spärliche Schüttung

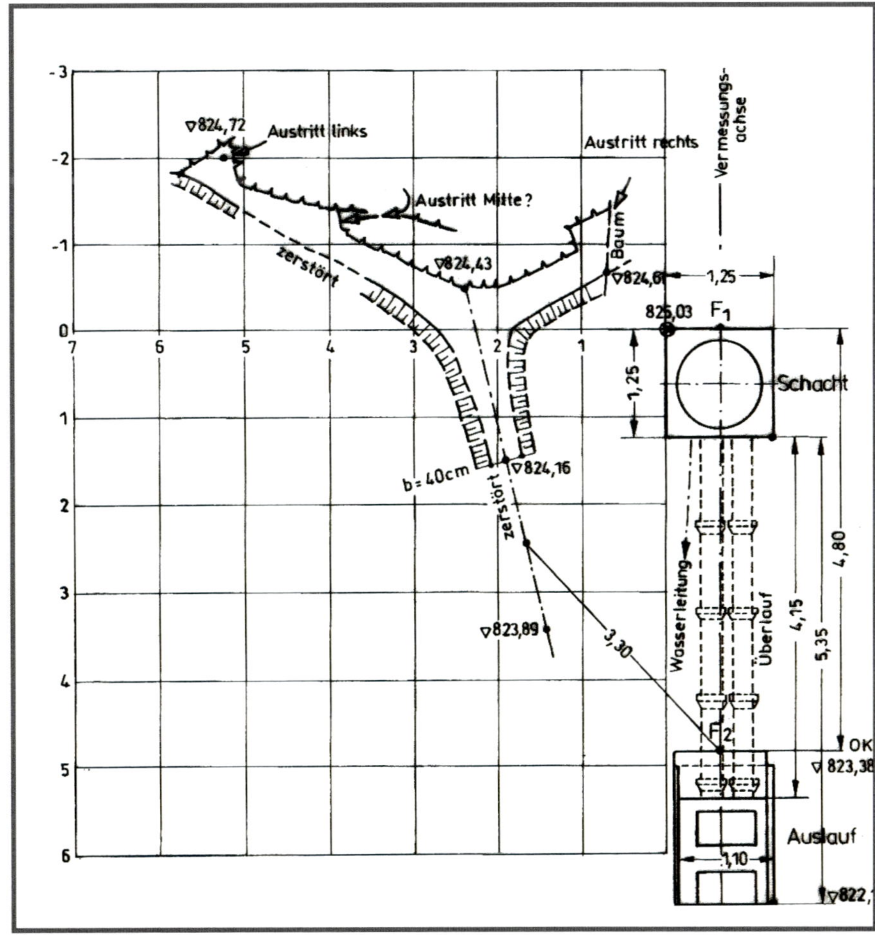

16 Entnommen aus dem Buch „Wassermühlen“ von F. Kur und H. G. Wolf, Frankfurt, 1985, S. 13.

der Quelle wahrscheinlich keine ausreichende Wasserkraft zum Drehen des schweren oberen Mühlsteins. Die Wegstrecke von der St.-Jakobs-Kirche bis zur Mühle beträgt entlang des alten Seesteigs rund einen Kilometer. Ob dieses Maß der Angabe im „Kurzen Bericht" „nicht gar weit weg von dem Kirchl" entspricht, sei dahingestellt bzw. noch eigens zu beleuchten.

Nach der Reinigung und Aufnahme der Quellfassung wurde auch die Mauer am Sägmühlkanal von Moos und Gestrüpp befreit. Kurz vor dieser Maßnahme brachte ein Starkregen ein eindrückliches Bild von der einstigen Wirkungsweise der Anlage (s. Foto S. 283). Zusammen mit der Vermessung und Bauaufnahme der gesamten Anlage (s. Plan) ermöglichte dieser günstige Umstand eine weitgehende Rekonstruktion des wasserbaulichen Systems, obwohl vom einstigen Sägewerk

Mahlmühle mit liegendem Wasserrad links und mit oberschlächtigem Wasserrad rechts, aus dem „Theatrum Machinarum Molarium" oder Schauplatz der Mühlenbaukunst von J. M. Beyer aus dem Jahr 1735

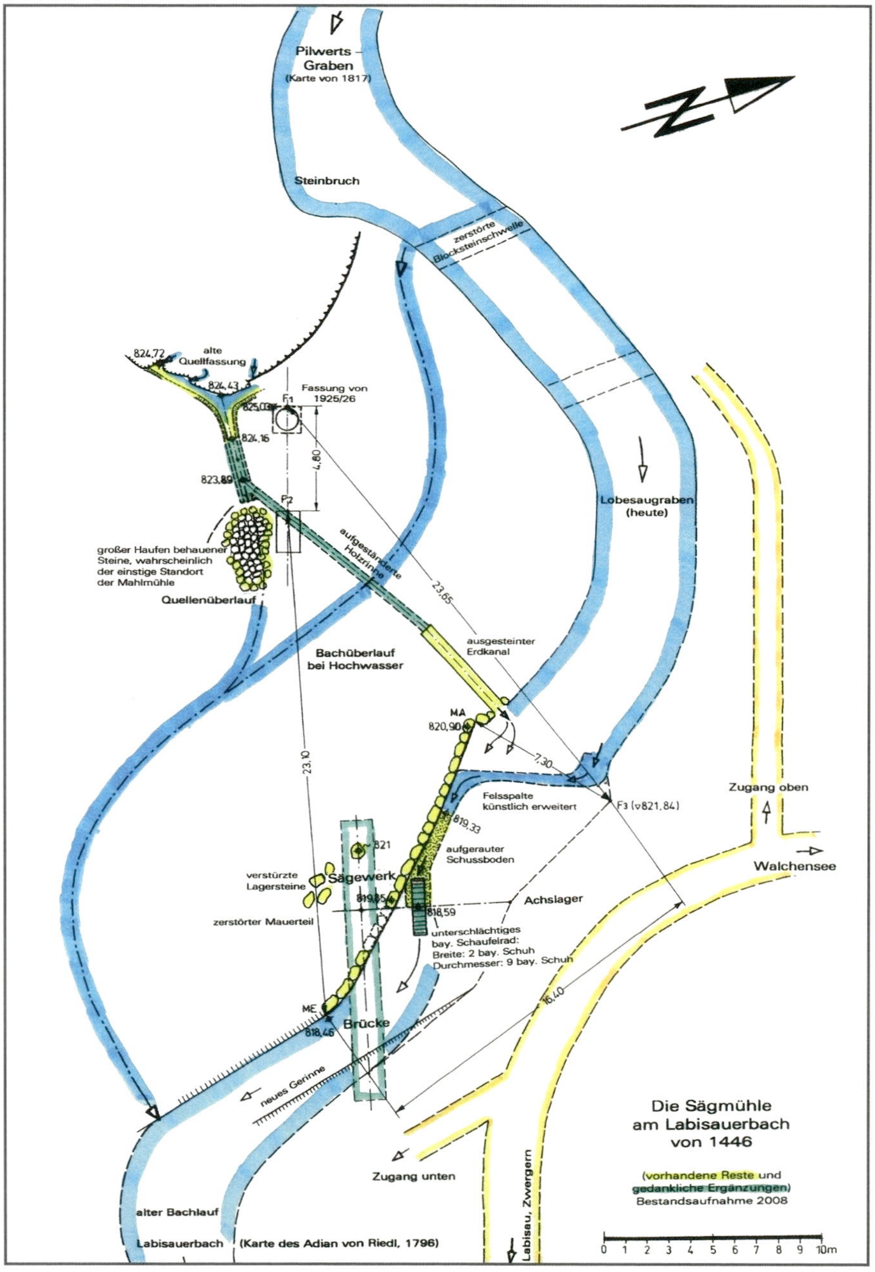

Lageplan dere gesamten Mühlenanlage, Gewässer und bauliche Reste sowie die Zugänge von der Straße

nicht mehr erhalten ist als die steinernen Teile. Die Gegebenheiten der Natur wurden in genialer Weise der menschlichen Nutzung dienstbar gemacht. Das Wasserangebot der Quelle wurde mit dem oberflächigen Abfluss des Bachlaufs vereint und damit das Wasserkraftpotenzial zeitlich und mengenmäßig beträchtlich erhöht. Zusätzlich wurde Vorsorge getroffen, dass die Anlage bei Hochwasser keinen Schaden erleiden musste. Eine eigens eingerichtete Zufahrtsstraße von Walchensee und Zwergern her mit speziellen Zugängen zum Sägewerk ermöglichte die Bedienung mit Fahrzeugen. Die Schnittholzzubringung aus dem unteren Griesberg erfolgte über nahe gelegene Holzwürfe, zum Beispiel den Lobisauwurf, eingetragen in den Karten von 1817 bzw. 1860.

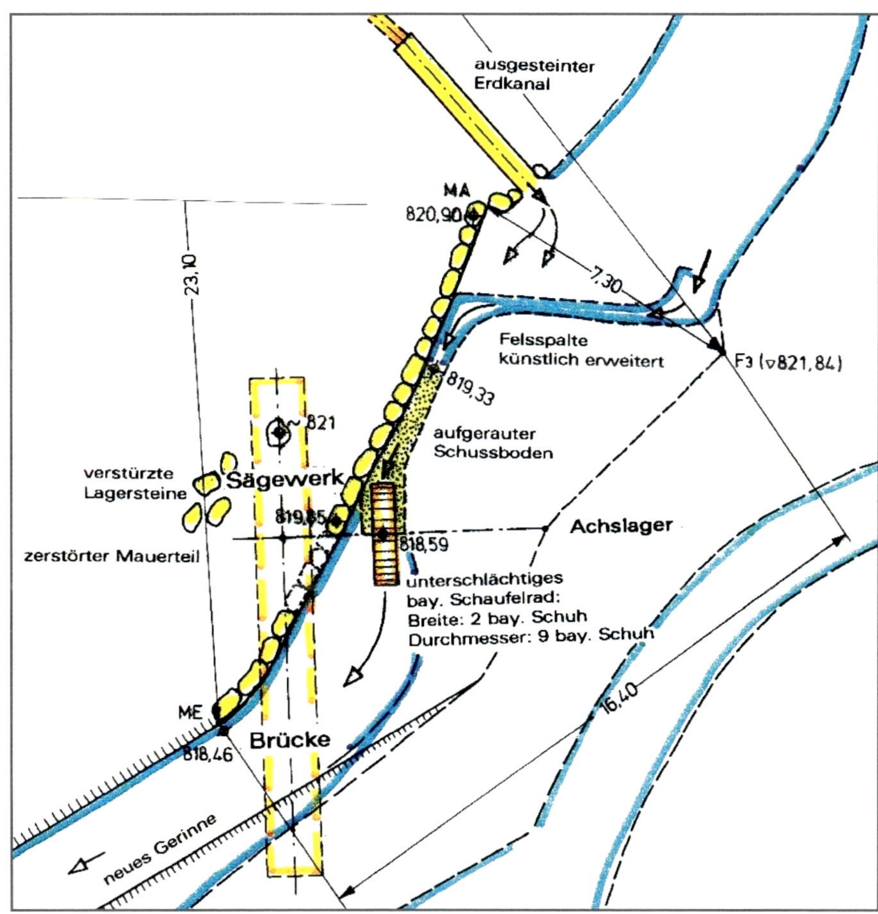

Rechts: Detaillageplan der Sägmühle, vorhandene Reste und gedankliche Ergänzungen. Unten: Mauer und Mühlkanal nach einem Starkregen bei nachlassendem Abfluss. Links der wassersammelnde Querkanal, rechts das quer liegende Ende des Schussbodens

Links: Der aufgeraute Mühlkanal, oberer Teil
Oben: ausgebrochener Teil der Mauer mit dem in die Hinterfüllung hineinreichenden Sportstein

Das Sägewerk stand auf etwas erhöhtem Gelände auf einer Halbinsel zwischen dem Bach unterhalb der Quelle und dem Pilwertsgraben oder Lobisauerbach. Reste einer heute von Hochwassern zerstörten wasserdurchlässigen Blocksteinschwelle am nördlichen Rand des Quellfelsens deuten darauf hin, dass man in eine Geländemulde neben bzw. unterhalb der Quellfassung Hochwasser des Baches abschlagen konnte. Abflussspuren zeigen an, dass diese künstlich geförderte Wasserteilung heute noch wirksam ist. Das gefasste Wasser der Quelle wurde über die Geländemulde hinweg, vermutlich in einer aufgeständerten Holzrinne, zum Bach geführt bzw. zu einem rund fünf Meter langen Erdkanal, der mit Steinen ausgekleidet war. Am Ende dieses Kanals ergießt sich das abgeleitete Quellwasser auf einen vom Sandschliff geglätteten Felsbuckel und fällt in eine von der Natur geformte, künstlich erweiterte Felsspalte, die den Bachlauf quer durchzieht. Hier vereinigen sich Bach- und Quellwasser. Am unteren Ende der Felsspalte beginnt der eigentliche Mühlkanal.

Die Mauer nach der Reinigung, oberer Teil

Achslagerstein der Radwelle vom linken Bachufer

Unterschlächtiges bayerisches Schaufelrad einer Mühle an der Kahl im Spessart

REKONSTRUKTION DES HYDRAULISCHEN TEILS DER MÜHLE UND ÜBERLEGUNGEN ZUR ART DES EINSTIGEN SÄGEWERKES

Die in Fließrichtung gesehene rechte Seite des Kanals wird von einer insgesamt 15 Meter langen Ufermauer gebildet, die als Trockenmauerwerk aus teilweise behauenen Steinen lokaler Herkunft gebaut wurde und bis zu 1,5 Meter hoch ist. Der Steinbruch liegt knapp oberhalb der Quelle. Der Kalkstein steht dort in senkrechten, plattigen Schichten an und musste nur wenig bearbeitet werden. Im Bereich des ehemaligen Sägewerks ist die Mauer ausgebrochen, was einen Einblick in den inneren Aufbau gewährt. Die äußere Schale wurde auf die anstehende Felsplatte gestellt. Der Zwischenraum bis zur Uferböschung wurde mit Steinbrocken verfüllt.[17] Einzelne große, spornförmige Steine ragen in das Gefüge hinein und verbessern die Standsicherheit.

Die linke Seite des Mühlkanals bildet eine abfallende, sehr glatte Felsplatte, die neben der Mauer eben und rau gehauen wurde. Die Aufrauung hatte den Grund, die Fließtiefe des flach einlaufenden Wassers zu vergrößern und einen Lufteinschlag zu ermöglichen, was diesen Vorgang steigert. Mit dieser hydraulischen Maßnahme wurden die Schaufeln des unterschlächtigen Mühlrads voller beaufschlagt.

Dass es sich hier um ein sogenanntes unterschlächtiges Wasserrad mit horizontaler Welle gehandelt haben muss, ist der vorhandenen Bodenstruktur und dem Mauerwerk eindeutig zu entnehmen. Am Einlauf ist der Schussboden knapp 60 Zentimeter, am Ende 1,2 Meter breit, wobei der innere, ebene Teil wieder die zwei bayerische Schuh (2 x 0,292 = 0,584 Meter) aufweist. Nach etwa zwei Dritteln seiner gesamten Länge (rund sechs Meter) wendet sich die ausgehauene Kanalsohle in einem Winkel von rund 30° von der Mauer weg und endet abrupt an einer Kante, die die einstige Lage der Radachse anzeigt. Diese schließt mit der Mauer einen Winkel von 60° ein. Die Felsschwelle am Einlauf in den Schussboden liegt 74 Zentimeter über dieser Kante, genug, um eine Fließgeschwindigkeit des Wassers von knapp vier Meter pro Sekunde zu erzeugen.
Die Mauer neben dem unteren Ende des Schussbodens ist 1,26 Meter hoch. Da die hölzerne Welle des Wasserrads über die Mauer hinweg auf das daneben liegende Gelände geführt werden musste, liefert dieses Maß einen Anhalt für den einstigen Radius bzw. den Durchmesser des Rads, nämlich wenigstens 4,5 bzw. neun bayerische Schuh (r = 1,314 Meter bzw. d = 2,628 Meter). Maximal sind fünf bzw. zehn Schuh denkbar (r = 1,46 Meter bzw. d = 2,92 Meter). Ansonsten hätten die Radschaufeln im Oberwasser an die Mauer und im Unterwasser an den dort wieder ansteigenden Felsen angeschlagen. Bei einem Raddurchmesser von zehn Schuh war der Abstand zwischen Maueroberkante und Wellenunterseite ausreichend groß.

Das unterschlächtige Wasserrad der Sägemühle am Lobisauerbach könnte so ausgesehen haben wie das links gezeigte typisch bayerische Schaufelrad einer Mühle an der Kahl im Spessart, das 1979 noch in Betrieb war.[18] Hier ist allerdings der Raddurchmesser fast neunmal so groß wie die Schaufelbreite. Die Mühlen dieses Typs erzeugen als Begleitmusik das im Lied besungene Klappern, und zwar dann, wenn die Schaufeln auf das einschießende Wasser schlagen. Am Ende der hölzernen Welle ist ein Eisenschuh mit Lagerdorn aufgesetzt.

Der Bach wurde kurz unterhalb der alten Mühle beim Bau der neuen B 11 über den Katzenkopf reguliert und in ein gepflastertes Gerinne gefasst. Am Übergang zur neuzeitlichen Sohlenbefestigung wurde ein Stein mit einem Loch abgelegt. Das gebohrte Loch hat einen Durchmesser von 49 Millimetern, was genau zwei

17 In die Füllung geriet eine 120 Gramm schwere Keramikscherbe aus rotem, etwas gemagertem Ton. Die Scherbe enthält eine Fertigungskante. Der geglättete obere Rand ist drei Zentimeter dick. Man könnte das Fundstück, das auf jeden Fall aus einer Zeit vor 1440 stammt und kaum von einem entfernteren Ort herbeigeschafft wurde, mit einer älteren Quellfassung und der Wasserleitung zu dem Fischbehälter (s. Anm. 11) in Verbindung bringen.

18 Entnommen aus dem Buch „Wassermühlen“ von A. und R. Braunburg, München, 1981, S. 31.

bayerischen Zoll entspricht (2 x 24,3 Millimeter). Der Stein ist zentimeterdick; das Loch ist durchgängig. Das Loch im Stein hat sehr wahrscheinlich einst als Stecklager den eisernen Dorn der Radachse aufgenommen. Auf der gegenüberliegenden Seite ist ein Wälzlager mit Zuhaltung anzunehmen. Mit dem spitzen Teil war dieser Stein in eine Felsspalte in der Linie der Achse am oberen Rand der Felsplatte am linken Gewässerrand eingeklemmt und beschwert worden.

Vom ehemaligen Sägewerk fehlt jede Spur, außer ein paar großen Steinen auf der Oberfläche des angrenzenden Geländes, von denen man annehmen darf, dass sie einst als Lager für die hölzernen Aufbauten dienten. Sie liegen auf jeden Fall an dieser Stelle nicht naturgegeben, sondern wurden herbeigeschafft.

Sägewerk mit unterschlächtigem Wasserrad und Zahnradvorgelege, aus: Andreas Böckler, Theatrum machinarum novum, Nürnberg 1673

Das Einzige was sicher rekonstruiert werden kann, ist, dass zwischen Radachse und Sägewerksachse ein rechter Winkel bestanden hat. Das heißt aber, dass der Bachlauf unterhalb des Schaufelrads von einer Brücke überquert wurde. Von der hölzernen Brücke ist ebenfalls nichts mehr erhalten. Ihre einstige Lage wird lediglich durch den mit einer Stützmauer versehenen Abgang von der Straße her bestätigt. Überlegungen zur Art des damaligen Sägewerks können nur aus zeichnerischen Darstellungen und deren Erläuterung von ähnlich alten Anlagen gewonnen werden[19], so wie sie zum Beispiel auf der rechten Zeichnung zu sehen sind, wo unterschlächtige Wasserräder mit den zugehörigen Sägeeinrichtungen in schematischer Form gezeigt werden.

Zur Interpretation dieses alten Bildes in Bezug auf den betrachteten Fall kann ein wichtiger archivalischer Hinweis herangezogen werden. Am Lobisauerbach war ein Sägewerk mit einem Gatter installiert worden, in das nur ein Sägeblatt eingespannt war. Es handelte sich um ein sogenanntes Mittel- oder Seitengatter. Das auf vier Seiten zu beschneidende Werkstück musste also viermal durch die Säge geschoben werden. Wie der Parallelschnitt der Pfähle und Läden erreicht wurde, ist nicht mehr ermittelbar. Ebenso wenig ist feststellbar, wie die drehende Bewegung von Rad und Welle in die Auf- und Abbewegung des Sägegatters umgesetzt wurde, ob zum Beispiel mit einer direkt an die Welle angesetzten Kurbel oder mit einem einfachen Zahnradvorgelege wie auf der Abbildung rechts. Es käme auch eine sogenannte Klopfsäge in Frage, bei der zwei auf den Wellbaum aufgesetzte Nocken den Gatterrahmen bei jeder Umdrehung zweimal hochschlagen. Der Sägeschnitt erfolgt beim Zurückfallen des Gatters. Dieser Typ Säge benötigte nur wenige Eisenteile und auch kein Mühlengebäude. Das „Klipp-Klapp" war speziell bei diesem Mühlentyp zu hören. Wie der Vorschub des Blockwagens mit dem eingespannten Baum bewerkstelligt wurde, ob von Hand oder maschinell, ist ebenfalls nicht zu klären. Ein weiteres Rätsel ist, wie die extrem unterschiedlichen Schnittstärken reguliert wurden und wie der an den untersuchten Werkstücken feststellbare gänzlich glatte Schnitt ohne Sägespuren zustande kam. Wichtig wäre auch die Kenntnis der Anzahl der Sägeschnitte pro Minute, um den zeitlichen Aufwand für die Herstellung des jeweiligen Werkstücks beurteilen zu können. An der ersten Absperrung der Zwergerner Bucht mit der Steckbretterwand und dem aufgesetzten Laufsteg stecken immerhin 40 Kubikmeter geschnittenes Holz.

Wenn man annimmt, dass von den knapp vier Meter pro Sekunde Wassergeschwindigkeit zur Überwindung der Lagerreibung und der Umsetzung auf die Schneidbewegung die Hälfte verloren geht, dann könnte das Rad in der Minute zehn bis zwölf Umdrehungen vollführt haben; unterstellt man weiter, dass das Sägeblatt eine Dreieckszahnung hatte, wo sowohl bei der Aufwärts- als auch wie bei der Abwärtsbewegung des Gatters geschnitten wurde, dann könnten es 20 bis 24 Schnitte pro Minute gewesen sein.

19 Zum Beispiel aus einigen Veröffentlichungen des Freilichtmuseums auf der Glentleiten bei Großweil: H. Stadler, Geschichte der Sägewerke, in: Freundeskreisblätter 24, 1987, S. 47-58, und im selben Heft U. Rautenberg, Die Sägemühle im Freilichtmuseum – Geschichte und Technik, S. 61-88, insb. 69-72. Interessant sind auch die Ausführungen von H. Jüttemann, einem Spezialisten im Studium alter Sägewerkstechnik, in den Freundeskreisblättern 27, 1989, S. 19-40, mit dem Titel: „Die Venetianer-Säge von Nussdorf am Inn". Er vergleicht diesen Sägewerkstyp mit den sogenannten Augsburger Sägen, die im bayerischen Alpenraum schon um 1300 entwickelt wurden. In den Schriften des Freilichtmuseums, Nr. 14, 1988 geht U. Rautenberg im Aufsatz „Die Getreidemühle von Fischbach" im Kapitel „Zur Technikgeschichte der Getreidemühle" auf S. 7-11 auch auf ältere Darstellungen ein, zum Beispiel auf ein schematisches Bild einer Getreidemühle mit liegendem Wasserrad und senkrechter Welle von 1430.

DIE MAHL- UND DIE SÄGMÜHLE IM HISTORISCHEN KONTEXT

Die Urkunde, in der Abt Thomas von Benediktbeuern Konrad Zwerger und seiner Familie im Jahr 1440 die Erlaubnis erteilte, eine Mühle zu errichten und einem nicht lokalisierten Urbar zuzuschlagen, ist das älteste Dokument in deutscher Sprache, das den Walchensee betrifft. Es wurde in einer Zeit abgefasst, in der die deutsche Sprache allgemein Eingang in die Amtsstuben fand. Die Urkunde wird hier in einer wortgetreuen Abschrift aus dem Jahr 1494 wiedergegeben.[20] In der elften Zeile von oben steht „eine Mühle zu schlagen und machen zu Walchensee". Mit dem Wort „schlagen" bezeichnete man damals das Herrichten des ausgesuchten Gewässers und die künstliche Gestaltung der notwendigen Wasserwege, mit dem Wort „machen" die Herstellung des Mahl- oder Sägewerks. Der zitierte Passus lässt offen, ob es sich um eine Mahl- oder Sägmühle handelt oder um beides. Erst weiter unten in der übernächsten Zeile wird von „mahlen" gesprochen und noch weiter unten, in den Zeilen 17 und 18, werden Einschränkungen im Mahlbetrieb zu Gunsten der bestehenden Mühle zu Joch am Kochelsee vorgetragen. Die Mühle darf auch nicht verkauft werden (s. Zeile 29).

Im Jahr 1446 war Wilhelm von Diepholzkirchen Abt des Klosters Benediktbeuern (von 1441-1483). Das Kloster Schlehdorf führte Probst Hermann II. (von 1428-1451). Am Walchensee hatten beide Klöster Besitzungen mit Rechten in der Fischerei auf dem See und in der Holzgewinnung in den seenahen Wäldern. Langjährige Streitigkeiten der beiden Gotteshäuser und ihrer Untertanen im Ort Walchensee und auf Zwergern wurden erstmals im Jahr 1446 auf Veranlassung von Herzog Albrecht III. gerichtlich entschieden. Der mit der Schlichtung beauftragte Pfleger von Wolfratshausen, Hans Höhenkircher, verfasste einen sogenannten Spruchbrief, in dem die Entscheidungen des Hofgerichts veröffentlicht wurden. Der Schiedsspruch vom 20. September betraf in erster Linie die Fischerei[21], aber auch in einem wichtigen Satz die Holznutzung.[22] Im Zusammenhang mit diesem Entscheid wird auch die Sägmühle erwähnt, und zwar als Verstiftung an die Fischer Konrad Zwerger und seinen Sohn Hainrich auf sechs Jahre zum Bau eines Hauses in Walchensee. Es werden bezüglich der Mühle einige Regelungen bekannt gegeben, auf die Hainrich Zwerger im Jahr 1494 in einem sogenannten Revers, einer schriftlichen Erinnerung, Bezug nimmt.[23]

In diesem Schriftstück erläutert er dem damaligen Abt von Benediktbeuern und Nachfolger des Abts Wilhelm, Narcissus Paumann (1483-1504), die ihm und seinem Vater als Schlehdorfer Untertanen zugesagten Güter in Walchensee und ihren Anspruch darauf. Auf Seite 7 des Dokuments, aus der die Kopie des Vertrages von 1440 entnommen ist, werden die Besitzungen genannt: „Die Tafern und das halbe Lehen mit samt der Malmüll und Sagmüll", die nach Ablauf der sechs Jahre an die Zwerger „heimgefallen" sind. Auf Seite 2 steht, dass die Zwerger zum Bau „eines neuen vischerhauses" und der Sägmühle Geld geben und Floßholz machen sollen, sowie „das Sag Eisen und was Eisengeschmeid in die Sagmüll not ist" auf eigene Kosten ohne Entgelt vom Kloster bestellen sollen. Und wenn die sechs gestifteten Jahre vorbei sind, soll alles Eisenzeug bei der Sägmühle bleiben. Die Mahlmühle soll Inhalt eines Leibgedings werden. Die Mahl- und die Sägmühle werden also immer im Zusammenhang genannt.

Nach dem Zitat der Urkunde von 1440 werden auf Seite 3 weitere Ausführungsbestimmungen genannt: Der Zwerger soll die Arbeiter, die das Fischerhaus und

20 BayHStA KL Benediktbeuern 39, fol. 57.

21 Siehe dazu die Ausführungen oben unter „Fischordnungen".

22 Zitiert etwas weiter unten.

23 BayHStA KL Benediktbeuern 39, fol. 56'-59' (7 Seiten).

die Sägmühle zimmern und bauen, verköstigen und beim Einbau von Öfen, Herd, Backöfen und Keller helfen. Das Kloster zahlt die Tagelöhne und unterstützt die Verköstigung durch die Zuwendung von Getreide. In den sechs gestifteten Jahren darf auf der Säge geschnitten werden, was für die Häuser und für die Kirchen St. Jakob und St. Margareth nötig ist, mit Ausnahme von Farchenholz (Kiefern), das nur mit besonderer Erlaubnis der Klosterherren von Benediktbeuern geschnitten werden durfte.[24]

Das Schreiben enthält danach Ausführungsbestimmungen zur Fischerei und gibt eine wörtliche Abschrift des Spruchbriefs vom 20. September 1446 wieder. Der in Schlehdorf verfasste Brief wird vom damaligen Probst Johannes III. Hirn (1479-1495) gesiegelt. Die Siegelung wurde vom Hofrichter zu Schlehdorf, Heinrich Perchtoldt, und von Sebastian Zwerger, einem der Söhne des Hainrich Zwerger, zu der Zeit Kaplan in Kochel, bezeugt.

Wiedergabe der Urkunde von 1440 in einer Kopie aus dem Jahr 1494

24 Das Kiefernholz wurde zur Herstellung von Kienspänen für Beleuchtungszwecke benötigt (sogenanntes Lichtholz), BayHStA KL Benediktbeuern, fol. 18, 87

DIE TRANSPORTWEGE

Für die Zubringung der zu schneidenden Bäume und den Abtransport des geschnittenen Materials mit Fuhrwerken musste eine leistungsfähige Straße gebaut werden. Auch hier lieferte die Ortseinsicht beeindruckende Reste dieser Infrastrukturmaßnahme.

Der in einem lateinisch abgefassten Gerichtsprotokoll aus dem Jahr 1295 erwähnte „Seesteig"[25] bzw. der im Spruchbrief vom 20. September 1446 genannte „Weeg" lief von Wallgau aus durch das Obernachtal, über die „Wallenseeau"[26] nach Einsiedl und weiter nach Zwergern, dann um die Halbinsel herum in die „Labisau". Dort überstieg er ein knapp 35 Meter hohes Joch am felsigen Ausläufer des unteren Griesbergs (s. Plan). In den steil in den See abfallenden, sehr breiten Felsvorsprung wurde erst 1497 der Uferweg gehauen, der etwa so ausgesehen haben mag wie der in einem Stich aus dem Jahr 1878 dargestellte Abschnitt der Straße an der schmalen Felsnase kurz vor Walchensee. Auf den beiden Seiten des niedrigen Jochs wurde der Weg zuerst in je eine Bergfalte gelegt. Von dieser alten Strecke aus bauten die Zwergerner Fischer möglicherweise in den Jahren zwischen 1440 und 1446 eine Abzweigung zu den Mühlen hin. Der Aufstieg zur Mühle wurde als etwa vier Meter breiter Hohlweg ausgeführt. Nach der Kurve an der

25 BayHStA KL Benediktbeuern 9.

26 Grenzbeschreibung von 1538, BayHStA KL Schlehdorf 164, 1/2.

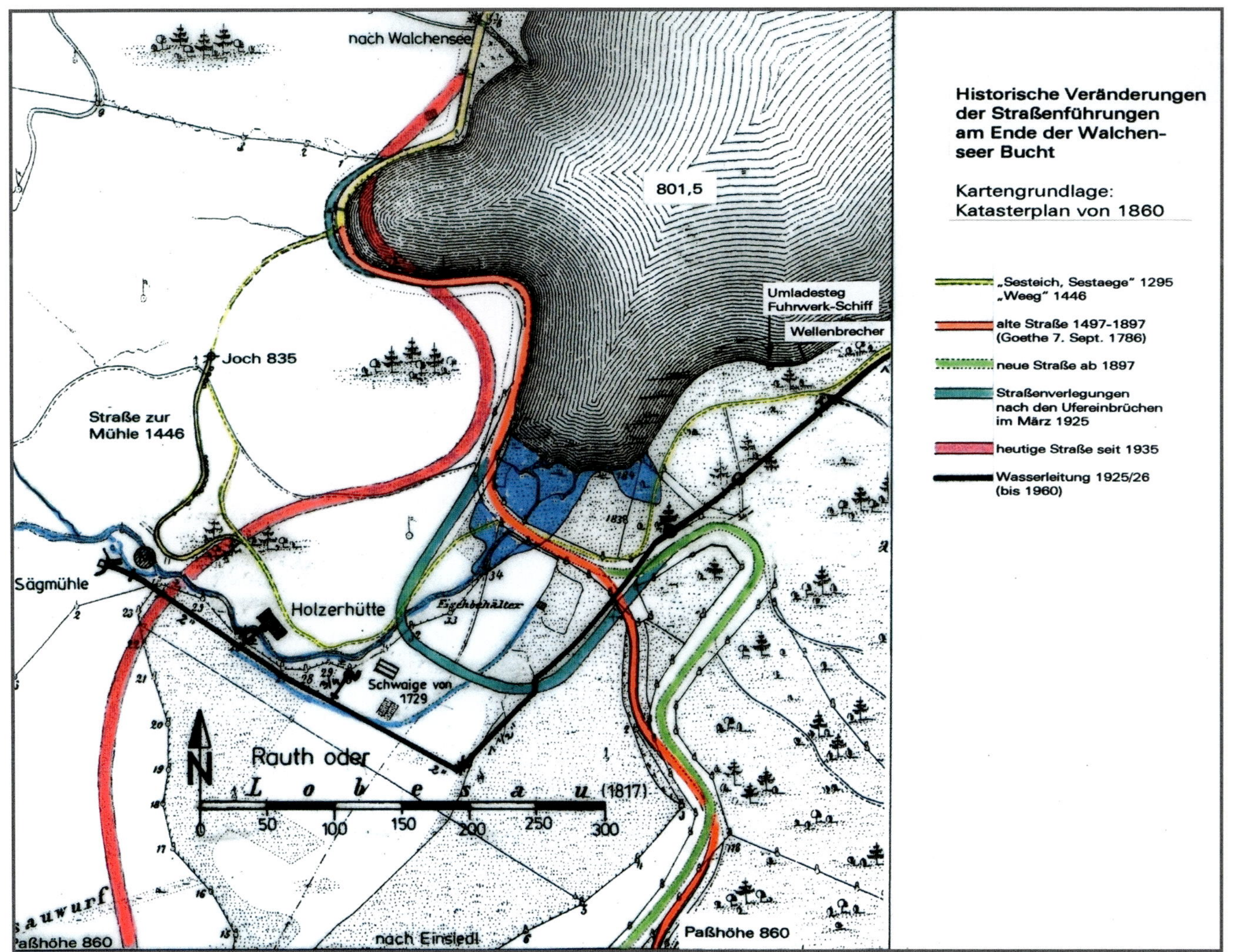

Mühle quert die Straße den Steilhang. Dort ist sie mit hohen Stützmauern gesichert, die in gleichen Art und im selben Material hochgezogen sind wie die Mauern am Mühlkanal (s. Foto rechts), allerdings nicht senkrecht, sondern mit einer leichten Rückneigung. Einige Partien der Mauer sind abgestürzt. Ein Ausbruch am Ende des in der Abbildung gezeigten Stücks macht die Hinterfüllung der Mauerfront mit Bruchsteinen sichtbar. Die datierbare Mauer, die möglicherweise rund 50 Jahre vor dem Bau der alten Kesselbergstraße erbaut wurde, liefert wertvolle Kriterien zur Beurteilung von anderen älteren Straßen- und Wegebauten in der Gegend, zum Beispiel für den Weg von Einsiedl in das Eschenlainetal, wo neben der B 11 ähnliche Stützmauern zu sehen sind und wo die Zwergerner Fischer einst ihr Vieh auf die Waldweiden trieben.[27] Das gefertigte Baumaterial, das in Walchensee verbaut werden sollte, wurde sicherlich auf dem Landweg dorthin geschafft. Das für Zwergern bestimmte Material könnte auch per Schiff transportiert worden sein, denn das zum Einbau in der Bucht bestimmte Bauholz wurde auf Schiffen zur Baustelle gebracht. Einen Steg zum Umladen von Fuhrwerken auf Schiffe scheint es einst auf Schlehdorf-Zwergerner Grund am südöstlichen Ufer der Walchenseer Bucht gegeben zu haben. Ein Foto vom April 1925 zeigt etwa in der Mitte des heutigen Campingplatzes am rechten Rand eines Ufereinbruchs die Reste einer Stützwand aus liegenden Balken an der Kante des Steilufers und davor einige runde Pfosten im Seegrund. Das Bauwerk liegt am Endpunkt einer alten Abzweigung vom Weg zum Klösterl hinter einem Ufervorsprung. Etwas weiter nordöstlich könnte eine Reihe von dünnen Pfosten im flachen Strand zu einem Wellenbrecher gehört haben. Irgendwann nach der Übergabe des Eremitoriums an das Kloster Benediktbeuern im Jahr 1727 ging das Gelände des heutigen Campingplatzes und der dahinter liegende Wald in Benediktbeurer Besitz über. Bei der Vermarchung 1790 blieb den Schlehdorfern nur noch ein schmaler Streifen im Vorgrund der „Lobisau". Mit der Umgestaltung des Seeufers beim Ausbau des Campingplatzes verschwanden die Reste des alten Verladestegs.

Freigelegter Teil der Stützmauer an der alten Straße zur Mühle

Mit den neuen Straßen geriet der Weg, der an der Mühle vorbeiführte, ins Abseits, vielleicht ein Grund dafür, dass das alte Bauwerk in wichtigen Teilen als ein einzigartiges kulturhistorisches Monument am Walchensee noch so gut erhalten ist.
In der Karte von 1860 (s. S. 291) ist etwas unterhalb des Mühlenstandorts eine Holzerhütte eingetragen, die 1925 an die neue Wasserleitung angeschlossen wurde. Vielleicht standen an dieser Stelle einst die Behausungen der Mühlenarbeiter. Die Laberau wurde 1803 zusammen mit der 1727 erbauten Schwaige[28] und dem 1766 entstandenen Haus[29] verkauft.[30] Von einer Mühle ist dabei nicht die Rede. Ob die Mühle zur Zeit der Säkularisation der Klöster überhaupt noch funktionsfähig war, ist nicht bekannt. Bei der Erneuerung der fischereiwirtschaftlichen Anlagen in Zwergern am Ende des Dreißigjährigen Krieges war sie noch in Betrieb. Wo die Bretter und Balken der 1796 errichteten Schiffshütte geschnitten wurden, ist auch nicht bekannt. Bemerkenswert ist, dass dieses weitgehend im ursprünglichen Zustand erhaltene Bauwerk noch aus der Klosterzeit stammt. Im Jahr 1796 lebten Nachfahren des Konrad Zwerger auf den drei Höfen.

Das hohe wasserbaufachliche Wissen der Zwerger, das in den hydraulischen Einrichtungen an der Sägmühle deutlich in Erscheinung tritt, findet sich auch in den ausgeklügelten Konstruktionselementen der fischereiwirtschaftlichen Anlagen wieder. Somit könnte ihnen durchaus die Urheberschaft an der Konzeption und Verwirklichung dieser Bauwerke zugesprochen werden, auch wenn dies in keiner historischen Urkunde oder anderen Quellen festgehalten ist.

27 Karl Meichelbeck, Chron. Ben. Pars II, 275 ff., auch 211 ff.

28 Siehe oben Anm. 8; der Viehstall ist auf den Fotos von 1925 noch zu sehen; er wurde zur Versorgung des Klösterls gebaut, BayHStA KL Benediktbeuern 846, fol., S. 320.

29 J. Hemmerle, s. o. Anm. 8, BayHStA KL Benediktbeuern 846, fol., S. 541.

30 D. Stutzer, Klöster als Arbeitgeber um 1800, in: Schriftenreihe d. Hist. Komm. b. d. Bayer. Akademie d. Wissensch. 28, 1986, S.161.

ÜBERLEGUNGEN ZUM EINBAU DER PFOSTEN, PFÄHLE UND BRETTER

Es wurde eingangs schon erwähnt, dass der größte Teil der Anlagen von einer schwimmenden Einrichtung aus eingebaut worden sein muss. Für diese Annahme können zwei Gründe angeführt werden.

Der eine ist die relativ große Wassertiefe, in der gebaut werden musste, eine Tiefe, die in der Größenordnung der menschlichen Körpergröße lag. Auf den mittleren Seespiegel bezogen, betrug die Wassertiefe in der ersten Einbauphase in der Mitte der Bucht im zentralen Teil des Hafens rund 1,7 Meter, bei den Behältern auf den beiden Seiten der Bucht noch 0,8 bis 1,0 Meter. Nur in den Uferbereichen des Hafens war flaches Wasser vorhanden. In der zweiten Bauphase wagte man sich in noch größere Tiefen vor, zum Bespiel bei den Behältern in der Mitte der Bucht bis 2,4 Meter.

Der andere Grund ist die bei der Aufmessung der einzelnen Anlagenteile gemachte Beobachtung, dass offensichtlich Regelmaße geplant waren, die aber bei der Ausführung nicht genau eingehalten werden konnten. Ein einmal mit der Spitze in den Schlickboden gesetzter Pfosten oder Pfahl konnte seitlich nicht mehr verrückt werden. So ergaben sich zum Beispiel bei den Behältern unregelmäßige Seitenlängen zwischen den Pfählen. Die liegenden Bretter mussten vor Ort in der erforderlichen Länge individuell zugeschnitten werden. Die Steckbretterwand war sicherlich schnurgerade geplant. Die leicht geschwungene Linie (s. Foto unten) resultierte wohl aus der Schwierigkeit, die schwimmende Einbaurichtung in der Lage genau zu fixieren. Die dünneren Pfosten der Molen und der Wellenbrecherwände konnten von Hand mit einem Vorschlaghammer in den Schlick getrieben werden. Für die dicken und breiten Steckbretter sowie für die größeren Pfosten und insbesondere für alle Pfähle wurde eine maschinelle Ramme benötigt. Die hochkant liegenden Bretter der Absperr- und Behälterwände wurden vermutlich vor dem Einbau lange gewässert, um sie überhaupt unter Wasser drücken zu können.

Blick entlang der Absperrwände auf die Anlegestelle und die lange Mole, dahinter die Behälter Ost

Bei der höhenmäßigen Einrichtung diente der Seespiegel als ideale Wasserwaage. Die Schwankungen des Wasserstandes wird man jahrelang beobachtet und den mittleren und die extremen Werte irgendwie markiert haben. Man kann davon ausgehen, dass die um 1900 vor dem Bau des Walchenseekraftwerkes festgestellten Werte auch am Ende des Mittelalters gegeben waren. Die Entscheidung, die Oberkanten aller Bauwerke der Anlage rund 70 Zentimeter über den mittleren Wasserstand zu legen, entsprach der Beobachtung außergewöhnlicher Hochwasserstände vor dem Bau.

Der Einbau der Anlagen erfolgte vermutlich bei den über längere Zeit gegebenen Mittelwasserständen des Sees. Hochwasserstände waren ungeeignet, Niedrigwasser gab es nur im kalten Winter. Eingebaut wurde bei glattem See, im Sommer also nur am Vormittag, bevor die Thermikwinde den See mit Wellen überzogen.

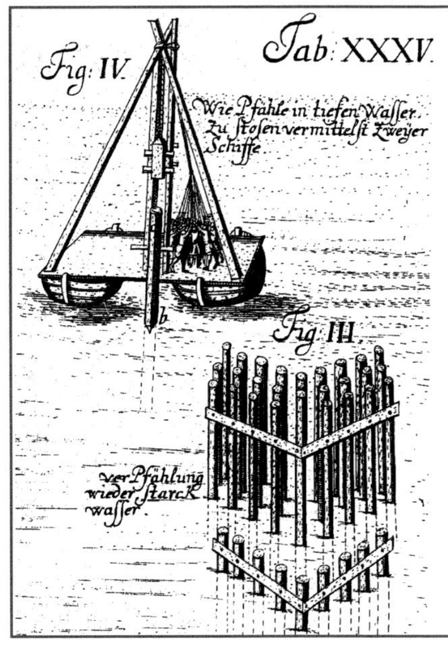

Leupold, Tab. XXXV, Fig. IV (und III), 1724

Im „Theatrum Machinarum Hydrotechnicarum“ gibt Jacob Leupold 1724 unter der Überschrift „Schauplatz der Wasserbaukunst“ neben vielem anderen auch zeittypische Anweisungen zum Rammen von Pfählen, wobei die technischen Erläuterungen und zeichnerischen Darstellungen auch auf ältere Vorbilder zurückgehen. So zeigt er in der Tab. XXXV in Fig. IV (s. Abbildung), wie Pfähle von zwei Schiffen aus in tiefes Wasser gerammt werden. So ähnlich könnte die Einrichtung ausgesehen haben, die die Zwergerer zum Einbau der Pfosten, Pfähle und Steckbretter in der Bucht an der Spitze der Halbinsel Orth benutzt haben. Die verwendeten Schiffe waren eher Zillen oder Plätten als Einbäume. Dem endgültigen Rammvorgang dürften Versuche vorausgegangen sein, wie man im Schlick und in den kiesigen Uferzonen am besten vorankam. In den flachen Uferbereichen des Hafens werden die verschiedenen Bauelemente vom Land aus eingebaut worden sein, so wie es J. Leupold in der Tab. XXVIII in Fig. I (s. Abbildung) darstellt. Ein Mann treibt den Pfahl mit Hilfe eines Vorschlaghammers und seines eigenen Gewichts in den Boden.

Der Bau der gesamten Anlage der ersten Phase war wohlüberlegt und wahrscheinlich auch sorgfältig organisiert, ansonsten wäre das ausgedehnte Werk in einer so kurzen Zeit nicht realisierbar gewesen. Wie viele Bauarbeiter eingesetzt waren, ist leider nicht bekannt. Bei guter Planung müssen es nicht sehr viele gewesen sein. Die Planung und Bauleitung lag bei den Zwergern. Vermutlich haben sie auch selbst mit Hand angelegt.

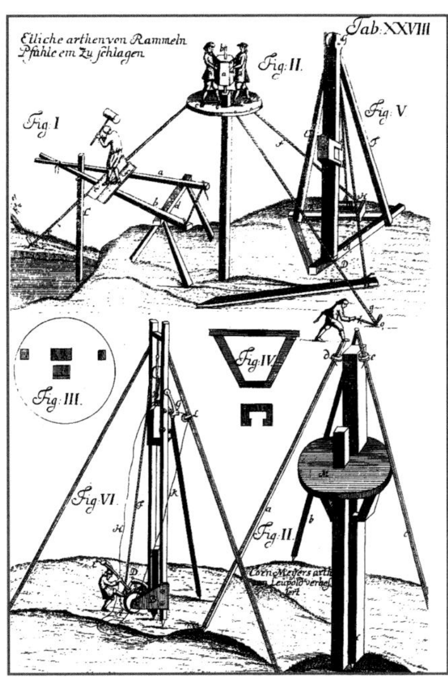

Jacob Leupold, Tab. XXVIII, Fig. I, II und V, 1724: Interessant ist das schräg zugespitzte Einbaubrett in Fig. V.

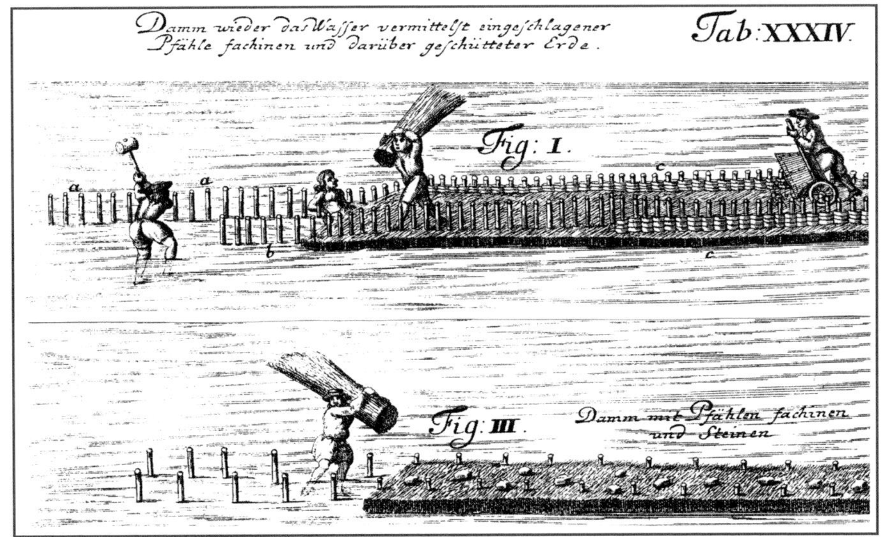

Links: Jacob Leupold, Tab. XXXIV, Fig. I und II, zeichnerische Darstellung § 192

Tiefensondierung an der Steckbretterwand mit Blick auf die glatten Schnittflächen der eingebauten Hölzer

DIE SPÄTMITTELALTERLICHE ANLEGESTELLE, DER FISCHTEICH UND DIE SEITLICHEN BEHÄLTER – ERBAUT IN DER „MORGENDÄMMERUNG DER NEUZEIT" VON 1462 BIS 1464

Die Errichtung der Mühlen und ihrer mauergestützten Zugangsstraße, der Bau der Häuser und der fischereiwirtschaftlichen Anlagen mit maschinell gesägtem Holz, die Herstellung eines leistungsfähigen Übergangs über den Kesselberg einschließlich seiner Fortsetzung am westlichen Rand des Walchensees fallen in eine Zeit allgemeiner technischer und kultureller Innovationen, in eine Zeit geistigen Wandels in Europa und auch in Deutschland. Die Buchdruckerkunst wird erfunden, die deutsche Sprache wird Sprache der Juristerei und findet Eingang in Literatur und Geschichtsschreibung. Universitäten werden gegründet, die Naturwissenschaften und das Ingenieurwesen erfahren neue Impulse. In der Architektur vollzieht sich der Wandel von der Spätgotik zur Renaissance. Ein gesteigerter, gefestigter und selbstbewusster Bürgersinn stellt sich in einer besonderen Entwicklung der Bau- und der Bildhauerkunst dar. Öffentliche Wasserversorgungsanlagen werden geschaffen[31], es beginnt das „Zeitalter der Wasserkünste".

Im Jahr 1491 fertigte Martin Behaim den ersten Globus, ein Jahr vor der Entdeckung Amerikas. Michael Wolgemut schuf Holzschnitte, die 1493 in der „Schedelschen Weltchronik" veröffentlicht wurden, in denen er zum Beispiel versuchte, von den dargestellten Stadtansichten ein einigermaßen getreues Abbild zu geben. Die in der Abbildung unten wiedergegebene Ansicht von München zeigt das Isartor und im Hintergrund die noch nicht mit den Zwiebeln gekrönten Türme der Frauenkirche. Im Vordergrund sind die Floßländen an der Isar zu sehen, wo die Flussufer mit Wänden eingefasst sind, die aus Pfählen und dazwischen eingeschobenen liegenden Brettern bestehen. Die Reste der spätmittelalterlichen Mühlen und Pfahlbauten am Walchensee sind technikgeschichtliche und kulturhistorische Raritäten, die im weiten Umkreis ihresgleichen suchen und deswegen besonders wertvoll sind.

Ansicht von München in der Schedelschen Weltchronik von 1493, im Vordergrund die Floßländen an der Isar, Ufereinfassungen mit Holzwänden aus Pfosten und liegenden Brettern

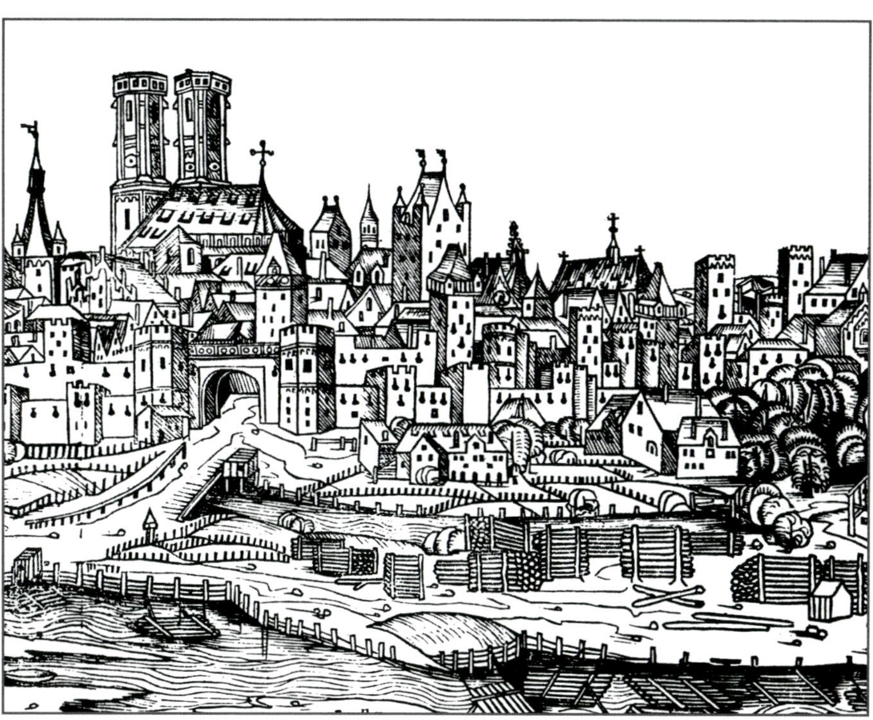

31 BayHStA KL 39, fol. 59.

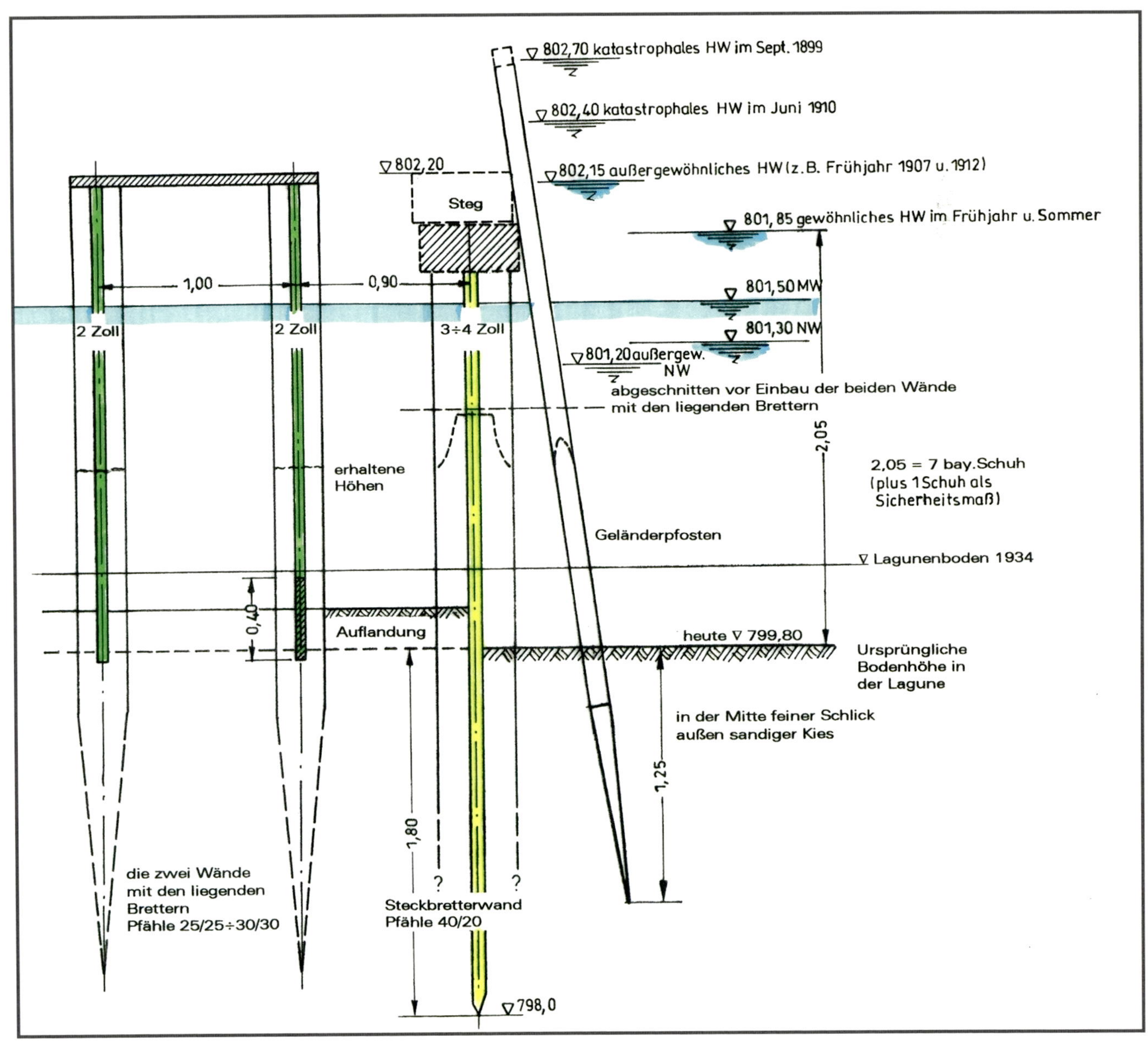

Unten: Schematischer Schnitt durch die Absperrwände im hinteren Teil der Bucht, erhaltene Bausubstanz unten und gedankliche Rekonstruktion oben

Die „Steckbretterwand", mit der der hintere Teil der Zwergerner Bucht abgesperrt wurde, ist wasserbaulich etwas ganz Besonderes und, soweit bekannt, auch Einmaliges. In den Uferbereichen sind die quer gestellten Pfähle und die senkrecht eingerammten Bretter heute von Kies und Sand überdeckt. Sichtbar sind 16 Pfähle und 177 Bretter. Insgesamt waren es 20 Pfähle und rund 225 Bretter. Die Pfähle sollten offensichtlich in einem mittleren Abstand von 17 bayerische Schuh (5,03 Meter) gesetzt werden, was nicht immer gelang. Die Abweichungen liegen in der Größenordnung von maximal ± 1 Schuh. In zehn der sichtbaren Felder wurden zwölf Bretter eingebaut, in zwei 13, in eines elf und in zwei weiteren nur zehn. Die Dicke der Bretter beträgt in der Regel drei bayerische Zoll (73 Millimeter). Das gezogene, besonders dicke Steckbrett ist im Mittel vier bayerische Zoll (97,3 Millimeter) stark. Ein bayerischer Schuh ist 29,2 Zentimeter lang. Er ist in zwölf Zoll zu je 24,33 Millimeter unterteilt. Zweieinhalb Schuh sind ein Schritt (0,73 Meter), sechs Schuh ein Klafter (1,75 Meter).

Das am westlichen Ende des Hafens gezogene Steckbrett war 2,53 Meter lang. Vom unteren Teil wurden 1,25 Meter abgeschnitten. Der obere Teil wurde zur Wahrung der Optik zurückgesteckt. Im Schlickboden der Bucht erhielten sich 1,78 Meter des Bretts seit 546 Jahren (1462-2008) im originalen Fertigungszustand. Die Breite am oberen Ende des abgeschnittenen Teils beträgt 40 Zentimeter, unten vor der Zuspitzung 41 Zentimeter. Die Dicke ist auch nicht gleich, an der Seite der Spitze beläuft sie sich auf 105 Millimeter, gegenüber 95 Millimeter. Der nicht exakt parallele Zuschnitt zeugt von Schwierigkeiten bei der Einspannung des Holzes auf dem Blockwagen der Säge bzw., was wahrscheinlicher ist, von einem gewissen Spiel in der Laufspur des Wagens. Es könnte sich demnach um einen frühen Typ einer sogenannten Venezianer-Säge gehandelt haben. Der erstaunlich glatte Schnitt auch bei den Pfählen lässt auf ein Sägeblatt mit relativ kleinen und äußerst scharf geschliffenen Zähnen schließen.

Die grob gehackte, einseitige Zuspitzung des Bretts ist 78 Zentimeter lang. Die Spitze lag im Osten, was, wie schon gesagt, die Einbaurichtung der Wand von Ost nach West anzeigt. Im Querschnitt ist die Zuspitzung extrem ungleich, drei Viertel auf der Seeseite, ein Viertel liegen auf der Seite des Teichs. Die Spitze wurde vielleicht mit Hilfe eines Tauchers eng neben und leicht vor das schon eingeschlagene Brett gesetzt. Beim Rammen kam es dann infolge der raffinierten Zuspitzung zu der gewünschten engschlüssigen Position. Das gezogene Steckbrett war ursprünglich bis zur Unterkante des vielleicht 20 Zentimeter dicken Laufstegs wenigstens drei, sieben, maximal vier Meter lang, je nachdem, ob man das für die rund 180 Jahre späteren Einbauten erkannte Sicherheitsmaß von einem bayerischen Schuh auch schon für die älteren Anlagen annimmt (s. Plan). Der Laufsteg erhielt ein Geländer mit regelmäßig gesetzten Pfosten. Einige enger gestellte Pfosten kann man mit Ausstiegsstellen in Verbindung bringen. Die Einbäume und Zillen hatten hoch gezogene Vorderteile, über die auf den relativ hohen Steg leicht ausgestiegen werden konnte. Die Geländerpfosten wurden rund zwei bayerischen Schuh vor der Wand eingeschlagen. Die an den Steg angelehnten, leicht geneigt eingeschlagenen Pfosten können nur vom vorher verlegten Laufsteg aus von Hand eingerammt worden sein, ein Zeichen, wie leicht sorgfältig zugespitztes Holz auch größeren Durchmessers in dem Schlickboden der Bucht eingesenkt werden konnte.

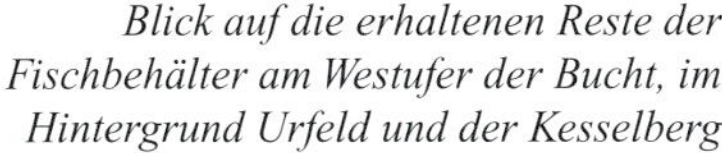

Blick auf die erhaltenen Reste der Fischbehälter am Westufer der Bucht, im Hintergrund Urfeld und der Kesselberg

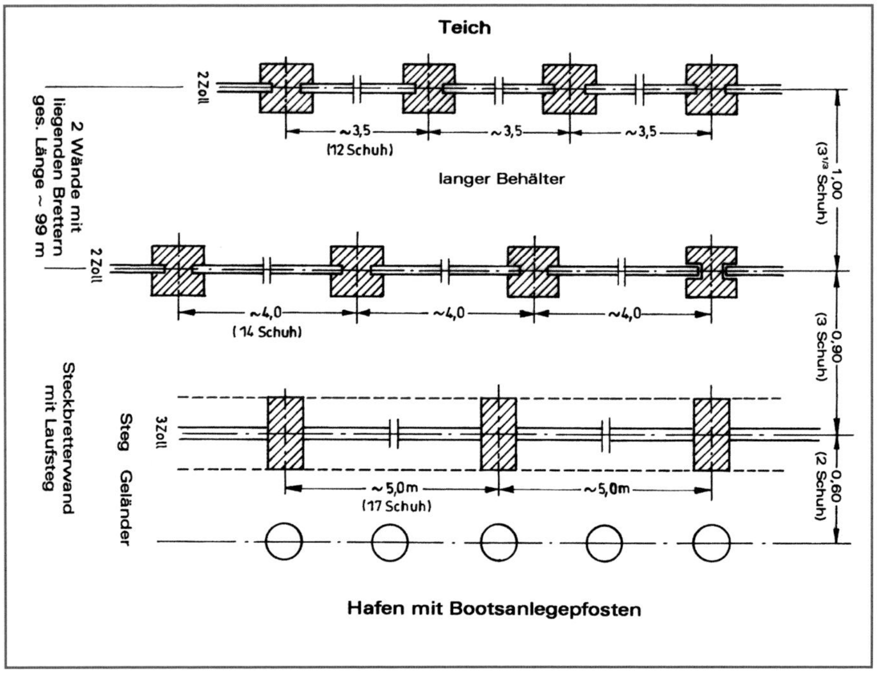

Anordnung der Absperrwände im geplanten Schema, die erste Bauphase rechts, die zweite links

Ob es im verloren gegangenen oberen Teil der Steckbretterwand verschließbare Öffnungen gegeben hat, mit denen ein Wasseraustausch zwischen Teich und See vorgenommen werden konnte, ist mangels vergleichbarer Objekte nicht zu entscheiden. Sie sind eher unwahrscheinlich. Die zwar ungeheuer sorgfältig gebaute Wand war nicht wasserdicht, denn Wasser hat bekanntlich einen sehr spitzen Kopf.

Genau gleiche Querschnittsmaße waren offensichtlich nicht das Ziel. Man holte aus den Baumstämmen so viel Bauholz heraus wie möglich. Bei den quer gestellten, rechteckigen Pfählen der Steckbretterwand besteht zwar ein einheitliches Seitenverhältnis von eins auf einhalb, die Breite variiert aber von 35 bis 45 Zentimeter. Der Mittelwert beträgt rund 40 Zentimeter. In der ersten Buchtenabsperrung wurden knapp 50 Kubikmeter Bauholz verbaut.

Die Pfosten der Molen waren, soweit ersichtlich, länger zugespitzt als die des Geländers, auch drangen sie etwas tiefer in den Boden ein. Die noch relativ hoch erhaltenen Pfosten der langen Mole weisen eine leichte Schrägstellung nach innen auf. Die Linienführung der Pfostenreihen weicht erheblich von der Geraden ab. Auf der Seeseite stehen die Pfosten enger beieinander als auf der Hafenseite. Der beträchtliche Verwitterungsgrad erweckt heute den optischen Eindruck eines lichten Baus. Ob zwischen den Pfosten Weidenruten oder biegsame Nadelholzäste eingeflochten waren, wie in dem Buch von Jacob Leupold dargestellt (s. Zeichnung rechts), lässt sich vor Ort nicht mehr überprüfen, ebenso wenig, ob der Innenraum der Molen einst in irgendeiner Weise verfüllt war. Die Pfosten wurden sehr wahrscheinlich im tiefen Teil des Hafens vom Einbauschiff aus händisch eingeschlagen. An den Ufern konnte in den seichten Wassern auch von einer fest stehenden Einrichtung aus gerammt werden, allerdings nicht so, wie es die Abbildung rechts zeigt, dazu waren die Pfosten viel zu lang.

Die Anlegestelle für Einbäume mit dem Wellenbrecher war rund 100 Meter lang und im Mittel 8,5 Meter breit. Die Einfahrt war 4,4 Meter oder 15 bayerische Schuh weit. Die Breite der östlichen Rampe betrug ebenfalls 15 bayerische Schuh, die der westlichen 42 Schuh oder sieben Klafter (12,3 Meter). Die beiden alten

Einbäume im Boehm'schen Teil der Schiffshütte sind sechs Meter lang. Die Hafeneinfahrt und die breite Landungsrampe waren zum Uferweg, dem alten Seesteig, hin orientiert. Der Hafen entstand 30 Jahre, also eine Menschengeneration, vor dem Bau der alten Kesselbergstraße. Die 1796 errichtete Schiffshütte nimmt genau die Breite der westlichen Rampe ein.

Eine fischereiwirtschaftliche Deutung der unterschiedlichen Formen der Kalter vor dem Hafen auf den beiden Seiten der Bucht ist nicht verfügbar. Bleibt einzig eine wasserbauliche Erklärung, nämlich die Auseinandersetzung mit den Wellen und dem Eis des Sees. Das ganze Ensemble wirkt wie ein Experimentierfeld gegen die Naturgewalten, doppelwandige Behälter gegen den Druck der Wellen und den Schub des Eises und flusspfeilerförmige Zuspitzung zur Teilung und Ablenkung des Angriffs auf das Bauwerk. Besonders merkwürdig ist der dreieckige Kasten im Westen, wo die Spitze zum Ufer gerichtet und die seeseitige Wand doppelt ausgeführt ist. Die Seitenlängen der mit liegenden Brettern ausgestatteten Behälter der älteren Bauphase sind insgesamt etwas geringer als die der späteren. Sie liegen zwischen 2,5 und 3,5 Meter. Der dreieckige Kasten ist unterteilt, ebenso wie die benachbarten rechteckigen Behälter. Der Erhaltungszustand der Kalter im Westen (s. Foto S. 291) ist insgesamt schlechter als der im Osten.

Klimageschichtlich lag die erste Bauphase in der Zeit des Übergangs vom mittelalterlichen Wärmeoptimum um 1300 zur sogenannten kleinen Eiszeit um 1650 (s. Abbildung unten). Die zweite Bauphase liegt im Tiefpunkt dieser kalten Periode. Ob der Walchensee in dieser Zeit wirklich regelmäßig zufror, ist nicht bekannt. In der ersten Bauphase waren die Niederschläge relativ hoch, in der zweiten zunächst extrem niedrig und dann sehr hoch.

Kurzfristige und langfristige Schwankungen von Temperatur und Niederschlag in den letzten 1.000 Jahren in Mitteleuropa nach den detaillierten Forschungen des Geografen Rüdiger Glaser; Abb. 17 in Wolfgang Behringer, Kulturgeschichte des Klimas, S. 104

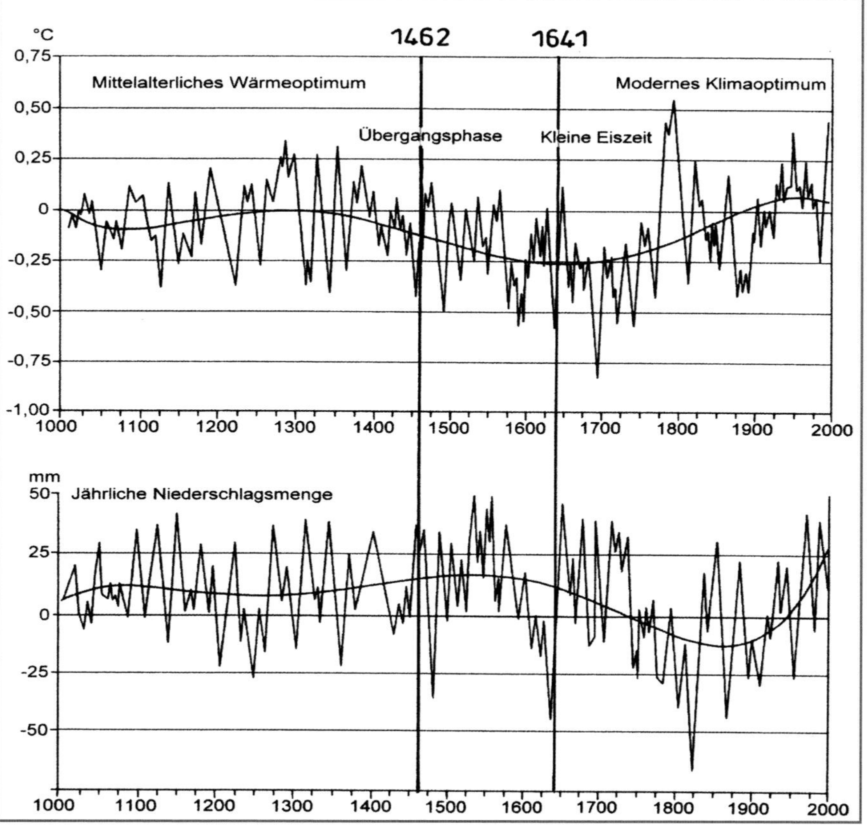

DIE ERNEUERUNG UND ERGÄNZUNG DER ANLAGEN AM ENDE DES DREISSIGJÄHRIGEN KRIEGES

In der Zeit, da die ersten fischereiwirtschaftlichen Anlagen im Walchensee errichtet wurden (1462-1464), war Albrecht IV. Herzog in Altbayern (1460-1506). Er hatte eine besondere Vorliebe für das Zweiseenland unter dem Herzogstand und förderte dessen Entwicklung, zum Beispiel durch den Bau der „alten“ Kesselbergstraße. Dem Kloster Benediktbeuern stand Abt Wilhelm von Diepoltzkirchen vor (1441-1483). Das Kloster Schlehdorf wurde von Probst Oswald II. geleitet (1461-1464?). In der Zeit der Erneuerung der fischereiwirtschaftlichen Anlagen nach 1641 war Kurfürst Maximilian I. Herr über Bayern (1597-1651). Das Kloster Benediktbeuern führte Abt Philipp Feichel (1638-1661), das Kloster Schlehdorf Probst Virgilius Eisenschmid (1631-1663). In Zwergern lebte bereits die fünfte bis siebte Generation des berühmten Fischergeschlechts.

Die Schrecken des Dreißigjährigen Krieges erreichten in Wellen den Alpenrand unter Herzogstand und Heimgarten. In den Jahren 1632/33 wurden Benediktbeuern und das Kloster geplündert und das Umland verwüstet. Großweil entging nur knapp einem ähnlichen Schicksal. Den Kesselberg überstieg der Krieg nicht, das Walchenseegebiet blieb von ihm verschont, aber nicht von den schrecklichen Unwettern des Jahres 1641, sieben Jahre vor dem Frieden.

Für dieses Jahr berichtet die Geschichtsschreibung von lang anhaltender Kälte, von überaus schweren Stürmen und von zwei fürchterlichen Überschwemmungen. Im Kochelseebecken wurden alle vier Loisachbrücken weggerissen. In der Jachenau wurden die Brücken über die Jachen, den Ausfluss des Walchensees und die zugehörigen Wege zerstört sowie viele Häuser überschwemmt und eingerissen.[32]

Wenn für die Jachenau von einer Unwetterkatastrophe berichtet wird, dann kann man diese auch für das Walchenseegebiet annehmen, auch wenn es dazu keine schriftliche Überlieferung gibt. Die Anlagen in der Zwergerner Bucht waren schon sehr alt, im oberen Bereich möglicherweise morsch, vielleicht mehrfach repariert, auf jeden Fall störungsanfällig. Sturm, Wellen und Eis könnten sie so beschädigt haben, dass nur noch ein Neubau sinnvoll erschien. Die Sägmühle wurde aktiviert und eine schwimmende Einbaueinrichtung nach altem Muster vorbereitet. Die Steckbretterwand wurde unter Wasser abgeschnitten, und zwar so tief, wie man das gerade noch ohne zu tauchen machen konnte, aber auch so tief, dass man mit den Einbäumen und Zillen darüberfahren konnte.

In einem Abstand von rund 90 Zentimetern oder drei bayerischen Schuh wurde eine neue Buchtenabsperrung geschaffen, diesmal mit einer Wand aus liegenden Brettern, die zwischen Pfähle eingespannt wurden, in die auf den Gegenseiten Nuten eingehackt worden waren. Rund 100 Zentimeter oder drei Schuh weiter südlich wurde eine zweite Wand vom gleichen Typ gesetzt. Die beiden Wände trugen sehr wahrscheinlich einen Steg, der wesentlich breiter war als der auf der Steckbretterwand. Die Herstellung eines breiten Stegs war wohl der Hauptgrund für die gewählte Konstruktion. Zwischen den beiden Wänden entstand aber auch ein fast 100 Meter langer Behälter, der nicht unterteilt war und über dessen fischereiwirtschaftliche Bedeutung nur gemutmaßt werden kann. Vielleicht diente er der Sortierung von Fischen aus dem Teich nach Art und Größe.[33] In die beiden Wände wurden mit 4,2 Metern die längsten Bretter der gesamten Anlage eingebaut. Eine Tiefensondierung am westlichen Rand erbrachte den Beweis, dass die Bretter und Pfähle auf der Säge geschnitten wurden. Das ausgegrabene untere Brett

32 Dazu Otto Frhr. von und zu Aufseß, Zur Geschichte von Kochel, in: H. Renner, Neue Kochler Chronik, S. 22, und Johannes Nar, Die Jachenau, in: J. Gudelius, Neue Chronik der Jachenau, S. 30.

33 Dr. M. Klein vom Institut für Fischerei der Bayerischen Landesanstalt für Landwirtschaft hat die Anlagen in der Bucht am 2. November 2008 besichtigt und zu den Absperrwänden folgenden interessanten Aspekt eingebracht: Mit den Wänden war der Teich von kaltem Seewasser abgetrennt, das Wasser dort konnte sich erwärmen und war damit für eine Aufzucht von Fischen besser geeignet. Nach der ersten Buchtenabsperrung 1462 werden dort wohl die bis dahin heimischen Fische, Seeforellen (Ferchen) und Barsche (Akpuoze), vielleicht auch Hechte gezüchtet worden sein. Ab 1503 wurden in dem Teich eventuell auch die eingeführten Saiblinge aufgezogen. Zur Förderung des Planktonwachstums wurde in diesem Bereich dem Wasser Topfenmilch zugegeben.

Tiefensondierung an der vorderen Absperrwand mit den liegenden Brettern; einer der Pfähle mit dem untersten Brett, dahinter ein Pfahl der zweiten Wand

der Wand ist 40 Zentimeter breit und zwei bayerische Zoll dick (~ 49 Millimeter). Am Ende wurde es leicht zugespitzt. Es reicht nicht ganz an das Ende der etwa 80 Millimeter breiten und ebenso tiefen Nische heran. Der verbliebene Raum wurde mit eingetreufeltem Sand gefüllt, vermutlich um eine Fixierung durch Reibung zu erzielen. Oben waren die Bretter in irgendeiner Weise gegen Aufschwimmen verkeilt, vielleicht mit Holznägeln. In der seeseitigen Wand wurden 26 Pfähle eingebaut, 18 sind sichtbar. Ihr mittlerer Abstand beträgt 4,02 Meter (3,60 bis 4,35 Meter), also rund 14 Schuh. Die Pfähle der Wand am Teich sind enger gestellt. Ihr mittlerer Abstand ist 3,55 Meter (3,15 bis 4,35 Meter). Von den insgesamt 29 Pfosten sind 16 ohne Nachgrabung zu sehen. Der mittlere Abstand wurde auf rund zwölf bayerische Schuh verringert.

Der neue keilförmige Fischbehälter auf der Ostseite der Bucht ist sieben Meter breit und 13,5 Meter lang (s. links). Er bedeckt eine Fläche von 72 Quadratmetern und bietet der Fischhaltung innen 55 Quadratmeter Platz. Der lang gestreckte Behälter unter dem neuen Steg ist rund 90 Quadratmeter groß. Der neue, zugespitzte Kasten umschließt den wesentlich kleineren alten. Seine Mittelwand durchquert seine Spitze. Dort müssen alle Bretter entfernt worden sein. Die Pfähle wurden tief abgeschnitten.

Der große pfeilerförmige Kalter weist drei besondere, neuartige Konstruktionselemente auf. Die mit Felsbrocken und Kies gefüllten Doppelwände haben einen beachtlichen Abstand von rund 35 Zentimetern. Am alten Kasten waren es nur 20 Zentimeter. Es gibt vier Typen von Pfählen, die bekannten über Eck und die auf den Gegenseiten mit Nuten versehenen; neu die Pfähle mit drei eingehackten Nuten und die an der Spitze des Behälters, wo ein halber Baumstamm zwei nebeneinander liegende Nuten aufweist (s. Abbildungen unten).

Die gerundete Spitze teilte die anlaufenden Wellen und antreibenden Eisschollen. Die massiven Wände stemmten sich gegen deren Druck. Vor dem Kasten war außerdem noch eine im Grundriss gerundete Reihe von Pfosten als Wellenbrecher angeordnet. Hinter dem zugespitzten Kalter lag ein großer quadratischer Kasten, daneben ein kleiner, ebenfalls mit einem Wellenbrecher geschützt.

Pfeilerförmiger Doppelkasten (Schema)

ø45cm

mit Doppelwand eingefasst

mittlerer Abstand der Bretterwände ~ 35 cm

zwischen den Wänden Füllung aus Steinbrocken

30/30

großer Behälter

kleiner, älterer Behälter (Abstand der Bretterwände ~ 20 cm)

Die gerundeten Spitzen des Kastens

Auf der Westseite der Bucht sind ganz vorne am See die Reste eines größeren zugespitzten Behälters zu erkennen. Ein kleiner quadratischer Kasten liegt innerhalb der keilförmigen Doppelwand, alles Weitere ist nicht mehr erhalten. Am südlichen Ende der Reihe von Behältern war ein Doppelkasten mit einfachen Wänden vorhanden. Er war vier Meter breit und zwei mal 3,2 Meter lang und bedeckte eine Fläche von 25 Quadratmetern.

Oben: Blick auf die erhaltenen Reste der beiden Behältergruppen in der Mitte der Bucht. Es sind nur noch die Eckpfähle vorhanden.
Links unten: Der seenahe Bereich der verlandeten und vertorften Bucht von Einsiedl mit den Resten der ehemaligen Fischbehälter

Von den ehemals sieben tiefen Kaltern in der Mitte der Bucht sind die abgeschnittenen Eckpfähle von vier Behältern vollständig erhalten, ansonsten nur noch einzelne, die jedoch die einstige Lage der Vierecke anzeigen (s. Plan rechts unten). Die Kästen waren mit einfachen Wänden ausgestaltet. Von den liegenden Brettern ist keines mehr vorhanden. Eine Sondierung am großen keilförmigen Kasten hat noch zwei Bretter hervorgebracht, das obere stark verwittert, das untere noch im Originalzustand mit den glatten Sägeschnitten (Breite: 35 Zentimeter, Dicke: zwei Zoll). Es sitzt auf dem Schlickboden auf. Der seitlich umgebende Kies und die kantigen Steinbrocken stammen aus der Füllung.

Die Pfähle haben einen Querschnitt von zehn auf zehn Zoll (s. Plan). Die Nuten sind drei Zoll tief und drei Zoll breit. Der geplante Abstand der Pfähle sollte zwölf Schuh oder zwei Klafter betragen. Die Liste auf der Abbildung zeigt die realisierten Abstände und verdeutlicht die Schwierigkeit, die Planmaße mit dem Einbau vom Schiff aus einzuhalten. Alle sieben Behälter zusammen boten eine Nutzungsfläche von 85 Quadratmetern für die Haltung der Fische. Die beiden vorderen Kästen wurden mit je einem halbkreisförmig gerundeten Wellenbrecher geschützt. Die dahinter liegenden Behälter befanden sich im Wellenschatten der vorderen. Einige Pfosten der Wellenbrecher sind noch vorhanden. Am Ende des Dreißigjährigen Krieges war in der Bucht an der Spitze der Halbinsel ein fischereiwirtschaftlicher Großbetrieb entstanden.

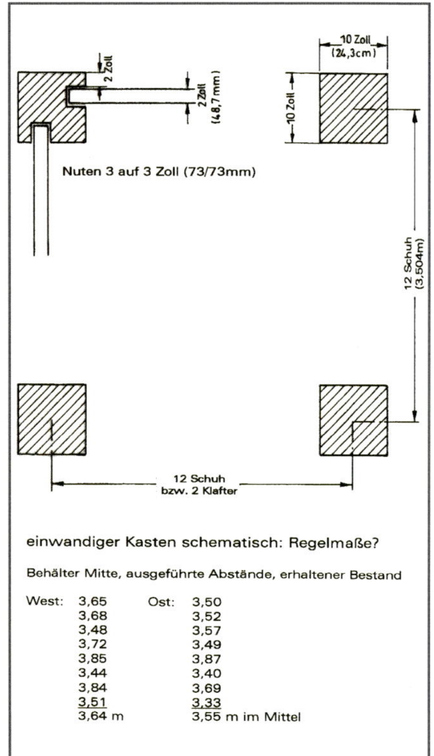

Das befestigte Seeufer vor dem Waltlbauerhof mit den heute noch sichtbaren Pfählen der ehemaligen Kalter

DIE ANALOGEN FISCHEREIWIRTSCHAFTLICHEN ANLAGEN IN EINSIEDL UND IN WALCHENSEE

Am südlichen Ende der Bucht von Einsiedl gibt es eine schmale, fjordartige Einsenkung im Gelände, möglicherweise ein ehemaliger Seitenarm der Obernach. Im seenahen Bereich befinden sich dort die Reste von Fischkaltern, sechs oder sieben Stück in einer Reihe hintereinander. Die kleine, fjord-ähnliche Bucht ist heute hoch verlandet und vertorft. Der See hat keinen Zugang mehr. Die Reste der Behälterpfähle sind stark verwittert (s. unten). Sie ragen allerdings noch nahe in ihre ursprüngliche Höhe hinauf. Der zweite Kasten am Seeufer zeigt im Rechteck ein Ausmaß von 3,6 auf 3,25 Meter. Er ist doppelwandig gebaut, wobei der Abstand der beiden mit liegenden Brettern gebildeten Wände zwischen 20 und 30 Zentimeter liegt. Diese Abmessungen datieren die Kästen in der Bucht von Einsiedl auf die erste Bauphase von fischereiwirtschaftlichen Anlagen im Walchensee.

Im Katasterplan von 1817 sind die Behälter eingetragen (s. rechts). Die Bucht liegt auf Zwergerner Grund. Die alte Flurnummer 62 gehört zum Hanslbauernhof, die 63 zum Bartl und die 64 zum Adambauern. Die Behälter liegen zwischen den Grundstücken 62 und 63. Die Flur 63 berührt einen Nebenarm der Obernach in deren früherem Mündungsbereich. In einer jüngst im Stadtarchiv von Bad Tölz aufgetauchten Karte des Michael Ötschmann über die gesamte „Hofmark" des Klosters Benediktbeuern ist in der Einsiedler Bucht das Wort „Fischbehälter" eingetragen. Die Karte kann auf das Jahr 1728 datiert werden.

In den Resten der Fischbehälter am Steilufer des Sees vor dem Hof des Waltlbauern wird von Karl Meichelbeck im zweiten Teil seines Benediktbeuerer Archivs eine Information überliefert, die es erlaubt, diese Einrichtungen auch der ersten Bauphase der fischereiwirtschaftlichen Anlagen zuzuordnen. Im Jahr 1507 musste der Fischer des Klosters Benediktbeuern, Hans Öttl der Ältere, zur Minderung seiner Schulden dem Veith Jacob Tänzl auf Tratzberg sein „Seezeug, Kästen, Fischbrunnen und anderes, ja sogar den Thaill des Sees seines Bestands" verkaufen, mit Billigung durch das Kloster. Das Foto vom 26. Februar 1925 zeigt die damals noch erhaltenen Teile dieser Fischkästen vorne am Ufer des schon teilweise abgesenkten Sees. Der Wasserspiegel lag an diesem Tag 2,77 Meter unter dem Nullpunkt auf Kote 801,49. Die Behälter waren also im unteren Bereich rund drei Meter tief. Im Bild sind links noch zwei einzelne Pfähle und vor der kleinen, unten geschlossenen Hütte weitere sechs zu sehen. Die Pfosten ganz rechts könnten zu einem Wellenbrecher gehört haben. An der größeren Schiffshütte links sind erste Ufereinbrüche zu erkennen. Das Ufer wurde danach massiv befestigt (s. Fotos). Erfreulicherweise

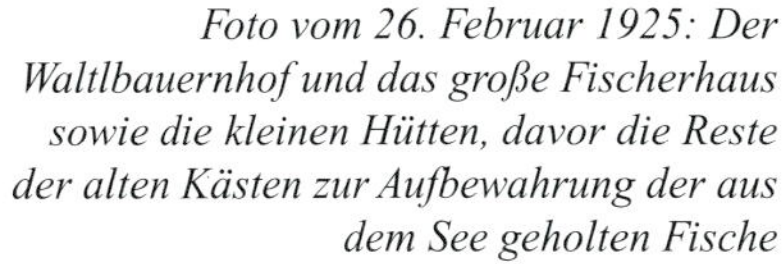

Foto vom 26. Februar 1925: Der Waltlbauernhof und das große Fischerhaus sowie die kleinen Hütten, davor die Reste der alten Kästen zur Aufbewahrung der aus dem See geholten Fische

hat man dabei einige der alten Pfähle stehen lassen. Der größte Pfahl hat einen Querschnitt von 23 auf 23 Zentimeter. Die Nuten besitzen ein ungewöhnliches Format, fünf auf zwölf Zentimeter. Der Kasten war doppelwandig ausgeführt mit einer Grundfläche von rund drei auf vier Meter. Weitere konstruktive Informationen lassen sich nicht mehr gewinnen. Man wäre geneigt, die auf dem unteren Foto rechts zwischen den Pfählen liegende Bretterwand als die ehemalige Abdeckung des Behälters anzunehmen. Die Bretter der Seitenwände fehlen jedoch gänzlich. Die Reste der Kalter in Einsiedl und Walchensee runden das Bild von den spätmittelalterlichen Einrichtungen zur Aufbewahrung von gefangenen Seefischen in einer Art Vorratshaltung ab. Wenn das Fischerhaus am Seeufer vor dem Waltlbauernhof ein Nachfahre des in den Jahren nach 1446 von Konrad Zwerger und seinen Söhnen neu erbauten „Vischerhauses“ sein sollte, dann wäre das von Herzog Albrecht III. im Jahr 1455 verliehene „Gut zu Walhensee“ lokalisiert. Somit stehen die im Bild zu sehenden Fischbehälter auf Schlehdorf-Zwergerner Grund.

Rechte Seite: Luftaufnahme der Halbinsel Zwergern (Herbst 2009)

Damit wäre nachgewiesen, dass alle fischereiwirtschaftlichen Einrichtungen – die in der Zwergerner Bucht, die von Einsiedl und die Kalter in Walchensee – ebenso wie der Verladesteg für das Bauholz von der Säge auf Schlehdorf-Zwergerner Gelände erbaut wurden. Vielleicht ist das der Grund, warum Urkunden, die den Bau der Anlagen betreffen, wenn es sie je gegeben hat, in den Archivalien des Klosters Benediktbeuern nicht zu finden sind.

Die Zwergerner Grundstücke in Einsiedl an der Obernach im Katasterplan der Uraufnahme von 1813, in der Bucht sind die Fischbehälter als kleine Vierecke eingetragen

Quellen und Literatur

GEDRUCKTE QUELLEN UND LITERATUR

Albrecht, Dieter: Die Klostergerichte Benediktbeuern und Ettal (= Historischer Atlas von Bayern, Teil Altbayern I/6), München 1953.

Albrecht, Dieter: Maximilian I. von Bayern. 1583-1651, München 1998.

Altweck, Fridolin: Die Bodenseefischerei gestern und heute. Zur Sonderausstellung „Klussgarn und Moschtbulge" 1995 im Museum im Malhaus, Wasserburg, in: Jahrbuch des Landkreises Lindau 1996, S. 69-75.

Altbayerische Sagen, ausgewählt vom Jugendschriften-Ausschuß des Bezirkslehrervereins München, München 1907.

AFZ = Allgemeine Fischerei-Zeitung, 1886 ff.; seit 1971 AFZ-Fischwaid.

Aschhausen, Johann Gottfried von: Gesandtschaftsreise nach Italien und Rom, hrsg. von Christian Häutle, Tübingen 1881.

Badura, Peter: Die Straße über den Kesselberg – Verkehrsweg und Geschichte um 1492, weitere Entwicklung, berühmte Reisende, in: Badura, Peter, und Hans Schöfmann (Hrsg.), 500 Jahre Kesselbergstraße, Kochel a. See 1992, S. 39-48.

Badura, Peter: Der weitere Ausbau der Straße 1893-1897, in: Badura, Peter, und Hans Schöfmann (Hrsg.), 500 Jahre Kesselbergstraße, Kochel a. See 1992, S. 72-75.

Badura, Peter (Hrsg.), Kochel 739-1898, Kochel 1989.

Badura, Peter: Die alte Tafel über den Ausbau 1492, in: Badura, Peter, und Hans Schöfmann (Hrsg.), 500 Jahre Kesselbergstraße, Kochel a. See 1992, S. 49-50.

Baedecker, Karl: Südbayern, Tirol und Salzburg, Handbuch für Reisende, 19. Auflage, Leipzig 1880.

Baedecker, Karl: Südbayern, Tirol und Salzburg, Handbuch für Reisende, 29. Auflage, Leipzig 1900.

Bauer, Hans: Die römische Fernstraße Salzburg-Augsburg nach dem Itinerarium Antonini und der Tabula Peutingeriana. Neue Forschungsergebnisse zur Routenführung. Ein Beitrag zur Römerstraßenforschung in Bayern, in: Oberbayerisches Archiv, Bd. 130, München 2006, S. 67-102.

Bauer, Hermann und Bernhard Rupprecht: Corpus der barocken Deckenmalerei in Deutschland, Bd. 2, München 1981.

Bauer, Reinhard: Die ältesten Grenzbeschreibungen in Bayern und ihr Aussagen für Namenkunde und Geschichte (= Die Flurnamen Bayerns 8), München 1988.

Bauer, Stefan: 1492 – Über den Kesselberg entsteht ein Fernhandelsweg der frühen Neuzeit, in: Badura, Peter, und Hans Schöfmann (Hrsg.), 500 Jahre Kesselbergstraße, Kochel a. See 1992, S. 51-64.

Bauer, Stefan: Die Benutzung des Kesselbergüberganges vor dem Neubau der Straße im Jahre 1492, in: Badura, Peter, und Hans Schöfmann (Hrsg.), 500 Jahre Kesselbergstraße, Kochel a. See 1992, S. 9-15.

Bauer, Stefan: Bodendenkmäler und andere Überreste im Kochelseegebiet, Kochel 1988.

Bauer, Stefan: Daten zur Postgeschichte der Kesselbergstraße, in: Badura, Peter, und Hans Schöfmann (Hrsg.), 500 Jahre Kesselbergstraße, Kochel a. See 1992, S. 65-67.

Bauernfeind, Günter: Maximilian Schmidt genannt Waldschmidt, Führer durch die Waldschmidt-Ausstellung, Eschlkam o. J.

Baumann, Cornelia: Spitznamen in bayerischen Traditionsbüchern, in: Blätter für oberdeutsche Namenforschung, 24. Jahrgang, 1987, S. 26-49.

Baumann-Oelwein, Cornelia: Der Haderbräu in Wolfratshausen. Gastwirtschaft und Brauerei durch vier Jahrhunderte (= Berichte zur Denkmalpflege, hrsg. von der Messerschmitt-Stiftung, Bd. VIII), München 1994.

Bayerischer Kurier, München 1856 ff.

Becker, Emil: Der Walchensee und die Jachenau, Innsbruck 1897.

Beer, Quirin: Chronik der Stadt Wolfratshausen, Dachau 1986.

Behrend-Corinth, Charlotte: Mein Leben mit Lovis Corinth, München 1958.

Behringer, Wolfgang: Kulturgeschichte des Klimas. Von der Eiszeit bis zur globalen Erwärmung, 3. Auflage, München 2008.

BFZ = Bayerische Fischerei-Zeitung. Organ des bayerischen Fischerei-Vereines, München 1879-1885.

Biebl, Veronika: Rund um den St.-Anna-Platz, in: Rund um St. Anna. Zwischen Maximilian- und Prinzregentenstraße, München 1989, S. 70-112.

Biller, Max, und Emil Schneiderhan: Ein Leben für die Heimatforschung. Zum Gedenken an die 50. Wiederkehr des Todestages von Josef Demleitner, in: Lech-Isar-Land 2004, S. 209-215.

Boeck, J. A.: Unsere Binnengewässer – Der große Alpensee, in: AFZ 1978, S. 306.

Borne, Max von dem: Handbuch der Fischzucht und Fischerei, Berlin 1886.

Breslau, Harry, und Paul Fridolin Kehr: Die Urkunden Heinrichs III. (= Monumenta Germaniae Historica, Die Urkunden der deutschen Könige und Kaiser, Bd. 5), Berlin 1931.

Buchner, Georg: Die Ortsnamen des Werdenfelser Landes, in: Oberbayerisches Archiv, Bd. 62, 1921, S. 131-165.

Buck, M. R.: Oberdeutsches Flurnamenbuch, Bayreuth 1931.

Buttenhauser, Klaus: Schätze aus Österreichs Seen. Wildfang, in: Falstaff. Zeitschrift für Essen, Trinken und Reisen (Klosterneuburg), Nr. 4/2008, S. 68-75.

Buzás, Ladislaus, und Fritz Junginger: Bavaria Latina. Lexikon der lateinischen geographischen Namen in Bayern, Wiesbaden 1971.

Cahn, Ernst: Das Recht der Binnenfischerei im deutschen Kulturgebiet von den Anfängen bis zum Ausgang des 18. Jahrhunderts, Frankfurt/Main 1956.

Churbaierische Mauth- und Accis-Ordnung zur allgemeinen Beobachtung vorgeschrieben im Jahre 1765 (bearbeitet von Franz Xaver Stubenrauch und Franz Seraph Kohlbrenner), München 1765.

Daffner, Franz: Geschichte des Klosters Benediktbeuern (740-1803), München 1893.

Dannheimer, Hermann: Einbäume aus oberbayerischen See, in: Freundeskreisblätter des Freilichtmuseums Südbayern e. V. Bd. 12, Großweil 1980, S. 7-15.

Die Bayer'sche Landbötin, München 1830 ff.

Dehio, Georg: Handbuch der Deutschen Kunstdenkmäler, Bayern IV: München und Oberbayern, Neubearbeitung, Redaktion Karlheinz Hemmeter, München/Berlin 1990.

Deml, Josef: Bayerische Fischerei-Regesten, in: Archivalische Zeitung, Neue Folge 19, München 1912, S. 221-270.

Demleitner, Josef: Das Fischergeschlecht der Zwerger. Vortrag gehalten am 8. November 1929 im Bayerischen Landesverein für Familienkunde in München (masch.).

Demleitner, Josef: Die erste Zwerger-Tagung in Walchensee, Partenkirchen 1937.

Demleitner, Josef: Die Zwerger: durch 450 Jahre Fischer am Walchensee, in: AFZ 1951, S. 384.

Demleitner, Hans: Kochel am See, Kochel 1983.

Demleitner, Hans: Die Halbinsel Zwergern gibt den Historikern noch so manches Rätsel auf, 7 Folgen, in: Tölzer Kurier, 8. März 1988 ff.

Demleitner, Hans: Insel Sassau – ein schützenswertes Kleinod, in: Tölzer Kurier, ohne Zeitangabe.

Denic, Marco: Bewertung der Obernach als Reproduktionsgewässer für Seeforellen. Diplomarbeit am Institut für Fischbiologie, TU München (Freising/Weihenstephan) 2008.

Denkschrift zum Walchenseeprojekt, o. O. 1909 (enthalten in BayHStA MK 51193) .

Destouches, Ernst von: Gedenkblatt und Urkunde zur Feier der Grundsteinlegung der neuen katholischen Stadtpfarrkirche St. Anna in München am 30. Oktober 1887, München 1887.

Dopsch, Heinz: Zum Anteil der Romanen und ihrer Kultur an der Stammesbildung der Bajuwaren, in: Dannheimer, Hermann, und Heinz Dopsch (Hrsg.), Die Bajuwaren. Von Severin bis Tassilo 488-788, München/Salzburg, 1988, S. 47-54.

Drouin, Josefine von: Meine Reisen von München nach Tyrol, Wien, Mayland, Venedig und nach Oberitalien in den Jahren 1814, 1815, 1819 und 1820, München 1823.

Dussler, Hildebrand: Eine Skizze des Walchensees von 1712, in: Lech-Isar-Land 1961, S. 56-67.

Dussler, Hildebrand: Geschichte der Ettaler Bergstraße, in: Studien und Mitteilungen aus dem Benediktinerorden, Bd. 72, 1961, S. 228-301.

Dussler, Hildebrand: Reiseberichte über München und Oberbayern vom 16. bis 19. Jahrhundert, in: Oberbayerisches Archiv, Bd. 93, München 1971, S. 29-45.

Dussler, Hildebrand: Reisen und Reisende in Bayerisch-Schwaben, Bd. 1 und 2, Weißenhorn 1968 und 1974.

Eisenmann, Joseph Anton, und Carl Friedrich Hohn: Topo-geographisch-statistisches Lexicon vom Königreiche Bayern, Bd. 2, Erlangen 1832.

Emerich, Karl: Die Gotteshäuser am Walchensee. Die St. Jakobskirche, in: Kalender für katholische Christen auf das Jahr 1910 (70. Jahrgang), Sulzbach 1910, S. 51-59.

Emerich, Karl: Die Gotteshäuser am Walchensee. St. Margaret, in: Kalender für katholische Christen auf das Jahr 1911 (71. Jahrgang), Sulzbach 1911, S. 42-49.

Emerich, Karl: Die Gotteshäuser am Walchensee. Das Klösterl St. Anna, in: Kalender für katholische Christen auf das Jahr 1912 und 1913 (72. und 73. Jahrgang), Sulzbach 1912, S. 38-49, 1913, S. 40-67.

Ergert, Bernd E.: Skizzen aus dem Gebiet der Jagd und ihrer Geschichte, mit besonderer Rücksicht auf die Wittelsbacher, in: Wittelsbacher Jagd, Katalog, München 1980, S. 9-59.

Feldigl, Ferdinand: Der Wenzel von Walchensee, in: Derselbe, Geschichten für den stillen Herd, Augsburg 1927, S. 184-190.

Fischer, H.: Der Seesaibling, in: AFZ 1987/3, S. 54.

Fischer, H.: Walchensee-Fänge, in: AFZ 1988/3, S. 36-37.

Fischerei-Lexikon, illustriert, Neudamm 1936.

Fischwaid Fischwaid, siehe AFZ.

Flurl, Mathias von: Beschreibung der Gebirge von Baiern und der Oberen Pfalz 1792, hrsg. von Gerhard Lehrberger, München 1992.

Freisleder, Franz: Grad scheh is' bei uns, Pfaffenhofen 1985.

Freyberg, Max Freiherr von: Pragmatische Geschichte der bayerischen Gesetzgebung und Staatsverwaltung seit den Zeiten Maximilians I., Bd. 2, 2. Band, Leipzig 1836.

F. X. L.: Ein Goethe-Denkmal am Walchensee, in: München-Augsburger Abendzeitung, Nr. 276, 7. Oktober 1933.

FZ = Fischerei-Zeitung, Neudamm, 1898 ff.

Ganghofer, Ludwig: Land der Bayern, München 1918.

Geistbeck, Alois: Die Seen der deutschen Alpen, Leipzig 1885.

Gemeinde Kochel: 500 Jahre Kesselbergstraße, Kochel 1992.

Geographisches, Statistisch-Topographisches Lexikon von Baiern Bd. 1, Ulm 1796.

Gritzner, Maximilian: Bayerisches Adelsrepertorium der letzten drei Jahrhunderte, nach amtlichen Quellen gesammelt und zusammengestellt, Görlitz 1880.

Gröber, Roland: Die Geschichte der Fischerei am Starnberger See, in: Vom Einbaum zum Dampfschiff, Heft 8, 1990, S. 11-42.

Gröber, Roland, und Albert Widemann: Die Lohnschiffahrt auf dem Starnberger See. Ein Beitrag zur Wirtschaftsgeschichte anhand eines kurfürstlich/königlichen Dokuments aus dem 19. Jahrhundert, in: Vom Einbaum zum Dampfschiff, Heft 8, 1990, S. 60-72.

Gröber, Roland: Die Fischer des Starnberger Sees und die Kalenderreform von 1582, in: Lech-Isar-Land 2002, S. 93-96.

Goethe, Johann Wolfgang von: Italienische Reise, 1786.

Grosse, Julius: Am Walchensee, Dresden/Leipzig 1893.

Gudelius, Jost: Die Jachenau, Jachenau 2008.

Häberle, Eckehard J.: Zollpolitik und Integration im 18. Jahrhundert. Untersuchungen zur wirtschaftlichen und politischen Integration in Bayern von 1765 bis 1811 (= Miscellanea Bavarica Monacensia, Heft 52), München 1974.

Hager, Eugen: Die Hegene, in: AFZ 1966, S. 531-532.

Hannig, Wilhelm: Angeln am Walchensee, in: AFZ 1979, S. 31-35.

Hausen von, Fischmeister: Zur Renkenwirtschaft in den bayerischen Seen, in: AFZ 1954, S. 294-295.

Heigel, Palmeria: Schlehdorf. Chronik eines Klosterdorfes, Schlehdorf 2002.

Heindl, Karin und Hannes Heindl: Ludwigs heimliche Residenzen am Walchensee: Hochkopf, Herzogstand, Vorderriß, München o. J. (ca. 1974).

Helmer, Friedrich, Barbara Pöhlmann und Hans Tyroller: Bayerisches Flurnamenbuch, Bd. 3. Gemeinde Krün, Augsburg 1995.

Hemmerle, Josef: Germania Benedictina II. Die Benediktinerklöster in Bayern, Augsburg 1970.

Hemmerle, Josef: Die Benediktinerabtei Benediktbeuern (= Germania Sacra, Neue Form 28, Das Bistum Augsburg), Berlin/New York 1991.

Hermes: Die Schlacht bey Sendlingen, in: Das Inland. Ein Tagblatt für das öffentliche Leben in Deutschland, mit vorzüglicher Rücksicht auf Bayern, Nr. 311, 7. November 1829.

Heyse, Paul: Die Hochzeitsreise an den Walchensee (1858), in: Gesammelte Werke, 2. Reihe, Bd. 5, Stuttgart 1924, S. 464-497.

Höfler, Max: Führer von Tölz und Umgebung, München 1875.

Höfler, Max: Führer von Tölz und Umgebung, München 1886.

Höfling, Paul: Die Chiemsee-Fischerei (= Beiträge zur Volkstumsforschung, Bd. 24), München 1987.

Hörger, Hermann: Geistliche Grundherrschaft und nachtridentinisches Frömmigkeitsbedürfnis. Die Abtei Benediktbeuern im Kampf gegen das Eremitorium Walchensee (1687-1725), in: Zeitschrift für bayerische Kirchengeschichte 47 (1978), S. 69-84.

Hoffmann von Fallersleben, August Heinrich: Mein Leben. Aufzeichnungen und Erinnerungen, Bd. 3, Hannover 1868.

Hogl, Kurt: Von Fischen und Fischern in Bayern, in: Charivari, Heft 4, 1976, S. 13-18.

Holzfurtner, Ludwig: Gründung und Gründungsüberlieferung. Quellenkritische Studien zur Gründungsgeschichte der Bayerischen Klöster der Agilolfingerzeit und ihrer hochmittelalterlichen Überlieferung (= Münchner Historische Studien, Abteilung Bayerische Geschichte, Bd. XI), Kallmünz 1984.

Holzfurtner, Ludwig: Die Grenzen der oberbayerischen Klosterhofmarken, in: Zeitschrift für bayerische Landesgeschichte 50, 1987, S. 411-439.

IRO-Führer: München und das bayerische Oberland, München o. J. (ca. 1920).

Jäckel, Andreas Johannes: Die Fische Bayerns, ein Beitrag zur Kenntnis der deutschen Süßwasserfische, in: Abhandlungen des zoologisch-mineralogischen Vereins in Regensburg, Heft IX, Regensburg 1864.

Kampffmeyer, Paul: Georg von Vollmar, München 1930.

Kapfhammer, Günther: Bayerische Sagen, 5. Auflage, München 1992.

Kehr, Paul Fridolin, siehe Breslau, Harry.

Kirmeier, Josef, und Manfred Treml (Hrsg.): Glanz und Ende der alten Klöster. Säkularisation im bayerischen Oberland 1803 (= Veröffentlichungen zur Bayerischen Geschichte und Kultur, Nr. 21/91), München 1991.

Kluge, Friedrich: Etymologisches Wörterbuch der deutschen Sprache, 22. Auflage, bearb. von Elmar Seebold, Berlin/New York 1989.

Knauss, Jost: Wasser am Kesselberg, in: Badura, Peter, und Hans Schöfmann (Hrsg.), 500 Jahre Kesselbergstraße, Kochel a. See 1992, S. 28-38.

Koch, Wilhelm: Sprüche aus dem ehemaligen Kloster Tegernsee, in: AFZ 1921, S. 110-112.

Koch, Wilhelm: Altbayerische Fischereihandschriften, in: AFZ 1924, S. 282-265, 278-282, 294-296, 309-312, und 1925, S. 18-22.

Koch, Wilhelm: Das Tegernseer Fischbüchlein, in: FZ 1926, S. 701-702.

Koch, Wilhelm: Das Tegernseer Fischbüchlein, in: AFZ 1953, S. 181-182.

Koch, Wilhelm: Festschrift zum 100-jährigen Fischereijubiläum in Bayern, in: AFZ 1956, S. 302-325.

Koch, Wilhelm: Zur Geschichte der bayerischen Fischerei, München 1956.

Kölbing, A.: Fischeinsatz am Walchensee, in: AFZ 1976, S. 655.

Kölbing, A.: Seeforellen. Laichfischfang im Walchensee, in: AFZ 1976, S. 90-91.

Königlich Bayerisches Intelligenzblatt für den Isarkreis.

Kopp, Wilfried: Bericht über Angelurlaub am Walchensee, in: AFZ 1979, S. 184.

Kramer, Karl-S.: Neujahr pro familia, in: Weber, Leo (Hrsg.), Vestigia Burana (= Benediktbeurer Studien 3), hrsg. von Leo Weber, München 1995, S. 99-125.

Kraus, H.: Fischverehrung zu Weihnachten im alten Nürnberg, in: FZ 1927, S. 1061.

Kriner, Gerhard: Von Gervn zu Krün, Krün 1994.

Kropmanns, Peter: … mit C wie Corinth, in: Weltkunst, Heft 4, 2008, S. 38-40.

Krumm, Hans: Montanhistorisches um die alte Kesselbergstraße, in: Badura, Peter, und Hans Schöfmann (Hrsg.), 500 Jahre Kesselbergstraße, Kochel a. See 1992, S. 16-27.

Kuhn, Jörg: 125 Jahre Fischereiverband Niederbayern 1877-2002, Landau a. d. Isar 2002.

Kunze, Walter: Der Mondseer Einbaum, in: Jahrbuch des Oberösterreichischen Museumsverein, Linz 1968, S. 3-38.

Lämmerer, Josef: Der Walchensee, seine Fischarten und seine Bewirtschaftung, in: AFZ 1938, S. 294-296.

Lang, Bruno: Aus der Chronik des Landesfischereiverbandes Bayern e. V., in: Günther Kreiz und Bruno Lang (Redaktion), 1855-1980. 125 Jahre im Diente der Bayerischen Fischerei, München 1980, S. 25-63.

Langheinrich, Franz: Freundliches Begegnen, in: Das Bayerland, München 1932, S. 154-156.

Lindermayr, Simon: Kurze Ortsgeschichte von Jachenau, München 1869.

Lindgren, Uta: Alpenübergänge von Bayern nach Italien 1500-1850, München 1986.

Link, A.: Der Würm-See oder Starnberger-See, 6. Auflage, München 1879/80, neu hrsg. und herausgegeben und erläutert von Gerhard Schober, Gauting-Buchendorf o. J.

Lizius, Maximilian: Wald-, Wild- und Waidmannsbilder aus dem Hochgebirge, Augsburg/Leipzig 1888.

Lochner von Hüttenbach, Max Freiherr von: Zur Geschichte der Bodenseefischerei, in: R. Wolfart (Hrsg.), Geschichte der Stadt Lindau im Bodensee, Lindau 1909, S. 53-64.

Mayr, Michael, Das Fischereibuch Kaiser Maximilians I., Innsbruck 1901.

MB = Monumenta Boica.

Meichelbeck, Karl: Kurtze Freiysinigsche Chronica oder Historia …, Freising 1724.

Meichelbeck, Karl: Chronicon Benedicto-Buranum, Benediktbeuern 1752.

Meichelbeck, Handschrift, siehe Daffner.

MFW = Mittheilungen über Fischereiwesen. Organ des bayerischen Fischerei-Vereines, München 1876-1878.

MGH = Monumenta Germaniae Historica.

Mindera, P. Karl: Die Tafernen der Klosterhofmark Benediktbeuern, in: Lech-Isar-Land 1968, S. 96-118.

Möhl, Friedrich: Das Goethe-Denkmal am Walchensee, in: Bayerische Staatszeitung vom 11. Oktober 1933.

Münchner Tagblatt.

Nar, Johannes: Die Jachenau, Augsburg 1933.

Neu, Wilhelm, und Volker Liedke: Denkmäler in Bayern, Bd. I/2 Oberbayern, München 1986.

Niedermeier, Hans: Ein Loblied auf Tegernsee, in: Oberbayerisches Archiv, Bd. 93, 1971, S. 46-49.

Niedermeier, Karin: Benediktbeuern, in: Handbuch der Historischen Stätten, Bayern, Bd. I. Altbayern und Schwaben, Stuttgart 2006, 101-103.

Niedermeier, Karin: Schlehdorf: in: Handbuch der Historischen Stätten, Bayern, Bd. I. Altbayern und Schwaben, Stuttgart 2006, S. 748-749.

Niederwolfsgruber, Franz: Kaiser Maximilian I. Jagd- und Fischereibücher, Innsbruck/Frankfurt a. M. 1979.

Noë, Heinrich: Bayerisches Seenbuch, 1865, ND hrsg. von Hedi C. Ebertshäuser, München 1982.

Obernberg, Joseph von: Reisen durch das Königreich Baiern. 1. Teil: Der Isarkreis, Heft 1, München 1815.

Obernberg, Joseph von: Das Bayerische Alpengebirge nebst angrenzenden Theilen von Tirol und Salzburg. Ein Handbuch für Reisende, München 1832.

Oefele, Edmund von: Zur Geschichte des Hausengaues, in: Oberbayerisches Archiv Heft 43, 1872, S. 1-13.

Oelwein, Cornelia: Freude an der Fortbewegung. Münchens umjubelte erste Automobilwoche, in: Unser Bayern, Nr. 8, 1995, S. 63-64.

Oelwein, Cornelia: Maria Ernestine Pettenbeck (1574-1619), in: Bayernspiegel Heft 6, 1995, S. 6.

Oelwein, Cornelia: Der Orlandoblock am Münchner Platzl. Geschichte eines Baudenkmals (= Berichte zur Denkmalpflege, hrsg. von der Messerschmitt-Stiftung, Bd. IX), München 2000.

Oelwein, Cornelia: Auf den Spuren des Löwen in Bayern, Dachau 2004.

Oelwein, Cornelia: Die Geschichte der Fischerei in Schwaben, Augsburg 2005.

Oelwein, Cornelia: Zur Geschichte der Fischerei in Bayern, in: Bayernspiegel, Heft 5, 2005, S. 14-17.

Oelwein, Cornelia: Das Fischereibuch des Benedict von Schönau, Augsburg 2007.

Oelwein, Cornelia: Die „Eroberung" des Sees durch den Verkehr, in: Rore, Robert C., und Astrid Schäfer (Hrsg.), Starnberger Seeskizzen, Dachau 2008, S. 64-71.

Oelwein, Cornelia: Die Fischerei im Wandel der Zeit, Nürnberg 2008.

Oelwein, Cornelia: Mit der Rute auf Jagd nach Neunauge und Nase. In Bayern hat die Fischerei einen hohen Stellenwert, in: Unser Bayern, Heft 9, 2008, S. 3-7.

Oelwein, Cornelia: Die Marschrouten der königlich bayerischen und der königlich griechischen Armee von Bayern nach Triest und zurück. 1832 bis 1835, in: Informationen aus dem Volksmusikarchiv des Bezirks Oberbayern, Heft 2/2008, S. 34-39.

Oelwein, Cornelia: Mit Netz und Reuse, in: Rore, Robert C., und Astrid Schäfer (Hrsg.), Starnberger Seeskizzen, Dachau 2008, S. 75-80.

Oelwein, Cornelia: Mit Rute und Reuse unterwegs, in: Dütsch, Karin (Hrsg.), Wasser. Bayerns kostbares Nass, Bamberg 2008, S. 85-90.

Oelwein, Cornelia: Wo Aliens zuwandern und Nasen ums Überleben kämpfen. Fauna und Flora an und in Bayerns Gewässern, in: Unser Bayern, Heft 4, 2009, S. 3-8.

Oremus: Einbürgerung der Renken und Saiblinge im Walchensee, in: AFZ 1967, S. 46.

Panzer, Friedrich: Bayerische Sagen und Bräuche, Bd. I, Göttingen 1954.

Paula, Georg: Ein unbekanntes Altarbild von Cosmas Damian Asam in der Annakapelle zu Zwergern am Walchensee, in: Ars Bavarica 69/70, 1993, S. 21-26.

Paula, Georg, und Angelika Wegnener-Hüssen: Landkreis Bad Tölz-Wolfratshausen (= Denkmäler in Bayern, Bd. I, 5), München 1994.

Peetz, Hartwig: Die Fischwaid in den bayerischen Seen, München 1862.

Petersen, Ole: Am Walchensee, in: AFZ 1977, S. 178.

Pfaundler, Gertrud: Tirol-Lexikon, Innsbruck 1983.

Plessen, Marie-Louise: Die Isar. Ein Lebenslauf, München 1983.

Pressler, Christine: Gustav Kraus. 1804-1852, München 1977.

Probst, Christian und Rita Probst: Das Land um Isar und Loisach und seine Menschen im Blick der Ärzte. Zwei Landes- und Volksbeschreibungen aus den Jahren 1806 und 1860, in: Beiträge zur Isarwinkler Heimatkunde, Bd. 1, Bad Tölz 1985, S. 5-108.

Rambeck, Josef: Die Baraber vom Walchensee, Berlin 1931.

Reallexikon zur Deutschen Kunstgeschichte, begonnen von Otto Schmitt, Bd. 9, München 2003.

Reitzenstein, Wolf-Armin Freiherr von: Ichthyophore Ortsnamen in Bayern, in: Freude an der Wissenschaft (= Festschrift für Rolf Max Kully zur Feier seines 70. Geburtstages), Solothurn 2004, S. 279-304.

Reitzenstein, Wolf-Armin Freiherr von: Lexikon bayerischer Ortsnamen. Oberbayern, Niederbayern, Oberpfalz, München 2006.

Repa, Jan: Schwäbischer Fischatlas. Untersuchungsergebnisse der Jahre 1900-1995, Augsburg o. J. (ca. 1999).

Riedl, Adrian von: Reiseatlas von Baiern, München 1796 ff.

Riepl, Reinhard: Wörterbuch zur Familien- und Heimatforschung in Bayern und Österreich, Waldkraiburg 2003.

Rindlisbacher, Jules: Erfolgreich mit der Hegene, in: AFZ 1972, S. 460-462.

Rohrer, Josef: Zimmer frei. Das Buch zum Touriseum, Bozen 2003.

Roßbeck, Brigitte: Vom Saumpfad zur Staatsstraße 11. 500 Jahre Kesselbergstraße, in: Charivari, Heft 5, 1992, S. 16-19.

Ruederer, Josef: München, Stuttgart/München 1907.

Saphir, Moritz, Moritz Gottlieb (Hrsg.): Der Bazar für München und Bayern. Ein Frühstücks-Blatt für Jedermann und jede Frau, München 1833.

Schaden, Adolph von: Alpenblumen oder 25 malerische Ansichten interessanter Berge, Seen, Städte etc. im bayerischen Hochlande, München 1837.

Schattenhofer, Michael: Das Münchner Patriziat, in: Michael Schattenhofer, Michael (Hrsg.), Beiträge zur Geschichte der Stadt München (= Oberbayerisches Archiv, Bd. 109/1), München 1984, S. 25-38.

Schempf, Herbert: Notizen zum Münchner Fischmarkt, in: Vom Einbaum zum Dampfschiff, Heft 8, 1991, S. 38-42.

Schindler, Otto: Zur Frage der Saiblingsfischerei im Königssee, in: AFZ 1936, S. 210-211.

Schindler, Otto: Wann wird mit der richtigen Bewirtschaftung des Walchensees begonnen? in: AFZ 1957, S. 47.

Schindler, Otto: Abermals zur Bewirtschaftung des Walchensees, in: AFZ 1957, S. 144-145.

Schlosser, Hans, und Ingo Schwab: Oberbayerisches Landrecht Kaiser Ludwigs des Bayern von 1346, Köln/Weimar/Wien 2000.

Schmeller, Hans-Bernd: Karpfen- und Forellenteichwirtschaft – Perioden des Wandels, in: Oelwein, Cornelia (Hrsg.), Fischerei im Wandel, Nürnberg 2008, S. 282-303.

Schmeller, Johann Andreas: Bayerisches Wörterbuch, 2. Auflage, bearbeitet von G. Karl Frommann, 2 Bände in 4 Teilen, München 1872-1877.

Schmeller, Johann Andreas: Tagebücher 1801-1852, hrsg. von Paul Ruf, 3 Bände (= Schriftenreihe zur bayerischen Geschichte, Bd. 47, 48, 48a), München 1954-1956.

Schmid, Alois: Das Bild des Bayernherzogs Arnulf (907-973) in der deutschen Geschichtsschreibung von seinen Zeitgenossen bis zu Wilhelm von Giesebrecht (= Regensburger Historische Forschungen, Bd. 5), Kallmünz 1976.

Schmid, Anton: Die Nachblüte der Abtei Benediktbeuern nach dem Dreißigjährigen Kriege, Salzburg 1924.

Schmid, Elmar D.: Friedrich Wilhelm Pfeiffer (1822-1891). Maler der Reitpferde König Ludwigs II., Dachau 1988.

Schmid, Josef: Zur Einbürgerung fremder Fischarten in Oberbayern, in: AFZ 1963, S. 447-449.

Schmid, Josef A.: Das Wachstum des Zanders in Voralpenseen. Ein Beitrag zur Kenntnis des Zanders, in: AFZ 1972, S. 547.

Schmid, Josef A.: Zur Sportfischerei in den oberbayerischen Seen, in: AFZ 1973, S. 192-195.

Schmid, Josef: Bachsaibling kontra Forelle, in: AFZ 1987/3, S. 54.

Schmidt, Albert: Das Schicksal und die Zukunft des Walchensees und der Isar, in: Münchner Neueste Nachrichten, 5. Dezember 1907 und 6. Dezember 1907.

Schmidt, Maximilian, gen. Waldschmidt: Die Jachenauer in Griechenland, München 1888.

Schmidt, Rolf, gen. Waldschmidt: Maximilian Schmidt genannt Waldschmidt im Spiegel der Presse, (Diss., masch.), München 1955.

Schmidt, Rolf, gen. Waldschmidt: Auf den Spuren des Waldschmidt, Grafenau 1982.

Schmied, Herbert: Von Einbäumen des Starnberger Sees und vom Fischfang mit ihnen, in: Vom Einbaum zum Dampfschiff, 1981, S. 31-44.

Schnetz, Joseph: Flurnamenkunde, 2. Auflage, München 1963.

Schöbel, Gunter: Pfahlbaumuseum Unteruhldingen, Unteruhldingen 1994.

Schrank, Franz von Paula: Baierische Reise, München 1786.

Schrank, Franz von Paula: Reise nach den südlichen Gebirgen von Baiern, München 1793.

Schretter, Josef: Die Fischerei im Kochelsee. Aus Vergangenheit und Gegenwart, in: AFZ 1938, S. 243-250.

Schwaiger, Georg: Karl Meichelbeck. Ein benediktinischer Geschichtsschreiber der Barockzeit, in: Derselbe (Hrsg.), Christenleben im Wandel der Zeit. Lebensbilder aus der Geschichte des Bistums Freising, Bd. 1, München 1987, S. 204-211.

Schwarz, Fischermeister in Lermoos: Einiges über die Alpenseen und deren Fischerei, in: FZ 1928, S. 877-789.

Schwarz, Ernst: Die Personennamengebung in Regensburg von 1100 bis 1350, in: Zeitschrift für bayerische Landesgeschichte, Heft 17, 1953/4, S. 13-29.

Schwarz, Ernst: Baiern und Walchen, in: Zeitschrift für bayerische Landesgeschichte, Heft 33, 1979, S. 857-938.

Schwarz, Peter: Bergbau und Straßenbau am Kesselberg bei Kochel vor 550 Jahren, in: Lech-Isar-Land 1996, S. 189-209.

Sepp, Johann Nepomuk: Der Bayerische Bauernkrieg mit den Schlachten von Sendling und Aidenbach, München 1884.

Sepp, Johann Nepomuk: Religionsgeschichte von Oberbayern in der Heidenzeit, Periode der Reformation und Epoche der Klosteraufhebung, München 1895.

Sieghardt, August: Kulturgeschichtliches von der Walchensee-Fischerei, in: AFZ 1950, S. 380-381.

Simon, Ludwig, und Reichard Vollmann: Münchener Wanderbauch, Heft 6: Kochel – Walchensee – Tölz. Der Isarwinkel. München 1924.

Stahleder, Helmuth: Beiträge zur Geschichte Münchner Bürgergeschlechter. Die Bart (bis um 1600), in: Oberbayerisches Archiv, Bd. 125/1, München 2001, S. 289-392.

Stahleder, Helmuth: Chronik der Stadt München, 3 Bände, München o. J. (ca. 2005).

Staudinger, Julius: Die Fischereiverhältnisse Oberbayerns, in: Die Landwirtschaft in Oberbayern, Tölz 1885, S. 410-424.

Steiger, Rudolf: Es geschah vor 300 Jahren. Sturm auf Benediktbeuern. Nach Texten aus dem Chronicon Benedictoburanum von Carl Meichelbeck, in: Lech-Isar-Land 2003, S. 43-81.

Stelzle, Walter: Maler & Poeten. Spurensuche in Oberbayern und im Allgäu, im Salzburger Land und im Salzkammergut, München o. J.

Stetter, S. J.: Die Fischereiverhältnisse Oberbayerns, in: Die Landwirtschaft im Regierungsbezirk Oberbayern, Nachtrag, München 1898, S. 375-397.

Stieler, Karl: Bilder aus Bayern. Ausgewählte Schriften, Stuttgart 1908.

Störmer, Wilhelm: Fernstraßen und Kloster, in: Zeitschrift für bayerische Landesgeschichte 29/1966, S. 334-337.

Storz, Heiko: Die Kriegsmarine am Walchensee, in: SGNL-Nachrichten 27/2007, S. 10-11.

Strobl, Lorenz: Das Veverl vom Walchensee. Ein Volksstück in vier Akten, München 1929.

Surbeck, Georg: Die Regulierung der Loisach und der Alz in ihrer Wirkung auf die Fischerei im Kochelsee und Chiemsee, in: AFZ 1904, S. 446-450 und 467-469.

Taller, Bernd: Wundervoller Walchensee. Angeltipps – Historie - Anekdoten, 1. Auflage, Walchensee 2003; 2. erweiterte Auflage, Walchensee 2007.

Taube, Otto Freiherr von: Das Marterl am Walchensee, in: Der Zwiebelturm, Heft 7, 1948, S. 121-124.

Thiele, Roland: Fischerei und Schiffahrt auf der Donau zwischen Donauwörth und Manching, in: Neuburger Kollektaneenblatt, Jg. 132, 1979, S. 32-283.

Thoma, Ludwig: Erinnerungen, München 1919.

Tircher, Serge: Nochmals über den Walchensee unter anderen Gesichtspunkten, in: AFZ 1957, S. 86.

Tölzer Kurier.

Uenze, Hans Peter: Steinbeile vom Alpenrand, in: Das archäologische Jahr in Bayern 2000, Stuttgart 2001, S. 19-21.

Ulrich, Herta: Fischerei und Jagd in deutschsprachigen Veröffentlichungen 1955-1968, in: Deutsches Jahrbuch für Volkskunde XIV, Berlin 1968, S. 363-373.

Volkert, Wilhelm: Die Gesichte der Fischerei am Waginger See, in: Oberbayerisches Archiv, Bd. 90, München 1968, S. 141-151.

Wagler, Erich: Die Bewirtschaftung der Renkenseen des Voralpengebietes, in: AFZ 1937, S. 243-244.

Wagler, Erich: Die bayerische Renken- und Saiblingsfischerei im Jahre 1938, in: AFZ 1939, S. 164-169.

Das Walchensee-Werk, hrsg. vom Staatsministerium des Innern, Oberste Baubehörde, Abteilung für Wasserkraftausnützung und Elektrizitätsversorgung, München 1921.

Waldschmidt, siehe Schmidt.

Wandinger, Lorenz: Das Lehel, München 1994.

Wattenbach, Wilhelm: Chronicon Benedictoburanum, in: Monumenta Germaniae Historica Scriptores, Hannover 1851.

Weber, Karl Julius: Reise durch Bayern, 1826, ND, Stuttgart 1980.

Weber, Leo: Zur Geschichte des Klosters Benediktbeuern, in: Kirmeier, Josef, und Manfred Treml (Hrsg.), Glanz und Ende der alten Klöster. Säkularisation im bayerischen Oberland 1803 (= Veröffentlichungen zur Bayerischen Geschichte und Kultur, Nr. 21/91), München 1991, S. 51-61.

Weidlich, Ariane: Flachsbrechhütten im südlichen Oberbayern, in: Blätter des Freundeskreis Freilichtmuseum Südbayern e. V., 30. Mai 1991, S. 47-66.

Weiß, Dieter J.: Kronprinz Rupprecht von Bayern. Eine politische Biographie, Regensburg 2007.

Westenrieder, Lorenz von: Beschreibung des Wurm- oder Starenbergersees und der umherliegenden Schlößer etc., München 1784, ND, Dachau 2006.

Wiederholz, E.: Auf Ruttenfang am Walchensee, in: AFZ 1986/2, S. 24.

Wilhelm, Kurt (Hrsg.): Luise von Kobell und die Könige von Bayern. Historien und Anekdoten anno 1790-1890, München 1980.

Wilm, Hubert: Das Goethe-Denkmal am Walchensee, in: Münchner Neueste Nachrichten, 10. Oktober 1933.

Winkler, Willi: Der Walchensee, in: Die Zeit 29/1997.

Winhard, Wolfgang: Karl Klocker (1748-1805), letzter Abt von Benediktbeuern (1796-1803), in: Weber, Leo (Hrsg.), Vestigia Burana (= Benediktbeurer Studien 3), hrsg. von Leo Weber, München 1995, S. 161-179.

Wißmath, Peter: Renkenfischerei in Not – Kieselalgenblüte im Walchensee, in: Fischer & Teichwirt 7/2007, S. 255.

Wozniak, Winfried: Der Walchensee – ein Hauch von Abenteuer, in: AFZ 1985/1, S. 14-16.

Wutzel, Otto: 1200 Jahre Kremsmünster. Stiftsführer, Linz 1977.

Zeitler, Karl-Heinz: Renken- und Seesaiblingfang am Walchensee, in: AFZ 1983, S. 276-282.

Ziegler, Friedrich: Verschollen – Vergessen. Der Wunsiedler Maler Johann Christian Ziegler (1803-1833), Wunsiedel 2003.

Ziehr, Wilhelm, und Emil M. Bührer: Das Brot. Von der Steinzeit bis heute, Herrsching/Luzern 1984.

UNGEDRUCKTE QUELLEN

Bayerisches Hauptstaatsarchiv München (BayHStA)

Heroldenamt Akten 3/315, 5/104, 19/93, 25/90.

Klosterliteralien (KL) Benediktbeuern 2/2, 9, 16, 17, 18, 27 1/2, 27 1/6, 32, 36, 39, 40, 47, 56, 70, 80, 92, 93 1/3, 94 1/4, 101 1/4, 105/32, 141, 159, 189, 191, 1089/291, 1092/307, 1093/315.

Klosterurkunden (KU) Benediktbeuern 846, 902, 952, 955, 1146, 1296, 1323, 1331.

KL Schlehdorf 19, 32, 92.

KU Schlehdorf 1459 IV 20, 1459 XI 30, 1586 II 25.

Kurbaiern Urk. 18202 (ehemals GU Murnau 433), Urk. 24648.

Kurbayern Äußeres Archiv 4083.

MInn (Ministerium des Inneren) 46544.

MK 51193. | Plansammlung 20740.

Staatsarchiv (StA) München

AR 1050/186, 1051/231,1051/233,1063/2, 1081/51,1951/63, 1952/103, 1952/104, 3704/586.

Kataster 21656, 21657, 21658, 21659, 21660, 21661, 21675, 21673, 21677.

Bayerische Staatsbibliothek München (Handschriftenabteilung):

Meichelbeckiana 16.

Fotomontage einer historischen Aufnahme von Zwergern, in der die ursprünglich vermutete Anordnung der drei Wohnhäuser mit Stallungen dargestellt ist.

IMPRESSUM

HERAUSGEBER

Martin Boehm Sophienstraße 2 80333 München

VERLAG

Edition Alpenblick & Seenland GbR Seeblickstr. 8a 82449 Uffing am Staffelsee www.alpenblick-seenland.de

Florian Werner Robert Hauke Peter Wiesendanger

PRODUKTMANAGEMENT

Robert Hauke

TITEL- / UMSCHLAGFOTO Florian Werner,

Kupferstich „Das Fischen mit dem Handnetz", Joseph Bergler, 1807

FOTOS & ILLUSTRATIONEN AKG Images, Bayerische Landesanstalt für Landwirtschaft/Institut für Fischerei Starnberg, Bayerisches Hauptstaatsarchiv München, Peter Bierl Buch & Kunst Antiquariat/Eurasburg, Martin Boehm, E.ON Bayern AG, Wolfgang Fehenberger, Markus Grünwald, Wolfgang Heine, Hans Hornsteiner, Klassik Stiftung Weimar, Jost Knauss, Willi Mayer, Cornelia Oelwein, Oriwol-Stiftung Walchensee, Pfarrgemeinde St. Jakob/Walchensee, Josef Rieger, Otto Steinmassel/Krün, Florian Werner, Josef Wolf

AUTOREN Dr. Cornelia Oelwein, Historikerin/Ilmmünster | Prof. Dr.-Ing. Dr. phil. h. c. Jost Knauss/Kochel | Dipl.-Ing. Architekt Martin Boehm/Zwergern

UMSCHLAGGESTALTUNG Silke Stiglmeir | GRAFISCHE GESTALTUNG Robert Hauke, Jörg Marchner | LEKTORAT Bärbel Philipp

REPROGRAFIE W-Medien | PRODUKTION Peter Wiesendanger (Leitung), Martin Willibald, Michael Ponradl

DRUCK Druckerei Wiesendanger, Murnau

Ein herzliches Dankeschön für die tatkräftige Unterstützung bei der Realisierung dieses Buches geht an:

Marco Denic/TU Weihenstephan, Prof. Dr. Jürgen Geist/TU Weihenstephan, Adi Habla, Bezirksheimatpfleger Stefan Hirsch/Benediktbeuern, Dr. Manfred Klein/Starnberg, Marianne Leskovac, Friedhelm Oriwol, Günter Ortner/Weilheim, Georg Reindl, Dr. Wolf-Armin Freiherr von Reitzenstein/München, Urfeld, Franz Scheuermann/Dinkelsbühl, Thomas Schmitt, Ludwig Schmitt, Jakob Schmitt, Peter Schwarz, Leo Weber/Benediktbeuern, Otto Wimmer/Pullach sowie die Mitarbeiter des Bayerischen Hauptstaatsarchivs, des Staatsarchivs München und der Bayerischen Staatsbibliothek, München

Ein Titeldatensatz für diese Publikation ist bei der Deutschen Nationalbibliothek erhältlich.

Diese Produkt wurde klimaneutral gedruckt